Internet al servicio de la modernidad en red

CIENCIAS SOCIALES EN ABIERTO

Editada por

DAVID CALDEVILLA DOMÍNGUEZ
ALMUDENA BARRIENTOS-BÁEZ

Vol. 12

PETER LANG

Berlin - Bruxelles - Chennai - Lausanne - New York - Oxford

Dolores Rando Cueto /
Francisco Jaime Herranz Fernández /
Coral Ivy Hunt Gómez (eds.)

Internet al servicio de la modernidad en red

PETER LANG

Berlin - Bruxelles - Chennai - Lausanne - New York - Oxford

Información bibliográfica publicada por la Deutsche Nationalbibliothek
La Deutsche Nationalbibliothek recoge esta publicación en la
Deutsche Nationalbibliografie; los datos bibliográficos detallados
están disponibles en Internet en http://dnb.d-nb.d.

Catalogación en publicación de la Biblioteca del Congreso
Para este libro ha sido solicitado un registro en el catálogo
CIP de la Biblioteca del Congreso.

Ni Fórum XXI ni el editor se hacen responsables de las opiniones recogidas,
comentarios y manifestaciones vertidas por los autores. La presente obra recoge
exclusivamente la opinión de su autor como manifestación de su
derecho de libertad de expression.

La Editorial se opone expresamente a que cualquiera de las páginas de esta obra
o partes de ella sean utilizadas para la realización de resúmenes de prensa.

ISSN 2944-4276
ISBN 978-3-631-91598-1 (Print)
E-ISBN 978-3-631-93353-4 (E-PDF)
E-ISBN 978-3-631-93354-1 (EPUB)
DOI 10.3726/b22666

© 2024 Peter Lang Group AG, Lausanne
Publicado por Peter Lang GmbH, Berlín, Alemania
info@peterlang.com - www.peterlang.com

PREFACIO

El presente libro, *Internet al servicio de la modernidad en red*, incluido en la colección *Ciencias sociales en abierto*' de la editorial PETER LANG reúne textos que sirven de puente entre el ayer y el hoy y lanzan sus redes al mañana.

Todos los capítulos que conforman las presentes páginas suponen una apuesta comprometida con la Academia, la ciencia y sus investigadores por parte de unos autores que quieren exponer sus experiencias profesionales en las aulas y en los laboratorios, transmitiendo y compartiendo sus logros. Los campos del saber en los que se centra la colección *Ciencias sociales en abierto*' compendian lo que damos en llamar Ciencias Sociales, Docencia y Humanismo pues en ellas encontramos el verdadero centro del universo: el hombre, ya que sin él nada tendría sentido.

La Academia halla su esencia y motivo de ser en esfuerzos como el que aquí se presenta, fruto de años, si no de carreras docentes completas, llenos de labores concienzudas, vocacionales y reiteradas, las más de las veces calladas, pero con gran predicamento social pues la imagen de la Ciencia y los científicos es socialmente siempre muy valorada, aunque sea más citada que comprendida por el gran público.

Los autores de los capítulos conformantes de este volumen son profesores investigadores con años de desempeño en Universidades de muchos países, en especial los de la Lengua y los de los países hermanos lusófonos, a los que se unen algunos europeos que trabajan en idioma italiano, francés e inglés.

Su valía, su profesionalidad y su buen hacer revierten en la sociedad el esfuerzo que ésta realiza para que los centros de investigación y docencia mejoren y la hagan avanzar; es un camino de doble sentido que busca una simbiosis perfecta. Acompasar necesidades y aportaciones de una y de otra, Academia y sociedad, deben ser el motor de esta relación nuclear para el desarrollo del hombre.

El compromiso de calidad, exigido y exigible en todo producto científico se halla respaldado por la inestimable, y pocas veces valorada en su justa medida, labor del conspicuo Comité Editorial conformado por más de 200 doctores de más de 40 universidades internacionales, y cuyas filiaciones encabezan cada libro. Así podemos asegurar que los resultados aquí expuestos responden a los cánones de excelencia científica irrenunciable en el trabajo académico; es decir, todos los capítulos han superado la llamada revisión por doble par ciego (*peer review*). Este método, apriorístico y secular en la Universidad avala que la evaluación es llevada a cabo por académicos de igual categoría (pares), que desconocen la autoría de los textos arbitrados (ciegos) y al menos en número de dos (doble).

Deontológica e inconcusamente, todos los firmantes se han comprometido a salvaguardar las exigencias propias de la ética investigadora: renunciar al plagio, veracidad en la obtención de datos, presentación de conclusiones pertinentes y desinteresadas, planteamiento de resultados que supongan un avance académico-científico, eludir la autoalabanza y la colusión académica, las autocitas o las de favor a terceros, evitar la parcialidad en la selección de las fuentes epistemológicas y teóricas, remitirse a todos los datos procedentes, adecuados, relevantes y actuales y no omitir informaciones que puedan colisionar con los postulados o pretensiones del texto o directamente los refuten.

Por ello, está garantizado el total cumplimiento de todos los requisitos imprescindibles y la observancia rigurosa de lo anteriormente descrito. Todo ello supone la marca identitaria de la colección 'Ciencias sociales en abierto' y que este título cumple plenamente. Por ello la editorial, los coordinadores y los autores coinciden al manifestar:

- El consentimiento en la publicación de su trabajo y, de existir, de sus entidades financiadoras (tácita o explícitamente).
- La originalidad del texto como fruto de un trabajo, análisis y/o reflexión personales.
- Las citas empleadas no obedecen a criterios de favor.
- La bibliografía es actualizada y pertinente.
- Trabajo de revisión a cargo de revisores externos a la editorial PETER LANG y pertenecientes a la Comunidad Universitaria Internacional.
- Coherencia y calidad de los resultados, aportaciones, objetivos y conclusiones.

Por ello, supone un honor poder afirmar que, gracias a su esfuerzo editorial y a sus autores, en ideal simbiosis, la colección 'Ciencias sociales en abierto' se posiciona a la altura de las mejores y más grandes recopilatorios de literatura científica mundial, logrando que PETER LANG sea una de las editoriales más señeras, según el índice referencial SPI (2022).

Rogamos al lector marque estas iniciales páginas como si de un *albo lapillo notare diem* se tratase ya que podrá dumir dulces frutos del árbol de la ciencia.

David Caldevilla-Domínguez
I. P. Grupo Complutense de Investigación en Comunicación **Concilium** (nº 931.791)
Universidad Complutense de Madrid (España)
Coordinador adjunto en la colección 'Ciencias sociales en abierto'

COMITÉ EDITORIAL

Coordinadora General

Almudena Barrientos Báez
Universidad Complutense de Madrid

Olga Bernad Cavero

Universitat de Lleida (España)

Juan José Blázquez Resino

Universidad de Castilla-La Mancha (España)

Ana María Botella Nicolás

Universitat de València (España)

Tania Brandariz Portela

Universidad Nebrija (España)

David Caldevilla Domínguez

Universidad Complutense de Madrid (España)

Marina Camino Carrasco

Universidad de Cádiz (España)

Concepción Campillo Alhama

Universidad de Alicante (España)

Basilio Cantalapiedra Nieto

Universidad de Burgos (España)

Yánder Castillo Salina

Pontificia Universidad Católica del Perú (Perú)

Vicente Castro Alonso

Universidade da Coruña (España)

Benjamín Castro Martín

Centro Universitario Cardenal Cisneros (España)

María Nereida Cea Esteruelas

Universidad de Málaga (España)

Antoni Cerdà Navarro

Universitat de les Illes Balears (España)

Bárbara Cerrato Rodríguez

Universitat d'Andorra (Andorra)

Aurelio Chao Fernández

Universidade da Coruña (España)

Rocío Chao Fernández

Universidade da Coruña (España)

María Belén Cobacho Tornel

Universidad Politécnica de Cartagena (España)

Rubén Comas Forgas

Universitat de les Illes Balears (España)

Juan Manuel Corbacho Valencia

Universidade de Vigo (España)

José Luis Corona Lisboa

*Universidad Nacional Experimental Francisco de Miranda
y Universidad Centro Panamericano de Estudios Superiores (México)*

Almudena Cotán Fernández

Universidad de Huelva (España)

Carmen Cristófol Rodríguez

Universidad de Málaga (España)

Francisco Javier Cristófol Rodríguez

Universidad Loyola (España)

Purificación Cruz Cruz

Universidad de Castilla-La Mancha (España)

Jorge Enrique Chaparro Medina

Fundación Universitaria del Área Andina (Colombia)

Ricardo Curto Rodríguez

Universidad de Oviedo (España)

Alberto Dafonte Gómez

Universidade de Vigo (España)

Virginia Dasí Fernández

Universitat de València (España)

Pedro De La Paz Elez

Universidad de Castilla-La Mancha (España)

Senén Del Canto García

Universidad Internacional de La Rioja (España)

Carlos Felimer del Valle Rojas

Universidad de La Frontera en Temuco (Chile)

Yorlis Delgado López

Colegio Universitario San Gerónimo de La Habana (Cuba)

Pilar Díaz Cuevas

Universidad de Sevilla (España)

Elena Domínguez Romero

Universidad Complutense de Madrid (España)

Carmen Dorca Fornell

Universidad Internacional de La Rioja (España)

Guillem Escorihuela Carbonell

Universitat de València (España)

Beatriz Esteban Ramiro

Universidad de Castilla-La Mancha (España)

Carolina Estrada Bascuñana

Universitat Internacional de Catalunya (España)

Cesáreo Fernández Fernández

Universitat Jaume I de Castellón (España)

Estrella Fernández Jiménez

Universidad de Sevilla (España)

Mónica Fernández Morilla

Universitat Internacional de Catalunya (España)

Alejandro Fernández-Pacheco García

Universidad de Castilla-La Mancha (España)

Antonio Rafael Fernández Paradas

Universidad de Granada (España)

María Remedios Fernández Ruiz

Universidad de Málaga (España)

María Teresa Fuertes Camacho

Universitat Internacional de Catalunya (España)

Cinta Gallent Torres

Universitat de València (España)

Fernando García Chamizo

ESIC University (España)

Ana García Díaz

Universidad Internacional de La Rioja (España)

Silvia García Mirón

Universidade de Vigo (España)

Alberto E. García Moreno

Universidad de Málaga (España)

Vicenta Gisbert Caudeli

Universidad Autónoma de Madrid (España)

Francisco Javier Godoy Martín

Universidad de Cádiz (España)

Óscar Gómez Jiménez

Universidad Internacional de Valencia (España)

Liuba González Cid

Universidad Rey Juan Carlos (España)

María del Carmen González Rivero

Biblioteca Médica Nacional (Cuba)

Juan Enrique Gonzálvez Vallés

Universidad Complutense de Madrid (España)

Edurne Goñi Alsúa

Universidad Pública de Navarra (España)

Carmen Lucía Hernández Stender

Universidad Europea de Canarias (España)

Francisco Jaime Herranz Fernández

Universidad Carlos III (España)

Mercedes Herrero De la Fuente

Universidad Nebrija (España)

María Isabel Huerta Viesca

Universidad de Oviedo (España)

Coral Ivy Hunt Gómez

Universidad de Sevilla (España)

Hamed Abdel Iah Alí

Universidad de Granada (España)

Guillermina Jiménez López

Universidad de Málaga (España)

Francisco Javier Jiménez Ríos

Universidad de Granada (España)

Abigail López Alcarria

Universidad de Granada (España)

Enric López C.

CETT - Universitat de Barcelona (España)

Lorena López Oterino

Universidad de Castilla-La Mancha (España)

Sidoní López Pérez

Universidad Internacional de La Rioja (España)

Manuel José López Ruiz

Universidad de Granada (España)

Paloma López Villafranca

Universidad de Málaga (España)

Arantza Lorenzo De Reizábal

Universidad Pública de Navarra (España)

Manuel Osvaldo Machado Rivero

Universidad Central "Marta Abreu" de Las Villas (Cuba)

Cristina Manchado Nieto

Universidad de Extremadura (España)

Rafael Marcos Sánchez

Universidad Internacional de La Rioja (España)

Pedro Pablo Marín Dueñas

Universidad de Cádiz (España)

Sara Mariscal Vega

Universidad de Cádiz (España)

María José Márquez Ballesteros

Universidad de Málaga (España)

Davinia Martín Critikián

Universidad CEU San Pablo (España)

Marta Martín Gilete

Universidad de Extremadura (España)

Nazaret Martínez Heredia

Universidad de Granada (España)

Soledad María Martínez María-Dolores

Universidad Politécnica de Cartagena (España)

Alba María Martínez Sala

Universidad de Alicante (España)

Xabier Martínez Rolán

Universidade de Vigo (España)

Sendy Meléndez Chávez

Universidad Veracruzana (México)

María Isabel Míguez González

Universidade de Vigo (España)

Olga Moreno Fernández

Universidad de Sevilla (España)

Louisa Mortimore

Universidad Internacional de La Rioja (España)

Daniel Muñoz Sastre

Universidad de Valladolid (España)

Sara Navarro Lalanda

Universidad Internacional de La Rioja (España)

Daniel Navas Carrillo

Universidad de Málaga (España)

Marta Oria De Rueda

Universidad Isabel I (España)

Inmaculada Concepción Orozco Almario

Universitat Jaume I de Castellón (España)

Delfín Ortega Sánchez

Universidad de Burgos (España)

Enrique Ortiz Aguirre

Universidad Complutense de Madrid (España)

Graciela Padilla Castillo

Universidad Complutense de Madrid (España)

Carmen Paradinas Márquez

ESIC University (España)

Concepción Parra Meroño

Universidad Católica San Antonio de Murcia (España)

María Josefa Peralta González

Universidad Central 'Marta Abreu' de las Villas (Cuba)

Victoriano José Pérez Mancilla

Universidad de Granada (España)

Hugo Pérez Sordo

Universidad de La Rioja (España)

Teresa Piñeiro Otero

Universidade da Coruña (España)

José Carlos Piñero Charlo

Universidad de Cádiz (España)

Carolina Patricia Porras Florido

Universidad de Málaga (España)

Mercedes Querol Julián

Universidad Internacional de La Rioja (España)

Vanessa Quintanar Cabello

Universidad Complutense de Madrid (España)

Diana Ramahí García

Universidade de Vigo (España)

Dolores Rando Cueto

Universidad de Málaga (España)

Rocío Recio Jiménez

Universidad de Sevilla (España)

Natalia Reyes Ruiz de Peralta

Universidad de Granada (España)

Isabel Cristina Rincón Rodríguez

Universidad de Santander (Colombia)

Paola Eunice Rivera Salas

Benemérita Universidad Autónoma de Puebla (México)

Isabel Rodrigo Martín

Universidad de Valladolid (España)

Alfredo Rodríguez Gómez

Universidad Internacional de La Rioja (España)

Sonia María Rodríguez Huerta

Universidad de Oviedo (España)

Nuria Rodríguez López

Universidade de Vigo (España)

Juan Andrés Rodríguez Lora

Universidad de Sevilla (España)

Javier Rodriguez Torres

Universidad de Castilla-La Mancha (España)

Aurora María Ruiz Bejarano

Universidad de Cádiz (España)

Encarnación Ruiz Callejón

Universidad de Granada (España)

Ignacio Sacaluga Rodríguez

Universidad Europea de Madrid (España)

Virginia Sánchez Rodríguez

Universidad de Castilla-La Mancha (España)

Andrés Sánchez Suricalday

Centro Universitario Cardenal Cisneros (España)

Alexandra María Sandulescu Budea

Universidad Rey Juan Carlos (España)

María Santamarina Sancho

Universidad de Granada (España)

Clara Janneth Santos Martínez

Universidad Rey Juan Carlos (España)

Begoña Serrano Arnáez

Universidad de Granada (España)

Marta Talavera Ortega

Universitat de València (España)

Blanca Tejero Claver

Universidad Internacional de La Rioja (España)

Ricardo Teodoro Alejandre

Universidad Veracruzana (México)

Raúl Terol Bolinches

Universitat Politècnica de València (España)

Ana Tomás López

Universidad Nacional de Educación a Distancia (España)

Rocío Torres Mancera

Universidad de Málaga (España)

Karen Cesibel Valdiviezo Abad

Universidad Técnica Particular de Loja (Ecuador)

Carmen Vázquez Domínguez

Universidad de Cádiz (España)

Enric Vidal Rodá

Universitat Internacional de Catalunya (España)

Mónica Viñarás Abad

Universidad Complutense de Madrid (España)

Óscar Javier Zambrano Valdivieso

Corporación Universitaria Minuto de Dios (Colombia)

Jessica Zorogastua Camacho

Universidad Rey Juan Carlos (España)

ÍNDICE

PRÓLOGO

El libro "Las artes como expresión vital" es un testimonio elocuente de la diversidad y riqueza que reside en el mundo de las artes. Una obra que nos invita a navegar por un vasto océano de creatividad y expresión a través de treinta y siete formas de entender las disciplinas artísticas, bajo el crisol de la investigación humanística como experiencia transformadora.

Sus autores y autoras nos brindan un esbozo científico desde sus respectivas disciplinas, como forma de expresión de su autenticidad y singularidad, para transmitir sus ideas, pensamientos y experiencias, contribuyendo a la riqueza y diversidad del mundo académico y científico.

Entre otras formas de expresión, se sirven de la literatura, la pintura, la música, la escultura sonora, el cine, las artes escénicas, el diseño, los medios audiovisuales, la gamificación o el *slow movement*, para mostrarnos cómo el ser humano ha logrado transmitir sus pensamientos, emociones y experiencias con nuevos códigos que van más allá de las palabras, "de piedras y tierras", "de la pluralidad de lo bello".

Como resultado, en un acto de sincretismo intelectual, el lector se convierte en cómplice y testigo del proceso en el que cada una de estas disciplinas se entrelaza para tejer una rica tela que refleja la diversidad de la expresión humana.

La obra constituye, al mismo tiempo, un tributo a la vitalidad de las artes. Nos recuerda que en la creación artística reside la esencia misma de la humanidad. A medida que avanzamos en su lectura, sus autores y autoras nos invitan a explorar las experiencias, las ideas y los mundos que han plasmado como representación e imágenes de la cultura, y a descubrir cómo las artes pueden enriquecer nuestras vidas y darles una comprensión más profunda de lo que significa ser humano.

Sobre esta base, las artes no solo nos impelen a explorar nuestro mundo interior, sino que nos devuelven el reflejo de la sociedad en la que vivimos. También a presentar nuestra historia, valores, tradiciones y perspectivas, contribuyendo a la diversidad cultural y al entendimiento entre comunidades.

Son, por tanto, un testimonio de nuestra historia más imperecedera, una crónica de nuestros momentos más efímeros y sublimes y, en ocasiones, de nuestras luchas y desafíos a lo largo de los siglos.

No en vano, las artes han sido utilizadas históricamente como herramientas para el cambio social y político. Para desafiar las normas establecidas, inspirar movimientos y provocar la reflexión crítica. En definitiva, para abogar por los avances, la paz y la justicia social.

A través de las expresiones artísticas atesoradas en este libro encontramos un medio para expresar lo inexpresable y para conectar, por tanto, con nuestra propia esencia y con quienes nos rodean de manera más profunda y significativa. En este sentido, las artes construyen puentes imperecederos y tejen redes invisibles entre las culturas y las generaciones, devolviéndonos los ecos del pasado para trascender las barreras lingüísticas, geográficas y emocionales de un presente imperfecto, y proyectar un mundo nuevo en el que, indefectiblemente, el arte seguirá siendo su expresión máxima y vital.

Sin más preámbulos, les invitamos a embarcarse en este viaje a través de "Las artes como expresión vital", donde cada página es un lienzo que espera ser recreado y completado con la magia de la creatividad y la pasión de sus lectores.

Esperamos que este libro les inspire y les guíe en su propio viaje de descubrimiento artístico.

Ana Cristina Tomás López,
Sara Navarro Lalanda
Paola Eunice Rivera Sala
Universidad Nacional de Educación a Distancia (España)
Università Europea di Roma (Italia)
Benemérita Universidad Autónoma de Puebla (México)

SUBCULTURA OTAKU: IDENTIDAD PROPIA EN REDES SOCIALES

María Asunción Alcalá Pérez[1]

1. INTRODUCCIÓN

El fenómeno *otaku*, aficionados al *anime* (animación japonesa) o manga (historieta nipona), pudiéndose extender el concepto al gusto por cualquier manifestación de la cultura japonesa, como videojuegos, gastronomía, etc. (Gómez y Ramírez, 2009) se extiende vertiginosamente a nivel mundial, incidiendo ampliamente en la economía y cultura (Azuma, 2009; Gómez y Ramírez, 2009).

En España, la cultura del manga- *anime* ha tenido gran impacto desde su llegada a mediados de los sesenta y el auge experimentado en los años noventa (boom del *anime*). Al interés por el manga-*anime*, se suman el uso de las nuevas tecnologías, la práctica de *cosplay* (del inglés *costume play*, "interpretar un disfraz") y la asistencia a convenciones como elementos constructores de una identidad común *otaku* que los diferencian como subcultura dentro de la sociedad (Álvarez Gandolfi, 2015; Gómez Aragón, 2012; y Tsutsui, 2008). La evolución del grupo ha sido similar a la de los demás países y, desde una percepción exterior negativa como colectivo marginal friki asociada a conductas vandálicas e incluso a asesinatos (Borda y Álvarez Gandolfi, 2014; Gómez Aragón, 2012; Tsutsui, 2008), se han convertido en un fenómeno con prácticas compartidas por el resto de la sociedad (Gómez Aragón, 2012), como lo demuestran las cifras de afluencia masiva a eventos del colectivo (122.000 asistentes al Manga Barcelona 2021) y el elevado consumo de objetos relacionados con el manga-*anime* con un aumento del 70% en demanda de merchandising Pokemon y un 44% en la de Dragon Ball entre 2019 y 2021, según el comparador de precios de idealo.es (Mogrovejo, 2021).

La llamada cibercultura surgida con la llegada de las nuevas tecnologías y caracterizada por el acceso gratuito, instantáneo e ilimitado a internet (Lévy, 2007) constituye el marco referencial de los *otakus*, cuyo perfil encaja por la utilización y producción de contenidos en la web 2.0, a través de blogs o redes sociales (Sugimoto, 2016). Tipificados como tribu del mundo contemporánea (Bauman, 2005) y mediática (Ueno, 1999) personifican las características de la cultura de la posmodernidad (Menkes, 2012), líquida por la falta de solidez e incesante cambio (Bauman, 2013), expresando su identidad y malestar a través de la irrealidad de las obras que les brinda la tecnología, en las que pueden transgredir todo tipo de tabúes. Además, su gran adaptación técnica y uso de las posibilidades de las

---

1.   Universidades de Málaga, Huelva, Sevilla y Cádiz (España)

TIC, los sitúa en la vanguardia tecnológica generando formas propias de comunicación consumo, producción e intercambio de contenidos sobre sus objetos de afición (Tsutsui 2008) interesantes de analizar por la retroalimentación que provocan en los jóvenes y e interés despertado en las instituciones.

Actualmente el uso de redes sociales es generalizado y en España, un 93% de la población entre 12 y 70 años (33,3 M de personas) utiliza internet y un 85% (28,3 M) usan las redes sociales, según el estudio IAB Spain (2022). No obstante, el colectivo *otaku* surge asociado a las incipientes y aun no extendidas nuevas tecnologías donde la mera pasión por una obra o *mangaka*, desencadena que personas sin distinción de género, edad o procedencia geográfica se unan a través de las redes y formen una comunidad virtual (López y García 2015; Llorens y Capdeferro, 2011). Si bien en un principio las comunidades eran cerradas y endogámicas, al presente proliferan en las redes sociales, encontrándose simultáneamente en varios espacios en internet, con un aumento significativo de miembros, que asumen roles, chatean, comparten novedades, consejos o sugerencias sobre mangas y series, premiándose la participación.

En este sentido, el concepto de redes sociales es bastante amplio y son un fenómeno intrínsicamente dinámico. Según la definición de la RAE (2023), una red social es una "plataforma digital de comunicación global que pone en contacto a gran número de usuarios", lo que incluiría las plataformas de mensajería instantánea como WhatsApp, Line y Telegram y la de videojuegos en streaming Twitch.

Constantemente aparecen y desaparecen redes, sin que su número deje de aumentar, muestran formatos o aplicaciones diferentes; pueden ser generalistas y especializadas (de nicho) con temáticas especiales que hacen que cada usuario encuentre la que se adapta a su perfil. Pero esta preferencia fluctúa en el tiempo, bien porque la red aparece obsoleta frente a otras, o bien porque es el público el que ha envejecido respecto a la red (Lázaro, 2019).

Así, los resultados sobre el uso y frecuencia de las redes por la población española han variado con el tiempo, según los sucesivos estudios anuales que, desde 2009, presenta la IAB Spain (asociación representante del sector publicitario y de la comunicación digital en España). El Estudio de IAB Spain de 2022 concluye que las redes sociales con mayor frecuencia de uso por la población española son Whatsapp (94%) percibida socialmente como imprescindible para la comunicación, Instagram (68%) interesante y entretenida e ideal para subir fotos y Facebook (65%) vista como tradicional y familiar por los usuarios. Sin embargo, existen otras redes y plataformas utilizadas por la población *otaku* con distinta frecuencia y uso para temáticas de manga-*anime* y contenidos relacionados, por lo que se tiene en cuenta se tiene en cuenta el concepto de medio social que contempla redes sociales, blogs, foros, wikis, aplicaciones sociales móviles, etcétera (Lázaro, 2019).

Por otra parte, el Estudio de Redes Sociales (IAB Spain, 2022) concluye que la edad promedio del usuario en España de redes sociales es de 41 años, contemplando hombres y mujeres con edades comprendidas entre los 12 y los 70 años. Resulta relevante que cada vez es menor la edad de incorporación al uso de las redes sociales (Lázaro, 2019); y en este sentido, el Estudio de Redes Sociales de la población española incorpora en 2022 el tramo de edad comprendido entre los 12 y 17 años, rebajando el límite inferior de incorporación a las redes establecido en 16 años en el Estudio del año 2021 (IAB Spain, 2022).

Hay que añadir, que, en España, la influencia del colectivo *otaku* en los gustos, consumo y prácticas de la población juvenil, hace cada vez más difícil delimitar las fronteras entre un *otaku* y un individuo que comparte afición a la cultura japonesa; por ello, interesa conocer los elementos que identifican a los miembros del grupo, entre los que se encuentran sus formas de comunicación y de relación entre ellos y el entorno. Para ello, se pregunta por la frecuencia y uso de las redes sociales en un cuestionario online distribuido a través del móvil, dispositivo de uso generalizado (Lázaro, 2019) y forma preferida de acceso a las redes sociales por el 97% de los españoles (IAB Spain, 2022).

Los participantes son *otakus*, elegidos en tiendas especializadas entre el 5 de enero y 12 de marzo de 2023, y durante el VIII Salón Manga Alhaurín de la Torre (21 y 22 de enero de 2023) y la VII Freacon, (4 y 5 de marzo de 2023), eventos frikis/*otakus* celebrados en Málaga. La asistencia a convenciones y eventos relacionados con el manga-*anime* es una práctica identificativa de los *otakus*; ya que se reúnen en un lugar y momento determinado para participar en concursos de karaoke y *cosplay*, intercambiar o adquirir objetos de culto en los puestos de merchandising y escuchar las melodías de sus series preferidas (Álvarez Gandolfi, 2015).

Se seleccionan 391 personas usuarias de redes, muestra representativa de la población española (nivel de confianza del 95%, y error del 5%).

Se concluye que el colectivo *otaku* constituye una población joven con una edad promedio de 24 años, en la que los menores de edad son un grupo significativo. Además, la elección y uso de las redes sociales por parte de los *otakus* se adapta a la naturaleza y temática de los contenidos, apareciendo diferencias tanto entre el uso que realiza la población española y el uso que realizan los *otakus*, como dentro del propio colectivo.

2. OBJETIVOS

El objetivo principal de este trabajo consiste en caracterizar el uso de redes sociales por parte de los *otakus* españoles actualmente y establecer las diferencias de uso entre este colectivo y el uso que realiza la población española en general tomando como base el Estudio Anual de Redes Sociales de IAB Spain de 2022 (ver anexo).

3. METODOLOGÍA

Se realiza una investigación de carácter exploratorio y descriptivo utilizando una metodología mixta. Se elige la encuesta como método de investigación para el análisis del grupo *otaku* por considerarse uno de los métodos más efectivos en la recolección y análisis de datos de cara a poner de manifiesto hechos y fenómenos sociales, que con otros métodos no sería posible; entre los instrumentos de la encuesta, se elige el cuestionario por su utilidad para recoger de forma escrita, datos tanto concretos como subjetivos, susceptibles de ser analizados mediante métodos informáticos (Quispe, 2013).

Las respuestas mediante cuestionario online (realizado con la aplicación Google Forms) garantizan el acceso y manejo de internet (alfabetización digital) a través de cualquier dispositivo, considerando el móvil como principal dispositivo de transmisión del cuestionario por ser la forma preferida para conectarse a las redes sociales por el 97% de la población española (IAB Spain, 2022), pudiendo afirmarse que todos los usuarios lo utilizan para el acceso a ellas (Lázaro, 2019); ya que su omnipresencia lo posibilita sin limitación temporal ni espacial (Ohme *et al.*, 2021).

Se pregunta explícitamente por la frecuencia y tipo de uso que realizan en Whatsapp, Facebook, Youtube, Instagram, TikTok y Twitter, elegidas por ser las más utilizadas por la población española según IAB Spain y se descarta Tinder por ser una red de contactos de citas orientada a la búsqueda de pareja. Dado que las redes específicas o de nicho no suelen ser las más seguidas, pero sí las que cuentan con más compromiso por parte de los usuarios (Lázaro, 2019), se pregunta por otro tipo de redes y medios sociales utilizadas, así como canales o *influencers* seguidos a través de preguntas abiertas. A pesar de que Instagram es la red más seguida por la población española usuaria de redes (IAB Spain, 2022), es la que más compromiso genera con las marcas (Lázaro, 2019). Así, se pregunta explícitamente por los *influencers youtubers otakus* por el atractivo de la red para los contenidos audiovisuales y para las búsquedas generales (Lázaro, 2019).

Los participantes son *otakus*, elegidos mediante muestreo no probabilístico tipo bola de nieve en tiendas especializadas frikis entre el 5 de enero y 12 de marzo de 2023, y durante el VIII Salón Manga Alhaurín de la Torre (21 y 22 de enero de 2023) y la VII FreaCon, (4 y 5 de marzo de 2023), eventos frikis/*otakus* celebrados en Málaga.

4. DESARROLLO DE LA INVESTIGACIÓN

La aplicación web Google Forms elabora cuestionarios para recogida de datos, registra la información en Excel y realiza su análisis presentándolo mediante gráficos. Debido a la existencia de preguntas abiertas, se elaboran los gráficos de los datos registrados en Google Forms con la aplicación Microsoft Excel.

Se elige una muestra representativa de la población española entre 7 y 70 años (38, 92 M según datos del Instituto Nacional de Estadística [INE], en julio de 2022), que se ha materializado en la selección de 391 personas, usuarias de redes sociales, entre los 7 y 59 años, con un nivel de confianza del 95% con un error del 5% (cálculo con STATS).

4.1. Edad de la población *otaku* y de la población española usuaria de redes

La distribución de la población *otaku* española en función de la edad, se presenta a continuación organizada por tramos (tabla 1).

Menores de 12 años: 10 (3 %)									Entre 12 y 17 años: 79 (20%)			
5	6	7	8	9	10	11	12	13	14	15	16	17
-	-	1	1	-	4	4	2	7	10	12	18	30

Entre 25 y 40 años: 114 (29%)															
25	26	27	28	29	30	31	32	33	34	35	36	37	38	39	40
14	22	10	14	9	5	3	8	4	3	7	3		6	2	4

Entre 41 y 55 años: 18 (4%)														
41	42	43	44	45	46	47	48	49	50	51	52	53	54	55
2	2	3	-	2	1	-	2	-	1	3	-	1	1	-

Entre 56 y 70 años: 4 (1%)														
56	57	58	59	60	61	62	63	64	65	66	67	68	69	70
2		1	1											

Tabla 1. Distribución de los otakus en función de la edad. Fuente: Elaboración propia.

Casi la mitad de la población *otaku* (43%) son jóvenes entre 18 y 24 años; la edad predominante es 18 años (14,1% de la muestra), aunque la edad promedio es de 24 años. Le sigue el tramo entre los 25 y 40 años (29%). Los menores de edad constituyen un 23%, correspondiendo un 20% al tramo entre 12 y 17 años y un 3% a menores de 12. Entre 41 y 55 años (4%) los usuarios disminuyen y a partir de los 56 años suponen un 1%.

Cada vez es menor la edad en que los niños utilizan las redes sociales (Lázaro, 2019); por ello, el Estudio de Redes Sociales de la población española de IAB Spain contempla en 2022 el tramo de edad comprendido entre los 12 y 17 y, en el caso de la población *otaku*, se contemplan menores de 12 años. La comparativa de la distribución por tramos de edad de la población *otaku* española con la de la población española usuaria de redes sociales se muestra a continuación (figura 1).

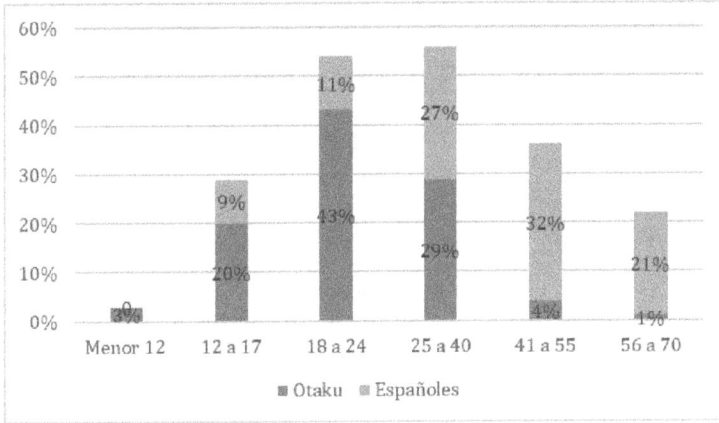

Figura 1. Comparativa de la distribución de la población otaku y la española usuaria de redes sociales (IAB Spain, 2022) en función de la edad. Fuente: Elaboración propia, a partir del Estudio de Redes Sociales de IAB Spain 2022.

En la población *otaku* española usuaria de redes predomina el tramo entre los 18 y 24 años (43%); sin embargo, en este tramo, la población española usuaria de redes representa un 11%. También es superior el porcentaje de *otakus* menores de edad usuarios de redes (23% en total) frente al de los menores usuarios de la población española (9%).

Aparece cierto equilibrio entre la población *otaku* (29 %) y la población española usuaria de redes (27 %) con edades entre los 25 y 40 años. Asimismo, mientras en la población española usuaria de redes predomina el tramo entre los 41 y 55 años (32%), el porcentaje es menor en la población *otaku* (4%); y a partir de 55 años, la población española (21%) también supera a la *otaku* (1 %).

4.2. Uso de Medios Sociales por los *otakus* españoles

Teniendo en cuenta que una misma persona puede utilizar varios medios sociales, se pregunta de forma abierta a los *otakus* españoles por los que utilizan para consumo, chateo, creación de contenidos e información de actos grupales o eventos relacionados con el manga-*anime*. Se excluyen las redes de WhatsApp, Facebook, Youtube, Instagram, TikTok y Twitter por las que se pregunta explícitamente y serán tratadas en el siguiente apartado. A continuación, se muestran los resultados (tabla, 2).

Medio Social	Usuarios %	Descripción
	Redes sociales	
Discord	3,60%	Aplicación móvil social
Pinterest	2,30%	Red Contenido visual
Telegram	2%	Mensajería instantánea
Amino	1,50%	Aplicación Redes Sociales
Tumblr	1,20%	Plataforma medios sociales
Reddit	1%	Plataforma noticias
Twitch	0,70%	Plataforma social ocio
	Plataformas, Aplicaciones consumo de series	
Anilist	0,50%	Plataforma anime
Crunchyroll	0,50%	Plataforma anime
Netflix	0,50%	Plataforma series, películas
Fansub (anime)	0,25%	Plataformas anime pirata
Anime Center	0,25%	Aplicación anime
	Lectura, registro manga-anime	
Wattpad	1%	Plataforma lectura social
AO3	0,25%	Repositorio, creación fanfics
Manga Dos	0,25%	Base de datos
Manta	0,25%	Aplicación literaria
My anime list	0,25%	Aplicación registro manga-anime
DK	0,25%	Editorial
Webtoon	1%	Aplicación creación cómic
Whakoom	0,50%	Aplicación registro cómic
Tumangaonline	0,50%	Aplicación lectura cómic
Goodreads	0,25%	Red Social literaria
	Otros Medios Sociales	
Roblox	0,25%	Plataforma Realidad Virtual
Webs específicas	1,20%	Web anime
JKanime	0,50%	Web anime
Hoyolab	0,50%	Foros gaming
Vinted	0,25%	Comunidad compra/venta
AnimeFLV	3%	Web anime
Foros	0,25%	Manga-anime
Blogs	0,25%	Manga-anime
TOTAL: 100 Medios Sociales	25,6% menciones de usuarios	

Tabla 2. Uso de Medios Sociales por los otakus españoles. Fuente: Elaboración propia.

De la población *otaku* española, el 25,6% utiliza otras redes y plataformas, además de WhatsApp, Instagram, Facebook, YouTube, TikTok y Twitter, con un total de 100 menciones referidas a 30 medios sociales (7 redes, 5 plataformas y apps de consumo de *anime*, 10 relacionadas con la lectura de manga y 8 referidas a otros medios). El medio social y red más utilizado es Discord (3,6%), le siguen Pinterest (2,3%) y Telegram (2%). Se utilizan otros medios relacionados con videojuegos y VR (0,75%). Las webs específicas de *anime* suponen un total del 4,7%, destacando entre ellas *Anime*FLV, segundo medio más mencionado (3%). Las plataformas de consumo de series suman en conjunto un 2%, de las que solo Netflix (0.5%) no es específica de *anime*. Aparecen 10 plataformas, redes y apps de lectura, registro y creación literaria que suman un total de 4,5%.

4.3. Uso de las redes en la población española y en la *otaku*

A continuación, se presentan los datos referentes al uso de redes realizado por la población española usuaria de redes (IAB Spain, 2022) y por la población *otaku* (tabla 3).

Red	WhatsApp	Instagram	Facebook	TikTok	Twitter	YouTube	Discord
Españoles	94%	68%	65%	59%	54%	53%	30%
Otakus	89%	87%	15%	57,8%	60,4%	83,8%	3,6%
Red	Twitch	Pinterest	Reddit	Telegram	Amino	Tumblr	
Españoles	28%	23%	23%	5%	0	0	
Otakus	0,7%	2,3%	1%	2%	1,5%	1,2%	

Tabla 3. Uso de redes sociales de la población otaku y de la española (IAB Spain, 2022).
Fuente: Elaboración propia, a partir del Estudio de Redes Sociales de IAB Spain 2022.

En la figura expuesta (tabla 3), no se incluyen las redes Tinder (de citas), Snapchat, Waze, Spotify e iVoox, a pesar de incluirse en el Estudio de Redes de la población española (IAB Spain 2022), por no haber sido mencionadas por la población *otaku*.

Esta es la comparativa de los datos expuestos referentes al uso de redes por la población *otaku* y la española usuaria de redes (figura 2).

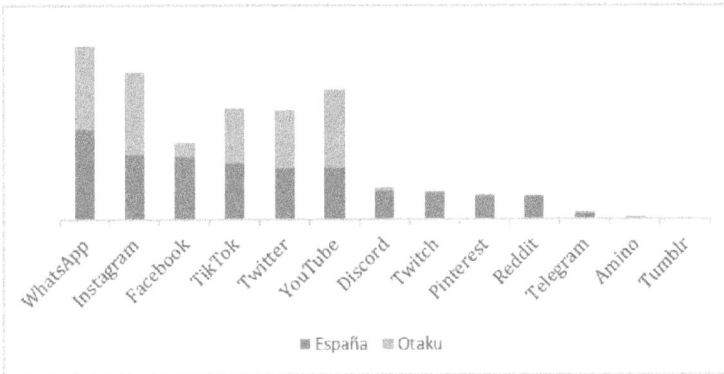

Figura 2. Comparativa del uso total de redes sociales de la población
otaku y la española. Fuente: Elaboración propia.

WhatsApp es la red social preferida tanto por los usuarios de redes españoles (IAB Spain, 2022) como por la población *otaku* española (94% y 89%, respectivamente). Instagram (IG) comparte segundo puesto en ambas poblaciones; sin embargo, su uso por la población *otaku* (87%) supera al de la población española (68%). Asimismo, el uso de YouTube y Twitter por los *otakus* (83,8% y 60,4%, respectivamente) es mayor que el de la población española (53% y 54% respectivamente). La población *otaku* utiliza Amino (1,5%) y Tumblr (1,2%); redes no incluidas en el Estudio de Redes de IAB Spain (2022).

Facebook, que ocupa el tercer lugar de uso por la población española (65%), sólo es utilizada por un 15% de la población *otaku*. Asimismo, la población española usuaria de redes supera ampliamente a la *otaku* en el caso de Discord (30% frente a 3,6%), Twitch (28% frente a 0,7%), Pinterest (23% frente a 2,3%), y Reddit (23% frente a 1%). Aunque la población española usuaria de redes también supera en el uso a la *otaku*, la diferencia es menos acusada en el uso de TikTok (59% frente 57,8%) y Telegram (5% frente a 2%).

4.4. Temáticas de canales e *influencers* seguidos en redes por los *otakus* españoles

A continuación se muestran los datos referidos a los seguidores *otakus* españoles de canales e *influencers* a través de las redes en función de las temáticas (figura 3).

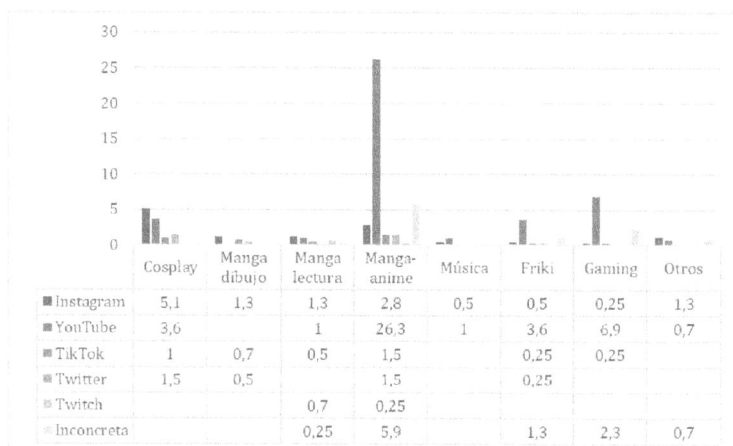

	Cosplay	Manga dibujo	Manga lectura	Manga-anime	Música	Friki	Gaming	Otros
Instagram	5,1	1,3	1,3	2,8	0,5	0,5	0,25	1,3
YouTube	3,6		1	26,3	1	3,6	6,9	0,7
TikTok	1	0,7	0,5	1,5		0,25	0,25	
Twitter	1,5	0,5		1,5		0,25		
Twitch			0,7	0,25				
Inconcreta			0,25	5,9		1,3	2,3	0,7

Figura 3. Seguidores otakus de canales e influencers en función de la temática. Fuente: Elaboración propia

Las temáticas de manga-*anime* son las que más interesan a los *otakus* españoles, con un 38,25% de seguidores, que utilizan para ello principalmente YouTube (26,3%). Para temas frikis (5,9%) y *gaming* (9,7%) también se prefiere YouTube (3,6% y 6,9%, respectivamente). Para temas de *cosplay* (11,2% de seguidores *otakus*), se prefiere Instagram (5,1%), también para temáticas de manga con un 1,3 % de seguidores tanto en lectura (3,75% total en redes) como en dibujo (2,5%). Los seguidores de temáticas musicales (1,5%) se reparten entre Instagram (0,5%) y YouTube (1%). Un 10,45 % de los *otakus* españoles afirma seguir canales y comunicadores en redes, pero sin especificarlas.

5. DISCUSIÓN

En el presente estudio sobre los *otakus* españoles aparecen menores de 12 años, tramo de edad que no incluido en el Estudio de Redes de la población española (IAB Spain, 2022). Se ha contemplado este grupo porque cada vez es menor la edad de incorporación al uso de las redes (Lázaro, 2019) ; además, el uso de dispositivos y acceso a internet por parte de los menores, ha sido generalizado, necesario y obligatorio a raíz de la pandemia para poder seguir con la educación escolar a través de la enseñanza virtual y, según el Informe 2022 sobre el estado español del sistema educativo (Consejo Escolar del Estado, 2022), se alienta a fomentar el acceso y uso de las TIC en las aulas, entendiéndolas como elemento que aportan valor y transforman la educación. El manejo de las TIC por parte de los menores desde edades tempranas hace que puedan acceder a contenidos relacionados con el manga-*anime*.

A pesar de realizarse la investigación en una única provincia (Málaga), la muestra es representativa de la población española porque presenta un nivel de confianza del 95% y, además, uno de los lugares de distribución del cuestionario ha sido la FreaCon (Convención Internacional de Manga, Cómic, Series TV y Videojuego). La FreaCon es un evento friki/*otaku* de carácter internacional que congrega cifras multitudinarias de asistentes de diferentes puntos geográficos.

Dentro de la subcultura friki, entendida como conjunto de colectivos con específicas y singulares preferencias; los fandom o grupos comparten atributos y prácticas que, sin embargo, generan identidades distintas entre sí (Álvarez Gandolfi, 2015 ; Martínez, 2014). Ueno (1999) recalca la necesidad de multiplicidad de "tribus" dentro de una subcultura para poder afirmar mediante la diferencia, la identidad cultural de la tribu que, por otra parte, no podría existir como tal en unicidad. En este sentido, ante los diferentes grupos frikis (*otakus*, gamers, comiqueros...) asistentes a los eventos friki/*otakus* se puede identificar a los *otakus* por una predominante afinidad por el manga-*anime* y la práctica del *cosplay* (Álvarez Gandolfi, 2015 ; Gómez Aragón,2012; y Tsutsui, 2008).

6. CONCLUSIONES

El colectivo *otaku* español es una población joven: la edad promedio es de 24 años, casi la mitad de sus miembros tienen entre 18 y 24 años, y a partir de los 41 años el pocentaje va disminuyendo, siendo casi inexistente a partir de los 55. Sin embargo, la edad promedio de la población española usuaria de redes sociales es de 41 años, situándose el mayor porcentaje de usuarios entre los 41 y 55 años (IAB Spain, 2022). Los menores de edad constituyen un grupo significativo dentro del colectivo: su presencia duplica en porcentaje a los menores usuarios el Estudio de Redes de la población española, y el límite inferior de edad de los *otakus* es de 7 años frente a los 12 del IAB Spain (2022).

Además de las redes, los *otakus* utilizan otros medios sociales para sus aficiones, especialmente para consumo de manga-*anime*. El segundo medio social más utilizado es AnimeFLV(portal web de *anime*) ; entre las plataformas de consumo de series, Netflix cuenta con un público *otaku* minoritario y es la única no específica de *anime*. Los *otakus* utilizan diversidad de medios sociales para la lectura, creación y registro de mangas y cómics, con pequeños porcentajes de uso ; pero, con peso en conjunto.

En cuanto a las redes sociales, WhatsApp e Instagram son las preferidas tanto por los *otakus* como por la población española. Facebook (tercera en el Estudio del IAB Spain, 2022), apenas es utilizada por el grupo *otaku* y lo mismo sucede con Discord, Twitch, Pinterest y Reddit. Sin embargo, el uso de YouTube y Twitter resulta superior en la población *otaku*.

La población *otaku* española utiliza otras redes como Tumblr y Amino no incluidas en el Estudio de Redes de IAB Spain (2022). Asimismo, los *otakus* no utilizan para sus aficiones Tinder, Snapchat, Waze, Spotify e iVoox, a pesar de incluirse en el Estudio de Redes de la población española (IAB Spain 2022).

Dentro del grupo *otaku* español, existen preferencias a la hora de elegir una red para seguir un canal o un *influencer* en función de las temáticas. Así, YouTube es la preferida para seguir canales y comunicadores de temas de manga-*anime* (temática preferida por los *otakus*), temas frikis en general y temas *gaming*. Instagram es la preferida por *cosplay*ers, y para temáticas de manga (lectura y dibujo). Se corrobora que, a pesar de tener diversos intereses, el manga-*anime* (seña identificativa de los *otakus*) constituye la principal afición del grupo *otaku* español.

7. REFERENCIAS

Álvarez Gandolfi, F. (2015). Culturas fan y cultura masiva. Prácticas e identidades juveniles de *otakus* y gamers. *La Trama de la Comunicación, 19*, 45-65. https://dialnet.unirioja.es/servlet/articulo?codigo=5609900

Azuma, H. (2009). *Otaku Japan´s database animals*. University of Minnesota Press.

Bauman, Z. (2005). *Modernidad y ambivalencia*. Anthropos Editorial

Borda, L. y Álvarez Gandolfi, F. (2014) "l silencio de los *otakus*. Estereotipos mediáticos y contra-estrategias de representación. *Papeles de Trabajo, 8*(14), 50-76. https://dialnet.unirioja.es/servlet/articulo?codigo=7417152

Consejo Escolar del Estado (2022). Informe 2022 sobre el estado del sistema educativo. Curso 2020-2021. *Ministerio de Educación y Formación Profesional. https://n9.cl/6oaiz*

Gómez Aragón, A. (2012). *Otakus* y *Cosplay*ers. El reconocimiento social del universo manga en España. *Puertas a la Lectura*, 24, 58-70. https://n9.cl/0s1eo

Gómez, A. y Ramírez, V. (2009). *Otakus* en Akihabara: la introducción de un nuevo colectivo social en el turismo global. En J. L Jiménez y P. Fuentes (Coords.). [Jornadas de investigación]. *II Jornadas de Investigación en Turismo. La adaptación del turismo a los cambios globales* (pp. 437-454). Escuela Universitaria de Estudios Empresariales, Universidad de Sevilla https://idus.us.es/handle/11441/53361

IAB Spain (2022). *Estudio Anual de Redes Sociales 2022*. 18 de mayo de 2022. https://iabspain.es/estudio/estudio-de-redes-sociales-2022/

Instituto Nacional de Estadística (2022, 1 de julio). *Cifras de población. Últimos datos*. https://tinyurl.com/49mzcm36

Mogrovejo, X. (2021, 14 de diciembre). La demanda de productos de Pikachu, Son Goku y otros *animes* y mangas se dispara. (2021, 14 de diciembre). *elespanol.com*. https://tinyurl.com/muh2t28w

Lázaro, M. (2019). *Community Manager. La guía definitiva*. Ediciones Anaya Multimedia.

Lévy, P. (2007). *Cibercultura. Informe al Consejo de Europa*. Anthropos Editorial

Llorens, F. y Capdeferro, N. (2011). Posibilidades de la plataforma Facebook para el aprendizaje colaborativo en línea. *Revista de Universidad y Sociedad del Conocimiento (RUSC). 8*(2), 31-45. http://dx.doi.org/10.7238/rusc.v8i2.963

López, A. y García, V. (2015). *Mi vecino Miyazaki. Studio Ghibli, la animación japonesa que lo cambió todo*. Diábolo Ediciones.

Martínez García, C. (2014). La búsqueda de nuevos valores, referentes y modelos en un mundo líquido el refugio de la cultura "friki" en España [Tesis doctoral] Universidad Pontificia de Salamanca. https://dialnet.unirioja.es/servlet/tesis?codigo=281968

Menkes, D. (2012). La cultura juvenil *otaku*: expresión de la posmodernidad. *Revista Latinoamericana de Ciencias Sociales, Niñez y Juventud, 10*(1), 51-62. http://www.scielo.org.co/pdf/rlcs/v10n1/v10n1a02.pdf

Ohme, J., Araujo, T., de Vreese, C. H. y Piotrowski, J. T. (2021). Donaciones de datos móviles: Evaluar la precisión del autoinforme y los sesgos de muestra con la función iOS Screen Time. *Medios móviles y comunicación, 9*(2), 293–313. https://doi.org/10.1177/2050157920959106

Quispe, A. (2013). *El uso de la encuesta en las ciencias sociales*. Ediciones Díaz de Santos

Real Academia Española. (s.f.). Red social. En *Diccionario de la lengua española*. https://dle.rae.es/red

Sugimoto, Y. (2016). *Una Introducción a la sociedad japonesa*. Edicions Bellaterra.

Tsutsui, WM (2008). Nerd Nation: *Otaku* y subculturas juveniles en el Japón contemporáneo. *Educación sobre Asia, 13*(3), 12-18. https://tinyurl.com/y94x9mry

Ueno, T. (1999) Techno-Orientalism and media-tribalism: On Japanese animation and rave culture, *Third Text*, *13*(47), 95-106, https://doi.org/10.1080/09528829908576801

8. ANEXO

(base)	Varias veces al día	Cada día	Cada 2-3 días	Cada semana	Cada 2 semanas	Cada 3-4 semanas	Menos frecuencia	TOTAL USO DIARIO
(775)	70%				24%		1%	94%
(588)	36%	31%	14%	11%	2%	2%	3%	68%
(634)	28%	37%	14%	11%	2%	3%	5%	65%
(263)	27%	32%	18%	12%	2%	4%	6%	59%
(30')	32%	25%	4%	18%	11%	3%	7%	58%
(374)	24%	30%	19%	13%	4%	5%	6%	54%
(584)	21%	32%	25%	16%	3%	3%		53%
(311)	18%	32%	23%	15%	6%	1%	5%	50%
(44')	5%	34%	12%	25%	5%	10%	9%	39%
(73')	16%	16%	7%	7%	3%	7%	44%	32%
(71')	10%	20%	23%	17%	10%	9%	10%	30%
(101)	6%	22%	28%	20%	11%	2%	11%	28%
(201)	6%	20%	23%	23%	11%	8%	8%	27%
(201)	9%	15%	25%	21%	9%	8%	14%	23%
(27')	4%	19%	27%	19%	4%	8%	19%	23%
(34')	6%	13%	10%	19%	9%	19%	25%	19%
(275)	3%	5%	2%	4%	5%		78%	5%

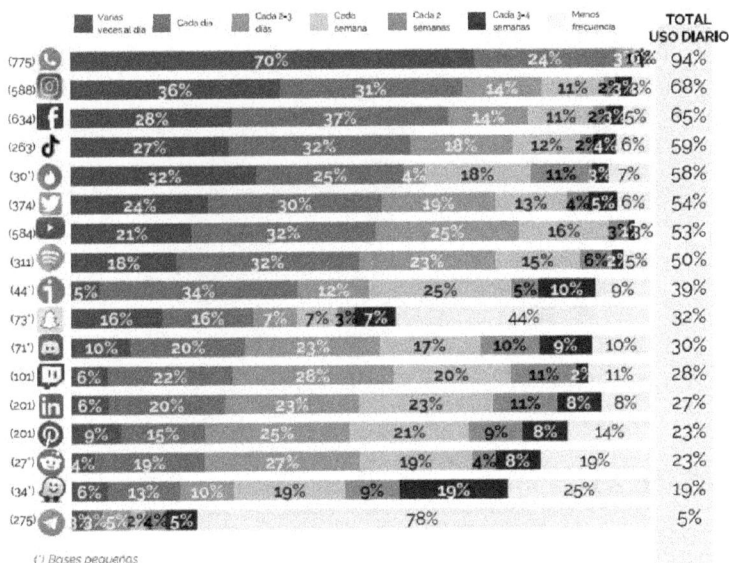

(') Bases pequeñas

Anexo. Frecuencia de uso de redes sociales en España en 2022.
Fuente: Estudio de Redes Sociales IAB SPAIN (2022).

PLATAFORMAS ONLINE DE RECURSOS PARA EL APRENDIZAJE DE LAS STEM. UN ANÁLISIS PRELIMINAR

Juan-Francisco Álvarez-Herrero[1]

1. INTRODUCCIÓN

La educación actual necesita contemplarse desde una perspectiva que contemple la interdisciplinariedad. La sociedad necesita personas formadas que sean conocedoras y competentes en diversas materias o áreas. Las disciplinas STEM (por sus siglas en inglés: Science, Technology, Engineering y Mathematics) constituyen un planteamiento muy necesario en las escuelas. Un enfoque de la educación desde el ámbito de las STEM, proporciona al alumnado el desarrollo de diversas competencias, muy necesarias en el presente y en el futuro.

Para afrontar de la manera más acertada a los problemas actuales, requiere que la educación y más concretamente los docentes, formen estudiantes hábiles en llevar a cabo proyectos que integren las formas de pensar, hablar y hacer de la ciencia, la tecnología, la ingeniería y las matemáticas (Martín y Santaolalla, 2020). Hace unos años, Bybee (2013), ya alertaba de la necesidad de educar a nuestros jóvenes desde un enfoque STEM y de las oportunidades que brinda en la sociedad esta enseñanza. No es cuestión de que sea algo innovador o que esté de moda, sino es una necesidad que nuestra sociedad y la educación más concretamente, necesita.

En torno a las STEM y su implementación en las aulas, surgen diversas discusiones. Por un lado, se puede discutir si este enfoque se puede llevar a cabo de forma individualizada desde cada una de las materias implicadas. Esto supone que algunas materias queden olvidadas (principalmente Ingeniería y Tecnología) o también que alguna de estas materias no sepa qué papel juega en el conjunto de todas ellas, y ello obliga y a su vez beneficia, en que aparezcan metodologías que permitan dar sentido a cada una de ellas en este enfoque STEM (Li y Schoenfeld, 2019). Otra discusión que se plantea, como alternativa al enfoque anterior, es plantear las áreas STEM desde una perspectiva global e integradora. Así, todas las áreas STEM cobran una igual importancia, son todas ellas tratadas y consiguen un aprendizaje más eficaz (McComas y Burgin, 2020; Ortiz-Revilla *et al.*, 2020) ya que de esta forma se evita que haya alguna de las materias STEM que no se trate (Maass *et al.*, 2019), bien por desconocimiento o por la dificultad que puede entrañar al docente encargado de implementarlas. Sin embargo, este enfoque integrador cuenta con el hándicap de requerir

---

1. Universidad de Alicante (España)

docentes formados en todas las áreas STEM, y de ahí que se focalice esta visión en el papel que juega el docente (Takeuchi *et al.*, 2020).

Otra discusión es aquella que surge en si se debe incluir también el Arte en las STEM para pasar a ser STEAM, y de esta manera dar más importancia al desarrollo y puesta en práctica de la creatividad entre el alumnado (Aguilera y Ortiz-Revilla, 2021). Y, por último sin entrar tampoco a profundizar en la misma, existe la problemática de cómo proceder a la evaluación de este enfoque STEM en las aulas.

Sin embargo, más allá de todos estos dilemas, en lo que no existe discusión es en que es necesaria y urgente su implementación. Y para ello, quienes juegan un papel primordial en ello son los docentes que se van a encargar de su enseñanza. Ya se ha comentado que surgen diversos problemas como es el que los docentes en su gran mayoría no se encuentran capacitados para realizar un enfoque integrador de las STEM, sea en la etapa que sea, y de ahí surge que es urgente y necesario una formación en STEM (Roig-Vila *et al.*, 2020). Esta formación del docente en áreas STEM implica acometer dos aspectos primordiales, por un lado, una mejora en el conocimiento y aplicación de las metodologías activas por parte de estos docentes (Álvarez-Herrero, 2022), y, por otro lado, el que los docentes de estas áreas conozcan, dispongan y apliquen materiales y recursos, digitales o no, susceptibles de producir mejoras en el aprendizaje de su alumnado en las áreas STEM

Precisamente, de materiales en forma de contenidos o recursos, es de lo que menos se habla en las investigaciones que se realizan actualmente entorno al enfoque STEM que requiere la educación en nuestros días. De ahí que el propósito de esta investigación vaya encaminado en ese sentido, en conocer y analizar las grandes plataformas o repositorios de contenidos y recursos que hay en Internet a disposición de los docentes de las áreas STEM, para que de esta forma puedan conocerlos e implementarlos en sus aulas de forma fundamentada y eficaz.

2. OBJETIVOS

Esta investigación tiene por objetivo analizar las plataformas o repositorios de recursos y contenidos relacionados con las STEM más conocidos de Internet, para de esta forma contribuir a su conocimiento y a que los docentes de cualquier etapa educativa puedan utilizarlas en beneficio de los procesos de enseñanza-aprendizaje en los que se vean envueltas las áreas STEM en sus aulas.

El conocimiento de los recursos, contenidos y propuestas pedagógicas que ofrecen estas plataformas, contribuirá a que los docentes de las áreas STEM puedan acudir a estos repositorios ante cualquier necesidad de materiales y siempre que dicho uso implique una mejora en el aprendizaje de su alumnado. Las tecnologías digitales hoy en su día son un excelente aliado en la motivación y en el generar interés entre el alumnado, y ello debe ser aprovechado, con cautela, pero con convicción.

3. METODOLOGÍA

La investigación aquí planteada es puramente descriptiva, ya que basa su fundamentación en el análisis directo de los portales, páginas web o plataformas que recogen (de ahí que también se les llame repositorios) materiales en forma de contenidos y recursos sobre las áreas STEM en cualquiera de las etapas educativas.

La muestra es de conveniencia y resulta después de diversas consultas en buscadores y otros servicios de Internet, que dan como resultado aquellas plataformas o servicios más utilizados y buscados de recursos y materiales del ámbito STEM.

Pasamos a analizar 10 plataformas de recursos y contenidos STEM, 5 de origen extranjero y que originariamente se encuentran en inglés y otras 5 que originariamente se encuentran en castellano, y fueron las que se pueden consultar en la Tabla 1.

Id	Nombre	url
P01	The Concord Consortium STEM Resource Finder	https://learn.concord.org/
P02	Scientix	https://www.scientix.eu/
P03	PhET University of Colorado Boulder	https://phet.colorado.edu/
P04	STEM Learning	https://www.stem.org.uk/
P05	TRYEngineering	https://tryengineering.org/es/
P06	CREA-El portal de Medios para la enseñanza STEM	https://crea-portaldemedios.siemens-stiftung.org/home
P07	Eduteka-Universidad ICESI	https://eduteka.icesi.edu.co/
P08	Proyecto Simbiosis	https://proyectosimbiosis.colectivocrecet.com/
P09	STEMarium	https://stemarium.gestioeducativa.gencat.cat/
P10	STEM4math	https://www.stem4math.eu/es

Tabla 1. Plataformas analizadas, nombre y url de cada una. Fuente: Elaboración propia.

Además, para proceder a un primer análisis de tipo comparativo de las plataformas, se contemplaron aquellas variables o características que se vio que podían repetirse y por tanto compararse, en todas las plataformas a analizar. Se han dejado aquellos aspectos más particulares o que no presentan repetición entre ellas, para realizar un análisis más particular y pormenorizado, más de índole cualitativo. Y aquellos que se ha comentado anteriormente, que sí posibilitan un análisis comparativo entre las plataformas, sí permite además un análisis cuantitativo.

Para este análisis comparativo entre plataformas, se tomaron 6 variables o criterios a analizar en las 10 plataformas. Estos criterios, cuentan en algunos casos con una valoración en una escala de calificación que va entre el 0 y el 10, y otros casos en los que las respuestas obedecen a respuestas más concretas y objetivas como por ejemplo el tipo de etapas educativas que contempla, o el idioma en el que se pueden encontrar los recursos en estas plataformas. Estos criterios vienen recogidos en la Tabla 2.

Id	Criterio
C01	Cantidad y calidad de los recursos (en una escala del 0: muy pocos y de escasa calidad al 10: muchos y de excelente calidad)
C02	Idioma de los recursos (ES: español, IN: inglés, FR: francés, IT: italiano, CA: catalán, EU: euskera, GA: gallego, VA: varios)
C03	Facilidad de búsqueda (0: muy difícil, al 10: muy fácil e intuitiva)
C04	Idoneidad para el uso e implementación en las aulas de los recursos (0: muy poca o ninguna usabilidad en las aulas, 10: de gran usabilidad en las aulas)
C05	Etapas educativas a las que van dirigidos los recursos (IN: infantil, PR: primaria, SE: secundaria, UN: universidad)

C06	Gratuidad de los recursos y contenidos (GR: gratuitos, SM: gratuitos, pero se exige registro para poder acceder a los recursos de forma libre, PG: todos los recursos son de pago).

Tabla 2. Criterios de análisis de las Plataformas. Fuente: Elaboración propia.

4. DESARROLLO DE LA INVESTIGACIÓN

Como ya se ha comentado, se realizan dos tipos de análisis. Por un lado, un primer análisis de corte comparativo y con posibilidad de dar resultados de índole cuantitativa. Y, por otro lado, se realiza también un análisis de corte más descriptivo y cualitativo, plataforma por plataforma, indicando aquellas características y particularidades que presentan cada plataforma y que no se repiten en otras plataformas.

4.1. Análisis comparativo de las plataformas atendiendo a seis criterios principales.

Atendiendo a los criterios que hemos visto, y a las 10 plataformas propuestas para su análisis, los resultados obtenidos se pueden ver en la tabla 3. Tal y como se puede comprobar, 7 de ellas presentan sus recursos totalmente en abierto, con lo que cualquier docente puede acudir a dichos materiales y recursos y disponer de ellos libremente sin que el docente haya tenido que dejar constancia de sus datos. Mientras que las otras 3 sí requieren de un registro para poder acceder y disponer de los recursos, incluso una de estas, demanda que se compartan recursos propios para poder disponer de los que la propia plataforma pone a disposición de sus usuarios inscritos. Esta práctica puede tener docentes a favor y otros en contra, pero es una forma de poder disponer de un mayor número de recursos y que estos sean fruto de la colaboración y el espíritu de compartir de todos los docentes usuarios de la misma. En cuanto al idioma, sí vemos como 3 de las inglesas sí ofrecen la posibilidad de obtener los recursos o navegar por la plataforma en otros idiomas. En cambio, entre las que están en castellano, solo dos ofrecen también sus recursos en inglés o tiene algún recurso en inglés.

ID	C01	C02	C03	C04	C05	C06
P01	9	IN	9	10	IN, PR, SE, UN	GR
P02	9	IN, VA	7	9	IN, PR, SE, UN	GR
P03	8	IN, VA	10	9	PR, SE, UN	GR
P04	9	IN	9	10	IN, PR, SE, UN	SM
P05	7	IN, VA	7	8	IN, PR, SE, UN	GR
P06	8	ES	10	8	IN, PR, SE	GR
P07	8	ES	8	8	IN, PR, SE, UN	GR
P08	8	ES, CA, IN, EU, GA, FR	9	9	SE	SM
P09	9	CA	9	10	IN, PR, SE	SM
P10	6	ES, IN	9	9	PR	GR

Tabla 3. Resultados de los criterios analizados. Fuente: Elaboración propia.

Respecto a las etapas educativas, la mitad, incluyen recursos para todas las etapas: infantil, primaria, secundaria y universidad. Hay dos que la única etapa que no contemplan es la universitaria. Y luego hay una que no contempla infantil, y las otras dos están especializadas, una en primaria y la otra en secundaria.

Las calificaciones obtenidas en cuanto a la cantidad y calidad de los recursos, la facilidad de acceder a ellos y su idoneidad para su implementación en las aulas, resultan ser bastante notables o incluso excelentes. Aunque estos resultados valorativos, tal y como se comentará en las conclusiones, son una limitación de esta investigación, puesto que pueden ser considerados subjetivos al estar realizados por un único investigador, y entendemos que hubiese sido muy aconsejable que hubiesen podido obtenerse tras el cálculo de la media de las valoraciones de 3 o más investigadores no conectados entre sí. A pesar de esta limitación, se constata una excelente calidad de los recursos presentados en las diferentes plataformas, no sólo en la usabilidad e implementación de los recursos en las aulas, sino también en lo que respecto a su contenido y fundamentación pedagógica.

4.2. Características particulares de cada una de las plataformas analizadas

También se contemplaron algunas características y particularidades que presentaban las diferentes plataformas y que las diferenciaban del resto.

P01. The Concord Consortium STEM Resource Finder:

Colección de recursos y contenidos en las diferentes áreas STEM, que van desde actividades sueltas a cursos completos en los que se puede seguir y supervisar los avances y resultados del alumnado que los utilice. Son recursos y contenidos principalmente pensados para trabajar conectados a Internet. Se ofrecen guías didácticas pensadas para los docentes, con las que puedan orientar el proceso de enseñanza-aprendizaje a través de estas actividades. No es necesario registrarse para disponer de los recursos gratuitos que nos ofrecen. Si lo hacemos, lo podemos hacer como estudiante o docente. Así mismo, ofrece distintas formas de localizar recursos y contenidos. Hay una de ellas que te permite generar una secuencia de aprendizaje, a partir de la idea inicial sobre aquello que se desea enseñar, añadiendo las actividades o prácticas que se desee, y hasta un concepto transversal que trabajar con ellas.

P02. Scientix:

Además de ofrecer recursos y contenidos, se trata de una comunidad para la enseñanza de las ciencias en Europa y ofrece información sobre eventos, proyectos, conferencias, noticias, etc. Se puede consultar en diversos idiomas, y aunque la mayoría de los recursos están en inglés, en muchos de ellos también los podemos encontrar traducidos a otros idiomas. Muchos de los recursos son materiales planteados como unidades didácticas, descargables e imprimibles al tratarse de documentos en pdf, que a su vez son interactivos y se puede navegar en Internet con ellos y los recursos que ofrecen (videos, juegos, cuestionarios en línea, etc.). No es necesario registrarse ni dejar ningún dato personal, aunque voluntariamente se puede formar parte de la comunidad de usuarios.

P03. PhET University of Colorado Boulder:

PhET fue fundado en el año 2002 por el premio Nobel Carl Wieman, el proyecto PhET Interactive Simulations de la Universidad de Colorado Boulder crea simulaciones interactivas gratuitas de matemáticas y ciencias (Física, Química, Biología y Ciencias de la Tierra). Los simuladores de PhET se basan en una extensa investigación educativa e involucran a los estudiantes a través de un entorno intuitivo similar a un juego donde los estudiantes aprenden a través de la exploración y el descubrimiento. Cuenta en la actualidad con 164 simuladores, traducidos a 120 idiomas y con más de 3300 propuestas pedagógicas descritas y desarrolladas por docentes a partir de estas simulaciones. No es necesario registrarse ni dejar ningún dato personal, aunque voluntariamente se puede formar parte de la comunidad de usuarios. Se puede utilizar en dispositivos móviles, ya que también es accesible a través de una aplicación (disponible tanto en iOS como en Android).

P04. STEM Learning:

Se trata de una comunidad de docentes del Reino Unido interesadas en las STEM. Desde esta web se les ofrece un desarrollo profesional continuo en materias STEM, se les proporciona modelos a seguir en las escuelas y se les brinda apoyo personalizado a largo plazo para grupos de escuelas en colaboración con empresas. Los recursos están clasificados por etapas educativas y por áreas de conocimiento, y ya dentro de estas, por temáticas. Los recursos que se ofrecen son muy variados: fichas, artículos, audios, videos, experimentos, juegos, trabajo en grupo, imágenes, presentaciones, tests, simulaciones, videos, libros de texto, cursos, guías didácticas, etc. Aunque el tipo predominante de recurso son los archivos pdf que contienen todo tipo de información y contenido, tanto teórico como práctico. Sí es necesario registrarse y formar parte de esta comunidad de usuarios que no impide formar parte, aunque no se sea del Reino Unido, y eso posibilita el poder descargarse los materiales. Se puede utilizar en dispositivos móviles, ya que también es accesible a través de una aplicación (disponible tanto en iOS como en Android).

P05. TRYEngineering:

Esta plataforma se dedica a proporcionar recursos educativos, inspiración y orientación que habilita a educadores, consejeros, y a sus estudiantes alrededor del mundo, fomentando la próxima generación de innovadores tecnológicos. A los estudiantes les ofrece juegos y aplicaciones para dispositivos móviles; y a los docentes, recursos de todo tipo con los que unos y otros pueden acercarse, aprender y trabajar la Ingeniería y la Tecnología, dentro de las STEM. No hay por tanto nada de Matemáticas ni de Ciencias. No es necesario registrarse ni dejar ningún dato personal.

P06. CREA – El portal de Medios para la enseñanza STEM:

Se trata de un portal o plataforma que ofrece a los docentes más de 1.000 materiales gratuitos y de libre acceso para la enseñanza de las asignaturas STEM y otras relacionadas. Un espacio que nace de la colaboración de instituciones miembros de la Red STEM Latinoamérica para aportar en los nuevos contextos educativos y conectividad que enfrenta la enseñanza. En la búsqueda se puede seleccionar el tipo de medio o recurso (imágenes, interactivos, videos, audios, textos, sitios web, paquetes de medios), asignatura o materia (donde no están solo las STEM sino también cualquier otra área que pueda estar relacionada), edades (desde los 3 a los 18 años). No es necesario registrarse ni dejar ningún dato personal, aunque voluntariamente se puede formar parte de la comunidad de usuarios.

P07. Eduteka. Universidad ICESI:

Se trata de un portal que ha ofrecido soluciones educativas innovadoras para estudiantes de Hispanoamérica por más de 20 años. Con la incorporación de herramientas de IA, permite a los docentes personalizar sus procesos educativos y crear ambientes de aprendizaje efectivos. Las herramientas permiten ahorrar tiempo en la planificación y evaluación de proyectos, para que los docentes se concentren en guiar a los estudiantes hacia el éxito académico. No está centrado en las STEM propiamente dichas, y sí en herramientas, recursos e información en torno a la Tecnología educativa, el pensamiento crítico, el uso e implementación de las TIC en las aulas. Contiene una sección de proyectos en la que se ofrece a los docentes guías didácticas de posibles proyectos a realizar, destacando que las áreas de Ciencias Naturales y Tecnología e Informática son con 3075 y 2117 las que más proyectos presentan. No es necesario registrarse ni dejar ningún dato personal, aunque voluntariamente se puede formar parte de la comunidad de usuarios.

P08. Proyecto Simbiosis:

Simbiosis es un proyecto colaborativo desinteresado, creado por y para profesorado de Biología y Geología y asignaturas afines y de habla hispana con el objetivo de promover el intercambio de materiales y recursos educativos listos para usar. Se trata de un repositorio de recursos de libre acceso para los usuarios registrados, que, a su vez, pueden disponer de mayor o menor acceso a dichos recursos en función de su grado de participación y colaboración (subiendo nuevos recursos) en el proyecto. Al final se trata de promover entre sus usuarios la compartición de recursos bajo la filosofía de que hay que dar para poder recibir. Los recursos, llama la atención que están clasificados también bajo el campo de metodologías: ABP, *Breakout*, *Flipped*, gamificación, videos, apuntes, presentaciones, exámenes, prácticas, lecturas, salidas, etc.

P09. STEMarium:

Comunidad de docentes de habla catalana en la que se comparte recursos, pero también se informa de eventos, cursos, charlas, formaciones, y otras noticias. Para poder acceder a los recursos es necesario haberse registrado en el portal. La búsqueda de recursos se puede realizar atendiendo a los campos: nivel educativo, duración de la actividad, áreas STEM, otras áreas o disciplinas, metodologías, tipo de material (actividad inicial, actividad final, actividades de apoyo, actividades de evaluación, recursos e instrumentos de evaluación, etc.) y otros descriptores (ciencia ciudadana, competencia digital, robótica, impresión en 3D, programación, ética y valores, perspectiva de género, emprendimiento, pensamiento crítico, educación para la sostenibilidad, etc.).

P10. STEM4math:

Se trata de un Proyecto *European Erasmus KA2*. En su página web, a modo de portal, promueven como objetivo principal del proyecto, estimular la educación integrada STEM, de manera que los conceptos y competencias matemáticas sean abordadas desde un contexto real de aprendizaje. Con ese objetivo, se desarrollan e ilustran 20 ejemplos de buenas prácticas con la metodología didáctica desarrollada en el seno del proyecto partiendo de la literatura especializada y la experiencia y la validación de decenas de profesores de los 5 países implicados. Por tanto, en esta web sólo se encuentran 20 propuestas didácticas del área de Matemáticas, todas ellas de libre acceso y todas ellas dirigidas a alumnado de primaria.

5. DISCUSIÓN

El uso por parte de los docentes de plataformas de recursos y contenidos les permite poner en juego mejoras en los procesos de enseñanza-aprendizaje de su alumnado. Sin embargo, estos recursos no deben de ser utilizados sin una justificación que surja de una necesidad y de una intencionalidad de aportar un valor añadido a la enseñanza. Es decir, no hay que usarlos por usarlos o porque están de moda o sean innovadores. Y estas plataformas aquí analizadas ofrecen recursos que pueden paliar esa necesidad de recursos, que es el inconveniente más citado por los docentes cuando se les pide que digan aquellas razones que les impiden trabajar bien las STEM en el aula (Arabit-García y Prendes, 2020).

Antes que lanzarse a crear recursos nuevos (No *et al.*, 2022), es mejor echar un vistazo a los recursos que presentan estas plataformas. En todas ellas, presentes en Internet, se puede ver que presentan las características que en esta investigación se han visto: recursos en abierto, libres y de acceso gratuito, facilidad de búsqueda, calidad de los recursos presentados, buena usabilidad e idoneidad para ser implementados en el aula, etc. Todas ellas ofrecen amplias posibilidades de ser llevadas a la práctica, con experiencias y actividades de aula y poseen bibliografía que da cuenta de ellas (Bondaryk y Dorsey, 2021; Cunha *et al.*, 2012; Prolongo y Pinto, 2018; Tinker, 2013; Torres, 2020; Wieman *et al.*, 2010).

Además de las aquí vistas, existen otras muchas plataformas que se enmarcan en las áreas STEM, pero que o bien se especializan en una de sus materias o en una de las etapas. Un ejemplo destacable de ello es la plataforma *CREATEskills* que ofrece, en abierto, recursos para la enseñanza de las STEM, pero sólo dirigidos a alumnado de educación primaria (Arabit-García *et al.*, 2023).

6. CONCLUSIONES

Se constata que las plataformas de recursos y contenidos en Internet más conocidas en el ámbito de un enfoque STEM de la educación son portales o repositorios de acceso abierto y libre (aunque 3 de ellas pongan algún tipo de requisito para poder acceder a dichos recursos). La mitad de las 10 analizadas poseen recursos para cualquier etapa educativa y las restantes o bien se especializan en alguna de estas etapas o bien se dejan solo una de estas. Pero sí se puede afirmar que tanto su calidad, cantidad, usabilidad como la accesibilidad a dichos recursos es muy buena, excelente en la mayoría de los casos.

Se quiere insistir, y a la vez advertir, que la implementación de un enfoque STEM en las aulas no consiste únicamente en dotar de una formación a los docentes encargados de ello, ni tampoco en dotarles de unos recursos. Entendemos que ambos aspectos son necesarios y, por consiguiente, también es necesario hacer un buen uso de los dos. Es decir, se requiere de una formación en implementación de las STEM de calidad, y también un conocimiento, selección y discernimiento sobre si son necesarios o no, de los materiales y recursos, para poder realizar esta implementación. No se debe caer en el error, cometido desde hace décadas en este ámbito y otros, de dotar a los docentes de recursos y ahí finalizar su acompañamiento en este proceso de implementación de las STEM. Debe realizarse, por tanto, un acompañamiento eficaz, razonado y coherente.

Una limitación importante con la que cuenta esta investigación es que los resultados de los criterios que pedían una valoración están supeditados al juicio de un único investigador y, por tanto, son muy subjetivos y necesitan ser contrastados por más investigadores y especialistas.

Entre las líneas futuras que se pretenden trabajar está el seguir descubriendo y analizando otras plataformas de recursos, sean estas con una visión global e integradora de las áreas STEM o con una visión individualizada de dichas áreas. Del mismo modo, se pretende divulgar estas plataformas de recursos y promover formaciones entre los docentes activos y futuros docentes, para que tanto formación como recursos vayan unidos con el mismo fin de conseguir en un futuro próximo una implementación de las STEM en las aulas.

7. REFERENCIAS

Aguilera, D. y Ortiz-Revilla, J. (2021). STEM vs. STEAM Education and Student Creativity: A Systematic Literature Review. *Education Sciences, 11*(7), 1-13. https://doi.org/10.3390/educsci11070331

Álvarez-Herrero, J. F. (2022). Metodologías activas entre el profesorado STEM de secundaria: Uso y percepciones. *HUMAN REVIEW. International Humanities Review / Revista Internacional De Humanidades, 11*(Monográfico), 1-9. https://doi.org/10.37467/revhuman.v11.3860

Arabit-García, J. y Prendes, M. P. (2020). Metodologías y Tecnologías para enseñar STEM en Educación Primaria: análisis de necesidades. *Pixel-Bit. Revista de Medios y Educación, 57*, 107-128. https://doi.org/10.12795/pixelbit.2020.i57.04

Arabit-García, J., Prendes-Espinosa, M. P. y Serrano, J. (2023). Recursos Educativos Abiertos y metodologías activas para la enseñanza de STEM en Educación Primaria. *Revista Latinoamericana De Tecnología Educativa - RELATEC, 22*(1), 89-106. https://doi.org/10.17398/1695-288X.22.1.89

Bondaryk, L. y Dorsey, C. (2021). Aligning Teacher Facilitation Tools with Pedagogies in a Real-Time Environment for Mathematics Team Learning. En L. O. Campbell, R. Hartshorne y R. F. DeMara (Eds.), *Perspectives on Digitally-Mediated Team Learning. Educational Communications and Technology: Issues and Innovations* (pp. 3-17). Springer, Cham. https://doi.org/10.1007/978-3-030-77614-5_1

Bybee, R. W. (2013). *The case for STEM education: Challenges and opportunities.* National Science Teachers Association.

Cunha, C., Gras-Velázquez, À. y Gerard, E. (2012). Scientix: The new Internet-based community for science education in Europe. En *EGU General Assembly Conference Abstracts* (p. 1924). Vienna 22-27 April 2012.

Li, Y. y Schoenfeld, A. H. (2019). Problematizing teaching and learning mathematics as "given" in STEM education. *International Journal of STEM Education*, 6, article 44, 1-13. https://doi.org/10.1186/s40594-019-0197-9

Martín, O. y Santaolalla, E. (2020). Educación STEM: Formación con «con-ciencia». *Padres y Maestros/Journal of Parents and Teachers*, (381), 41-46. https://doi.org/10.14422/pym.i381.y2020.006

Maass, K., Geiger, V., Ariza, M. R. y Goos, M. (2019). The role of mathematics in interdisciplinary STEM education. *ZDM Mathematics Education*, 51, 869-884. https://doi.org/10.1007/s11858-019-01100-5

McComas, W. F. y Burgin, S. R. (2020). A Critique of "STEM" Education. *Science & Education*, 29, 805-829. https://doi.org/10.1007/s11191-020-00138-2

No, I. N., Tornillo, J. E. y Pascal, G. (2022). Creación de materiales educativos STEM abiertos y reproducibles con RStudio. *Unión - Revista Iberoamericana de Educación Matemática, 18*(64), 1-17. https://acortar.link/k5aAFn

Ortiz-Revilla, J., Adúriz-Bravo, A. y Greca, I. M. (2020). A Framework for Epistemological Discussion on Integrated STEM Education. *Science & Education*, 29, 857-880. https://doi.org/10.1007/s11191-020-00131-9

Prolongo, M. y Pinto, G. (2018). La educación STEM: ejemplos prácticos e introducción al Proyecto Europeo Scientix. En *Jornadas sobre investigación y didáctica en ciencia, tecnología, ingeniería y matemáticas: V Congreso Internacional de Docentes del ámbito STEM. experiencias docentes y estrategias de innovación educativa para la enseñanza de la ciencia, la tecnología, la ingeniería y las matemáticas* (pp. 451-460). Santillana.

Roig-Vila, R., Álvarez-Herrero, J. F. y Urrea-Solano, M. (2021). Formación docente para la innovación en la enseñanza de las STEM. En M. P. Prendes, I. M. Soriano y M. d. M. Sánchez (Coords.), *Tecnologías y pedagogía para la enseñanza STEM* (pp. 111-122). Pirámide.

Takeuchi, M. A., Sengupta, P., Shanahan, M. C., Adams, J. D. y Hachem, M. (2020). Transdisciplinarity in STEM education: A critical review. *Studies in Science Education, 56*(2), 213-253. https://doi.org/10.1080/03057267.2020.1755802

Tinker, R. (2013). Enseñanza y aprendizaje profundamente digitales. *Revista de Ingeniería,* (39), 23-58.

Torres, S. (2020). El Proyecto simbiosis: Proyecto colaborativo internacional entre docentes en respuesta a la pandemia para la creación de un banco de recursos educativos de Biología y Geología. En *Memorias de las Jornadas Nacionales y Congreso Internacional en Enseñanza de la Biología, 2*(nº extraordinario), pp. 65-66.

Wieman, C. E., Adams, W. K., Loeblein, P. y Perkins, K. K. (2010). Teaching physics using PhET simulations. *The Physics Teacher, 48*(4), 225-227. https://doi.org/10.1119/1.3361987

DELIMITACIONES Y SINERGIAS DE LAS RELACIONES PÚBLICAS Y EL FENÓMENO DE LOS INFLUENCIADORES EN LAS TIC: ESTADO DE LA CUESTIÓN

José Daniel Barquero Cabrero[1], David Caldevilla-Domínguez[2]

El presente texto nace en el marco de un proyecto CONCILIUM (931.791) de la Universidad Complutense de Madrid, "Validación de modelos de comunicación, neurocomunicación, empresa, redes sociales y género".

1. INTRODUCCIÓN

Las Relaciones Públicas, comúnmente conocidas como RR.PP., representan el arte y la ciencia de construir relaciones entre una organización y su público clave. A lo largo de los años, esta disciplina ha evolucionado, adaptándose a los cambios en la sociedad, la tecnología y los medios de comunicación. Sin embargo, su esencia sigue siendo la misma: crear y mantener una imagen positiva y fortalecer los lazos con aquellos que pueden influir o ser influenciados por las acciones de una organización. Desde sus inicios, las RR.PP. han sido más que simples comunicados de prensa o eventos de alto perfil. Se trata de contar historias, historias que resuenen, que informen y que, en última instancia, inspiren confianza y lealtad de marca. Ivy Lee y Edward Bernays (Olasky, 1985), adelantados en el campo de las RR.PP., comprendieron esto a principios del siglo XX. Vieron más allá de la simple promoción y reconocieron el poder de la comunicación estratégica para moldear la percepción y la opinión pública.

Hoy en día, en un mundo saturado de información y con una creciente desconfianza hacia las instituciones, las RR.PP. son más relevantes que nunca. Las organizaciones no sólo buscan destacar, sino que también quieren conectar de manera genuina con su público. Ya sea gestionando una crisis, lanzando un nuevo producto o simplemente compartiendo noticias corporativas, las RR.PP. ofrecen un enfoque medido y reflexivo.

Pero, ¿qué hace que las RR.PP. sean verdaderamente efectivas? Principalmente, la percepción de autenticidad. En un mundo donde cada individuo puede ser un periodista y cada opinión puede ser amplificada, la percepción de honestidad, transparencia y fiabilidad son esenciales. Las organizaciones ya no pueden simplemente "vender" una imagen; deben vivirla, como se desprende de Martín García *et al.*, (2023). Y aquí es donde las RR.PP. brillan, sirviendo como un puente entre las organizaciones y el público,

---

1. ESERP Digital Business & Law School (España)
2. Universidad Complutense de Madrid (España)

garantizando que ambas partes se escuchen, se comprendan y, lo más importante, se valoren mutuamente.

Para este fin, el uso de influenciadores en el marketing se ha consolidado como una estrategia clave para que las marcas establezcan conexiones con su público. Sin embargo, esta estrategia no está exenta de riesgos, especialmente cuando se trata de posibles errores de los influenciadores y el impacto en la reputación de la marca. Recientemente, ha surgido una nueva tendencia: los influenciadores virtuales. Estos son personajes generados por inteligencia artificial, que pueden parecer humanos o no, y que interactúan en tiempo real en espacios digitales. Aunque muchas marcas están explorando esta nueva forma de conectar con su audiencia, todavía es necesario tiempo de estudio y análisis de experiencias para valorar los beneficios o taras que estos influenciadores virtuales pueden representar para las organizaciones y sus líderes. Porque lo cierto es que tecnologías como la Inteligencia Artificial (IA) están redefiniendo el panorama de las Relaciones Públicas (RR.PP.), ofreciendo una serie de herramientas y técnicas capaces de potenciar la eficacia y eficiencia de la comunicación estratégica. En lugar de ver a la IA como una amenaza o un simple automatizador de tareas, aun debe comprenderse su potencial transformador en el ámbito de las RR.PP, entre otras disciplinas (Rodrigo-Martín *et al.*, 2021).

Uno de los avances más significativos que estas tecnologías han traído a las RR.PP. es su capacidad para analizar grandes volúmenes de datos en tiempo real. Esto va más allá de la simple recopilación de datos; pues refiere a la capacidad de discernir el sentimiento y la emoción detrás de las interacciones comunicacionales en línea. Por ejemplo, si una organización lanza un nuevo producto y desea conocer la reacción del público, la IA puede proporcionar un análisis detallado del sentimiento general, identificando factores generadores de retroalimentación positiva, o aspectos que requieran atención por parte del personal de relaciones públicas de la compañía (Russell y Norvig, 2010).

Además, la segmentación del público ha alcanzado nuevos niveles de precisión gracias a la IA. Las organizaciones ya no se limitan a segmentar a su público en categorías amplias; ahora pueden identificar y, además, comunicarse con microsegmentos, adaptando su mensaje a las necesidades y preferencias específicas de cada grupo. Esta personalización, impulsada por algoritmos inteligentes, permite a las organizaciones establecer relaciones más profundas y significativas con sus interlocutores cercanos. Lo que igualmente puede haber provocado que, a la amenaza percibida de intrusismo en marketing y Relaciones públicas, ha seguido la de la posible entrada de la Inteligencia Artificial como rival a los generadores de comunicación y estrategias de relación con los públicos.

2. OBJETIVOS

Sosteniendo axiomáticamente que dicha percepción es errónea, el propósito del presente texto es el de establecer un estado de la cuestión sobre la relación existente entre las Relaciones públicas tradicionalmente entendidas y el fenómeno prevalente de los influenciadores como camino más corto a las casas de los diversos públicos. Explorando en el proceso las posibilidades existentes de sinergia entre ambas esferas de actuación para la consecución de objetivos comunes y el mejoramiento y administración de la imagen de empresas, marcas, instituciones y demás organizaciones.

3. METODOLOGÍA

Se llevará a cabo una revisión de literatura de fuentes expertas de artículos académicos, monografías y artículos web relevantes escogidos bajo criterios de coincidencia temática, actualidad y rigor medido mediante la demostración de un grado significativo de citaciones o su publicación en revistas o editoriales de cierto prestigio académico. Sobre la base de esos datos se extraerán conclusiones lo más sólidas posible para generar afirmaciones útiles para la construcción del conocimiento futuro sobre la materia, y la edificación de las Relaciones Públicas del futuro. También se ha decidido incluir una imagen a efectos meramente representativos del alcance del fenómeno de la evasión publicitaria, con intención ilustrativa.

Por lo demás, se seleccionarán trabajos que tengan relación temática con el desarrollo de la investigación de manera clara y defendible. Mientras que se implementarán criterios de exclusión de fuentes como los relativos a la falta de rigurosidad percibida o demostrada de las mismas, la excesiva antigüedad de la información y/o conclusiones presentadas, y la percepción de carencia de base en datos o fuentes que pueda extraerse por parte de los autores tras revisión de la fuente en cuestión.

4. DESARROLLO DE LA INVESTIGACIÓN

Decía el insigne Don Miguel de Unamuno que «Vencer no es convencer»: según todos los indicios, ésta era la frase qué más probablemente pronunció el catedrático aquel 12 de octubre de 1936 (Claudé Rabaté y Claude Rabaté, 2018) por ser no solo una frase que él desplegaba habitualmente en conversaciones privadas, sino por hallarse anotada en esos términos en el sobre postal que dobló como borrador sucio para el improvisado discurso del profesor. Y como no puede ser de otra manera, pese a quién pese, el buen hombre habló cargado de razón.

Aplicado a la comunicación moderna, bastante menos violenta que la que rodeaba a Don Miguel, "vencer" puede equivaler a alcanzar una presencia omnímoda o muy amplia en el día a día del público objetivo. Pero esa victoria tiene muy poco valor si no se obtiene la atención de este, y se es capaz de persuadirle para que acepte el mensaje que se le intenta transmitir. Un ejemplo de esto lo tenemos en la moderna iteración de los clásicos anuncios de televisión en plataformas de difusión: Youtube, pero también las cuentas con anuncios en Netflix, Prime video y otras. Traduciéndose en el también actualizado fenómeno de "Irritación publicitaria" y a la subsiguiente instancia de *"Ad avoidance"* o "Evasión de anuncios". Compuesta por reacciones por parte del consumidor que van desde cambiar de canal durante los segmentos publicitarios, hasta instalar bloqueadores de anuncios en los navegadores web, pasando por cualquier actitud intermedia: ignorar el anuncio, quitarle el volumen, o perder la visualización del video, al decidir el usuario tangencialmente interesado en el contenido, que no vale la pena soportarlo (Lin *et al.*, 2021).

> *Recientemente, YouTube es el sitio web de videos más popular a nivel mundial [...]. Alrededor del 88% de los usuarios de Internet tienen una cuenta en YouTube [...], y más de 2.3 mil millones de espectadores registrados visitan YouTube cada mes [...]. Por lo tanto, YouTube se ha convertido en una plataforma importante para que los usuarios accedan a información y publiquen videos originales. En YouTube, los usuarios pueden ser creadores (también conocidos como YouTubers), quienes regularmente suben videos originales a sus canales personales. En 2020, el número de canales con un millón de suscriptores aumentó en más del 65%, y había más de 37 millones de*

canales en YouTube [...]. Al acceder a los videos de YouTube, los espectadores pueden aumentar su conocimiento o tomar un breve descanso. A menudo se suscriben a sus canales favoritos para recibir los videos más recientes. Estas interacciones entre creadores y espectadores en los canales de YouTube han creado un enorme ecosistema de visualización y publicidad en línea. (Lin et al., 2021:2).

Figura 1. Popular "Meme" de Internet relativo a la Irritación
publicitaria. Fuente: Imagen de libre disposición.

Los mismos autores, sin embargo, relatan:

Esto implica que puede haber dos posibles mecanismos mediante los cuales los espectadores pueden reducir su irritación publicitaria y evasión de anuncios. El primer mecanismo es la atracción hacia la fuente. Es decir, los espectadores se sienten atraídos por sus creadores y canales favoritos y pueden convertir su afecto y devoción hacia los creadores y canales en motivación para ver anuncios. Esto es lo que estudios anteriores llamaron respaldos de celebridades [...]. Es decir, una persona que se identifica con una celebridad cambiará sus actitudes y preferencias hacia un producto e incluso generará comportamientos de compra a favor de ese producto [...]. Por lo tanto, este efecto de respaldo puede reducir tanto la irritación publicitaria como la evasión de anuncios, mejorando la efectividad de los anuncios [...]. El segundo mecanismo es el altruismo [...]. Los espectadores pueden considerar ver anuncios en el transcurso de un video como un tipo de comportamiento altruista. Es decir, los espectadores apoyan a sus creadores y canales favoritos viendo anuncios porque creen que una disminución en la participación de las ganancias publicitarias puede hacer que los creadores no puedan producir videos de mayor calidad. En consecuencia, es probable que el altruismo motive a los espectadores a ver anuncios en el transcurso de un video, reduciendo el comportamiento de evitación de anuncios.

Estas celebridades, en el caso que nos ocupa, son los influenciadores. El fenómeno de estos influenciadores, especialmente en las redes sociales, ha transformado la forma en que las marcas se conectan con los consumidores. A menudo referidos también como creadores de contenido, tienen la capacidad de influir en las decisiones de compra y las percepciones de marca de sus seguidores a través de sus publicaciones y contenido compartido.

Zhou *et al.* (2021) destacan que los influenciadores en Redes sociales están cada vez más involucrados en el marketing de influencia para promover productos. Sin embargo, con esta forma de publicidad no todo son necesariamente ventajas ni está el camino correcto marcado. Las estrategias narrativas de estos influenciadores pueden ser de gran valor, ya que un contenido de boca a boca electrónico (eWOM) de alta calidad es vital para mantener la efectividad del marketing de influencia. En el contexto del mercado de lujo de China, los autores exploran cómo las estrategias narrativas de los influenciadores pueden abordar problemas como las barreras culturales, la tensión entre contenido comercial y personal, y la divulgación de patrocinios en sus comunicaciones en línea (Zhou *et al.*, 2021).

Por otro lado, Zhang *et al.* (2021) investigaron cómo las herramientas de redes sociales pueden aliviar la incertidumbre del cliente y promover la adopción de un nuevo producto ecológico, en el contexto de la China rural. A través de un experimento de campo controlado, descubrieron que una plataforma de apoyo en redes sociales puede promover eficazmente la adopción de un producto. Sin embargo, en la etapa de prueba, la plataforma no se desempeñó tan bien como el apoyo personalizado de la empresa debido a la incertidumbre en la credibilidad del proveedor y la autenticidad del producto (Zhang *et al.*, 2021). En este sentido, Bentley *et al.* (2021) discuten el papel de los influenciadores en el ámbito global, especialmente en relación con la sostenibilidad. Los autores utilizan las dimensiones culturales de Hofstede para estudiar el compromiso del consumidor, determinando que la distancia cultural entre el influenciador y sus seguidores es un factor importante para determinar el nivel de compromiso esperable de estos. Pues si bien el compromiso superficial no se ve afectado por la distancia cultural, el compromiso profundo aumenta cuando un influenciador y sus seguidores son culturalmente cercanos (Bentley *et al.*, 2021). Velasco Molpeceres (2021) en su estudio sobre influencers vinculados a marcas de lujo se refiere al fenómeno de la autenticidad en términos de marketing emocional: siendo el influenciador la cara conocida de la organización respecto a un determinado público, y arriesgando la creación de predisposiciones negativas hacia la primera si el segundo llega a sentirse engañado o traicionado por dicha cara conocida. Sobre todo en industrias y organizaciones muy sensibles al marketing de influenciadores, como es el caso de la turística, donde una buena palabra de un influencer adecuado puede suponer la diferencia entre la adquisición o no de paquetes de servicios muy valiosos, tal como apuntan Rodríguez-Hidalgo *et al.*, (2023).

Las Relaciones públicas (RR.PP.) -tradicionalmente entendidas- son una disciplina que ha evolucionado a lo largo del tiempo, adaptándose a los cambios socioculturales y tecnológicos. Su origen se remonta a la antigüedad, pues podemos establecer paralelismos de acciones reputacionales por parte principalmente de figuras políticas y poderosas casi desde que hay historia registrada: la hoy evidente manipulación de Ramses II de los hechos que llevaron al tratado de Kadesh, la intención propagandística de "La guerra de las Galias" o la utilización auto-promocional de las narraciones de la campaña napoleónica de Egipto son ejemplos reseñables de ello. Pero su consolidación conceptual y como práctica profesional se dio en el siglo XX. Encargándose de gestionar la comunicación entre una organización y sus públicos, buscando establecer relaciones mutuamente beneficiosas (Skoko y Gluvačević, 2020).

Con esta definición en mente, se puede afirmar con cierto grado de seguridad que este fenómeno de los influenciadores en las redes sociales ha supuesto la última revolución a que el marketing y las RR.PP. han debido de adaptarse, por la forma en que afecta al modo en que dichas organizaciones interactúan con sus consumidores. Entre los desafíos vinculados al contexto RR.PP. en relación a la comunicación digitalmente mediada, destacan los desafíos éticos y de reputación. Un ejemplo notable es el caso de Bell Pottinger, una reconocida firma global de relaciones públicas, cuyas acciones poco éticas en 2017 generaron repercusiones económicas, sociopolíticas y dañaron la imagen de la industria de las RP en general (Verwey y Muir, 2022). O también en un espectro más amplio, el caso del vertido de la minera sueca Boliden en Aznalcóllar (Martín-Arroyo, 2013) en el que la comunicación de la empresa intentó miopemente negarlo todo sin consideración por el daño causado ni por la imposibilidad de ocultar su relación con el desastre. Este tipo de casos resaltan la importancia de la ética en la práctica de las RR.PP. y la necesidad de un compromiso con los intereses colectivos de la comunidad.

La ética, la creatividad y este compromiso con la comunidad son esenciales para una práctica efectiva y responsable de las RR.PP. El fenómeno de los influenciadores ha cobrado una relevancia significativa en la comunicación contemporánea, especialmente en el ámbito de las redes sociales. Estos individuos, que han acumulado una considerable base de seguidores en plataformas digitales, se han convertido en actores clave en la estrategia de comunicación de muchas organizaciones y marcas.

Abuín-Penas y Maiz Bar (2022) destacan cómo las redes sociales han transformado la influenciador en el entorno online. Analizaron la situación actual de los deportistas como colaboradores de marcas en redes sociales, identificando un claro desarrollo en la repercusión y en el estilo de comunicación de los deportistas como prescriptores de marcas. Por otro lado, Maiz-Bar (2022) señala que los influenciadores son cada vez más relevantes en la comunicación de las organizaciones. Su participación en campañas promocionales ha potenciado su imagen y visibilidad entre el público general. Sin embargo, dado que son actores recientes en el ámbito de la comunicación, su integración en las agencias tradicionales puede requerir ajustes. El estudio aborda la colaboración de los influenciadores con las empresas de relaciones públicas y la percepción de los directivos sobre la profesionalidad de esta figura.

Belanche *et al.* (2020) exploran las reacciones de los seguidores a las publicaciones de influenciadores en Instagram. Los autores sugieren que un buen ajuste entre los influenciadores y los productos promocionados incentiva a los usuarios a buscar información sobre estos productos, lo que puede tener implicaciones significativas para las estrategias de relaciones públicas.

> En tiempos recientes, Instagram ha centrado más su atención en su atractivo visual, mejorando la experiencia del usuario al agregar nuevas características (por ejemplo, historias, Instagram TV). Esto ha convertido a Instagram en una de las redes sociales más utilizadas, alcanzando recientemente la cifra de mil millones de usuarios activos, la mitad de ellos usando la plataforma diariamente (...). Además, debido a que tiene un mayor nivel de compromiso que otras redes sociales, es ampliamente utilizado por las marcas para promocionar sus productos (...). Después de ver un producto, los usuarios de Instagram tienden a realizar acciones positivas, como búsquedas de información, seguir la cuenta de la marca o realizar una compra (...). Esto ocurre particularmente en la industria de la moda,

cuya naturaleza visual se ajusta a la esencia de Instagram. Así, Instagram se ha convertido en un valioso punto de contacto para los clientes, sirviéndoles como una herramienta valiosa e inspiradora para tomar sus decisiones de compra (...).

Instagram es considerado como la plataforma natural para desarrollar acciones de marketing con *influencers*, por lo que casi nueve de cada diez profesionales de marketing prefieren usarlo en sus campañas de marketing de *influencers* (...). Los *influencers* son, en esencia, líderes de opinión de la actualidad (...) y, como todos los líderes de opinión, ejercen una influencia desigual en los procesos de toma de decisiones de otros (...). Se les considera modelos a seguir por otros usuarios, quienes siguen sus consejos porque confían en sus creencias y opiniones. (Belanche *et al.*, 2020, p. 38)

En un estudio reciente, Pérez Ordóñez y Castro-Martínez (2023) coinciden en la importancia creciente de Instagram como red emergente, acuñan el concepto de "micro-influencer" para referir a los influenciadores para segmentos superespecializados del público general, y ponen como ejemplo la importancia de estos en el sector de la salud, donde es importante un perfil concreto de comunicador.

La creatividad también ha emergido como una herramienta esencial en las RR.PP, especialmente en un mundo saturado de información. Las organizaciones buscan formas innovadoras de comunicarse con sus públicos y destacar en el ruido mediático. Un ejemplo de esto es el proyecto «*Croatia je Hrvatska*» de la compañía de seguros croata *Croatia osiguranje*, que utilizó la creatividad para comunicar su identidad y valores, fortalecer su imagen y atraer nuevos clientes (Skoko y Gluvačević, 2020). Es esencial que los profesionales de las RR.PP. posean conocimientos adecuados y actúen con integridad. Las RR.PP. no solo consisten en promover una imagen positiva, sino de construir relaciones genuinas y transparentes con los públicos. En este sentido, la historia de las RR.PP. tiene un capítulo meritorio en la promoción de los concursos de belleza en Turquía de 1929, organizados por el periódico *Cumhuriyet*, sirve como un ejemplo de cómo las RR.PP. pueden ser utilizadas para reflejar y promover cambios socioculturales (Utanir, 2021). Como también se evidencia a partir del estudio de Pardo Larrosa y Peña Acuña de 2020 sobre la plasticidad de la representación comunicacional moderna.

La ciencia de las Relaciones Públicas (RR.PP.) ha evolucionado significativamente desde entonces, adaptándose a las nuevas formas de comunicación y a las cambiantes expectativas del público. La incorporación de influenciadores en las estrategias de comunicación, que tienen una presencia significativa en las redes sociales y una base de seguidores leales, los ha convertido en valiosos aliados para las organizaciones que buscan ampliar su alcance y mejorar su imagen. Dunan y Mudjiyanto (2020) destacan que en la era de la Revolución Industrial 4.0, las Relaciones Públicas del Gobierno (GPR) deben adaptarse al desarrollo de tecnologías avanzadas como la Inteligencia Artificial y los programas analíticos de grandes datos. Esta adaptación es esencial para mejorar los servicios de información pública a través de medios en línea, siendo más rápidos y precisos. En este contexto, se identifican dos estrategias de comunicación clave para las RR.PP.: la automatización de contenidos y la narración digital. Estas estrategias, respaldadas por expertos en RR.PP., analistas de datos y aprendizaje automático, pueden potenciar la implementación de estrategias de comunicación en la era digital, puesto que, como señala Martín Díez (2021) una característica de la comunicación moderna es la inmediatez de la comunicación y difusión que concede cada vez menos margen de maniobra frente al error a las administraciones públicas.

La integración de influenciadores en las estrategias de relaciones públicas representa una evolución en la forma en que las organizaciones interactúan con sus públicos. Estos individuos, con su capacidad para influir en grandes audiencias, ofrecen oportunidades únicas para las marcas y organizaciones que buscan ampliar su alcance y mejorar su imagen. Los influenciadores, al tener una conexión personal con sus seguidores, pueden transmitir mensajes de manera más efectiva que los medios tradicionales. Según Belanche *et al.* (2020), la autenticidad percibida de un influenciador puede aumentar la confianza del público en el mensaje, lo que a su vez puede mejorar la actitud del público hacia la marca o producto promocionado. Esta autenticidad es esencial para mantener la credibilidad y la confianza del público, y resulta en uno de los factores que más deben cuidarse en la relación entre el influenciador y unas marcas que no pueden verlo ni tratarlo como a un empleado más, como se desprende de Guerrero Navarro *et al.* (2022) o Guiñez-Cabrera *et al.* (2022).

Sin embargo, si un influenciador se involucra en un comportamiento controvertido o impopular, puede afectar negativamente a la marca o entidad con la que esté asociado. Por lo tanto, es esencial que las organizaciones realicen una investigación exhaustiva y monitoreen regularmente las actividades y publicaciones de los influenciadores con los que colaboran. Además, Maiz-Bar (2022) destaca la importancia de la formación y la profesionalización en el ámbito de los influenciadores. A medida que esta figura se consolida en el panorama comunicativo, es esencial que se establezcan estándares y prácticas éticas para garantizar una colaboración efectiva y beneficiosa para todas las partes involucradas:

> Aproximadamente la mitad de los *influencers* que trabajan con las agencias de relaciones públicas se identifican como profesionales en los dos países que son objeto de esta investigación. La documentación revisada también muestra un claro auge en su reconocimiento como profesionales en el ámbito empresarial. En este contexto, se ha observado cómo, debido al amplio y rápido crecimiento de esta actividad, han surgido iniciativas que resaltan la necesidad de establecer regulaciones para la misma. Esto incluiría legislación, códigos éticos, de buenas prácticas y de conducta, mejoras y estandarización en la medición de resultados, o normativas para la formalización de acuerdos y la asunción de responsabilidades. En ambos países, ya se ha comenzado este proceso, y la elaboración y publicación de estas regulaciones es cada vez más común. (Maiz-Bar, 2022, p. 54)

Por otro lado, la relación entre influenciadores y relaciones públicas también ha llevado a la aparición de agencias especializadas que actúan como intermediarias entre marcas y creadores de contenido. Estas agencias ofrecen servicios que van desde la identificación de influenciadores adecuados hasta la gestión de campañas y la medición de resultados. Un estudio sobre la estrategia de comunicación de Relaciones Públicas en línea de la comunidad Akar Tuli Malang en Indonesia resalta la importancia de las redes sociales, en particular Instagram, como medio para transmitir mensajes políticos de campaña (Hendrawan *et al.*, 2023). Esta tendencia refleja la creciente relevancia de las plataformas digitales en las estrategias de RR.PP., y cómo los influenciadores pueden desempeñar un papel crucial en la difusión de mensajes y en la construcción de relaciones con el público.

Nuevamente respecto a la autenticidad: según Marwick y Boyd (2011), esta resulta esencial para la eficacia de los influenciadores. Los seguidores buscan autenticidad y transparencia, y es más probable que confíen en un influenciador que perciben como genuino. Las RR.PP., al colaborar con influenciadores, deben garantizar que los mensajes promovidos sean coherentes con la personalidad y los valores del influenciador, para mantener esa percepción de autenticidad.

Las tecnologías de redes sociales permiten que las personas se conecten creando y compartiendo contenido. Examinamos el uso de Twitter por parte de personas famosas para conceptualizar la celebridad como una práctica. En Twitter, la celebridad se practica a través de la apariencia y el desempeño de un acceso «tras bambalinas». Los practicantes de la celebridad revelan lo que parece ser información personal para crear un sentido de intimidad entre el participante y el seguidor, reconocen públicamente a los fans y utilizan lenguaje y referencias culturales para crear afiliaciones con los seguidores. Las interacciones con otros practicantes de la celebridad y personalidades dan la impresión de miradas sinceras y sin censura a las personas detrás de las personalidades. Sin embargo, la «autenticidad» indeterminada de estas actuaciones atrae a algunas audiencias, que disfrutan del juego intrínseco al consumo de chismes. Aunque la práctica de la celebridad está teóricamente abierta a todos, no es un igualador o un discurso democratizador. De hecho, para practicar con éxito la celebridad, los fans deben reconocer las diferencias de poder intrínsecas a la relación. (Marwick y Boyd, 2011, p. 1)

Además, la ibricación entre las RR.PP. y los influenciadores no se limita a la promoción de productos o servicios. Las crisis de Relaciones públicas, por ejemplo, pueden ser gestionadas con la ayuda de influenciadores. Como señala L'Etang (2008), las RR.PP. han evolucionado desde una función principalmente táctica a una más estratégica, y los influenciadores pueden desempeñar un papel en la gestión de la reputación, ayudando a las organizaciones a navegar por situaciones difíciles y a reconstruir la confianza. Sin embargo, trabajar con influenciadores no es una apuesta segura. Uno de los principales es la gestión de expectativas. Según Weimann *et al.* (2018), es esencial que las organizaciones y los influenciadores tengan claridad sobre sus roles, responsabilidades y expectativas para garantizar una colaboración exitosa. Las RR.PP. deben ser proactivas en la comunicación y garantizar que ambas partes estén alineadas en sus objetivos.

Es por ello que resulta tan importante el papel de la ética, en concreto en la colaboración entre RR.PP. e influenciadores. Con la creciente preocupación por la transparencia y la divulgación en el marketing de influenciadores, las RR.PP. deben garantizar que cualquier colaboración sea transparente y cumpla con las regulaciones y directrices éticas pertinentes (Ihlen *et al.*, 2011).

5. CONCLUSIONES

La ciencia de las Relaciones Públicas está aprovechando el poder de los influenciadores para mejorar la comunicación y construir relaciones más sólidas con el público. A medida que las tecnologías y las plataformas digitales continúan evolucionando, es esencial que las RR.PP. se adapten y utilicen estas herramientas para mantenerse relevantes y efectivas en el paisaje comunicativo actual.

La figura del influenciador ha transformado el campo de las relaciones públicas, ofreciendo nuevas oportunidades y desafíos. Las organizaciones deben abordar esta colaboración con una estrategia bien definida, teniendo en cuenta tanto las ventajas como los posibles riesgos asociados. Estas figuras se han consolidado como una herramienta esencial en el ámbito de las relaciones públicas, ofreciendo nuevas oportunidades y desafíos para las organizaciones en su esfuerzo por conectar con audiencias específicas y lograr objetivos de comunicación.

La capacidad del influenciador para alcanzar al público se basa en su propio esfuerzo, carisma e historia de relación con su público. Es posible "quemar" una de estas figuras si se intenta servirse de ellos inconscientemente. Consiguiendo con ello perder una herramienta valiosa y generar repercusión negativa hacia la organización percibida como responsable. En consecuencia, debe trabajarse con ellos respecto a cómo acercarse a sus públicos. Además de escuchar sus ideas respecto a cómo generar contenidos en un medio –las redes sociales- que al fin y al cabo son el suyo. Y con el que muchos profesionales de comunicación o relaciones públicas tradicionales pueden tener una relación diferente y menos cercana.

Existe la posibilidad de que, al igual que los famosos televisivos que les precedieron, se termine percibiendo y normalizando la colaboración de estos profesionales con las agencias de publicidad y comunicación. Pero también es posible que determinados extremos de patrocinio y utilización lleven a los primeros a perder su acrisolada credibilidad ante un público que se ha acostumbrado a elegir cada vez más los contenidos que consume, y a ejercer la evasión publicitaria como una medida casi defensiva frente a la prevalencia de contenido promocionado como único medio conocido y omnipresente de monetización de los nuevos medios.

En este sentido, frente a la irritación publicitaria creciente, también es necesario encontrar nuevos medios de promoción menos intrusivos. Por ejemplo con anuncios más cortos que sigan las líneas de las plataformas modernas de videos como Youtube y Tiktok que apuntan a segmentos más cortos de contenido que casen con el decreciente lapso de atención de una audiencia sobre-estimulada.

6. REFERENCIAS

Abuín-Penas, J. y Maiz Bar, C. (2022). Los *influencers* y las relaciones públicas en la industria deportiva: análisis de los deportistas españoles en Instagram. *Revista de Estudios de Comunicación, 26*(2), 123-145. https://acortar.link/QplWVP

Belanche, D., Flavián, M. e Ibáñez-Sánchez, S. (2020). Followers' reactions to influencers' Instagram posts. *Spanish Journal of Marketing, 24*(1), 64-83. https://dx.doi.org/10.1108/sjme-11-2019-0100

Bentley, K., Chu, C. K., Nistor, C., Pehlivan, E. y Yalcin, T. (2021). Social media engagement for global influencers. *Journal of International Consumer Marketing, 34*(3), 205-219. https://www.tandfonline.com/doi/full/10.1080/08911762.2021.1895403

Claudé Rabaté, C. y Claude Rabaté, J. (2018). Enfrentamiento en el paraninfo: Unamuno, "fulminado". ELPAIS.COM. https://acesse.dev/XoLDc

Dunan, A. y Mudjiyanto, B. (2020). The Republic of Indonesia Government Public Relations Communication Strategy in the Era of the Industrial Revolution 4.0. *JATI - Journal of Southeast Asian Studies, 25*(1). https://acortar.link/a19FnA

Guerrero Navarro, D., Cristófol Rodríguez, C. y Gutiérrez Ortega, P. (2022). La evolución de la relación entre marcas e influencers españolas de moda tras la pandemia. *Revista de Comunicación de la SEECI,* 55, 1-28. https://doi.org/10.15198/seeci.2022.55.e754

Guiñez-Cabrera, N. Ganga-Contreras,F. A. y Quesada-Cabrera, A. (2022). Factores de satisfacción e insatisfacción de los influencers deportivos en las redes sociales en tiempos de pandemia. *Revista Interciencia, Internacional, 47*(11), 491-499.

Hendrawan, J., Budiana, D. y Yogatama, A. (2023). Online Public Relations Communication Strategy by Akar Tuli Malang in Campaigning the Use of Indonesian Sign Languange (BISINDO). *Journal of Content and Engagement, 1*(1), 50-64. http://dx.doi.org/10.9744/joce.1.1.50-64

Ihlen, Ø., Bartlett, J. L. y May, S. (2011). Corporate social responsibility and communication. In *The Handbook of Communication and Corporate Social Responsibility* (pp. 3-22). Wiley-Blackwell.

L'Etang, J. (2008). *Public relations: Concepts, practice and critique.* Sage.

Lin, H.C.-S., Lee, N.C.-A. y Lu, Y.-C. (2021). The Mitigators of Ad Irritation and Avoidance of YouTube Skippable In-Stream Ads: An Empirical Study in Taiwan. *Information*, 12, 373. https://doi.org/10.3390/info12090373

Maiz-Bar, C. (2022). La profesionalidad de los influencers. *Journal of Communication Management, 19*(3), 37-49. https://dx.doi.org/10.29105/gmjmx19.37-489

Martín Diez, P. (2021). La toma de decisiones errónea en política. *Vivat Academia, Revista de Comunicación*, 154, 167-183. https://doi.org/10.15178/va.2021.154.e1342

Martín García, N., Alvarado López, M. C. y Martín García, A. (2023). Apelaciones sociales y publicidad actual: análisis de su eficacia y reflexiones desde el sector. *Revista Latina de Comunicación Social*, 81, 63–85. https://doi.org/10.4185/rlcs-2023-1996

Martín-Arroyo, J. (2013). La justicia reactiva el "caso Boliden" 15 años después de la catástrofe ecológica. ELPAÍS.COM. https://n9.cl/hfcib

Marwick, A. E. y Boyd, D. (2011). To see and be seen: Celebrity practice on Twitter. *Convergence, 17*(2), 139-158. https://doi.org/10.1177/1354856510394539

Olasky, M. (1985) Bringing "Order Out of Chaos": Edward Bernays and the Salvation of Society Through Public Relations. *Journalism History, 12*(1), 17-21, https://doi.org/10.1080/00947679.1985.12066598

Pardo Larrosa, I. y Peña Acuña, B. (2020). Gastronomía y cine. El caso de "Deliciosa Martha". *Revista de ciencias de la comunicación e información, 24*(2), 1–17. https://doi.org/10.35742/rcci.2019.24(2).1-17

Pérez Ordóñez, C. y Castro-Martínez, A. (2023). Creadores de contenido especializado en salud en redes sociales. Los micro influencers en Instagram. *Revista de Comunicación y Salud*, 13, 23–38. https://doi.org/10.35669/rcys.2023.13.e311

Rodrigo-Martín, L., Rodrigo-Martín, I., y Muñoz-Sastre, D. (2021). Los Influencers Virtuales como herramienta publicitaria en la promoción de marcas y productos. Estudio de la actividad comercial de Lil Miquela. *Revista Latina de Comunicación Social*, 79, 69-90. https://doi.org/10.4185/RLCS-2021-1521

Rodriguez-Hidalgo, A. B., Tamayo Salcedo, A. L. y Castro-Ricalde, D. (2023). Marketing de Influencers en el turismo: Una revisión sistemática de literatura. *Revista de Comunicación de la SEECI*, 56, 99–125. https://doi.org/10.15198/seeci.2023.56.e809

Russell, S. J. y Norvig, P. (2010). *Artificial intelligence: A modern approach.* Pearson.

Skoko, B. y Gluvačević, D. (2020). Creativity in Public Relations: The Case from Croatia – How to Make the History of the Insurance Company "Cool". En J. Bettany-Saltikov, J. y G. Kandasamy, (Eds.) *Public Relations and Advertising*. IntechOpen. https://doi.org/10.5772/intechopen.89960

Utanir, S. (2021). 1929 beauty contest in the context of public relations history. *Journal of International Relations and Diplomacy, 1*(1), 1-15. https://doi.org/10.0000/jird.2021.01.01.1

Velasco Molpeceres, A. M. (2021). Influencers, storytelling y emociones: marketing digital en el sector de las marcas de moda y el lujo. *Vivat Academia, Revista de Comunicación*, 154, 1-18. https://doi.org/10.15178/va.2021.154.e1321

Verwey, S. y Muir, C. (2022). Bell Pottinger And The Dark Art Of Public Relations. *Journal of Communication Studies and Applications, 4*(1), 1-20. https://doi.org/10.0000/jcsa.2022.04.01.1

Weimann, G., Tustin, D. H., Van Heerden, G. y Pitt, L. F. (2018). Commercial and social influencer advertising: Recall, brand attitude and purchase intention. *Journal of Product & Brand Management, 8*(1). https://doi.org/10.1080/23311975.2021.20006 97

Zhang, W., Chintagunta, P. K. y Kalwani, M. U. (2021). Social Media, Influencers, and Adoption of an Eco-Friendly Product: Field Experiment Evidence from Rural China. *Journal of Marketing Research, 85*(3), 10-27. https://acortar.link/qYcK0h

Zhou, S., Blazquez, M., McCormick, H. y Barnes, L. (2021). How social media influencers' narrative strategies benefit cultivating influencer marketing: Tackling issues of cultural barriers, commercialised content, and sponsorship disclosure. *Journal of Business Research* 134, (122-142). https://doi.org/10.1016/j.jbusres.2021.05.011

EL BLOG EDUCATIVO COMO SOPORTE DEL PROCESO FORMATIVO EN EL GRADO DE TRABAJO SOCIAL

Carolina Blàvia Galindo[1]

El presente texto nace en el marco de un proyecto docente realizado en la asignatura optativa "Tercer Sector e Intervención Social" del Grado de Trabajo Social de la Universidad de Lleida (UdL) que tiene como finalidad explorar el uso del blog como herramienta de aprendizaje y para el logro de las competencias previstas en la asignatura, además de conocer con más profundidad el uso de la tecnología que realizan los alumnos.

1. INTRODUCCIÓN

Afirma Català (2021) que actualmente no podemos entender la organización social sin la transformación tecnológica (p. 19), sin embargo, el autor advierte que la tecnociencia, o "ciencia rápida", está centrada en resolver problemas, que se trata de tecnología aplicada que permite incrementar la eficiencia y la eficacia de las tareas a desarrollar. Para el autor, esto supone -o hay el riesgo de que suponga...- una regresión de lo que él designa como "ciencia lenta", más meticulosa, que precisaría de análisis de datos y de interpretación más compleja, en definitiva, que necesita de la razón humana y que no puede ser resuelta estrictamente a través de algoritmos (p. 21).

Afirmaba Coll en el año 2004, que el acceso a la información supone aprendizaje, solo si somos capaces de darle significado y sentido, y para ello, sería necesario que la tecnología fuera acompañada de un aprendizaje global, como afirma Català (2021) "usar los algoritmos para ampliar nuestra capacidad mental en un proceso reflexivo completamente nuestro" (p. 25) y que se trata "del único posthumanismo razonable" (Català, 2021, p. 25).

En este artículo planteamos la herramienta blog como aliada en la docencia universitaria. Autores como Molina *et al.* (2015) se refieren a los blogs educativos como plataformas que permiten la enseñanza y el aprendizaje. De hecho, en el ámbito educativo se trabaja, desde hace años, con tecnología digital como "los blogs" para potenciar competencias o capacidades humanas que permitan comprender y analizar la realidad que nos envuelve. Català (2021), citando a Bartra (2006), advierte que la tecnología supone, cada vez más, una extensión del propio sujeto, como ya observamos actualmente, por ejemplo, con el uso del móvil. En consecuencia, ya no podemos separar la sociedad de la tecnología, ni esta de la mente y el desarrollo humano. La racionalidad se sumerge en un mundo tecnologizado que puede servir para profundizar en procesos como la educación y el aprendizaje.

---

1. Profesora en el grado de Trabajo Social de la Universidad de Lleida (Cataluña-España)

Basándonos en esta reflexión, en el presente estudio se partió de la idea de que, actualmente, en los ámbitos educativos se hace un gran uso de la tecnología como estratégica de aprendizaje (apps de todo tipo) y también práctico (procesadores de texto, los más conocidos) pero no tanto como herramienta que ayude a trabajar competencias como la capacidad crítica, o bien estimular comportamientos como el interés en el aprendizaje y la cooperación. Desde este punto de partida, y en la misma línea, planteamos **la hipótesis** de que los alumnos hacen un "uso práctico" de los medios tecnológicos y de internet, tanto lúdico como educativo, pero que no utilizan la tecnología como forma de "generar" conocimiento o para explorar y analizar la realidad que los envuelve.

Así pues, se planteó desarrollar el curso 2022/23, un proyecto docente que estimulara el uso de la tecnología para tales fines y, que permitiera además el logro de las competencias de aprendizaje para la asignatura. Se escogió el blog por ser una herramienta conocida, sencilla y que cuenta con experiencias previas que han destacado ya muchas ventajas (González y García, 2009; Lara, 2005; Martin y Montilla, 2016; Orihuela y Santos, 2004).

Molina et al. (2015) realizaron un trabajo de innovación educativa, con proyectos diferentes y complementarios, llevados a cabo entre 2009 y 2013 donde resaltaron que el blog es una herramienta que permite dar continuidad en el aprendizaje, estimular la participación de los estudiantes y promover la reflexión y la responsabilidad. Observaron, además, que el impacto no fue el mismo entre todos los estudiantes y que requería de una alta dedicación por parte del profesorado.

Otra experiencia realizada el año 2016, con estudiantes de 5º de la licenciatura de psicología, destacaba el desconocimiento del alumnado y las dificultades técnicas que emergieron durante el proyecto docente, pero también el hecho que había resultado una herramienta bien valorada por los participantes ya que estimula la motivación, permite al alumno centrarse en lo que le interesa, permite un mayor control sobre el aprendizaje y añaden, estimula el trabajo colaborativo. (Martin y Montilla, 2016)

Cabe destacar que el Espacio Europeo de Educación Superior (EES) indica que los actuales modelos de enseñanza han de trabajar el aprendizaje autónomo, la resolución de problemas y también el trabajo colaborativo y de acuerdo con Sigalat-Signes *et al.*, (2021) el uso de herramientas digitales como el blog, pueden contribuir a ello de una manera actualizada.

Así pues, para la realización de este proyecto docente se elaboró una propuesta de trabajo y evaluación a través de la creación y gestión de un blog por parte de los alumnos de la asignatura optativa "Tercer Sector e Intervención Social" del grado de Trabajo Social de la Universidad de Lleida. En dicha asignatura se aborda la figura del/la trabajadora social y la organización de las entidades sociales sin ánimo de lucro, también llamadas entidades del Tercer Sector Social, ya que es cada vez más frecuente encontrar profesionales del ámbito social que desarrollan su vida laboral en este tipo de organizaciones.

2. OBJETIVOS

Se han establecido los siguientes objetivos;

- Conocer el uso de la tecnología que realizan los alumnos.
- Explorar la eficacia del blog como metodología válida para lograr las competencias previstas en la asignatura.
- Revisar la capacidad del uso del blog para generar motivación e interés en el aprendizaje.

- Valorar el blog como herramienta que permite un aprendizaje centrado en el alumno.
- Fomentar el aprendizaje cooperativo.

3. METODOLOGÍA

Presentamos un estudio de tipo microsocial. Para el seguimiento y análisis del proyecto docente se utilizó metodología cuantitativa (formulario-encuesta) y cualitativa (debate en el aula). Para poder dar respuesta a los objetivos, se formuló un cuestionario a inicio de curso y otro al finalizar el mismo. Se utilizó la plataforma «Google forms» con preguntas de respuesta cerrada y abierta (respuestas cortas). Contestaron el primer cuestionario 22 alumnos y 21 el segundo. En cuanto al perfil de los participantes, contamos con 10 personas identificadas con el género masculino y 12 femenino. De estas, 12 cursaban segundo curso, 3 tercero y 7 cuarto curso. Durante el proceso de trabajo, las condiciones fueron las mismas para todos, dado que, al tratarse de un número reducido de personas, se puede pedir apoyo personalizado al profesor –tutoría individual o grupal- en caso de ser necesario.

Las preguntas que se formularon se redactaron de manera que pudieran dar respuesta a los 4 primeros objetivos presentados en el punto anterior. El primer cuestionario fue de tipo exploratorio, enfocado principalmente a conocer la relación de los sujetos con la tecnología, y el segundo, en cambio, se centró en analizar las percepciones y reflexiones de los alumnos sobre el uso del blog utilizado en la asignatura. En el siguiente apartado exponemos más ampliamente todo el proceso y los cuestionarios.

En cuanto a la evaluación del objetivo "fomentar el aprendizaje cooperativo", se hizo de forma cualitativa; se dedicó 1 hora al final de cuatrimestre para conocer cómo se valoraban las estrategias de trabajo colaborativo utilizadas en el aula, así como el hecho de haber hecho comentarios en el blog de otros compañeros. Participaron 19 personas. Las ideas y valoraciones fueron recogidas manualmente por la profesora durante la sesión.

4. DESARROLLO DE LA INVESTIGACIÓN

4.1 Proceso realizado

La asignatura Tercer Sector e Intervención Social es optativa y se realiza durante el segundo cuatrimestre de cada curso académico pudiéndose matricular a partir de 2º curso. Para una mayor comprensión del proceso, exponemos los antecedentes de este proyecto docente; el curso 2017/18 incluyó el blog educativo como forma de trabajo y de evaluación y tenía inicialmente un valor del 30% sobre la nota final. El curso 2022/23, teniendo en cuenta las valoraciones que los alumnos habían facilitado en los cursos anteriores, se estableció que el blog tendría un valor del 60% (dividido en dos bloques de 30% de valor cada uno) y se complementó con un trabajo de grupo (30%) reservándose un 10% a la asistencia y la participación activa.

Se elaboró una rúbrica de evaluación que serviría al profesor, y también al alumnado, en la valoración de las entradas que revisarían a sus compañeros (se amplía más adelante). En la revisión/evaluación se propuso tener en cuenta los siguientes aspectos; la calidad de exposición y de redacción (40%), la calidad del contenido –corrección, profundidad, información complementaria- (40%) y aspectos técnicos del blog; presentación, facilidad de navegación, etc. (20%)

Se alentó a los alumnos a que, en lugar de tomar apuntes y estudiar para examen, crearen un espacio donde recoger y reflexionar sobre los temas trabajados en el aula. Cabe decir que todos los inscritos han cursado anteriormente una asignatura, durante el primer cuatrimestre del segundo curso, donde deben aprender a desarrollar (a nivel técnico) un blog docente, por lo tanto, hay ciertas competencias técnicas que habrían adquirido previamente.

El blog debía disponer de los siguientes contenidos al final de curso; 3 entradas libres sobre alguno de los temas teóricos tratados en el aula; se les demanda que ampliasen contenido y reflexionaran sobre lo trabajado, 5 entradas a modo de diario de campo donde recogían la información de las visitas realizadas a entidades sociales que se realizaron durante el curso (modo bitácora), 3 entradas sobre alguna noticia aparecida en la prensa o en redes sociales sobre el Tercer Sector Social que debían comentar y relacionar con temas tratados en la asignatura y, finalmente, 2 comentarios a dos entradas de dos compañeros de clase, comentarios que debían aportar algún elemento nuevo o reflexión interesante que ampliase y completase la entrada del compañero/era.

Otro factor importante se encuentra en el ritmo de elaboración, ya que se pactó un calendario para que "las entradas" se repartieran durante los cuatro meses y no se acumularan al final. Después de dos meses, además, había una primera valoración por parte del profesorado que indicaba la nota que obtendrían, así como los principales puntos fuertes y débiles, dando así, la posibilidad de mejorar el trabajo ya realizado y estar mejor orientado para afrontar el trabajo restante.

Durante el cuatrimestre, en el aula, los alumnos tuvieron dos sesiones para trabajar aspectos técnicos (en referencia a la elaboración del blog) y dos sesiones para trabajar la elaboración del contenido. Se potenció **el aprendizaje colaborativo** con la supervisión del profesorado. Las sesiones para los aspectos técnicos se realizaron durante el primer mes, y durante las mismas, los participantes presentaban en la clase las dificultades que estaban encontrando y entre el alumnado, y con el apoyo de la profesora, resolvían las cuestiones.

En cuanto al contenido, las sesiones se separaron en el tiempo, una primera a finales del primer mes y otra a finales del segundo mes de clases. Consistió en trabajar por parejas y revisar alguno de "los post" realizados. Así pues, se formaban parejas de revisión con la finalidad de mejorar las entradas. Se les pedía que observaran aspectos referentes al estilo del articulo; si estaba bien escrito, sin errores ortográficos, si se presentaba la información de forma adecuada y aspectos referentes al contenido; si exploraba correctamente la temática, si se había profundizado suficientemente, si había errores de contenido, etc. En caso de que detectaran algún aspecto de tipo técnico, también podían comentarlo y compartir o aumentar la competencia tecnológica. En cada una de estas sesiones compartían con un compañero distinto y evaluaban uno el trabajo del otro.

Como se puede observar, con el blog se trabajaron diversas competencias que el grado de trabajo social considera necesarias; competencias transversales; como capacidad de análisis y síntesis, capacidad de organización, de comunicación escrita, competencias personales como trabajo en equipo, razonamiento crítico y valoración del propio trabajo y competencias sistémicas como la creatividad, la iniciativa o el aprendizaje autónomo.

4.2. CUESTIONARIOS UTILIZADOS

A inicio del cuatrimestre se utilizó **un cuestionario** para conocer el uso que hacen los alumnos de la tecnología y también sus expectativas respecto al uso del blog. Las cuestiones planteadas fueron;

- ¿Utilizas estas aplicaciones? (a diario, semanal o mensualmente) se presentaron las más frecuentes con opción a marcar "otras"; Tiktok, Instagram, YouTube, Facebook i Otras
- En formato de pregunta de respuesta breve se preguntó; por el uso lúdico de la tecnología digital y en qué consistía, se preguntó también, por el uso para la formación y como esta se concretaba, que Apps o interfaces utilizaban y si eran creadores de contenido (blog, web, youtube u otros).
- Expectativas en el uso del blog para esta asignatura; que creían que les aportaría, si preveían dificultades, su predisposición en relación a esta metodología, etc. Igual que en el punto anterior, se presentó en formato de respuesta breve.

A final del cuatrimestre se pasó **el segundo cuestionario**. En éste se preguntó;

- Por el cumplimiento de las expectativas, se facilitaron las expectativas que habían expuesto en el primer cuestionario y su nivel de logro a través de la metodología aplicada
- En forma de pregunta corta, se pidió que destacasen los aspectos positivos y negativos que serían, a su entender, más destacados.
- Por el nivel de aprendizaje logrado; la percepción global, la percepción respecto a aspectos técnicos y también respecto al aprendizaje del contenido del curso.
- Se añadió una pregunta con ítems extraídos de Martin y Montilla (2016), teniendo en cuenta los resultados obtenidos en dicho estudio. Así pues, se adaptaron los resultados y se preguntó a los alumnos por el grado de acuerdo con las afirmaciones (de acuerdo, parcialmente de acuerdo, en desacuerdo). Se utilizó este estudio por su parecido con el que ahora se presenta y para comprobar el grado de acuerdo de nuestro alumnado respecto al del que participó en el estudio citado.
- Por el grado de logro de las competencias previstas para la asignatura, que son;
  · Desarrollar la capacidad crítica, de análisis y síntesis.
  · Favorecer el respeto a los derechos fundamentales de igualdad entre hombres y mujeres, la promoción de los Derechos Humanos y los valores propios de una cultura de paz y de valores democráticos.
  · Analizar y evaluar los problemas y necesidades sociales presentes en la Sociedad.
  · Comprender críticamente los modelos de intervención en el trabajo social.
  · Familiarizarse con los nuevos fenómenos y escenarios en los que se pueda realizar algún tipo de intervención social.

5. RESULTADOS

5.1. Análisis de los resultados de los cuestionarios

De acuerdo con datos extraídos del primer cuestionario, los alumnos utilizan las redes sociales de forma cotidiana. Cabe destacar que 15 afirmaron utilizar Tik-tok, 4 Facebook, 18 Youtube, 22 Instragram y 9 indicaron utilizar, además, "otras" plataformas. Por lo tanto, la más utilizada es Instagram seguida de Youtube.

En relación a los usos principales de la tecnología subrayamos principalmente dos usos; el uso práctico, es decir, uso de apps de aprendizaje de idiomas, para realizar trabajos de la universidad, entre otros y un uso lúdico; desde video-juegos hasta la visualización de videos de Tik-tok o la dedicación a las redes sociales. Sólo en dos casos las personas afirmaron ser creadoras de contenido; una de ellas en relación con temas culturales y a la vida académica que desarrolla y otra que crea contenido para temas de su interés como la alimentación o también sobre temas comunitarios (que describe como "organización del barrio").

Algunos alumnos se refirieron a un "uso lúdico" cuando aprendían sobre temas en relación con sus hobbies o intereses, como seguir tutoriales para adquirir determinadas habilidades y también hubo quien, de forma genérica, afirmó utilizar la tecnología e internet para aprender cosas nuevas. Otros, en el apartado de uso para el aprendizaje, se refirieron a webs e interfaces de formación en idiomas, o recursos específicos como el Optimot (lengua catalana) o el "Yahoo respuestas" como apoyo a lo aprendido en las aulas. Así mismo, en la categoría de uso para el aprendizaje, solo una persona se refiere a internet como canal de información. En resumen, de acuerdo con los datos aportados por los 22 alumnos, un 49% dijo hacer de forma habitual un uso lúdico de la tecnología, un 46% un uso informativo-formativo y solo un 5% (2 personas) declararon ser creadoras de contenido.

Como hemos comentado, en el primer cuestionario se preguntó por las expectativas iniciales respecto al hecho de haber de realizar un blog y ser evaluados a través de este. Las expectativas que citaron en el primer cuestionario fueron utilizadas en el segundo cuestionario (final de cuatrimestre) para saber la percepción del alumnado sobre el cumplimiento de estas y también si se sentían identificados con expectativas expresadas por otros compañeros (las frases están expresadas tal y como ellos las escribieron).

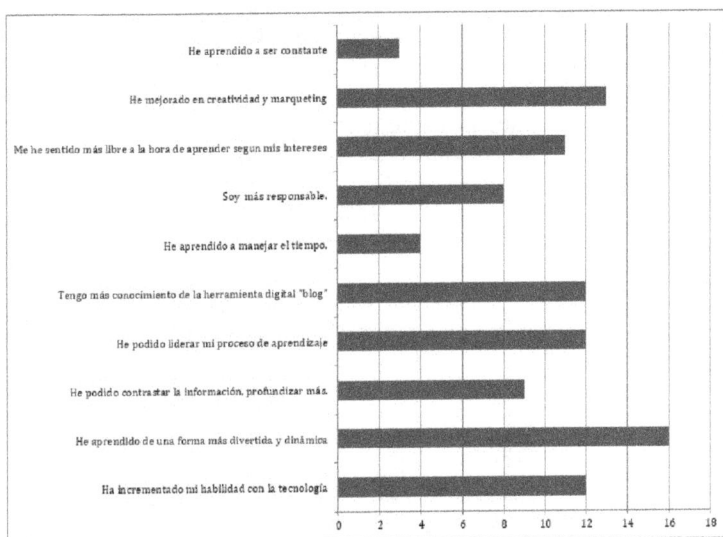

Figura 1: Logro de las expectativas iniciales. Fuente: Elaboración propia

Como avanzábamos en el apartado de metodología, en el segundo cuestionario se pidió que destacaran aspectos positivos y negativos. No todos los participantes contestaron estas dos preguntas, 13 alumnos indicaron aspectos positivos y 11 aspectos negativos. Para facilitar la lectura hemos agrupado los comentarios referentes a un mismo ítem y el número de veces que aparecen. Los resultados obtenidos fueron los siguientes;

Aspectos positivos	No veces
Mejora de las capacidades informáticas.	2
Ha incentivado mis ganas de trabajar en la asignatura: dinamismo, otra manera de trabajar	3
Poder ser creativos.	1
Libertad para elegir aquello en que profundizar.	3
Libertad en expresar aquello que uno piensa.	2
Te ayuda a profundizar, porque tienes que buscar más información, buscar argumentos.	3
Te ayuda a reflexionar sobre lo que estudias	2
Es una extensión del aula ya que el tiempo es limitado y no podemos hablar todos.	1
Aspectos negativos	
Dificultades técnicas en la elaboración del blog	4
Demasiadas entradas	3
Mucho tiempo de dedicación	4

Tabla 1: Aspectos positivos y negativos destacados. Fuente: Elaboración propia

En cuanto a su **percepción de aprendizaje**, se preguntó en una escala del 1 al 5, siendo el 5 el valor que indicaría haber aprendido mucho y 1 haber aprendido poco. En relación con el aprendizaje global, la mayoría de respuestas se encuentran entre el 4 y el 5 mientras que solamente una persona indicó un 2 y ninguna lo situó en el 1.

Respecto al aprendizaje en tecnología, el número mayor de respuestas se encuentran en el 4 seguido del 5 y luego el 3. Solamente 1 persona indica no haber aprendido y en referencia a los contenidos de la asignatura, la mayor parte del alumnado indicó el 4 seguido del 5 y luego del 3, en este caso, ningún alumno marco el número 1.

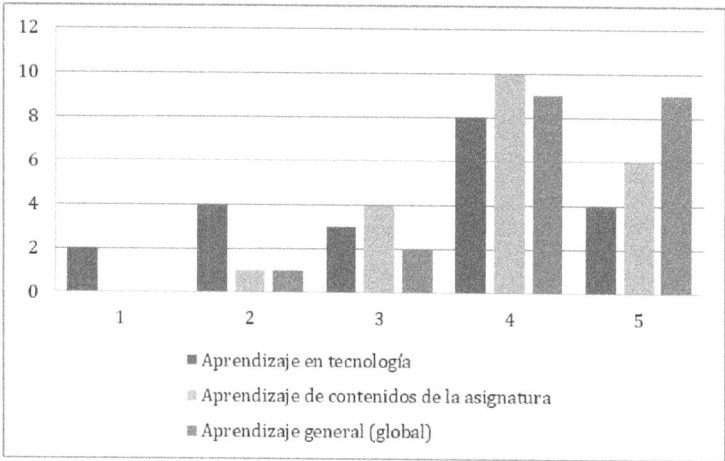

Figura 2: Percepción del aprendizaje. Fuente: Elaboración propia

De acuerdo con los objetivos del proyecto docente era importante conocer la opinión de los alumnos respecto al logro de las competencias que contempla la asignatura. Se preguntó si creían que estas, se habían trabajado "nada", "un poco", "mucho" y se añadió el "Ns/Nc". El resultado se puede observar en la siguiente figura;

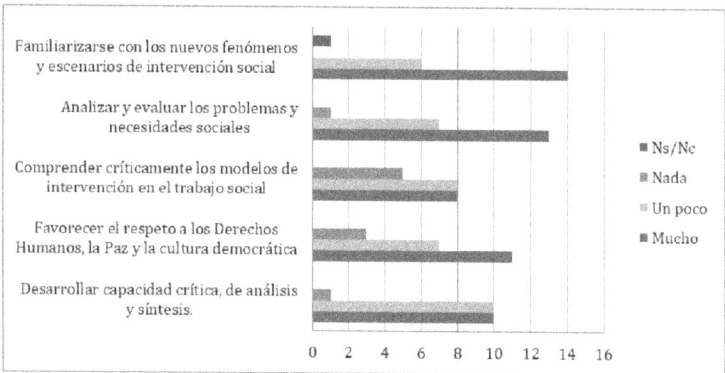

Figura 3: Logro de las competencias previstas en la asignatura. Fuente: Elaboración propia

Tal como puede observarse en los datos, la mayor parte de los alumnos considera que todas las competencias se han trabajado "mucho" o "un poco". Destaca la competencia específica "comprender críticamente los modelos de intervención en el trabajo social" por haber 5 personas que consideran que la metodología del blog no permite lograrlas. Las dos competencias que se consideraron más trabajadas fueron; Familiarizarse con los nuevos fenómenos y escenarios de intervención social (14 personas) y "analizar y evaluar los problemas y las necesidades sociales" (13 personas). La competencia específica "desarrollar capacidad crítica, de análisis y de síntesis" destaca por tener el mismo número de alumnos que las han trabajado "un poco" (10 personas) y "mucho" (10 personas).

Si unimos las respuestas "un poco" y "mucho" nos encontramos que las competencias que el alumnado considera más logradas son; la competencia general "desarrollar la capacidad crítica, de análisis y síntesis" que suma 20 opiniones entre "un poco" y "mucho" y la competencia "analizar y evaluar los problemas y las necesidades sociales" que suma también 20.

En último lugar, se facilitó a los participantes un conjunto de afirmaciones sobre las que debían indicar si estaban de acuerdo, parcialmente de acuerdo o en desacuerdo. Las afirmaciones escogidas, como expusimos en el apartado anterior, son una adaptación a partir del cuestionario de Martin y Montilla, (2016) y de las respuestas acuñadas por el alumnado que participó en dicho estudio. Se observará que algunos ítems son parecidos a los ya citados por los alumnos en esta investigación, pero se incluyeron para verificar el grado de coherencia en los resultados obtenidos y porque facilitará posteriormente discutir los datos.

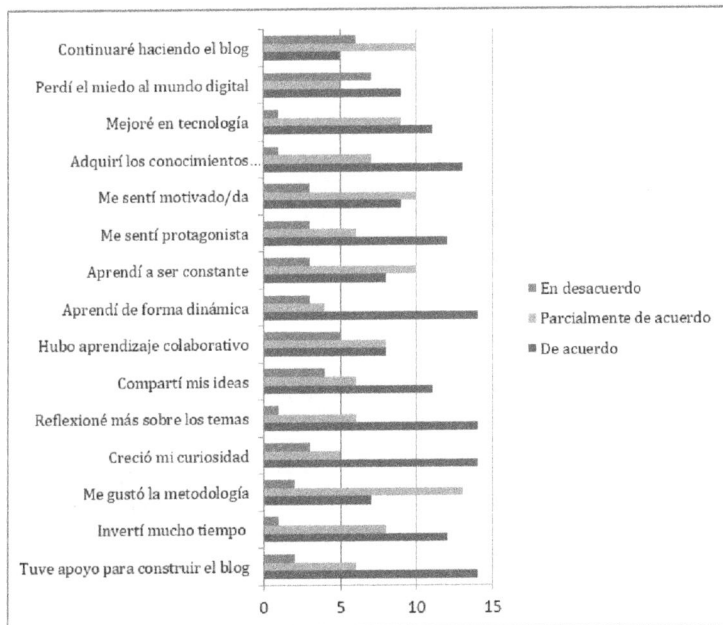

Figura 4: Acuerdo con afirmaciones. Fuente: Elaboración propia a partir de Martin y Montilla (2016)

Como se puede observar, el máximo acuerdo, con 14 personas indicando que están "de acuerdo", corresponde a las expresiones; tuve apoyo para construir el blog, creció m curiosidad, reflexioné más sobre los temas y aprendí de forma dinámica. A continuación con 12 o más de doce respuestas que están "de acuerdo" aparecen; invertí mucho tiempo me sentí protagonista y adquirí los conocimientos previstos.

En la parte contraria, las frases con 6 o más de 6 personas en desacuerdo fueron: Perdí e miedo al mundo digital y continuaré haciendo el blog. En referencia al valor intermedio es decir, estar "parcialmente de acuerdo", destaca por tener más de 12 respuestas la afirmación; me gustó la metodología. Obtuvieron 8 o más respuestas del valor intermedio los siguientes ítems; invertí mucho tiempo, hubo aprendizaje colaborativo, aprendí a ser constante, me sentí motivado, mejoré en tecnología y continuaré haciendo el blog.

Las expresiones con menos desacuerdos, es decir en los que solamente 1 persona indicó estar en desacuerdo, fueron: invertí mucho tiempo, reflexioné más sobre los temas adquirí los conocimientos previstos y mejoré en tecnología.

5.2. Análisis cualitativo del trabajo cooperativo

En referencia a las sesiones realizadas en el aula para resolver cuestiones técnicas, el alumnado agradeció tener el apoyo de la clase y de la profesora. Sin embargo, dependiendo de su habilidad tecnológica, algunos alumnos verbalizaron el hecho de que les hubiese gustado dedicar incluso alguna clase más a este tema. Para algunos, el aspecto tecnológico no supuso ninguna dificultad, y para otros, en cambio, fue todo un reto. Aquellos que declararon tener menos habilidades para la tecnología, creían que les había demandado mucho tiempo y, aunque estaban contentos con lo aprendido, habrían necesitado más sesiones dedicadas a aspectos tecnológicos. Aun así, alguno también indicó que fue mucho esfuerzo que luego en la nota, no tenía un valor tan importante ya que se valoraba más el contenido.

En cuanto al trabajo colaborativo en relación con la corrección de contenidos por parejas, los alumnos destacaron haber sentido cierta incomodidad a la hora de tener que valorar el trabajo de los compañeros. Algunos manifestaron no haber sido muy críticos ya que les costaba detectar aspectos a mejorar, a otros, sin embargo, les parecía que podían ofender al compañero. En general, esta parte fue difícil y durante el proceso se detectaron resistencias y dificultades para realizar este apoyo mutuo.

6. DISCUSIÓN

En la introducción se partía de la idea de que los alumnos utilizan la tecnología tanto para fines lúdicos como para aprendizaje, pero no como medio para generar conocimiento o para analizar la realidad social. En este sentido, tal como advierte Català (2021) sobre los usos de la tecnología, los resultados obtenidos confirmarían la tendencia a utilizarla como herramienta práctica, también por parte de los estudiantes. A pesar de ser una extensión de uno mismo, el uso reflexivo o creativo no aparece como el más común (solamente dos personas eran creadoras de contenido).

Se exponía, también, que el blog educativo podía servir para estimular la capacidad crítica, realizar un aprendizaje más activo –donde el estudiante sea el protagonista- y que además, podía ser una herramienta para estimular el aprendizaje colaborativo. Tal como hemos expuesto, el alumnado valoró el hecho de poder escoger los temas, desarrollarlos libremente, así como tener más control sobre aquello que se está trabajando.

Tanto cuando se preguntó en el segundo cuestionario sobre el cumplimiento de las expectativas que habían citado a inicios del cuatrimestre, como cuando se les presentaron frases extraídas de resultados de otros estudios de Martin y Montilla (2016), los alumnos estuvieron de acuerdo en que había incrementado el interés y la motivación. En la misma línea encontramos que, el hecho de que sientan que han desarrollado la tarea con mayor libertad, indica que han sido capaces de personalizar el aprendizaje. El trabajo a través del blog respeta los ritmos y necesidades de cada estudiante. Además, los valores que han obtenido frases como "me sentí protagonista" (18 personas) o "aprendí de forma dinámica" (18 personas) verifican también el logro del objetivo.

Si analizamos la pregunta referente al nivel de aprendizaje, confirma que el alumnado siente que la metodología blog es eficaz, la percepción que tienen es de que han aprendido, en general y en cuanto al contenido formativo, obteniendo la valoración más baja, los aspectos técnicos. De forma coherente con lo ahora expresado, en los aspectos negativos aparece la dificultad técnica y se destaca, además, el elevado número de horas que consideran que han tenido que destinar (coincidiendo con los resultados encontrados por Martín y Montilla, 2016). A pesar de ello, cabe recordar que, tal como se indicó anteriormente, la asignatura no tiene examen final, por lo tanto, todo el tiempo que hay que dedicar a estudiar, se suple con la actividad del blog que, además, permite que no se almacene el trabajo a última hora.

Analizando los aspectos positivos listados versus los negativos, se confirma la idea de que el alumnado está satisfecho con el proceso y los resultados obtenidos. Una de las preocupaciones de los docentes está en el hecho de asegurar que el estudiante consolide su aprendizaje, el calendario fijado, facilitaba el trabajo a ritmo continuo, algunos de los participantes lo expresaron con las expectativas "aprender a ser constante" (3 personas), "manejar mejor el tiempo" (4 personas) e incluso se podría añadir la expectativa "ser más responsables" siendo ésta última la que consiguió puntuación más alta (8 personas). Con todo, el hecho de "ser constante" se vuelve a indicar en el segundo cuestionario en la pregunta con afirmaciones extraídas Martín y Montilla, (2016) y en este segundo, la puntuación obtiene mayores niveles de acuerdo (8 de acuerdo y 10 parcialmente de acuerdo)

En cuanto al aprendizaje colaborativo, la valoración cualitativa realizada muestra que requeriría más orientación en las valoraciones mutuas, donde manifestaron dificultades en ser críticos con el trabajo de los compañeros afirmando que el principal motivo es que creían que las entradas ya estaban suficientemente bien hechas, evidenciando dificultades para observar los aspectos débiles de los compañeros. El discurso es coherente con los resultados obtenidos en la frase "ha habido aprendizaje colaborativo" donde se expresan valores moderados. A partir de esta idea, nos planteamos si fuera necesario modificar la manera de abordar este objetivo y a consecuencia, se presenta como reto para futuras ediciones preparar un clima de trabajo que permita la crítica constructiva, así como la necesidad de facilitar más herramientas para que se sientan preparados para evaluarse entre compañeros sin que lo perciban como un riesgo. Aun así, se han obtenido valores altos de acuerdo en afirmaciones como "haber podido compartir las ideas" que también sería un resultado directo del aprendizaje colaborativo. Si observamos la afirmación "he tenido apoyo para realizar el blog", se reconoce la colaboración y el trabajo compartido.

En cuanto a la diversidad del alumnado, no se detectó personas con dificultades extremas que se sintieran incapacitadas para hacer el blog. Todos los participantes podían pedir apoyo personalizado y solo fue precisado en 5 ocasiones por alumnos diferentes. Creemos que eso es así, dado que la metodología facilita el avance autónomo, respetando el ritmo de cada uno. Además, se podía corregir, durante todo el período, aquello que se creyera conveniente, con lo cual, la presión "por aprobar" disminuye.

En cuanto a la cuestión referida al logro de las competencias de la asignatura, en general, los resultados indicaron alto nivel de logro. Sorprende, sin embargo, que se considere muy válido para familiarizarse con nuevos escenarios de intervención social y para evaluar los problemas sociales y en cambio, se considere menos útil para desarrollar la capacidad crítica, de análisis y de síntesis. En este caso puede estar relacionado con la dificultad que expresaron durante el trabajo colaborativo; si extraer, denotar y comparar información no supone problema, el hecho de hacer una crítica de los datos obtenidos genera más dificultad.

La competencia que obtuvo más valoraciones en negativo, "comprender los modelos de intervención", se trabajó a través de las visitas realizadas a entidades y, por lo tanto, donde conocían las tareas y metodologías utilizadas por los/las trabajadoras sociales. El alumnado, debía hacer una entrada sobre cada visita y allí, recoger las metodologías observadas –tal y como hicieron algunos alumnos-, sin embargo, según muestran las respuestas del cuestionario, algunos alumnos no consideraron que hubieran logrado tal aprendizaje.

Creemos que se plantea como reto de futuro ayudar al alumnado a desarrollar su capacidad crítica y de análisis, una posible formula, aprovechando su trabajo con la tecnología, seria realizar debates a partir de algunas de las entradas realizadas por los alumnos, hecho que comportaría más horas lectivas donde el material de trabajo serían las entradas realizadas para el blog y, además, el profesor debería escoger aquellas que se deberían trabajar de acuerdo con el avance de la asignatura.

Los aspectos más débiles que los alumnos han citado evidencian, también, que se trata de una metodología que requiere de un alto nivel de implicación por parte del profesorado y por lo tanto, que será más útil en entornos con pocos participantes. En este caso, se trataba de una asignatura optativa (no acostumbra a haber más de 30-35 alumnos) pero en aulas con más inscritos, podría ser contraindicado ya que un solo profesor no podría supervisar ni estar atento a todos pues, como se ha visto, requiere, en muchos momentos, de atención personalizada.

7. CONCLUSIONES

Creemos que los resultados permiten afirmar el logro de los objetivos previstos, aunque se destacan algunos aspectos en los que sería necesario profundizar en próximas ediciones. Con este proyecto hemos podido conocer un poco más, la relación del alumnado con la tecnología. Las respuestas de los participantes están en línea con los resultados obtenidos en otras investigaciones y verifican que se trata de una metodología útil, que pone al alumno en el centro de aprendizaje (García-Sabater et al. 2011; Martín y Montilla, 2016 entre otros). Así pues, aparece como una herramienta capaz de fomentar la reflexión, motivar al alumnado y además, es adecuada para potenciar el trabajo colaborativo.

Aún y con estos logros conseguidos, el análisis nos indica también aquellos aspectos que deberían mejorarse, como es el acompañamiento en los aspectos técnicos del blog a aquellos alumnos que lo requieran.

Para el reto de buscar fórmulas que incidan en el desarrollo del pensamiento crítico y que les ayuden a realizar análisis de contenido de más calado, planteamos la posibilidad de dedicar más horas lectivas a trabajar el contenido de sus entradas, destacando los temas escogidos por ellos, teoría, prácticas reflejadas, reflexiones, es decir, aspectos que puedan generar debate, que permitan una mejor transmisión del conocimiento entre ellos. Se destaca también la necesidad de estimular estrategias de colaboración entre pares de una manera mejor sistematizada y que les permita afrontar la crítica constructiva ya sea como emisores o como receptores de las mismas.

De acuerdo con los resultados, la metodología respeta las individualidades, permite seguir un ritmo de trabajo diferente para cada persona, sin presión, y con posibilidad de modificar la tarea realizada.

Para finalizar destacar que el blog precisa de una alta dedicación, tanto del alumnado como del profesorado, pero consigue una mayor implicación en el proceso de aprendizaje. Así mismo, la metodología utilizada estimula la motivación y, además, permite lograr las competencias previstas no solo para la asignatura, sino que tiene potencial, también, para trabajar competencias transversales que debe poseer todo trabajador social: competencia escrita, capacidad de reflexión y análisis así como capacidad para comunicar sus ideas.

8. REFERENCIAS

Català Domènech, J. M. (2021). Estética y patología de la nueva normalidad. Apuntes para una psicopedagogía tecnológica. *Ñawi: arte diseño comunicación*, *5*(1), 17-37. https://doi.org/10.37785/NW

Coll, C. (2004). Psicología de la educación y prácticas educativas mediadas por las tecnologías de la información y la comunicación. Una mirada constructivista. *Sinéctica*, 25, 1-24,

García-Sabater, J. J., Canos-Daros, L., Vidal-Carreras, P. I. y García-Sabater, J. P. (2011). *Experiencias en el uso de blogs como herramienta de aprendizaje*. XV Congreso de Ingeniería de Organización. Cartagena, 7 a 9 de septiembre de 2011, pp. 388-396. https://n9.cl/t6vos

González, R. y García, F. E. (2009). El blog en la docencia universitaria, una herramienta útil para la convergencia europea. *Relada (Revista Electrónica de ADA)*, 3(2). http://polired.upm.es/index.php/relada/article/view/70/70

Lara, T. (2005). Blogs para educar. Usos de los blogs en una pedagogía constructivista, *Telos*, *65*(2), 86-93. 1-23. https://n9.cl/k4jj

Martin Montilla, A., y Montilla Coronado, Mª V. (2016). El uso del blog como herramienta de innovación y mejora de la docencia universitaria. *Revista de Currículum y Formación de Profesorado*, *20*(3), 659-686.

Molina Alventosa, P., Valenciano Varcárcel, J., & Valencia-Peris, A. (2015). Los blogs como entornos virtuales de enseñanza y aprendizaje en Educación Superior. *Revista Complutense de Educación*, 26, 15-31. https://revistas.ucm.es/index.php/RCED/article/view/43791/45929

Orihuela, J.L., y Santos Pastor, M.L. (2004). Los weblogs como herramienta educativa: experiencias con bitácoras de alumnos. *Quaderns Digitals*, 35(1), 1-7.

Sigalat-Signes, E., Medina Llop, L., Bueno-Sánchez, L., & Ródenas-Rigla, F. (2021). Actualización de la docencia universitaria a través de los blogs educativos: su aplicación a los estudios de trabajo social. *Cuadernos de desarrollo aplicados a las TIC*, *10*(4), 17-31. https://doi.org/https://doi.org/10.17993/3ctic.2021.104.17-31

TENDENCIAS HACIA LA DESCONEXIÓN DIGITAL ENTRE EL ESTUDIANTADO DE ENSEÑANZA SUPERIOR

Belén Casas-Mas[1], Louis P. P. Homont[1] y María Cadilla Baz[1]

Este trabajo forma parte de la investigación "Virtualización y participación universitaria" que fue financiada por la Universidad Complutense de Madrid en el marco del programa de financiación de Grupos UCM 2021 del Vicerrectorado de Investigación y Transferencia. Aplicación presupuestaria G/6400100/3000 de la UCM. Duración: 1 enero del 2021 a 31 diciembre 2021.

1. INTRODUCCIÓN

En las últimas décadas, el uso de las Tecnologías de la Información y Comunicación (TIC) se ha intensificado hasta penetrar todos los ámbitos de la vida pública y privada de los individuos, como sus relaciones sociales. Así, se han convertido en piezas centrales en el desarrollo de las sociedades y de sus miembros (Herrera Harfuch *et al.*, 2010).

Este fenómeno de digitalización de la sociedad ha sido estudiado desde distintas perspectivas; por ejemplo, los efectos de las TIC en las relaciones interpersonales, laborales, o entre la ciudadanía y sus representantes. La presente investigación se fija en la relación entre la juventud universitaria y las TIC, y especialmente en el uso que esta hace de ellas.

Las y los jóvenes siempre han sido objeto de estudio en el contexto de los medios digitales. Representan el sector de la población que más los consume (González-Cortés *et al.*, 2020). Dentro de este grupo etario, las y los estudiantes son usuarios aún más recurrentes, al ser el público que menos sufre la brecha digital y que mayores habilidades digitales tiene (Fundación Telefónica, 2022). Asimismo, han levantado una serie de inquietudes vinculadas a su uso regular y, en algunos casos, constante de TIC. Por ejemplo, Çirak y Tuzgöl Dost (2022) indicaron que el uso frecuente del *smartphone* es responsable de problemas a nivel educativo y social. De igual manera, para Selwyn (2016), los medios digitales no ayudan al estudiantado en sus labores, sino que las perjudican, entre otras razones, porque causan ruptura en el proceso de realización de su tarea educativa. En este caso, Díaz-Vicario *et al.* (2019) hablan de usuarios con usos problemáticos –o de unos que presentan disfunciones–, refiriéndose a "un joven que dedica la mayor parte del tiempo a utilizar algún tipo de tecnología, que por ello descuida sus actividades cotidianas y que se encuentra significativamente aislado" (p.2), es decir de un usuario hiperconectado.

---

1. Universidad Complutense de Madrid (España)

1.1. La hiperconexión como uso problemático de TIC

La hiperconexión, observada sobre todo en la juventud universitaria, se entiende como una conexión excesiva (Taki, 2022, p.137), así como ritualizada e inconsciente (Doval Avendaño *et al.*, 2018). Lleva tiempo siendo investigada y ya se ha demostrado que tiene una serie de consecuencias negativas en la vida diaria de los individuos.

Este fenómeno ha sido vinculado con otros como el *FoMO* (*Fear of Missing Out* [miedo a perderse algo]) y la adicción digital. El *FoMO*, mencionado como responsable de una bajada de la atención entre la juventud (González-Cortés *et al.*, 2020), se refiere a "un síndrome de ansiedad social que tiene la característica de siempre querer estar conectado" (Grashyla Aurel y Paramita, 2021, p.722) por temor a perderse experiencias (González-Cortés *et al.*, 2020, p.107). El *FoMO* suele estar más presente entre la generación de los millenials (González-Cortés *et al.*, 2020), de la misma manera que la adicción digital.

Dicha adicción es una forma extrema de hiperconexión calificada por un uso abusivo y compulsivo de cualquier medio y plataforma digital (Cuquerella-Gilabert y García, 2023). La tecnoadicción se vería reforzada por el *FoMO* (Kaviani *et al.*, 2020), y así, la necesidad de conectarse fomentaría los riesgos para el usuario de hacerse adicto.

Tanto la hiperconexión como el FoMO y la tecnoadicción tienen consecuencias negativas en los usuarios (Kaviani *et al.*, 2020; Savcı y Aysan, 2017). Estas disfunciones afectan al bienestar psicológico de las personas, a su concentración y a su rendimiento académico (Sánchez-González *et al.*, 2020), y perjudican su sueño, lo cual puede producir comportamientos arriesgados y síntomas que Varchetta *et al.* (2020) identifican como similares a los producidos a quienes abusan de sustancias químicas.

Estos riesgos, junto con la incorporación masiva de las TIC en la vida cotidiana de los usuarios, y más en la del estudiantado universitario, ha llevado a que los individuos se vean saturados por los medios digitales (Moe *et al.*, 2021, p.1584). Dicha saturación digital se refleja en la valoración que una parte de la población hace de las TIC, viéndolas como unos medios intrusivos en la vida privada (Moe *et al.*, 2021), lo que podría explicar que cada vez más usuarios decidan reducir su uso (Lomborg e Ytre-Arne, 2021; Moe *et al.*, 2021).

1.2. La desconexión como respuesta a la hiperconexión

La desconexión ha sido calificada por la literatura como una respuesta a la saturación digital (Izquierdo Labella, 2018) y representa un fenómeno emergente que se intensifica (Syvertsen, 2020) hasta tal punto que Fast (2021) habla de "*disconnection turn*" [giro hacia la desconexión] (p.1615). Entendida como la limitación intencional y significativa del uso de medios digitales (Woodstock, 2014, p.1983), es una tendencia cada vez más presente en países donde las TIC permean la vida cotidiana de los individuos.

Como la hiperconexión que ha sido vinculada al *FoMO*, la desconexión se relaciona con la *JoMO* (*Joy of Missing Out* [alegría de perderse algo]), la cual se concreta en el entusiasmo y la capacidad de disfrutar del momento presente y sentirse bien con ello, sin preocuparse por lo que otros estén haciendo (Grashyla Aurel y Paramita, 2021, p.724). Mientras que las personas desconectadas o que sienten *JoMO* tienen un comportamiento caracterizado como crítico hacia el papel que los medios digitales tienen en su vida diaria (Lomborg e Ytre-Arne, 2021), otro tipo de comportamiento vinculado a la ansiedad y la fobia ha sido señalado: la tecnofobia. Esta se entiende como "[el] rechazo frontal al uso de las nuevas tecnologías" (Aragüez Valenzuela, 2017, p.175) que más que una respuesta hacia la hiperconexión se origina en la fatiga mental, la percepción de ineficiencia de las TIC (Carlotto, 2017, p.94) o el rechazo hacia las TIC (Flores Rueda y Sánchez Macías, 2021). A diferencia de la tecnofobia que puede vincularse con un malestar psicológico, la desconexión ha sido relacionada por autores con el bienestar psicológico y la búsqueda de mejora de la salud mental (Moe *et al.*, 2021; Lomborg e Ytre-Arne, 2021). A pesar de ser asociado a aspectos positivos para el individuo, la desconexión ha sido poco investigada y documentada, sobre todo en la juventud. En efecto, la mayoría de los estudios se han centrado en personas mayores, concibiendo a la juventud como hiperconectada.

2. OBJETIVOS

Basándonos en el contexto de una hiperconexión muy presente entre la juventud universitaria y de una desconexión como tendencia emergente, la presente investigación se propone cumplir con dos objetivos:

Primero, (O1) procura saber en qué medida las y los jóvenes universitarios se identifican como hiperconectados o desconectados. Segundo, (O2) pretende identificar cuál de ambos tipos de usuarios está más vinculado con disfunciones y usos problemáticos de TIC, es decir con unos usos que se reflejan en la pérdida de horas de sueño (Díaz-Vicario *et al.*, 2019), un menor rendimiento escolar (Parra *et al.*, 2016) y emociones como el agobio y la ansiedad (Doval-Avendaño *et al.*, 2018; Marín *et al.*, 2020).

3. METODOLOGÍA

En el presente estudio se utilizó un cuestionario *online* enviado a todo el estudiantado de la Universidad Complutense de Madrid (UCM) por el Observatorio del Estudiante. La encuesta se lanzó del 1 al 22 de febrero de 2022 a través de la plataforma Google Forms.

Las y los estudiantes matriculados en 2022 en estudios oficiales de la UCM fueron 71.702. A partir de este universo, la muestra final de participantes para el análisis ha sido de 2.893 estudiantes. Los niveles de confianza y el error muestral (±1,83% para un nivel de confianza del 95%, y ±2,41%, para un nivel de confianza del 99%) se calcularon según la opción más desfavorable de $p = q = 50\%$. Se han ponderado los resultados obtenidos por género, edad, rama de estudios y tipo de titulación, con el fin de asegurar la representatividad de la muestra con respecto al total del estudiantado de la UCM.

La encuesta se estructuró en cinco bloques con preguntas relacionadas con el consumo digital del estudiantado. En este capítulo, se abordan los resultados del bloque sobre los estados existenciales derivados del uso de TIC y del bloque sobre su autopercepción acerca del tipo de usuarios que son. En base a la literatura orientada hacia los usos problemáticos de Internet (Parra *et al.*, 2016; Carrazco *et al.*, 2018; Kesici y Fidan, 2018; Doval-Avendaño *et al.*, 2018; Sánchez-Gómez *et al.*, 2020), se plantearon los siguientes ítems:

Para saber a qué tipo de usuario de Internet se identifican, se les planteó la siguiente pregunta: "¿Cómo te describirías como usuario tecnológico? Elige una sola respuesta":

a) Para las personas hiperconectadas que sienten placer al conectarse a Internet: "Me gusta estar siempre conectado".

b) Para las personas desconectadas, que limitan intencional y significativamente su consumo digital: "Procuro conectarme lo menos posible".

c) Para las personas que emplearán TIC a su pesar, sólo cuando el contexto les obliga: "Me conecto cuando lo necesito".

Para conocer sus estados existenciales, se les planteó la pregunta: "A continuación, leerás una serie de situaciones relacionadas con los usos de Internet. Indica en cada caso si a ti te sucede o lo experimentas" y se les ofrecieron las siguientes respuestas:

a) "Me pongo a navegar por Internet, aunque tenga más cosas que hacer".

b) "Duermo menos y estoy más cansado/a por estar más tiempo en Internet".

c) "Suelo conectarme a Internet durante mis clases para actividades ajenas a la explicación del profesor".

d) "Me siento agobiado/a por la gestión y mantenimiento diario de mis redes sociales a través de Internet".

4. RESULTADOS

4.1. Autorrepresentación como usuarios de Internet y redes sociales

La proporción de respuestas del estudiantado en relación con su autopercepción como usuarios es la siguiente: aproximadamente la mitad (48,95%) responde que disfruta la conexión digital, mientras que la cifra de las y los que se conectan solo cuando es necesario es también muy elevada, aunque algo inferior (47,2%). La comparación entre estos dos grupos del estudiantado se ha explotado ya en otro estudio, por lo que en el presente capítulo procedemos a comparar los resultados entre los dos colectivos que mayor diferencia en número de participantes ha obtenido: los del primer grupo (a quienes nos referiremos como "hiperconectados") frente al estudiantado que declara no disfrutar de la conexión digital, el "desconectado" (3,7%) (ver Figura 1). Pese a que el porcentaje de estudiantes que se sitúan en este grupo es bajo, consideramos relevante referirse al mismo porque señala un cambio en la tendencia generalizada a percibir a las y los jóvenes como permanentemente conectados (Reig y Vilchez, 2015). Los datos obtenidos apuntan en este estudio a que más de la mitad del estudiantado solo usa las TIC de forma instrumental, es decir que se conecta lo menos posible o solo cuando lo necesita.

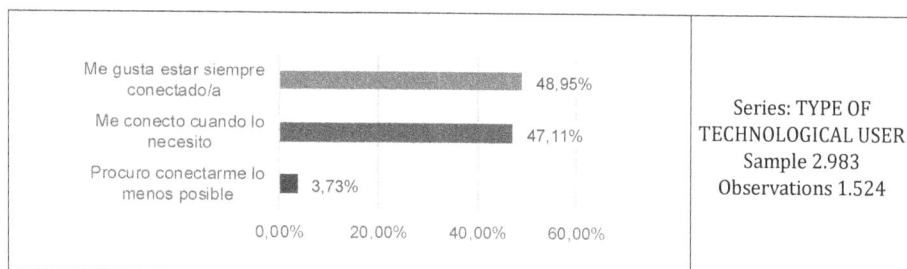

Figura 1. Tipos de usuarios digitales según su autorrepresentación. Fuente: Elaboración propia, 2023.

En la Tabla 1, se puede observar que no hay diferencias significativas según el género dentro del estudiantado hiperconectado, si bien las mujeres obtienen valores mayores que los hombres. Asimismo, el colectivo de estudiantes de 18 a 19 años declara no disfrutar tanto con la conexión digital (14,3%) como los mayores de 25 años, quienes afirman (34,2%) que les gusta estar continuamente conectados.

Tampoco se encuentran diferencias por género o edad entre las y los estudiantes que se conectan lo menos posible. Sin embargo, en proporción, es mayor la presencia de hombres de este grupo desconectado (un 30,6% frente a un 28 % del hiperconectado) y es también mayor el porcentaje del estudiantado de 18 a 19 años (un 19,4% frente al 14,3%) y de 22 a 25 años (un 26,9%, frente al 21,6 % del hiperconectado). Es decir, la desconexión es un estado existencial que prefieren las universitarias y el grupo de edad en ambos géneros empieza a ser más joven.

Dependent variable: TYPE OF TECHNOLOGICAL USER
Method: Chi Square
Date: 02/01/2022 – 02/22/2022
Sample: 2.893
Included observations: 1.524

	Totales	Me gusta estar siempre conectado/a	Procuro conectarme lo menos posible
TOTAL (N)	2.893	1.416	108
Totales (%)	52.68%	48.95%	3.73%
Sexo			
Mujer	70.1	69.3	66.7
Hombre	26.9	28.0	30.6
No binario/otras opciones de género	1.8	1.7	1.9
Prefiere no contestar	1.2	1.0	0.9
Ns/Nc	-	-	-
Edad			
Hasta 19 años	16.0	14,3-	19.4
20 a 21 años	23.1	21.8	18.5
22 a 25 años	21.9	21.6	26.9
Más de 25 años	29,8	34,2+	22,2
Ns/Nc	-	-	-
Me pongo a navegar por Internet, aunque tenga más cosas que hacer			
Sí	42.7	33,5-	30,6-
A veces	47.2	52,5+	46.3
No	9.7	13,4+	22,2+
Ns/Nc	0.3	0.6	0.9
Duermo menos y más más cansado/a por estar más tiempo en Internet			
Sí	22.1	17,5-	22.2
A veces	35.5	34.5	23,1-
No	40.9	46,6+	50,9+
Ns/Nc	1.5	1.3	3.7
Suelo conectarme a Internet durante mis clases para actividades ajenas a la explicación del profesor			
Sí	17.1	12,0-	8,3-
A veces	37.1	35.7	31.5
No	43.9	50,2+	59,3+
Ns/Nc	2.0	2.1	0.9
Me siento agobiado/a por la gestión de mis redes sociales a través de Internet			
Sí	9.6	8.8	16,7+
A veces	15.2	14.1	13.0
No	72.9	75,1+	68.5
Ns/Nc	2.2	2.1	1.9

Tabla 1. Tipos de usuarios digitales y disfunciones. Fuente: elaboración propia, 2023.

4.2. Disfunciones cotidianas como usuarios de Internet y redes sociales

En línea con estos hallazgos, proporcionalmente es mayor el colectivo desconectado que niega dormir menos por pasar más tiempo conectado a Internet (50,9%) que el del hiperconectado (46,6 %). Además, la media del estudiantado desconectado a quien le ocurre "a veces" es significativamente inferior (23,1%) y así es también la del hiperconectado: este grupo afirma experimentar esta disfunción (17,5%). En este caso, son también esperables los resultados para ambos grupos; es decir, las y los hiperconectados niegan la mayor, mientras que las y los desconectados son más conscientes de que, aun evitando conectarse, puede que ocasionalmente les suceda (Ver Tabla 1).

Siguiendo con esta dinámica de resultados, entre quienes declaran no conectarse a Internet durante las clases, proporcionalmente es mayor el número desconectados (59,3%) que de hiperconectados (50,2%). En ambos casos, las medias son significativamente negativas cuando responden que sí, lo cual representa un resultado sorprendente en el caso del estudiantado hiperconectado. Quizás podría estar relacionado con el hecho de que les cueste reconocer que la conexión a Internet en las aulas tiene más que ver con el uso personal que con el académico (Gómez-Aguilar *et al.*, 2012).

Por último, hay una disfunción que sí padecen las y los desconectados: el agobio que sienten por la gestión y el mantenimiento de sus redes sociales (16,7%), algo que declaran no experimentar las tres cuartas partes del estudiantado hiperconectado. Probablemente este resultado está vinculado al rechazo de los y las estudiantes desconectados al uso de TIC, e incluso al mencionado fenómeno del JoMO; mientras que las y los estudiantes hiperconectados vuelven a mostrarse contundentes con el uso y disfrute de sus redes sociales digitales (Gómez-Aguilar *et al.*, 2020).

5. DISCUSIÓN

Los hallazgos obtenidos por la presente investigación permitieron conocer con qué tipo de usuario se identifica cada estudiante de la Universidad Complutense de Madrid (O1). En efecto, mientras que el 48,95% de ellas y ellos se identifica como hiperconectado, reconociendo que disfruta la conexión a Internet, solo un 3,73% se define como desconectado, es decir como una persona que procura conectarse lo menos posible. A pesar de que este último colectivo sea significativamente menor en términos cuantitativos, se adscribe a una nueva tendencia social (Syvertsen, 2020) que debe ser considerada, sobre todo, teniendo en cuenta que el alumnado más joven disfruta menos la conexión digital que el más mayor (un 14,3% del estudiantado de 18 a 19 años declara no disfrutar la conexión permanente, frente a un 34,2% del mayor de 25 años que afirma gustarle dicha conexión).

Asimismo, los resultados apuntan hacia un escenario en el que ambos tipos de usuarios no se vinculan de la misma manera con usos problemáticos ni disfunciones de TIC. Así, se observan más comportamientos disfuncionales entre las y los hiperconectados, siendo mucho menor esta tendencia entre las y los desconectados. En el caso específico de la conexión digital durante las horas de clase, el colectivo desconectado afirma no llevar a cabo esta práctica en mayor medida que el hiperconectado. Este dato podría ser explicado por el hecho de que las personas desconectadas, al interactuar con las TIC de forma más saludable, tienen mayor conciencia de que, en algunas ocasiones, estas herramientas podrían conducirles a usos problemáticos.

Dichos resultados acerca de la desconexión se vinculan con los obtenidos por Selwyn (2016), que encontró que el sobreuso de TIC no es de apoyo en el estudio del alumnado universitario, sobre todo porque los medios digitales le distraen y rompen de manera recurrente su tarea académica. Esta aproximación se opone a la que proponían otros autores hace algo más de una década, quienes señalaban la importancia de promover el uso de redes sociales en las aulas universitarias con fines académicos (Abelairas-Etxebarria, 2020). En un momento sociohistórico en el que la tecnología tiene cada vez un mayor control sobre los individuos (Casas-Mas, 2017), empieza a ser cuestionable que después de pasar horas conectados en lo cotidiano, se proponga al estudiantado seguir haciéndolo en las clases. Los hallazgos del presente trabajo alertan de la necesidad de respetar a las y los universitarios para que puedan resistir al control de la tecnología, e invitan a la prudencia mediante prácticas docentes que contrarresten "las derivas totalitarias" de las TIC (Barraca Mairal, 2021, p.87).

Por otro lado, estos hallazgos demuestran que la desconexión puede ser entendida como una manera de mejorar o mantener el bienestar psicológico de los individuos (Moe *et al.*, 2021; Lomborg e Ytre-Arne, 2021), al ver que la hiperconexión perjudica su salud mental. El bienestar psicológico, entendido como el grado de estabilidad mental y psicológica que permite a los individuos desarrollar correctamente sus funciones cognitivas y desempeñar un comportamiento adecuado (Díaz-Vicario *et al.*, 2019), no es de menor relevancia, ya que ayudaría al estudiantado a llevar a cabo sus actividades académicas con mayor dedicación.

Teniendo en cuenta los efectos negativos de la hiperconexión, junto con las repercusiones positivas de la desconexión sobre el estado psicológico y el desempeño académico de las y los estudiantes, en algunos entornos educativos ya se están tomando una serie de medidas, como es el caso de Suecia, donde se plantea reducir de forma drástica el consumo de TIC en las aulas (García Quesada y Lillo, 2023).

6. CONCLUSIONES

A pesar de la limitación principal de este estudio al no ser extrapolables los resultados obtenidos al resto de la población universitaria española, la presente investigación permitió dar cuenta del fenómeno emergente de la desconexión entre el estudiantado de la Universidad Complutense de Madrid.

Estos tienden a demostrar que los usos problemáticos de TIC se vinculan más a la hiperconexión que a la desconexión, lo cual debería ser considerado por parte del profesorado. Siguiendo tendencias legislativas y pedagógicas actuales (p. ej., en Suecia), parece de especial interés reducir el consumo obligado de TIC por parte del alumno para realizar tareas académicas, entendiendo que se fomentaría así su bienestar psicológico. En este sentido, la desconexión y su necesidad cuestiona al nuevo paradigma universitario que mencionaron Barrios-Rubio y Fajardo-Valencia (2017, p.1) al referirse a "un paradigma de la didáctica tecnológica" en el que las TIC no son un instrumento más, sino una piedra angular del modelo universitario. Los resultados de este estudio se consideran relevantes porque ponen de manifiesto una tendencia de cambio que se ha producido en los últimos quince años: de poner el foco central en la tecnología en los ámbitos académicos, la comunidad científica empieza a advertir de la necesidad de fomentar el desarrollo de los individuos en formación con actividades que no impliquen siempre los entornos virtuales.

La desconexión, que "no tiene que ser entendida como algo binario, sino como parte de un dilema, ambivalencias y prácticas en el uso de medios" (Lomborg e Ytre-Arne, 2021, p.1530), es decir como un consumo razonado de TIC, es, en definitiva, una tendencia positiva cuando no se extrema. Por esta razón, recomendamos seguir investigando sobre este tema, su presencia entre el estudiantado y su vínculo con mejoras en el desempeño académico y en el bienestar psicológico de las y los universitarios.

7. REFERENCIAS

Abelairas-Etxebarria, P. (2020). ¿Qué opinan los universitarios sobre el uso académico de las redes sociales? *Revista Interuniversitaria de Investigación en Tecnología Educativa, 8*, 1-12. http://doi.org//10.6018/riite.362121

Aragüez Valenzuela, L. (2017). El impacto de las tecnologías de la información y de la comunicación en la salud de los trabajadores: el tecnoestrés. *e-Revista Internacional de la Protección Social, 2*(2), 169-190. https://doi.org/10.12795/e-RIPS.2017.i02.12

Barraca Mairal, J. (2021). Digital Humanism and Prudent Use of ICTS in the Inter-Personal. *HUMAN REVIEW. International Humanities Review / Revista Internacional De Humanidades, 10*(1), 87-97. https://doi.org/10.37467/gkarevhuman.v10.3111

Barrios-Rubio, A. y Fajardo-Valencia, G. C. (2017). El ecosistema educativo universitario impactado por las TIC. *Anagramas, 15*(30), 101-120. https://doi.org/10.22395/angr.v15n30a5

Carlotto, M. S., Welter Wendt, G. y Jones, A. P. (2017). Commitment, Satisfaction with Life, and Work-Family Interaction Among Workers in Information and Communication Technologies. *Actualidades en Psicología, 31*(122), 91-102. https://doi.org/10.15517/ap.v31i122.22729

Casas-Mas, B. (2017). *Transformaciones de la comunicación pública en la era de la globalización que influyeren en el consenso y el conflicto social* [Tesis Doctoral, Universidad Complutense de Madrid].

Çirak, M. y Tuzgöl Dost, M. (2022). Nomophobia in University Student: The Roles of Digital Addiction, Social Connectedness and Life Satisfaction. *Turkish Psychological Counseling and Guidance Journal, 12*(64), 35-52. https://doi.org/10.17066/tpdrd.1095905

Cuquerella-Gilabert, M. y García, A. M. (2023). Adicciones a las tecnologías de la información y comunicación en la Comunitat Valencia, 2018-2020. *Gaceta Sanitaria*, 37, 102252. https://doi.org/10.1016/j.gaceta.2022.102252

Díaz-Vicario, A., Mercader Juan, C. y Gairín Sallán, J. (2019). Uso problemático de las TIC en adolescentes. *Revista Electrónica de Investigación Educativa, 21*, 1-11. https://doi.org/10.24320/redie.2019.21.e07.1882

Doval-Avendaño, M., Quintas, S. y de Sotomayor, D. Á. (2018). El uso ritual de las pantallas entre jóvenes universitarios/as. Una experiencia de dieta digital. *Prisma Social: Revista de investigación social, 21*, 480-499. http://bit.ly/3IzA6hM

Fast, K. (2021). The disconnection turn: Three facets of disconnective work in post-digital capitalism. *Convergence, 27*(6), 1615-1630. https://doi.org/10.1177/13548565211033382

Flores Rueda, I. C. y Sánchez Macías, A. (2021). Percepción y actitud hacia las TIC en estudiantes universitarios. *Atenas, 4*(56), 1-18. https://bit.ly/3KpUhBm

Fundación Telefónica (2022). *Sociedad digital en España 2022*. Taurus. https://bit.ly/3XJdtNH

García Quesada, A. y Lillo, D. (4 de junio de 2023). Suecia 'saca' las pantallas de las aulas y vuelve a los libros de texto: ¿qué pasa en España con las tablets? *NIUS*. https://n9.cl/d9qkn

Gómez-Aguilar, M., Roses-Campos, S. y Farias-Batlle R. (2012). El uso académico de las redes sociales en universitarios. *Comunicar, 19*, 131-138. https://doi.org/10.3916/C38-2012-03-04

González-Cortés, E., Córdoba-Cabús, A. y Gómez, M. (2020). Una semana sin smartphone: usos, abuso y dependencia del teléfono móvil en jóvenes. *Bordón, 72*(3), 105-121. https://doi.org/10.13042/Bordon.2020.79296

Grashyla Aurel, J. y Paramita, S. (2021). FoMO and JoMO Phenomenon of Active Millenial Instagram Users at 2020 in Jakarta. En ICEBSH (Ed.), *Proceedings of the International Conference on Economics, Business, Social and Humanities 2021* (pp. 722-729). Atlantis Press. https://doi.org/10.2991/assehr.k.210805.114

Herrera Harfuch, M. F., Pacheco Murguía, M. P., Palomar Lever, J. & Zavala Andrade, D. (2010). La Adicción a Facebook Relacionada con la Baja Autoestima, la Depresión y la Falta de Habilidades Sociales. *Psicología Iberoamericana, 18*(1), 6-18. http://www.redalyc.org/articulo.oa?id=133915936002

Izquierdo Labella, L. (2012). Saturación informativa. La multiplicación de la oferta a través de Internet no aumenta el consumo de noticias. *Razón y palabra, 81*, 1-18. https://bit.ly/3WXrSHj

Kaviani, F., Robards, B., Young, K. L. y Koppel, S. (2020). Nomophobia: Is the fear of being without a smartphone associated with problematic use? *International Journal of Environmental Research and Public Health, 17*(17), 6024. https://doi.org/10.3390/ijerph17176024

Lomborg, S. e Ytre-Arne, B. (2021). Advancing digital disconnection research: Introduction to the special issue. *Convergence, 27*(6), 1529-1535. https://doi.org/10.1177/13548565211057518

Marín, J. M., Muñoz, J. M. e Hidalgo, M. D. (2020). Autopercepción de la adicción a Internet en jóvenes universitarios. *Health and Addictions/Salud Y Drogas, 20*(2), 88-96. https://doi.org/10.21134/haaj.v20i2.533

Moe, H. y Madsen, O. J. (2021). Understanding digital disconnection beyond media studies. *Convergence, 27*(6), 1584-1598. https://doi.org/10.1177/13548565211048969

Parra, V., Vargas, J. I., Zamorano, B., Peña, F., Velázquez, Y. et al. (2016). Adicción y factores determinantes en el uso problemático del Internet, en una muestra de jóvenes universitarios. *EDUTEC, 56*, 60-73. https://doi.org/10.21556/edutec.2016.56.741

Reig, D., y Vilchez, L. F. (2013). *Los jóvenes en la era de la hiperconectividad: tendencias, claves y miradas*. Fundación Telefónica.

Sánchez-Gómez, M., Cebrián, B., Ferré, P., Navarro, M. y Plazuelo, N. (2020). Tecnoestrés y edad: un estudio transversal en trabajadores públicos. *Cuadernos de Neuropsicología, 14*(2), 25-33. https://bit.ly/3kwrVLk

Savcı, M. y Aysan, F. (2017). Technological addictions and social connectedness: Predictor effect of Internet addiction, social media addiction, digital game addiction and smartphone addiction on social connectedness *The Journal of Psychiatry and Neurological Sciences, 30*, 202-216. https://doi.org/10.5350/dajpn2017300304

Selwyn, N. (2016). Digital downsides: exploring university students' negative engagements with digital technology. *Teaching in Higher Education, 21*(8), 1006-1021. https://doi.org/10.1080/13562517.2016.1213229

Syvertsen, T. (2020). *Digital Detox: The Politics of Disconnecting*. Emerald.

Taki, Y. (2022). No signal: Desconexión e hiperconexión. La discriminación algorítmica en la era digital. El Pájaro de Benín. *Vanguardias y últimas tendencias artísticas, 8*, 135-145. https://doi.org/10.12795/pajaro_benin.2022.i8.07

Varchetta, M., Fraschetti, A., Mari, E. y Giannini A. M. (2020). Adicción a redes sociales, Miedo a perderse experiencias (FOMO) y Vulnerabilidad en línea en estudiantes universitarios. *Revista Digital De Investigación En Docencia Universitaria*, *14*(1). https://doi.org/10.19083/ridu.2020.1187

Woodstock, L. (2014). Media Resistance: Opportunities for Practice Theory and New Media Research. International *Journal of Communication*, *8*, 1983-2001. https://ijoc.org/index.php/ijoc/article/view/2415

EL USO DE LAS REDES SOCIALES Y LA PÁGINA WEB EN LOS COLEGIOS CONCERTADOS CATÓLICOS DE MADRID

Patricia de Julián Latorre[1]

El presente texto nace en el marco de una tesis doctoral defendida el 14 de marzo de 2023 en la Universidad San Pablo CEU de Madrid, que lleva por título: La gestión de la comunicación corporativa en los colegios concertados católicos o de inspiración católica en Madrid capital.

1. INTRODUCCIÓN

Es indudable que el uso de las páginas web y las redes sociales, como una herramienta de comunicación, está cada vez más extendido en las empresas, instituciones, grupos sociales y entidades diversas (García y Alonso-García, 2014). El aumento de la conectividad, la implantación de los dispositivos electrónicos y la digitalización están convirtiendo estos espacios virtuales en el mejor escaparate y son cada vez más consultados por clientes y usuarios (Hartshorne *et al.*, 2008).

Desde el punto de vista de la investigación, su estudio también es recurrente. Sin embargo, en lo referente a los centros educativos en España no es un asunto prioritario para la comunidad científica (García-Romero y Faba-Pérez, 2015), aunque sí lo es en el ámbito internacional (Álvarez-Álvarez, 2017).

A pesar de ello, es una realidad que los padres, antes de elegir el colegio para sus hijos, intentan recabar toda la información posible y, lo primero que consultan son las webs y las redes sociales de los colegios (Cucchiara y Horvat, 2014). Para los centros, además de lanzar información relevante para la comunidad educativa, el uso de estas herramientas les permite, por un lado, dar a conocer su misión, visión, valores, ideario y proyecto educativo y por otro, posicionarse y enviar la imagen que desean que perciban sus públicos.

La comunicación corporativa es un elemento estratégico indispensable para cualquier organización (Merino-Bobillo y Sánchez-Valle, 2020) pero para los centros educativos lo es aún más, sobre todo en el contexto actual en que el descenso de la natalidad es un hecho. Cada vez nacen menos niños, hay menos jóvenes y más ancianos (INE, 2022). Esto está obligando a los colegios a competir para conseguir alumnado y a diferenciarse para evitar tener que cerrar líneas o el centro completo. La mejor herramienta para conseguir atraer familias y alumnos es, precisamente, la comunicación y, sin embargo, es la gran asignatura pendiente de los colegios (Núñez-Fernández, 2017).

La realidad expuesta es la que justifica y muestra la oportunidad de este estudio.

---

1.   Universidad San Pablo CEU de Madrid (España)

Hay varios motivos por los que se ha decidido centrarlo en los colegios concertados y católicos. El primero hace referencia a su titularidad. Este tipo de centros depende de un concierto, de conseguir matriculaciones, del partido político que esté gobernando y además suele encontrar oposición y críticas por parte de los que defienden la enseñanza pública únicamente.

Por otro lado, al tener un ideario católico, tienen una forma muy concreta de entender y organizar la enseñanza, y defienden unos valores que chocan con una sociedad cada vez más alejada de las creencias religiosas tal y como muestran los últimos datos del INE (2022). Por tanto, los centros concertados católicos se enfrentan a diversos retos: defender su proyecto, mantenerse con vida, cumplir su misión, cuidar su reputación e imagen y competir entre ellos. Todo ello hace imprescindible una comunicación estratégica y profesionalizada, en la que las redes sociales y la página web son el mejor escaparate, una herramienta eficaz, para darse a conocer y diferenciarse (Solano-Altaba y de Julián-Latorre, 2020).

2. OBJETIVOS

Los objetivos este estudio son:

01. Conocer cómo gestionan los colegios concertados católicos de Madrid a través de las webs y las redes sociales, tanto su identidad corporativa, reputación, comunicación (interna y externa) como la comunicación en situaciones de crisis.

02. Identificar qué tipo de mensajes transmiten los colegios concertados católicos de Madrid a través de sus páginas web y redes sociales, la frecuencia con la que lo hacen y si con ellos implican a sus públicos en la comunicación.

03. Determinar si la comunicación corporativa de los centros e instituciones estudiados está cumpliendo su labor informativa y formativa, transmitiendo sus valores a todos sus públicos y a través de ellos, y si lo hacen con transparencia.

3. METODOLOGÍA

La presente investigación ha seguido el método deductivo consta de dos fases: una primera teórica, en la que se ha determinado el estado de la cuestión a través de una revisión bibliográfica, y una segunda, que es empírica. Para alcanzar los objetivos marcados se ha elegido una técnica metodológica mixta (cuantitativa y cualitativa): el análisis de contenido, tal como recomiendan estudios como (Solano-Altaba y de Julián-Latorre, 2020).

Se trata de una técnica muy utilizada en estudios de comunicación, para definir de manera objetiva y sistemática (Berelson, 1952) los distintos mensajes que los colegios vierten en sus páginas web y redes sociales y obtener resultados válidos y fiables (Domínguez-Gómez, 2022). Piñuel (2002) asegura que se suele llamar análisis de contenido

> *al conjunto de procedimientos interpretativos de productos comunicativos (mensajes, textos o discursos) que proceden de procesos singulares de comunicación previamente registrados, y que, basados en técnicas de medida, a veces cuantitativas (estadísticas basadas en el recuento de unidades), a veces cualitativas (lógicas basadas en la combinación de categorías) tienen por objeto elaborar y procesar datos relevantes sobre las condiciones mismas en que se han producido aquellos textos, o sobre las condiciones que puedan darse para su empleo posterior. (p. 2)*

Otro autor que ha profundizado en esta técnica, Jaime Andréu Abela (2002), asegura que,

> *el análisis de contenido es una técnica de interpretación de textos, ya sean escritos, grabados, pintados, filmados..., u otra forma diferente donde puedan existir toda clase de registros de datos, trascripción de entrevistas, discursos, protocolos de observación, documentos, videos,... el denominador común de todos estos materiales es su capacidad para albergar un contenido que leído e interpretado adecuadamente nos abre las puertas al conocimientos de diversos aspectos y fenómenos de la vida social. (p.2)*

Autores como Mayer y Quellet (1991) y Landry (1998) delimitan distintos tipos de análisis de contenido. En esta investigación concreta, el análisis realizado corresponde a los tres siguientes tipos:

1. Análisis de contenido cualitativo, que permite verificar la presencia de temas, de palabras o de conceptos en un contenido.
2. El análisis de contenido cuantitativo, que tiene como objetivo cuantificar los datos, de establecer la frecuencia y las comparaciones de frecuencia de aparición de los elementos retenidos como unidades de información o de significación (las palabras, las partes de las frases, las frases enteras, etc.).
3. Análisis de contenido indirecto, en el que el investigador buscará extraer el contenido latente que se esconde detrás del contenido manifiesto. Recurrirá a una interpretación del sentido de los elementos, de su frecuencia, de su agenciamiento, de sus asociaciones, etc.

3.1. Selección de la muestra

La población o universo de esta investigación son todos los colegios concertados católicos que están dentro de los 21 distritos que forman el Área Territorial de Madrid capital y que cuentan con todas las etapas educativas obligatorias: infantil, primaria y secundaria. El número total de colegios con estas características es de 195 (Comunidad de Madrid, 2021).

Para la selección de la muestra, debido la heterogeneidad y complejidad de los distintos elementos del universo, se han utilizado distintas técnicas. En primer lugar, se ha aplicado un muestreo probabilístico aleatorio estratificado. Para ello se han clasificado los colegios por grupos educativos, órdenes religiosas o instituciones presentes en el municipio de Madrid.

Una vez establecidos los estratos, se ha realizado un primer cribado donde se han seleccionado aquellos que tienen mayor número de colegios y presencia e influencia en el sector educativo concertado católico tanto a nivel nacional, como internacional, junto a otras de menor presencia para que haya representatividad. Se han tenido en cuenta, además, datos como: antigüedad, número de alumnos, presencia en medios de comunicación, y distrito al que pertenecen. Se ha utilizado así el muestreo discrecional, es decir, los elementos de la muestra son seleccionados por el investigador de acuerdo con criterios que él considera de aporte para el estudio (Torres *et al.*, 2006). De este primer cribado se han obtenido 60 colegios.

Para la selección final se ha utilizado un muestreo no probabilístico por conveniencia. Finalmente, el número total de colegios que forman parte de la muestra es de 25. En ellos se encuentran representados todas las tipologías de grupos e instituciones educativas católicas presentes en Madrid y, también, todos los distritos de la capital, para que las diferencias socio-económicas y culturales queden recogidas en la muestra.

3.2. Objeto de estudio

El objeto de estudio de esta investigación son las páginas web y las redes sociales de los 25 colegios concertados católicos de Madrid capital elegidos en la muestra.

3.3. Sistema de categorías, fichas de análisis y libro de códigos

La categorización según Bardin (1996), "es una operación de clasificación de elementos constitutivos de un conjunto por diferenciación, tras la agrupación por analogía, a partir de criterios previamente definidos" (p. 90). En el caso de este estudio se ha hecho a través de la elección de cuatro variables de las que se han extraído sus dimensiones y concretado en sus indicadores. Las variables son las siguientes: identidad corporativa; canales, estrategias y planificación de la comunicación; relación con sus *stakeholders* y reputación.

Para la puesta en marcha del análisis de contenido, se han diseñado dos fichas de análisis expresamente para esta investigación, una para las páginas web (tabla 1) y otra para las redes sociales (tabla 2). Se trata de una herramienta original que se ha elaborado después de leer investigaciones similares o análogas y observar un alto número de páginas web y redes sociales que permitieran determinar los códigos que se pretendían analizar. Por esta razón, hasta llegar a las fichas finales, se han ido modificando los ítems estudiados cuando se ha constatado que no resultaban útiles para recoger o cuantificar los objetivos planteados.

En el caso de las webs, se han establecido tres niveles de profundidad dentro de la página en función de su accesibilidad a la información. La decisión ha sido tomada en base al criterio de la investigadora puesto que no se han encontrado autores que establezcan una clasificación similar:

Primer nivel: hace referencia a todo aquello que se encuentre en la portada de la página o en el menú y submenú principal. Es decir, el acceso al contenido es inmediato y el nivel de interacción por parte del usuario es mínimo.

Segundo nivel: hace referencia a todo aquello que se encuentre en un lugar distinto a los espacios señalados en el primer nivel y, por tanto, cuesta más encontrarlo. El usuario debe interaccionar más con la página, clicar en alguno de los botones, esperar a que se abran páginas secundarias etc.

No se encuentra: se marcará esta opción cuando sea imposible encontrar esa información en ningún lugar de la página web.

FICHA DE ANÁLISIS DE CONTENIDO PÁGINAS WEB				
VARIABLE	DIMENSIÓN	INDICADOR	PARÁMETROS MEDIDOS EN EL ANÁLISIS DE CONTENIDO	
Identidad corporativa	Filosofía y cultura corporativa	Misión, visión, valores e ideario	Tiene un espacio dedicado a la misión, visión, valores e ideario	SÍ, en el primer nivel
				Sí, en el segundo nivel
				No lo tiene
	Identidad Visual	Logotipo y marca	Usan los mismos colores en su logotipo y diseño de la web y las mismas tipografías.	SI
				NO
			El diseño de la página principal y el menú tiene coherencia, es claro y está ordenado	SÍ
				NO
			Posicionamiento en Google	Aparece en primer lugar al teclear su nombre exacto y/o partes del nombre por SEO
				Aparece en primer lugar al teclear su nombre exacto y/o partes del nombre por SEO y SEM
				No
Planificación de la comunicación y ámbitos que abarca	Comunicación planificada y profesionalizada	Tienen o no Dircom y/o departamento de comunicación	Existe un apartado o se hace referencia a persona o departamento de comunicación	SÍ, en el primer nivel
				Sí, en el segundo nivel
				No lo tiene
		Cambios tras el Covid-19	Tienen sección de noticias o información extra relacionada con el Covid-19	SI
				NO
	Comunicación interna	Acciones de comunicación interna	Se muestra la labor docente y de otros empleados y se les utiliza para comunicar mensajes	SÍ, en el primer nivel
				Sí, en el segundo nivel
		Estrategias de employeer branding		No lo tiene
			Tiene intranet o portal del empleado	SÍ, en el primer nivel
				Sí, en el segundo nivel
				No lo tiene
	Comunicación externa	Canales de comunicación	Pone enlaces a sus redes sociales	SÍ, en el primer nivel
				Sí, en el segundo nivel
				No lo tiene
		Acciones de comunicación externa	Tiene sección de noticias	SÍ, en el primer nivel
				Sí, en el segundo nivel
				No lo tiene
			Tienen newsletter	SÍ, en el primer nivel
				Sí, en el segundo nivel
				No lo tiene
			Tiene revista	SÍ, en el primer nivel
				Sí, en el segundo nivel
				No lo tiene

Relación con sus stakeholders	Implicación con sus públicos	Públicos informados	Públicos a los que se dirige	Padres del centro
				Padres nuevos
				Ambas
		Mensajes	Tipos de mensajes que transmiten en la página rincipal	Promocionales
				Informativos
				Formativos
			Frecuencia de actualización noticias	Esporádica
				Mensual
				Semanal
				Diaria
Reputación	Reputación	Responsabilidad Social Corporativa	Tiene sección dedicada a RSC, voluntariado, campañas solidarias o hay información publicada acerca de esto en otras secciones	SÍ, en el primer nivel
				Sí, en el segundo nivel
				No lo tiene
		Credibilidad, confianza y transparencia	Tiene portal/sección de transparencia	SÍ, en el primer nivel
				Sí, en el segundo nivel
				No lo tiene

Tabla 1. Ficha análisis de contenido de páginas web en base a variables. Fuente: Elaboración propia.

FICHA DE ANÁLISIS DE CONTENIDO REDES SOCIALES				
VARIABLE	DIMENSIÓN	INDICADOR	PARÁMETROS MEDIDOS EN EL ANÁLISIS DE CONTENIDO	
Identidad corporativa	Filosofía y cultura corporativa	Misión, visión, valores e ideario	Los textos publicados contienen la misión, visión, valores e ideario.	Sí
				No
	Identidad Visual	Logotipo y marca	Colores corporativos, logotipo y marca presentes	Sí
				No
			Calidad de imagen y texto	Sí
				No
			Misma identidad visual que su institución	Sí
				No

Planificación de la comunicación y ámbitos que abarca	Comunicación planificada y profesionalizada	Cambios tras el COVID-19	Ha aumentado la frecuencia de mensajes	Sí
				No
			Información relacionada con el COVID-19	Sí
				No
	Comunicación interna	Estrategias de employer branding	Se muestra la labor docente y de otros empleados y se les utiliza para comunicar mensajes	Sí
				No
	Comunicación externa	Canales de comunicación	Link en su descripción a su página web y otras Redes Sociales del colegio	Si
				No
			Redes Sociales que utilizan	Instagram
				Facebook
				Twitter
				TikTok
				LinkedIn
				YouTube
				Otras
			Fecha de primera utilización	
			Número de seguidores	
Relación con sus stakeholders	Implicación de sus públicos	Comunicación bidireccional	Interacción	El colegio solo manda mensajes y no interactúa
				El colegio contesta e interactúa con sus seguidores frecuentemente
				El colegio contesta e interactúa con sus seguidores esporádicamente
		Públicos informados	Públicos a los que se dirige	Padres del centro
				Padres nuevos
				Medios de comunicación y otros públicos
		Contenido del mensaje	Adaptan el mensaje a la red social o usan el mismo mensaje en todas	Sí
				No
		Frecuencia	Frecuencia de publicación	Esporádica
				Mensual
				Semanal
				Diaria
Reputación	Reputación	Responsabilidad Social Corporativa	Recoge acciones de RSC realizadas en sus mensajes	Si
				No

Tabla 2. Ficha análisis de contenido de redes sociales en base a variables. Fuente: Elaboración propia.

Una vez diseñadas las fichas de análisis, se ha redactado un libro de códigos para cada una de ellas en el que se incluyen definiciones explícitas de cada categoría, reglas de aplicación y codificación, ejemplos etc. (Bernete, 2013). En ellos se indica también con claridad en qué casos unas expresiones o hallazgos observados son registrados de una manera, y en qué casos son registrados de otra para poder llevar a cabo una correcta aplicación de las fichas.

4. DESARROLLO DE LA INVESTIGACIÓN

El análisis de contenido de páginas web y redes sociales se ha llevado a cabo durante todo el mes de febrero de 2022. Hay que dejar constancia del hecho de que los colegios se encuentran en un periodo de solicitud de plaza, en plena campaña de promoción y jornadas de puertas abiertas. Esto puede hacer que, en los resultados, se vea más presencia de elementos de promoción, marketing o información destinada a nuevos padres.

La justificación de la elección de la fecha se basa en que, en ese momento del curso 2021/2022, ya se han normalizado las clases y la comunicación de los colegios tras el Covid-19. Esto permite determinar cuál es el nivel de relación con sus *stakeholders* en este momento, de manera que pueda compararse con cómo era antes y durante el Covid-19.

Para aplicar esta técnica se han seguido los siguientes pasos para cada uno de los soportes analizados. Es decir, se han completado los seis pasos para el análisis de las páginas web, y se han vuelto a repetir para el análisis de las redes sociales.

1. Elaboración de las fichas de análisis de contenido y sus libros de códigos correspondientes tras haber consultado distintas investigaciones y estudios previos.
2. *Pretest* de tres colegios aplicando la ficha de páginas web o redes sociales. A continuación, se ha realizado algún ajuste tanto en la ficha y en el libro de códigos.
3. Una vez comprobada la efectividad de la ficha de contenido de páginas web, se ha transformado en un formulario con la herramienta Google Forms. De esta manera resulta más sencillo aplicarla a cada colegio y los resultados se vierten directamente en una tabla de Excel con la que posteriormente se podrán trabajar los datos.
4. Aplicación del formulario a las webs y a redes sociales de los 25 colegios.
5. Análisis de datos. Extracción de la tabla de Excel, realización de gráficas de datos y análisis de los resultados obtenidos. Redacción de los elementos analizados.
6. Redacción de las conclusiones extraídas tras su análisis.

5. RESULTADOS DE LA INVESTIGACIÓN

A continuación, se enumeran algunos de los resultados obtenidos tras la aplicación de las fichas de análisis. Todos ellos se muestran de forma cuantitativa. Las conclusiones, se explicarán usando también la información cualitativa obtenida.

5.1. Resultados análisis de páginas web

El 100% de las webs analizadas utilizan de manera cuidada y planificada los colores y tipografías, acorde a sus logotipos y colores corporativos. El 96% tienen un diseño coherente, una buena estructura, cuidan las proporciones y calidades de sus imágenes etc. Sin embargo, casi todos los colegios que tienen blogs, no cuidan de la misma manera la imagen, incluyen fotos pixeladas, deformadas, mezclas de colores, tamaños y tipografías... Por otro lado, estos blogs tienen un diseño completamente distinto al de sus webs de manera que hace difícil identificarlos con el colegio al que pertenecen, ya que no guardan su identidad visual.

En cuanto al posicionamiento en Google la mayoría de las webs (un 90%), está posicionado en el primer lugar por SEO y un 10% lo hacen por SEO y SEM al haber encontrado en esa búsqueda anuncios promocionados del colegio. Hay que tener en cuenta que puede tratarse de promociones puntuales debido a encontrarnos dentro del periodo de solicitud de plaza.

Ninguna web hace referencia en ninguna parte, a la presencia de un responsable o departamento de comunicación.

El 50% de los colegios analizados han incluido secciones nuevas en sus webs para recoger formación, noticias o avisos sobre la COVID-19.

Un 43,3% de las webs analizadas, reflejan de alguna manera la labor de sus profesores y les dan un espacio o importancia dentro de la página web. La manera más habitual de referirse a sus docentes es en relación al número de trabajadores, profesorado, organigrama u organización del centro y, en menor medida (tan solo en un colegio), a través de noticias que reflejan su labor.

En cuanto a la presencia de intranet o portal del empleado, un 43% lo contemplan y además en primer nivel, el resto no cuentan con él.

La práctica totalidad de los colegios tienen enlaces a redes sociales y, además, en su página principal. Tan solo un colegio no cuenta con enlaces a sus redes en ningún lugar de la página web.

Un 73,3% de los colegios tienen sección de noticias, todos ellos en su página web. Un 16,7% no tienen sección de noticias, pero sí un blog que recoge diversas publicaciones de todo el colegio, o bien un blog por cada etapa educativa. De ellos, un 5,5% de las webs, tiene esos blogs inactivos, con al menos un año sin publicar nada nuevo. Por último, un 10% de las webs no tienen noticias de ningún tipo, ni sección, ni blogs.

La frecuencia de actualización de las noticias es esporádica en el caso de un 33,3% de los centros; mensual un 36,7%; un 13,3% semanal y tan solo un 10% diaria

Cuatro de las 25 webs analizadas cuentan con *Newsletter* y, sólo una, tiene revista.

Sobre el público al que se dirigen en su página principal, el 100% incluye contenido para padres del centro y para padres nuevos. En cuanto al tipo de mensajes que transmite, el 100% tienen mensajes informativos, un 71% incluyen además mensajes promocionales, y un 35% tienen en sus páginas principales contenidos enfocados a la formación de los que entran en su web.

Un 60% de las webs analizadas, cuentan con contenidos dedicados a la RSC, bien en primer o en segundo nivel. El 40% de los colegios no reflejan este contenido en sus webs.

Dos de las 25 webs analizadas cuentan con portal o sección de transparencia. Una la tiene en primer nivel, y la otra en segundo nivel.

5.2. Resultados análisis de redes sociales

El 95% de los colegios estudiados contienen en sus publicaciones de redes sociales, mensajes con términos, ideas, etiquetas etc. relativas a su misión, visión, valores e ideario.

En la misma proporción, utilizan sus colores corporativos, logotipo y marca en sus distintas cuentas, descripciones, perfiles y otros elementos de sus cuentas.

Se ha observado que un 83% de los colegios, utilizan correctamente imagen y texto, con calidad, buena redacción, cuidando la ortografía y signos de puntuación. Sin embargo, un 17% de los colegios analizados no lo hace bien.

A pesar de la situación de pandemia que hemos vivido, tan solo cinco de los 25 colegios analizados, han aumentado su presencia en redes sociales y la frecuencia de publicación. El resto, siguen en la línea de lo que hacían antes de la pandemia. Además, el 83% de los colegios, no incluyen ya información relacionada con la Covid-19 de manera habitual, sino que se centran en otro tipo de mensajes.

Respecto a si las redes sociales muestran la labor docente de los profesores, un 50% sí lo hace, y un 50% no.

Un 89% de los colegios incluyen en sus perfiles links a otras redes sociales. La red social más utilizada por los colegios es Facebook; seguida de Twitter y, en tercer lugar, Instagram. En menor medida, algunos centros utilizan también (en orden de más a menos): YouTube, LinkedIn, Pinterest y Vimeo. No se ha encontrado ningún colegio que use TikTok.

Todos los colegios analizados comenzaron a utilizar sus redes sociales entre el año 2010 y 2019, es decir, en la última década. Todos ellos tenían ya varias cuentas de distintas redes sociales en el año 2020 y han ido alimentándolas y dándoles mayor protagonismo en su comunicación desde entonces hasta la actualidad. El número de seguidores de los colegios oscila entre los 200 y los 3.500 sumando sus distintas redes sociales.

El 100% de los colegios no interaccionan con esos seguidores, sino que solo usan las redes para enviar mensajes, pero no para contestar, escuchar y establecer una interacción con ellos.

En cuanto a los públicos a los que se dirige, el 100% de los centros escriben para padres del colegio. De ello, un 50% mandan mensajes para padres nuevos también, y un 27% lo hace para medios de comunicación u otros públicos.

Los mensajes que lanzan son adaptados a las distintas redes por un 50% de los colegios analizados. El otro 50%, pone el mensaje de la misma manera en todos sus perfiles y plataformas. Un poco más de la mitad de los colegios publican con una frecuencia semanal, un 38% lo hacen todos los días y un 5% de manera esporádica.

Sobre si lanzan o no mensajes relacionados con su RSC, voluntariado, actos de solidaridad, cuidado de los profesores etc. un 78% sí lo hace con frecuencia.

6. CONCLUSIONES

En base a los resultados expuestos, a continuación, se presentan las conclusiones extraídas agrupadas por temas para su mejor comprensión.

Identidad corporativa, labor del profesorado, RSC y transparencia en webs y redes sociales.

Los colegios reflejan de forma visible y clara su misión, visión y valores, bien bajo esa misma denominación, o bien bajo otros nombres tanto en sus páginas web como en sus redes sociales. Por otro lado, aunque el motor de un colegio es su profesorado, tan solo una minoría de webs reflejan de alguna manera la labor docente, su trabajo diario, su dedicación y preparación... y, las pocas que, si lo contemplan, lo hacen en forma de datos numéricos, estadísticas, o datos de estructura organizativa. Tan solo un colegio tiene reflejada esa labor en forma de noticias donde se podían ver actuaciones concretas del profesorado, forma de enseñar, de formarse, e incluso fotos y vídeos de su día a día en el centro. En las redes sociales ocurre algo parecido. Solo la mitad de ellas reflejan la labor docente. Más de la mitad de los colegios analizados, no cuentan con una intranet o portal del empleado en su web. En cuanto a la RSC, solo la mitad de las webs analizadas, reflejan de alguna manera, acciones relacionadas con el voluntariado, el cuidado del medio ambiente, la ayuda social etc. Sin embargo, en redes sociales, si publican con más frecuencia acciones de voluntariado, solidarias, etc. Acerca de la transparencia, tan solo dos de los colegios estudiados, tiene en su página web un apartado dedicado a ella.

Estructura interna y posicionamiento Web

La red social más utilizada es Facebook; seguida de Twitter y, en tercer lugar, Instagram. En menor medida se usa YouTube, LinkedIn, Pinterest y Vimeo. Los colegios han comenzado a utilizar sus redes sociales en la última década y su número de seguidores oscila entre los 200 y los 3.500. En el caso de las Webs, aparecen de manera natural en los primeros puestos al teclear su nombre completo o parcial sin haber pagado posicionamiento SEM. Se puede deducir que, todos ellos, han trabajado bien su estrategia SEO. Sin embargo, se han encontrado anuncios pagados de algunos de ellos, quizás por encontrarnos en periodo de solicitud de plaza. Casi todas las webs, tienen una buena estructura, coherencia interna, limpieza y hacen un uso correcto de la imagen, las tipografías y los colores. También lo hacen en sus perfiles de redes sociales donde, un alto porcentaje, utilizan la misma identidad visual corporativa de su institución y cuidan sus descripciones e imágenes de perfil. Sin embargo, los colegios no destinan los mismos esfuerzos o recursos a cuidar la identidad corporativa de sus blogs de noticias o de contenidos, existiendo un contraste muy alto en cuanto a calidad y profesionalización entre la web y los blogs. Ocurre igual con las publicaciones diarias en redes sociales, donde no se cuida tanto la calidad de la imagen o del vídeo, como se hacen en el perfil descriptivo de la red social.

Gestión de la comunicación, canales, mensajes y frecuencia

Ni un solo colegio hace referencia a departamento o persona encargada de comunicación. A pesar de que la pandemia de la Covid-19 ha alterado la vida de los centros y las instituciones de forma radical, ninguna institución educativa ha dedicado espacio en sus webs a hablar sobre su gestión o dar información al respecto. En el caso de los colegios, la mitad de los analizados, sí ha abierto en sus páginas web algún espacio dedicado a información sobre el Covid-19, noticias, avisos etc. y la otra mitad no lo ha hecho. En redes sociales se observa que, los colegios, ya no dedican esfuerzos, ni espacio a hablar sobre la Covid-19 sino que se centran en otros temas. No se ha percibido un aumento de la frecuencia de publicación, ni de la presencia, significativos de los colegios en las redes sociales debido a la Covid-19.

La mayoría de los colegios analizados tienen una sección de noticias donde cuentan el día al día del centro. Otros, cuentan con blogs externos donde incluyen distintas publicaciones, bien un blog para todo el colegio, o bien uno por cada etapa educativa. Sin embargo, algunos de ellos, a pesar de estar publicados en la web, llevan muchos meses sin actualizarse o incluir entradas nuevas, por lo que están inactivos. Más de la mitad, actualizan sus noticias con una periodicidad mensual o esporádica. Tan solo una minoría lo hace con una frecuencia semanal o diaria. En redes sociales, la mayoría publican con frecuencia semanal y, en menor porcentaje, diaria y esporádica. Por otro lado, una minoría de colegios, no presentan ni sección de noticias, ni blogs y unos pocos, cuentan con Newsletter y revista.

Los contenidos de todas las webs analizadas van destinados tanto a padres nuevos como a padres con hijos en esos colegios. El tipo de mensaje que incluyen esos contenidos es, en su mayoría, informativo y promocional y, tan solo unos pocos centros (menos de la mitad), aprovechan su web para dar formación relacionada con sus valores, a aquellos que la visitan. En redes sociales, todos los colegios se dirigen a padres que ya están en el colegio y, en menor proporción, se usan para dar mensajes a padres nuevos o a otro tipo de públicos como medios de comunicación. Sin embargo, utilizan sus redes sociales como una plataforma para enviar mensajes, pero no como una oportunidad de interactuar con sus públicos, recibir feedback, buscar opiniones etc. la comunicación es unidireccional. Además, los mensajes no son adaptados en la mitad de los colegios a cada tipología de red, sino que se pone el mismo mensaje, con las mismas fotos, sea cual sea el soporte utilizado.

7. REFERENCIAS

Abela, J. A. (2002). Las técnicas de análisis de contenido: una revisión actualizada. Academia. [Archivo PDF]. https://acortar.link/bP5DFN

Álvarez - Álvarez, C. (2017). ¿Qué me Ofrecen las Páginas Web de los Centros Educativos? Estudio Exploratorio en Cantabria (España). REICE. *Revista Iberoamericana sobre Calidad, Eficacia y Cambio en Educación*, *15*(3), 49-63. http://dx.doi.org/10.15198/seeci.2014.33.132-140

Bardin, L. (1996). *Análisis de contenido.* Ediciones Akal.

Berelson, B. (1952). *Contente Analysis in Communications Research.* Free Press.

Bernete, F. (2013). *Análisis de contenido. Conocer lo social, estrategias de construcción y análisis de datos.* Editorial Fragua.

Comunidad de Madrid (2021). Datos y cifras de la educación. 2021-2022. https://cutt.ly/tLOGQsj

Cucchiara, M. B. y Horvat, E. M. (2014). Choosing selves: The salience of parental identity in the school choice process. *Journal of Education Policy, 29*(4), 486-509. https://doi.org/10.1080/02680939.2013.849760

Domínguez-Gómez, J. A. (2022). The modernization of content analysis. Examples of application in socio-environmental evaluation. *New Trends in Qualitative Research, 14*, e577. https://doi.org/10.36367/ntqr.14.2022.e577

García-Romero, J. E. y Faba-Pérez, C. (2015). Desarrollo e implementación de un modelo de características o indicadores de calidad para evaluar los blogs de bibliotecas escolares de centros de educación infantil y primaria. *Revista Española de Documentación Científica, 38*(1), 67-78. https://doi.org/10.3989/redc.2015.1.1169

García, S. y Alonso-García, M. M. Las redes sociales en las universidades españolas. *Revista de Comunicación de la SEECI*, 33, 2014, 132-140. https://doi.org/10.21071/edmetic.v4i2.3964

Hartshorne, R., Friedman, A., Algozzine, B. y Kaur, D. (2008). Analysis of elementary school web sites. *Educational Technology & Society*, *11*(1), 291-303.

Instituto Nacional de Estadística (INE) (2022). *Indicadores demográficos básicos.* [Archivo PDF]. https://www.ine.es/prensa/mnp_2021_p.pdf

Landry, R. (1998). El análisis de contenido. Recherche sociale. De la problématique à la collecte des données, 329-356.

Mayer, R. y Quellet, F. (1991). *Méthodologie de recherche pour les interventants sociaux.* Gäetan Morin Editeur.

Merino-Bobillo, M. y Sánchez-Valle, M. (2020). *Comunicación corporativa: estrategia e innovación.* Síntesis.

Ministerio de Educación y Formación Profesional. (2022). *Las Cifras de la Educación en España: Estadísticas e Indicadores. Edición 2022.* https://bit.ly/45yN7mx

Núñez-Fernández, V. (2017). *Marketing educativo: Cómo comunicar la propuesta de valor de nuestro centro.* Ediciones SM.

Piñuel, J. L. (2002). Epistemología, metodología y técnicas del análisis de contenido. *Estudios de Sociolingüística, 3*(1), 1 - 42. https://acortar.link/bP5DFN

Solano-Altaba, M. y de Julián-Latorre, P. (2020). *Propuesta de metodología para el análisis de la comunicación corporativa en los centros educativos. Bases para una docencia actualizada,* pp. 409-421. Tirant lo Blanch.

Torres, M., Paz, K. y Salazar, F. (2006). Tamaño de una muestra para una investigación de mercado. *Boletín electrónico, 2,* 1-13. https://cutt.ly/FxNsq1Y

IMPLICACIÓN DE LA UNIVERSIDAD EN LA FORMACIÓN DE PERFILES DIGITALES EN COMUNICACIÓN: EL CASO DEL SEO

Raquel Escandell Poveda[1], Mar Iglesias-García[1], Natalia Papí Gálvez[1]

El presente texto nace en el marco del proyecto "Parámetros y estrategias para incrementar la relevancia de los medios y la comunicación digital en la sociedad: curación, visualización y visibilidad (CUVICOM)". PID2021-123579OB-I00 (MICINN), Ministerio de Ciencia e Innovación (España).

1. INTRODUCCIÓN

La creciente demanda de profesionales en comunicación y marketing online requiere de habilidades y conocimientos específicos, los cuales deben ser adquiridos a través de una formación adecuada para satisfacer las necesidades del mercado.

Dada la importancia de la era digital en el contexto social y laboral, el Ministerio de Industria, Energía y Turismo (2015) establece los requisitos formativos que deben ser considerados por las universidades para adaptarse a este entorno. En su Libro Blanco, el posicionamiento web u optimización para los motores de búsqueda, conocido por sus siglas en inglés SEO (*Search Engine Optimization*), se presenta como una competencia profesional en el ámbito de la Dirección de Marketing y la Agencia Digital, tanto a nivel de Grado como de Máster y aparece además como uno de los perfiles profesionales en el ámbito de las agencias digitales.

La figura del SEO, *Search Engine Optimizer,* es la de una persona experta en posicionamiento, cuya función principal es atraer tráfico cualificado desde los buscadores, con el objetivo de ayudar a alcanzar los objetivos de una web. Este perfil surge a partir de la aparición de los motores de búsqueda, que han ido ganando importancia a lo largo de los años hasta convertirse en una de las herramientas más empleadas por parte de la población internauta para encontrar información (Fernández, 2023) y que, por tanto, adquiere vital importancia en la atracción de públicos a través del canal digital para empresas y organismos.

---

1. Universidad de Alicante (España)

2. OBJETIVOS

Esta investigación trata de conocer la oferta formativa universitaria en relación con esta especialidad, el SEO, y en qué medida las instituciones de educación superior están respondiendo a esta demanda en el mercado laboral.

Por un lado, trata de observar los programas universitarios que imparten posicionamiento web para indagar en las características de esa oferta. Esto implica identificar el volumen y el formato en el que se imparte, ya sea máster, curso, asignatura o como contenido dentro de una asignatura. Y, por otro lado, se analiza en qué tipo de titulaciones se ofrece y si se presenta como contenido exclusivo o asociado a otras materias, y en su caso, cuáles. En definitiva, pretende profundizar en el estado de la cuestión sobre la formación de SEO inventariando toda la oferta disponible en las universidades españolas, tanto públicas como privadas, explorando los niveles 2 y 3 (Grado y Máster) de estudios de Educación Superior, así como programas o titulaciones propias no oficiales.

3. MARCO TEÓRICO

La entrada en el EEES, Espacio Europeo de Educación Superior, ha provocado un cambio de paradigma, enfocando el aprendizaje hacia la adquisición de competencias que mejoren la empleabilidad de los egresados, y entre ellas destacan las competencias digitales, que se han convertido en un requisito fundamental para acceder a empleos en el ámbito de la comunicación. Varias investigaciones han indagado sobre cómo las instituciones de educación superior están respondiendo a esta necesidad, relacionando el ámbito académico con los nuevos perfiles profesionales en comunicación digital (Correyero-Ruiz y Baladrón-Pazos, 2010; Escandell-Poveda y Papí-Gálvez, 2018; Papí-Gálvez *et al.*, 2019; Ventura *et al.*, 2018). Algunos de estos estudios buscan averiguar si la oferta educativa integra las competencias necesarias para desarrollar tales perfiles digitales y qué competencias son (Papí-Gálvez y López-Berna, 2012; Sánchez-González y Méndez-Muros, 2013) y otros se centran en los cambios provocados por la implantación del EEES (Sánchez-García y Campos-Domínguez, 2016).

En el campo del periodismo abunda la producción científica sobre los programas de estudio en las universidades españolas y su adaptación a los perfiles profesionales actuales (Sánchez-García y Tejedor, 2022; Manfredi-Sánchez *et al.*, 2019), mientras que son pocas las investigaciones en el ámbito de los estudios universitarios de publicidad y relaciones públicas (Fernández-Gómez y Feijoo-Fernández, 2022).

También son escasos los estudios que abordan el tema de la oferta formativa en perfiles digitales dentro de la educación superior en la comunicación y su relación con el SEO, pero cada vez despierta mayor interés académico, por ejemplo desde el punto de vista empresarial, trasladando la necesidad a las aulas (Lopezosa *et al.*, 2020), así como las competencias técnicas y formativas necesarias para llevar a cabo estrategias SEO efectivas en el ámbito de la comunicación (Escandell-Poveda *et al.*, 2022).

En general, se reconoce la importancia de contar con una formación adecuada en competencias digitales para poder desempeñarse de manera efectiva en el campo de la comunicación en la era digital. La capacidad de comprender y aplicar eficazmente las herramientas y estrategias digitales se ha vuelto esencial para los profesionales de la comunicación (González-Oñate *et al.*, 2021).

4. METODOLOGÍA

Con el fin de investigar la oferta educativa universitaria en relación con el SEO y dar respuesta a los objetivos expuestos, se llevó a cabo un estudio exploratorio basado en la información proporcionada por las universidades en sus sitios web. El universo de estudio se centró en las webs de las 87 universidades españolas que integran el Registro de Universidades, Centros y Títulos del Ministerio de Educación, Cultura y Deporte (RUCT), de las cuales 50 son de titularidad pública y 37 de titularidad privada.

Para la recuperación de la información se empleó la funcionalidad de Google que permite realizar una búsqueda en el interior de las páginas de un sitio determinado incluyendo las palabras de la consulta seguidas de "site:" y la URL de la web. Ejemplo: "término de búsqueda" site:ua.es.

En concreto se realizaron tres búsquedas en la web de cada universidad, atendiendo a las diferentes formas de expresar el objeto de estudio que nos ocupa, concretamente, los términos utilizados fueron: "SEO", "posicionamiento web" y "posicionamiento en buscadores".

Las búsquedas se realizaron en dos fases. Primero se buscó en la dirección de la web precedida de www para, a continuación, hacerlo en la URL sin incluir las tres uves dobles, con el objetivo de asegurarse de que ningún resultado se había quedado fuera. En esta segunda tanda de búsquedas, se restringieron los resultados a páginas publicadas entre 2018 y 2020, para abarcar solo las actualizaciones más recientes a la fecha en la que se llevó a cabo la investigación. Para agilizar el procedimiento, en vez de utilizar la casilla de búsqueda habitual para realizar cada consulta, se emplearon URL siguiendo la sintaxis que genera Google cuando muestra su página de resultados. Para la primera búsqueda sí se empleó la casilla del buscador, incluyendo el término más el parámetro "site:", seguido de la dirección web de una universidad. Una vez que el navegador mostró la página de resultados de Google, se copió la URL generada y se fue duplicando, utilizando la función de concatenación en una hoja de cálculo, modificando tanto la dirección web como el término de búsqueda. Se muestra a continuación un ejemplo de la URL empleada para la búsqueda de "seo" en la web de la Universidad de Alicante:

https://www.google.com/search?q=seo+site:ua.es&source=lnt&tbs=cdr%3A1%2Ccd_min%3A2018%2Ccd_max%3A2020&tbm=

En total fueron seis búsquedas por cada una de las 87 webs, lo que supuso un total de 522 búsquedas. En cada una de ellas se revisaron todos los resultados obtenidos, es decir, todas las páginas internas de las webs de universidades en las que aparecían los términos buscados. Se observó cada página comprobando si se trataba de contenido relativo a guías docentes, programas formativos o información sobre módulos de asignaturas que se encontraran vigentes en el curso académico 2019/2020 o posterior.

Para facilitar la codificación de la información, se confeccionó una ficha de recogida de datos empleando una hoja de cálculo en la que se catalogaron todos los másteres, cursos y asignaturas o módulos en los que se mencionara SEO, posicionamiento web o posicionamiento en buscadores. La recuperación de la información y registro de datos se realizó en los meses de marzo, agosto y octubre del año 2020.

5. RESULTADOS

Tras examinar la oferta formativa de las universidades españolas, los resultados revelan la presencia de dos programas de máster y 19 cursos sobre SEO, así como 43 asignaturas que abordan esta especialidad en algún grado o máster, y otras 30 en cursos independientes. Además, se han identificado asignaturas que incluyen contenidos sobre posicionamiento web en sus temarios, concretamente, 98 en grados o másteres y 28 en cursos (Figura 1).

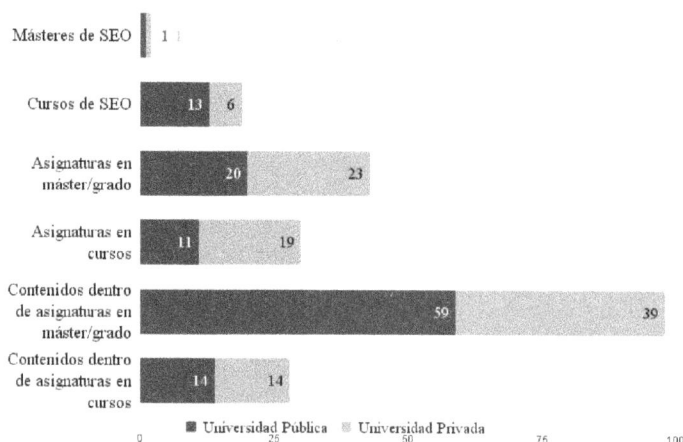

Figura 1. Oferta formativa de SEO en las universidades españolas. Fuente: Elaboración propia.

5.1. Másteres y cursos SEO

En lo que respecta a los dos únicos másteres universitarios sobre SEO, el único que es un Máster Universitario oficial se imparte en la universidad de titularidad pública Pompeu Fabra, concretamente en su escuela de negocios: Barcelona School of Management. El segundo se trata de un título propio de la Universidad a Distancia de Madrid. Ambos se ofrecen en la modalidad online y ninguno de ellos son exclusivos de posicionamiento pues incluyen el SEM (*Search Engine Marketing*) o marketing de buscadores, en el caso del de Barcelona y diseño y analítica web en el caso del de Madrid.

Con respecto a los cursos, se han encontrado 19 en total, la mayor parte de los cuales, un 68%, se imparte en universidades públicas y el resto en privadas. Se trata de cursos con un mínimo de 10 horas y un máximo de 750 horas, aunque la mayor parte de ellos, un 58%, cuentan con más de 100 horas lectivas (Tabla 1). El 58% de los cursos se ofertan exclusivamente online, el 26% son solo presenciales y un 16% se ofrece en ambas modalidades. A los cursos presenciales se puede acudir en las ciudades de Barcelona, Madrid, Valencia, Bilbao, Burgos, Santiago y Córdoba, siendo las tres primeras capitales las que más oferta tienen con cuatro en Barcelona y dos en Madrid y Valencia.

Horas	< 50	26%
	≥ 50 < 100	16%
	≥ 100 < 250	26%
	≥ 250	32%
Modalidad	Solo online	58%
	Solo presencial	26%
	Ambas	16%
Titularidad	Privada	32%
	Pública	68%

Tabla 1. Características de los cursos sobre SEO. Fuente: Elaboración propia.

El 63% de los cursos ofrecidos, doce concretamente, se centran exclusivamente en el SEO y el resto abarca especialidades adicionales, como el SEM, presente en seis de ellos, la analítica, en tres, y el *inbound* y social media en uno.

Entre las Universidades con más oferta se encuentran la Universidad Pompeu Fabra de Barcelona, con cuatro títulos incluyendo el Máster, y la Universidad de Cádiz, con cuatro cursos en total. Les siguen las Universidades a Distancia de Madrid (UDIMA) y Nacional (UNED) y ESIC Universidad, con dos programas cada una.

5.2. Asignaturas y módulos sobre SEO

En todas las universidades españolas se imparten 43 asignaturas o módulos sobre SEO dentro de alguno de sus grados o másteres, concretamente un 84% de ellas se encuentran en un máster y las siete restantes, el 16%, se ofrecen en algún grado. De las siete asignaturas que se imparten en algún grado, el 86% pertenece a universidades privadas y solo una de ellas se encuentra en una universidad pública.

El 51% de los másteres o grados que cuentan con una asignatura o módulo de posicionamiento son títulos de marketing o marketing digital, un 19% se centran en redes sociales o social media y el 16% en publicidad y comunicación. El resto incluyen temáticas relacionadas con el comercio electrónico, la administración o estrategia empresarial (ambas 7%) o los contenidos digitales, la gestión de la información, el periodismo o la multimedia (5% cada una). También se encuentran asignaturas de SEO en titulaciones relacionadas con otras especialidades como diseño digital, gestión comercial o digital, ingeniería informática, investigación de mercados, aplicaciones y videojuegos o nuevos perfiles profesionales (Figura 2).

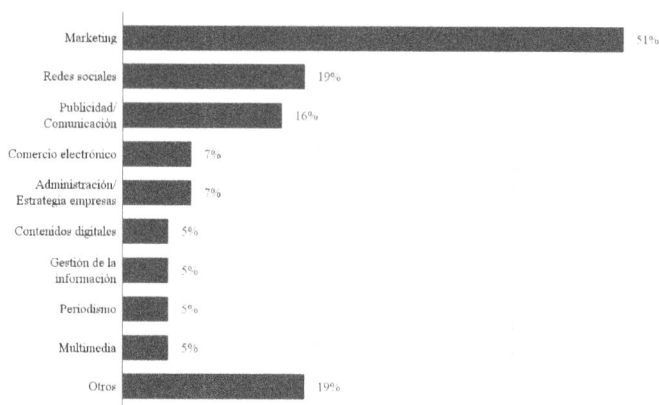

Figura 2. Temáticas de los grados y másteres que disponen de una
asignatura de SEO. Fuente: Elaboración propia.

Un 77% de las asignaturas encontradas no son exclusivas de posicionamiento, ya que comparten contenidos con otras materias. En un 40% de los casos se imparten juntamente con SEM o publicidad digital, un 14% lo hace con la analítica web, y en un 9% con contenidos, *inbound* marketing (captación de clientes a través del contenido) o redacción. El resto de las especialidades que se mencionan corresponden al marketing móvil y web, el ASO (optimización para tiendas de aplicaciones), e-mail marketing, redes sociales o comunicación digital, entre otros.

Además de en Másteres y Grados, existen 30 asignaturas sobre SEO que se imparten en cursos dentro de las universidades españolas. Estos cursos versan fundamentalmente sobre marketing, en un 57% de los casos. También se encuentran un 17% de cursos de comercio electrónico, un 10% relacionado con el *inbound* marketing, contenidos digitales y redes sociales, así como usabilidad en un 7%, entre otras especialidades. Estas asignaturas encontradas en cursos no son exclusivas de SEO en un 60% y comparten contenidos con SEM o publicidad en un 37% de los casos o la analítica (7%), entre otras materias.

5.3. Asignaturas que incluyen SEO en su temario

Adicionalmente a las asignaturas que mencionan el SEO, posicionamiento web o posicionamiento en buscadores en su título, y que, por tanto, se consideran como materia central de la misma, se han analizado todas las asignaturas que contemplan este contenido dentro de sus temarios. Concretamente, en los niveles 2 y 3 de estudios universitarios en España se encuentran 98 asignaturas en las que imparte SEO. De todas ellas, el 51% se encuentra en másteres y el restante 49% en grados. Asimismo, se encuentran 28 asignaturas adicionales dentro de algún curso universitario.

De los grados en los que se imparten estas asignaturas, un 21% son de Marketing, el 15% de Publicidad y Relaciones Públicas y el 13% en Periodismo y ADE (Administración y Dirección de Empresas). Otros grados en los que también se encuentran, aunque en menor medida, son los de Comunicación audiovisual, Información y Documentación, Turismo, Informática o Comunicación, entre otros. En cuanto a los másteres donde se ofertan estas asignaturas, los más numerosos son de marketing en un 38% y los de comunicación en un 16%. Lo mismo ocurre en los cursos, un 43% de los cuales son de marketing, un 29% de comunicación y un 25% de redes sociales. Asimismo, se encuentran 28 asignaturas sobre SEO incluidas en cursos universitarios, igualmente, estos programas son fundamentalmente de marketing (43%), comunicación (29%) o redes sociales (25%).

De entre todas las universidades que ofrecen asignaturas sobre SEO o que los incluyen dentro de su contenido, las que disponen de más oferta son, de mayor a menor, ESIC Universidad (16), Universidad Complutense de Madrid (15), Antonio de Nebrija (12), Universidad de Vic (8), UNED y Universidad Internacional de La Rioja (7), Universidad de Extremadura, Universidad de Barcelona, Universidad de Alicante y Universidad Católica San Antonio (6).

6. DISCUSIÓN

A la luz de los resultados, se aprecia que la institución universitaria dispone de una oferta muy limitada de contenidos sobre SEO en el año 2020. La razón podría deberse a que se trataba de un perfil demasiado específico o que sus competencias estaban enmarcadas en aquellas especialidades que, como el marketing digital, la publicidad o la comunicación, quedaban relacionadas con el SEO.

En la sociedad actual, que experimenta cambios constantes, es fundamental que las instituciones universitarias desempeñen un papel líder en la formación y la adquisición de conocimientos. Su objetivo debe ser formar profesionales altamente capacitados en aspectos culturales, científicos y técnicos, tal y como se establece en la Ley Orgánica 6/2001, de 21 de diciembre, de Universidades.

La inclusión en el Espacio Europeo de Educación Superior (EEES) resalta el papel crucial de las universidades en la promoción de la empleabilidad, explicitando la importancia de incluir competencias en las titulaciones de grado que faciliten la orientación profesional y la inserción laboral de los graduados (Ministerio de Educación, Cultura y Deporte, 2003). Igualmente, se subraya el deber de los programas de máster de enfocarse a la formación avanzada de profesionales con objetivos más específicos.

A pesar de este marco, el SEO, como perfil profesional o competencia demandada en el mercado laboral, y que juega un papel fundamental en la comunicación digital, debido a su importancia en la visibilidad y el posicionamiento de los contenidos en los motores de búsqueda, apenas se encuentra presente en los planes de estudio de las universidades prepandémicos. Estos hallazgos coinciden con el estudio realizado dos años antes por Miguel-San-Emeterio (2018) sobre las competencias digitales en los programas de grado en comunicación, donde se evidencia la escasa presencia de categorías como SEO/SEM. En este punto debe tenerse en cuenta que, posteriormente, han visto la luz otras titulaciones vinculadas a la comunicación digital, no solo en títulos de Máster, sino también como títulos de Grado; por lo que sería un ejercicio revelador replicar el estudio y comparar estos resultados con los del nuevo mapa de titulaciones conformado tras la pandemia.

7. CONCLUSIONES

En esta investigación se analiza la respuesta de la Universidad a las demandas del mercado laboral de un perfil profesional determinado: el de especialista en SEO. Se concluye que la formación sobre posicionamiento web se encuentra escasamente presente en los Grados y Másteres de las universidades españolas en 2020.

En concreto, este estudio solo detecta dos másteres, y ambos en modalidad online. Son másteres en los que también se imparte analítica web o marketing digital por lo que no son exclusivos de la especialidad.

En cuanto a los cursos ofrecidos, que no llegan a la veintena, la mayoría se ofertan también en modalidad online. Los presenciales se concentran en algunas ciudades como Madrid, Barcelona o Valencia.

En lo que respecta a asignaturas sobre posicionamiento web, estas no alcanzan el medio centenar y la gran mayoría se imparte también en másteres, siendo exigua la cantidad de asignaturas de SEO que se encuentran en grados.

En consecuencia, este estudio demuestra que la presencia del SEO en la educación superior se imparte a través de bloques de contenidos integrados en otras asignaturas o módulos. Con esta fórmula se identifican casi un centenar de contenidos entre másteres y grados. Concretamente tales contenidos se sitúan en grados de marketing, publicidad y relaciones públicas y administración y dirección de empresas.

De hecho, los grados o másteres de ingenierías informáticas u otras carreras técnicas son prácticamente inexistentes, en la línea de los resultados centrados en la profesión y el mercado laboral (Escandell-Poveda; 2021; Escandell Poveda *et al.*, 2022; Escandell Poveda *et al.*, 2023).

8. REFERENCIAS

Correyero-Ruiz, B. y Baladrón-Pazos, A. J. (2010). Nuevos perfiles profesionales en el entorno digital: Un desafío para la formación de comunicadores desde el EEES. *La Comunicación Social, En Estado Crítico. Entre El Mercado y La Comunicación Para La Libertad: Actas Del II Congreso Internacional Latina De Comunicación Social*, 17. http://www.revistalatinacs.org/10SLCS/actas_2010/044_Correyero.pdf

Escandell-Poveda, R. (2021). *Radiografía del SEO en España: demanda laboral, oferta formativa, sector empresarial y perfil profesional del posicionamiento web.* [Tesis Doctoral, Universidad de Alicante].

Escandell-Poveda, R. y Papí-Gálvez, N. (2018). Perfiles publicitarios en entornos digitales. Aproximaciones académicas. En S. Morales-Calvo, F. Vidal-Auladell y M. Mut-Camacho (Eds.), *Nuevo paradigma comunicativo. Lo 2.0, 3.0 y 4.0.* (pp. 201-213). Gedisa.

Escandell-Poveda, R., Papí-Gálvez, N. e Iglesias-García, M. (2022). Competences of SEO specialists: a perspective from the labor market. Technical note. *Profesional de la información*, *31*(5). https://doi.org/10.3145/epi.2022.sep.13

Escandell-Poveda, R., Papí-Gálvez, N. e Iglesias-García, M. (2023). Competencias profesionales en perfiles digitales: especialistas en posicionamiento web. *Revista De Comunicación, 22*(1), 109–125. https://doi.org/10.26441/RC22.1-2023-3034

Fernández, R. (2023). *Los motores de búsqueda online - Datos estadísticos.* Statista. https://es.statista.com/temas/3898/los-buscadores-online

Fernández-Gómez, E. y Feijoo-Fernández, B. (2022). Análisis de los estudios universitarios en Publicidad en España. Propuesta de formación online para el futuro profesional. *El Profesional de la información*, *31*(1). https://doi.org/10.3145/epi.2022.ene.16

González-Oñate, C. Fanjul, C. y Hernández-Gallego, I. (2021). Competencias de los perfiles profesionales en el sector de la publicidad digital: un análisis sobre el intrusismo laboral. En M. Alonso-González, S. Méndez Muros y A. Román-San-Miguel. (Eds.) *Transformación digital. Desafíos y expectativas para el periodismo: Libro de resúmenes.*

XXVII Congreso Internacional de la Sociedad Española de Periodística (pp. 143-147). Universidad de Sevilla. http://hdl.handle.net/10234/200779

Lopezosa, C., Codina, L., Díaz-Noci, J. y Ontalba, J. A. (2020). SEO y cibermedios: de la empresa a las aulas. *Comunicar, 28*(63), 65-75. https://doi.org/10.3916/C63-2020-06

Manfredi-Sánchez, J. L., Ufarte-Ruiz, M. J. y Herranz-de-la-Casa, J. M. (2019). Innovación periodística y sociedad digital: una adaptación de los estudios de Periodismo. *Revista latina de comunicación social, 74*, 1633-1654. https://doi.org/10.4185/RLCS-2019-1402

Miguel-San-Emeterio, B. (2018). *Las competencias digitales en los grados de periodismo, publicidad y relaciones públicas y comunicación audiovisual en la universidad: el caso de la Comunidad de Madrid.* [Tesis Doctoral, Universidad Complutense de Madrid]. E-prints Complutense. https://eprints.ucm.es/id/eprint/50690/

Ministerio de Industria, Energía y Turismo. (2015). *Libro blanco de titulaciones del sector de la economía digital.*Cyan, Proyectos y Producciones Editoriales, S. A. https://www.ccii.es/images/ccii/recursos/Libro-Blanco.pdf

Papí-Gálvez, N., Hernández-Ruiz, A. y Escandell-Poveda, R. (2019). La universidad y el desafío tecnológico: Títulos propios sobre comunicación digital. *CUICIID 2019: Congreso Universitario Internacional Sobre la Comunicación en la Profesión y en la Universidad de Hoy IX: Contenidos, Investigación, Innovación y Docencia, 551.* https://acortar.link/lRFzov

Papí-Gálvez, N. y Lopez-Berna, S. (2012). Medios online y publicidad. Perfiles profesionales en educación superior. *Vivat Academia, 117,* 672-700. https://doi.org/10.15178/va.2011.117E.672-700

Sánchez-García, P. y Campos-Domínguez, E. (2016). La formación de los periodistas en nuevas tecnologías antes y después del EEES. El caso español. *Trípodos, 38,* 161-179.

Sánchez-García, P. y Tejedor, S. (2022). Enseñanza técnico-digital en los estudios de Periodismo en España: hacia una formación híbrida genérica y especializada en lenguajes y formatos. *El Profesional de la información, 31*(1), 1-15. https://doi.org/10.3145/epi.2022.ene.05

Sánchez González, H. y Méndez Muros, S. (2013). ¿Perfiles profesionales 2.0? Una aproximación a la correlación entre la demanda laboral y la formación universitaria. *Estudios sobre el Mensaje Periodístico, 19, 981-993.* https://doi.org/10.5209/rev_ESMP.2013.v19.42183

Ventura, R., Roca-Cuberes, C. y Corral-Rodríguez, A. (2018). Comunicación Digital Interactiva: valoración de profesionales, docentes y estudiantes del área de la comunicación sobre las competencias académicas y los perfiles profesionales. *Revista Latina de Comunicación Social, 73,* 331-351. https://doi.org/10.4185/RLCS-2018-1258

¿POR QUÉ LOS JÓVENES UCRANIANOS ESCUCHAN PODCAST SOBRE LITERATURA?

Sílvia Espinosa-Mirabet[1], Margaryta Netreba[2]

El presente trabajo forma parte de una línea de investigación del Observatori de la ràdio de Catalunya, interesada en profundizar en la sonosfera juvenil en diferentes países.

1. INTRODUCCIÓN

Investigaciones recientes sobre *radio studies* (Espinosa-Mirabet y Ferrer-Roca, 2021; Ribes *et al.*, 2017; Díaz-Nosty, 2017; Moreno *et al.*, 2017 o Starkey, 2014) coinciden en que los jóvenes de la Generación Z (entre 9 y 24 años) consumen radio de manera diferente a la Generación X. Es decir, los jóvenes son oyentes de podcast u oyentes de APPs a través de sus teléfonos inteligentes. Esta es una característica común en diferentes países. Sin embargo, a pesar de ello, los jóvenes son el segmento de audiencia que pasa menos tiempo escuchando audio en la mayoría de los países.

A pesar de su desafección al medio sonoro, los jóvenes tienen consumos diferentes en distintos países, tal como está revelando una investigación del *Observatori de la ràdio de Catalunya* en la que se inscribe el presente trabajo.

A pesar de no ser grandes aficionados al medio sonoro, los jóvenes españoles menores de 24 años escuchan tres veces menos la radio que los australianos de su misma edad (Espinosa-Mirabet y Ferrer-Roca, 2021) pero el doble que los ucranianos de su misma generación. La presente investigación busca entender por qué existen consumos sonoros tan dispares entre jóvenes de la Generación Z en diferentes lugares del mundo.

Así pues, y a partir de este contexto y para continuar con la prospección internacional, esta investigación estudia el consumo sonoro de los jóvenes ucranianos, antes de la guerra. Es uno de los territorios con los índices de audiencia juvenil más bajos.

2. OBJETIVOS

En este trabajo se investiga cómo los jóvenes ucranianos menores de 24 años se crean su propio territorio sonoro. Qué les interesa, cómo y cuándo consumen audio. Se explicará por qué su *share* es tan bajo comparado, por ejemplo, con España.

---

1. Universitat de Girona (España)
2. Borys Grinchenko Kyiv University (Ucrania)

De este contexto surgen algunas Preguntas de Investigación:

- ¿Cuáles son las características especiales de la sonoesfera juvenil ucraniana?
- ¿La formación escolar en *media literacy* que reciben los jóvenes ucranianos, les influye en la construcción de su sonoesfera?

3. MARCO TEÓRICO

Durante aproximadamente una década, la radio en España ha estado notando una progresiva pérdida de penetración de la audiencia, y es especialmente en los grupos de edad más jóvenes que este descontento es más notable. Según los datos de la AIMC-EGM en 2006, los jóvenes solían escuchar 96 minutos de radio al día. En 2021 escucharon 50 minutos/día. Así, en España la industria radiofónica, en su mayoría privada, está preocupada. En una jornada organizada por la Asociación Catalana de Radio (2021), los datos de la UER, los de la EGTA y los del EGM español coincidían en señalar que, a pesar de que está aumentado el consumo de audio en los últimos 5 años, la radio como tal y en general sí que está perdiendo audiencia, y donde más se nota es en la franja de públicos más jóvenes. Por poner un ejemplo claro: en España la radio pierde un 7'4% de su audiencia, pero un 17% de su audiencia más joven, es decir menor de 24 años.

La normalización de Internet ha posibilitado, como es sabido, el acceso global, personalizado y versátil a los contenidos sonoros. Sin embargo, la polaridad de los *stakeholders* y las opciones de consumo en el contexto de la convergencia digital ha difuminado el concepto de audiencia y su conexión con los medios tradicionales (Jarvis, 2015). Los oyentes y los espectadores se han convertido en usuarios y *prosumers* ampliando dispositivos y canales que forman, cada vez más, parte de su espacio personal.

Pero es que, además, la llegada de Internet ha dado a los usuarios la oportunidad de decidir qué consumir, cuándo y dónde. Esta tendencia ha cambiado el paradigma que dominó la relación entre la industria radiofónica y su audiencia (Gutiérrez-García y Barrios-Rubio, 2019). El público cambió sus patrones de consumo sonoro (Herrera-Damas y Ferreras-Rodríguez, 2015; Monclús *et al.,* 2015) hasta tal punto que eliminó la idea de *prime time* (Gutiérrez-García y Barrios-Rubio, 2021). Además, el proceso de migración digital ha llevado a la industria radiofónica a estudiar nuevas estrategias de producción y de distribución (Cerezo, 2018), centradas en poblaciones más jóvenes. Este grupo objetivo se sintió especialmente atraído por los nuevos dispositivos portátiles, que contribuyeron a la creación de listas de reproducción personales de contenido de audio, entre otros (Bull, 2010).

En este contexto, el índice de competitividad de la industria radiofónica aumentó con la aparición de propuestas alternativas impulsadas por nuevos participantes (Marta-Lazo *et al.,* 2016). Se han desarrollado estrategias para aumentar las sinergias entre entornos offline y online (Cea, 2019) y para fortalecer las marcas en la sonoesfera digital (Barrios-Rubio, 2020). La audiencia juvenil comenzó a combinar servicios de distribución de música, Spotify, iTunes, YouTube con plataformas de podcast, iVoox, Podium Podcast (Moreno-Cazalla, 2018) y contenidos de radio. Los operadores confían en el desarrollo de aplicaciones de marca para facilitar el acceso a listas de reproducción y a otros servicios (Castells, 2006; Mihailidis, 2014; Ribes *et al.,* 2017).

El fortalecimiento generalizado e irreversible de la sociedad de redes (Castells, 2006) y su accesibilidad exponencial a través de dispositivos móviles (Szymkowiak *et al.,* 2021) han convertido la audiencia de radio/audio en un grupo fragmentado de personas inmersas en la cultura visual y multimedia (Diaz-Nosty, 2017). Como resultado de este proceso, la industria de las comunicaciones se ha visto obligada a reevaluar su lógica de creación y producción, sus estrategias de distribución e incluso su lenguaje y sus narrativas. La escala de este cambio ha sido más significativa en los campos del cine y la televisión (Neira, 2015). Sin embargo, para el sector radiofónico analógico y para los operadores de radio digital, a los que se hace referencia en diversas fuentes como *ciberradio* (Cebrián-Herreros, 2009), *postradio* (Ortiz-Sobrino, 2012), web-radio (Ribes *et al.*, 2017) o *sonosfera digital* (Perona-Páez *et al.*, 2014) es importante y necesario reconocer y reconsiderar los modelos de interacción, mediación y apropiación que se establecen en el contexto del consumo moderno de radio (Starkey, 2014).

4. METODOLOGÍA

La metodología usada en este trabajo es mixta y la misma en todos los países estudiados (que ya se ha revelado efectiva). Se pasa una encuesta a jóvenes de entre 18 y 24 años, estudiantes del primer año de cualquier carrera de comunicación. Se trata de una muestra homogénea, no probabilística y de conveniencia. El cuestionario anónimo (50 preguntas *ad hoc*) se resuelve en 25 minutos y pasó la revisión especial del Comité de Ética de la Universidad RMIT (Melbourne), puesto que fue el primer lugar donde se desarrolló la investigación. En el caso de Ucrania (igual que sucedió al recopilar los datos en España) la encuesta fue realizada en línea por 100 estudiantes de primer y segundo año de Periodismo, nunca mayores de 24 años, de la Universidad Borys Grinchenko de Kiev, entre el 1 de abril y el 30 de mayo de 2021 (antes de la guerra). No se ha descartado ningún cuestionario, aunque algunos no habían respondido a todas las preguntas.

Además, y para tener el contexto exacto del territorio estudiado se ha procedido a realizar una revisión de los estudios oficiales de audiencia de Ucrania, así como de su sector radiofónico antes de la guerra, incluyendo la legislación sobre la *media literacy*.

Finalmente, se ha realizado una entrevista en profundidad al antiguo locutor de la radio pública, Grigory Yuzhda, responsable del laboratorio de radio en la Borys Grinchenko Kyiv University.

5. RESULTADOS: JÓVENES UCRANIANOS Y CONSUMO SONORO[3]

Recientes encuestas de audiencia (Korinovska, 2021) muestran que el consumo sonoro entre los jóvenes está mejorando sus tasas de penetración en Ucrania gracias al uso de podcasts. A pesar de eso, y durante más de 10 años, los jóvenes ucranianos han sido el menor nicho de audiencia del consumo de radio en ese país. Según ha explicado para este trabajo Grigory Yuzhda, antiguo periodista de la radio pública ucraniana, la situación bélica que vive actualmente el país está propiciando un aumento en el consumo de podcast:

> Los *podcasts* están ocupando cada vez más espacio en la dieta mediática de los ucranianos. En particular, en 2022, se lanzaron 422 nuevos *podcasts* a pesar de la situación militar en el país (en comparación con 2021, cuando se lanzaron 303). 2022 fue un año récord para el *podcasting* ucraniano.[4]

---

3. El trabajo de campo con las encuestas ha contado con la ayuda de la estudiante de la Borys Grinchenko Kyiv University, Sadurska Yelisaveta, a quien las autoras de la investigación reconocen y agradecen su trabajo.

4. Traducción de las autoras al español, puesto que la entrevista se realizó en ucraniano.

Sin embargo, los últimos estudios de audiencia oficiales en Ucrania (anteriores a la guerra) demuestran que solo un 14% de los jóvenes consumían audio. Es decir, un 86% de los encuestados no escuchaban contenido radiofónico ni por aire, ni digital. Pero la mayoría de los jóvenes participantes sí que escuchaban programas de radio a la carta (54,5%) y podcasts (59,1%). Cuando se les preguntó a los jóvenes cómo escuchaban sus contenidos preferidos, la mayoría lo hacía a través de un teléfono inteligente (90%), pero sorpresivamente muchos usaban la TV (85%) para escuchar contenido sonoro, su ordenador personal (80%), o una tableta (70%).

5.1. Audiencias y sector radiofónico en Ucrania

No es sorprendente el bajo consumo de radio entre los jóvenes, si los datos oficiales (Snopok y Romaniuk, 2022) demuestran que la radio es el segundo medio menos popular en Ucrania, después de la prensa escrita (Statista, 2021). Los medios preferidos por los ucranianos son, y por este orden, las redes sociales, la televisión y los medios online. A pesar de ello y según Kantar–Ukraine (2020) la radio es el tercer medio de comunicación más fiable en la Ucrania de preguerra. El 21% de los ucranianos confiaba en las estaciones de radio nacionales y el 39% creía que las estaciones de radio locales eran veraces (48% de la población).

A principios de la década de 2000, con la independencia del país, el número de estaciones de radio creció rápidamente, alcanzando la cifra de 20 empresas diferentes (Myronchenko, 2012). Durante la historia de su corta existencia, solo tiene dos décadas, la radio en Ucrania se ha expandido varias veces por el territorio, pero también han desaparecido muchas emisoras de forma muy rápida, a pesar de copiar modelos extranjeros, que nunca acabaron de asentarse y que, según Yuzhda (2021), destruyeron el sistema de radio puramente ucraniano que se basaba en la difusión por cable.

> *En Ucrania, el sistema estatal de radiodifusión por cable ha sido destruido, cuando había un punto de radio en casi todos los hogares (1991 - 16 millones de puntos de radio, 2021 - 0,2 millones). Las emisoras de radio (casi 40 emisoras de la red) difieren poco en formato y contenido entre sí (principalmente formato de música o programas de entrevistas), hay pocas estaciones de radio en formato conversacional. Las noticias de última hora se pueden encontrar en Internet antes que en la radio. (Yuzhda, 2021. Entrevista personal)*

Goian y Goian (2019) investigaron los factores que influyeron en la creación de las primeras emisoras de radio comerciales en Ucrania. Para ellos, los primeros modelos de gestión trataron de convertir un juego en un negocio, apoyándose en la lengua. Los mismos investigadores estaban considerando, antes de la guerra, la creación de un proyecto de radio (MMC Internews, Interview Internews), que habría sido el primero en unificar emisoras comerciales con una radio estudiantil, creando una nueva estación de radio privada en Ucrania (Goian y Goian 2019).

Ucrania, antes de la Guerra (2022), contaba con un parque radiofónico de 14 cadenas nacionales emitiendo en ucraniano, además de 41 cadenas regionales y 287 emisoras locales. Según los datos del *National Council on television and radio broadcasting de Ucrania*, más del 75% pertenecían a las cuatro empresas más potentes del sector radiofónico: «TAVR" Business, Radio Group, UMH Group y TRC «Lux».

El mercado de radio ucraniano estaba dominado por estaciones de radio estatales como *Radio-1 de Ucrania*, así como *Radio Era* privada y *Radio Pública*, que durante algún tiempo fueron las tres únicas estaciones de noticias. En 2017, *Radio Era* fue comprada por la mayor empresa de inversión ucraniana *Dragon Capital* (propietario del semanario *Novoe Vremya* y del portal de noticias *nv.ua.*) En marzo de 2018, *Radio Era* se transformó en *Radio NV*, centrando su programación en un modelo convencional con entrevistas y programas de ciencia y cultura. Justo antes del conflicto armado (2020), *Radio NV* anunció una reducción de sus *talkshows* y un aumento de su programación musical.

La audiencia online no lidió con el 4G hasta 2018. Así, unas pocas emisoras de radio (*Hit FM; Radio Pyatnitsa; Chanson; Retro FM o Autoradio)* pudieron ganar nuevas audiencias en internet a través de App.

Otro fenómeno que singulariza la radio en el país del Este, es la vinculación emotiva que el medio busca con su público. Radio "Relax" con su *claim* de "radio ligera y tranquila" es el primer ejemplo de emisora que busca posicionarse no a partir de sus contenidos, sino a partir de establecer vínculos emocionales con sus oyentes (Goian y Goian, 2019). Es un ejemplo concreto sobre cómo ha evolucionado la radio en Ucrania.

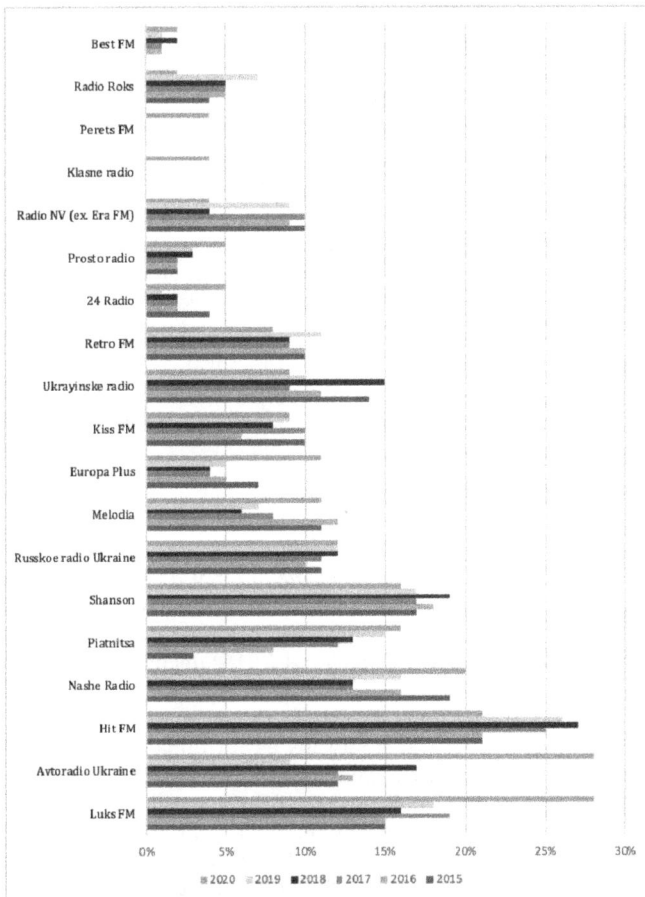

Figura 1. Estaciones de radio operativas en Ucrania antes de la guerra. Fuente: Elaboración propia a partir del National Council of Ukraine on Television and Radio Broadcasting.

En la Figura 1 se puede observar la audiencia de las diferentes estaciones de radio ucranianas antes de la Guerra.

5.1.1. La lengua en la radio ucraniana

En 2016, se introdujeron cuotas de idioma para las radios, obligándoles a transmitir al menos el 25% de la música emitida en ucraniano, incrementándose en 2018 al 35%. En 2022 las emisiones en ucraniano llegaron al 90% de las programaciones radiofónicas. Este cambio legislativo tenía como objetivo el desarrollo de la industria musical en idioma ucraniano, abandonando el ruso como lengua de emisión (*National Council of Ukraine on Television and Radio Broadcasting*).

Así pues y durante muchos años, aparte del ruso, las diferentes minorías del país no tenían estaciones en sus lenguas vernáculas. Antes de la guerra sí que era posible sintonizar emisoras locales y públicas emitiendo en rumano, búlgaro, moldavo, eslovaco, húngaro y alemán. Existía, además, la previsión ampliar el número de programas para las minorías nacionales e incluso se habían solucionado las interferencias rusas y los ucranianos que viven en áreas no controladas por el gobierno tenían acceso al menos a una estación de radio ucraniana. Cabe destacar *Radio Libertad* en la región de Crimea, dónde periodistas independientes informaban de los sucesos de forma anónima o bajo seudónimo.

La encuesta realizada a los jóvenes ucranianos también se fija en la lengua de consumo. La juventud suele escuchar emisoras de radio en el idioma nacional (60%), el contenido de audio en las aplicaciones (85%) también es predominantemente ucranio. La tendencia es diferente cuando son preguntados por podcasts. Entonces casi el mismo número de oyentes se revela políglota. A un 50% les da lo mismo seguir contenidos en su idioma nativo que en ruso o inglés. Aquellos que escuchan contenido de audio en un idioma extranjero lo explican por la falta de ciertos materiales o contenidos en su idioma nativo.

Más del 86% de los encuestados prefieren contenidos producidos en su tierra natal y en su mayoría música, o podcasts, pero no les importa consumir contenido de audio extranjero. Un 68% de los jóvenes escuchan Spotify – Suecia; YouTube Music – USA; TED - USA; Soundcloud – Russia; Apple Podcasts – USA; YouTube-USA y Podcast de Dive studio - Korea.

5.1.2. Media literacy

La comprensión del sector radiofónico de un país no se puede desligar de la dieta mediática de sus ciudadanos. Por ello, el estudio de la *Media literacy*, da pistas muy significativas. El entorno digital de recepción y consumo desde dispositivos móviles (Díaz-Nosty, 2017) está contribuyendo, por un lado, a la difusión de las aplicaciones de radio (Moreno *et al.*, 2017), y por otro, a distraer a los usuarios (Llorca-Abad, 2015) del uso simultáneo de diferentes pantallas. Algunos autores señalan que las empresas radiofónicas deben promover la alfabetización sonora (Pérez-Maíllo *et al.*, 2018). De hecho, la poca formación mediática de los estudiantes españoles preuniversitarios es un tema que preocupa desde hace mucho tiempo y no se ha resuelto. En diciembre de 2021, representantes de la Asociación Española de Investigadores en Comunicación (AE-IC) escribían un artículo en *El País* (Marzal *et al.*, 2021) para denunciar otra vez el tema, puntualizando que España no solo hacía caso omiso de las recomendaciones de la OCDE, sino que ahora pretende suprimir la asignatura Cultura Audiovisual II del Bachillerato artístico, relacionada con el campo de la alfabetización mediática. El *EUKids online* (Smahel *et al.*, 2020) también muestra su preocupación por la lentitud con que mejoran los niveles de conocimientos digitales de los niños. A pesar de que se conocen experiencias que acercan la radio a un público infantil y/o adolescente, valiéndose del móvil para trabajar competencias educativas (Pérez-Femenía e Iglesias-García, 2020) y con frecuencia por iniciativa del profesorado, son muchos los estudios que evidencian cómo en España hace falta formación sobre *media literacy*. Es un contenido que no se aborda en ninguna de las leyes educativas aprobadas hasta ahora: LOGSE, (1990); LOCE, (2002); LOE, (2006); y LOMCE, (2013) (Pérez-Femenía y Iglesias-García, 2020).

En Ucrania, la formación mediática empieza en la escuela primaria en el año 2008, fecha en la que se aprueba la Ley Sobre la Educación que introdujo una norma con el título: *Concepto de la Implementación de la Educación en los Medios de Comunicación en Ucrania*. El "Concepto" obligó a integrar la educación mediática en los programas educativos de todas las escuelas de primaria y secundaria.

En 2010, Ucrania adoptó en todos los currículos escolares la *media literacy* y se definieron los contenidos a impartir sobre *Medios* de comunicación en las distintas etapas de la educación. Esos contenidos abordaban desde las explicaciones sobre las principales tareas de los medios, al estudio de sus principios, orientaciones o formas.

De 2011 a 2016, continuó la etapa experimental de la introducción de la alfabetización mediática en las instituciones educativas, en cuyo marco 250 instituciones de enseñanza general acercaron esos contenidos a unos 40 mil estudiantes.

El 21 de abril de 2016, el Presidium de la Academia Nacional de Ciencias Pedagógicas de Ucrania aprobó una nueva edición del *Concepto de la Implementación de la Educación en los Medios de Comunicación en Ucrania*. El objetivo principal del Concepto, según la nueva versión del documento, era

> promover el desarrollo de un sistema eficaz de educación sobre los medios de comunicación en Ucrania, que debe convertirse en la base de la seguridad humanitaria del Estado, el desarrollo y la consolidación de la sociedad civil y la lucha contra la agresión informativa externa. Preparar a los niños y jóvenes para una interacción segura y efectiva con los medios de comunicación del sistema moderno, para formar en la alfabetización mediática y en la cultura mediática a todos los ciudadanos. (Naidyonova y Slyusarevskyi, 2016, p. 6)

El documento también describe tareas, principios básicos, áreas de trabajo prioritarias, formas y etapas de implementación y desarrollo gradual de la educación mediática en Ucrania para 2017-2025.

En las actuales instituciones de enseñanza secundaria, la educación mediática y la alfabetización mediática se imparten en forma de cursos separados («Fundamentos de la alfabetización mediática», «Pasos hacia la alfabetización mediática», «Cultura mediática», «Educación mediática») y están integrados en otros ámbitos (Baidyk y Pronina, 2021).

Además, la *United States Agency for International Development* (USAID) ha financiado materiales online para promover la docencia sobre *media literacy* entre el profesorado y que éstos puedan impartir docencia en este campo de una forma lúdica, usando una guía multimedia online «MediaDriver» de la ONG «Media Detector». La plataforma busca despertar conciencias críticas entre el alumnado usando información textual, infografías, videos y dibujos animados. Otro interesante proyecto de medios para niños en edad escolar es el juego educativo en línea «Mediaznaiko» (http://www.aup.com.ua/Game/), adaptado por la Academia de la Prensa Ucraniana.

Los datos oficiales apuntan que, en el año 2022, la confianza en la radio ha aumentado significativamente pasando del 23% al 40% y el consumo de podcasts del 18% al 25%.

Para esta misma fuente existe una vinculación directa entre la implantación y el desarrollo de los programas de *media literacy* en las escuelas y el creciente interés por la población en el terreno mediático. De hecho, esta relación ya se ha comprobado en otros países, donde se concibe la alfabetización mediática para diseminar cultura (Fedorov, 2011).

> En Australia, existe una importante tradición de formación mediática en las escuelas que empieza en la educación elemental y se refuerza en los últimos cursos de secundaria. Incluso los profesores especialistas están agrupados en la ATOM (Profesores australianos sobre medios de comunicación). (Espinosa-Mirabet y Ferrer-Roca, 2021, p. 7)

5.2. El interés de los jóvenes ucranianos para construirse su propia sonoesfera

Para construirse su universo sonoro, los jóvenes de los países estudiados en esta investigación coinciden en algunos puntos. Sus gustos y, por tanto, su dieta mediática sonora se configura a partir de las recomendaciones, pero en cada lugar los prescriptores son distintos.

Los datos ucranianos demuestran que el principal prescriptor del sonido que consumen los más jóvenes es Youtube, además de la familia, pero estos no son los únicos prescriptores. De la encuesta distribuida entre los universitarios de Kiev se desprende que el 59% consume algún producto sonoro porque alguien de su familia lo hace, ya sea en radio o en podcast, independientemente del idioma. Por eso, las emisoras o los podcasts que son más populares entre los jóvenes, son los mismos que escuchan sus padres y hermanos y pertenecen a: Lux FM, Pepper FM, podcast en YouTube, YouTube Music, Hit FM, Russian Radio Ukraine, Kiss FM. Este extremo concuerda perfectamente con el resultado obtenido al preguntar a qué edad empezaron a escuchar la radio. Un 72% de los encuestados empezó a escuchar la radio antes de los 10 años, bien viajando en coche con sus padres (86'4%) o bien porque sus padres escuchaban la radio en casa (45'5%).

Casi el 64 % de los encuestados escucha podcasts, a los que llegan de forma aleatoria haciendo búsquedas en plataformas (40%), por recomendación (43%) y por suscripción (40%) y del mismo modo descubren programas de radio.

La Figura 2 muestra las preferencias sonoras de los ucranianos menores de 24 años. A partir de esta compilación, se evidencia que consumen principalmente música descargada de Apps y que los contenidos radiofónicos que más les interesan son musicales e informativos. Finalmente, los podcasts más seguidos tienen contenidos sobre estilo de vida y sobre literatura, siendo estos los parámetros que más les distancian del consumo sonoro de la juventud de otros países como España o Australia (Espinosa-Mirabet y Ferrer-Roca, 2021).

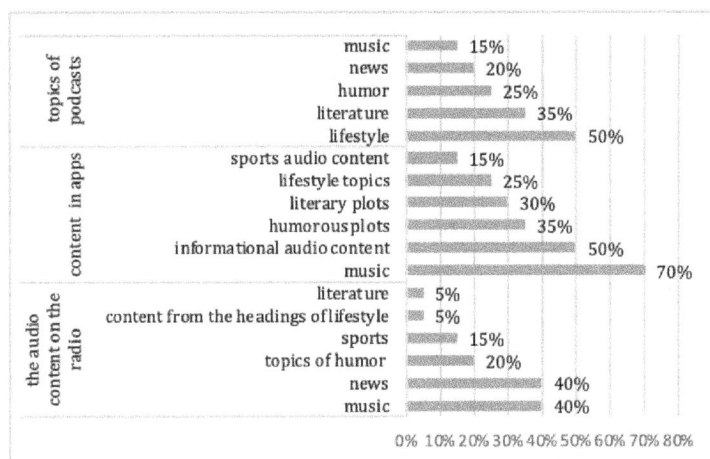

Figura 2. Contenidos sonoros preferidos por los jóvenes ucranianos. Fuente: Elaboración propia.

Entre otros contenidos de audio, los jóvenes también mencionaron los audiolibros. Esta preferencia concuerda con su gusto por los podcasts de literatura. Es una preferencia únicamente detectada, de momento, en Ucrania y se debe a una imposición normativa para acceder a la universidad. En Ucrania existe una ley por la cual todo aspirante a estudiar en la universidad debe pasar un examen de reválida y ser evaluado por un comité externo sobre dos asignaturas obligatorias: lengua y literatura ucranianas e historia de Ucrania. El resto de materias son a elección del estudiante, dependiendo de la especialidad en la que planea ingresar. Para ayudar al estudiantado en este deber, en 2020 el gobierno lanzó el proyecto educativo "Escuchar". Se trata de la mayor biblioteca en línea de audiolibros en ucraniano, con la voz de las estrellas mediáticas del país, interpretando los textos de los clásicos. Es una selección de 60 audiolibros que se pueden escuchar de forma gratuita y online. El nuevo proyecto además de ayudar a prepararse un examen de acceso, fomenta la nueva identidad ucraniana. "Su misión social es hacer una educación más inclusiva y adaptada al nuevo orden mundial"(https://sluhay.com.ua).

Los jóvenes ucranianos escuchan la radio más por la mañana (35%) y menos por la noche (20%) pero en cambio, el pico de escucha de más Apps (70%) y podcasts (40%) es por la noche y sobre todo durante el fin de semana.

El contenido de radio continúa siendo el más demandado entre los jóvenes cuando viajan en coche (65%), mientras que las aplicaciones de audio se escuchan en casa (75%), en el transporte público (60%) o de paseo (55%). Los encuestados también prefieren escuchar podcasts en casa (45%) o mientras caminan (30%).

La mayoría de los jóvenes de Ucrania participantes de la encuesta tienen una dieta sonora bastante variada a pesar de que cuantitativamente no es muy rica ni frecuente. Así, escuchan aplicaciones todos los días (50%), la radio mensualmente (35%) y podcasts cada dos semanas (25%) aproximadamente.

Las preferencias por contenidos y canales antes de la guerra eran las siguientes: Música y Podcasts (Spotify, Ucrania), Literatura (You Tube, Ucrania), Radio Relax (Ucrania), Radio Vintage (Ucrania), You Tube music, Radio Rocks (Ucrania), TED (EE.UU.). Las estaciones de radio más seguidas por los jóvenes eran: Lux FM, Hit FM, Pepper FM (Ucrania); Lounge FM (Ucrania); FM Suite (Ucrania) y la rusa Soundcloud. Los Podcasts se escuchaban a través de iTunes, tanto en ruso como en inglés. Los preferidos eran: HPZP, 2POpodcast, Without a soul (video podcasts en la plataforma YouTube), Voom (versión en ucraniano), Gogol's Mustache (contenido de Ucrania, en lengua ucraniana y rusa), Very bad podcast (de producción ucraniana y en lengua rusa), Sin alma (de producción rusa y locutado en ucraniano) y finalmente, el Podcasts de Mark Livin: "Voice of the Country" (en ucraniano). Para finalizar, la música consumida por la juventud ucraniana se circunscribía, antes de la guerra, a la oferta musical de Apple, de Google Play Music, de Telegram y a los podcasts de Dive studio (Corea del Sur).

6. DISCUSIÓN

Los resultados de esta investigación, centrada en Ucrania, permiten trazar el perfil del joven consumidor de productos sonoros, igual que se ha realizado anteriormente con jóvenes australianos y españoles (Espinosa-Mirabet y Ferrer-Roca, 2021), evidenciando las diferencias y las similitudes entre los tres países. El trabajo da pistas sobre por qué los ucranianos menores de 24 años consumen podcast sobre literatura, poniendo el foco en la legislación, por la obligación de superar una reválida que ha creado el hábito en los oyentes y gracias a la formación en *media literacy* que Fedorov (2011) destacó como un elemento crucial para promover el espíritu crítico entre los estudiantes y para diseminar la propia cultura. En España esta es una asignatura pendiente, pero no lo es en Ucrania, ni en Australia y en ambos países, los jóvenes de la generación Z prefieren escuchar contenidos sonoros con su sello nacional, mientras que en España lo preferido por la juventud son listas musicales internacionales.

Con el estallido de la guerra quizás la tendencia relatada en este trabajo haya cambiado sustancialmente, por lo que se prevé una continuación cuando cese el conflicto armado.

7. CONCLUSIONES

Los jóvenes menores de 24 años de Ucrania escuchaban poco la radio convencional antes de la guerra con Rusia, pero eran amantes de podcasts sobre literatura y sobre estilos de vida. Esta es una de las conclusiones más sorprendentes de este análisis. Como ya se ha comentado, la presente investigación forma parte de una prospección internacional. En un estudio previo parecido que se llevó a término en Australia y en España, los resultados no pueden ser más diferentes (Espinosa-Mirabet y Ferrer-Roca, 2021). En España los jóvenes escuchan más minutos de radio que en Ucrania, y prefieren emisoras comerciales de música derivada de listas de éxitos internacionales.

En Ucrania la radio convencional se escucha a través de Apps para acceder a música y noticias. La encuesta anual *Radio Research* (Kantar-Ucrania, 2020) señala que casi el 24% de los jóvenes escuchaban la radio todos los días o casi todos los días antes del conflicto armado, pero que el 65% de la población menor de 24 años no escuchaba nunca la radio. Para los jóvenes ucranianos, la radio era un telón de fondo para hacer otras actividades: los acompañaba mientras estudiaban, trabajaban con el ordenador, comían, se relajaban, viajaban e, incluso, la radio les servía para bailar. Con el *podcasting*, los usos eran diferentes. Escuchaban *podcast* sobre literatura o historia para pasar una reválida y acceder a la universidad. Era obligatorio y se acostumbraron. Eso explica por qué después de acabar la carrera, las descargas de *podcast* sobre literatura o de audiolibros, según los resultados obtenidos, son tan populares en Ucrania.

Los aprendizajes o los no aprendizajes que proporciona la *media literacy* en la escuela se rebelan como un elemento crucial en el modelaje de los gustos sonoros de los jóvenes, y de su identidad como ciudadanos. Una educación sobre consumo y alcance de los *media* logra que la juventud entienda sus contenidos y los use desde la infancia. La legislación ha propiciado este gusto por lo sonoro. Tener que demostrar un alto conocimiento de los autores nacionales para acceder a la universidad, no sólo ha propiciado la expansión de una industria sonora vincula al *podcast*, sino que ha promovido la aparición de sellos sonoros de audiolibros que los jóvenes consumen con avidez.

Los jóvenes descubren sus Apps y sus podcasts preferidos gracias a las recomendaciones realizadas por la TV, por las redes sociales, por sus amigos y finalmente por la familia. Las redes que se presentan como mejor prescriptoras para los ucranianos son, y por este orden: Youtube e Intagram. Youtube es la red social que más les influye en la construcción de su sonoesfera, más que cualquier otro medio social o clásico.

Así pues, se reafirma la buena noticia: los jóvenes todavía escuchan la radio, aunque lo hacen a través de las APP usando sus teléfonos móviles, punto en el cual no hay diferencia entre nacionalidades. Pero, sobre todo, es destacable, aunque no novedad, que la juventud se decanta, cada vez más, por la oferta de *podcasting*. Mientras que en España se está notando un auge de este tipo de formato con contenido de humor o musical, en Ucrania, los jóvenes prefieren podcast que les aconsejen sobre estilos de vida y sobre literatura, como decíamos.

8. REFERENCIAS

Baidyk V. y Pronina, O. B. (2021). *Practical media education: media literacy in the educational space: teaching method manual*. Lysychansk.

Barrios-Rubio, A. (2020). *R@dio en la sonoesfera digital*. Alpha Editorial.

Bull, M. (2010). iPod: un mundo sonoro personalizado para sus consumidores. *Comunicar*, *XVII*(34), 55-63. https://doi.org/10.3916/C34-2010-02-05

Castells, M. (ed.) (2006). *La sociedad Red*. Alianza.

Cea, N. (2019). Periodismo y Redes Sociales: análisis de las estrategias de difusión de los periódicos digitales. En V. A. Martínez-Fernández, X. López-García, F. Campos-Freire, X. Rúas Araujo, O. Juanatey-Boga y I. Puentes-Rivera (Eds.). *Más allá de la innovación. El ecosistema de la comunicación desde la iniciativa privada y el servicio audiovisual público* (pp. 193-202). Media XXI.

Cebrián-Herreros, M. (2009). *La radio en la convergencia multimedia*. Gedisa.

Cerezo, P. (2018). *Los medios líquidos. La transformación de los modelos de negocio*. UOC.

Díaz-Nosty, B. (2017). Coexistencia generacional de diferentes prácticas de comunicacion. En B. Díaz-Nosty (coord.), *Diez años que cambiaron los medios: 2007-2017* (pp. 7-26). Ariel.

Espinosa i Mirabet, S., y Ferrer Roca, N. (2021). ¿Por qué los jóvenes australianos triplican el consumo de radio de los jóvenes españoles? *ZER: revista de estudios de comunicación*, *26*(50), 41-61. https://doi.org/10.1387/zer.21918

Fedorov, A. (2011). Alfabetización mediática en el mundo. *Infoamérica ICR*, 5, 7-23. Recuperado de https://bit.ly/446tb9v

Goian, O. Y. y Goian, V. V. (2019). First Commercial Private Radio Stations in Ukraine: From Experiments to Business. *Actual issues of mass communication* 25, 33-50. Recuperado de https://bit.ly/44frSVU

Gutiérrez-García, M. y Barrios-Rubio, A. (2019). Del offline a la r@dio: las experiencias de la industria radiofónica española y colombiana. *Revista de Comunicación, 18*(1), 73-94. https://doi.org/10.26441/RC18.1-2019-A4

Gutiérrez-García, M. y Barrios-Rubio, A. (2021). Young people sound consumption practices, between big platforms and the radio ecosystem: the case of Colombia-Spain. *Comunicación y Sociedad*, 7820, 1-24. https://doi.org/10.32870/cys.v2021.7820

Herrera-Damas, S. y Ferreras-Rodríguez, E. M. (2015). Mobile apps of Spanish talk radio stations. Analysis of Ser, Radio Nacional, Cope and Onda Cero's proposals. *El Profesional de la Información, 24*(3), 274-281. https://doi.org/10.3145/epi.2015.may.07

Jarvis, J. (2015). *El fin de los medios de comunicación de masas. ¿Cómo serán las noticias del futuro?* Gestión 2000.

Korinovska A. (2021). How many Ukrainians listen to podcasts. *Public news.* https://bit.ly/43hBQVx

Llorca-Abad, G. (2015). La capacidad de atención y el consumo transmedia. *Obra digital: Revista de Comunicación*, 8, 136-154. https://bit.ly/3redfn3

Marta-Lazo, C., Ortiz, M. A. y Martín, D. (2016). *La información en radio. Contexto, géneros, formatos y realización.* Editorial Fragua.

Marzal, J., Aguaded, I., Recoder, M. J. y Franquet, R. (2021). La formación de los jóvenes españoles en educación mediática, en estado de coma. *El País, 2/12/2021* https://n9.cl/1wq35

Mihailidis, P. (2014). A tethered generation: Exploring the role of mobile phones in the daily life of young people. *Mobile Media & Communication, 2*(1), 58-72. https://doi.org/10.1177%2F2050157913505558.

Monclús, B., Gutiérrez, M., Ribes, X., Ferrer, I. y Martí, J. M. (2015). Radio Audiences and Participation in the Age of Network Society. En T. Bonini y B. Monclús (Eds.), *Listeners, Social Networks and the construction of Talk Radio Information's discourse* (pp. 91-115). Routledge.

Moreno, E., Amoedo, A. y Martinez-Costa, M. P. (2017). Usos y preferencias del consumo de radio y audio online en Espana: tendencias y desafios para atender a los publicos de internet. *Estudios sobre el Mensaje Periodistico, 23*(2), 1319-1336. http://dx.doi.org/10.5209/ESMP.58047

Moreno-Cazalla, L. (2018). *La Radio Online en Espana ante la convergencia mediática: sintonizando con un nuevo ecosistema digital y una audiencia hiperconectada* [Tesis doctoral]. Universidad Complutense. https://hdl.handle.net/20.500.14352/16572

Myronchenko, V. Ya. (2012). Profesiini treninhy maibutnikh radiozhurnalistiv. *Naukovi zapysky Instytutu zhurnalistyky.* Tom 15. https://bit.ly/3DmHvz7

Naidyonova, L. A. y Slyusarevskyi, M. M. (2016) Concept of implementation of media education in Ukraine (new edition). Kyiv, The Institute of Social and Political Psychology of the National Academy of Sciences of Ukraine. https://bit.ly/44BikEJ

Neira, E. (2015). *La otra pantalla. Redes sociales, móviles y la nueva televisión.* UOC.

Ortiz-Sobrino, M. A. (2012). Radio y post-radio en España: Una cohabitación necesaria y posible. *Área Abierta, 12*(2), 4. https://doi.org/10.5209/rev_arab.2012.n32.39637

Pérez Femenía, E. e Iglesias-García, M. (2020). La radio escolar como mediadora en el aprendizaje del uso del móvil en la adolescencia. *ZER: revista de estudios de comunicación=Komunikazio Ikasketen Aldizkaria, 25*(48), 329-345. https://doi.org/10.1387/zer.21583.

Pérez-Maíllo, A., Sánchez Serrano, C. y Pedrero-Estebán, L. M. (2018). Viaje al Centro de la Radio. Diseño de una experiencia de alfabetización transmedia para promover la cultura radiofónica entre los jóvenes. *Comunicación y Sociedad*, 33, 171-201. https://doi.org/10.32870/cys.v0i33.7031

Perona-Páez, J.J., Barbeito-Veloso, M. y Fajula-Payet, A. (2014). Young people in the digital sonosphere: Media digital, media devices and audio consumption habits. *Communication & Society, 27*(1), 205-224.

National Council of Ukraine on Television and Radio Broadcasting (2022). Report of the 2022. Recuperado de https://bit.ly/3D5unxS.

Ribes, X., Monclús, B., Gutiérrez-García, M. y Martí, J. M. (2017). Aplicaciones móviles radiofónicas: adaptando las especificidades de los dispositivos avanzados a la distribución de los contenidos sonoros. *Revista de la Asociación Española de Investigación de la Comunicación*, 4(7), 29-39. https://doi.org/10.24137/raeic.4.7.5

Smahel, D., Machackova, H., Mascheroni, G., Dedkova, L., Staksrud, E., Ólafsson, K., Livingstone, S. y Hasebrink, U. (2020). *EU Kids Online 2020: Survey results from 19 countries.* EU Kids Online. http://hdl.handle.net/20.500.12162/5299.

Snopok, O. y Romaniuk, A. (junio de 2022). *We watch, read, listen: how Ukrainians' consumption of food changed in the conditions of a full-scale war.* Ukrainska Pravda. https://bit.ly/3D34izz

Starkey, G. (2014). *Radio in context.* Palgrave MacMillan.

Statista, (2021). Trust in national mass media news sources in Ukraine from 2015 to 2020. https://bit.ly/3D4iSqD

Szymkowiak, A., Melović, B., Dabić, M., Jeganathan, K. y Kundi, G. S. (2021). Information technology and Gen Z: The role of teachers, the internet, and technology in the education of young people. *Technology in Society*, 65, 101565. https://doi.org/10.1016/j.techsoc.2021.101565

LOS MUNDOS VIRTUALES COMO HERRAMIENTA DE APRENDIZAJE PARA ESTUDIANTES DE EDUCACIÓN MEDIA

Ricardo Fabelo Rodriguez[1]

1. INTRODUCCIÓN

La definición de mundo virtual siempre hace semejanza a un entorno o ambiente en sus tres dimensiones, que permite en algunos casos la simulación del mundo real, algunos aspectos que se desarrollan como topografía, infraestructura, situaciones sociales, entre otras. En la mayoría de los casos son llamadas metaversos, este término fue definido en la novela Snow Crash y es usado para describir la visión del trabajo en espacios 3D totalmente inmersivos.

Los mundos virtuales ofrecen una oportunidad de escape, es decir una fantasía, que viene acompañada por permitir la socialización con una comunidad y, en algunos casos, una fuente de ingresos. Los mundos virtuales sociales son similares a los reales ya que permiten la interacción social humana, incluyendo una amistad, amor, economía, guerra, política, entre otros, ofreciendo la oportunidad de hacer compras, negocios, formación académica, viajar, visitar bares, bailar, y muchos más (Ortiz, A.).

Entre las principales características de los metaversos se pueden mencionar:

- La Interactividad, permite al usuario comunicarse con los usuarios que se encuentran en el espacio virtual, además de interactuar con los componentes u objetos presentes en el metaverso.
- La Corporeidad, es el entorno al cual se accede, por lo general está sometido a ciertas leyes de la física con recursos limitados.
- Por último, la Persistencia, esto hace referencia a que el mundo virtual sigue funcionando a pesar de no tener ningún usuario conectado en el Metaverso. Sin embargo, la última acción realizada por un usuario queda guardada, con el objetivo de retomar el mismo punto cuando exista una reconexión.

Según Márquez, desde 1962, la maquina Sensorama permitía la visión, sonido, equilibrio y tacto en la simulación de mundos, este fue uno de los primeros mundos virtuales implementados para ordenadores, conocidos como realidad virtual genéricos, haciendo semejanza al dispositivo de realidad virtual de Ivan Sutherland del año 1968. Esta

---

1. Universidad Gabriela Mistral (Chile)

caracterización de realidad virtual era predominante la utilización de voluminosos auriculares y otros dispositivos sensoriales.

En la actualidad los mundos virtuales, son entornos virtuales en línea multiusuarios, nacieron de una forma independiente a los primeros dispositivos utilizados, enriqueciendo el mundo de los videojuegos, pero con una inspiración similar. Podemos observar concluyentemente que la realidad virtual clásica se basa en engañar al sistema perceptivo con el objetivo de experimentar un nuevo ambiente que permita la inmersión del usuario, los mundos virtuales tienen una estricta dependencia del contenido mental y emocional que es desarrollado en la experiencia inmersiva.

En el año 1974, fue creado el primer juego con características en 3D y multiusuario fue el Maze War, se inicia el uso de avatares que permitían perseguir a sus oponentes en un laberinto, utilizaba únicamente el ordenador Imlac.

Uno de los primeros prototipos de mundos virtuales fue:

- WorldsAway, es un entorno virtual donde los usuarios creaban su propio mundo bidimensional representado por avatares
- CitySpace, es un proyecto educacional con representación gráfica 3D dirigido a niños,
- The Palace, es una comunidad virtual en dos dimensiones,
- Habitat, es considerado el primer mundo virtual, desarrollado en 1987 por LucasFilm Games para la Coomodore 64, que funcionaba con el servicio Quantum Link.

La característica principal de los mundos virtuales consiste en un mundo en línea persistente y activo las 24 horas al día los 7 días a la semana, para calificarlo como un mundo virtual de verdad, ningún video juego multijugador funciona durante todo el día, todos los días. Todos están limitados a un tiempo para el mantenimiento que no se tiene en cuenta en el mundo virtual.

Dado que el término de mundo virtual es bastante genérico, podemos observar dos consideraciones importantes:

- Massively multiplayer online role-playing games o MMORPGs, consiste en la creación de un personaje (avatar), en el cual el jugador puede elegir sus características principales.
- Massively multiplayer online real-life games o MMORLGs, donde el usuario puede editar y modificar su avatar a su voluntad, lo que les permite desempeñar un papel más dinámico.

Entre los campos de aplicación de los mundos virtuales tenemos:

1. En la sociedad: Los mundos virtuales en su mayoría son vistos como juegos, pero hay muchos otros diferentes como: blogs, foros, wikis y salas de chat donde han nacido muchas comunidades de usuarios. Cada persona que pertenece a este tipo de comunidades se asocia de acuerdo con su afinidad en ideas para hablar, permitiendo a las personas comunicarse o compartir conocimientos con otros.
2. En la Medicina: Los mundos virtuales pueden ser usados para la contención o ayuda a niños hospitalizados para crear un entorno cómodo y seguro donde se pueda mejorar su situación. Las personas con condiciones especiales de todas las edades pueden beneficiarse enormemente experimentando libertades mentales

y emocionales dejando a un lado sus discapacidades, mediante sus avatares, permitiendo realizar actividades tan simples y saludables como caminar, correr, bailar, vela, pescar, nadar, surfear, volar, esquiar y otras actividades físicas que su enfermedad o discapacidad les impide hacer en la vida real.

3. En el área Comercial: En el mundo real de los negocios también participan los mundos virtuales, debido al incremento en la compra-venta de productos en línea, estrechamente relacionado con la popularidad de internet, esto ha obligado a las empresas a adaptarse a los nuevos mercados. En la actualidad muchas empresas y organizaciones incorporan los mundos virtuales como forma de publicidad, siendo innumerables los beneficios por el uso de estos métodos de comercialización. Un ejemplo es la empresa Apple que ha creado una tienda online a través de *Second Life*, permitiendo a los usuarios ver los productos más recientes, este tipo de publicidad permite promocionar sus productos de una forma más global, reduciendo costos y tiempo.

El uso de los entornos tridimensionales a través de los mundos virtuales y la investigación para la mejora de las competencias y el aprendizaje comienzan a implantarse en la década de los 90 en las universidades de Estados Unidos, específicamente en la Universidad de Carolina del Norte y Universidad de Berkeley en California, desde la aparición del Lenguaje de Modelado de Realidad Virtual donde es posible la manipulación de objetos 3D, aulas virtuales, una fluida comunicación con distintas percepciones.

Entre los avances del metaverso se encuentran el haber logrado una experiencia con múltiples espacios tridimensionales, compartidos, persistentes y a su vez inter relacionados entre sí, donde los usuarios interactúan con avatares a través de un soporte lógico en la internet, pero sin las limitaciones vistas en el mundo real.

Bajo este concepto este proyecto educativo sobre el desarrollo de mundos virtuales, se encuentra distribuido en la realización de un conjunto de actividades pedagógicas que apoyan al fortalecimiento de áreas específicas del conocimiento desarrollando competencias en el alumno, a través de la concepción, creación, ensamblaje además de su puesta en funcionamiento del mundo virtual, en el cual participan personas que poseen un interés por el diseño y la construcción de mundos virtuales, estas creaciones se presentan primeramente de una forma mental, posteriormente a través de la inventiva de cada uno de los participantes de forma virtual en software de diseño, los mismos son construidos por una serie de objetos que varían según la creatividad de las personas, estas estructuras son llamadas prototipos o simulaciones, así mismo se puede hacer destacar que el objetivo primordial de la enseñanza a través de los mundos virtuales, es lograr una adaptación de los alumnos a los procesos productivos de la sociedad, donde la tecnología juega un papel predominante basado en el empleo de sistemas virtuales con el control de computadores.

El desarrollo de mundos virtuales se encuentra fundamentado en el constructivismo, posibilitando el desarrollo de la creatividad, capacidad de abstracción, relaciones intra e interpersonales, habito del trabajo en equipo, permitiéndole al educador realizar acciones que desarrollen la motivación, memoria, lenguaje, atención de los educandos y entre otros aspectos mejorando la práctica pedagógica actual.

En una revisión de las teorías más influyentes en la educación durante el siglo XX, resulta imprescindible considerar el constructivismo, propuesto Piaget. Sus conceptos y modelos psicológicos fueron ampliamente utilizados para fundamentar teorías didácticas y pedagógicas.

Uno de los pensadores más reconocido internacionalmente por sus serias investigaciones en el constructivismo es el matemático Seymour Papert, del Instituto Tecnológico de Massachusetts (MIT). A mediados del siglo pasado, observó la dificultad que presentan los niños para operar las computadoras, a causa de que debían utilizar lenguajes de programación que les resultaban ininteligibles. Esta observación lo condujo a tomar dos decisiones importantes: estudiar profundamente con Piaget su teoría sobre el constructivismo, en Ginebra, entre 1958 y 1963, asociándose con Marvin Minsky, gran teórico de la inteligencia artificial, en Boston.

A partir de estas interacciones, Papert creó el lenguaje Logo, con el cual los niños pueden operar las computadoras con mayor facilidad. Pero, además, influido por las ideas de Piaget, propuso el "Construccionismo" como una teoría educativa que fundamenta el uso de las tecnologías digitales en educación.

En el Construccionismo, Papert otorga a los alumnos un rol activo en su aprendizaje, colocándolos como diseñadores de sus propios proyectos y constructores de su propio aprendizaje. Se trata de facultar a los estudiantes para que asuman ese papel activo pretendiendo que los estudiantes "construyan su propio conocimiento". La construcción del conocimiento, según Papert, comprende, a su vez, dos tipos de construcción: la primera tiene lugar en la mente de las personas. La segunda, externa, ocurre de manera especialmente provechosa porque el alumno está conscientemente involucrado en una construcción de tipo más público, es decir, que puede ser mostrada, discutida, examinada, probada o admirada: desde un castillo de arena, una casa de Lego, o un programa de computadora.

En contraste con las teorías antes mencionadas la práctica del desarrollo de mundos virtuales trae beneficios adicionales entre los cuales se destacan el desarrollo de:

- Inteligencia lógica-matemática aplicando cálculos numéricos y siguiendo patrones lógicos de programación.
- Conocimiento espacial apreciando con certeza la imagen y sensibilizándose al color, la línea, la forma, la figura, el espacio y sus interrelaciones.
- Capacidad física - kinestésica al hacer trabajos de construcción con percepción de medidas y volúmenes.
- Desarrollo de la lingüística ampliando su vocabulario y empleando eficazmente palabras técnicas en la sustentación de sus trabajos.
- Habilidad inter personal mediante la socialización en trabajos colaborativos y en equipo.
- Estrategias intra personales al reconocer por él mismo sus virtudes y defectos al asignarle un rol determinado dentro de un grupo.
- Inteligencia emocional al trabajar en equipo con entusiasmo, empatía, motivación y autoconciencia de su sensitividad y manejo de sus destrezas.
- Capacidad creativa y sus habilidades manuales y de construcción.

La problemática que se ha observado en los niveles básicos de la educación se encuentra en el hecho de que a los alumnos se les pide en un primer momento memorizar el contenido del material que cubren los programas escolares en los cuales ellos están inscritos, y en un segundo momento recitarlos con fines de evaluación.

En el desarrollo de mundos virtuales se pretende enseñar a los niños los conceptos principalmente de lenguaje (creación de guiones o narrativas), arte (creación de objetos tridimensionales), programación (interacción o movilidad en el espacio de objetos 3D) y matemáticas (cálculo del espacio y dimensiones de objetos 3D), entre otras materias, utilizando para esto herramientas que resulten interesantes para los alumnos y que faciliten el aprendizaje. La aplicación de esta disciplina tiene como objetivo el explotar lo atractivo que resulta para los educandos la idea de "aprender jugando". Esta es el área en la cual los investigadores se han enfocado con mayor frecuencia.

Esta idea genera gran interés en los alumnos y facilita el proceso cognitivo de tipo deductivo, un proceso que requiere que el alumno atienda una serie de explicaciones, retenga los principios enseñados y los aplique en ejercicios prácticos que favorecen todo su proceso de aprendizaje.

2. OBJETIVOS

El proyecto educativo consiste en una serie de talleres teórico-prácticos que combinan la adquisición de conocimientos tecnológicos, diseño gráfico y programación, junto con la implementación de actividades lúdicas, herramientas de diseño y programación, multimedia, entre otros elementos. Estas actividades son atractivas y se adaptan según el nivel de conocimiento y la edad de los participantes. El objetivo final es desarrollar un mundo virtual que cumpla con una serie de parámetros establecidos al inicio de los talleres, lo cual fomenta la creatividad e innovación de los participantes.

Para llevar a cabo este programa educativo, la Universidad Gabriela Mistral selecciona comunidades e instituciones educativas, con el apoyo de empresas e instituciones, donde se proporcionará el material didáctico necesario para desarrollar los proyectos finales.

El propósito de este programa es desarrollar mundos virtuales como una herramienta de aprendizaje para estudiantes de educación media.

3. METODOLOGÍA

El estudio se enmarca dentro de la formación académica del docente y el alumno en las áreas de innovación tecnológica y de investigación, por cuanto aspira la construcción de una metodología práctica en los ultimos niveles de educación secundaria para la generación de nuevos valores del docente investigador basada en su vocación de servicio.

La investigación se llevó a cabo bajo las orientaciones del paradigma científico postpositivista, el cual engloba un conjunto de corrientes humanísticas-interpretativas centrando su interés en el estudio de los diversos significados de las acciones de los sujetos y el contexto; a este respecto Martínez M. (2010: pág. 8) Plantea, la investigación cualitativa trata de identificar la naturaleza profunda de las realidades, su estructura dinámica, aquella que da razón plena de su comportamiento y manifestaciones desde la interacción del individuo dentro de su contexto.

De igual modo, se llevará a cabo aplicando el método de la etnografía educativa, el cual para Martínez M. (2010, p. 30) tiene como objetivo inmediato crear una imagen realista del grupo estudiado, apoyándose en la convicción de tradiciones, roles, valores y normas del ambiente en que se vive, las cuales se internalizan y generan regularidades que pueden explicar la conducta individual y de grupo en forma adecuada.

Por otra parte, desde el punto de vista espacial y temporal, el estudio se llevó a cabo en los laboratorios de computación de la Universidad Gabriela Mistral, ubicada en la comuna de Providencia, en un periodo de tiempo desde Marzo 2022 hasta Marzo 2023 dirigido a estudiantes de tercero y cuarto medio.

En esta investigación se encuentran como actores intervinientes en el desarrollo del proyecto los siguientes: Alumno y Facilitador.

- Alumno: Los alumnos son aquellos que aprenden de otras personas. Etimológicamente, alumno es una palabra que viene del latín alumnus, participio pasivo del verbo alere, que significa 'alimentar' o 'alimentarse' y también 'sostener', 'mantener', 'promover', 'incrementar', 'fortalecer'. De hecho, al alumno se le puede generalizar como estudiante o también como aprendiz. También es alumno el discípulo respecto de su maestro, de la materia que aprende o de la escuela, colegio o universidad donde estudia. El estudiante es un alumno.
- Facilitador: Un facilitador es la persona que ayuda a un grupo a entender los objetivos comunes y contribuye a crear un plan para alcanzarlos sin tomar partido, utilizando herramientas que permitan al grupo alcanzar un consenso en los desacuerdos preexistentes o que surjan en el transcurso del mismo.

4. DESARROLLO DE LA INVESTIGACIÓN

Como primer paso en el desarrollo del proyecto se ejecutó el contenido pedagógico y académico del taller, tomando en consideración actividades lúdicas y recreativas que motiven y ayuden a comprender e investigar en la profundización de los conocimientos aprendidos, así como también trabajando en base a los conocimientos adquiridos en el resto de las materias y cruzando como eje transversal el desarrollo del prototipo en las mismas, llegando a un conceso entre el grupo de investigadores del siguiente contenido:

1. Teoría y Antecedentes sobre Mundos Virtuales
2. Conceptos básicos de Diseño
3. Creación de Avatares
4. Manejo de posicionamiento de objetos en el espacio
5. Programación Básica basado en objetos
6. Proyecto Final

Utilizando los siguientes recursos instruccionales:

- Estrategias socializadas: Debate, Taller y Seminario
- Exposición del Mediador, Técnicas del aprendizaje significativo.
- Ejercicios prácticos individuales y grupales, Discusiones dirigidas, Leturas comentadas

El proyecto final fue ejecutado con la asesoría de los facilitadores con la colaboración de estudiantes de las carreras de Ingeniería Civil Informática de la Universidad Gabriela Mistral con una guía didáctica de instrucciones que permitiría el desarrollo del primer mundo virtual comprendiendo las siguientes fases:

- Fase I: Construcción del Avatar y Objetos 3D: En está fase se desarrolló los conceptos básicos sobre el metaverso, evolución y características, visualizar el uso de la herramienta computacional en distintos sectores productivos, además del uso de dispositivos de realidad inmersiva para identificar los componentes de los mundos virtuales.

Posteriormente, se utilizó un software de diseño 3D (Reade Player Me) para crear la identificación digital de cada de uno de los estudiantes a traves de avatares que permitiran la presencia de cada uno de ellos en el mundo virtual, seleccionando cualquier tipo de caracteristicas humana o imaginaria, caracteristicas del cuerpo, vestimenta, color de piel, ojos, cabello, entre otros, como se puede observar en la Figura 1. Desarrollo de Conceptos Básicos de Metaverso (Elaboración Propia, 2023) y Figura 2. Creación de Avatares (Elaboración Propia, 2023).

- Fase II: Construcción del Mundo Virtual: Despues, se inicia el diseño del mundo virtual con el software de diseño (TinkerCad) generando características básicas a este mundo virtual como piso, colores, propiedades, texturas, distintas vistas (izquierda, derecha, frontal, trasera, inferior, superior) con una actividad básica de reconocimiento y utilización de cualquier tipo de objeto 3D.

  Posteriormente, se explican los conceptos básicos de programación orientada a objetos con el lenguaje de programación Python y el video juego Minecraft en la creación de las interacciones de objetos y avatares, pudiendo crear actividades o mini juegos dentro de la herramienta utilizada.

  Se establecieron las características de los objetos 3D, acción y reacción a eventos realizados en la interacción con el mundo virtual o el avatar como se puede observar en la Figura 3. Construcción del Mundo Virtual (Elaboración Propia, 2023) y Figura 4. Integración de Objetos (Elaboración Propia, 2023)

- Fase III: Incorporación de Objetos a Plataforma de Realidad Inmersiva: Por último, con la utilización de una herramienta computacional (Unreal Engine) se pudo adaptar las creaciones graficas (mundo virtual, interacciones, caracteristicas y propiedades configuradas) inicialmente creadas con la configuración de usuarios a tener acceso a traves de dispositivos de realidad inmersiva, como se puede observar en Figura 5. Configuración de Objetos y Mundo Virtual (Elaboración Propia, 2023) y Figura 6. Evaluación de la Integración (Elaboración Propia, 2023)

Teniendo como proyecto final el desarrollo de un mundo virtual donde el avatar pueda interactuar con el objeto 3D creado y poder apreciar sus distintas caracteristicas y dimensiones.

5. CONCLUSIONES

El desarrollo de mundos virtuales promueve aprendizajes que facilitan la integración de conceptos, llevando la teoría a la práctica por medio de la experimentación utilizando herramientas de diseño, programación, dispositivos de realidad virtual, para la construcción del mundo virtual. Logra que el educando se interese por conocer y utilizar varias ciencias, lo que dará como resultado la formación en un futuro, de jóvenes científicos, contribuyendo a la innovación de la tecnología y por ende al desarrollo de su país. Se puede concluir que el desarrollo de mundos virtuales desde una perspectiva de acercamiento a la solución de problemas derivados de distintas áreas del conocimiento como las matemáticas, ciencias naturales, experimentales, tecnología, ciencias de la información, comunicación, entre otras. Uno de los factores más interesantes es que la integración de diferentes áreas se da de manera natural. Con todo lo anterior, se puede demostrar que el desarrollo de mundos virtuales es factible para emplearse a nivel de educación media, siempre y cuando se utilice un lenguaje de programación básico.

La educación, por un lado, tiene un compromiso con la transmisión del saber sistematizado, por el otro, debe conducir a la formación del educando, haciéndolo capaz de vivir y convivir en la sociedad, en relación con el prójimo. No podemos separar la tecnología del hombre, tanto en el sentido de poseer los conocimientos además del saber para producirla, como para saber cómo esa tecnología puede influir e influirá en su subjetividad. En el momento en que el alumno atraviesa la experiencia, simulando lo real, descubre la importancia de la práctica en la ejecución en todas sus construcciones.

El desarrollo de mundos virtuales, se encuentra fundamentado en el constructivismo, posibilita el desarrollo de la creatividad, la capacidad de abstracción, las relaciones intra e interpersonales, el hábito del trabajo en equipo, permitiéndole al educador realizar acciones que desarrollen la motivación, la memoria, el lenguaje, la atención de los educandos y otros aspectos que contribuyen a la práctica pedagógica actual.

Con esta experiencia educativa se ha enriquecido la formación integral de los facilitadores y estudiantes colaboradores, trayendo una nueva visión en el empleo de estrategias instruccionales, además permitió motivar enormemente a los alumnos de las distintas escuelas en el estudio de los mundos virtuales como instrumento facilitador en el resto de las materias vistas como también despertar la curiosidad de los mismos abriendo nuevos paradigmas investigativos para su continuidad en estudios superiores

6. REFERENCIAS

Ortiz, A. (15 de Febrero de 2021). Orígenes de la inteligencia artificial: pioneros. *HostDime*. https://acortar.link/X3Ep1Z

Márquez, I. V. (s.f.). *La simulación como aprendizaje: educación y mundos virtuales.* Universidad Complutense de Madrid. https://acortar.link/xcxuL4

Pajuelo, L. (S,F). Metaverso: aprender en un mundo virtual. *Educacion 3.0.* https://acortar.link/of0I8Y

EL TERRITORIO VIRTUAL DEL TALLER DE DISEÑO COMO ENTORNO DE ENSEÑANZA EXPANDIDO

Beatriz Fernández Cordano[1]

El presente texto surge en el marco de la investigación que realicé para mi tesis de Maestría en Enseñanza Universitaria —cohorte 2018-2020— de la Universidad de la República (Udelar),"Territorio virtual del Taller de Diseño: la construcción de experiencias de aprendizaje colaborativo en la Licenciatura en Diseño de Comunicación Visual (Udelar) durante la pandemia de la COVID-19", cuyo tutor es el Dr. Fernando Miranda Somma.

1. INTRODUCCIÓN

Al comienzo de 2020, la emergencia sanitaria como consecuencia de la pandemia de la COVID-19 provocó la suspensión de las clases presenciales en gran parte de los ámbitos educativos del mundo, y también en la Universidad de la República en Uruguay (Udelar, 2020). En este contexto, los talleres de Diseño de la Licenciatura en Diseño de Comunicación Visual[2] (LDCV), espacio pedagógico clave para la formación en el marco de esta carrera en particular (FADU-Udelar, 2011a) y de las disciplinas proyectuales en general, debieron impartirse en modalidad virtual por primera vez. Esta situación supuso la adaptación de la propuesta de enseñanza para su funcionamiento en modalidad virtual, contemplando al aprender haciendo[3] como su principio metodológico de enseñanza. Para esto incorporamos diferentes herramientas en línea para promover la interacción entre docentes, entre estudiantes, y entre docentes y estudiantes.

El contexto de la pandemia de la COVID-19 nos obligó a desnaturalizar el Taller de Diseño de Comunicación Visual[4] -ese espacio donde nos formamos y también desarrollamos nuestra carrera docente y por tanto no nos resulta fácil cuestionar- para pensarlo en otro medio, espacio y tiempo. Este nuevo escenario para la formación universitaria en Diseño

---

1. Universidad de la República (Uruguay)

2. Facultad de Arquitectura, Diseño y Urbanismo (FADU) - Facultad de Artes (FARTES) de la Universidad de la República (Udelar).

3. Este término aparece vinculado con la tradición moderna de los métodos de enseñanza de la Bauhaus y con las concepciones de John Dewey (Lizondo-Sevilla *et al.*, 2019).

4. Al cual a partir de ahora me refiero como Taller de Diseño.

de Comunicación Visual[5] (DCV) fue una oportunidad para preguntarme qué conocimientos podemos construir sobre la Didáctica del Diseño a partir de la transformación de sus formas hegemónicas de enseñanza por la mediación tecnológica. ¿Qué rasgos caracterizan al Taller de Diseño en modalidad virtual? Y en específico, ¿cómo se enseña, se produce y se aprende en el Taller de Diseño de la LDCV en la modalidad virtual?

En particular, en este estudio me propuse centrarme en las experiencias de aprendizaje colaborativo por ser una de las características principales de la propuesta de taller (Ander-Egg, 1999; Lambert, 2014) y del ámbito particular de estudio —la LDCV—, donde la enseñanza en el Taller de Diseño la realizamos en equipos conformados por personas de diversas procedencias formativas, quienes compartimos la tarea docente. Por lo tanto, la dimensión colaborativa no solo forma parte de la estrategia de enseñanza dirigida a estudiantes, sino también de la dinámica de trabajo y del proceso formativo de quienes la llevamos adelante. Cómo la construcción colaborativa entre estudiantes y docentes tiene lugar en el Taller de Diseño en modalidad virtual y cómo esto contribuye a la formación en DCV, fueron interrogantes relevantes para esta investigación.

Por tanto, el objeto de estudio es la construcción de experiencias de aprendizaje colaborativo en modalidad virtual dentro del espacio medular para la formación universitaria en DCV: el taller de Diseño. Y la pregunta que guía la investigación es: ¿Cómo se construyen las experiencias de aprendizaje colaborativo, por parte de docentes y estudiantes, en el Taller de Diseño de la Licenciatura en Diseño de Comunicación Visual (Udelar) en modalidad virtual, durante la pandemia de la COVID-19?

2. OBJETIVOS

Favorecer la comprensión de la enseñanza del Diseño, mediante la caracterización del proceso de construcción de experiencias de aprendizaje colaborativo, en modalidad virtual, en el Taller de la Licenciatura en Diseño de Comunicación Visual (Udelar), durante la pandemia de la COVID-19. Así como contribuir a la mejora de las prácticas de enseñanza en el taller de Diseño, en particular en lo que refiere a la incorporación de tecnologías educativas y la implementación de su modalidad virtual.

Para esto fue necesario conocer el contexto y las condiciones institucionales y personales para el desarrollo de la enseñanza en el Taller de Diseño en modalidad virtual, durante la pandemia de la COVID-19. También identificar las estrategias didácticas implementadas en el Taller de Diseño en modalidad virtual y su relación con la construcción de experiencias de aprendizaje colaborativo. Y por último caracterizar las interacciones mediadas por las tecnologías dentro del Taller de Diseño en modalidad virtual, las producciones resultantes y las percepciones sobre la experiencia.

3. METODOLOGÍA

Con respecto a la estrategia metodológica, la desarrollé desde un enfoque cualitativo, en combinación con aspectos de la praxis participativa (Rigal y Sirvent, 2020a), de la Investigación Basada en las Artes (IBA) (Hernández Hernández, 2008; Augustowsky, 2017) y de la basada en relatos biográficos (Sancho *et al.*, 2007), como forma de abordar

---

5. Esta denominación la considero sinónimo de "Diseño Gráfico"; la utilización de una u otra cambia según las perspectivas teóricas y los ámbitos académicos, ya que se trata de una discusión propia del proceso de definición en el cual se encuentra la disciplina.

un fenómeno de enseñanza. Estas perspectivas me permitieron incluir en el estudio relatos y producciones visuales de quienes participamos en la experiencia, para poder afrontar desde lo metodológico la dimensión personal, en un contexto con tantas implicancias en este plano como fue el de la pandemia de la COVID-19. En este sentido, la combinación metodológica, en particular la IBA, abrió la oportunidad de "develar aquello de lo que no se habla [...] que se suele dar por hecho y que se naturaliza" (Barone y Eisner, 2006 en Hernández Hernández, 2008, p.94) y "permitir acceder a lo que las personas hacen y no sólo a lo que dicen" (Silverman en Hernández Hernández, 2008, p.93) y de esta forma "las artes llevan 'el hacer' al campo de investigación" (Hernández Hernández, 2008, p.93).

Su alcance es descriptivo e interpretativo, basado en un estudio de caso. Es decir, a través de la investigación busqué especificar las características del fenómeno que elegí analizar (Hernández Sampieri *et al.*, 2010) y profundicé en su interpretación, como forma de favorecer su comprensión. La elección del estudio de caso me permitió investigar en profundidad un proceso en particular, cuya situación objeto de mi interés estaba presente (Verd y Lozares, 2016). MI posición como investigadora se ubicó dentro de ese fenómeno e implicó estudiar mis prácticas de enseñanza compartidas con el equipo docente de la unidad curricular Taller de Diseño de Comunicación Visual II (DCV II). Para el análisis de contenidos, definí categorías vinculadas al objeto de estudio, las cuales surgen del marco teórico y del trabajo de campo. Además, incorporé instrumentos de análisis que contemplaron la mirada particular del DCV como disciplina. En este sentido, compuse un mapa[6] como relato visual colectivo del objeto de estudio, a partir de producciones de participantes del fenómeno que dan cuenta de sus percepciones sobre la experiencia. También realizacé esquemas visuales conceptuales como parte del proceso de análisis, los cuales alimentaron y desencadenaron la reflexión teórica.

4. DESARROLLO DE LA INVESTIGACIÓN

4.1. Posicionamiento teórico

El marco teórico cumplió un papel orientador en la búsqueda de evidencias durante el trabajo de campo, así como apoyó la emergencia de nuevos conceptos y preguntas (Rigal y Sirvent, 2020b). Explicitar mi posición con respecto a los conceptos nucleares del estudio —construcción de experiencias de aprendizaje; aprendizaje colaborativo; enseñanza y aprendizaje en modalidad virtual; taller de Diseño como estrategia didáctica— me permitió definir mi ubicación, como docente e investigadora, en relación con mi objeto de estudio.

Entiendo el aprendizaje como un proceso en el cual participan activamente quienes aprenden, poniendo en juego sus conocimientos anteriores (Carretero, 2005) y sus cuerpos —pensando y sintiendo cómo algo cobra sentido— atravesando una experiencia vívida que les permita percibirse en construcción (Ellsworth, 2005). Esto sucede dentro de un espacio —físico, virtual, personal, colectivo— con cualidades capaces de incidir en la transformación de quienes se encuentran aprendiendo (Ellsworth, 2005), el cual como docentes podemos utilizar con el propósito de enriquecer la experiencia educativa (Dewey, 2004; 2010). Un espacio que, además, propone formas de participar y de vincularse con otras personas, y en definitiva con el conocimiento. Esta perspectiva permite expandir las posibilidades del aprendizaje dentro del Taller, a la vez que nos aleja de aquellas ideas

---

6. https://rb.gy/vs7gq

tradicionales que nos ubican como docentes en el centro del proceso educativo, como portadores del saber y responsables de transferirlo a estudiantes, como una cosa hecha y terminada (Ellsworth, 2005).

La importancia de la incorporación de experiencias de trabajo colaborativo en el taller de Diseño, además de ser unos de los aspectos que caracterizan a su propuesta didáctica (Ander-Egg, 1999; Lambert, 2014), es un factor fundamental para la promoción de los aprendizajes en profundidad (Fullan y Langworthy, 2014). Este tipo de experiencias prioriza la solidaridad y la unión de esfuerzos, por sobre el individualismo y la competencia (Peré, 2011). De este modo, la instancia de aprendizaje se transforma en un encuentro —a través de diferentes medios— con otras personas, cuyas miradas diversas amplían nuestra perspectiva (Maggio, 2012), con quienes se comparte un desafío y un fin en común: que todas aprendan, objetivo fundamental para la construcción de verdaderas comunidades de aprendizaje.

Con relación a la enseñanza mediada por las tecnologías, considero relevante destacar la idea de Lion (2017) que plantea que "las tecnologías se reconocen como artefactos culturales" (p.46) que dan cuenta de un momento de la historia de la sociedad y que la definen, "al mismo tiempo que la recrean a partir de los usos que se hacen de ellas y los efectos que tienen en los modos de comunicarse y de producir conocimientos" (p.46). Entonces, el conocimiento se entiende como "parte y producto de la actividad, del contexto y de la cultura en que se desarrolla y utiliza" (p.46). Lion explica con esto la razón por la cual algunas propuestas de enseñanza funcionan mejor en unos contextos que en otros. Esto coincide con la mirada de Maggio (2012) cuando plantea que "la enseñanza poderosa se piensa en tiempo presente" (p.54), contemplando el presente social, disciplinar, institucional y del grupo específico de personas a quienes se dirige la propuesta. Promover desde nuestro rol docente el intercambio con y entre estudiantes parece ser clave, así como conocer quiénes son, sus intereses y su contexto, para aprender e incorporar a nuestra propuesta sus modos habituales de interactuar y producir conocimientos con otros.

4.2. Supuestos de anticipación

Basándome en nuestro trabajo con los antecedentes y en el marco teórico, elaboré una serie de hipótesis que influyeron en la planificación y en el inicio del trabajo de campo. A medida que la investigación fue avanzando, emergieron nuevos hallazgos que me llevaron a explorar otros aspectos de interés. A continuación, presento mis ideas preliminares.

En primer lugar, en relación con la enseñanza virtual mediada por las tecnologías, me basé en el planteamiento de Lion (2012) sobre la idea de pensar en red. Según esta perspectiva, la red es un espacio horizontal que fomenta la autonomía de los estudiantes, así como la interacción y producción colectiva entre pares. La tecnología permite documentar experiencias en diferentes medios y compartir ideas que se nutren a partir de la contribución e intercambio con otros. Sin embargo, aunque las herramientas en línea y las plataformas virtuales parecen propicias para el aprendizaje con otros (Lion, 2012), la colaboración no ocurre automáticamente en la tecnología (Maggio, 2012), sino que debe ser promovida activamente. En este sentido, si el trabajo colaborativo es parte de la estrategia didáctica del taller de Diseño (Ander-Egg, 1999; Lambert, 2014), el cual promueve el aprendizaje en profundidad (Fullan y Langworthy, 2014), entonces la planificación de actividades que fomenten el intercambio y el trabajo conjunto en el entorno virtual podría ser un factor que impulse la construcción de experiencias de aprendizaje colaborativo (hipótesis 1). Siguiendo esta línea, las experiencias de aprendizaje colaborativo podrían servir como un puente que conecte la lógica del taller de Diseño, como parte de su didáctica, con la modalidad virtual de enseñanza, según el enfoque de pensar en red de Lion (2012). Esta idea contribuye a la adaptación del taller de Diseño a la modalidad virtual, aprovechando las posibilidades que la virtualidad ofrece para llevar a cabo experiencias de trabajo y aprendizaje colaborativo (hipótesis 2).

Por último, la interacción comunicativa, que garantiza el intercambio entre los miembros de un grupo a través de diferentes medios de contacto, es uno de los principales factores que influyen en la implementación de experiencias de aprendizaje colaborativo (Peré, 2014). Por lo tanto, la interacción comunicativa es un elemento fundamental para implementar el taller de Diseño en la modalidad virtual, ya que promueve la construcción de experiencias de aprendizaje colaborativo, que constituye una parte central de su enfoque pedagógico. En este sentido, como docentes del taller de Diseño, es crucial que planifiquemos, facilitemos y guiemos la gestión de los recursos y medios tecnológicos y sociales que fomenten el diálogo, la discusión conceptual y la representación del conocimiento para compartirlo entre los estudiantes (Peré, 2014).

4.3. El caso de estudio

El DCV cuenta con una corta trayectoria académica, en particular en Uruguay, tradicionalmente enfocada a la formación para el ejercicio profesional. Su consolidación como disciplina y campo de conocimiento se encuentra en proceso (Herrera Batista, 2010). En Uruguay, las primeras opciones formativas universitarias en DCV surgieron en el ámbito privado a fines de la década del 90. En 2009 la creación de la LDCV supuso un salto en la formación superior en Diseño al incorporarse a la oferta pública[7] nacional.

La carrera tiene una duración de cuatro años y se encuentra estructurada bajo tres áreas de conocimiento: Proyectual, Tecnológica y Sociocultural. Dentro del Área Proyectual, el Taller de Diseño de Comunicación Visual se organiza en cinco unidades curriculares consecutivas y se trata de una "asignatura troncal, y espacio de síntesis de conocimientos y desarrollo de las prácticas proyectuales a lo largo de toda la carrera" (FADU-Udelar, 2011a). En el Taller de Diseño se espera que los estudiantes definan el abordaje de un problema determinado a partir de la puesta en valor e integración de "los conocimientos inter y transdisciplinares provenientes de las otras áreas de conocimiento impartidas en la carrera" (FADU-Udelar, 2011b). En este lugar, en el cual se conjugan variadas propuestas de enseñanza llevadas adelante por numerosos equipos docentes a partir del aprender haciendo (Lambert, 2014), y una multiplicidad de producciones estudiantiles, se encuentra el origen de nuestra motivación para realizar esta investigación. En específico, desde mi participación como responsable de la coordinación del equipo docente del Taller DCV II, unidad curricular de segundo año de la LDCV y caso de estudio de esta investigación. El mismo está integrado por un equipo de diez docentes y de 75 estudiantes quienes conformamos el curso durante el segundo semestre de 2020, en modalidad virtual a causa de la pandemia de la COVID-19. Cabe aclarar que contábamos con la experiencia previa de trabajo en modalidad virtual durante el primer semestre lectivo de 2020, así como con acceso a internet, a dispositivos y a herramientas en línea.

---

7.   En Uruguay la oferta de grado universitaria pública es gratuita.

4.4. Habitar el territorio virtual del taller

En tiempos de pandemia, el acceso a internet, a dispositivos y a herramientas en línea nos permitió continuar con la formación en Diseño, a pesar de encontrarnos fuera de su espacio tradicional de enseñanza —el Taller— y distribuidos por el territorio. Lo que en la presencialidad sucedía en un único lugar físico, en la virtualidad se expandió, ocupó diversos puntos geográficos y contextos, diferentes medios en línea, dando origen al territorio virtual del Taller de Diseño.

Los estudiantes lo representaron a través de producciones en las cuales destacaron sus atributos, desde sus diversos puntos de vista (figura 1). Dispositivos que sobrevuelan de forma libre el territorio, cables que nos interconectan y acercan físicamente, analogías con el cosmos y la conquista del espacio, miradas que se multiplican, cuadrantes uniformes donde no existe lugar para la individualidad y también críticas a las condiciones poco igualitarias de la consigna "quedate en casa". Es que durante la pandemia nos faltó ese lugar común que garantice ciertas condiciones equitativas, dado que en la modalidad virtual dependía de nuestra situación individual.

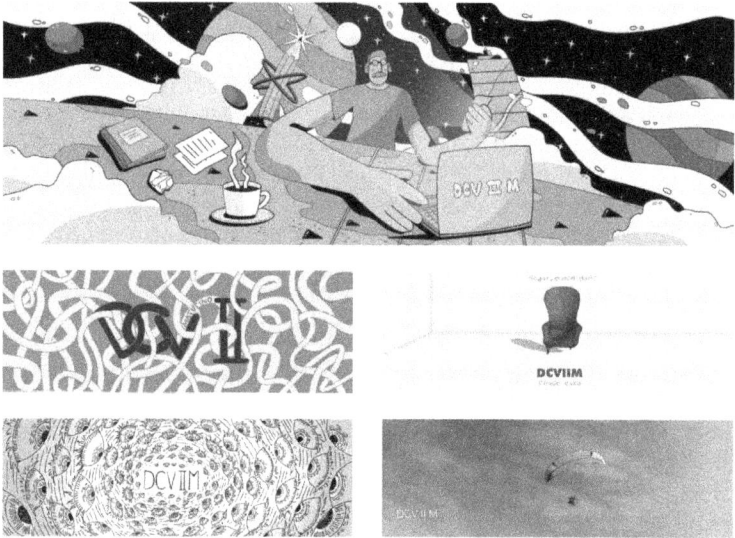

Figura 1: Ejemplos del Módulo 0: Representación del espacio / territorio de trabajo de DCV II virtual. Fuente: Producciones de estudiantes participantes del caso.

La extensión del territorio virtual del Taller de Diseño, y nuestro desconocimiento sobre su funcionamiento, fueron algunas de las dificultades que debimos afrontar. Se nos hacía inmenso, ilimitado; si tenía fin, no lo sabíamos. Tampoco contábamos con un mapa que definiera el espacio y nos permitiera ubicarnos. Fuimos creando y modificando el territorio al transitarlo (Risler y Ares, 2013) como resultado de nuestras interacciones comunicativas (Peré, 2014) por diferentes medios. Esta fue nuestra forma de habitarlo, de construirlo socialmente (Santos en Risler y Ares, 2013) y de llevar adelante las experiencias de aprendizaje colaborativo en el Taller. El límite que conocíamos: la posibilidad de estar físicamente presentes.

El Taller se transformó obligado por las condiciones sociales de la pandemia, pasó a ocupar un nuevo escenario, medio y espacio. Aquí se encuentra otro punto de conflicto y posible explicación de la resistencia que nos provocó el cambio y la aceptación del territorio virtual del Taller de Diseño. Es que el término taller como denominación no solo refiere a la estrategia didáctica, sino también al tipo de aula donde tiene lugar, a las dinámicas de relacionamiento entre quienes participan y al espíritu disciplinar que allí se inculca (Martinon en Lambert, 2014), las cuales se encuentran interrelacionada. Entonces, si el espacio físico falta, ¿cómo se desarrolla el Taller? Esto quizá fue lo primero que tuvimos que enfrentar, el duelo por la falta del lugar al que estábamos habituados, el territorio que conocíamos, donde nos desenvolvíamos con familiaridad. Al dejar el taller, ese espacio arquitectónico que estructuraba nuestras prácticas pedagógicas y vinculares, debimos abrir el horizonte a otras formas de enseñanza y aprendizaje del Diseño. "Logramos adaptarnos a la modalidad virtual y a pesar de todos los inconvenientes logramos conectarnos, entre nosotros", "es interesante pensar cómo a través de esta nueva realidad virtual aprendimos a poner en práctica nuevos conocimientos", opinaron estudiantes sobre la experiencia.

Si bien el lugar era intransferible, porque no estaba a nuestro alcance replicar el espacio físico en línea, aprendimos e incorporamos habilidades para desenvolvernos en la modalidad virtual del Taller. Existen al menos dos aspectos claves a la hora de pensar el Taller de Diseño como estrategia didáctica para la formación proyectual, que considero necesario analizar en el marco del territorio virtual: el trabajo colaborativo (Ander-Egg, 1999; Lambert, 2014) y el foco en los procesos de producción estudiantil (Montellano en Guevara, 2013). Al respecto, el territorio virtual nos permitió diversificar las posibilidades. En primer lugar, incentivó el uso de plataformas en línea para producir de forma colaborativa y dejar registro de los procesos y resultados. Además, no solo nos permitió producir y compartir conocimientos con quienes ya formábamos parte del Taller —estudiantes y docentes— sino que amplió la mirada más allá. Nos acercó a otras personas externas al curso —referentes, estudiantes y docentes— que incluso se encontraban a mayores distancias, a quienes pudimos exhibir nuestro trabajo, recibir sus aportes y llevar a cabo encuentros de intercambio sincrónicos. La posibilidad de registrar y compartir las producciones y conocimientos de forma multimodal y en línea, nos permitió recuperar los procesos de trabajo, hacerlos visibles y accesibles hacia dentro y fuera del Taller. Como plantea Maggio, a través del uso de herramientas digitales en línea "podemos conservar los procesos que dan cuenta del conocimiento en construcción" (2012, p.67). La autora explica que con las herramientas adecuadas, cada estudiante puede identificar y conservar versiones digitales de su trabajo, al compararlas puede darse cuenta de que "su producción es una construcción compleja, que atraviesa el tiempo" y que "puede ser transparentada a través de la tecnología" y dar lugar "a un proceso metacognitivo que permite volver a revisar lo construido, analizar debilidades, ver cómo sería posible cambiarlo, enriquecerlo o mejorarlo" (p.68).

Si bien el territorio virtual del Taller de Diseño dependía de las posibilidades locativas individuales, además de existir un consenso sobre la falta de un contacto más personal y vívido valorado positivamente en los procesos formativos, para algunas personas presentó ventajas en relación con las condiciones de la presencialidad. Estas percepciones hacen referencia a consecuencia de la numerosidad estudiantil en el aula, a las necesidades de traslado para asistir a la facultad y a la gestión del tiempo para hacer convivir la formación con el resto de las actividades cotidianas —una de las dificultades más destacadas—. Aunque nos encontrábamos físicamente separados, el desarrollo tecnológico a disposición nos permitió acortar las distancias y en algunos casos incluso ampliar las posibilidades de participación.

Además, las herramientas tecnológicas nos permitieron interactuar entre participantes por diferentes medios en línea, a través de los cuales buscamos trasladar la estrategia didáctica y las dinámicas de relacionamiento que conocíamos y utilizábamos en la presencialidad. Durante ese proceso emergieron otras posibilidades que aprovechamos a favor de la enseñanza y los aprendizajes del Diseño, como el uso de recursos en línea para producir, registrar y compartir sobre los procesos proyectuales, así como la facilidad para concretar intercambios con referentes y pares. Entonces, si "aprender es interactuar" (Brunner, 1997, en Maggio, 2012) y si las interacciones comunicativas son fundamentales para construir experiencias de aprendizaje colaborativo (Peré, 2014), el territorio virtual del Taller de Diseño tomó forma como una red de interacciones[8], una construcción social dinámica, en constante transformación. Lo que Jerome Bruner (1997) llama en su "postulado interaccional" (p. 38) una subcomunidad en interacción, que entiende necesaria en cualquier intercambio humano como lo es el aprendizaje, que, si no lo es con una persona, podrá ser con "un libro o una película o un muestrario, o un ordenador 'interactivo'" (p. 38). Es así como el territorio virtual del Taller de Diseño se configura a partir de esta red de interacciones entre personas, y también con sus registros multimodales de producciones, procesos y conocimientos a través de diferentes medios. Al compartir lo producido nuestras prácticas educativas traspasaron el aula, sucedieron en el territorio virtual del Taller de Diseño. Esto nos permitió construir redes para formar potenciales comunidades de aprendizaje colaborativas con otros (Lion, 2017).

Entonces, el territorio virtual del Taller de Diseño como entorno de enseñanza expandido es un lugar que trasciende el tiempo y el espacio del aula tradicional, que abre posibilidades para estar presentes, registrar, visualizar y compartir los procesos y conocimientos que se construyen en el Taller, no solo con quienes forman parte del curso, sino también con otras personas, pares y referentes. Y en esa participación e intercambio, en esa red de interacciones que define su territorio, las posibilidades educativas se amplían. De esta forma, el territorio virtual del Taller de Diseño tiende a volverse ilimitado: su alcance está definido por lo que conocemos, reconocemos, habitamos, utilizamos, interactuamos, en definitiva, hasta donde logramos explorarlo y construirlo de forma colaborativa con otros. Fuera de eso, lo desconocido, lo que queda por aprender.

4.5. El Taller del futuro

De a poco volvemos a la "normalidad" prepandemia y, en la enseñanza universitaria, a las clases presenciales. La experiencia de trabajo en la modalidad virtual del Taller de Diseño nos abrió una oportunidad para rever lo que hacíamos antes, a la luz de lo que hicimos en este tiempo de cambio y adaptación. Durante la pandemia dejamos el espacio físico y tradicional de enseñanza del Diseño, para repensar las prácticas en otro medio que nos permitiera continuar formando. Para esto incorporamos no solo herramientas tecnológicas en línea, sino nuevas formas de llevar a cabo la práctica docente y estudiantil. En ese recorrido adquirimos aprendizajes que nos permitieron mirar al Taller desde otra

---

8. Maggio (2012) da cuenta de la importancia de la calidad de esas interacciones para que el aprendizaje sea significativo: "no consiste en hablar, sino en hablar con él o ella, sujeto al que se le reconoce cuando se le habla" (p.84) "un habla donde en el intercambio con el otro me enriquezco, aprendo, lo reconozco, soy más culto y mejor ciudadano, el desafío educativo que tenemos es inmenso" (p.85).

perspectiva. ¿Estaremos en proceso de conocer otras formas posibles para enseñar y aprender Diseño?

Elizabeth Ellsworth (2005) sostiene que las teorías contemporáneas —sociales, culturales y estéticas— están marcadas por la búsqueda de repensar los términos binarios yo/otro, real/virtual, natural/artificial, entre otros, que entiende han sido estratégicos para el pensamiento social, político y educacional. La búsqueda debería centrarse en crear conceptos y lenguajes que liberen y redirijan las energías enfocadas en tales binarios, considerándolos no como separados y en relación de oposición, sino como complejas redes móviles de interrelaciones (Kennedy, 2003, en Ellsworth, 2005). Esta perspectiva nos permite entender que el dilema no debería de ser entre la enseñanza del Diseño presencial o virtual, sino en un nuevo escenario de hibridación, vivo y en transformación (Maggio, 2020), que integre las fortalezas de ambas modalidades. En este sentido, a partir de los resultados de esta tesis, presento algunas ideas para pensar las configuraciones del Taller de Diseño pospandemia, con más incertidumbres sobre el futuro que certezas, pero con al menos una seguridad: el Taller de Diseño ya no puede ser el mismo.

4.5.1. Promover la *presencia virtual*

Mantener una *presencia virtual,* aunque estemos trabajando en contexto de presencialidad plena del Taller, puede significar ventajas para la enseñanza del Diseño. A continuación, realizo sugerencias, y aunque algunas pueden trasladarse a cualquier tipo de curso, otras son un aporte de valor para el marco específico de la enseñanza y los aprendizajes de proyecto:

- Mantenerse en contacto por medios virtuales y de forma fluida con estudiantes, para evacuar dudas o apoyar los avances de los proyectos fuera del Taller, cobra especial relevancia en contextos de numerosidad
- Poner a disposición información, bibliografía, recursos y referencias en diversos formatos, tanto para uso general como personalizados a casos específicos
- Exponer en línea las diferentes etapas de avance de los proyectos estudiantiles en un orden cronológico permite visualizar los procesos propios y ajenos, recibir devoluciones a través de comentarios, realizar evaluaciones. Este aspecto cobra especial relevancia en el Taller de Diseño por las características de los proyectos, los cuales cuentan con altas cargas de visualidad, pero también de información y argumentaciones. Entonces el trabajo en plataformas multimodales es idóneo para representar el conocimiento en diversos formatos
- Trabajar en equipo de forma remota

4.5.2. Favorecer el aprendizaje colaborativo y expandir el Taller

Es posible combinar la presencialidad del Taller de Diseño con el registro y exposición de los procesos proyectuales en línea, para de esta forma recibir aportes de diversas personas. También, mantener a través de plataformas de videoconferencia intercambios con referentes y pares externos que complementen lo trabajado en el Taller. De esta forma, crecemos en perspectiva (Maggio, 2012) y puntos de vista. Diversificar las perspectivas es un factor positivo para la generación de los aprendizajes colaborativos propios de la didáctica del Taller de Diseño (Ander-Egg, 1999; Lambert, 2014) en un marco en el cual la participación de otras miradas puede ser planificada como parte de la propuesta del curso.

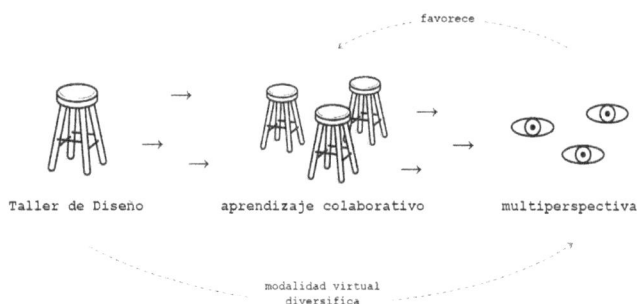

Figura 2: El territorio virtual del Taller de Diseño favorece el
aprendizaje colaborativo. Fuente: Elaboración propia.

4.5.3. Resignificar los encuentros

Cuando la información sobre la unidad curricular, los recursos, los materiales, el avance de los proyectos y los intercambios al respecto, pueden tener lugar en línea y de forma asincrónica, los encuentros presenciales cobran otro valor. Entonces ¿para qué nos encontramos? Trabajar de forma colaborativa en procesos de producción manual fue una de las limitaciones que reconocimos de la modalidad virtual del Taller de Diseño y destacamos de su presencialidad. Así como esta, podrán surgir otras situaciones que son idóneas de realizar en una modalidad o en la otra.

La producción individual o grupal que sucede fuera del aula de Taller, es posible compartirla a través de plataformas que permiten registrar los procesos, las estrategias y resoluciones visuales en diversos formatos, y también intercambiar al respecto. Entonces el sentido del encuentro en el Taller cambia: ya no es necesario esperar la clase presencial para compartir los procesos proyectuales. Por tanto, se abre la posibilidad de planificar otras propuestas a desarrollar en ese espacio: nos encontramos para discutir aspectos comunes a los proyectos o bien focalizarnos en un caso de estudio; para vivenciar una experiencia de producción colaborativa; para poner el cuerpo, la acción; para reconocernos. ¿Para qué nos encontramos?

4.5.4. Integrar las diversas modalidades

Los entornos tecnológicos forman parte de nuestro tiempo, de nuestra forma de comunicarnos, de conocer y también de aprender. La idea del aprendizaje como proceso situado (Salomon y otros, 1992, en Lion, 2017) nos invita a planificar las propuestas de enseñanza en el Taller de Diseño presencial, contemplando las posibilidades y avances tecnológicos que brinda el contexto, y a las que acceden sus participantes. Entonces, es posible incorporar al aula del Taller aquellas herramientas tecnológicas que pueden sumar de forma positiva a los procesos de aprendizaje que ahí tienen lugar. Herramientas que incluso pueden ser sugeridas por estudiantes, y así incorporamos sus intereses y formas particulares de aprender. De esta forma el aula se vuelve híbrida (Ellsworth, 2005;

Maggio, 2020) y las fronteras entre una modalidad y la otra se solapan, para sumar lo mejor de cada una y generar algo nuevo: el *Taller del futuro*.

5. CONCLUSIONES

Los resultados de esta investigación muestran las transformaciones que experimentó el Taller de Diseño estudiado durante su adaptación a la modalidad virtual. A través del concepto de *territorio virtual* del Taller de Diseño, pude caracterizar esta forma de enseñanza y proyectar un posible futuro híbrido para el taller pospandemia.

Quiero destacar que la transición al formato virtual durante el año lectivo de 2020 fue un desafío inesperado, pero también una oportunidad para explorar nuevas formas de enseñanza y de aprendizaje. A pesar de las complejidades y la rapidez con la que tuvimos que adaptarnos, esta circunstancia inédita agregó relevancia y motivación a mi estudio.

Una de las decisiones clave fue estudiar mi propia práctica docente como parte del equipo docente del caso de estudio. Este enfoque me permitió comprender mejor el fenómeno y llevar adelante un estudio en el que nos moví entre las funciones de docente e investigadora, utilizando una metodología flexible y adaptada a las circunstancias.

En cuanto al contexto sociohistórico e institucional del caso de estudio, describí la evolución del Diseño en Uruguay y la situación de la LDCV a la que pertenece el Taller de Diseño. Además, realizamos un relevamiento de las condiciones previas a la enseñanza virtual, incluyendo una encuesta a los estudiantes para comprender su situación personal frente a la modalidad virtual.

La participación de los estudiantes y docentes implicados en el estudio fue fundamental. A través de instancias participativas y la incorporación de sus representaciones visuales y textuales, pude construir un mapa[9] visual colectivo del Taller de Diseño en la modalidad virtual. Estas representaciones y registros fotográficos generaron reflexiones poderosas y ampliaron nuestra comprensión del fenómeno.

La incorporación del trabajo grupal en la propuesta didáctica del Taller de Diseño en la modalidad virtual favoreció la construcción de experiencias de aprendizaje colaborativo, coincidiendo con la hipótesis inicial. Además, planteé reflexiones sobre cómo los aprendizajes adquiridos durante la experiencia virtual nos invitan a repensar la concepción tradicional del Taller y explorar un futuro híbrido que integre las fortalezas de ambos entornos.

En términos de recomendaciones, destacó la importancia de investigar los procesos proyectuales estudiantiles y las prácticas docentes para enriquecer la enseñanza del Diseño. Además, considero que el concepto de *territorio virtual* del Taller de Diseño puede ser utilizado en otros contextos educativos y explorado en futuras investigaciones.

Por último, quiero destacar que el trabajo de campo realizado en un curso en el que participé como docente responsable fue una oportunidad para evaluar y mejorar la propuesta formativa. A través de diarios docentes, observaciones y consultas estudiantiles, pude analizar y reflexionar sobre nuestras prácticas docentes, aprovechando las ventajas de la modalidad virtual. A pesar de las exigencias adicionales, esta experiencia me permitió cumplir con las funciones de enseñanza e investigación de manera integral.

---

9. https://rb.gy/vs7gq

6. REFERENCIAS

Ander-Egg, E. (1999). *El taller. Una alternativa para la renovación pedagógica.* Magisterio.

Augustowsky, G. (2017). El registro fotográfico para el estudio de las prácticas de enseñanza en la universidad. De la ilustración al descubrimiento. *AREA 23. Agenda de Reflexión en Arquitectura, Diseño y Urbanismo.* 23, 147-155. https://n9.cl/9gue96

Bruner, J. (1997). *La educación, puerta de la cultura.* Visor.

Carretero, M. (2005). *Constructivismo y Educación.* Editorial Progreso.

Dewey, J. (2004, 2010). *Experiencia y educación.* Biblioteca Nueva.

Ellsworth, E. (2005). *Places of learning. Media, architecture, pedagogy.* New York and Routledge Falmer.

FADU-Udelar. (2011a). *Plan de Estudios Licenciatura en Diseño de Comunicación Visual.* FADU-Udelar. https://n9.cl/1ha5b

FADU-Udelar. (2011b). Área Proyectual. Montevideo: FADU-Udelar. https://acortar.link/2jFy5C

Fullan, M. y Langworthy, M. (2014). *Una rica veta: cómo las nuevas pedagogías logran el aprendizaje en profundidad.* London: Pearson.

Guevara, O. (2013). *Análisis del proceso de enseñanza aprendizaje de la Disciplina Proyecto Arquitectónico, en la carrera de Arquitectura, en el contexto del aula.* [Tesis doctoral]. Universitat Autònoma de Barcelona, España. https://acortar.link/tTmHE7

Hernández Hernández, F. (2008). La investigación basada en las artes. Propuestas para repensar la investigación en educación. *Educatio Siglo XXI.* 26, 85-118. Universidad de Barcelona.

Hernández Sampieri, R., Fernández-Collado, C. y Baptista Lucio, P. (2010). Metodología de la Investigación. Mc Graw Hill.

Herrera Batista, M. (2010). *Investigación y diseño: reflexiones y consideraciones con respecto al estado de la investigación actual en diseño.* No Solo Usabilidad. https://acortar.link/6QRCxB

Lambert, G. (2014). La pédagogie de l'atelier dans l'enseignement de l'architecture en France aux XIXe et XXe siècles, une approche culturelle et matérielle. *Perspective*, 1, 129-136. http://journals.openedition.org/perspective/4412

Lion, C. (2017). Tecnologías y aprendizajes: claves para repensar la escuela. En N. Montes (Ed.). *Educación y TIC. De las políticas u las aulas.* Eudeba.

Lizondo-Sevilla, L., Bosch-Roig, L., Ferrer-Ribera, C. y Alapont-Ramón, J. L. (2019). Teaching architectural design through creative practices. *METU Journal of the Faculty of Architecture, 36*(1), 41-60.

Maggio, M. (2020). Las prácticas de la enseñanza universitarias en la pandemia: de la conmoción a la mutación. *Campus Virtuales, 9*(2), 113-122. http://uajournals.com/ojs/index.php/campusvirtuales/article/view/743/417#

Maggio, M. (2012). *Enriquecer la enseñanza.* Paidós.

Peré, N. (2011). *Desarrollo de una caracterización del aprendizaje colaborativo y su vinculación con el uso de software de mapas conceptuales.* [Tesis de maestría]. Udelar, Uruguay. https://digital.fundacionceibal.edu.uy

Peré, N. (2014). Aprendizaje colaborativo con mapas conceptuales y uso de TIC. *InterCambios, 1*(2) pp. 82-91.

Rigal, L. y Sirvent, M. T. (2020a). *Metodología de la investigación social y educativa. Diferentes caminos de producción de conocimiento. Bloque 3. Paradigmas en la investigación socio educativa: para entender los diferentes modos de hacer ciencia de lo social.* [Manuscrito en proceso de revisión – 2020].

Rigal, L. y Sirvent, M. T. (2020b). *Metodología de la investigación social y educativa. Diferentes caminos de producción de conocimiento. Bloque 3.2. Paradigma Hermenéutico.* [Manuscrito en proceso de revisión – 2020].

Risler, J. y Ares, P. (2013). *Manual de mapeo colectivo: recursos cartográficos críticos para procesos territoriales de creación colaborativa.* Tinta Limón.

Sancho, J. M., Hernández Hernández, F., Creus, A., Hermosilla, P. y Martínez, S. (2007). Historias vividas del profesorado en el mundo digital. *Praxis Educativa*, 11, 10-30.

Udelar. (2020). *Comunicado n°2 del Rector con fecha 13/03/2020: suspensión de actividades académicas del 14 al 21 de marzo 2020.* Prorrectorado de Gestión, Udelar. https://acortar.link/bjOHIl

Verd, J. M. y Lozares, C. (2016). *Introducción a la Investigación Cualitativa. Fases, métodos y técnicas.* Síntesis.

FOTOGRAFÍA Y REDES SOCIALES: INFLUENCIA DE LA IMAGEN EN LOS PROCESOS DE SELECCIÓN

Juan Gabriel García Huertas[1], Diego Botas Leal[1], Pablo Garrido Pintado[2]

La presente investigación es una acción financiada por la Comunidad de Madrid a través del Convenio Plurianual con la Universidad Complutense de Madrid en su línea Programa de Excelencia para el profesorado universitario, en el marco del V PRICIT (V Plan Regional de Investigación Científica e Innovación Tecnológica).

1. INTRODUCCIÓN

La bautizada como generación *millennial* ha puesto en primer término comunicativo la exposición y el empleo de la imagen en redes sociales. Las redes sociales que han empleado la imagen fija o el video como base de su estructura en la creación y publicación de contenido son las que hoy en día albergan un alto número de usuarios activos.

Esta generación ha entrado o lo hará en breve dentro del mercado laboral y no queda claro si son conscientes de la importancia de la exposición de su imagen de cara a posibles contrataciones por parte de las empresas de recursos humanos.

Por ello, en el presente trabajo nos centramos en conocer la realidad desde el punto de vista de las empresas de recursos humanos. Pretendemos presentar una visión sobre la influencia que la elección de las fotografías subidas a los perfiles sociales puede tener en un proceso de selección.

Cada vez cuesta más para los sentidos separar lo real o físico de lo virtual. El uso ya habitual y diario de las jóvenes generaciones de las redes sociales ha convertido a estas en algo más que meras herramientas de entretenimiento y ha normalizado un nuevo leguaje comunicativo y superado muchas barreras geográficas.

1.1. Identidad digital

Esta nueva realidad lleva a la persona a lo que Bergson (1995) definió como un ser social que debe cultivar su yo como una obligación para y con la sociedad, y dicha definición nos pide a su vez saber qué conforma hoy en día el término de "identidad".

Centrados en internet, el término de identidad digital queda definido como todos los datos que se puedan recopilar acerca de una persona en internet. Este término comenzó

---

1. Universidad Francisco de Vitoria de Madrid (España)
2. Universidad Complutense de Madrid (España)

a acuñarse en la época de los 90 con la llegada de las computadoras, pero posteriores avances tecnológicos, como internet o el desarrollo de los *smartphones,* lo socializaron (Pérez Subías, 2012).

Nuestro perfil en línea es cada vez más relevante y no se limita a nuestra actividad en internet. La imagen que proyectamos en la web se basa en cómo los demás nos perciben en línea. Ya no podemos ser simples observadores, es necesario ser conscientes de la imagen que queremos transmitir. La gestión de nuestra identidad digital se ha convertido en una habilidad esencial que debemos desarrollar. Es importante que todos aprendamos a gestionar adecuadamente nuestra presencia en línea, ya que esto afecta significativamente a nuestra reputación en el mundo virtual.

Sabater (2014) ya mostró en una reflexión que la identidad digital suponía una suma de acciones al afirmar:

> *El ciudadano, reconvertido en internauta, adquiere nuevos hábitos de privacidad al compartir, libremente o no, sus datos con las compañías y su red de contactos, en la que figuran personas que no son conocidas de forma presencial directa. La identidad pública se ve ampliada en forma de identidad digital que comprende el historial de navegación, los datos privados aportados en redes sociales, e incluso, los sentimientos más profundos se permeabilizan en forma de blogs íntimos. (p. 4)*

Ya en el año 2007, tal como marcaba la OECD, se analizaron una serie de características que conformaban la identidad digital:

- Es principalmente social: junto a la proyección de su personalidad en línea, específicamente en plataformas de redes sociales, los usuarios con los que interactúa la persona le atribuyen y reconocen características de manera efectiva, incluso en situaciones en las que no se ha realizado una verificación presencial de su identidad.
- Es subjetiva: se construye basándose en la experiencia tanto personal como la que otros adquieren al interactuar con nosotros.
- Es valiosa: genera una información que hoy supone incluso la llave de pago de muchas plataformas.
- Es referencial: esto se debe a que la identidad digital no es la persona, sino que hoy en día hace referencia a una persona.
- Es compuesta: se forma tanto por la información que aporta la persona como por la información que aportan terceros sobre la persona.
- Es dinámica: al basarse en un flujo continuo de información, tiene continuos aportes que van adaptando, modificando y creando esa identidad del sujeto.
- Es equívoca: la interpretación de los datos obtenidos sobre una identidad digital puede ser errónea.

Por tanto, se presenta una identidad digital esencialmente social, que acompaña al ser humano en esta característica. Erich Fromm (1966) ya adelantó que, en la vida del hombre, ese sentimiento de identidad es tan importante que el hombre no puede estar sano si no lo satisface, y en un mundo digitalizado, donde una parte importante de la vida de las personas se desarrolla a través de la pantalla, la identidad digital busca también dicha función.

1.2. Identidad digital, imagen y proceso de selección

De entre varias opciones, las redes sociales son la principal fuente de creación de identidad e imagen digital.

La imagen utilizada en el perfil constituye una pequeña carta de presentación, donde se aporta información. Constituye la primera acción del yo hacia la identidad digital y por ello, una acción importante. Para tomar conciencia de la importancia de la misma, resaltar las palabras de Jeremy Sarachan (2010) que pedía que se piense que dicha imagen se verá repetida en cada uno de los actos que se realicen en redes sociales, en cada comentario, en cada publicación, convirtiéndose así en prácticamente un símbolo de su vida *on-line*.

La imagen es capaz de generar una importante impresión (Barthes, 1986): las personas transmiten lo que son, sus gustos y preferencias y más información a través de una sencilla imagen de perfil. Dicha imagen, además, suele ser cambiada de manera habitual formando un flujo de información (Sarachan, 2010).

Con todo esto, de entre las personas más interesadas en conocer a través de la identidad digital, se encuentran aquellas que lo analicen para un proceso de contratación (Botas *et al.*, 2022). Las redes sociales se han convertido en una interesante fuente de información para ellos, siendo además una fuente que aporta información más cercana a una sincera entrevista personal que la que aporta la lectura de un currículum.

Las nuevas tecnologías no solo te permiten decir que eres bueno en algo, prácticamente te obligan a demostrarlo (Pérez, 2008) y aquello que proyecte nuestro espacio digital, es una imagen única, gestionable, que nos brinda posibilidades de éxito como escaparate dentro de la sociedad digital (Curtich, 2011).

Visto, pues, este estado de la cuestión, el estudio busca profundizar en las acciones e intereses que presentan las empresas de recursos humanos para facilitar una panorámica ideal para el candidato.

2. OBJETIVOS

El objetivo principal del estudio es conocer las actuaciones de las empresas de recursos humanos con respecto a los candidatos en lo que a imagen digital se refiere. Esto permitirá, además, tener una visión más amplia sobre la idoneidad de un buen perfil.

3. METODOLOGÍA

Englobado en un estudio más amplio, en esta ocasión se ha centrado la cuestión en conocer las actuaciones y comportamientos más comunes de los departamentos de recursos humanos durante el proceso de selección.

Para ello, se realizó una encuesta a 300 responsables de diferentes empresas de recursos humanos en España. Se han seleccionado las preguntas que están orientadas hacia el objetivo del estudio.

Una vez recopilada la muestra, se ha llevado a cabo un análisis de resultados que dibuja un mapa de preferencias y actuaciones en lo que a la imagen en redes sociales se refiere.

El cuestionario fue validado previamente mediante un grupo de muestra de diez personas, sin necesidad posterior de realizar modificaciones significativas en las preguntas realizadas.

Se presenta un muestreo de conveniencia por accesibilidad y, por tanto, no representativo pero que abre la puerta a realizar investigaciones de mayor profundidad.

4. DESARROLLO DE LA INVESTIGACIÓN

Se ha realizado una compilación de ocho preguntas que pasamos a detallar :

Pregunta 1 :

La primera cuestión busca saber si, bajo la impresión de los responsables de selección de personal, creen recomendable revisar las redes sociales de los candidatos.

Una gran mayoría de los encuestados ha respondido que están completamente de acuerdo con esta afirmación (52,8%), lo cual, sumado a los individuos que han respondido estar de acuerdo con la afirmación (38,2%), da un porcentaje muy elevado (91%) de personas que consideran que es aconsejable revisar la actividad en las redes sociales de todos los candidatos a un puesto de trabajo.

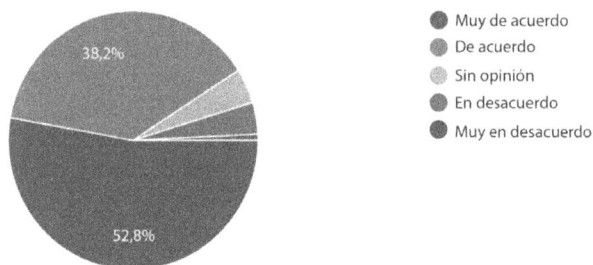

Figura 1. ¿Es recomendable revisar las redes sociales de los candidatos? Fuente: Elaboración propia.

Pregunta 2:

A la pregunta de si la imagen que transmiten los candidatos puede ser decisiva en el proceso de selección, el 59,7% de las personas encuestadas respondió estar de acuerdo con esta afirmación y un 27,1% está muy de acuerdo con la afirmación. Tan solo un 6,9% contestó que estaban en desacuerdo con esta afirmación, mientras que un 0,7% muy en desacuerdo y un 5,6% no tenía opinión al respecto.

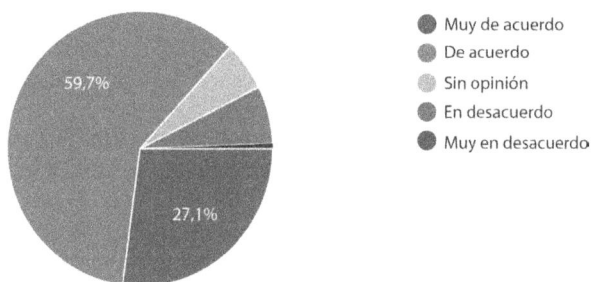

Figura 2. La imagen que transmiten los candidatos en sus redes sociales puede ser decisiva en el proceso de selección. Fuente: Elaboración propia.

Pregunta 3:

Al preguntar sobre si los responsables habían rechazado a algún candidato por su actividad en redes sociales, el 52,1% de los encuestados dijeron que sí, frente al 47,9% que no.

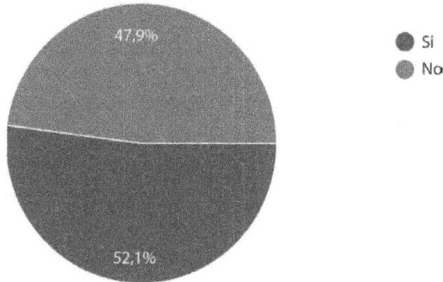

Figura 3. ¿Ha rechazado a algún candidato por su actividad en redes sociales? Fuente: Elaboración propia.

Pregunta 4:

A la pregunta sobre si las fotografías del perfil del candidato pueden ser determinantes en su decisión durante un proceso de selección de personal, el 53,6% afirmaron estar de acuerdo. El 22,9% muy de acuerdo. Tan solo un 11,8% afirmaron no estar de acuerdo.

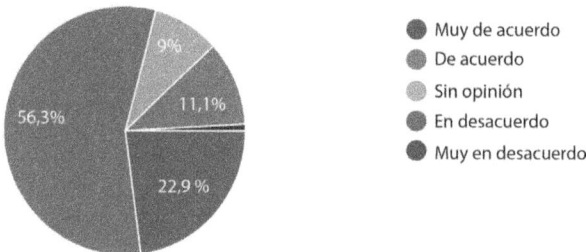

Figura 4. La foto de perfil como elemento decisivo en el proceso de selección. Fuente: Elaboración propia.

Pregunta 5:

A la pregunta de si deben los candidatos cuidar las imágenes que publican en sus redes sociales, el 53,5% dijo estar muy de acuerdo con esto y un 42,3% de acuerdo.

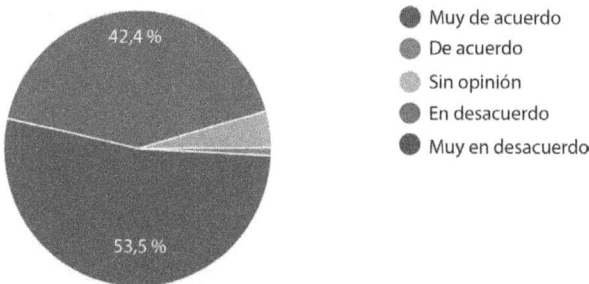

Figura 5. Los candidatos deben cuidar su imagen en redes sociales. Fuente: Elaboración propia.

Pregunta 6 :

Sobre la afirmación de que la fotografía que se usa en el perfil, es la carta de presentación del candidato en el mundo digital, el 90% de los individuos encuestados afirmaron estar de acuerdo o muy de acuerdo, y tan solo un 2,8% dijo no estar de acuerdo.

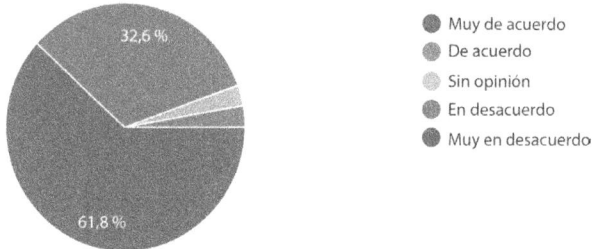

Figura 6. Fotografía de perfil como carta de presentación. Fuente: Elaboración propia.

Pregunta 7 :

En respuesta a la pregunta sobre qué tipo de fotografía debería tener los candidatos en sus redes sociales, el 93% respondió que un retrato era la mejor opción, seguida de la opción foto en familia con un 3,5%.

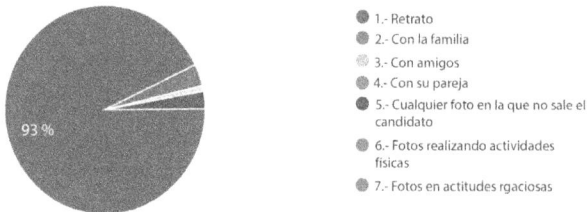

Figura 7. Mejor fotografía para redes sociales. Fuente: Elaboración propia.

Pregunta 8 :

A la pregunta sobre qué tipo de foto haría que un candidato fuese descartado en un proceso de selección, el 96,5% dijeron tener claro que cualquier imagen de violencia o discriminación. Un 89,6% afirmó que fotos donde el candidato estuviese consumiendo drogas o alcohol y un 89,1% fotos obscenas o de sexo.

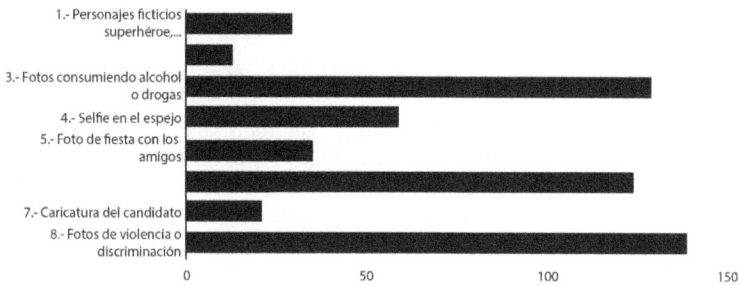

Figura 8. Fotografía que provocaría el descarte del candidato. Fuente: Elaboración propia.

5. CONCLUSIONES

Para elaborar las conclusiones y analizando las respuestas, se decidió tomar como válidas las tendencias que sumasen por encima del 75%.

Una vez expuestos los resultados, se pueden extraer las siguientes conclusiones :

- Los responsables de selección, creen recomendable revisar los perfiles de redes sociales de los candidatos.
- Para el personal de selección, la imagen que transmiten los candidatos; puede ser decisiva en el proceso.
- No queda claro si la actividad en redes sociales de los candidatos puede ser causa para no continuar con el proceso de selección.
- La foto de perfil en las redes sociales puede ser determinante para el candidato en el proceso.
- Los responsables de selección recomiendan cuidar la imagen que se sube a las redes sociales.
- La foto de perfil es la carta de presentación en el mundo digital.
- El retrato es el mejor tipo de fotografía para un perfil de redes sociales de cara a un proceso de selección.
- Imágenes de violencia, discriminación, obscenas o donde el candidato estuviese consumiendo alcohol o drogas provocarían el rechazo del candidato.

Analizando la globalidad de los resultados, la actividad en redes sociales adquiere una importancia relevante de cara a un proceso de selección, y más aún la imagen de perfil.

En la actualidad la revisión de los perfiles digitales de los candidatos se ha convertido en una parte más de los procesos y, por el estudio, se confirma que es una parte importante, ya que proporciona información valiosa a la empresa que ofrece el puesto de trabajo y le permite adecuar mejor el perfil del trabajador.

Así pues, igual que en la vida real los candidatos cuidan la entrevista personal y su imagen de cara a la búsqueda de empleo, estos deben considerar su vida digital como otra de las partes importantes. Si bien existe la posibilidad de mostrar solo una parte de manera pública, esta debe estar cuidada para la presentarse como candidato óptimo.

6. REFERENCIAS

Barthes, R. (1986). *Lo obvio y lo obtuso.* Paidós.

Bergson, H., Deleuze, G., Rivero, A. y Armiño, M. (1995). *Memoria y vida.* Altaya.

Botas Leal, D., García, J. G., Garrido, P., y Mas Miguel, A. (2022). La imagen en redes sociales: estudio de idoneidad para los Departamentos de Recursos Humanos. *Video Journal of Social and Human Research, 1*(1), 1-11. http//doi.org/10.18817/vjshr. v1i1.10.

Curtich, J. (2011) *Personal y profesional. Herramientas de visibilidad. Personal Branding. Hacia la excelencia y la empleabilidad por la marca personal.* Fundación Madrid por la excelencia.

Fromm, E. (1966). *El corazón del hombre.* Fondo de cultura Económica.

Garrido-Pintado, P., García Huertas, J. G., y Leal, D. B. (2023). Identity and virtuality: The influence of personal profiles on social media on job search. *Business Information Review, 40*(2), 78–92. https://doi.org/10.1177/02663821231176679

Pérez Subías, M. (2012). Identidad Digital. *Revista TELOS (Revista de Pensamiento, Sociedad y Tecnología)*, 91, 1-3. Recuperado de https://telos.fundación telefónica.com

Pérez, A. (2008). *Marca Personal. Cómo convertirse en la opción preferente.* ESIC Editorial.

Sabater, C. (2014). La vida privada en la sociedad digital. La exposición pública de los jóvenes en Internet. *Aposta. Revista de Ciencias Sociales*, 61, 1-32. http://www.redalyc.org/articulo.oa?id=495950257001

BIBLIOTECAS UNIVERSITARIAS ESPAÑOLAS EN TIKTOK. UN ESTUDIO DE CASOS

Francisco Javier Godoy Martín[1]

1. INTRODUCCIÓN

Las bibliotecas han jugado a lo largo de la historia un importante papel social, no solo de concentración y custodia del conocimiento, sino también de divulgación y capacitación, por lo que han necesitado adaptarse continuamente a las particularidades de las diferentes generaciones de usuarios. Eso incluye, como no podía ser de otra manera, el uso de redes sociales online. De hecho, el estudio sobre *Hábitos de lectura y compra de libros en España* indica que todavía en 2022 no se habían recuperado los niveles prepandemia de asistencia a las bibliotecas (Conecta, 2022), por lo que las distintas aplicaciones sociales pueden convertirse en una oportunidad de reconectar con el público lector.

Una de las aplicaciones en auge en los últimos años es TikTok, la red social de vídeos cortos, que registró en 2023 el mayor crecimiento en cuanto a conocimiento y uso y aumentó su penetración respecto a 2022, año en el que ya generó el mayor número de visualizaciones entre las principales plataformas (un 109% más que en 2021), siguiendo una inercia positiva desde 2020 (Elogia, 2023).

A pesar de que el consumo de redes sociales, en términos de tiempo de ocio, puede ser considerado como un competidor de la lectura, fenómenos como *Booktube* (Vizcaíno-Verdú *et al.*, 2019), *Bookstagram* (López-Redondo y Fernández-Barrero, 2023) o, más recientemente, *Booktok* (Guiñez-Cabrera y Mansilla-Obando, 2022; Cuestas *et al.*, 2022) demuestran que hay espacios de encuentro entre libros y redes sociales que incluso pueden ser aprovechados por las bibliotecas y otros servicios para fomentar la lectura entre los jóvenes (Merga, 2021).

1.1. Bibliotecas 2.0 y Universidad

No cabe duda de que la comunicación, incluida la que se realiza a través de redes sociales, es un elemento estratégico para las universidades (Capriotti *et al.*, 2023), ya que les permite transmitir su propia marca (Simancas González y García López, 2022), así como dar a conocer la actividad que da respuesta a sus funciones de formación de personas, generación de conocimiento y apoyo en la resolución de problemas sociales (Capriotti *et al*, 2023). En este desempeño, las bibliotecas juegan un papel fundamental, ya que ofrecen

---

1. Universidad de Cádiz (España)

servicios muy demandados por la comunidad universitaria (Herrera Morillas y Castillo Díaz, 2011).

Y es que, en términos generales, todas las bibliotecas públicas, no solo las universitarias, tienen un papel relevante en una sociedad, la actual, que se enfrenta a grandes retos como la desinformación o la manipulación (Suaiden, 2018). Por ello, es necesaria la innovación. En el caso de las bibliotecas universitarias, hay que añadir su participación en la formación de los investigadores para la difusión de su producción científica (Fernández-Ramos y Barrionuevo, 2022) y, no menos importante, la prestación de servicios a los miles de estudiantes que cada año se incorporan al sistema universitario español. Por ello, están en una constante búsqueda de nuevas formas de enganchar a los usuarios, entre las que se encuentran, evidentemente, las redes sociales, que también están en constante evolución (Alley y Hanshew, 2022).

El desarrollo tecnológico ha abierto también nuevas posibilidades para las bibliotecas, incluidas las comunicativas, de manera que muchas de ellas están presentes en distintas redes sociales (Carrasco-Polaino *et al.*, 2019), que no solo se usan con fines informativos sino también para la creación de comunidad (Bustamante Rodríguez *et al.*, 2016). La literatura ya muestra estudios sobre la experiencia de bibliotecas en estas plataformas (Castillo Diaz y Herrera Morillas, 2014; Menéndez Tarrazo, 2019; Sala *et al.*, 2020; Pastor-Ramón y Páez, 2021), y específicamente en Facebook (García Giménez, 2010; Laudano *et al.*, 2014; Arroyo-Vázquez, 2018) o Twitter (Laudano *et al.*, 2016). Se da, por tanto, también en las bibliotecas una evolución de la web 1.0 a la web 2.0 (Vallet Sanmanuel, 2017), que deriva en el concepto de biblioteca 2.0, que, por analogía con el de web 2.0, conlleva la participación del usuario y un flujo bidireccional de comunicación (Arroyo-Vázquez, 2018).

Andrade y Velázquez (2011) señalan algunos beneficios de la web 2.0 para las bibliotecas universitarias, entre los que destacan el incremento de la interacción entre usuarios y bibliotecarios, la ampliación del número de usuarios y una mayor visibilidad para los servicios, la actualización rápida de información, la captación del interés del público joven y la mejora de la imagen de la biblioteca.

1.2. El auge de los vídeos cortos

La presencia de las bibliotecas universitarias en las distintas aplicaciones de la web 2.0 responde a la necesidad de adaptarse a las características e intereses de sus públicos (Andrade y Velázquez, 2011), que, como ya se dijo anteriormente, incluso pueden cambiar al recibir las universidades miles de estudiantes nuevos cada curso. Al igual que en otras organizaciones, esto no significa, por supuesto, que estén presentes en cada nueva red social que surja, pero sí deberían conocerlas y analizar si interesan desde el punto de vista de la estrategia de comunicación. En ese sentido, Vila Carneiro y Martín-Macho Harrison (2022) recomiendan que las bibliotecas potencien el uso de plataformas como YouTube, TikTok o Twitch, ya que previsiblemente serán las más utilizadas por las generaciones más jóvenes.

De hecho, en su estudio, Arrambide-Leal *et al.* (2021) confirmaron que los estudiantes preferían recibir información a través del formato de vídeo y concluyeron que con él desempeñaban un aprendizaje más activo. Tomaszewski (2023) hace referencia a los vídeos *snack* como aquellos vídeos cortos sobre un tema determinado que se pueden compartir fácilmente a través de las redes sociales. Los vídeos de un minuto sobre contenidos relacionados con la biblioteca propuestos en su investigación fueron considerados útiles o muy útiles por más del 95% de los usuarios de la biblioteca encuestados y consiguieron un alto grado de retención del conocimiento. El estudio de Vila Carneiro y Martín-Macho Harrison (2022) apunta que ya hay bibliotecas que empiezan a utilizar la red social TikTok. Alley y Hanshew (2022) consideran, en efecto, que esta plataforma tiene un gran potencial para las bibliotecas. De hecho, el estudio de Boté-Vericad y Sola-Martínez (2020) refleja la importancia del formato vídeo, de manera que las bibliotecas públicas catalanas difundieron durante el primer mes de confinamiento por la pandemia de Covid-19 un total de 4.377 vídeos en distintas redes sociales como Facebook, Twitter, YouTube o Instagram, así como en blogs. A pesar de que todavía son pocas las bibliotecas que actúan en esta red social, De Souza Fonseca y Flores Severo Fonseca (2023) señalan que TikTok surgió como una herramienta prometedora para estos servicios.

2. OBJETIVOS

El objetivo principal de esta investigación es realizar una aproximación al empleo de la red social TikTok por parte de las bibliotecas universitarias españolas, analizando su grado de penetración y el uso que hacen de ella. Para ello, se han planteado varias preguntas de investigación:

PI1. ¿Cuál es el grado de penetración de TikTok como canal de comunicación de las bibliotecas universitarias españolas?

PI2. ¿Qué contenidos o temas incluyen las publicaciones de las bibliotecas universitarias en TikTok?

PI3. ¿Qué recursos utilizan las publicaciones de las bibliotecas universitarias en TikTok?

PI4. ¿A qué públicos están dirigidas las publicaciones de las bibliotecas universitarias en TikTok?

3. METODOLOGÍA

Para responder a las preguntas de investigación planteadas en el apartado anterior, se ha llevado a cabo una metodología de investigación dividida en dos fases. La primera etapa ha consistido en comprobar, a través de la consulta de las páginas web y de búsquedas hechas en la propia red social, qué bibliotecas cuentan con TikTok como canal de comunicación.

Como se verá en el apartado de resultados, el escaso número de bibliotecas universitarias españolas que, en el momento de realizar esta investigación, comunican a través de TikTok no permite extrapolar datos y obtener conclusiones fiables. Sin embargo, dado su carácter incipiente y su interés para las futuras prácticas comunicativas de estos órganos universitarios, se decidió continuar la investigación con un enfoque exploratorio a través de un estudio de casos múltiples semejantes (Coller, 2000), que, si bien no permitirá inferir unas pautas de actuación generalizadas, sí ofrecerá una panorámica acerca de cómo están utilizándola las bibliotecas pioneras en esta red social. Para ello, se recurrirá a una metodología de carácter cuantitativo basada en la técnica del análisis de contenido, para el cual se ha diseñado la ficha de análisis de la Tabla 1.

VARIABLE	DESCRIPCIÓN	PREGUNTA DE INVESTIGACIÓN
Código	Código de identificación del vídeo	Información genérica
Universidad	Universidad a la que pertenece la cuenta de TikTok	Información genérica
Seguidores	Número de seguidores de la cuenta de TikTok	PI1
Fecha de publicación	Fecha de la publicación de los vídeos	PI1
Duración	Duración del vídeo	PI1
Me gusta	Número de Me gusta en los vídeos	PI1
Permite comentar	Indicar si permite comentar las publicaciones	PI3
Permite guardar publicaciones	Indicar si permite guardar las publicaciones	PI3
Comentarios positivos	Número de comentarios positivos en los vídeos	PI1
Comentarios negativos	Número de comentarios negativos en los vídeos	PI1
Comentarios neutros	Número de comentarios neutros en los vídeos	PI1
Comentarios	Número total de comentarios en los vídeos	PI1
Guardados	Número de veces que se ha guardado la publicación	PI1
Engagement	Nivel de implicación con las publicaciones	PI1
Tono de la publicación	Indicar si la publicación es informativa o creativa	PI3
Vídeo	Indicar si utiliza el formato vídeo	PI3
Imagen	Indicar si utiliza el formato imagen fija	PI3
Subtítulos	Indicar si utiliza textos dentro del vídeo	PI3
Descripción	Indicar si hay texto explicativo acompañando al vídeo	PI3
Voz en off	Indicar si hay presencia de voz en off en el vídeo	PI3
Música	Indicar si la publicación contiene música.	PI3 / PI4
Nombre de la canción	En caso de incluir música, indicar nombre de la canción	PI3 / PI4
Baile	Indicar si la publicación se basa en el baile	PI3 / PI4
Presencia humana	Indicar si aparecen personas hablando a cámara	PI3 / PI4
Temas	Indicar el tema principal de los vídeos	PI2 / PI4

Tabla 1. Variables de análisis de contenido. Fuente: elaboración propia.

El diseño de la ficha de análisis de contenido se ha realizado a partir de los trabajos de Merga (2021), De Souza Fonseca y Flores Severo Fonseca (2023), Gómez González y Sosa Zaragoza (2020), Carrasco-Polaino *et al.* (2019), Tomaszewski (2023), Capriotti *et al.* (2023) y Arroyo-Vázquez (2018). En cuanto a la variable *Engagement* de cada publicación, se ha calculado sumando los datos de Me gusta, Comentarios y Guardados y dividiéndolos por el número de seguidores de la cuenta de la biblioteca.

Para la variable *Temas*, se establecieron las siguientes categorías: 1) Recomendaciones de obras; 2) Novedades de obras en la biblioteca; 3) Servicios de la biblioteca (préstamos, portátiles, etc.); 4) Instalaciones de la biblioteca (infraestructuras, equipos...); 5) Personal de la biblioteca; 6) Información general (horarios, períodos de vacaciones, etc.); 7) Información de apoyo a la investigación (TFG/TFM, acreditación, sexenios, cursos de formación, etc.); 8) Actividades de divulgación (jornadas, congresos, exposiciones, etc.); 9) Fondos de la biblioteca; 10) Difusión de investigaciones de la Universidad; 11) Difusión de investigaciones de otros organismos; 12) Pruebas de acceso a la universidad; 13) Internacionalización; 14) Contenidos no relevantes; 15) Normas de la biblioteca; 16) Otros contenidos. No obstante, se dejó abierta la posibilidad de incorporar nuevas categorías a medida que avanzara el estudio.

La muestra se obtuvo también en dos fases: una primera, en la que se tuvo en cuenta todas las universidades recogidas por el Ministerio de Universidades (2023). A partir de ese primer listado, se seleccionaron solo aquellas que tienen cuenta activa en TikTok. Al ser un número bajo, se tomaron como unidades de análisis cada uno de los vídeos desde el inicio de la actividad en la red social hasta el 30 de junio de 2023.

4. DESARROLLO DE LA INVESTIGACIÓN

Hasta el 30 de junio de 2023 se identificaron un total de 198 vídeos de seis bibliotecas universitarias españolas: Universidad Carlos III de Madrid (13,1%), Universidad Complutense de Madrid (21,7%), Universidad de Castilla-La Mancha (13,1%), Universidad de Las Palmas de Gran Canaria (29,8%), Universidad de León (3,5%) y Universidad de Murcia (18,7%). A cada uno de los vídeos, considerados como unidad de análisis, se aplicó la ficha de análisis de contenido para dar respuesta a las distintas preguntas de investigación.

4.1. Grado de penetración de TikTok

El primer dato relacionado con la incorporación de TikTok como canal de comunicación en las bibliotecas universitarias españolas es, precisamente, el número de bibliotecas universitarias que están presentes de forma activa en dicha red social. Como ya se ha indicado, son solo seis los servicios bibliotecarios presentes en TikTok, lo que supone un 6,8% respecto al total de universidades españolas. Esta cifra contrasta con el porcentaje de bibliotecas universitarias españolas presentes en otra red social muy popular, Instagram: un 40,9% de ellas está presente en la red de la empresa Meta, también propietaria de Facebook. Por otra parte, la penetración de estos canales entre el público universitario también es escasa, ya que las cifras de seguidores de las cuentas de TikTok son bajas: Universidad Carlos III de Madrid, 1549 seguidores; Universidad Complutense de Madrid, 846; Universidad de Castilla-La Mancha, 1152; Universidad de Las Palmas de Gran Canaria, 321; Universidad de León, 98; y Universidad de Murcia, 215.

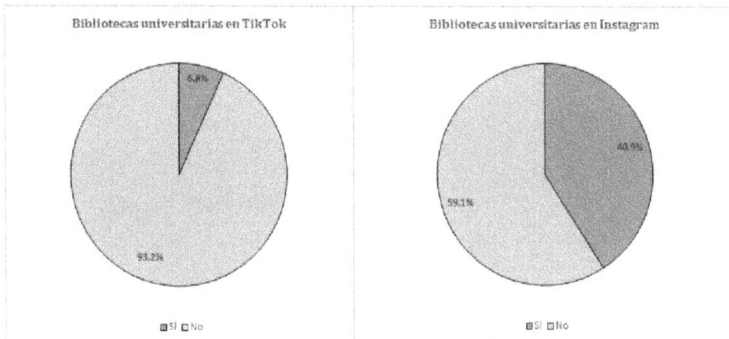

Figura 1. Bibliotecas universitarias en TikTok e Instagram. Fuente: elaboración propia.

La explicación puede estar en otra de las variables estudiadas, la fecha de publicación, que muestra que las primeras publicaciones de las bibliotecas universitarias en TikTok son relativamente recientes: Universidad Carlos III de Madrid, el 21 de abril de 2022; la Universidad Complutense de Madrid, el 16 de diciembre de 2021; la Universidad de Castilla-La Mancha, el 26 de septiembre de 2022; la Universidad de Las Palmas de Gran Canaria, el 14 de marzo de 2023; la Universidad de León, el 10 de mayo de 2023; y La Universidad de Murcia, el 11 de enero de 2023. Por otra parte, las bibliotecas parecen haberse adaptado a una de las características fundamentales de TikTok, el tiempo, ya que la gran mayoría de los vídeos (91,4%) tiene una duración inferior al minuto y un 60,1%

está incluso por debajo de los 30 segundos. La duración media de los vídeos es de 49 segundos.

En cuanto al *engagement*, este suele ser bajo en términos generales, ya que hay pocos comentarios en las publicaciones y el número de Me gusta es habitualmente bajo. Es interesante destacar que las publicaciones que generan un mayor *engagement* son las categorizadas como creativas. En cualquier caso, las reacciones de los usuarios en forma de comentarios son positivas (390 comentarios) o neutras (398 comentarios). Asimismo, las publicaciones han sido guardadas por los usuarios un total de 3112 veces, cifra tan abultada por influencia de las publicaciones con mayor *engagement*. Esto significa que los usuarios consideran que, de alguna manera, ya sea por su utilidad o por su humor, las publicaciones son útiles o interesantes para conservarlas.

4.2. Temas de las publicaciones en TikTok

De entre todas las categorías temáticas apuntadas en la metodología, las bibliotecas universitarias españolas se decantaron, en primer lugar, por aquellas que hacen referencia a actividades de divulgación, tales como jornadas, congresos o exposiciones, con un 22,2% de las publicaciones realizadas. Le siguen los servicios de la biblioteca (12,6%), los fondos (catálogo disponible) de la biblioteca (12,1%), otros contenidos que no tienen relación directa con la misión de la biblioteca (10,6%), contenidos que no se consideran relevantes (8,1%), información general referente a horarios o períodos vacacionales (8,1%), instalaciones de la biblioteca (7,6%), normas de la biblioteca (6,6%), información de apoyo a la investigación, como recursos o cursos para elaborar TFG y TFM (4,5%), publicaciones relacionadas con el personal de la biblioteca (3,5%), recomendaciones de obras (2,5%) y novedades (1,5%).

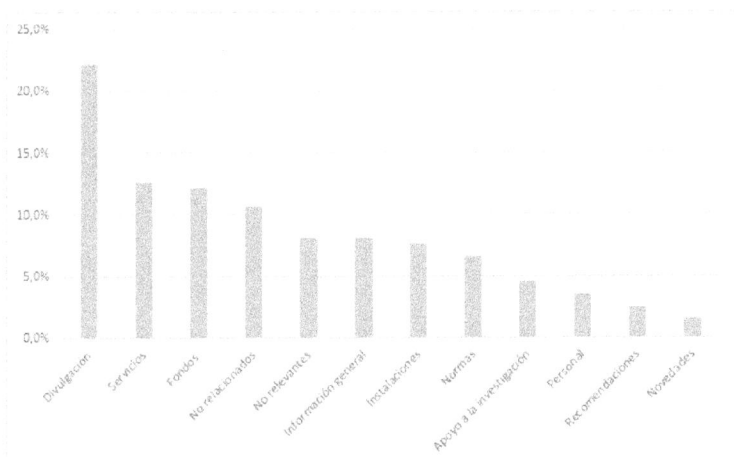

Figura 2. Temas de las publicaciones en TikTok. Fuente: elaboración propia.

4.3. Recursos utilizados en las publicaciones de TikTok

La mayoría de las publicaciones (87,9%) de las bibliotecas universitarias en TikTok está basada en el uso del vídeo, aunque también hay un 15,7% de publicaciones que recurre a montajes con imágenes fijas. Otras dos características de las publicaciones de TikTok son la presencia de subtítulos y de la voz en off. En el caso de las bibliotecas universitarias, el primer recurso fue utilizado en un 74,2% de las publicaciones, mientras que el segundo apareció solo en un 19,2%. Este porcentaje se compensa con el hecho de que en casi la mitad de las publicaciones (47%) aparecen personas hablando a cámara, dirigiéndose de forma directa a los usuarios. También son mayoría las publicaciones que incluyen una breve descripción textual que acompaña a los vídeos (73,7%).

Aunque el contenido de las publicaciones indica que una de las funciones principales de la red social TikTok para las bibliotecas universitarias españolas es la difusión de todo tipo de información, estas también fomentan la interacción, aunque, como ya se ha visto, de momento es escasa. De esta manera, todas las publicaciones permiten hacer comentarios y guardarlas en favoritos. Predominan, no obstante, las publicaciones de tono informativo (61,6%) frente a las que tienen un carácter más creativo o humorístico (38,4%).

Por último, otra de las características fundamentales de TikTok, la red social de los bailes, es la presencia de música en las publicaciones. En los vídeos publicados por las bibliotecas universitarias españolas, se puede observar el uso de música en el 88,4% de los casos. Sin embargo, no se utiliza con intención de participar en *trends*, bailes que se repiten por toda la red y se hacen virales, ya que hay pocas coincidencias en los títulos de las canciones utilizadas. Además, solo un 5,6% de las publicaciones se basan en bailes.

4.4. Públicos de las bibliotecas universitarias en TikTok

Al no haberse realizado un estudio de los usuarios que interactúan con las bibliotecas universitarias en TikTok, la pregunta de investigación 4, acerca de quiénes son los públicos a los que se dirigen fundamentalmente las publicaciones, solo se puede responder parcialmente. Sí se observa, no obstante, por el tipo de contenidos, una preferencia por el alumnado, especialmente de los primeros cursos, ya que hay escasas menciones a estudiantes de doctorado o de posgrado y la aparición del profesorado o del personal de administración y servicios, con excepción de los propios empleados de las bibliotecas, es prácticamente nula.

5. DISCUSIÓN

El presente estudio tenía como objetivo analizar de forma preliminar el uso que las bibliotecas universitarias hacen de la red social TikTok, para lo cual se plantearon cuatro preguntas básicas de investigación a las que se han dado respuesta en el apartado anterior y sobre las que se plantean ahora algunas reflexiones.

Se da la circunstancia de que, en el momento de escribir estas líneas, la penetración de TikTok en las bibliotecas universitarias españolas es muy escasa, pues solo es utilizada por seis de ellas, y, al mismo tiempo, también tiene una baja penetración en los usuarios, especialmente estudiantes universitarios, que todavía no la ven como un canal de comunicación con la biblioteca. Esto contrasta, sin duda, con el aumento de la penetración de TikTok entre los jóvenes españoles (Elogia, 2023).

Sin embargo, parece que la popularización de esta red social entre las bibliotecas universitarias es solo cuestión de tiempo, ya que es una de las preferidas por las nuevas generaciones, cuyos hábitos de consumo se caracterizan por la preferencia por vídeos cada vez más cortos. En ese sentido, los casos analizados en este estudio están teniendo en cuenta esta particularidad, ya que publican mayoritariamente vídeos de una duración inferior al minuto, en esa línea de vídeos *snack* (Tomaszewski, 2023). Esta circunstancia, unida a otro de los elementos básicos de TikTok, como la música, permiten afirmar que las bibliotecas universitarias por lo general han sabido adaptarse al lenguaje de la plataforma. Incluso, no recurrir a otros elementos habituales como las voces en off, presentes en muchos vídeos de humor, o a los propios *trends* bailables, deja ver no solo esa adecuación al lenguaje de TikTok, sino también un uso como elemento estratégico de comunicación (Capriotti *et al.*, 2023).

No deben preocupar, en ese sentido, los bajos niveles de *engagement* registrados, pues, como señala Arroyo-Vázquez (2018) en su estudio sobre interacción en las páginas de Facebook de las bibliotecas universitarias españolas, así como Alley y Hanshew (2022) en su artículo sobre el uso de TikTok en bibliotecas universitarias, los contenidos lúdicos o divertidos, los que aquí se han llamado creativos, suelen generar mayores niveles de interacción. En el presente estudio, un porcentaje considerable de publicaciones se han realizado en tono informativo, con lo cual esos niveles de *engagement* pueden ser entendibles, aunque no significa que haya que conformarse con ellos. De hecho, la mayoría de los comentarios han resultado ser positivos o neutros.

Los temas abordados en los vídeos, así como sus características, permiten pensar que el público objetivo de las bibliotecas universitarias en TikTok es principalmente el estudiantado de Grado, pues hay pocas referencias a estudios de posgrado y ninguna presencia de profesorado. Esto redunda en ese uso estratégico de la red social, pues, en principio, no tendría mucho sentido dirigir información a un público que no está presente en esa plataforma.

Con este análisis acerca de las diferentes preguntas de investigación planteadas se da también respuesta al objetivo general de la investigación, si bien sería conveniente seguir profundizando en este tema, ampliando muestras y enfoques de estudio.

6. CONCLUSIONES

Las bibliotecas universitarias juegan, como se decía al inicio del capítulo, un papel fundamental en la conservación y divulgación del conocimiento y la capacitación de futuros profesionales e investigadores. Como entidades eminentemente sociales, tienen que estar en constante vigilancia del entorno en el que actúan, ya que es esta una tarea fundamental para su supervivencia. Así lo hemos ido viendo, por ejemplo, en el paso del préstamo de libros físicos a la ampliación de la cartera de servicios con ordenadores portátiles, o en la presencia en diferentes redes sociales con el objetivo de llegar a los públicos más jóvenes y conseguir una comunicación más eficaz.

Todavía son pocas las bibliotecas de las universidades españolas que están presentes en TikTok y, además, las que están tampoco han conseguido todavía enganchar a su público objetivo. Sin embargo, todo parece indicar que cada vez serán más las bibliotecas que se sumen a la plataforma, al igual que en los últimos años se han ido sumando a Facebook, Twitter o Instagram.

Algunos datos observados en este estudio de casos, como el predominio de publicaciones informativas o la escasa utilización de *trends* de baile, plantean un argumento de peso contra aquellos que son reticentes a usar TikTok por ser la red social de los bailes. Esta y otras experiencias están demostrando que esta red social tiene otros usos y posibilidades que, al menos, deben ser exploradas por las organizaciones y, en este caso, por las bibliotecas universitarias, habida cuenta de que buena parte de su público está más vinculado con TikTok que con otros canales.

La investigación presenta, no obstante, algunas limitaciones, como la escasa muestra o el enfoque centrado exclusivamente en la parte emisora del proceso comunicativo. Sería conveniente repetir el estudio más adelante, a fin de comprobar si son más las bibliotecas que participan en la red social de los vídeos cortos y plantear un enfoque que permita conocer las estrategias comunicativas de las bibliotecas y la percepción de sus usuarios.

7. REFERENCIAS

Alley, A. y Hanshew, J. (2022). A long article about short videos: A content análisis of U.S. academic libraries' use of TikTok. *The Journal of Academic Librarianship*, 48, 102611. https://doi.org/10.1016/j.acalib.2022.102611

Andrade, E. y Velázquez, E. (2011). La biblioteca universitaria en las redes sociales: planificando una presencia de calidad. *Biblios. Revista de Bibliotecología y Ciencias de la Información*, 42, 36-47. https://doi.org/10.5195/biblios.2011.10

Arrambide-Leal, E. J., Lara-Prieto, V. y García-García, R. M. (2021). *Short Videos to Communicate Effectively to Engineering Students*. 7th International Conference on Higher Education Advances. Universitat Politècnica de València. http://dx.doi.org/10.4995/HEAd21.2021.13002

Arroyo-Vázquez, N. (2018). Interacción en las páginas de Facebook de las bibliotecas universitarias españolas. *Profesional de la Información, 27*(1), 65-74. https://doi.org/10.3145/epi.2018.ene.06

Boté-Vericad, J.-J. y Sola-Martínez, M.-J. (2020). Els vídeos a les xarxes socials i els blogs corporatius: anàlisi dels perfils de les biblioteques publiques catalanes durant el primer mes de confinament de la COVID-19. *BiD. Textos universitaris de biblioteconomia i documentació*, 45. https://doi.org/10.1344/BiD2020.45.3

Bustamante Rodríguez, A. T., Ortigosa Delgado, M. T., Domínguez Fernández, C., López Romero, M., Santos Gómez, V., Amaya Gálvez, R. M. y Navas Benito, E. (2016). Decálogo para el buen uso de las RRSS en Bibliotecas. *Boletín de la Asociación Andaluza de Bibliotecarios*, 112, 109-123. https://tinyurl.com/3b558fc7

Capriotti, P., Losada-Díaz, J.-C. y Martínez-Gras, R. (2023). Evaluación de la estrategia de contenido de las universidades en las redes sociales. *Profesional de la Información, 32*(2), e320210. https://doi.org/10.3145/epi.2023.mar.10

Carrasco-Polaino, R., Villar-Cirujano, E. y Martín-Cárdaba, M.-Á. (2019). Redes, tweets y engagement: análisis de las bibliotecas universitarias españolas en Twitter. *Profesional de la Información, 28*(4), e280415. https://doi.org/10.3145/epi.2019.jul.15

Castillo Diaz, A. y Herrera Morillas, J. L. (2014). Nuevas fórmulas de comunicación con los usuarios de las bibliotecas universitarias. *Historia y Comunicación Social, 19*(núm. Especial Enero), 813-820. http://dx.doi.org/10.5209/rev_HICS.2014.v19.45004

Coller, X. (2000). *Cuadernos metodológicos 30. Estudio de casos*. Centro de Investigaciones Sociológicas.

Conecta (2022). *Hábitos de lectura y compra de libros en España 2022*. Federación de Gremios de Editores de España. https://bit.ly/3JH71lX

Cuestas, P., Pates, G. y Saez, V. (2022). El fenómeno *booktok* y la lectura en pandemia: jóvenes, pantallas, libros y editoriales. *Austral Comunicación, XI*(1). https://doi.org/10.26422/aucom.2022.1101.pat

De Souza Fonseca, D. L. y Flores Severo Fonseca, M. G. (2023). A inovação em serviços de informação nas bibliotecas: o TikTok como proposta de posicionamento digital. *Investigación bibliotecológica, 37*(94), 113-128. https://doi.org/10.22201/iibi.24488321xe.2023.94.58706

Elogia (2023). *Estudio de Redes Sociales 2023*. IAB Spain. https://bit.ly/44d4HeY

Fernández-Ramos, A. y Barrionuevo, L. (2022). La difusión de la producción científica en el ámbito de las Humanidades: el caso de la Universidad de León. *Investigación bibliotecológica, 36*(90), 47-65. https://doi.org/10.22201/iibi.24488321xe.2022.90.58486

García Giménez, D. (2010). Redes sociales: posibilidades de Facebook para las bibliotecas públicas. *Bid. Textos universitaris de biblioteconomia i documentación*, 24. https://bid.ub.edu/24/garcia2.htm

Gómez González, C. D. y Sosa Zaragoza, P. (2020). El uso de las redes sociales en las bibliotecas universitarias de México: un estudio comparativo. *Boletín de la Asociación Andaluza de Bibliotecarios*, 119, 51-75. https://tinyurl.com/yc5nbu2p

Guiñez-Cabrera, N. y Mansilla-Obando, K. (2022). Booktokers: Generar y compartir contenidos sobre libros a través de TikTok. *Comunicar. Revista Científica de Comunicación y Educación, XXX*(71), 119-130. https://doi.org/10.3916/C71-2022-09

Herrera Morillas, J. L. y Castillo Díaz, A. (2012). Bibliotecas universitarias 2.0. El caso de España. *Investigación bibliotecológica, 25*(55), 175-200. https://doi.org/10.22201/iibi.0187358xp.2011.55.32861

Laudano, C. N., Corda, M. C., Planas, J. y Kessler, M. I. (2014). Los usos de la red social Facebook en las bibliotecas de institutos y centros de investigación en Argentina. *Palabra Clave, 4*(1), 20-32. https://bit.ly/3XypGpO

Laudano, C. N., Planas, J. y Kessler, M. I. (2016). Aproximaciones a los usos y apropiación de Twitter en bibliotecas universitarias de Argentina. *Anales de Documentación, 19*(2). http://dx.doi.org/10.6018/analesdoc.19.2.246291

López-Redondo, I. y Fernández-Barrero, A. (2023). El fenómeno *Bookstagram*: un nuevo formato de la crítica literaria para nuevas audiencias. *Zer. Revista de Estudios de Comunicación, 28*(54), 101-120. https://doi.org/10.1387/zer.23834

Menéndez Tarrazo, I. (2019). El uso de las redes sociales de la comunidad académica: análisis de un servicio creado por una biblioteca universitaria. *Informatio, 24*(2), 91-112. https://doi.org/10.35643/Info.24.2.3

Merga, M. K. (2021). How can Booktok on TikTok inform readers' advisory services for young people?. *Library and Information Science Research*, 43(2). https://doi.org/10.1016/j.lisr.2021.101091

Ministerio de Universidades (2023). *Qué estudiar y dónde en la universidad*. http://siiu.universidades.gob.es/QEDU/

Pastor-Ramón, E. y Páez, V. (2021). Mejora del impacto mediante difusión de la investigación en redes sociales: #PublicaSalutIB. *Investigación bibliotecológica 35*(88). https://bit.ly/3PBbJW7

Sala, F., Cruz Lopes, F., Ribeiro Sanches, G. A. y Regina de Brito, T. (2020). Bibliotecas universitarias em um cenário de crise: mediação da informação por meio das redes sociais durante a pandemia de COVID-19. *Informação em Pauta, 5*(1), 10-32. https://bit.ly/3CSXuo6

Simancas González, E. y García López, M. (2022). La comunicación de las universidades públicas españolas: situación actual y nuevos desafíos. *Estudios sobre el Mensaje Periodístico, 28*(1), 217-226. https://dx.doi.org/10.5209/esmp.76011

Suaiden, E.-J. (2018). La biblioteca pública y las competencias del siglo XXI. *Profesional de la Información, 27*(5), 1136-1144. https://doi.org/10.3145/epi.2018.sep.17

Tomaszewski, R. (2023). Library snackables: A study of one-minute library videos. *The Journal of Academic Librarianship, 49*(2), 102647. https://doi.org/10.1016/j.acalib.2022.102647

Vallet Sanmanuel, G. (2017). Las redes sociales en las bibliotecas públicas de la Provincia de Valencia. *Métodos de Información 8*(15), 139-168. http://dx.doi.org/10.5557/IIMEI8-N15-139167

Vila Carneiro, Z. y Martín-Macho Harrison, A. (2022). Bibliotecas, editoriales y LIJ en la red: análisis bajo el prisma del fomento lector. *Didáctica. Lengua y Literatura*, 34, 183-195. http://dx.doi.org/10.5209/dill.81361

Vizcaíno-Verdú, A., Contreras-Pulido, P. y Guzmán-Franco, M. D. (2019). Lectura y aprendizaje informal en YouTube: El booktuber. *Comunicar. Revista Científica de Comunicación y Educación, XXVII*(59), 95-104. https://doi.org.10.3916/C59-2019-09

EL USO DE LAS TECNOLOGÍAS DIGITALES EN LOS PROCESOS EDUCATIVOS DIALÓGICOS DE GEOGRAFÍA ECONÓMICA Y GEOGRAFÍA FINANCIERA EN LA ENSEÑANZA BÁSICA

Marcio Fernando Gomes[1]

Este trabajo forma parte de Edital Pro-Ex (23112.002449/2022-64) de la Universidad Federal de São Carlos – UFSCar, "Grupo de Estudio de Epistemología da Geografía: teoría, método y metodologías en la investigación y enseñanza-aprendizaje de la de Geografía", realizado entre el 01/04/2022 y el 30/11/2022.

1. INTRODUCCIÓN

En la sociedad del conocimiento, la información es la materia prima. Sin embargo, no se requiere almacenar información, sino saber acceder a ella, seleccionarla, procesarla y aplicarla adecuadamente en cada situación. En educación, los alumnos tienen la posibilidad de acceder a mucha información, en ese sentido no necesitan profesores que transmitan conocimientos, sino colaboradores de aprendizaje que seleccionen, procesen y apliquen adecuadamente esta información para producir conocimiento. Sin embargo, se detectan desigualdades de acceso e incapacidad para utilizar las tecnologías digitales. Para superarlo es necesario promover el acceso democrático y su uso crítico de las tecnologías digitales.

Este proyecto se inspiró en la pedagogía de Freire (1967; 2005; 2013a; 2013b) y se basó en la inseparabilidad de la enseñanza, la investigación y la extensión; así, se estableció un diálogo entre estudiantes y profesores de la universidad y de escuelas públicas y privadas.

Según Freire (2013a), la educación no es neutral, así como, para Freire (2005), las tecnologías no son neutrales, tienen intenciones políticas. En esta perspectiva, Mill (2013) dice que ninguna tecnología es neutral. En este sentido, parece que la relación entre la educación y las tecnologías tiente intenciones políticas y, por lo tanto, según Mill (2013), puede responder a las especificidades, por ejemplo, como se define en la LDB 9394-96, que favorece la función social de la educación, en este caso, el uso de las tecnologías digitales de la información y la comunicación – TDIC, para fomentar la formación ciudadana y emancipadora y para trabajo. Así, Mill (2013) propone que las innovaciones tecnológicas deben estar asociadas as innovaciones pedagógicas.

Gomes (2022a; 2022b) realiza, en primer lugar, una simple revisión bibliográfica, basada en referencias de Freire (1967; 2005; 2013a; 2013b) y Veloso (2020a; 2020b), que relaciona la base epistemológica de Paulo Freire a la luz de las tecnologías digitales,

---

destacando conceptos freirianos centrales: diálogo; autonomía; educación libertadora; educación permanente. En esta perspectiva, Veloso (2020a, p. 70-73) propone que la producción de conocimiento sobre educación y tecnologías referenciadas en Paulo Freire debe partir de algunos elementos metodológicos principales, tales como: a) revelar la intencionalidad política inherente a las tecnologías digitales y a su uso (quién las usa, a favor de qué, para quién y para qué); b) valorar el conocimiento de la experiencia realizada; c) promover la conciencia crítica; d) utilizar las tecnologías digitales para desarrollar la autonomía y el diálogo; e) considerar la educación técnica/instrumental. Esta simple revisión bibliográfica muestra que la base epistemológica de Paulo Freire se convierte en una referencia fundamental para abordar el acceso y uso de las tecnologías digitales en los procesos de enseñanza-aprendizaje.

Así, Gomes (2022a; 2022b) realizó, en un segundo paso, una revisión sistemática de la literatura en el Portal de Revistas CAPES y en el Portal de Revistas SciELO, en el intervalo de publicación entre 1995 y 2022, comprendiendo el año del inicio de internet en Brasil y el año de la investigación.

Con relación a la selección de documentos, por un lado, de los once documentos seleccionados y utilizados del Portal de Revistas CAPES, se constató que el 100% de los documentos fueron publicados en los últimos 8 años. Por otro lado, de los veintiún documentos seleccionados del Portal de Revista SciELo, el 75% de los documentos fueron publicados en los últimos ocho años. Por lo tanto, se puede inferir de este resultado que la relación entre educación y prácticas educativas, referenciada en la base epistemológica de Paulo Freire y en la incorporación de las TDIC, es un tema que aún no ha sido estudiado e investigado y que emerge en los últimos ocho años. Así, es necesario realizar más investigaciones sobre educación y tecnología sobre la base epistemológica de Paulo Freire, especialmente que enfaticen su carácter político.

En cuanto a la base epistemológica freiriana, por un lado, se encontró que los elementos conceptuales y metodológicos freirianos presentados por Veloso (2020a; 2020b) fueron identificados en muchos de los trabajos seleccionados y analizados. Por otro lado, se observaron otros principios y conceptos freirianos en los procesos educativos que incorporaron las TDIC.

En este sentido, se observa que muchos de los conceptos y metodologías destacados en esta revisión sistemática de la literatura convergen con la base epistemológica de Paulo Freire y pueden convertirse en una referencia para pensar la relación entre la educación y las tecnologías digitales en el contexto de la cultura digital y la sociedad del conocimiento, y para incorporar las tecnologías digitales en la educación, convirtiéndose en un exitoso agente de concienciación, transformación y emancipación, especialmente en comunidad económica y socialmente desatendidas.

Con esta revisión bibliográfica sistemática, se concluye que los principios de la base epistemológica de Paulo Freire pueden y deben reinventarse, ser un referente para las innovaciones pedagógicas asociadas a las innovaciones tecnológicas, en este caso, para relacionar los procesos educativos dialógicos freirianos asociados al acceso democrático y al uso crítico de las tecnologías digitales, ya que se comprueba la relevancia y actualidad de la Pedagogía Social de Paulo Freire y porque su concepto de acción dialógica contribuye a reducir la exclusión social e informacional, constituyendo una educación liberadora que se opone a la educación bancaria.

2. OBJETIVOS

Los objetivos son, por un lado, investigar y estudiar teorías y prácticas inter y transdisciplinares de Geografía y, por otro, diseñar, producir, aplicar y evaluar material educativo, concretamente investigar y construir procesos educativos dialógicos de Geografía Económica y Geografía Financiera utilizando tecnologías digitales.

3. METODOLOGÍA

En cuanto a la metodología de la investigación científica, se hace referencia en Prodanov y Freitas (2013) y Severino (2013). Como metodología, en la primera parte del proyecto se celebraron reuniones semanales para leer artículos y libros relacionados con los temas de Geografía Económica (Claval, 2005), Geografía Financiera (Chesnais, 2000), Educación, Educación y Tecnologías Digitales (Mill, 2013; Veloso, 2020a; Veloso 2020b), seguidas de debates entre los miembros; en la segunda parte, los miembros se dividieron en cuatro subgrupos, con el fin de elegir temas de Geografía Económica y Geografía Financiera para diseñar, desarrollar, aplicar y evaluar procesos educativos dialógicos a través del acceso democrático y el uso crítico de diferentes tecnologías digitales en las escuelas asociadas. Esta evaluación consta de cuestionarios aplicados a los alumnos de primaria y secundaria después de la aplicación de los procesos educativos.

4. DESARROLLO DE LA INVESTIGACIÓN

Desde la perspectiva de la relación entre universidad y escuela básica, el desarrollo de procesos educativos de Geografía Económica y Geografía Financiera con el uso de tecnologías digitales de información y comunicación fue realizado a partir de cuatro subgrupos del Grupo de Estudio Epistemegeo, compuesto por estudiantes de pregrado y profesores de escuela básica. El 1º Subgrupo eligió el tema "Alternativas Económicas" y aplicó el proceso educativo con alumnos del 1º año de Enseñanza Media de la Escuela Técnica Estatal – ETEC Lauro Gomes, localizada en el municipio de São Bernardo do Campo, en la región metropolitana de São Paulo. En 2º Subgrupo eligió tema "Reestructuración Productiva" y aplicó el proceso educativo con alumnos de Educación de Jóvenes y Adultos – EJA, de la Escuela Estatal Humberto de Campos, situada en el municipio de Sorocaba, SP. El 3º Subgrupo, eligió tema "Globalización y Metropolización" y aplicó el proceso educativo con alumnos del 3º año de la Escuela Estatal Sidrônia Nunes Pires, situada en el municipio de Cotia, SP. El 4º Subgrupo eligió tema "Globalización Financiera y Cooperativismo" y aplicó el proceso educativo con alumnos del 9º año de Enseñanza Fundamental de la Escuela Municipal Roberto Mário Santini, situada en el municipio de Praia Grande, SP.

En este sentido, se buscó diversificar: las modalidades de enseñanza, en este caso, Educación Regular, Educación Técnico Profesional y EJA; el nivel de enseñanza, específicamente, Enseñanza Fundamental y Enseñanza Media; la localización de las escuelas, es decir, en la región metropolitana de São Paulo, en la ciudad mediana de Sorocaba, SP y en la pequeña ciudad de Cotia, SP. En otra perspectiva, se privilegian los temas de Geografía Económica y Geografía Financiera considerando el contexto territorial de las escuelas y la vida de los alumnos, así como la elección de diversas tecnologías digitales, considerando la realidad de las escuelas, los contextos de acceso y las habilidades de uso de los profesores y alumnos de la escuela.

4.1. Desarrollo del Proceso Educativo del 1º Subgrupo

El 1º Subgrupo, compuesto por un estudiante de grado y un profesor de enseñanza básica, eligió el tema "Alternativas Económicas", anclado en los conceptos de economía solidaria, economía verde y ecosocialismo, referenciados en Singer (2022); Kischner el al. (2018); y Lowy (2014).

Para la aplicación de la actividad, se estableció una asociación con la Escuela Técnica del Estado – ETEC Lauro Gomes, ubicada en el municipio de São Bernardo do Campo, en la región metropolitana de São Paulo.

Se planificó un proceso educativo dialógico, a través de una secuencia didáctica desarrollada mediante el uso de tecnologías digitales diferentes: *Google Forms*; *Teens*; *Google Classroom*; *Canva*; *Simples Show*; *Youtube* y *Educaplay*. La elección de las herramientas se hizo para cumplir determinados propósitos.

En cuanto a la aplicación del proceso educativo dialógico, se utilizó *Teens* como tecnología digital para guiar a los alumnos y acceder a *Google Classroom*, que a su vez sirvió como plataforma para compartir la secuencia didáctica.

Para el desarrollo del contenido, se realizaron dos vídeos que se pusieron a disposición en diferentes plataformas, el primero en *Canva*, con el título "Nuestra forma de producción y alternativas para la economía", y el segundo en *Simples Show*, con el título "Economía Solidaria". Para profundizar en el tema, posteriormente se puso a disposición un vídeo en *Youtube*, del canal "Carta Capital", titulado "Flasko, la única fábrica gestionada por trabajadores en Brasil". Como material de contenido complementario, se creó un glosario de *Canva* con los principales términos del contenido. Para la evaluación del contenido, se desarrollaron dos juegos, disponibles en *Educaplay*, que hacían referencia al contenido trabajado en los vídeos anteriores. Es necesario destacar que los juegos hacen referencia al contenido, pero a través de estrategias diferentes.

4.2. Desarrollo del Proceso Educativo del 2º Subgrupo

El 2º Subgrupo, compuesto por un estudiante de grado y un profesor de escuela básica, eligió tema "Reestructuración Productiva", referenciado Harvey (1992).

Para aplicar la actividad hubo una asociación con la Escuela Estatal Humberto de Campos, ubicada en el municipio de Sorocaba, SP. En esta escuela, el proceso educativo se desarrolló con alumnos de Educación de Jóvenes y Adultos, EJA.

Se planificó un proceso educativo dialógico, a través de una secuencia didáctica utilizando diferentes tecnologías digitales: *Google Forms*; *WhatsApp*; *Canva*; *Splend Apss*.

En cuanto a la aplicación del proceso educativo dialógico, se utilizó *Canva* como aplicación para la producción de *slides* e *Splend Apps* para la edición de audios en el material educativo utilizado para el desarrollo del contenido. Como material de contenido complementario, se creó un glosario Canva de los principales términos del contenido. En cuanto al acceso a la secuencia didáctica, se creó un grupo de *WhatsApp* como plataforma para compartir los *slides* y establecer diálogos interactivos de orientación con los alumnos. Dado que parte de los alumnos tenían dificultades para acceder a internet, se posibilitó el acceso de los alumnos a internet de la escuela. Para la evaluación del contenido, se desarrolló en *WhatsApp* y se facilitó una impresión del cuestionario, en la que los alumnos podían responder a las preguntas en el cuadro de diálogo.

4.3. Desarrollo del Proceso Educativo del 3º Subgrupo

El 3º Subgrupo, compuesto por un estudiante de grado y dos profesores de enseñanza primaria y secundaria, eligió tema "Globalización y Metropolización", referenciado en Lencioni (2003 y 2017).

Para la aplicación de la actividad hubo una asociación con la Escuela Estatal Sidrônia Nunes Pires, ubicada en el municipio de Cotia, SP.

Se planifico un proceso educativo dialógico, a través de una secuencia didáctica utilizando tecnologías digitales diferentes: *Google Forms*; *Word*; *PDF*; *Powerpoint*; *Kahoot*; *Google Classroom*.

En este trabajo el objetivo fue pensar en las mejores estrategias de enseñanza-aprendizaje que posibiliten la asimilación de contenidos sobre globalización y metropolización, a partir de la escala local y del lugar donde viven los alumnos.

Para el desarrollo del contenido, se realizó un *Powerpoint*, utilizando personajes ficticios, imágenes y sonidos, sobre la ciudad de Nova Campina, SP, destacando aspectos de la historia, economía y sociedad.

En cuanto a la aplicación del proceso educativo dialógico, se utilizó *Google Classroom*. La dificultad encontrada con la plataforma fue el formato del archivo *PowerPoint* que tuvo que se convertido a video en formato MP4 para facilitar su visualización, debido a que muchos alumnos acceden por teléfono móvil y en muchos casos no están familiarizados con aplicaciones en este formato para teléfonos móviles. Para la evaluación de los contenidos se elaboró un *Quiz* que se puso a disposición de los alumnos en la aplicación *Kahoot*.

4.4. Desarrollo del Proceso Educativo del 4º Subgrupo

El 4º Subgrupo, compuesto por un estudiante de grado y dos profesores de enseñanza primaria, eligió tema "Globalización Financiera y Cooperativismo", referenciado en Chesnais (2000); Belluzzo (2010); Singer (2022).

Para la aplicación de la actividad, se estableció una asociación con la Escuela Municipal Roberto Mário Santini, situada en el municipio de Praia Grande, SP.

Se planificó un proceso educativo dialógico, a través de una secuencia didáctica utilizando diferentes tecnologías digitales: *Gloogle Forms*; *Anchor*; *Streaming Spotify*; *Podcast*; *Canva*; *WhatsApp*; *Instagram*.

En cuanto a la aplicación del proceso educativo dialógico, se utilizó *Anchor*, aplicación de grabación, edición y alojamiento, en la que se grabaron ocho episodios de *Podcast* con duración de 10 minutos cada uno, divididos en subtemas y cronología de acontecimientos históricos, posteriormente puestos a disposición a través de la plataforma de *Streaming Spotify*. En cuanto a la producción de material complementario en formato visual, se utilizó *Canva*, en el que se elaboraron nueve mapas conceptuales y un glosario, referente a los principales términos del tema, posteriormente puestos a disposición como impresiones en la aplicación *WhatsApp*, en la que se estableció un diálogo entre alumnos y profesor. Al final, este material didáctico se puso a disposición en la plataforma Instagram. Para la evaluación del contenido, se desarrollaron *Google Forms* y se pusieron a disposición en la aplicación *WhatsApp*.

5. RESULTADOS

En cuanto a la investigación de evaluación, puesta a disposición por *Google Forms*, el objetivo era evaluar el desarrollo de los contenidos propuestos y las tecnologías digitales utilizadas en este trabajo. En este sentido, al final de la aplicación del proceso educativo en las escuelas asociadas, los alumnos participantes respondieron a una encuesta de evaluación, respectivamente: ¿Cuál es su grado de satisfacción con el contenido de la actividad? ¿Cuál es su grado de satisfacción con la forma de la actividad? ¿Cuál es su grado de satisfacción con el uso de las tecnologías digitales de la información y la comunicación – TDIC en el desarrollo del aprendizaje de contenidos? En estas preguntas se pedía al alumno que respondiera si estaba satisfecho, parcialmente satisfecho, indiferente, parcialmente insatisfecho e insatisfecho. Por último, se pregunta: Si lo desea, comente libremente las respuestas anteriores.

5.1. Resultados del proceso educativo del 1º subgrupo

En este 1º Subgrupo, 66 alumnos del 1º año de Enseñanza Media de la Escuela Estadual Técnica – ETEC Lauro Gomes, localizada en el municipio de São Bernardo do Campo, en la región metropolitana de São Paulo, participaron del proceso educativo y respondieron la encuesta de avaluación. Con relación al contenido del aprendizaje, 71,2% respondieron satisfechos, 18,2% parcialmente satisfechos, 9,1% indiferentes, 1,5% parcialmente insatisfechos. En cuanto a la forma de la actividad, el 65% respondió satisfecho, el 18,2% parcialmente satisfecho, el 15,2% indiferente, el 1,4% parcialmente insatisfecho. En cuanto al uso de las tecnologías digitales de la información y la comunicación en el desarrollo del aprendizaje de contenidos, el 66,7% respondió satisfecho, el 16,7% parcialmente satisfecho, el 12,1% indiferente, el 4,5% parcialmente insatisfecho.

En cuanto a la disertación libre de los alumnos, se destaca la satisfacción y aprobación en el uso de las tecnologías digitales de información y comunicación en los procesos de enseñanza-aprendizaje, y que las tecnologías digitales ya están incorporadas en los procesos educativos en el aula y en las actividades extra-clase. Desde otro perspectiva, se constató que existe desigualdad en el acceso a las tecnologías digitales; que los profesores aún tienen un alto grado de dificultad en el uso de las tecnologías digitales en la producción y aplicación de material educativo; que a pesar de ser una generación nacida digital, algunos alumnos tienen dificultades en el uso de las tecnologías digitales, que el uso de las TDIC en diferentes modales colabora para que los alumnos presten atención en clase y, consecuentemente, mejoren su aprendizaje.

En este sentido, se destaca la relevancia de impulsar procesos educativos que incorporen las tecnologías digitales sobre la base epistemológica freiriana, por ejemplo, que es necesario construir procesos educativos con grupos interactivos de estudiantes, considerando las diferencias generacionales, educativas y de capacidades tecnológicas, para que unos puedan colaborar con el aprendizaje de otros y superar las dificultades en el uso de las tecnologías digitales. En otro aspecto, es necesario crear un tutorial que describa los procedimientos de uso de las tecnologías digitales.

5.1.1. Discusión del proceso educativo del 1º subgrupo

Es necesario destacar que, en particular, el 1º Subgrupo desarrolló el proceso educativo con alumnos de una escuela técnica de alto nivel, en el cual se promueve regularmente el uso de tecnologías digitales en los procesos educativos de diversas disciplinas, tanto para el desarrollo de contenidos como para la evaluación de estos.

Para el 1º Subgrupo, este proceso educativo se convirtió en una experiencia de aprendizaje tanto para los participantes del Grupo de Estudio como para los alumnos de la escuela. Hubo una perspectiva efectiva para comprender críticamente la Geografía Económica, desarrollando el tema "Alternativas Económicas". Este trabajo impulsó la reflexión de los participantes del Grupo Epistemegeo y de los alumnos de la escuela sobre las posibilidades de desarrollar los temas de economía solidaria, economía verde y ecosocialismo.

Se cuestionan las complejidades del uso y alcance de las tecnologías digitales, así como las posibilidades de incorporarlas a los procesos educativos. Se concluye, por un lado, que el acceso a las tecnologías digitales es todavía muy desigual, que tanto los profesores como los alumnos de una generación nacida digitalmente tienen dificultades en el uso de tecnologías digitales; por otro lado, que el uso de las tecnologías digitales en diferentes modales contribuye a aumentar el interés y la atención de los alumnos y, en consecuencia, a mejorar su aprendizaje. Por último, este trabajo permitió a los participantes conocer y explorar las tecnologías digitales en la construcción de procesos educativos dialógicos de enseñanza-aprendizaje.

5.2. Resultados del proceso educativo del 2º subgrupo

En este 2º Subgrupo, alumnos de Educación de Jóvenes y Adultos – EJA, de la Escuela Estadual Humberto de Campos, localizada en el municipio de Sorocaba, SP, participaron del proceso educativo y respondieron a la encuesta de evaluación. En la primera etapa del proceso educativo, participaron 13 alumnos; sin embargo, a lo largo del proceso algunos alumnos dejaron de participar, quedando 02 alumnos que completaron la encuesta de evaluación. Cabe señalar que el abandono está relacionado con las dificultades de acceso y uso de las tecnologías digitales y el tiempo disponible para realizar la actividad. Respecto al aprendizaje de contenidos, el 100% respondió satisfecho. Respecto la forma de la actividad, el 100% respondió satisfecho. Respecto al uso de las tecnologías digitales de información y la comunicación en el desarrollo del aprendizaje de contenidos, el 100% respondió satisfecho.

En cuanto a la escritura libre, los comentarios de los alumnos destacan la relevancia de aprender sobre el desarrollo de las empresas en la actualidad y su relación con el trabajo. Otro aspecto destacado fue la importancia de los proyectos que tienen como objetivo la interacción entre la universidad y la escuela y la mejora en el aprendizaje de los alumnos.

5.2.1. Discusión del proceso educativo del 2º subgrupo

El 2º Subgrupo indicó que el resultado del proceso educativo fue muy positivo, ya que posibilitó el aprendizaje no sólo para la incorporación y uso de tecnologías digitales, sino principalmente para el trabajo colaborativo e interactivo entre los participantes, además de fomentar la investigación como principio educativo y la construcción de procesos y material didáctico, basado en referencias bibliográficas relevantes del área específica del conocimiento. En este sentido, aportó conocimientos para los participantes del Grupo de Estudio Epistemegeo y para los alumnos de la escuela, ya que al elegir el tema "Reestructuración Productiva", logró el objetivo de desarrollar el aprendizaje sobre un tema de Geografía Económica relacionado con el contexto de los alumnos trabajadores de la EJA. En este sentido, valoriza la perspectiva freiriana de elegir temas de aprendizaje situados en el contexto de vida de los alumnos.

En cuanto a la evaluación, se identificó que los estudiantes, especialmente los de menores ingresos, que es el caso de la EJA, tienen grandes dificultades para acceder y utilizar las tecnologías digitales, pero que el profesor y la escuela deben proporcionar las condiciones de acceso, eligiendo las tecnologías más accesibles y de mayor facilidad de uso, así como desarrollar un lenguaje creativo para el desarrollo de contenidos y fomentar la autoría y la autonomía de aprendizaje de los estudiantes. En este sentido, se destaca la relevancia de elegir la aplicación WhatsApp como plataforma para compartir *slides* y establecer diálogos interactivos de orientación con los alumnos.

Por último, la interacción que se estableció entre el coordinador del proyecto, los profesores, los estudiantes universitarios y los estudiantes de la escuela para la construcción de procesos educativos, permitió una gran experiencia para todos para enfrentar los desafíos en nuevos proyectos. Cabe destacar que el proyecto alcanzó un resultado positivo por tratarse de un proyecto basado en la base epistemológica freiriana que valora la construcción del proceso de aprendizaje colaborativo, en el que el educador y el alumno comparten el aprendizaje.

5.3. Resultados del proceso educativo del 3º subgrupo

En este 3º Subgrupo, 110 alumnos de 3º de Enseñanza Media de la Escuela Estatal Sidrônia Nunes Pires, situada en el municipio de Cotia, SP, participaron en el proceso educativo y respondieron a la encuesta de evaluación. Con relación al contenido del aprendizaje, 62,7% respondieron satisfechos, 21,8% parcialmente satisfechos, 12,7% indiferentes y 1,8% insatisfechos. En cuanto a la forma de la actividad, 64% respondieron satisfechos, 23% parcialmente satisfechos y 13% indiferentes. En cuanto al uso de las tecnologías digitales de la información y la comunicación en el desarrollo del aprendizaje de contenidos, el 64% respondió satisfecho, el 25% parcialmente satisfecho, el 10% indiferente y el 1% insatisfecho.

En cuanto a la disertación libre, destacan los comentarios de los alumnos insatisfechos, ya que informan que no pueden aprender de forma autónoma sin la presencia del profesor y sin la explicación de los contenidos. Entre los parcialmente insatisfechos, hubo quejas sobre el poco tiempo para responder a las preguntas del *Quiz*. En los comentarios de los satisfechos, se destaca por un lado, que si bien los alumnos tienen facilidad para utilizar las redes sociales, presentan dificultades con las tecnologías digitales profesionales de edición de textos, creación de presentaciones, entre otras; por otro lado, se verificó que si bien los alumnos destacaron la insuficiencia del equipamiento de la escuela, resaltaron la lúdica y creatividad del proceso educativo desarrollado con estas tecnologías digitales, así como, sugirieron la disponibilidad de más actividades con el uso de tecnologías digitales; sin embargo, enfatizaron la posibilidad de realzarlas en grupo. En este sentido, es importante promover actividades que incorporen las tecnologías digitales sobre la base epistemológica freiriana, por ejemplo, que enfaticen la colaboración y los grupos interactivos.

5.3.1. Discusión del proceso educativo del 3º subgrupo

El 3º Subgrupo indicó que el resultado del proceso educativo fue significativo y estimuló el uso y la mejora del uso de las tecnologías digitales como educación complementaria y extraescolar. Esta experiencia planteó cuestiones como: ¿pueden las tecnologías digitales sustituir al profesor en el aula? ¿Sobre el uso de las tecnologías digitales en procesos educativos complementarios a las actividades del aula? ¿El profesor como mediador de las tecnologías digitales?

Para el 3º Subgrupo, este trabajo se convirtió en una experiencia de aprendizaje tanto para los participantes del Grupo de Estudio como para los alumnos de la escuela. Demostró ser una forma eficaz de comprender críticamente temas de Geografía Económica, en particular el tema "Globalización y Metropolización", que a su vez repercuten en el modo de vida cotidiano de las personas y en la urbanización. Se constató que este trabajo potenció el pensamiento crítico de los participantes del Grupo Epistemegeo y de los alumnos de la escuela sobre la reflexión del espacio en las escalas del lugar al mundo, de lo local a lo global.

5.4. Resultados del proceso educativo del 4º subgrupo

En este 4º Subgrupo, 17 alumnos del 9º año de primaria de la Escuela Municipal Roberto Mário Santini, localizada en el municipio de Praia Grande, SP, participaron del proceso educativo y respondieron a la encuesta de evaluación. Con relación al contenido de aprendizaje, 82,4% respondieron satisfechos y 17,6% parcialmente satisfechos. En cuanto a la forma de la actividad, el 94,1% respondió satisfecho y el 5,9% parcialmente satisfecho. En cuanto al uso de las tecnologías digitales de la información y la comunicación en el desarrollo del aprendizaje de contenidos, el 88% respondió satisfecho y el 11,8% parcialmente insatisfecho.

Con respecto a la disertación libre, se destaca que la mayoría demostró que le gustó el formato de presentación de los contenidos y se destacan las actividades realizadas por el *Podcast*. Entre los parcialmente insatisfechos, se identifican quejas sobre la dificultad para estudiar a distancia y se destaca que, si el profesor no domina la tecnología, dificulta el aprendizaje. El resultado de la encuesta de evaluación de este 4º Subgrupo indica un alto grado de satisfacción por parte de los alumnos del centro, principalmente con relación a la forma de la actividad y a la incorporación de las tecnologías digitales en el aprendizaje de los contenidos.

5.4.1. Discusión del proceso educativo del 4º subgrupo

Para el 4º Subgrupo, este trabajo se ha convertido en una experiencia de aprendizaje tanto para los participantes del Grupo de Estudio como para los alumnos de la escuela. Demostró ser una forma eficaz de comprender críticamente el tema de la Geografía Financiera, especialmente el tema "Globalización Financiera y Cooperativismo". Los participantes del Grupo Epistemegeo indicaron que, a pesar de su falta de experiencia en el uso de *Canva* y *Achor*, especialmente en la elaboración de materiales educativos disponibles en plataformas digitales, tuvieron pocas dificultades en el desarrollo del proceso educativo. Por otro lado, la mayoría de los escolares reconocieron la relevancia del aprendizaje de contenidos a través de procesos educativos que incorporan las tecnologías digitales de la información y la comunicación.

En esta investigación evaluativa, se constató, por un lado, que algunos alumnos de la escuela reportaron dificultades para acceder a *Internet* en casa y que el teléfono móvil de un estudiante se rompió durante el desarrollo del proceso educativo, no pudiendo contestar al segundo cuestionario. En este sentido, se destaca la relevancia de fomentar actividades que incorporen las tecnologías digitales sobre la base epistemológica freiriana, que contemplen el acceso democrático, por ejemplo, que prevean soluciones alternativas en caso de problemas de acceso a las tecnologías digitales. En otra perspectiva, la mayoría de los alumnos se declararon satisfechos con el proceso educativo dialógico, tanto en relación con las tecnologías digitales como con el formato de presentación de los contenidos. Se identificó que este trabajo potenció el pensamiento crítico de los participantes del Grupo Epistemegeo y de los alumnos de la escuela sobre el tema "Globalización Financiera y Cooperativismo", así, destacaron los comentarios sobre la relevancia de la cooperativa para los colectivos, así como la expresión de interés en la continuidad del aprendizaje sobre el contenido de la globalización financiera.

6. CONCLUSIONES

Como resultado, por un lado, se observó que, incluso en el contexto de la sociedad del conocimiento que involucra a estudiantes de una generación de nativos digitales, se identificó las complejidades y alcance de cada tecnología, la desigualdad de acceso para los estudiantes, especialmente a los de menores ingresos. Se observó que, aunque a los alumnos y profesores les resulta fácil utilizar las redes sociales, tienen dificultades con las tecnologías digitales profesionales de edición de textos, creación de presentaciones, entre otras. En este sentido, el profesor y la escuela deben facilitar las condiciones de acceso, eligiendo las tecnologías más accesibles y fáciles de usar, así como desarrollando un lenguaje creativo para la elaboración de contenidos. Desde otra perspectiva, se fomentó la autoría, la creatividad y la autonomía en el aprendizaje de los alumnos, por lo que se identificó un aumento del interés por los contenidos de aprendizaje con el uso de las tecnologías digitales.

Así, con este trabajo, el grupo de estudio Epistemología da Geografía: teoría, método y metodologías en la investigación y enseñanza-aprendizaje de la de Geografía de la UFSCar, Brasil, por un lado, permitió a los miembros conocer y explorar diferentes tecnologías digitales y utilizarlas para la construcción de procesos educativos; por otro, buscó fomentar el diálogo entre diferentes agentes educativos visando la construcción de conocimiento sobre procesos educativos dialógicos con el uso de tecnologías digitales de Geografía Económica y Geografía Financiera, que contribuyan para mejorar la enseñanza-aprendizaje de la escuela básica, la formación inicial del estudiante de grado, la formación continuada del educador profesional, en una perspectiva consciente, más crítica sobre los procesos educativos y los contenidos desarrollados, que buscan transformar las personas y el mundo a su alrededor.

Las conclusiones corroboraron la inicial hipótesis de que, en este contexto, es fundamental fomentar procesos educativos dialógicos que promuevan el acceso democrático y el uso crítico de las tecnologías digitales.

7. REFERENCIAS

Belluzzo, L. G. (2010). A Crise Financeira Além da Finança. *Revista Tempo do Mundo*, *2*(1), 117-129. https://www.ipea.gov.br/revistas/index.php/rtm/article/view/128

Chesnais, F. (2015). Mundialização: o capital financeiro no comando. Les Temps Modernes. *Revista Outubro*, 2, 7-28. https://acortar.link/Z9XRAo

Claval, P. (2008). Geografia Econômica e Economia. *GeoTextos*, 1, 11-27. https://doi.org/10.9771/1984-5537geo.v1i1.3028

Harvey, D. (1992). *A Condição Pós-Moderna – uma pesquisa sobre a mudança cultural.* Edições Loyola.

Freire, P. (1967). *Educação como prática da liberdade*. Paz e Terra.

Freire. P. (2005). *A educação na cidade.* Paz e Terra.

Freire, P. (2013a). *Pedagogia do Oprimido*. Paz e Terra.

Freire. P. (2013b). *Pedagogia da Autonomia: saberes necessários à prática educativa.* Paz e Terra.

Gomes, M. F. (2022a, outubro 5-7). Paulo Freire y las tecnologías digitales: revisión sistemática de la literatura en la base de datos SciElo. [Presentación de ponencia]. Congreso Universitario Internacional sobre Contenidos, Investigación, Innovación y Docencia – XII CUICIID 2022-, Madrid, España. https://cuiciid.net/ediciones-anteriores/

Gomes, M. F. (2022b, de 31 de outubro a 15 de novembro de 2022). Paulo Freire e Tecnologias Digitais: revisão sistemática de literatura no portal de periódicos da CAPES (1995-2022). [Presentación de ponencia]. Congreso Internacional de Educação e Tecnologia e Encontro de Pesquisadores em Educação e Tecnologias –CIET: EnPET-Congreso Internacional de Educação Superior à Distância e Congresso Brasileiro de Ensino Superior à Distância –ESUD: CIESUD–, São Paulo, Brasil.

Lencioni, S. (2003). Cisão territorial da indústria e integração regional no Estado de São Paulo. En M. F. Gonçalves, C. A. Brandão, y A. C. F. Galvão (Eds.). *Regiões e cidades, cidades nas regiões.* (pp. 465-475). Editora da UNESP, ANPUR.

Lencioni, S. (2017). *Metrópole, metropolização e regionalização.* Consequência.

Mill, D. (2013). Mudanças de Mentalidade sobre Educação e Tecnologia: inovações e possibilidades tecnopegadógicas. En D. Mill *(Org.). Escritos sobre educação: desafios e possibilidades para ensinar e aprender com as tecnologias emergentes.* PAULUS.

Lowy, M. (2014). *O que é ecossocialismo?* Cortez.

Kischner, P., Vione, C. I. B., Rieger, F. C., Fernandes, S. B. V. y Uhdel, L.T. (2018). A Economia verde no contexto do desenvolvimento sustentável: uma abordagemconceitual. *Salão do Conhecimento,* 4(4). https://acortar.link/d6E5t6

Prodanov, C. C. y Freitas, E. C. de. (2013). *Metodologia do Trabalho Científico: Métodos e Técnicas da Pesquisa e do Trabalho Acadêmico.* Feevale.

Severino. A. J. (2013). *Metodologia do Trabalho Científico.* Cortez.

Singer, P. (2022). *Introdução à Economia Solidária.* Fundação Perseu Abramo.

Veloso, B. (2020a). Da autonomia à tecnologia: Paulo Freire como base epistemológica à pesquisa sobre educação e tecnologias. En D. Mill., B. Veloso., G. Santiago y M. Santos (Org.). *Escritos sobre educação e tecnologias: entre provocações, percepções e vivências.* (pp. 61-75). Artesanato Educacional.

Veloso, B. (2020b). Paulo Freire e Educação a Distância: visão propositiva para explorar a autonomia no ensino aprendizagem. [Presentación de ponencia]. XVII Congresso Brasileiro de Ensino Superior a Distância ESUD 2020. VI Congresso Internacional de Educação Superior a Distância – CIESUD 2020. Goiânia, Brasil.

DISEÑO DE ENTORNO VIRTUAL DE APRENDIZAJE HACIENDO USO DEL ENFOQUE ABR PARA LA ENSEÑANZA DE PROGRAMACIÓN ORIENTADA A OBJETOS

Juan Felipe Gómez Martínez[1]

1. INTRODUCCIÓN

El programa de Ingeniería de Sistemas tiene como objetivo el aprendizaje de lenguajes de programación a partir de diferentes paradigmas, uno de los más importantes es la Programación Orientada a Objetos (POO), el cual los estudiantes aprenden en el segundo semestre, según plan de estudios de UNIMINUTO. Los estudiantes, en la asignatura de POO presentan un bajo rendimiento académico en comparación con otras asignaturas del mismo nivel, dicha materia presenta la mayor cantidad de pérdida y las notas más bajas, lo que repercute además en mayores niveles de deserción, al ser de las asignaturas iniciales dentro del proceso de formación académica.

La temática de POO se considera difícil de entender, debido a varios factores como la abstracción, donde implica pensar en términos abstractos y en objetos, además involucra varios conceptos avanzados, como herencia, polimorfismo y encapsulamiento, adicional, la POO es un paradigma de programación con una curva de aprendizaje empinada.

A través de una encuesta de caracterización, se determinó, a partir del modelo VARK, el tipo de aprendizaje relevante dentro de un grupo de 40 estudiantes del programa de Ingeniería de Sistemas de UNIMINUTO, pertenecientes al segundo semestre académico; con los resultados se diseñó un Entorno Virtual de Aprendizaje (EVA) tipo Curso *Online* Masivo y Abierto (MOOC), con enfoque Aprendizaje Basado en Retos (ABR) y el modelo ADDIE que consta de 9 unidades según el diseño instruccional implementado, para abarcar los conceptos más relevantes de la POO con el fin de contar con una herramienta de apoyo para los docentes y estudiantes en el proceso de enseñanza-aprendizaje de esta área fundamental dentro de la disciplina y determinar la incidencia en la capacidad de resolución de problemas de programación en los participantes.

2. OBJETIVOS

El proyecto se ha planteado para determinar la incidencia dentro del desempeño en la resolución de problemas de programación, que produce la implementación de la estrategia ABR a través de un EVA tipo MOOC, en estudiantes de ingeniería de sistemas de UNIMINUTO, para lo cual se define diseñar el EVA, con estrategias del modelo ABR

---

1. Corporación Universitaria Minuto de Dios (Colombia)

orientadas a mejorar la resolución de problemas de programación, en un contexto real en estudiantes de la asignatura de POO de Uniminuto Zipaquirá.

3. METODOLOGÍA

Para la presente investigación, el enfoque trabajado fue mixto debido a que se requirió realizar recolección y análisis de datos (tanto de forma cualitativa como cuantitativa), los cuales se trabajaron y revisaron conjuntamente, lo que permitió lograr un mayor entendimiento del problema planteado. El desarrollo se basa en el modelo ADDIE (Morales-González *et al.*, 2018) y se divide en 5 fases generales, denominadas «Análisis», «Diseño», «Desarrollo», «Implementación'' y «Evaluación'' y a continuación se explica cada una de ellas:

1. Análisis: Identificación de características, problemáticas y obstáculos de la propuesta planteada, se identifican y definen fundamentos pedagógicos, didácticos, técnicos y tecnológicos que orientan la propuesta y se realiza recopilación documental orientada a los elementos claves del proyecto a desarrollar. Recopilación y análisis de antecedentes.

2. Diseño: Definición de los elementos fundamentales desde el enfoque pedagógico-didáctico: ABR y Constructivismo; Componente tecnológico: EVA y Tecnologías de la Información y las Comunicaciones (TIC). Construcción del marco teórico.

3. Desarrollo: Definición y desarrollo de las competencias, actividades y procesos evaluativos dentro del EVA.

4. Implementación: Uso del EVA por parte de la población de estudio, en un ambiente preparado

5. Evaluación: Medición de los aprendizajes posteriores al uso del EVA implementado y medición del impacto del uso de herramientas tecnológicas dentro del procesos de aprendizaje de la población referente.

La población de estudio correspondió a 40 estudiantes del programa de Ingeniería de Sistemas de la Corporación Universitaria Minuto de Dios del Centro Regional Zipaquirá, que se encuentran en segundo semestre académico y han matriculado la asignatura POO, la cual es obligatoria dentro del plan de estudios vigente del programa.

4. DESARROLLO DE LA INVESTIGACIÓN

Se desarrolló una encuesta para caracterizar a la población participante que constó de 26 preguntas sobre varios aspectos relacionados con recursos tecnológicos, interacción con medios digitales, estilos de aprendizaje y conocimientos previos respecto a POO. La encuesta se dividió en 4 categorías diferentes:

Información personal: Constó de 4 preguntas para conocer el nombre de la persona, el estrato socioeconómico, el género y el rango de edad de cada participante.

Estilo de Aprendizaje: Para clasificar los estilos de aprendizaje de los participantes, se utilizó el test de VARK, ya que esta herramienta se refiere a cómo las personas aprenden, y se centra en las diferentes modalidades en las que las personas preferirían aprender (Fleming, 2012). Por medio del test de VARK, se clasificó a la población de acuerdo a sus estilos de aprendizaje, para ello se formularon 10 preguntas para definir estilos de aprendizaje que pueden ser visual, textual, auditivo y/o kinestésico.

Uso de recursos tecnológicos: Se caracterizó a la población para conocer la interacción que manejan con medios digitales y el uso de recursos tecnológicos que emplean, por medio de 6 preguntas.

Conocimientos y percepciones previas: A través de 6 preguntas se obtuvo un diagnóstico sobre los conocimientos previos que poseían respecto a la asignatura de POO.

Respecto a la categoría de Estilos de aprendizaje, se obtuvo de forma general los resultados mostrados en (Figura 1), con la población de 40 estudiantes del programa de Ingeniería de Sistemas de la Corporación Universitaria Minuto de Dios -UNIMINUTO-.

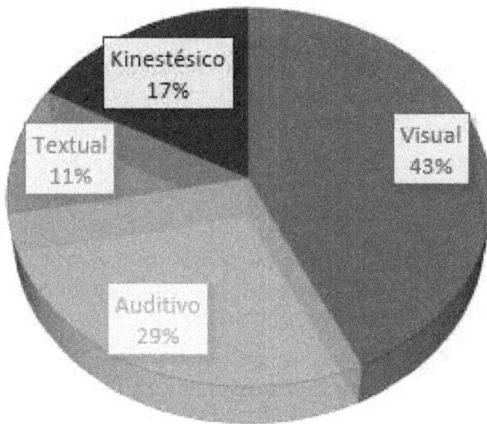

Figura 1. Resultaos Estilos de Aprendizaje. Fuente: Elaboración propia.

A partir de los resultados anteriores, se determinó el uso de un MOOC como herramienta tecnológica, debio a su gran impacto en el aprendizaje Visual y Auditivo, que son los estilos de aprendizaje predominantes en la población de trabajo. Igualmente, se definió la estrategia ABR por ser un enfoque pedagógico que involucra activamente al estudiante en una situación problemática real, relevante y vinculada con el entorno, la cual implica definir un reto e implementar una solución (Paredes *et al.*, 2020).

El diseño instruccional hace referencia al proceso de planificar, desarrollar, implementar y evaluar el contenido y la estructura de un curso con el fin de garantizar la efectividad del aprendizaje del estudiante. Para ello, se tiene en cuenta diversos factores, como los objetivos de aprendizaje, las necesidades y características de los aprendices, los recursos disponibles. Para lograr esto, se utilizan diversas técnicas y herramientas, como análisis de necesidades, definición de objetivos de aprendizaje, selección de estrategias y medios de enseñanza, diseño de actividades y evaluación del aprendizaje. (Zapata-Ros, 2015) establece varios criterios necesarios para el diseño y creación de un curso, como lo son:

Objetivos y epítome: Cada una de las cosas que los estudiantes deben saber constituyen los objetivos del curso. "Los objetivos de conocimiento (conceptos) y los objetivos de ejecución (competencias) deben de formularse de forma que sean evaluables.» (Zapata-Ros, 2015).

Construcción de unidades: Se deben establecer los contenidos del curso y se deben organizar y clasificar por unidades, lo cual ayuda al estudiante a ubicarse dentro de un esquema de progreso durante el desarrollo del curso. Las técnicas y herramientas de secuenciación de contenidos son una ayuda importante para construir las unidades de un curso.

Guía didáctica de la unidad: Permite al estudiante saber en qué lugar está en su progreso hacia los objetivos. "El formato de la guía puede ser secuencial, es decir, conteniendo una secuencia de elementos menores de contenidos, tareas o elaboraciones (ítems o epígrafes). Cada uno con sus actividades, recursos, evaluación, etc." (Zapata-Ros, 2015).

Creación de material por unidad: A partir de los objetivos, de las actividades que contribuyen al logro de los objetivos, de las formas de medir y evaluar las actividades, se crean o buscan recursos y se organizan en un esquema de secuenciación y dificultad progresiva, de forma que no haya saltos, discontinuidades, ni vacíos cognitivos. Para ello, se deben diseñar las evaluaciones, establecer los medios de comunicación e interacción, compilar el material, crear los videos, organizar las videoconferencias, entre otras actividades.

4.1. Propuesta didáctica

Para el diseño y desarrollo del EVA, se tuvieron en cuenta cuatro principios fundamentales, que según (Moreno *et al.*, 2013) deberían estar presentes en todo curso de programación basado en educación virtual; Tales principios son:

- *Motivación:* Se refiere al deseo a aprender nuevos conceptos y métodos, para ponerlos en práctica, lo anterior para disminuir las altas tasas de deserción de cursos de programación de pregrado.
- *Aprendizaje activo:* Los estudiantes deben estar involucrados y conscientes de sus propios procesos de aprendizaje. Para lograr un aprendizaje de largo plazo es indispensable una metodología activa donde los estudiantes no son solo espectadores.
- *Trabajo independiente:* El mejor método para aprender programación de computadores es programando. No se trata de memorizar los conceptos, se requiere una comprensión de los mismos. Los estudiantes tienen que reflexionar sobre los problemas algorítmicos por ellos mismos y crear sus propios programas.
- *Retroalimentación:* Es importante que exista una evaluación y realimentación continua del progreso de cada estudiante.

Los contenidos disciplinares específicos que se trabajaron dentro del EVA se clasifican en nueve (9) unidades, como se observa en la Figura 2, con lo cual se da cobertura a los conceptos generales de la POO, según diseño del curso establecido en UNIMINUTO y lograr así el resultado de aprendizaje esperado que determina que el estudiante "Crea programas utilizando elementos del paradigma de la programación orientada a objetos que conlleven como base al desarrollo de aplicaciones", lo cual aporta al Resultado de Aprendizaje del programa "Desarrollar lenguajes de programación con estándares de calidad por medio de sintaxis de decodificación y herramientas disponibles" y a la obtención de la competencia "Desarrollar soluciones de software a partir de lineamientos, normas, y metodologías de la industria cumpliendo estándares internacionales de calidad con el fin de dar soluciones desde la Responsabilidad Social a problemas de las organizaciones y las tendencias del sector".

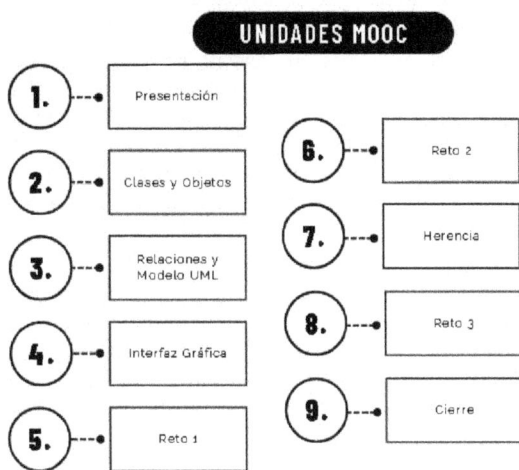

Figura 2. Unidades del MOOC. Fuente: Elaboración propia.

1. Unidad 1 - Presentación del MOOC: Se da la bienvenida, una explicación de la estructura del MOOC y las temáticas a desarrollar, igualmente, se define las herramientas a utilizar, el lenguaje de programación *JAVA* y el IDE *Eclipse* como base del desarrollo y la metodología a trabajar. Se explica el enfoque ABR dentro del MOOC y el proceso evaluativo del mismo, definiendo los lineamientos que debe cumplir el estudiante dentro del proceso de aprendizaje. La unidad presenta archivos multimedia, con énfasis en videos.

2. Unidad 2 - Clases y Objetos: Se da una explicación del paradigma de orientación a objetos y la importancia y funcionalidad en el desarrollo de aplicaciones, se define el concepto de "Clases" y "Objetos", al igual que "Métodos" y "Atributos" y la forma de definir cada uno en JAVA. Se ejemplifica la construcción de estos elementos dentro del IDE Eclipse.

3. Unidad 3 - Relaciones y modelado UML: Se introducen las nociones básicas del modelado UML y se da una explicación de la forma de relacionar clases y la importancia de las mismas. Para el modelado UML se utiliza la herramienta en línea *LucidChart* la cual es de uso libre.

4. Unidad 4 - Diseño de Interfaces gráficas: Se inicia con el diseño e implementación de interfaces gráficas en el IDE Eclipse, para ello se trabaja el plug-in *Window Builder*. Se desarrollan tres ejemplos de interfaces gráficas.

5. Para el enfoque ABR, la metodología a desarrollar define que se hace entrega de un caso de estudio para que el estudiante lo revise, dentro del MOOC se da solución al caso de estudio para dar la explicación correspondiente y posteriormente se define el reto que debe solucionar el participante.

6. Unidad 5 - Retos básicos: El caso de estudio corresponde a *Tarjeta de Crédito*, se entrega una descripción, el modelo UML, el diseño de la interfaz y los requerimientos solicitados. Se da solución al caso de estudio y se presenta el reto al estudiante denominado *Reto 1 - Línea Telefónica* para que le dé solución y lo

envíe para su evaluación. Tanto el caso de estudio como el reto implica hacer uso de los conceptos de Clases, Objetos y el diseño de Interfaces.

7. Unidad 6 - Retos Intermedios: El caso de estudio corresponde a *3 Tarjetas de Crédito*, se entrega una descripción, el modelo UML, el diseño de la interfaz y los requerimientos solicitados. Se da solución al caso de estudio y se presenta el reto al estudiante denominado *Reto 2 - Las 3 Líneas Telefónicas* para que le dé solución y lo envíe para su evaluación. Tanto el caso de estudio como el reto implica hacer uso de los conceptos de Clases, Objetos, el diseño de Interfaces y definición de relaciones.

8. Unidad 7 - Herencia: Se da una explicación del concepto de Herencia y la importancia del mismo en el desarrollo de aplicaciones, añadiendo el modelado UML correspondiente. Se explica su implementación en JAVA.

9. Unidad 8 - Reto Final: Se presenta el reto al estudiante denominado *Reto 3 - Línea Celular* para que le dé solución y lo envíe para su evaluación. El reto implica hacer uso de los conceptos de Clases, Objetos, el diseño de Interfaces, definición de relaciones y Herencia.

10. Unidad 9 - Cierre: Se da una revisión general de todos los temas expuestos y trabajados, al igual que los retos implementados. Se realiza una evaluación teórica para finalizar y aprobar el MOOC. La evaluación abarca todos los conceptos trabajados y su implementación en el lenguaje de programación JAVA.

A partir del estudio de estos conceptos el estudiante afianza sus conocimientos y podrá aplicarlos de mejor manera en la implementación de soluciones que requieren el uso de la POO. Mediante el desarrollo de los retos el estudiante aplicará todos los conceptos trabajados.

4.2. Planteamiento de Retos

El EVA desarrollado se basa en la metodología ABR ya que ésta se encuentra alineada con el aprendizaje de POO, ya que muchos de los conceptos de POO se pueden aplicar en la resolución de problemas en el mundo real, como lo describe Kölling, ``La orientación a objetos es un paradigma subyacente que da forma a toda nuestra forma de pensar acerca de cómo mapear un problema en un modelo algorítmico». De allí, se plantean 5 retos de los cuales 2 son desarrollados y explicados dentro del MOOC a modo de ejemplo y 3 de ellos son para que el estudiante se mida, practique y entregue, los cuales hacen parte del proceso evaluativo correspondiente. Para cada uno de los retos, se hace entrega de los siguientes documentos: descripción del reto, requerimientos funcionales, interfaz gráfica y modelo UML.

Retos básicos

Dentro del MOOC, en la unidad 5, se plantea como elemento explicativo el reto denominado *Tarjeta de Crédito* en el cual se quiere crear una aplicación para controlar los gastos de una tarjeta de crédito de una persona. La persona cuenta con una tarjeta a través de la cual puede realizar transacciones a nivel nacional o internacional. La persona cuenta con planes bancarios que establece las siguientes tarifas: Transacción Nacional - $500 pesos por transacción y Transacción Internacional - $800 pesos por transacción. Se cuenta además con un Saldo Inicial de $50.000 pesos. La aplicación debe permitir:

1. Registrar una transacción,
2. Mostrar Información y

3. Reiniciar los valores a sus valores iniciales.

El modelo UML correspondiente es observado en la Figura 3.

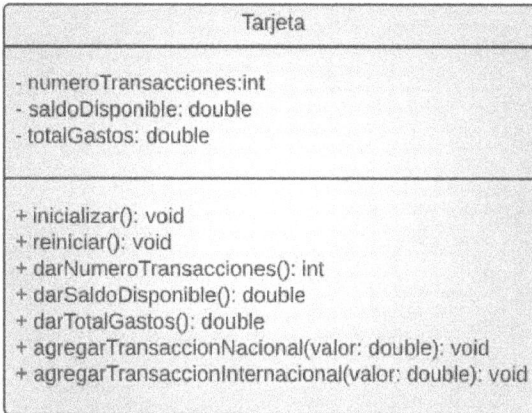

Tarjeta
- numeroTransacciones:int - saldoDisponible: double - totalGastos: double
+ inicializar(): void + reiniciar(): void + darNumeroTransacciones(): int + darSaldoDisponible(): double + darTotalGastos(): double + agregarTransaccionNacional(valor: double): void + agregarTransaccionInternacional(valor: double): void

Figura 3. UML del reto básico. Fuente: Elaboración propia.

Dentro de la misma unidad, se plantea como elemento evaluativo el reto denominado *Línea Telefónica* en el cual se requiere crear una aplicación para controlar los gastos telefónicos de una empresa. La empresa cuenta con una línea telefónica a través de la cual se pueden realizar llamadas locales, de larga distancia y a celulares. La empresa cuenta con planes telefónicos que establece las siguientes tarifas: Minuto Llamada Local: $125 pesos, Minuto Llamada Larga Distancia: $270 pesos y Minuto Llamada Celular: $1.000 pesos. La aplicación debe permitir: (1) Registrar una llamada, (2) mostrar la información detallada de la línea (número de llamadas realizadas, duración total de las llamadas en minutos y el valor total de las llamadas en pesos).

Para el desarrollo de los retos se requiere conocer y comprender los conceptos de *Clases*, *Atributos*, *Métodos* y *Objetos*, los cuales se desarrollaron en unidades anteriores.

Retos Intermedios

Dentro del MOOC, en la unidad 6, se plantea como elemento explicativo el reto denominado *Las 3 Tarjetas de Crédito* en el cual se requiere crear una aplicación para controlar los gastos de Tres tarjetas (2 de crédito y 1 virtual) que una persona posee. La persona cuenta con dos tarjetas de crédito a través de las cuales puede realizar transacciones a nivel nacional o internacional, con planes bancarios que establecen las siguientes tarifas: Transacción Nacional: $500 pesos por transacción, Transacción Internacional: $800 pesos por transacción y Saldo Inicial: $50000 pesos. Igualmente cuenta con 1 tarjeta virtual para realizar transacciones. La aplicación debe permitir:

1. Registrar transacciones,
2. Mostrar Información,
3. Reiniciar los valores a sus valores iniciales y
4. Registrar los datos totales (reunión de todas las líneas).

El modelo UML correspondiente se observa en la Figura 4.

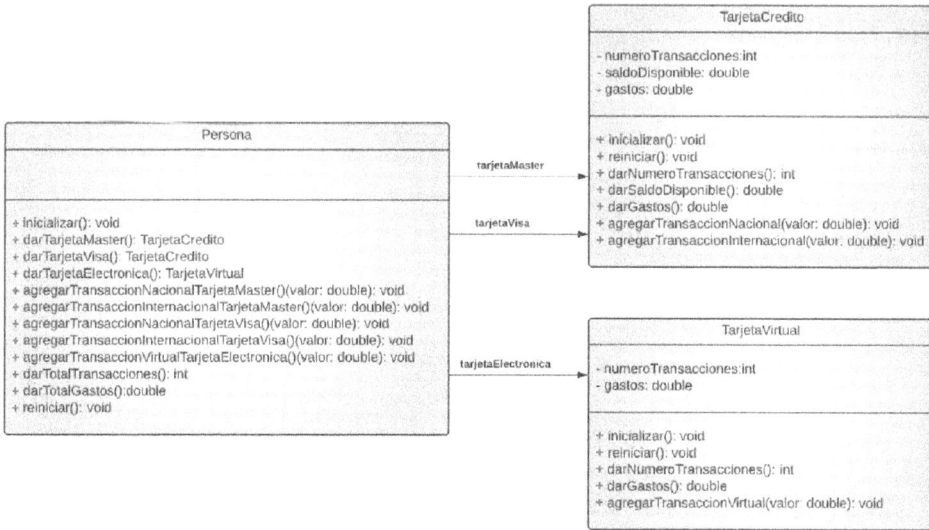

Figura 4. UML del reto intermedio. Fuente: Elaboración propia

Dentro de la misma unidad, se plantea como elemento evaluativo el reto denominado *las 3 Líneas Telefónicas* en el cual se requiere crear una aplicación para controlar los gastos de una empresa que cuenta con 3 líneas telefónicas. La empresa cuenta con 3 líneas telefónicas a través de las cuales se pueden realizar llamadas locales, de larga distancia y a celulares. La empresa cuenta con planes telefónicos que establece las siguientes tarifas: Minuto Llamada Local: $125 pesos, Minuto Llamada Larga Distancia: $270 pesos y Minuto Llamada Celular: $1.000 pesos. La aplicación debe permitir:

1. Registrar una llamada desde cualquier línea telefónica,
2. Mostrar la información detallada de cada una de las líneas (número de llamadas realizadas, duración total de las llamadas en minutos y el valor total de las llamadas en pesos) y
3. Observar os valores totales.

Para el desarrollo de los retos se requiere conocer además de los conceptos trabajados en los retos anteriores, el concepto de *Relaciones*.

Reto Avanzado

Dentro del MOOC, en la unidad 8, se plantea como elemento evaluativo el reto denominado *Línea Celular* en el cual se requiere crear una aplicación para controlar los gastos telefónicos de una empresa. La empresa cuenta con cuatro líneas telefónicas a través de las cuales se pueden realizar llamadas locales, de larga distancia y a celulares. Tres de estas líneas, son líneas telefónicas fijas (no alternativas) y cuentan con el mismo plan telefónico, el cual estable las siguientes tarifas: Minuto Llamada Local: $125 pesos, Minuto Llamada Larga Distancia: $270 pesos y Minuto Llamada Celular: $1.000 pesos. Por otro lado, la cuarta línea, es una línea telefónica celular o línea alternativa, de la cual solo es posible realizar llamadas locales y celulares. Para realizar las llamadas locales, se dispone de un saldo inicial de $50.000 que va disminuyendo a medida que se efectúan este tipo de llamadas.

Las tarifas establecidas para el plan que tiene esta línea son: Minuto Llamada Local: $45 pesos, Minuto Llamada Celular: $12 pesos. La aplicación debe permitir:

1. Registrar una llamada en alguna de las líneas telefónicas,
2. Mostrar la información detallada de cada línea telefónica no alternativa (número de llamadas realizadas, duración total de las llamadas en minutos y costo total de las llamadas en pesos),
3. Mostrar la información detallada de la línea telefónica alternativa (número de llamadas realizadas, duración total de las llamadas locales en minutos, duración total de las llamadas celulares en minutos, costo total de las llamadas en pesos y saldo disponible para realizar llamadas locales),
4. Mostrar un consolidado total de la información de todas las líneas telefónicas (costo total en pesos de las cuatro líneas, número total de llamadas realizadas, duración total de llamadas en minutos, y el cálculo del costo promedio por minuto según el costo total y el total de minutos),
5. Reiniciar el uso de las líneas telefónicas no alternativas, dejando todos sus valores en cero y
6. Reiniciar el uso de las líneas telefónicas alternativas, dejando todos sus valores en cero.

Para el desarrollo de los retos se requiere conocer además de los conceptos trabajados en los retos anteriores, el concepto de *Herencia*. Para la revisión de la calidad pedagógica del EVA desarrollado, se utiliza un chequeo de indicadores de calidad, basados en la propuesta de (Romera, 2015).

5. CONCLUSIONES

De acuerdo al enfoque cualitativo, el EVA se basa en el seguimiento y evaluación de aprendizajes que ha determinado el Ministerio de Educación en 2022, por lo tanto se estructura de forma jerárquica para que el aprendizaje sea secuencial y se pueda observar y medir los resultados de evaluación planteados. El EVA define unos criterios de evaluación en cada unidad y una rúbrica de evaluación para medir el alcance de cada estudiante, a partir de los resultados de aprendizaje definidos respecto al curso de POO, con lo anterior se podrá definir el nivel de desempeño y aprendizaje de cada estudiante.

La validación del EVA es necesario para confirmar que el contenido del mismo es efectivo en el proceso de apredizaje de conceptos fundamentales de POO, para ello, se seguirá la siguiente ruta:

- Revisión del contenido: Por medio de revisión por parte de expertos para determinar la completitud, la precisión y la corrección correspondiente.
- Pruebas de usabilidad: Se pondrá a prueba con diferentes actores para determinar la facibilidad de la navegación, la efectividad de las actividades y la coherencia del contenido.
- Pruebas de efectividad: Se revisará la efectividaddel EVA a través de pruebas de conocimiento pre-test y post-test para observar el cumplimiento de los objetivos de aprendizaje definidos.

En esta propuesta de los MOOC, la función del profesor es la del experto que selecciona los contenidos que deben ser transmitidos a los estudiantes, y la de construir los ítems que conformarán las herramientas de evaluación, estandarizadas y automatizadas, que deberán superar el estudiante para adquirir la certificación del curso (Cabero *et al.*, 2014).

Finalmente, hacer uso de herramientas tecnológicas como el EVA para afianzar y profundizar en procesos de enseñanza y aprendizaje es pertinente, para lograr un aprendizaje completo, profesores y estudiantes requieren de información adecuada y oportuna respecto al avance y efectividad del proceso de enseñanza - aprendizaje en el que participan a través de criterios claros y conocidos, que les permitan avanzar y realimentar constantemente.

Es importante lograr que los estudiantes orienten el aprendizaje hacia una comprensión global de los conceptos ya que, como lo define Fasce (2007, p. 2), el aprendizaje requiere hacer uso de habilidades cognitivas como el análisis y la síntesis, lo que implica comparar, contrastar e integrar el conocimiento en una nueva dimensión. Es importante aclarar, que algunos estudios han demostrado que la utilización de EVAs diseñados con enfoque de ABR puede mejorar el aprendizaje y la retención de conceptos de POO en comparación con los métodos de enseñanza tradicionales (Wang *et al.*, 2022).

6. REFERENCIAS

Cabero Almenara, J., Llorente Cejudo, M. C. y Vázquez Martínez, A. I. (2014). *Las tipologías de mooc: su diseño e implicaciones educativas.*

Fasce, E. (2007). Aprendizaje profundo y superficial. *Revista de Educación en Ciencias de la Salud, 4*(1), 2

Fleming, N. D. (2012). *Facts, fallacies and myths: Vark and learning preferences. Retrieved from vark-learn. com/Introduction-to-vark/the-vark-modalities.*

Morales-González, B., Edel-Navarro, R. y Aguirre-Aguilar, G. (2014). Modelo ADDIE (análisis, diseño, desarrollo, implementación y evaluación): Su aplicación en ambientes educativos. *Los modelos tecno-educativos, revolucionando el aprendizaje del siglo XXI*, 33–46.

Kölling, M. (1999). The problem of teaching object-oriented programming, part 1: Languages. *Journal of Object-oriented programming, 11*(8), 8–15.

Moreno, J., Pineda, A., y Montoya, L. (2013). *Uso de un ambiente virtual competitivo para el aprendizaje de algoritmos y programación-experiencia en la universidad nacional de Colombia.* Brasil.

Paredes Escobar, M. R. y Cuero Acosta, Y. A. (2020). *Aprendizaje basado en retos: la universidad del rosario construye con naos Colombia soluciones empresariales* (Inf. Téc.). Universidad del Rosario.

Romera, C. G. (2015). *Umumooc una propuesta de indicadores de calidad pedagógica para la realización de cursos mooc.* Campus virtuales, *4*(2), 70–76

Wang, L. y Chen, B. (2022). *Effects of digital game-based stem education on students' learning achievement: a meta-analysis.* IJ STEM Ed 9, 26.

Zapata-Ros, M. (2015). El diseño instruccional de los mooc y el de los nuevos cursos abiertos personalizados. *Revista de Educación a Distancia (RED)*, 45.

LA INTELIGENCIA ARTIFICIAL EN EL CONTEXTO DE LA EDUCACIÓN SUPERIOR EN LA UNIÓN EUROPEA: UN ANÁLISIS BIBLIOMÉTRICO Y DE REDES SOCIALES

Francisco Javier Jiménez-Loaisa[1], Pablo de-Gracia-Soriano[1], Diana Jareño-Ruiz[1]

El presente texto nace en el marco del proyecto GIS-UA de la Universidad de Alicante (VIGROB-343).

1. INTRODUCCIÓN

El último trimestre de 2022 concluyó con el auge y expansión de ChatGPT en las aulas, al menos en la mente de estudiantes y docentes. Muchos estudiantes comenzaban a explorar esa herramienta que, a través de una pregunta, un *prompt*, podían obtener un texto, bien redactado y con información de apariencia formal y seria. Muchos docentes e investigadores encontramos en aquel momento una herramienta con gran potencial para la educación. También se intuía y materializaba en las tertulias profesionales, el crecimiento de un debate, cuya máxima consecuencia podría suponer un cambio de paradigma en las dinámicas de enseñanza y aprendizaje. En todos los niveles educativos y numerosas prácticas profesionales.

Un empujón a nuestra capacidad creativa, una visión diferente, un esquema de trabajo, una propuesta original, un sustituto de redacción, un punto de partida para explorar un tema, una herramienta de ahorro de tiempo… Estos son solo algunos ejemplos de los elementos descriptivos y justificativos más frecuentemente escuchados durante los primeros meses de expansión de este *chatbot*, basado en una inteligencia artificial (IA) más elaborada que sus predecesores.

De esta manera, desde el punto de vista sociotecnológico, aparece una nueva promesa de la época contemporánea (Rosa, 2011), aún velada para la mayoría. El uso de este tipo de herramientas se ha instaurado hasta el punto de que, apenas unos meses de su *democratización*, ya es habitual, casi con carácter hegemónico y totalizante, comenzar y desarrollar trabajos académicos a partir del uso de aplicaciones basadas en IA. Uno puede estar haciendo un viaje en tren y ver, con cierta facilidad, tanto a un estudiante haciendo uso de ellas para redactar sus trabajos, como a un profesional, bien uniformado, preguntando a las IA qué debe decir en la próxima reunión y, si es posible, que le haga la presentación en un formato atractivo y profesional. Este ya es un contexto ciertamente frecuente durante el primer semestre de 2023.

---

1. Universidad de Alicante (España).

Desde un punto de vista socioeconómico, las aplicaciones tecnológicas basadas en IA están suponiendo una revolución, puesto que se ven enmarcadas en un sistema meritocrático, altamente competitivo, repleto y sobrepasado de tareas y con poco tiempo para uno mismo. Todo ello sitúa a las IA en el centro de la esperanza de investigadores, docentes, alumnos y profesionales. La esperanza por hacer las cosas rápido y lo mejor posible; por destacar; por reducir la disonancia de la procrastinación; por tener tiempo libre para las cosas que a uno le importan…

Este contexto y conjunto de prácticas nos lleva como grupo de investigación a realizar una revisión sobre el concepto de IA y cómo se ha llegado hasta el concepto moderno, que será evaluado en el contexto de la educación superior.

2. MARCO TEÓRICO

El concepto 'inteligencia artificial' se atribuye al informático americano John McCarthy, quien lo introdujo en la Conferencia de Dartmouth en 1956. Sin embargo, las raíces de su concepto pueden hallarse desde los primeros indicios de la creación de máquinas autómatas hasta los avances en la lógica, la computación y el análisis de datos.

Aunque probablemente en textos clásicos previos al Renacimiento es posible encontrar alguna mención hacia la noción de máquina y, de forma velada, hacia la idea de IA, en esta ocasión hemos puesto el foco en el siglo XII, de la mano de Al-Jazari, ingeniero e inventor árabe, quien destacó precisamente por el desarrollo de la idea de máquina autómata (1206), que imitaba algunos comportamientos humanos. En esta línea, el reconocido artista y científico del Renacimiento europeo, Leonardo da Vinci, también exploró la ingeniería autómata en sus diseños y dibujos, donde mostraba esquemas detallados para máquinas que imitarían movimientos humanos y animales.

En el siglo XIII, Ramón Llull presentó la noción de la lógica como cálculo mecánico, produciendo métodos heurísticos que sentaron las bases para el desarrollo de la inteligencia artificial, al buscar generar conocimiento de manera automática. Tan importante es su labor que, desde 2001, es considerado el patrón de las y los informáticos en España. Desde las matemáticas, es destacable el trabajo de Gottfried Wilhelm Leibniz, quien contribuyó al campo con su concepto de lógica universal, sentando las bases para la creación de sistemas formales y el desarrollo posterior de la inteligencia artificial.

Pero el salto cualitativo puede encontrarse a partir del siglo XIX, donde Charles Babbage desarrolla el concepto de una máquina analítica, precursora de las computadoras modernas. También en el trabajo de Ada Lovelace, quien es considerada como la creadora del primer algoritmo conocido, dando origen al desarrollo de la programación y el pensamiento computacional. En la literatura, la novela Frankenstein, de Mary Shelley, supone un avance interesante ya que aborda la creación de una criatura artificial y cuestiona las consecuencias morales y éticas de dar vida a una entidad no humana.

En el siglo XX, algunos autores clave son Norbert Wiener, quien introdujo el campo de la cibernética con su obra *"Cybernetics: Or Control and Communication in the Animal and the Machine"* (1948); Alan Turing, quien publicó un artículo titulado *"Computing Machinery and Intelligence"* en el que propuso el famoso "Test de Turing" como una medida para determinar si una máquina puede manifestar un comportamiento inteligente; el ya nombrado John McCarthy; y Marvin Minsky, cofundador del Instituto de Tecnología de Massachusetts (MIT), trabajando en campos como las redes neuronales, computación, robótica y destacando su obra *"The Society of Mind"*, publicada en 1987.

Este siglo también destaca por dos obras, como son "R.U.R", de Karel Čapek (1920), donde se acuñó el término "robot", y "2001: Una odisea del espacio", de Arthur C. Clarke, donde encontramos a *HAL 9000*, una inteligencia artificial con habilidades cognitivas avanzadas. Desde los primeros indicios de máquinas autómatas hasta los avances en lógica, computación, cibernética y técnicas de análisis de datos, cada etapa se ha ido construyendo sobre la anterior, llevando a la creación y evolución de la inteligencia artificial moderna que conocemos en la actualidad. Entonces, ¿qué ha ocurrido en los últimos años respecto a la investigación en IA? ¿Quiénes han investigado sobre esto? ¿Qué investigaciones se han hecho en el contexto educativo? ¿Cómo se está abordando el fenómeno sociotecnológico de las IA? ¿Existen comunidades de investigación o por el contrario investigaciones aisladas y desconexas entre sí?

Centrándonos en un territorio como Europa, y particularmente en los países de la Unión Europea, donde existe un marco común en políticas educativas y económicas, ¿qué temas se están estudiando? ¿Desde qué ramas de conocimiento? La investigación sobre IA en la educación superior, ¿está concentrada en ciertas instituciones, o es un asunto disperso por todo el territorio europeo? Y por último, ¿qué sugiere la tendencia investigadora en estos contextos? ¿Qué aspectos no están siendo tratados con cierta relevancia e impacto?

3. OBJETIVOS

El conjunto de preguntas mostrado, unido al contexto sociológico descrito, se traduce en el objetivo general de explorar y mapear qué se está investigando recientemente sobre IA, en el ámbito de la educación superior en la Unión Europea. Este objetivo permite obtener una panorámica de cuestiones relevantes en torno a esta materia, a la vez que permite indagar en las posibles implicaciones y los desafíos que podrían transformar las prácticas educativas y profesionales del presente y futuro cercano. Para ello, se plantean los siguientes objetivos específicos, relacionados con la necesidad de identificar características bibliométricas de las publicaciones sobre la IA en el contexto de la educación superior en la Unión Europea a lo largo de la última década. Estas características bibliométricas tienen que ver con el volumen de publicaciones totales a lo largo del tiempo, el tipo y formato de las publicaciones, los países que lideran la investigación, las instituciones financiadoras, así como con las redes de coautorías tanto individuales como institucionales, que permiten una aproximación al fenómeno de la colaboración entre comunidades científicas y, por último, con un acercamiento a los temas de investigación más relevantes en el contexto europeo.

4. METODOLOGÍA

Para alcanzar los objetivos planteados, se realiza un análisis bibliométrico de la literatura sobre la IA en relación con la educación superior. Para ello, se emplea la ecuación de búsqueda *TITLE-ABS-KEY (AI OR "artificial intelligence") AND ("higher education" OR university OR universities)* en la base de datos bibliográficos Scopus, aplicando filtros de búsqueda para obtener únicamente la literatura científico-académica producida a lo largo de los últimos diez años, por parte de los países de la Unión Europea. A partir de esta búsqueda, se extrae la información bibliométrica de los documentos identificados (autoría, título de los documentos, afiliación institucional, palabras clave, etc.), generando una matriz de datos en formato CSV.

Una vez conformada la matriz de datos bibliométricos, se utiliza el software VOSviewer (Van Eck y Waltman, 2016) para su análisis. Partiendo de un fichero de datos, esta herramienta permite representar gráficamente las relaciones de colaboración entre autores, instituciones y países (redes de coautoría), así como las relaciones de palabras clave (redes de co-ocurrencias) empleadas en los documentos contenidos en la matriz, entre otras posibilidades de análisis.

De esta manera, por un lado, se analizan datos contextuales de la investigación. La distribución temporal de los documentos publicados, el formato de publicación de los documentos, su distribución geográfica, las entidades financiadoras y la distribución según disciplinas han formado parte del análisis del contexto. Por otro lado, se ha realizado el análisis bibliométrico propiamente dicho, representado las redes de coautoría individuales (investigadores), institucionales (universidades o centros de investigación) y nacionales (países), así como las redes de co-ocurrencias de palabras clave. En conjunto, estas técnicas proporcionan información sobre la estructura y la dinámica de un campo o línea de investigación.

5. DESARROLLO DE LA INVESTIGACIÓN

La creciente atención que ha recibido durante los últimos años el desarrollo de las IA se ha visto reflejada también en el ámbito científico y académico. Tal y como se puede observar en la Figura 1, a partir del año 2018 el ritmo de crecimiento del número de publicaciones científico-académicas relacionadas con la IA y la educación superior ha experimentado una notable aceleración. El desarrollo reciente de tecnologías educativas basadas en IA o las controversias alrededor del desarrollo de *chatbots* como ChatGPT o *Google Bard*, entre otras herramientas, pueden estar en la base de este aumento de la investigación. No obstante, la emergencia de esta área de investigación no ha supuesto un acontecimiento disruptivo: previamente a dicha fecha, ya existía un importante volumen de investigación al respecto.

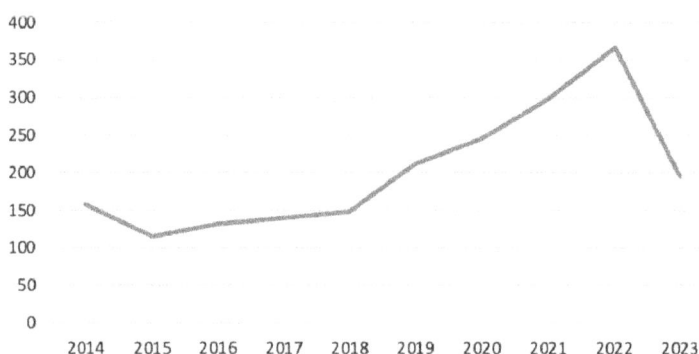

Figura 1. Contexto cronológico de la investigación. Fuente: Elaboración propia a partir de los datos de la plataforma Scopus.

La investigación científico-académica puede adoptar diferentes formatos de publicación, a partir de los cuales los resultados de investigación se comparten y difunden entre las comunidades científicas y el público general. En este sentido, el artículo publicado en revista suele ser considerado el *output* por excelencia de la investigación. No obstante, tal y como podemos observar, el formato preferido por la investigación llevada a cabo en los países de la Unión Europea es el *conference paper*: comunicaciones orales a congresos que posteriormente son publicadas en formato escrito en volúmenes conocidos como *proceedings*, normalmente editados por grandes casas editoriales. Este formato de publicación representa el 46,4% del total de las publicaciones analizadas. El artículo de revista ocupa el segundo lugar preferencial, representando el 41,5% de las publicaciones totales. En mucha menor medida, el capítulo de libro, el artículo de revisión y el libro, son los siguientes formatos en los que la investigación acerca de la IA y la educación superior se publica.

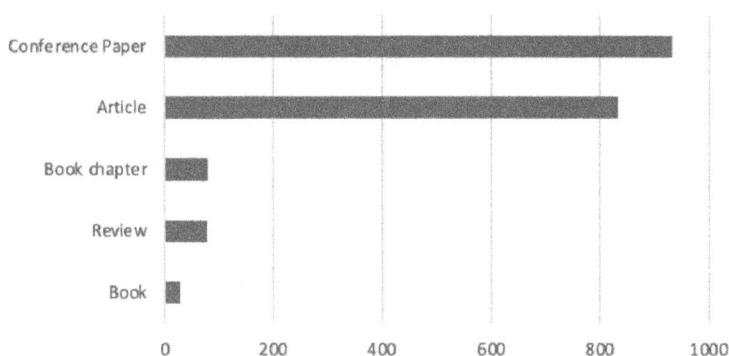

Figura 2. Principales formatos de publicación de las investigaciones. Fuente: Elaboración propia a partir de los datos de la plataforma Scopus.

En cuanto a la distribución geográfica de las investigaciones publicadas, el siguiente mapa coroplético muestra los países miembros de la Unión Europea según su participación en la investigación en esta área: el país que lidera la producción científico-académica en materia de IA en la educación superior es Alemania, que ha participado en 375 publicaciones a lo largo del período estudiado (2014-2023). España es el segundo país que más contribuye a la productividad académica europea en esta materia, participando en 372 publicaciones. En tercer lugar, Italia ha contribuido con su participación en 279 publicaciones. Estas cifras muestran que Alemania, España e Italia han participado en el 18,65%, 18,5% y 13,9%, respectivamente, de todas las publicaciones en esta área.

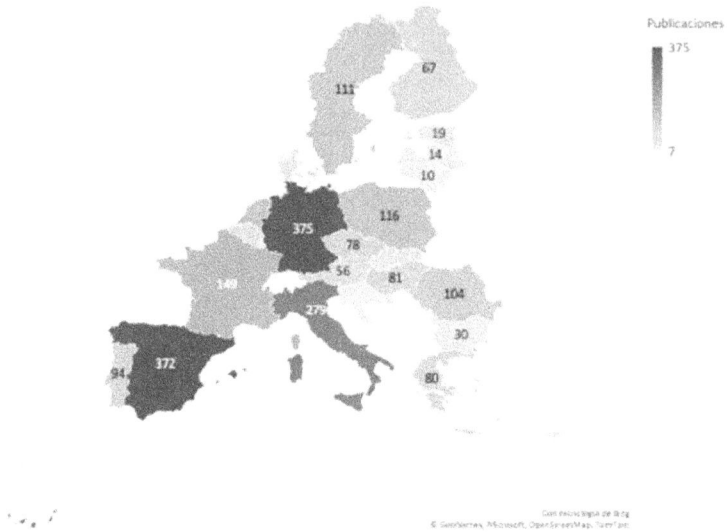

Figura 3. Contexto geográfico de la investigación. Fuente: Elaboración
propia a partir de los datos de la plataforma Scopus.

Entre las entidades que financian la investigación, destacan las instituciones y organismos propios de la Unión Europea, como es el caso de la Comisión Europea, el Programa Marco Horizonte 2020 o los Fondos para el Desarrollo Regional Europeo. Destacan, asimismo, instituciones nacionales que destinan fondos para la investigación. La productividad científico-académica de Alemania y España, los dos países que lideran la investigación, se ve acompañada también del apoyo económico de las instituciones nacionales: para el caso alemán, destaca el *Bundesministerium fur Bildung und Forschung* y el *Deutsche Forschungsgemeinschaft*, mientras que para el caso español destaca el apoyo económico del Ministerio de Economía y Competitividad y del Ministerio de Ciencia e Innovación.

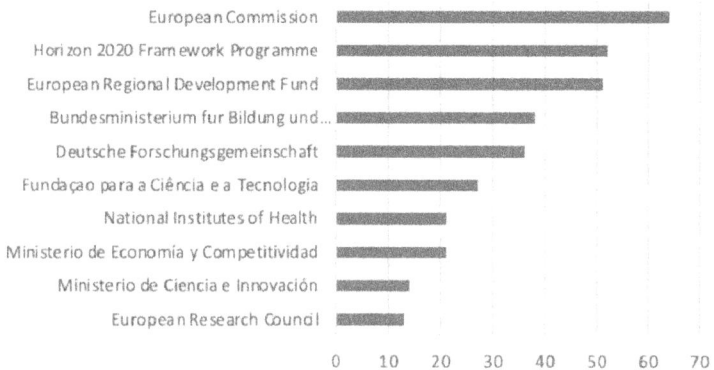

Figura 4. Entidades financiadoras de la investigación. Fuente: Elaboración
propia a partir de los datos de la plataforma Scopus.

El auge de las IA en el contexto educativo ha llamado la atención no solo de las ciencias de la educación, sino de multiplicidad de ciencias y disciplinas. Así, se puede ver que la investigación al respecto se publica principalmente en *proceedings*, revistas o libros indexados en la categoría Ciencia computacional (34% de las publicaciones), seguido de Ingeniería (17%) y de Ciencias Sociales (12%). En este sentido, podemos apreciar que la investigación en esta área es profundamente interdisciplinar.

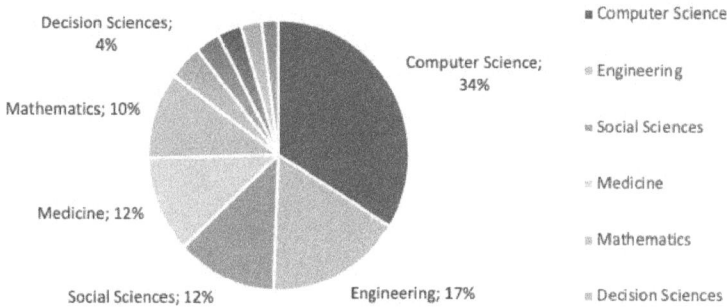

Figura 5. Contexto disciplinar de la investigación. Fuente: Elaboración
propia a partir de los datos de la plataforma Scopus.

En cuanto a las redes de coautoría que se desprenden del análisis de las publicaciones científicas, los resultados son, en cierto modo, ambivalentes. La red que podemos apreciar en la Figura 6 muestra las relaciones de coautoría entre diferentes investigadores que han colaborado entre sí, formando diferentes clústeres. Esta red permite apreciar diferentes clústeres de investigación: algunos clústeres están formados por redes sociales al uso, caracterizadas porque cada nodo mantiene relaciones con uno o más nodos, formando relaciones más o menos densas; otros representan redes egocéntricas, caracterizadas porque tan solo un único nodo mantiene unidos a todos los demás a través de él; además, podemos observar triadas y diadas de investigadores como aquellas unidades compuestas de investigadores más básicas; finalmente, también podemos apreciar nodos que no mantienen relaciones con otros nodos, representando investigadores o investigaciones individuales.

En términos de interpretación, los clústeres formados por redes sociales representan relaciones densas entre investigadores que mantienen relaciones de colaboración entre sí. Mientras, los clústeres formados por redes egocéntricas representan investigadores que no colaboran directamente entre sí y que tan solo forman parte de la misma red porque en algún momento colaboraron con el investigador/a que centraliza la red en su figura (el ego).

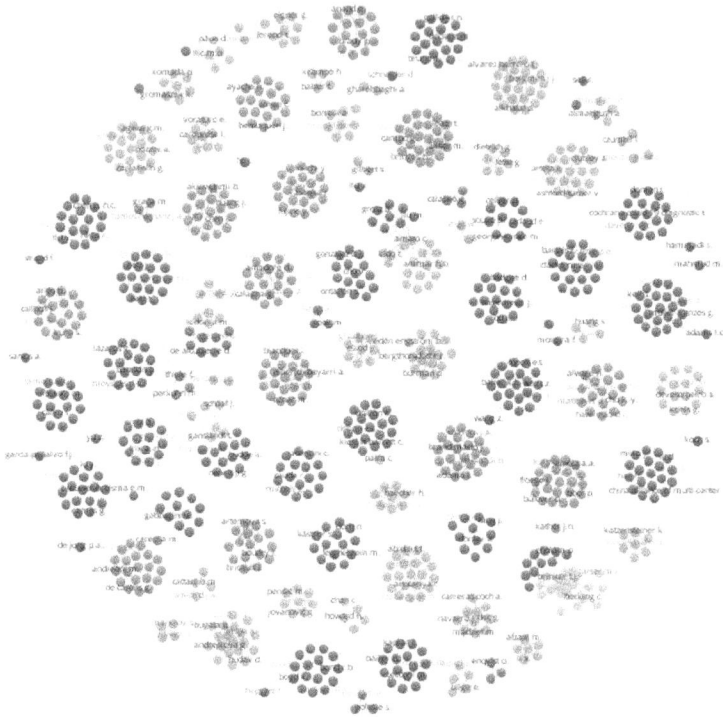

Figura 6. Red de coautores. Fuente: Elaboración propia.

De esta manera, el 29% de los clústeres están constituidos por redes sociales, mientras que el 13% están constituidos por redes egocéntricas. El 5% de los clústeres son triadas y el 7% diadas. El 26% de los clústeres están formados por nodos desconectados entre sí, que representan a investigadores de una misma institución o de instituciones de un mismo país, pero que no han colaborado entre sí. Finalmente, la red de coautorías está formada por un 20% de nodos inconexos. En este sentido, el 46% de los elementos de la red están desconectados entre sí.

Para conocer características relacionadas con el tamaño de los grupos y equipos de investigación formados a partir de las relaciones de colaboración entre investigadores, hemos calculado la media y la moda del número de componentes de cada clúster. Excluyendo los clústeres formados por un solo nodo inconexo, el tamaño medio de estos grupos o equipos de investigación es de 11,84 investigadores. Respecto a la moda, el tamaño de clúster más habitual, excluyendo los nodos inconexos, son los clústeres formados por 19 investigadores/as.

En cuanto a las redes de colaboración institucionales a partir de la coautoría de los documentos publicados, la Figura 7 muestra las relaciones entre las instituciones que han colaborado entre sí por medio de sus investigadores. Igual que en el caso anterior, los clústeres representan redes sociales, redes egocéntricas, triadas, diadas o nodos inconexos. No obstante, para el caso de la colaboración institucional, no hemos identificado diadas.

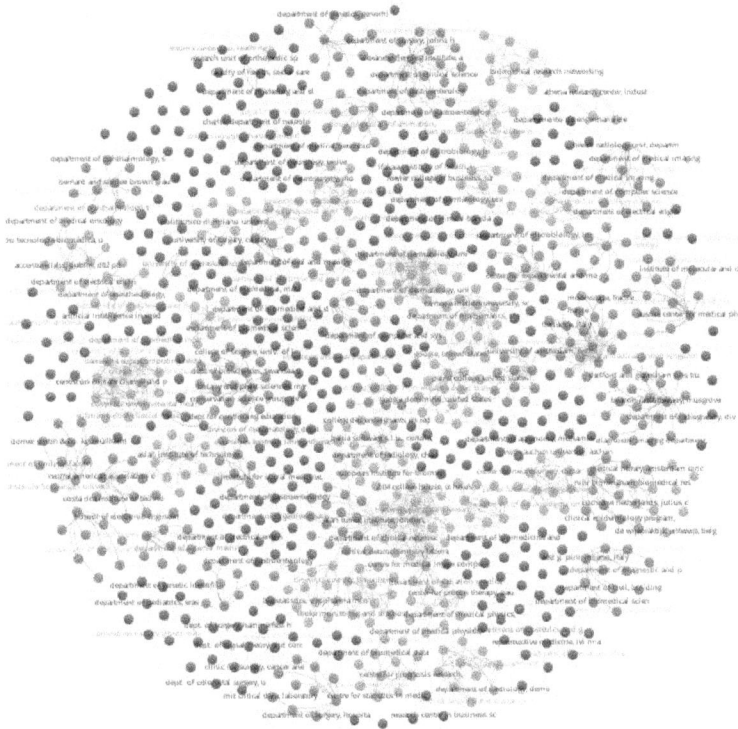

Figura 7. Red de coautorías por institución. Fuente: Elaboración propia.

El 21% de los clústeres representan redes sociales, frente a un 23,85% de redes egocéntricas. Las triadas no representan ni un 1% (0,9%) y hay ausencia de diadas. Destaca un 54,12% de instituciones que están desconectadas entre sí. En este sentido, un mayor porcentaje de instituciones desconectadas entre sí que de investigadores desconectados representa una tendencia a la colaboración local, frente a la colaboración internacional: las personas investigadoras de una misma institución colaboran entre sí, pero no colaboran con investigadores/as de otras instituciones, aportando como resultado una colaboración institucional baja.

El tamaño medio de los clústeres formados por instituciones colaboradoras, excluyendo a las no colaboradoras (nodos inconexos) es de 15. Mientras, el número de instituciones colaboradoras que más se repite, es decir, la moda, es 11. Este resultado muestra que, las instituciones que colaboran entre sí lo hacen de manera intensa, formando grupos de investigadores provenientes de una gran cantidad de instituciones diferentes.

La siguiente red muestra las relaciones de colaboración entre países. Aquí, pese a haber contemplado únicamente la producción científico-académica de los países miembro de la Unión Europea, aparecen países extracomunitarios. En este sentido, la red resultante permite observar con qué países extracomunitarios se colabora en mayor o menor medida.

La Figura 8 muestra, a diferencia de las anteriores, una red pesada. En ella, el tamaño de cada nodo depende de su participación en la producción científico-académica, razón por la que destacan Alemania, España e Italia.

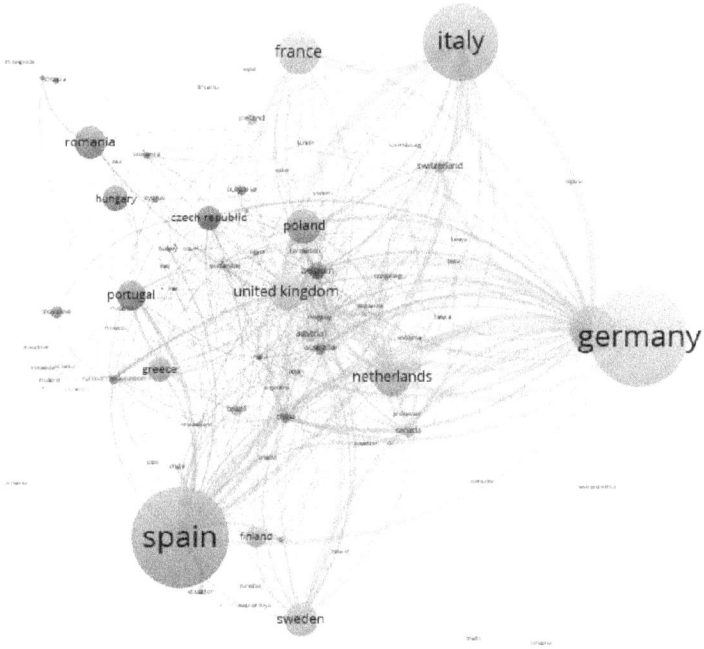

Figura 8. Red de coautorías por países. Fuente: Elaboración propia.

El grosor de las aristas que unen los nodos indica, además, la intensidad de las relaciones. La distancia entre dos o más nodos indica la similitud o disimilitud de sus colaboraciones: cuando dos nodos están muy cerca significa que comparten con elevada frecuencia sus colaboradores, mientras que una mayor distancia significa que comparten escasos colaboradores.

En el caso de Alemania, puede apreciarse que sus relaciones más intensas son con Italia, Suiza, Gran Bretaña, Holanda, Estados Unidos y, en mucha menor medida, con China. En el caso español, las relaciones más intensas son con Estados Unidos, Italia, Portugal y Grecia. Mientras que, para el caso italiano, las relaciones más intensas son con Estados Unidos, Gran Bretaña, Alemania y España.

Respecto a la similitud en relación al comportamiento colaborativo, puede apreciarse que el nodo que representa Alemania se superpone a un nodo de menor tamaño, que representa a Estados Unidos. Para el caso español, su comportamiento colaborativo es similar al de países como Finlandia, Suecia y, en menor medida, Grecia. En el caso de Italia, parece que sus relaciones de colaboración o comportamiento colaborativo difiere del comportamiento de otros países del entorno. Esto puede significar que Italia tiene una "cartera" de colaboradores con los que otros países no colaboran en la misma medida.

Esta red permite observar las estrategias colaborativas de los países, que pueden ser conscientes (en términos de política científica) o inconscientes (como fruto de la persecución de fines de investigación concretos). En este sentido, puede observarse que Alemania y Estados Unidos forman un tándem investigador en esta área. Mientras, otros países pueden intentar atraer a otros a su "área de influencia" investigadora.

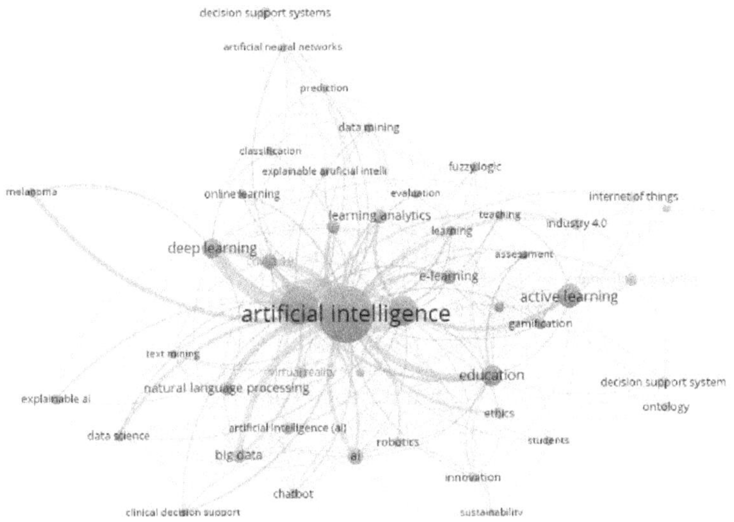

Figura 9. Red de co-ocurrencias. Fuente: Elaboración propia.

Finalmente, el análisis de co-ocurrencia de la Figura 9 muestra la conexión entre diferentes palabras clave. Para este caso, hemos seleccionado únicamente aquellas *keywords* que se repiten, al menos, diez veces. Así, conseguimos una red que representa la co-ocurrencia de las palabras clave más representativas utilizadas por el conjunto de investigaciones contempladas.

En el centro de la red, podemos apreciar la cercanía entre los nodos que representan a la inteligencia artificial, su abreviatura (AI) y la educación superior. Destacan términos relacionados con la educación como *active learning*, *deep learning*, *e-learning* u *online-learning*. Del mismo modo, podemos apreciar términos relacionados con aplicaciones de la IA como el *data mining*, el *text mining* o el *big data*, así como el término *chatbot*, en consonancia con el eco que han tenido estas tecnologías recientemente.

6. DISCUSIÓN

Tras el análisis de los resultados obtenidos en este estudio sobre la investigación en inteligencia artificial (IA) y educación superior en la Unión Europea, se desprenden diversas reflexiones y debates que aportan una mayor comprensión del papel de la IA en el contexto educativo. El marcado crecimiento de la investigación en este campo refleja un interés creciente en el potencial de las tecnologías de IA para transformar los procesos educativos, lo cual conlleva tanto oportunidades como desafíos que deben ser abordados de manera crítica y reflexiva.

Parece obvio que resulta esencial considerar cómo se están utilizando las tecnologías de IA en el ámbito educativo y qué implicaciones tienen para los estudiantes y los profesores. El hecho de que las conferencias académicas sean el principal medio de difusión de resultados indica una necesidad de compartir de forma ágil y dinámica los avances y las experiencias de implementación de la IA en la educación. En este sentido, se destaca la importancia de establecer un diálogo constante entre investigadores, docentes y responsables políticos para discutir las mejores prácticas, compartir conocimientos y garantizar que la implementación de la IA en la educación sea efectiva y ética. Sin embargo, como se ha podido comprobar en los mapas de redes analizados, la realidad es que existe cierta desconexión entre investigadoras e investigadores, con las excepciones de lo que parecen grupos de trabajo e investigación.

Estos dos enfoques plantean un debate justificado en el contexto de la implementación de la IA en la educación. Por un lado, es necesario promover un diálogo constante entre investigadores, docentes, ciudadanía y responsables políticos. La desconexión identificada entre investigadores puede ser un obstáculo para el intercambio de conocimientos y experiencias, por lo que se requiere una mayor colaboración y sinergia entre los actores involucrados. Por otro lado, desde una perspectiva socioeconómica, la adopción de aplicaciones basadas en IA se ve impulsada por la necesidad de optimizar el tiempo y aumentar la productividad en un entorno competitivo y exigente. Sin embargo, este enfoque centrado en la eficiencia y el rendimiento puede plantear interrogantes sobre el papel de la educación como proceso humano. Es fundamental, entonces, encontrar un equilibrio entre la automatización proporcionada por la IA y el fomento de habilidades humanas, como la creatividad, el pensamiento crítico y la interacción social.

Por otro lado, el liderazgo de Alemania, España e Italia en la producción científico-académica en IA y educación superior subraya la importancia de las políticas y los recursos destinados a la investigación en estos países. Estos hallazgos resaltan la necesidad de fomentar la colaboración y el intercambio de conocimientos entre países y regiones, a fin de afrontar de manera conjunta los desafíos y aprovechar las oportunidades que la IA ofrece en el ámbito educativo. La colaboración internacional puede enriquecer el intercambio de conocimientos, diversificar las perspectivas y facilitar el desarrollo de soluciones más completas y contextualmente relevantes. Sin embargo, también plantea retos en términos de alineación de objetivos, políticas y prácticas, así como la necesidad de abordar cuestiones de propiedad intelectual y ética en la colaboración transnacional.

Vistos los datos en conjunto, la convergencia de disciplinas como la ciencia computacional, la ingeniería y las ciencias sociales, subraya la necesidad de abordar la IA en la educación desde una perspectiva amplia que integre aspectos técnicos, sociológicos, pedagógicos y éticos. Esto implica una colaboración estrecha y efectiva entre expertos de diferentes disciplinas para diseñar estrategias que garanticen que la implementación de la IA promueva un proceso de enseñanza-aprendizaje significativo y equitativo.

7. CONCLUSIONES

El auge de las aplicaciones basadas en IA en el ámbito educativo ha despertado grandes expectativas y esperanzas en la comunidad educativa. Este estudio proporciona una panorámica estructural de los avances en este ámbito y plantea reflexiones y debates que se intuyen necesarios. La implementación de la IA en la educación brinda oportunidades a la vez que exige un enfoque cuidadoso y crítico para maximizar los beneficios y minimizar los riesgos asociados. La interdisciplinariedad, la colaboración internacional y el diálogo entre investigadores, educadores y responsables políticos son elementos clave para abordar los desafíos y aprovechar plenamente el potencial de la IA en la educación superior. Además, se deben considerar aspectos como la redefinición del papel del docente, las cuestiones éticas y de privacidad, la equidad y accesibilidad, así como la necesidad de una vigilancia constante y una evaluación crítica de los sistemas de IA utilizados en el ámbito educativo. Al abordar estas consideraciones de manera integral, se podrá aprovechar plenamente el potencial de la IA para mejorar la calidad y equidad de la educación, promoviendo un enfoque que valore tanto los beneficios de la tecnología como las dimensiones intrínsecas de la educación basada en las relaciones humanas y el aprendizaje.

8. REFERENCIAS

Al-Jazarí (1206). *The Book of Knowledge of Ingenious Mechanical Devices: Kitáb fí ma'rifat al-hiyal al-handasiyya* (1973). Pakistan Hijra Council.

Čapek, K. (1920). *R.U.R. Rossum's Universal Robots.* Vydalo Aventinum.

Clarke, A. C. (1968). *2001: A Space Odyssey.* Hutchinson & Co, New American Library.

Minsky, M. (1986). *The Society of Mind.* Simon & Schuster.

Rosa, H. (2016). *Alienación y aceleración. Hacia una teoría crítica de la temporalidad en la modernidad tardía.* Katz.

Shelley, M. (1818). *Frankenstein: Or, The Modern Prometheus.* Lackington, Hughes, Harding, Mavor & Jones.

Turing, A. M. (1950). Computing Machinery and Intelligence. *Mind*, 59(236), 433-460. https://doi.org/10.1093/mind/LIX.236.433

Van Eck, N. J. y Waltman, L. (2016). VOSviewer manual: Version 1.6.6. https://www.vosviewer.com/download/f-33r2.pdf

Wiener, N. (1948). *Cybernetics: Or Control and Communication in the Animal and the Machine.* Hermann & Cie & Camb. Mass. (MIT Press).

ANALISIS COMPARATIVO: GESTIÓN DEL TIEMPO EN ESTUDIANTES UNIVERSITARIOS EN MODALIDAD VIRTUAL

Elizabeth Lizbel Jurado-Enriquez [1], *Kelly Fara Vargas-Prado* [2], *Patricia Rosario Jurado-Retamoso* [3]

1. INTRODUCCIÓN

En los últimos años, la educación universitaria requiere superar diversos retos y demandas. Por ello, los docentes deben de ayudar a los estudiantes a utilizar el tiempo de manera eficaz para gestionar las variadas y complejas actividades (Romero-Pérez y Sánchez-Lissen, 2022). Los enfoques educativos actuales consideran que la gestión del tiempo, la planificación de tareas, el establecimiento de metas, el comportamiento cuidadoso y metódico demuestran la fuerza de carácter y los hábitos de los buenos estudiantes (De Bofarull, 2019).

De la misma manera, el tiempo de estudio suele ser limitado, los horarios de actividades y los plazos establecidos entran en conflicto con el ritmo de aprendizaje impuesto a los estudiantes. Las redes sociales al ser altamente adictivas entre los universitarios generan pérdida de tiempo y el aplazamiento de actividades urgentes interfiriendo en su desempeño académico (Echeburúa y Corral, 2010; Terán, 2019). A pesar de ello, ciertos investigadores consideran que inevitablemente las circunstancias actuales requieren el uso de herramientas virtuales por parte de estudiantes y docentes (Crawfordetal, 2020). Por ello, es importante enseñar a los estudiantes cómo administrar de manera beneficiosa su tiempo libre para tener también un impacto positivo (Demirdağ, 2020).

En este sentido, la gestión del tiempo es una habilidad que facilita la disposición al aprendizaje y está asociada a la regulación de aspectos cognitivos (Díaz-Mujica *et al.*, 2019; Pérez *et al.*, 2010). Es decir, son las acciones orientadas al uso efectivo del tiempo a fin de cumplir de manera satisfactoria los objetivos (Pérez *et al.*, 2013; Garzón-Umerenkova y Gil-Flores, 2018). Asimismo, Aeon y Aguinis (2017), proponen que es una forma de toma de decisiones utilizadas por las personas para estructurar, proteger y adaptar su tiempo a las condiciones cambiantes.

En los últimos años, a nivel internacional investigadores han notado que la gestión del tiempo mejora el rendimiento laboral, académico generando bienestar (Aeon *et al.*, 2020). Sin embargo, se ha identificado que las actividades laborales paralelas (Alvarez Sainz *et*

---

al., 2019, Robotham, 2012) a las actividades académicas que realizan ciertos estudiantes tienen un efecto en las conductas de procrastinación (Carney *et al.,* 2005), afectando a la efectividad de la planificación del tiempo académico (Garzón-Umerenkova y Gil-Flores, 2018). En este sentido, García (2019), ha notado que los estudiantes españoles no logran planificar su tiempo de estudio y no organizan el desarrollo de las tareas de aprendizaje. De esta manera la gestión del tiempo tiene un impacto significativo en las habilidades de desarrollo personal no solo en el período actual, sino a lo largo de la vida (Gulua, y Kharadze, 2022). En Chile, los universitarios durante la planificación de su tiempo para el desarrollo de sus actividades sincrónicas descuidaron sus actividades de estudio, lectura, elaboración de información y organización de información (Zambrano *et al.,* 2021).

La gestión del tiempo también se ha convertido en un problema para los peruanos; de acuerdo con Baños Chaparro (2020), los estudiantes universitarios carecen de objetivos a corto plazo por lo que no evidencian compromiso académico. En este sentido, se ha encontrado que actualmente a mayor presencia de estrés académico se disminuye el manejo de tiempo en los estudiantes universitarios (Quiroz Suarez, 2020; Poma Coro, 2019). Asimismo, los estudiantes tuvieron que adaptarse adquiriendo un comportamiento más responsable al tener que preocuparse de sus actividades académicas, organización de su tiempo de estudio y su salud (Cuayla Torres, 2022). También, las exigencias para cumplir con un cierto plan de estudios sumado a obtener altas calificaciones generaron estrés en su vida académica principalmente por una deficiente o nula percepción de los mecanismos de gestión del tiempo durante la vida universitaria (Alcas *et al.,* 2020).

Desde una perspectiva teórica, Riquelme (2020), considera que la gestión del tiempo está constituida con habilidades y/o destrezas que conllevan a un uso correcto de recursos a favor del beneficio propio y esto implica al entorno social que lo rodea. Por otro lado, la administración tiene como rol ejercer un orden debido a las actividades y tareas planificadas o plasmadas en metas y objetivos. Asimismo, los comportamientos asociados con la planificación, el establecimiento de objetivos y la priorización de tareas se relacionan con las funciones ejecutivas. Estas se encargan del control cognitivo de la conducta, incluyendo procesos cognitivos básicos como el control atencional, la inhibición cognitiva, la memoria de trabajo y la flexibilidad cognitiva (Lezak, 1995). La implementación de estas funciones superiores requiere el uso simultáneo de otras funciones ejecutivas básicas como la flexibilidad cognitiva y la planificación, que se relacionan con la gestión del tiempo. Cuando estas dinámicas son disfuncionales, se pueden observar dificultades en la capacidad de planificar y organizar el tiempo (Seli y Dembo, 2019).

Del mismo modo, Morfin (2003), propone una atipología para entender los tiempos de cada persona:

a) Tiempo psicobiológico, son las necesidades psíquicas y biológicas básicas, por ejemplo, comer, dormir, tener relaciones sexuales y otros.

b) Tiempo socioeconómico, son las necesidades económicas, por ejemplo, trabajar, además el tiempo de trasladarse de su casa al trabajo.

c) Tiempo sociocultural, es cuando se realiza actividades sociales y culturales como, por ejemplo, ir a misa, ir al cine, ir hacer compras, visitar amigos, etc.

d) Tiempo libre, es cuando las personas realizan una actividad sin ninguna presión externa, se dedican a lo que más le agrada (ocio cien por ciento).

2. OBJETIVOS

Los objetivos que se presentan en este estudio se fundamentan en comparar si existen o no diferencias en cuanto a la gestión del tiempo teniendo en cuenta el género, si es su segunda carrera profesional, condición laboral o ciclo que cursan los estudiantes universitarios.

3. METODOLOGÍA

La metodología bajo la cual se fundamenta el artículo es de un enfoque cuantitativo, donde indica que se aplica procesos estadísticos para poder registrar datos y realizar su debido proceso de cuantificar los datos (Sánchez Carlessi *et al.*, 2018) también, emplea el método hipotético-deductivo es uno de los métodos más conocidos para probar las hipótesis formuladas, este es un proceso donde se usa la lógica; además responde a un nivel descriptivo en este punto las investigadoras recopilan información acerca de las características específicas de interés y las describe de manera sistemática, con un diseño comparativo, quienes se refieren como un método esencial de las ciencias sociales, que se asemeja a la experimentación (Baena Paz, 2017); y su método fue inductivo – deductivo, porque es una manera de razonar, donde se pasa del saber de casos determinados a un saber más amplio, reflejando lo que hay en común entre las variables. Se basa en repetir lo que ocurre y fenómenos de la realidad, hallando aspectos similares en una agrupación determinada, de tal manera que llega a conclusiones de sus características (Rodríguez Jiménez y Pérez Jacinto, 2017); con una población y muestra de 141 estudiantes universitarios en modalidad virtual de la región Ica en Perú, se refieren a la muestra como un grupo limitado que ha sido sustraído de la población; siendo seleccionados a través de un muestreo no probabilístico por conveniencia (Hernández-Ávila y Carpio Escobar, 2019).

4. DESARROLLO DE LA INVESTIGACIÓN

El instrumento utilizado fue un cuestionario de gestión del tiempo, siendo aplicados a través del *Google forms*, basada en 32 ítems estructuradas en función a sus dimensiones (Objetivos y prioridades; herramientas de gestión; preferencia por la desorganización; percepción del control) con opciones de respuesta en una escala *Lickert* y una ficha de datos sociodemográficos que considera el género, segunda carrera profesional, condición laboral y ciclo que cursan tomando en cuenta aspectos humanos y profesionales. Según Sánchez Carlessi *et al.* (2018), mencionan que es una técnica usada indirectamente para obtener datos, se muestra de modo escrito tipo interrogativo, mediante ello se obtiene la información respecto a la variable planteada.

Para el procesamiento de datos se ha trabajado con la hoja de cálculo Microsoft Excel y el programa SPSS (Statistical Package for the Social Sciences), logrando obtener resultados tanto a nivel descriptivo como inferencial.

4.1. Estadística descriptiva

Es necesario conocer los datos sociodemográficos de la muestra de estudio, de manera que se observa que de 141 participantes el 70,2% son de sexo femenino y el 29,8% de sexo masculino; así también se observa que para el 22% resulta ser su segunda carrera profesional y el 78% manifiesta que es recién su primera carrera; el 46,8% se dedica exclusivamente a estudiar, mientras que el 53,2% trabaja y estudia; finalmente el 66% pertenece a los primeros ciclos (I, II,III, IV, V) y el 34% es de los últimos ciclos (VI, VII, VIII, IX) (tabla 1).

		Frecuencia	Porcentaje
Sexo	Femenino	99	70,2%
	Masculino	42	29,8%
Segunda carrera profesional	Si	31	22,0%
	No	110	78,0%
Condición laboral	Estudia	66	46,8%
	Estudia y trabaja	75	53,2%
Ciclo	Primeros ciclos	93	66,0%
	Últimos ciclos	48	34,0%

Tabla 1. Datos sociodemográficos. Fuente: Elaboración propia.

De acuerdo con los valores obtenidos se observa que la $\bar{x}$ =108,18, siendo el valor de M=108; el valor de la moda fue de 111, DS fue de 14,367, el valor de VAR es 206,409; en cuanto al valor mínimo es 66 y el máximo valor obtenido fue de 140, por lo cual el rango obtenido es de 74 (tabla 2).

Gestión del tiempo		
N	Válido	141
	Perdidos	0
Media		108,18
Mediana		108,00
Moda		111
Desviación estándar		14,367
Varianza		206,409
Rango		74
Mínimo		66
Máximo		140

Tabla 2. Análisis descriptivo de la variable. Fuente: Elaboración propia.

En cuanto a la variable gestión del tiempo, se puede observar que el 2,8% de los estudiantes lo realizan de forma inadecuada, el 51,1% medianamente adecuada, el 44% adecuada y solo el 2,1% lo realiza de manera muy adecuada, tal como se plasma en la (figura 1), evidenciando un alto porcentaje de estudiantes universitarios que vienen llevando sus clases en la modalidad virtual no desarrollan una adecuada gestión del tiempo que les permita lograr un mejor aprendizaje.

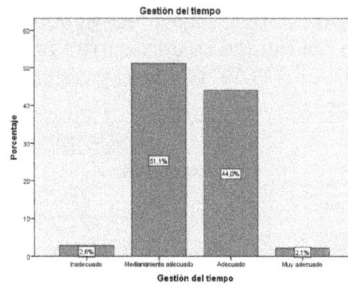

Figura 1. Gestión del tiempo de los estudiantes universitarios.
Fuente: Data de resultados

En cuanto a las dimensiones que engloba esta variable se tiene a los objetivos y prioridades, donde el 0,7% de los estudiantes se ubicaron dentro de la categoría muy inadecuada, 6,4% inadecuada, 41,8% medianamente adecuada, 38,3% adecuada, 12,8% muy adecuada; para la dimensión herramientas de gestión se tuvo que un 5,7% se ubica dentro de la categoría muy inadecuada, 14,9% es inadecuada, 42,6% medianamente adecuada, 19,9% adecuada y el 17% muy adecuada; en cuanto a la dimensión preferencia por la desorganización se obtuvo que un 3,5% se ubicó dentro de la categoría muy inadecuada, el 41,8% en inadecuada, 48,9% medianamente adecuada, 5,7% en adecuada; finalmente para la dimensión percepción del control el 0,7% de estudiantes universitarios. De acuerdo con estos resultados observados (tabla 3), se puede señalar que el mayor porcentaje de estudiantes se ubica en la categoría de medianamente adecuada para las cuatro dimensiones evaluadas.

Nivel	Objetivos y prioridades		Herramientas de gestión		Preferencia por desorganización		Percepción del control	
	f	%	f	%	f	%	f	%
Muy inadecuada	1	0,7%	8	5,7%	5	3,5%	1	0,7%
Inadecuada	9	6,4%	21	14,9%	59	41,8%	6	4,3%
Medianamente adecuada	59	41,8%	60	42,6%	69	48,9%	76	53,9%
Adecuada	54	38,3%	28	19,9%	8	5,7%	46	32,6%
Muy adecuada	18	12,8%	24	17,0%	0	0,0%	12	8,5%
Total	141	100,0%	141	100,0%	141	100,0%	141	100,0%

Tabla 3. Dimensiones de la variable gestión del tiempo. Fuente: Elaboración propia.

4.2. Estadística inferencial. Comprobación de hipótesis

Se verifica la normalidad de los datos de la variable ansiedad con los siguientes datos:

- H_0: los datos tienen distribución normal.
- H_1: los datos no tienen distribución normal.
- Nivel de significancia:
- $\alpha=0,5$(error tipo I) (posibilidad de rechazar hipótesis nula siendo verdadera).

En la tabla se observa que las variables tienen valor p (sig.) > 0,05; entonces se acepta la hipótesis nula; por lo tanto, los datos de las variables tienen distribución normal; además, en los gráficos Q-Q de gestión del tiempo se encuentran cercanos a la recta diagonal. De manera que se utilizó la prueba de ANOVA (tabla 4) y (figura 2).

	Kolmogorov-Smirnov[a]		
	Estadístico	gl	Sig.
Gestión del tiempo	0,057	141	0,200*
Objetivos y prioridades	0,065	141	0,200*
Herramientas de gestión	0,074	141	0,054
Preferencia por la desorganización	0,070	141	0,090

Tabla 4. Prueba de normalidad. Fuente: Elaboración propia.

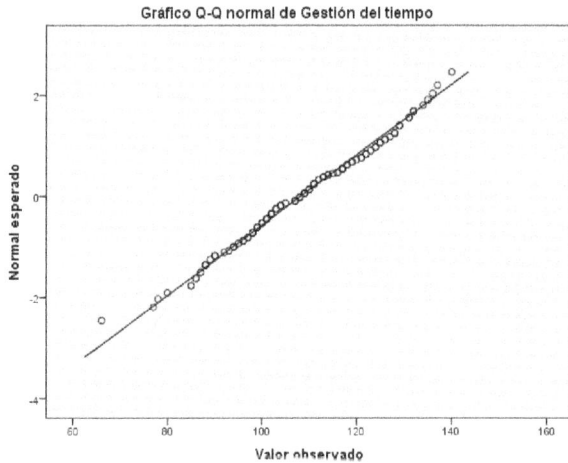

Figura 1. Gráfico Q – Q de Gestión del tiempo. Fuente: Data de resultados

De acuerdo a la prueba de ANOVA se puede señalar que no existen diferencias en cuanto al género, si es su segunda carrera profesional, condición laboral y ciclo que cursa, habiendo obtenido un p>0.05.

	Sig.
Género	p>0.05
Segunda carrera profesional	p>0.05
Condición laboral	p>0.05
Ciclo que cursa	p>0.05

Tabla 4. Prueba de muestras independientes. Fuente: Elaboración propia.

4.3. Discusión

Los resultados evidenciaron que la gestión del tiempo que maneja el estudiante universitario no tiene nada que ver con ciertas características que pueda presentar la persona como es el género, si es su segunda carrera profesional que está estudiando, condición laboral o ciclo que cursa; sin embargo, existen estudios donde si han logrado encontrar diferencias de acuerdo con las variables sexo y previos estudios universitarios (Reyes-González *et al.*, 2021). Así también los estudiantes que mejor rendimiento académico tienen son los que presentan una adecuada gestión del tiempo (Garzón-Umerenkova y Gil-Flores, 2018).

En cuanto a la gestión del tiempo, se evidencia la falta de un adecuado manejo de ello (51,1% medianamente adecuado); lo cual difiere de otros estudios donde los participantes respondieron que su manejo de este parámetro fue adecuado en poco más del 50% (Gallardo, *et al.*,2020); resultados también similares a los que se obtuvo en sus dimensiones objetivas y prioridades (51,5%), herramientas de gestión (55,5%), preferencias por desorganización (60,1%) y, finalmente, percepción de control (55,5%). Existe influencia del tiempo destinado para el estudio en la adaptación a las demandas del proceso educativo, es así que los estudiantes de tiempo parcial disponen de menos horas para el estudio y requieren de mayor habilidad para la planificación (Carney *et al.*, 2005). En cuanto a las dimensiones consideradas en la presente investigación el mayor porcentaje de estudiantes se ubicaron en la categoría de medianamente adecuada, siendo estos resultados similares a otros estudios donde el 71,8% de los encuestados marcaron "algunas veces" se trazan objetivos y prioridades y toman en cuenta la jerarquía de las actividades (Martínez Aguirre *et al.*, 2021). El 69,1% de la misma forma, utilizan herramientas de gestión, como el llevar agendas. El 76% de los estudiantes "algunas veces" tienden a la preferencia por la desorganización. Sin embargo, se señala que la gestión del tiempo de manera general es moderada 52%, respecto a estas mismas dimensiones también se han ubicado en un nivel moderado (Baños Chaparro, 2020).

Es necesario mejorar su organización de sus tareas académicas (Vosniadou, 2020), el rol de la autorregulación del aprendizaje es una opción para la optimización y gestión del tiempo académico; es importante realizar un análisis minucioso sobre la gestión del tiempo para considerar que es un factor que contribuye en las habilidades de aprendizaje que se requieren en la actualidad producto de la aceleración en la digitalización de la educación producto del COVID-19 (Cabero-Almenara, 2020). Cada día se hace más importante favorecer las habilidades de estudio independiente en la formación para el desarrollo de competencias y responsabilidad en el propio aprendizaje cuando se es profesional (Márquez *et al.*, 2015). La gestión del tiempo académico es un elemento que permite la disposición al aprendizaje y se asocia a elementos de la regulación de la cognición (Reyes-González *et al.*, 2021), por lo que resulta ser un recurso valioso (Baños Chaparro, 2020).

5. CONCLUSIONES

Es necesario que los docentes universitarios les brinden a sus estudiantes las herramientas necesarias para poder mejorar su gestión del tiempo de manera que logren un mejor desempeño en el desarrollo de sus actividades académicas así como el adecuado desenvolvimiento dentro de sus clases en modalidad virtual, de acuerdo a los resultados se ha logrado reflejar que más del 50% de estudiantes universitarios no logran organizar su tiempo de forma adecuada indistintamente de las características que pueda presentar el estudiante (Género, segunda carrera profesional, condición laboral y ciclo que cursa).

En la actualidad un gran número de universidades vienen brindando formación profesional de manera virtual, si bien en tiempos de pandemia fue la única opción para poder seguir realizando las actividades académicas dentro de una aparente normalidad, aún a algunos estudiantes les cuesta desenvolverse de forma adecuada frente a esta modalidad, no logrando gestionar sus tiempos, generando frustración, estrés, ansiedad y una serie de problemas tanto físicos como mentales, lo cual puede generar que el estudiante desista en continuar con sus estudios.

De acuerdo con los diferentes estudios que se han realizado se puede afirmar que una adecuada gestión del tiempo genera un mayor compromiso académico por parte del estudiante, así como una mejor concentración y asimilación.

6. REFERENCIAS

Aeon, B. y Aguinis, H. (2017). It's about time: New perspectives and insights on time management. *Academy of Management Perspectives, 31*(4), 309–330. https://doi.org/10.5465/amp.2016.0166

Aeon, B., Faber, A. y Panaccio, A. (2021). Does time management work? A meta-analysis. *PLoS ONE 16*(1), e0245066. https://doi.org/10.1371/journal.pone.0245066

Alvarez Sainz, M., Ferrero, A.M. y Ugidos, A. (2019). Time Management: Skills to Learn and Put into Practice. *Education + Training, 61*(5), 635-648. https://doi.org/10.1108/ET-01-2018-0027

Baena Paz, G. (2017). *Metodología de la investigación*. Grupo editorial Patria.

Baños Chaparro, J. H. (2020) *Gestión del tiempo y compromiso académico en estudiantes de psicología de la Universidad Privada Norbert Wiener, 2019*. [Tesis de maestría]. Universidad San Martín de Porras. https://hdl.handle.net/20.500.12727/6828

Cabero-Almenara, J. (2020). Aprendiendo del Tiempo de la COVID-19. *Revista Electrónica Educare, 24*(Suplemento), 1-3. https://doi.org/10.15359/ree.24-s.2

Crawford, J., Butler-Henderson, K., Rudolph, J., Malkawi, B., Glowatz, M., Burton, R., Magni, P. A. y Lam, S. (2020) COVID-19: respuestas de pedagogía digital intraperíodo de educación superior de 20 países. *Journal of Applied Learning Teaching, 3*(1), 1–20. https://doi.org/10.37074/jalt.2020.3.1.7

Cuayla Torres, A. (2022). *Gestión del tiempo y estrés académico en tiempos de COVID-19, en estudiantes de enfermería de la Universidad José Carlos Mariátegui, Moquegua 2021*. [Tesis de Licenciatura]. Universidad José Carlos Mariátegui. https://hdl.handle.net/20.500.12819/1334

De Bofarull, I. (2019). Carácter y hábitos para el aprendizaje: Definición y proyecto de medición. *Revista Española de Pedagogía, 77*(272), 47-65. https://doi.org/10.22550/REP77-1-2019-03

Demirdağ, S. (2021). Communication skills and time management as the predictors of student motivation. *International Journal of Psychology and Educational Studies, 8*(1), 38-50. http://dx.doi.org/10.17220/ijpes.2021.8.1.222

Díaz-Mujica, A., Pérez-Villalobos, M.V., Bernardo Gutiérrez, A. B., Cervero Fernández-Castañón, A. y Gnzález-Pineda, J.A. (2019) Affective and Cognitive Variables Involved in Structural Prediction of University Dropout, *Psicothema, 31*(4), 429-436. https://doi.org/10.7334/psicothema2019.124

Echeburúa, E. y Corral, P. de (2010). Adicción a las nuevas tecnologías y a las redes sociales en jóvenes: un nuevo reto. *Adicciones, 22*(2), 91-95. https://www.adicciones.es/index.php/adicciones/article/view/196/0

Gallardo-Lolandes, Y., Alcas-Zapata, N., Acevedo-FLores, J. E. y Ocaña-Fernández, Y. (2020). Time Management and Academic Stress in Lima University Students. *International Journal of Higher Education, 9*(9). https://doi.org/10.5430/ijhe.v9n9p32

Garzón-Umerenkova, A. y Gil-Flores, J. (2018). Gestión del tiempo en alumnado universitario con diferentes niveles de rendimiento académico. *Educaçao e Pesquisa, 44*, (e157900), 1-16. http://dx.doi.org/10.1590/S1678-4634201708157900

Garzón-Umerenkova, A. y Gil-Flores, J. (2017). Gestión del Tiempo y Procrastinación en la Educación Superior. *Universitas Psychologica, 16*(3), 124-136. http://dx.doi.org/10.11144/Javeriana.upsy16-3.gtpe

Gulua, E. y Kharadze, N. (2022). Impact of Time Management on Personal Development of Master's Degree Students. Humanities Today: *Proceedings, 1*(1), 64-74. https://doi.org/10.26417/ejser.v11i2.p110-118

Hernández-Ávila, C. E. y Carpio Escobar, N. (2019). Introducción a los tipos de muestreo. *Alerta, Revista científica del Instituto Nacional de Salud, 2*(1), 75-79. https://doi.org/10.5377/alerta.v2i1.7535

Márquez, C., Fasce, E., Ortega, J., Bustamante, C., Pérez, C., Ibáñez, P., Ortiz, L., Espinoza, C. y Bastías, N. (2015). ¿Cómo abordan su aprendizaje los estudiantes de medicina autónomos? Una aproximación cualitativa. *Revista Médica de Chile, 143*(12), 1579-1584. https://doi.org/10.4067/S0034-98872015001200011

Martínez Aguirre, E. G., Zárate Depraect, N. E., Flores Flores, P. y Bustillos Terrazas, N. A. (2021). Gestión del Tiempo, en Estudiantes de Primer Año de Medicina durante la Pandemia COVID-19. *Congreso Internacional de Investigación Academia Journals, 13*(10), 1538–1542. https://n9.cl/u0bk1

Poma Coro, R. J. (2019). *Estrés académico y manejo del tiempo en estudiantes universitarios de una universidad privada de Lima Sur* [Tesis de Licenciatura]. Universidad Autónoma del Perú]. https://hdl.handle.net/20.500.13067/923

Quiroz Suarez, D. (2020). *Gestión del tiempo, rigor científico y estrés académico en estudiantes modalidad semipresencial, décimo semestre de universidad privada, Pueblo Libre, 2019.* [Tesis de Licenciatura]. Universidad César Vallejo. https://hdl.handle.net/20.500.12692/40181

Reyes-González, N., Meneses-Báez, A. L. y Díaz-Mujica, A. (2022). Planificación y gestión del tiempo académico de estudiantes universitarios. *Formación Universitaria, 15*(1), 57–72. https://doi.org/10.4067/S0718-50062022000100057

Robotham, D. (2012). Student Part-Time Employment: Characteristics and Consequences, *Education + Training, 54*(1), 65-75. http://dx.doi.org/10.1108/00400911211198904

Rodríguez Jiménez, A. y Pérez Jacinto, A. O. (2017). Métodos científicos de indagación y de construcción del conocimiento. *Revista Escuela de Administración de Negocios,* (82), 175-195. https://doi.org/10.21158/01208160.n82.2017.1647

Romero-Pérez, C. y Sánchez-Lissen, E. (2022). Scientific Narratives in the Study of Student Time Management: A Critical Review. *International and Multidisciplinary Journal of Social Sciences, 11*(2), 60-86. https://doi.org/10.17583/rimcis.10322

Sánchez Carlessi, H., Reyes Romero, C. y Mejía Sáenz, K. (2018). *Manual de términos en investigación científica, tecnológica y humanística.* Universidad Ricardo Palma. https://hdl.handle.net/20.500.14138/1480

Seli, H. y Dembo, M. (2019). *Motivation and Learning Strategies for College Success* (6 ed., Vol.1). Routledge.

Vosniadou, S. (2020). Bridging Secondary and Higher Education. The Importance of Self-regulated *Learning. European Review, 28*(1), 94-S103 https://doi.org/10.1017/S1062798720000939

Zambrano, C., Bravo, I., Maluenda-Albornoz, J., Infante-Villagrán, V. A. (2021). Planificación y uso del tiempo académico asincrónico de estudiantes universitarios en condiciones de pandemia. *Formación Universitaria. 14*(4), 113-122. http://dx.doi.org/10.4067/S0718-50062021000400113

A REVIEW OF ANALYTICAL PROCEDURES IN SOCIAL MEDIA: COMMUNICATION IN THE DIGITAL PUBLIC SPHERE AND BIG DATA

Ainara Larrondo Ureta[1], Julen Orbegozo Terradillos[1], y Simón Peña Fernández[1]
This text was produced within the framework of Gureiker (IT1496-22), a consolidated research group of the Basque University System (Basque Government), belonging to the Journalism Department of the University of the Basque Country/Euskal Herriko Unibertsitatea

1. INTRODUCTION

The study of methodologies, practices and research instruments is an object of increasing interest in the field of communication. The work entitled "Advanced research methodologies in Communication and Social Sciences, the revolution of instruments and methods, Qualtrics, Big data, web data *et al.*", by Ortega, Azurmendi and Muñoz-Saldaña (2018, p. 177), recognises that academic research in communication and the social sciences has undergone numerous transformations over the last decade in light of changes in hardware and software associated with the scientific and communicational sphere. Following on from these authors, we could even speak of a "techno-revolution of communication research methods and instruments" within the context of the digital society, useful for giving greater scientific weight to studies into communication (Ortega, Azurmendi and Muñoz-Saldaña, 2018, p. 170). Within this "research and communicational paradigm shift" there is a tendency to focus on Big Data and, more specifically on the analysis of data generated by social media, which appears "as a new field of study that requires the application of new methods and technologies" (Martínez and Lara, 2015, p. 579).

It is important to remember that Big Data refers as much to the size of the data itself as to a large set of data, and also to the tools and procedures used to manipulate them; the aim being to group these datasets and establish multiple relationships or cross-references that would otherwise be impossible to demonstrate (Boyd and Crawford, 2012). This research shift undoubtedly represents a great opportunity. Simply put, Big Data refers to huge volumes of digitalised information, both structured and unstructured. It is therefore a symbol of the paradigm shift highlighted by the technician Doug Laney (2001), who alluded to three main Vs – the volume of data (from the gigabyte to the zettabyte), the velocity at which these data are generated, and the variety (structured, unstructured, etc.). To extract knowledge or relevant information from these data requires the use of

---

1. University of the Basque Country (Spain)

computational methods (Del Fresno, Daly and Supovitz, 2015; Arcila-Calderón, Barbosa-Caso and Cabezuelo Lorenzo, 2016). The data generated by commercial, financial, industrial, health, and media activity etc., mainly via social media platforms such as Twitter, help to give shape to this paradigm of massive data. It is therefore understandable that there has been an increase in the number of academic works turning their attention to the Big Data generated by interaction on social media, mainly Twitter, and increasingly on Instagram and TikTok.

Up to now, Big Data has mainly been used from a business marketing perspective, in terms of gaining deeper knowledge of customer preferences and behaviour patterns. This information is useful for improving or launching all kinds of products. In a somewhat similar way social scientists have begun to pay increasing attention to this area of opportunities and challenges. Big Data analytical procedures permit a dialogue between different but interconnected disciplines, as is the case of social communication, sociology or political science. In themselves they imply the amalgamation of different analytical approaches from fields such as computer science, statistics, sociology, psychology or journalism. In this sense, such procedures have been especially relevant for the analysis of communicative phenomena linked to certain discourses, coverage or content that have overtones of politics, activism, or outrage, or that simply have an influence on public opinion. It is also worth pointing out that social network analysis procedures are particularly relevant for studying everything linked to so-called "communication for social change" (Gumucio, 2010; Sala, 2017). This helps the dissemination of hidden or denied voices and its aim is to drive their presence in the public sphere, promote a collective identification of the problem and the search for a solution through collectivism (Sala, 2017), something especially important in the context of the so-called 'social web' represented by social media. In his legendary work *Cyberculture*, Pierre Levy (2007, p. 98) recognised that the internet was an emblem and one of the main examples or symbols of "international cooperative construction, the technical explanation of a grassroots movement".

The principle social agents and interest groups have created their own autonomous information and communication networks that lend themselves to analysis and observation based on research parameters, renewed methods and procedures in keeping with current technological opportunities. In this sense, the analysis of social communication – specifically of communication for social change – is able to make use not only of modern tools based on algorithmic computer procedures, but also of the digital traces left by social media interaction, which have become a far-reaching sample for measuring the dialogues and conversations that feed a large part of the communication for social change, generated in different societies all over the world. What's more, it appears that communication for social change possesses certain features that fit well, or identify with, the communicational characteristics of social media. More specifically, these characteristics allude to the possibility of establishing dialogue, of supporting or empowering different causes, along with the participation or inclusiveness of different perspectives, opinions, etc. (Sala, 2017).

In this context of opportunity, we would like to present this work, which seeks to provide some key points regarding methods and tools of proven validity in the analysis of the communicative phenomena on Twitter, linked to what has been called "communication for social change". In this way, all the analytical procedures included in this work feature a cooperative focus of social communication and thus are clearly linked to sociological perspectives. This focus attempts to show the importance today of cooperation between actors who collaborate and discuss in order to build identities, narratives, protests and demands with which to promote social and political change. Similarly, we wanted to take advantage of this review to encourage critical reflection, not only regarding the advantages of Big Data for the research field of social communication, but also in terms of the challenges implied on an empirical level. This appears to be an important reflection if the aim is to recognise computational methods and specific techniques such as Social Network Analysis (SNA) – the analytical focus based on nodes and edges that make up "networks" or "graphs", which we will present later – in terms of advantage and opportunity, beyond the challenges and even weaknesses linked to empiricism that are often seen in these approaches.

2. BIG DATA IN SOCIAL COMMUNICATION RESEARCH: OPPORTUNITIES AND CHALLENGES

The scientific community associates Big Data with the technology involved in the storage and processing of large volumes of data, which requires experts in data management and analysis. Thus, the use of massive data implies challenges for researchers, not so much related to the processing of these large volumes of information, but to the opportunities encapsulated in the handling of said data. This involves considering the question: "what can we manage these data for?" a question this work hopes to go some way towards answering. The scientific community has already warned that the most important and socially transcendent challenge is connected more to the interpretation of these data rather than to the computer processing of them. More precisely, one of the most immediate challenges is understood to be the interpretation of data and its conversion into knowledge for taking strategic decisions in the area of private business and in the public domain (Boellstorff, 2013; Colace *et al.*, 2018; Orbegozo-Terradillos, 2023).

It currently seems important to address different case studies associated with "advanced instruments for the collection of unstructured data", in addition to analysing "the strengths and opportunities that new scientific approaches can offer researchers in communication and related social sciences via advanced instruments, automated methods of analysis, *Machine Learning* (automated learning), algorithmic analysis, Big Data and Artificial Intelligence (AI)" (Ortega, Azurmendi and Muñoz-Saldaña 2018, p. 169). Regarding these strengths, there is agreement in recognising that "the exploitation of data could mean an increase in innovation, efficiency and productivity", an improvement in "extraction, analysis and visualisation" processes. Nevertheless, there is still a need to overcome certain challenges in its application to different disciplines and fields, such as the analysis of social media (Martínez and Lara, 2015, p. 576). Indeed, as we have already pointed out, we also wanted to bring to this work other timely and necessary perspectives that are critical of this new empirical paradigm (Lis and Busso, 2017). These outlooks recognise that SNA applied to platforms such as Twitter is linked to very specific realities or contexts, generating a sample that cannot always be extended to other realities, in addition to being marked by very specific temporalities connected to data downloads.

Therefore, one of the main advantages of these analytical procedures is that they enable the analysis of communication for social change from different angles, something we consider important given that this communicative trend has been somewhat overshadowed by other analyses linked to the third sector or business field. At present, communication for social change on social media is a priority thanks to a flourish of citizen communicative initiatives, particularly since 2011 with the 15M movement in Spain, occurred within the framework of other international mobilisations (Arab Spring 2.0 etc.) (Marí and Nos,

2015); or the feminist hashtag activism movement #Metoo, which was followed by many other mobilisations in favour of women and LGTBIQ+ collectives. Social Network Analysis (SNA) specifically covers different options, one of the most interesting being "socionet" network mapping, i.e. networks built from a set of connections between nodes without a specific centre (Morales i Gras and Pérez de Arriluzea, 2021).

Whilst it is true that digital conversations on platforms such as Twitter show a high degree of spontaneity and thus apparent disorganisation, the analytical procedures described in this work put these conversations under the algorithm microscope, based on representative and objective parameters, as will be explained later. Algorithms have become an object of primary relevance in light of the advance of Artificial Intelligence systems (AI). They have been characterised as "simple instructions" and also as "sets of rules" that are applied to data to solve problems in a finite or limited number of steps (Tejero, 2020, p. 87). Algorithms are related to the most quantitative and computational aspect of the type of analysis or processes described in this work.

However, we must not lose sight of the fact that we are not talking about inventing methods, but creating new processes that lead societies to reflect, and for which different types of analysis are necessary: "Social scientists should distance themselves from the technical and marketing discourse, taking into account that the causal mechanisms of all research could be strengthened with new data produced by technological and economic processes" (mentioned in Orbegozo-Terradillos, 2023, p. 156). In short, and to paraphrase Meneses-Rocha (2018, p. 436), in this work we attempt to present and reflect on methods and techniques that enable us to understand the social phenomena brought about by technological progress, trying to avoid any kind of technological determinism while prioritising the interpretation of massive data and the intellectual contribution of the research that uses said data.

To summarise, without calling into question the value and applicability of the methods linked to SNA, these reflections help to put into perspective the effective application of Big Data analytical procedures. Among other contributions, they are helping to vindicate the value of more traditional – or "artisan" – qualitative and descriptive empirical analyses, in order to complement the value provided by quantitative massive data processed via algorithms, which – at least for now – still require the researcher's intervention to examine those nuances, meanings and interpretations that are difficult for these algorithms to detect (Lewis, Zamith and Hermida, 2013).

3. AIMS

The aim of this research work is to review some relevant practical applications in the use of algorithmic tools for the capture or extraction of massive data, and for the analysis or interpretation of said data. They are tools and programmes that we have used in different Gureiker research projects and that can largely be applied without advanced knowledge of programming language. The described procedures enable us to respond to fundamental questions, such as: How are communities or related groups (clusters) formed from the digital user conversation (on Twitter or other social media) about certain – generally controversial – issues? How do these groups relate or compete? (i.e. how do different narratives oppose each other in the context of particular public digital controversies?) Who leads each community? What content or subtopics characterise each community? (i.e. which subjects are most debated and what is the main orientation of these subjects?

The answers to these questions might help shed light onto more far-reaching issues, such as how public opinion about a specific issue, problem or event is formed in the age of social media. In this sense, social media in general and Twitter in particular have transformed the public debate of different subjects. These open discussions play a key role in forming public opinion about issues such as climate change, global warming and environmental activism (Zarrabeitia *et al.*, 2021).

From a more sociological viewpoint, authors such as Laniado and Viles (2020) raise other issues, such as the relevance of methods based on Big Data to investigate:

a) All types of social dynamic,

b) Collective patterns of behaviour,

c) Influence between people, and

d) Mechanisms for spreading information.

As we will suggest in this work, the tools described below are useful for answering these questions from an analysis of the relationship between the actors – people, entities, etc. – and the emerging social structures generated from this relationship (Orbegozo, Morales i Gras and Larrondo, 2020). In this sense, the analytical procedures described in this chapter are mainly inductive in nature, rather than hypothetical-deductive. The inductive method allows the researcher to focus empirically on a reality in order to later synthesise what has been observed from a position of theoretical premise. On the other hand, the hypothetical-deductive logic promotes the observation of a phenomenon or reality in light of a theory, and the elaboration of specific hypotheses or premises based on that observation, which will subsequently guide the research. The inductive method thus enables us to arrive at conclusions that can be generalised towards other objects of a similar nature from repeated observation, promoting research which goes from the precise to the general, in contrast to the deductive method.

Big Data is therefore used as a tool to corroborate or reject certain analytical premises and objects of research, aligning better with inductivism (González, 2019, p. 271), as the procedures reviewed in this work will attempt to show. This is where a difference is established between data collection and processing, which is done prior to interpreting the collected data from the perspective of different theories and via the use of algorithms capable of detecting new knowledge relating to a specific reality: "Big Data seems more like a kind of inductive 'listening' rather than a traditional data gathering (...) it is necessary to have researchers and analysts who can make sense of the information based on theories, without prejudice against the use of algorithms that search for patterns in the information" (González, 2019, p. 271).

This focus will help to avoid a certain surplus of data and a scarcity of theories that explain them. In short, we have prioritised three techniques in this work, understood as procedures or resources for the collection and analysis of Big Data. These are Social Network Analysis (SNA), Machine (or automatic) Learning, and a third group of complementary or "other techniques" such as descriptive content analysis.

4. AN APPROACH TO SNA IN DIGITAL MEDIA

Social Network Analysis (SNA) originates from the beginning of the 20th Century and is a social study technique that focuses on the relationships between actors. It is currently a fundamental component of social science research (Breiger, 2004). In his work "The

Development of Social Network Analysis", Linton C. Freeman (2012) describes the historical evolution of this technique, from Jacob Levy Moreno (1934) and Helen Hall Jennings's original contribution up to the progress made by other members of the scientific community at the end of the 20th Century. The sociologist Carlos Lozares highlights that the social network theory is a good example of an approach in which theory, conceptual apparatus, methods and research techniques are interconnected and feed off one another (Lozares, 1996, p. 103).

According to Julio Aguirre (2011), SNA focuses on structure in the form of a network of social relationships, with the aim of explaining how these influence the behaviour of individuals, different social groups and society in general. According to this author, in addressing social processes from a relational perspective, the use of SNA seeks to analyse the patterns and structures of social relationships, specifically via their particular network configuration. Ultimately, the SNA object of study is social media, including their morphology, general patterns of behaviour and their dialogical relationship with the individuals who make them up.

There are some features of SNA that are different from other techniques. On the one hand, it recognises the need for an intuitive structural understanding of social relationships. On the other hand, it promotes a systematic collection of empirical data. Thirdly, the mathematical models benefit from the use of computer tools for data visualisation and analysis. Fourthly, the creation and exchange of visualisations of the relationships and patterns of interaction enable the generation of significant structural information and the communication of the results to others. This focus is in line with the inductive method, in which techniques and methods must be in constant dialogue, as we have already mentioned (Del Fresno, 2014). With regard to these definitions, it is worth taking into account that the focus of networks is structural and defines the very concept of social networks as "a well-defined set of actors (individuals, groups, organisations, communities, global societies, etc.) interlinked via a relationship or a set of social relationships" (Lozares, 1996, p. 108).

For their part, Brandes and Wagner (2004) point out that one of the main aims of SNA is to identify different elements within a social network, such as: relevant actors, main links, emergent subgroups, the roles of these actors, the characteristics of the network or the expansion patterns of the information. These elements allow us to answer relevant questions about the network's structure and dynamics. In terms of relationship analysis, SNA helps to better explain social phenomena, since it studies individual behaviour on a micro level but also relationship patterns on a macro level, taking into account the interactions between the two.

SNA draws attention to the relevance of the interconnections between actors beyond the actors themselves, and applies what is known as Graph Theory (Biggs, Lloyd, and Wilson, 1986), which is mathematical in origin. This theory is relevant to the analysis of interactions given its usefulness in describing the behaviour of a social network based on nodes (actors) and edges (type of relationship). This can be applied to any offline or online relationship, although it is especially relevant in the context of the interaction between actors on social media platforms such as Twitter – via likes, follows, retweets, mentions, etc. –, in which these can be represented as a graph or mathematical structure made up of different nodes and edges (Del Fresno, Daly and Supovitz, 2015). In this way, in a social network such as Twitter the nodes or vertices normally represent the individual, collective or institutional profiles of *microblogging* (i.e. active accounts on the platform), while the edges represent their relationships. This collection of relationships represents a "digital conversation" presented via a network or graph, which is simultaneously both data visualisation and a mathematical object. An example of this is the possibility of applying algorithms to the network to identify clusters or communities of users, depending on their relationships.

In this way, SNA uses computational methods and different types of measures to characterise the nodes and describe the general structure of a network. Among these measures it is worth highlighting modularity and the different metrics of centrality (which nodes are the most important or central). Modularity is related to the structure of networks or graphs and measures the strength of division of a network into communities (Noack and Rotta, 2009). A modularity close to 1 is considered high, and can be interpreted as the nodes in the network being strongly linked to the rest of the nodes in their cluster, but very weakly linked to the nodes from other clusters. Centrality, however, defines which nodes are the most important in a specific network, according to a series of measurable criteria. Therefore, it is possible to differentiate the value *Input Degree Centrality* or "weighted input degree" – referring to the number of mentions or nominations received in a network by a node, such as direct mentions, replies or retweets – and the *Output Degree Centrality* or "weighted output degree", referring to the number of mentions or nominations sent in a network by a user – such as direct mentions, replies or retweets.

Degree centrality in its weighted version – considering the weights assigned to the edges between nodes according to the quantity of mentions or nominations – are just a couple of the many measures which exist. For example, it is worth mentioning *Betweenness Centrality*, a measure that defines the frequency with which the node is located in the centre of the shortest path between two nodes. In networks of followers, it is usually considered that the centrality of a node is related to unweighted versions of its input degree (the number of edges that have the considered node as their destination) and output degree (the number of edges that have the node as their origin). In their unweighted versions (i.e. without considering the weights that the edges may have, given that it is only possible to follow someone once) the degree of input represents the attention received by a node or profile on Twitter (number of followers), while the degree of output represents the attention given to other nodes, such as the number of accounts that a node follows (Orbegozo-Terradillos, 2023, p. 176).

The methods, tools and computational measures described below have proved relevant and effective in the context of different empirical research works developed by the authors of this chapter within the framework of the Gureiker Consolidated Group, between the years 2016 and 2022 (IT1112-16). Almost ten works, published between 2019 and 2022, are referenced at the end of the chapter. In its current phase, this same group continues to implement these methodologies and to develop other procedures for analysing different social phenomena with a journalistic and gender perspective (IT1416-22). These analyses focus on understanding the influence of feminism and certain online struggles linked to this issue (feminist hashtag activism) from the social impact generated by particular events in Spain. Likewise, some of these analyses have centred on issues of disinformation and hate speech. To date, there have been other studies along similar lines aimed at identifying the different actors, issues and opinions on Twitter relating to green energy (Zarrabeitia *et al.*, 2021).

These works allow us to clarify what types of social media analysis can be carried out with SNA, and also which are the most recommended in each social network in terms of functionality, as we explain below, without excluding other possibilities (Gureiker, 2022):

1. Conversation analysis – to structurally analyse the conversation (networks of mentions, clustering or classification of communities, etc.); to analyse message

content with AI tools (emotions, sentiments, subjects); to identify key users in conversations (opinion leaders, brokers, etc.); to analyse relationships of following; to analyse follower structures (who's who in a network, what clusters emerge); to analyse the consequences of the follower structures (degree of politicisation of feminist activism, etc.).

2. User analysis – to analyse the role of key users (politicians, journalists, etc.) through their posts.

3. Massive user analysis (gender, demographics, etc.)

4. Analysis of images or clustering of groups of similar images, and content analysis aided by AI technology.

To optimise the description of clusters or communities, the following is recommended:

a) Identify users that are highly followed by the users in the clusters,

b) iIdentify the most repeated words in the users' descriptions,

c) Use the descriptions for classification by profession and production of a count (previously creating the classifier),

d) Identify the most repeated words in the users' tweets,

e) Use the tweets to classify by subject and produce a count (after creating the classifier),

f) Allocate gender to the users and produce a count, g) classify by gender or age with Twitter Ads.

Twitter has, to date, been the most open network in terms of object typology and analysis procedures. It provides few demographics and there is work to be done in characterising the discourse (subject matter, sentiment, emotions, etc.).

Twitter is not the only social media platform whose activity can by analysed with SNA tools, although it is the network which has so far been the easiest, providing enough data for even a demographic approach. Since the magnate Elon Musk acquired the platform drastic changes have been introduced, including its data policy. Below we present the types of data that can be obtained from some of the most popular Internet platforms:

- Facebook, currently called Meta, lends itself to an analysis of conversations that take place on its pages and in groups. Through its Graph API, one can access posts on the platform's pages, along with comments and engagement figures. Facebook's Graph API provides very little data today in comparison to before the Cambridge Analytica scandal, which gave rise to what the analyst Axel Bruns called the "APIcalypse" (Bruns, 2019). For example, it is no longer possible in a massive way to discover who has made each comment nor their characteristics. This means that the type of analysis to be used with the Graph API data focuses on the content published on the network. Another option is to acquire Facebook data via web scraping techniques or through unofficial APIs. This allows access to data such as user profiles, their public posts and their public follower lists. However, here it is worth considering matters such as:

  1. The technological difficulty involved in this type of data acquisition,

  2. The numerous risks of incompleteness, partiality and retroactivity of the data, and

3. The possible ethical and legal problems that could result from an incorrect application of web scraping.

- In the case of Instagram, access to data via the official API is even more limited than Facebook. Hence, the most common method of data acquisition is web scraping. The interesting thing about Instagram is the analysis of reduced conversations based on hashtags (for example, fewer than 3K posts), given that they are usually easy to capture retroactively without the need to plan data extraction a long time in advance. It is also possible to capture bigger volumes of data with an appropriate planning that includes servers that run data extraction codes in a programmed manner and implement data transformation processes for their correct storage. In addition to the technical difficulty that this process implies, it is important to know that some methods can mean that Instagram blocks users or IP addresses if it detects automated activity. The most common types of analysis of Instagram data are hashtag networks, user and content networks, or networks of images processed with Deep Learning algorithms.

- In the case of TikTok, its official API is still in its initial stages and academic access is being tested in the USA[2] (somewhat surprisingly for a Chinese company). Currently, the most usual path is to access via unofficial APIs or web scraping services. Relatively little work has been done with TikTok data so far, and most approaches are based on small or medium scale quantitative analyses of hashtag networks or of other elements of the platform.

- Following the imminent definitive closure of Twitter's academic API, YouTube will soon become the platform that offers the largest quantity of open data. Through the YouTube API one can acquire data about the videos on different channels and the comments on those videos. Although it requires a channel pre-selection process prior to acquiring the data, different quantitative and qualitative analyses can be carried out, in addition to social network analysis and artificial intelligence techniques.

Lastly, it is also important to mention Mastodon, a platform that permits the download of large quantities of data, but always within each federated server. This is undoubtedly an important limitation, which makes it more comfortable in practice to access user data and conversations via web scraping. The type of analysis that can be used is very similar to that of Twitter, since it is a platform made from the same mould.

5. SOCIAL MEDIA MINING

The first stage of social media data analysis is linked to what is known as *data mining*, a phase in which researchers must use different software tools for the extraction, storage, exploitation and visualisation of data (Vallejo, 2006). In the context of social research, data mining is "an operation that essentially involves capturing a series of information records and interpreting them in order to create a pattern that provides actionable ideas" (Morales i Gras, 2020). As we pointed out in the introduction, thanks to technological advances, social media data analysis techniques can currently take advantage of the massive data generated from interaction on social media platforms (Big Data), and apply algorithms to examine the data and extract information and knowledge via certain techniques and tools.

---

2. https://developers.tiktok.com/products/research-api/

There are four different relevant stages in the data mining process of social media data (i.e., social media mining) that should be dealt with separately since they require different techniques and software:

a) Data extraction or capture

b) Data processing or cleaning

c) Data visualisation

d) Data analysis

We will later present in a simple way the main techniques and programmes used by the Gureiker research group (University of the Basque Country) for each of these analytical stages. We will, on occasions, see how some programmes are useful for more than one stage or process.

For a research group such as ours, it is the last one of these four states that is the most important. It is precisely in the data analysis phase that the necessary knowledge is generated to be able to contrast theories, or elaborate them following inductive work logic. Having reached this point, among the most important analysis techniques in the computational field is that of Machine Learning or automatic learning. It is a discipline within the field of computer science and a subfield of Artificial Intelligence (AI), whose aim is to develop techniques that allow computers to learn automatically. According to El Naqa and Murphi (2015, p. 3) automatic learning is an evolutionary branch of computational algorithms designed to emulate human intelligence by learning from its surroundings, which is why it is located at the core of Artificial Intelligence (AI). Therefore, via automatic learning, a computer is not only able to emulate behaviour which seems intelligent, but is capable of doing so with increasing skill and precision (Morales i Gras, 2020).

There are two types of Machine Learning algorithm:

a) Supervised learning, in which the algorithms pursue the prediction of future results according to series of known data;

b) Unsupervised learning, where the computer classifies the data according to its properties without drawing on a pre-trained predictive model, and is able to identify patterns in the data without receiving specific instructions from the analyst;

c) Hybrid models under development – such as deep learning or neuronal networks – which combine elements from both (Morales i Gras, 2020).

The use of Machine Learning can be effective when it comes to examining the degree of user politicisation by, for example, determining the number of political party Twitter accounts those users follow. In this way, information about the degree of politicisation (independent variable) can be a relevant predictive datum when hypothesizing the type of cluster or community it will participate in (dependent variable), according to certain issues or debates, represented by hashtags or tags (#).

For its part, sentiment analysis is another priority research object in some important works within the field of communication. Such is the case of the project Autocop, in which automatic sentiment analysis techniques were developed using predictive analysis methods based on supervised automatic learning to classify words. This method was used to give a value (positive or negative) in real time to political opinions in Spanish. This enables us to predict the discussion tendency of a specific subject in real time (Ortega, Azurmendi and MuñozSaldaña, 2018, p. 179). Thus it is possible to carry out a semantic analysis of the examined conversations (co-occurrence of the most relevant words), of hashtags (frequency analysis) and of sentiment (via the *Vader* model) (Zarrabeitia *et al.*, 2021).

5.1. Data extraction or capture

Over the last few years, there have been active programmes for data capture from Twitter via the API 1.1 and 2.0. The open access software DMI-TCAT (*Digital Methods Initiative – Twitter Capture and Analysis Toolset*) was capable of capturing samples of public tweets. It was free of charge and customisable for anyone, although it required quite advanced knowledge of systems and server engineering. Data capture was done through the use of key words or user lists (Borra and Rieder, 2014). Via its connection with the API 2.0, DMI-TCAT collects 100% of the data that Twitter decides to place at the disposal of the general public, but this does not mean that this dataset is the total of all the real interactions that have occurred based on the key words captured (Groshek, de Mees and Eschmann, 2020).

DMI-TCAT was replaced by DMI-4CAT, which is able to connect to a diverse range of data sources, such as Telegram, Reddit or TikTok, in addition to Twitter. DMI-4CAT is adapted for Twitter's API 2.0 and for API Académica, although it does not yet provide the possibility of acquiring data in real time, as DMI-TCAT did. The development of this software has been affected by Twitter's recent decision to restrict access to its data, and so it remains to be seen just how DMI-4CAT will evolve.

Another classic programme for accessing Twitter's now extinct API 1.1 was the software T-Hoarder, based on the Python2 language and developed by Congosto (Congosto, Basanta-Val and Sánchez-Fernández, 2017). T-Hoarder facilitated entry to Twitter's API 1.1 in order to a) access and filter this platform's data and track tweets (even retroactively, seven days prior to the start of the download), and b) accessing summarised information and analytics about Twitter users with regard to a particular subject, and other issues such as follower lists and following relationships between users (Congosto, Basanta-Val, Sánchez-Fernández, 2017). The version for R of T-Hoarder, T-HoarderR is, furthermore, designed to access Twitter's API 2.0 via an academic account. As with DMI-4CAT, it remains to be seen what the future holds for T-Hoarder and T-HoarderR in the light of Twitter's new data policy.

YouTube's API can be accessed via the online software YouTube Data Tools, also created and maintained by the group DMI from the University of Amsterdam. From YouTube Data Tools it is possible to download YouTube channel lists, video lists, comment lists, and even different types of network files (e.g., channel networks, video networks, etc.). It is easy to access this data via the web app, although it is not possible to automate the download of information on a server – the best option in that case is to work with Python and with the library *google-api-python-client*.

To access social media data via web scraping it is highly recommended to use intermediary services such as BrightData or Crawlbase, which automate the necessary rotation of proxies to access data from Facebook or Instagram. Another popular service is PhantomBuster, which allows access to moderate quantities of data via user log-ins. To be able to use any of these services basic knowledge of data and server engineering is recommended, along with basic data engineering knowledge (i.e., Python or Apache NiFi) in order to organise the data capture and processing prior to its storage on a database.

5.2. Data processing or cleaning

Once the data has been collected, it is then processed and organised. This can either be done before storage (ETL: Extract Transform and Load), or after (ELT: Extract, Load and Transform). As a general rule, when we download data regularly via an automated service, we are doing the former, and when we download data sporadically we are doing the latter. All the programmes presented so far incorporate various data processing protocols. However, sometimes additional software might be required.

One of the best options for working with massive data is OpenRefine, an open access software based on Java technology for filtering and classifying data, or Power Query, an internal module found in the post-2016 versions of Microsoft Excel, used for arranging and ordering massive data without the row limitations typical of Excel. PowerQuery therefore enables us to work with a high volume of data, such as those produced by THoarder in plain text formats (csv or txt).

The open access software Orange Data Mining, developed by the Bioinformatics Laboratory of the Faculty of Computer and Information Science at the University of Ljubljana in Slovenia (Demsar *et al.*, 2016), works in Python, but enables the programming of processed data flows without a Python code. Orange Data Mining works via widgets and interactive workflows and has become a relevant tool due to its ease of use. In addition to being used for data cleaning and processing, this software is also relevant for predictive analysis, since it allows classifying models to be trained in order to filter users. These models can be trained via classic Machine Learning algorithms such as Lineal Regression and Logistics, along with more advanced algorithms like Random Forest or Neuronal Networks. Orange Data Mining is especially interesting when our data process implies the creation of additional variables for the analysis, such as the sentiment of a text.

5.3. Data visualisation

Business Intelligence (BI) programmes such as Tableau, Looker Studio or PowerBi are especially useful for visualising data. These software can be used with no prior programming knowledge to create a wide variety of interactive visualisations (Murray, 2013; Chabot, Stolte and Hanrahan, 2003), and also facilitate data crossing from different tables. Microsoft's PowerBi stands out from the rest, sharing modules like PowerQuery with Microsoft Excel, which makes the transition easier for those users familiar with Excel. The BI programmes are aimed at the creation of interactive *dashboards* in which data can be presented in such a way that readers can filter and select them as they go, thus answering any questions that arise.

It is also worth considering here programmes for Network visualisation, such as Gephi. It is a free, open access code programme (Bastian, Heymann and Jacomy, 2009) aimed at the visualisation and analysis of graphs. It is extremely useful for detecting and representing communities from various types of graph metrics (mean degree, *page rank*, density...). It also allows graphs to be customised (colours, sizes, etc.) (Jiménez, 2014). For calculating node positions, powerful force-directed algorithms such as Force Atlas 2 can be used, generating graphs in which connected nodes are close to each other, whilst distancing themselves from those with which they have no relationship.

5.4. Data analysis

Finally, we would like to refer to specific programmes for data analysis. A number of the aforementioned have significant descriptive analysis functions, such as the BI or SNA programmes. The BI programmes (such as Tableau, Looker Studio or PowerBi) are appropriate for data analysis that requires little mathematical sophistication. They are visually attractive and enable a high level of interaction with the user via the *dashboard* logic, but are limited when the aim is a rigorous statistic analysis. To this end, one of the best current alternatives to costly exclusive programmes like SPSS or STATA, are Jamovi or Jasp, both based on the R programming language, but which can be used even without code notions.

Similarly, with SNA software it is possible that Gephi might be insufficient for the analyst who seeks more than an efficient visualisation of a massive network. In this case Pajek could be a viable alternative. It is a free software pack for Windows for the analysis of large sized networks (that contain up to a billion vertices) (Mrvar and Batagelj, 2016). Pajekof ('Spider' in Slovenian) was created in 1996. This software makes it possible to identify clusters in a network, extract vertices that belong to the same network and show them separately, enlarge them to be able to see their detail, or shrink them to see the set or complexity of the digital conversation (López and Seco, 2014).

Pajek enables the calculation of certain measurements that are fundamental for operationalising social media analysis. In this respect, it is worth highlighting the following measurements: network density (the proportion of connected nodes from the total of possible connections), mean degree (the mean number of connections per node), input and output degree centrality (the number of connections that each node receives or emits), identification of user communities via the Louvain algorithm (grouping of strongly connected nodes) (Morales; Pérez de Arrilucea, 2021, p. 31). The use of this software may require using small applications like txt2Pajek3 (Pfeffer, Mrvar and Batagelj, 2013) to generate files or networks (i.e. files with the extension .net that are edge sets).

Another highly useful programme for this final research stage is Orange Data Mining. Apart from being extremely useful for cleaning and processing data, with Orange Data Mining we can implement Machine Learning sequences and other NLP processes such as sentiment analysis, via algorithms like Vader, for example. Orange Data Mining has a series of native libraries, along with many others that can be added manually, which enable us to carry out any kind of data analysis via supervised and unsupervised models. It is indeed an extremely functional tool, since it allows us to implement a large quantity of analysis through Python without the need to programme even one single line of code.

6. FINAL REFLECTIONS

This research work, within the genre of review or essay, offers a synthesised perspective of the data analysis possibilities in social media, attempting to provide a classification of tools and procedures that is specific and of proven value, demonstrated in previous scientific works referenced throughout the text. These works, published in the last five years, show an optimistic view of Big Data for different reasons.

The first reason is they show that scientific research into social communication can make use of the access to a large quantity of data, overcoming the restrictions of a decade ago, as already highlighted by authors such as Manovich (2012). The information circulating on social media reflects a semi-public dimension – data is exposed to members within the network of contacts – and, furthermore, the APIs or programming interfaces provided by some networks also facilitate open free access to data that has been previously authorised by the users themselves (Martínez and Lara, 2015).

In this respect, we cannot deny that Twitter, throughout 2023, has been the object of certain events that have called into question its influence and even its survival. This has undoubtedly had an impact, both on the design of some of the social research already in progress, and on the advisability of addressing other similarly interesting networks, such as Mastodon.

Secondly, while it might be true that a certain level of expertise is still required to work with large volumes of data, it is also true that these tools are being widely described and disseminated, for example in works such as this one. In fact, an increasing number of social researchers – generally junior researchers and digital natives – are beginning to embrace this empirical paradigm and, perhaps more importantly, they are doing so from an interdisciplinary perspective in collaboration with colleagues from other fields, thus fomenting research that combines sociology, computer science and social communication, above all.

Thirdly, it is a perspective that also welcomes the combining of markedly quantitative, computerised and algorithmic methods of analysis with more traditional qualitative or "artisan" methods (Lis and Busso, 2017). As Lewis, Zamith and Hermida point out (2013, p. 35), algorithmic analyses of content have a somewhat limited capacity for discovering latent meanings within human language.

However, this work cannot ignore the epistemological, methodological and technical reflections made recently by authors such as Irene Lis and Mariana P. Busso (2017), in relation to working with large volumes of data and the specific problems linked to the access and analytical processing of the sample based on Big Data. Unsurprisingly, in line with these authors (Lis and Busso, 2017), despite the interest and advantages of assuming the new Big Data paradigm on an empirical and methodological level in social science and in communication, it is no less true that the adoption of techniques like data mining, as referred to in this work, requires a "methodologically creative" effort in a field clearly marked by qualitative research. In the awareness that nowadays many researchers strive to make the most of massive data in the field of social communication, this work seeks to contribute in some way to these efforts of "methodological creativity" by targeting some possibilities in terms of procedures and tools.

7. REFERENCES

Aguirre, J. A. (2011). *Introducción al Análisis de Redes Sociales*. Centro Interdisciplinario para el estudio de políticas públicas. https://bit.ly/3Oug1v3

Arcila-Calderón, C., Barbosa-Caso, E., & Cabezuelo-Lorenzo, F. (2016). Técnicas big data: análisis de textos a gran escala para la investigación científica y periodística. *Profesional de la información*, *25*(4), 623-631. http://dx.doi.org/10.3145/epi.2016.jul.12

Bastian, M., Heymann, S., & Jacomy, M. (2009). Gephi: An Open Source Software for Exploring and Manipulating Networks. *Gephi.org*. https://gephi.org/publications/gephi-bastian-feb09.pdf

Biggs, N.; Lloyd, E. y Wilson, R. (1986). *Graph Theory*. Oxford University Press.

Blondel, V. D., Guillaume, J. L., Lambiotte, R., & Lefebvre, E. (2008). Fast unfolding of communities in large networks. *Journal of statistical mechanics: theory and experiment*, *2008*(10). https://doi.org/10.48550/arXiv.0803.0476

Boellstorff, T. (2013). Making big data, in theory. *First Monday*, *18*(10). https://doi.org/10.5210/fm.v18i10.4869

boyd, D., & Crawford, K. (2012). Critical questions for big data. Information, Communication & Society, 15(5). Routledge, 662-679.

Brandes, U., & Wagner, D. (2004). Analysis and visualization of social networks. In M. Jünger, & P. Mutzel (eds.). *Graph drawing software*, 321-340. Springer. https://doi.org/10.1007/978-3-64218638-7_15

Bruns, A. (2019). After the 'APIcalypse': Social media platforms and their fight against critical scholarly research. *Information, Communication & Society*, *22*(11), 1544-1566.

Colace, F., Lombardi, M., Pascale, F., Santaniello, D., Tucker, A., & Villani, P. (2018). MuG: A multilevel graph representation for big data interpretation. In *IEEE 20th International Conference on High Performance Computing and Communications*, 1408-1413. https://doi.org/10.1109/HPCC/SmartCity/DSS.2018.00233

Congosto, M. L.; Basanta-Val, P. y Sanchez-Fernandez, L. (2017). "T-Hoarder: A framework to process Twitter data streams". *Journal of Network and Computer Applications*, 83, 28-39. https://doi.org/10.1016/j.jnca.2017.01.029

Del Fresno, M. (2014). Haciendo visible lo invisible [Making visible the invisible]. *Profesional De La Información*, *23*(3), 246–252. https://doi.org/10.3145/epi.2014.may.04

Del Fresno, M.; Daly, A. J. y Supovitz, J. (2015). Desvelando climas de opinión por medio del Social Media Mining y Análisis de Redes Sociales en Twitter. El caso de los Common Core State Standards. *Redes. Revista hispana para el análisis de redes sociales*, *26*(1), 53-75. https://doi.org/10.5565/rev/redes.531

Demsar, J., Curk, T., Erjavec, A., Gorup, C., Hocevar, T., Milutinovic, M., Mozina, M., Polajnar, M., Toplak, M., Staric, A., Stajdohar, M., Umek, L., Zagar, L., Zbontar, J., Zitnik, M., & Zupan, B. (2013). Orange: data mining toolbox in Python. *The Journal of Machine Learning research*, *14*(1), 23492353. https://doi.org/10.5555/2567709.2567736

El Naqa, I., & Murphy, M. J. (2015). What is Machine Learning?. In I. El Naqa, L. Ruiijiang y J. M. Martin (Eds.). *Machine learning in radiation oncology* (pp. 3-11). Springer.

Freeman, L. C. (2012). El desarrollo del análisis de redes. Un estudio de Sociología de la ciencia. Palibrio.

González, F. (2019). Big data, algoritmos y política: las ciencias sociales en la era de las redes digitales. *Cinta De Moebio. Revista De Epistemología De Ciencias Sociales*, 65, 267–280. https://tinyurl.com/4wv3zyjd

Groshek, J., de Mees, V., & Eschmann, R. (2020). Modeling influence and community in social media data using the digital methods initiative-twittercapture and analysis toolkit (DMI-TCAT) and Gephi. *MethodsX*, 7, 101164. https://doi.org/10.1016/j.mex.2020.101164

Gumucio, A. (2010). El cuarto mosquetero: la comunicación para el cambio social. *Investigación y Desarrollo*, *12*(1), 2-23. https://bit.ly/38A13DX

Gureiker (2022). Internal working paper. UPV/EHU.

Jiménez, M. Á. (2014). *Análisis de comunidades científicas basadas en fuentes de datos online.* [Trabajo Final de Grado]. Universidad Autónoma de Madrid. https://bit.ly/3P8MLcI

Laniado, D., & Viles, N. (2020). *Big data i anàlisi de xarxes socials: conceptes i eines.* UOC. https://tinyurl.com/28j83yrx

Larrondo, A., Morales i Gras, J., y Orbegozo, J. (2019). El hashtivismo feminista en España: grado de politización del movimiento en la conversación digital en torno a #YoSiTeCreo, #HermanaYoSíTeCreo, #Cuéntalo y #NoEstásSola". *Communication & Society*, *32*(4), 207-221. https://doi.org/10.15581/003.32.4.207-221

Larrondo, A. y Orbegozo, J. (2020). Hashtivism's potentials for mainstreaming feminism in politics: the Red Lips Revolution transmedia narrative. *Feminist Media Studies*, 5, 1-24. https://doi.org/10.1080/14680777.2021.1879197

Larrondo, A., Orbegozo, J., & Morales i Gras, J. (2021). Digital Prospects of the Contemporary Feminist Movement for Dialogue and International Mobilization: A Case Study of the 25 November Twitter Conversation. *Social Sciences*, *10*(84), https://doi.org/10.3390/socsci10030084

Laney, D. (2001). 3D data management: Controlling data volume, velocity and variety. *META group research note*, 6(70), 1-4. https://gtnr.it/3y1Y2Xz

López, C. M. y Seco, E. (2014). Pajek, Software de análisis de redes sociales. *Sociología Necesaria*. [Artículo de blog]. *Sociología Necesaria*. https://bit.ly/3OWI8E2

Lewis, S., Zamith, R., & Hermida, A. (2013). Content Analysis in an Era of Big Data: A Hybrid Approach to Computational and Manual Methods. In: Journal of Broadcasting & Electronic Media, 57(1), 34-52. https://doi.org/10.1080/08838151.2012.761702

Lozares, C. (1996). La teoría de redes sociales. *Papers: revista de sociologia*, 48, 103-126. https://bit.ly/3LvtQYO

Marí V., & Nós E. (2015). Prólogo. In T. Tufte (ed.). *Comunicación para el Cambio Social. La participación y el empoderamiento como base para el desarrollo mundial*, 7-17. Icaria.

Meneses-Rocha, M. E. (2018). Grandes datos, grandes desafíos para las ciencias sociales. *Revista mexicana de sociología*, *80*(2), 415-444. https://doi.org/10.22201/iis.01882503p.2018.2.57723

Manovich, L. (2012). Trending: The Promises and the Challenges of Big Social Data. In: M. Gold, *Debates in the Digital Humanities*. University of Minnesota Press.

Martínez-Martínez, S., & Lara-Navarra, P. (2015). El big data transforma la interpretación de los medios socia-les. *El profesional de la información, 23*(6): 575-581.

Morales i Gras, J. (2020). Datos masivos y minería de datos sociales: conceptos y herramientas básicas. *Jordimorales.com*. https://bit.ly/3Q4HLGP

Morales i Gras, J., & Pérez de Arrilucea, A. (2021). *Cartografía de la esfera pública digital vasca*. Gobierno Vasco.

Morales I Gras, J., Orbegozo, J., & Larrondo, A. (2021). Networks and Stories. Analyzing the Transmission of the Feminist Intangible Cultural Heritage on Twitter. *Big Data and Cognitive Computing 5*(4). https://doi.org/10.3390/bdcc5040069

Mrvar, A., & Batagelj, V. (2016). Analysis and visualization of large networks with program package Pajek. Complex Adapt Syst Model, *4*(1), 1-8. https://doi.org/10.1186/s40294-016-0017-8

Murray, D. G. (2013). *Tableau your data! Fast and easy visual analysis with tableau software*. John Wiley & Sons.

Noack, A., & Rotta, R. (2009). Multi-level algorithms for modularity clustering. En *International symposium on experimental algorithms*. Springer.

Orbegozo, J., Morales i Gras, J., & Larrondo A. (2020). Desinformación en redes sociales: ¿compartimentos estancos o espacios dialécticos? El caso Luther King, Quim Torra y El Confidencial. *Mediterranean Journal of Communication*, *11*(2), 55-69. https://doi.org/10.14198/MEDCOM2020.11.2.2

Orbegozo, J., Larrondo, A., & Morales, J. (2020). Influencia del género en los debates electorales en España: análisis de la audiencia social en #ElDebateDecisivo y #L6Neldebate. *Profesional De La Información*, *29*(2), 1-13. https://doi.org/10.3145/epi.2020.mar.09

Orbegozo, J., Morales i Gras, J., & Larrondo A. (2022). Twitter y la (de)construcción del mito: Maradona y el activismo digital feminista. *Cuadernos.info*, 52, 181-203. https:// doi.org/10.7764/cdi.52.34147

Orbegozo-Terradillos, J. (2023).*Tuits personales, clics colectivos: hashitivismo feminista en el debate público digital contemporáneo*. [PhD Thesis]. University of the Basque Country https://addi.ehu.es/handle/10810/59574

Ortega-Mohedano, F., Azurmendi, A., & Muñoz-Saldana, M. (2018). Metodologías avanzadas de investigación en Comunicación y Ciencias Sociales: La revolución de los instrumentos y los métodos, Qualtrics, Big Data, Web Data *et al.*, 169-188. In: Caffarel, C. *et al.* (eds). *Tendencias metodológicas den la investigación académica sobre Comunicación*. Salamanca: Comunicación Social Ediciones y Publicaciones.

Pfeffer, J., Mrvar, A., & Batagelj, V. (2013). Txt2pajek: Creating Pajek Files from Text Files. *Technical Report*, CMU-ISR-13(110).

Sala, C. (2017). La Comunicación para el Cambio Social: una mirada participativa al concepto de desarrollo. *Janus: A comunicacao mundializada*, 104-105. https://bit. ly/3KY9ebw

Tejero, E. L. (2020). Algoritmos. El totalitarismo determinista que se avecina ¿La pérdida final de libertad?. *Revista de Pensamiento Estratégico y Seguridad CISDE*, 5(1), 85-101. https://bit.ly/3Coe2Fn

Vallejo, S. J. (2006). *Minería de Datos*. Universidad Nacional del Nordeste. https://tinyurl. com/vp2vsrx2

Zarrabeitia, E., Morales, J., Rio, R.M., & Garechana, G. (2022). Green energy: identifying development trends in society using Twitter data mining to make strategic decisions. *Profesional de la Información*, 31(1), 1-17.

ONLINE HATE SPEECH: IT AND JURIDICAL CONTRAST OF A GROWING PHENOMENON

Arianna Maceratini[1]

1. INTRODUCTION

Although hate and its expressions have accompanied human history since the most remote times, the peculiarities of Internet seem to have introduced some characteristics of temporal and spatial amplification that make the Web an easy and powerful means of spreading extremist ideas and persecutory (Di Tano, 2021), capable of polluting sources by consolidating stereotypes and prejudices and making it increasingly difficult to find correct and objective information (Di Rosa, 2020).

In order to offer synthetically the main investigative lines concerning hate speech, first of all, starting from the main European and Italian legislation and from the different sensitivity of the European and US legal system on this subject, a univocal and complete definition of hate speech will be offered. Then, the relationship between freedom of expression and other constitutionally protected and conflicting rights will be analysed.

Subsequently, the role of information technologies, in particular Internet, will be outlined in the configuration and development of hate speech, and, on the other hand, will be highlighted how information technology can contribute to the protection of fundamental human rights. Finally, the figure of the ISP and the related liability will be examined, highlighting its role in the removal of hate speech and other illicit materials online which corresponds to a progressive aggravation of liability.

2. OBJECTIVES

The objectives are to clarify the phenomenon of hate speech from a definitional point of view, to outline the fine line of distinction and the main features of the debate on the relationship between freedom of expression and hate speech, to examine the main regulatory provisions, especially in the European context.

3. METODOLOGY

The methodology is based on an analysis of the peculiar discursive dimension of the Web and of the main subjects operating in the sector, paying attention to the content

---

1. University of Macerata (Italy).

and methodological profiles, both general and details of the subject matter. In particular, the topics are addressed starting from an IT-legal methodological perspective capable of critically analyzing the phenomenon of hate speech in its different aspects.

4. INVESTIGATION DEVELOPMENT

4.1. HATE SPEECH: ATTEMPTS TO DEFINE A GROWING PHENOMENON

It is not easy to offer a single and comprehensive definition of hate speech (Abbondante F., 2017), in any case, this term was introduced at the end of the 1980s by Critical Race Theory, with the aim of bringing out the latent racism in American society and in the legal system of reference (Bianchi, 2021), referring to the distinction, in US jurisprudence, between *speech* and *action* (Di Rosa, 2020).

In a broad sense, this expression, taking into account the different discursive contexts, refers to the use of a language that "not only conveys negative stereotypes associated with vulnerable groups, but also properly and directly offensive towards individuals by virtue of their belonging to a group" (Di Rosa, 2020, p. 11), proving difficult to counter by forcing the victims and the entire civil society to deal with terms that are not so generically offensive, but, in a certain sense, performative, "words in action" capable of triggering an unpredictable escalation (Austin, 2019; Campagnoli, 2023). Hate speech can, therefore, contribute to the delineation of individual categories, supported by prejudices and clichés, that place the victims of hate speech in a position of inferiority (Di Rosa A., 2020), highlighting how, in every situation of "discursive injustice", beyond of those who explicitly incite hatred, the indifferent and silent spectator also assumes an important role, providing implicit consent and legitimization of the speech.

In outlining some defining perspectives, mention should be made of the delineation of hate speech made by Recommendation no. 20 of the Council of Europe of 30 October 1997, according to which hate speech can be considered any form of expression capable of spreading, inciting, promoting or justifying racial hatred, xenophobia, anti-Semitism or other forms of hatred based on intolerance, including that expressed by aggressive nationalism and ethnocentrism, discrimination and hostility against minorities, migrants and people of foreign origin. In more recent times, following the dictation of the General Policy Recommendation No.15, *On combating hate speech* by ECRI, European Commission against Racism and Intolerance, of 2015, hate speech would consist in "fomenting, promoting or encouraging, in any form whatsoever, the denigration, hatred or defamation of a person or a group, as well as subjecting a person or group to harassment, insults, negative stereotyping, stigmatization or threats (…) on the basis of race, colour, ancestry, national or ethnic origin, age, disability, language, religion or belief, sex, gender, gender identity, sexual orientation and other characteristics or personal status".

The most current perspective on hate speech tends to take the point of view of the victims of this phenomenon (Martorana, 2022), a position which allows the definition to be anchored not so much to the reason for the speech itself, but rather to the risks and effects that this could have on the victims (ruling of the Court of Cassation n. 36906/2015). In this direction, understanding hate speech as a violation of the freedom of expression of those subjected to it also allows us to highlight the chilling effect and the correlated phenomenon of under-reporting, i.e. the paralyzing effect that prevents victims to report (Martorana, 2022). Finally, it should be highlighted that, according to the prevailing determination of hate speech, three elements must occur simultaneously, namely, the concrete will to incite hatred, effective incitement to hatred - that is, suitable for encouraging phenomena of violence and discrimination - the translation of hatred into action or into a real and imminent risk for the victim, which could be transformed, even if only potentially, into violent actions or discriminatory behaviour (Ziccardi, 2016; Campagnoli, 2023).

One can, therefore, well understand how the vastness of the concrete situations, which can be represented by the aforementioned elements, makes us lean towards the adoption of an *umbrella definition* of hate speech in which the discriminatory element suitable for including both intentional behaviors of inciting hatred, and more generic actions, in which the psychological element of hatred is not directly detectable and which, therefore, would not seem directly sanctionable (Di Rosa, 2020) and precisely in the full valorisation of the discriminatory factor, constantly present in hate speech this is the approach of the Directive of the European Parliament and of the Council on audiovisual media services referred to art. 21 of the Charter of Fundamental Rights of the European Union on the principle of non-discrimination. For these reasons, moreover, it is believed that the use of the term "hate", in the definition of hate speech, must coincide with the discriminatory element of bias, prejudice, in an evolving perspective confirmed by the international community which, in 2019, adopted the UN Strategy and Plan of Action on Hate Speech, a document in which we note, in fact, a progressive expansion of behaviors qualified as hate speech and of the categories protected by the principle of non-discrimination.

4.2. NOTES ON THE RELATIONSHIP BETWEEN FREEDOM OF EXPRESSION AND HATE SPEECH IN THE UNITED STATES AND EUROPEAN JURISPRUDENTIAL CONTEXT

As far as the debate on freedom of expression is concerned, a dissimilar orientation should be noted between the European Courts and the Supreme Court of the United States which corresponds to different methods in dealing with the protection of freedom of expression of thought and the right to inform and to be informed. Specifically, in the European context, the freedom of expression of thought appears to be in direct connection with heterogeneous constitutionally protected rights, being able to be subjected to specific and precise limitations that raise a need for mutual balancing. From this perspective, the protection afforded by art. 10 of the ECHR which, after affirming the importance of freedom of speech, establishes that the limitations to it must be legislatively provided for and proportional to the objectives set out in the second paragraph of the aforementioned provision (Pitruzzella *et al.*, 2017).

Over time, however, the European Court has offered important clarifications on the subject of denial by enriching the ECHR with art. 17 which punishes the abuse of a right recognized by the Convention where such abuse appears instrumental to the denial or limitation of other rights, therefore moving in a more severe way from what was originally established in the ECHR (Pitruzzella *et al.*, 2017; Di Rosa, 2020): in this way, the Court has resorted several times right in the art. 17 in cases of hate speech to deny from origin the possibility of balancing (Pitruzzella *et al.*, 2017). These indications, confirmed by Decision 2008/913/ GAI, Justice and International Affairs, on the subject of hate speech - the first provision centered on the fight against specific forms of expression of racism and xenophobia through recourse to the instruments of criminal law, although its transposition, carried out by the States of the Union, has led to differentiated methods and not always in mutual coordination (Pitruzzella *et al.*, 2017) - by the Convention for the protection of human rights and fundamental freedoms (Orofino, 2014), as well as by various rulings of the EU Court of Justice on screening and filtering of information (Pitruzzella *et al.*, 2017; Bassini,

2021) seem intended to protect the centrality of the person and his fundamental rights, including the right to receive information that is as correct and balanced as possible.

The US approach to the freedom of expression of thought and, consequently, in the matter of hate speech, shows a greater "libertarian sensitivity" (Bassini, 2021, p. 48) compared to the continental model: in this regard, the marketplace of ideas can be considered as the arrival point of a interpretative path carried out by US constitutional jurisprudence through which a more traditionalist conception, in identifying limits to free speech in communicative circumstances, deemed suitable for determining the direct or indirect commission of illicit acts and a more flexible vision, deeming necessary a dangerousness concretely attributable to hate speech (Abbondante, 2017).

In the US context, the prevailing doctrinal interpretation of the First Amendment, implemented through the principles of *clear and present danger*, allows for an almost absolute protection of the right to speak (Abbondante, 2017) from which derives the prohibition, for the public authorities, to interfere with the freedom of speech: any limitation on the freedom of expression of thought is, therefore, admissible only in cases where a *compelling interest* is demonstrated, the compatibility assessment of which is subject to *strict scrutiny* (Abbondante, 2017), although another part of the doctrine has highlighted the chilling effect of hate speech on the victims leading to the emergence, in the difficulty of the latter to participate effectively in the public debate, a tension between the 1st Amendment and the 14th Amendment, on equality. In this debate, the most significant rulings on the First Amendment of the Supreme Court provide for a particularly broad margin of protection for the forms of expression of political dissent, requiring as a condition of punishability the elements of imminent illicit conduct (temporal element), the high probability of its occurrence (probabilistic element) and, finally, of the intention to provoke the conduct (purposeful-psychological element) (Pitruzzella *et al.*, 2017).

4.3. THE HATE SPEECH ONLINE

The critical issues emerging from the different orientations, European and American, are then to be traced back to the Web, a transnational environment capable of constantly comparing different legal systems, where in the absence of a common standard on online speech, the determination of what whether it is lawful or not would be left to the discretion of the Courts of Justice, with reference to which all the gap between European and American orientations has already been noted. In addition, the behaviors attributable to hate speech, relying on the peculiarities of Internet, differ from the same behaviors adopted offline due to the strength of the viral diffusion, or *pervasivity* of the Network (Colombo, 2020), due to the persistent accessibility to what is published (Di Tano, 2021), due to the parallel impossibility to carry out a verification of the sources and an effective control on the propagation of the news. To these unknowns can, then, be added anonymity, the possibility of outlining false virtual identities and the use of nickname, elements capable of "lightening", in the virtual world, the processes of identification, increasing the otherness of communication on the Web and giving it the characteristics of an illusory informality and a false confidence (Colombo, 2020).

To these connotations is added a typical aspect of online hate, that is, its *interpersonal channeling*, i.e. the use of expressions aimed at hitting not only a traditional target category, but well-defined subjects and often identified by their physical characteristics or type (Ziccardi G., 2016). It is therefore necessary to take into account all these problematic aspects in outlining the hypothesis of a "free market of ideas" on the Net which concretely attributes to the final user of virtual information a very difficult burden of scrutiny and in-depth knowledge to fulfil, in the vastness of sources and information (Pitruzzella *et al.*, 2017).

On the other hand, if technology threatens, it can, at the same time, offer a useful contribution to the protection of fundamental human rights as in the case of the use of automatic moderation systems such as fake news selectors and in the identification of hate speech, allowing you to quickly verify large amounts of data that are difficult to manage without the aid of technology (Reale & Tomasi, 2022). In this direction, however, the problematic nature of determining mathematical criteria and IT procedures for verifying the contents should be noted, since the context plays a determining role in the discovery of the cases attributable to hate speech, through an activity of interpretation and assessment which would, in any case, refer to an area of decision-making arbitrariness (Pitruzzella *et al.*, 2017). Frequent and characteristic are, in fact, the *false positive* cases, evaluated as worthy of note but which, in reality, do not constitute a particular problem with reference to a specific legal system, and, on the contrary, of *false negatives*, i.e., content potentially harmful to rights but not reported by the computer system (Pitruzzella *et al.*, 2017).

Finally, the opaqueness of the algorithmic procedures for screening the contents, which would be entrusted with the protection of fundamental rights and legally relevant interests, could lead to a disturbing compression of the freedom of expression or information of the interested parties without there being the possibility of fully understand the basis for decision-making (Reale & Tomasi, 2022). Therefore, it seems more correct and feasible to use computer systems capable of assisting the human operator in the selection of some discursive sets particularly worthy of attention, where the system detects the need for in-depth analysis and a human decision (Pitruzzella *et al.*, 2017), functional in preparatory activities or moderation control, as well as in cases of "reactive" moderation, that is, requested by users, highlighting how human discernment appears indispensable in assessing the possible inadequacy of a content.

4.4. THE LEGAL CONTRAST TO THE HATE SPEECH

In addition, the removal of materials from the Web requires an intervention by the subjects professionally involved in the dissemination of virtual contents, opening up a debate on the responsibility of online service providers (ISPs), of digital platforms, subject to considerable responsibility in following the Google-Spain ruling of 2014, and social networks, to date considered as the privileged means for the transmission of hate speech (Abbondante, 2017), drawing a multifaceted picture that highlights all the difficulty of unequivocally finding, and through the traditional legal categories, liability and legal remedies. Also on these issues we note a different orientation between the USA and Europe.

Specifically, while the US discussion starting from Section 230 of the Communication Decency Act, the first rule introduced by Congress in 1996 to regulate the role of ISPs, seems to focus on assessing whether digital platforms, of a private nature, can implement content moderation choices not permitted by public authorities, as they are directly bound by the First Amendment (Bassini, 2021), the European context appears to partially detach itself from this approach, being characterized by constitutional provisions aimed at widely, but not absolutely, protecting the freedom of expression of thought, placed in balance with other principles and rights of equal importance, such as, for example, human dignity, the right to image, privacy and the protection of personal data.

Thus, with the exception of the German legal system which, for historical reasons, already includes in the Constitution the possibility of implementing significant derogations from freedom of expression, the countries of the Union have adopted, over time, sanctions for inciting racial hatred, ethnic and religious, tempered by the balance of national judges in considering the relevance of concrete circumstances so as to avoid anticipating the threshold of punishability to mere expressive conduct, although the ECtHR has excluded the application of art. 10 of the Convention where hate speech translates into vehement attacks against groups for religious or ethnic reasons and incompatible with the values proclaimed and guaranteed by the Convention and in particular with tolerance, social peace and non-discrimination, (Abbondante, 2017).

Secondly, as is known, to the ISP, starting from the dictates of the now dated Directive no. 2000/31, there is no obligation to monitor, to check in advance the content of posts and comments entered by users, nor to actively search for facts or circumstances that indicate illegal activities, except in the case in which the provider assumes an active role in conveying the information. The progressive expansion of the functions of online service providers over the years, such as, in some cases, to follow the attitudes of the public authorities (Bassini, 2021), seems, however, to solicit an increasingly broader interpretation of the role and responsibilities referable to these subjects. Even the European Union, as evidenced by the Commission's Guidelines of 2017, in the area of the surveillance obligations on the information transmitted or stored by online service providers, has developed a guideline aimed at greater accountability of ISPs, beyond what envisaged by Directive 2000/31/EC, aggravating the burdens by sanctioning the principles of the *take-down* imposed by the need to provide for detailed regulation, by the Member States, of the procedure which leads to the effective and timely removal of illicit contents, and of the *stay-down* intended as prevention of the reappearance of illicit contents similar to those already subject to take down.

Finally, it should be underlined how linking the removal obligation to the request of the injured party and the corresponding timing is opposed to the immediacy of the dissemination of the news, possibly aggravated by the presence of anonymous accounts or accounts referable to users who are difficult to identify. Then there is the possibility that the request for removal is unfounded, instrumental and tends to eliminate content that is an expression of freedom of information, fueling the public debate (Pitruzzella *et al.*, 2017, p. 82), that is, the possibility of private limitations on freedom of expression (Bassini, 2021). The role of ISPs, therefore, fits into this extremely multifaceted context, enhanced, however, by the possibility of autonomously establishing rules of conduct for the community and sanctions in the event of their violation, being in any case subjected, in the last resort, to the opinion of the judge the verification of the effective non-compliance with the rules of coexistence of the virtual community, as well as the verification of any injuries of juridically relevant situations (Falletta, 2020).

In this regard, on the assumption that a timely and effective removal of illegal online content cannot be, in the first instance, effectively guaranteed by the public authority and, consequently, the emergence of digital platforms in ensuring a rapid and ramified reaction to user reports (Falletta, 2020), the On 31 May 2016, the European Commission, in agreement with Facebook, Twitter, YouTube and Microsoft, launched a Code of Conduct, which, although not binding, represents a "soft pressure" intended to combat online forms of hate, according to the which the platforms undertake to self-regulate and monitor their communities, preparing rapid and effective procedures for examining reports, by users, of hateful content, to remove them or make them inaccessible (Reale & Tomasi, 2022) within a maximum period of 24 hours from the reporting of the illegal content, noting how the narrow terms set for the action of the intermediaries exclude the possibility of an in-depth content verification procedure, resulting in an increase in the risk of error and the removal of lawful speech (Abbondante, 2017). The centrality of online intermediaries is also reaffirmed by the Committee of Ministers and by the recent Guidelines of the Council of Europe, in May 2022, which invite the Member States to legally impose on these subjects the adoption of concrete measures to prevent the hate speech (Martorana, 2022).

Lastly, it should be remembered that in the European Regulation on Digital Services (Digital Services Act, DSA) new obligations have been introduced for platform of digital services, including that of providing explicit information on content moderation and, for larger intermediaries, the adoption of codes of conduct and mechanisms for the prevention of systemic risks concerning the fundamental rights and freedoms of individuals.

5. CONCLUSIONS

The circumstance that multiple reports and requests for the removal of hateful posts come from the same Network brings out the need to rethink the sanctioning possibilities beyond the penal sphere (De Rosa, 2020), as confirmed by the aforementioned Council of Europe Guidelines - to introduce civil and administrative measures in the direction of enhancing interventions with a positive sign, in support of victims and *counterspeech*, as well as the promotion of educational and training courses favoring democratic processes and the opening of public debate (Reale & Tomasi, 2022).

This is, after all, the path also outlined by the UNESCO, as part of the implementation of the *UN Strategy and Plan of Action on Hate Speech*, in the Global Education Ministers Conference wich was held on 26 October 2021: in this context it was, indeed, shown how education can play a fundamental role to address hatred both on- and offline, and help to counter the emergence of group-targeted violence, in a way also undertaken by the No Hate Speech Movement led by the Youth Department of the Council of Europe.

Strengthening educational responses to build the resilience of learners to exclusionary rhetoric and hate speech also lies at the core of the Education 2030 Agenda, and more specifically in reference to the Target 4.7 of Sustainable Development Goal 4 Target 4.7, which touches on the social, moral and humanistic purposes of education.

So, the issues addressed call for a profound reflection on the skills of online platforms which refers to the complexity of the relationship between public and private powers and their effects on the exercise of freedom of expression (Bassini, 2021). In addition, the delicate balancing of constitutional principles of a different nature through the involvement of ISPs presents considerable critical issues, bringing out the possibility of a *collateral censorship* conferred on subjects who, by specific vocation, carry out activities of a commercial nature (Pitruzzella *et al.*, 2017). The context described thus seems to highlight the need for new spheres of action for ISPs and, in parallel, for innovative forms of regulation, as respectful as possible of constitutionally protected rights and freedoms (Falletta, 2020). Last, but certainly not least, it seems appropriate to mark the coordinates of a *gentle* communication, that is sensitive towards the humanity of the other and respectful of mutual recognition, capable of establishing authentic and quality communication relationships (Colombo, 2020).

6. REFERENCIAS

Abbondante F. (2017). Il ruolo dei social network nella lotta all'hate speech: un'analisi comparata fra l'esperienza statunitense e quella europea, *Informatica e diritto*, 43(1-2), 41-68. https://n9.cl/umfjk

Amato Mangiameli A. C. and Saraceni G. (2023). *Cento e una voce di informatica giuridica*, Giappichelli.

Austin J. L. (1975). *How to do things with words*, Clarendon Press; trad. it. (2019). *Come fare cose con le parole*, Marietti 1820.

Bassini M. (2021). Libertà di espressione e social network, tra nuovi "spazi pubblici" e "poteri privati". Spunti di comparazione, *Rivista Italiana di Informatica e Diritto*, 2, 43-64. https://www.rivistaitalianadiinformaticaediritto.it/index.php/RIID/article/view/80/61

Bianchi C. (2021). Hate speech. *Il lato oscuro del linguaggio*, Laterza.

Campagnoli M. N. (2023). Hate Speech. In A. C. Amato Mangiameli, G. Saraceni (Eds.). *Cento e una voce di informatica giuridica* (pp. 253-257) Giappichelli.

Colombo F. (2020). *Ecologia dei media. Manifesto per una comunicazione gentile*, Vita e Pensiero.

Di Rosa A (2020). *Hate speech e discriminazione. Un'analisi performativa tra diritti umani e teorie della libertà*, Mucchi Editore.

Di Tano F. (2021). I reati informatici e i fenomeni del cyberstalking, del cyber bullismo e del revenge porn. In T. Casadei, S. Pietropaoli (Eds.). *Diritto e tecnologie informatiche. Questioni di informatica giuridica, prospettive istituzionali e sfide sociali* (pp. 165-178) Wolters Kluwer.

Falletta P. (2020). Controlli e responsabilità dei social network sui discorsi d'odio online, *MediaLaws – Rivista di Diritto dei Media*, 3, 146-158. https://www.medialaws.eu/wp-content/uploads/2020/03/1-2020-Falletta.pdf

Martorana M. (2022). Il complesso rapporto tra hate speech, libertà e democrazia. Un difficile bilanciamento tra le libertà fondamentali coinvolte e gli sforzi europei per il contrasto ai discorsi d'odio. https://n9.cl/xtqdl2

Orofino M. (2014). *La libertà di espressione tra Costituzione e Carte europee dei diritti. Il dinamismo dei diritti di una società in trasformazione*, Giappichelli.

Panattoni B. (2018). Il sistema di controllo successivo: obbligo di rimozione dell'ISP e meccanismi di notice and take down, *Diritto Penale Contemporaneo*, 5, 249-263. https://archiviodpc.dirittopenaleuomo.org/upload/3151-panattoni2018a.pdf

Pitruzzella G., Pollicino O. and Quintarelli S. (2017). *Parole e potere. Libertà d'espressione, hate speech e fake news*, Egea.

Reale C. M. and Tomasi M. (2022). Libertà d'espressione, nuovi media e intelligenza artificiale: la ricerca di un nuovo equilibrio nell'ecosistema costituzionale, *DPCE online*, 1, 325-336. https://www.dpceonline.it/index.php/dpceonline/article/view/1576

Ziccardi, G. (2016). *L'odio online. Violenza verbale e ossessioni in rete*, R. Cortina Ed.

LA PLATAFORMA PRADO: UNA HERRAMIENTA MOODLE PARA LA ENSEÑANZA SEMIPRESENCIAL Y VIRTUAL

Mª Isabel Martínez Robledo[1]

1. INTRODUCCIÓN

El Centro de Producción de Recursos para la Universidad Digital (CEPRUD) de la Universidad de Granada ha creado la plataforma PRADO para la gestión del aprendizaje en los tres escenarios que contempla la enseñanza universitaria: presencial, semipresencial (*b-learning*) y virtual (*e-learning*). La plataforma PRADO, cuyas siglas significan Plataforma de Recursos de Apoyo a la Docencia, se basa en un LMS (*Learning Management System*) o sistema de gestión del aprendizaje desarrollado en un entorno virtual, que permite el proceso de enseñanza-aprendizaje mediante la gestión, distribución y evaluación de recursos, contenidos y actividades programados de forma online. Como complemento a PRADO, la Universidad de Granada ha creado a su vez PRADO UGR, la aplicación móvil de la plataforma institucional que permite el acceso a la comunidad universitaria a los diferentes espacios docentes desde dispositivos portátiles tales como *smartphones* o *tablets* (*m-learning*). Actualmente, PRADO es la plataforma oficial de la Universidad de Granada (UGR) para el apoyo a la docencia presencial y la gestión de la docencia online.

La plataforma PRADO está basada en Moodle, un software de código abierto y gratuito para LMS muy extendido a nivel mundial, que utiliza tecnología PHP y bases de datos MySQL. Moodle es una de las herramientas más potentes que existen en la actualidad en el ámbito del *e-learning*, ya que crea un sistema web dinámico encargado de gestionar los diferentes entornos de la enseñanza virtual. Las características y opciones informáticas que posee esta plataforma permiten que su uso sea indicado tanto para la creación de cursos o asignaturas íntegramente orientados a la enseñanza a distancia, como para la virtualización de recursos y actividades que sirvan de complemento a la enseñanza presencial. El gran auge de Moodle como plataforma LMS es debido a que permite la flexibilidad y adaptabilidad del entorno de aprendizaje a los conocimientos y capacidades del profesor, tanto en el ámbito de la tecnología como de la pedagogía. El CEPRUD de la UGR oferta una gran variedad de cursos de formación basados en esta tecnología, pertenecientes a tres categorías distintas: los de docencia reglada, es decir, los espacios docentes de las diferentes asignaturas de las titulaciones oficiales de esta universidad, tanto de grado como de posgrado, alojados en la plataforma PRADO; los de docencia no reglada, que está constituida por los cursos de docencia no oficial que organiza la UGR o algunas entidades asociadas a la universidad, alojados en la plataforma Moodle E-CAMPUS;

---

1. Universidad de Granada (España)

y finalmente los cursos MOOC, caracterizados por ser *online*, masivos y abiertos, alojados en la plataforma AbiertaUGR y accesibles para que se registren en ellos participantes de cualquier parte del mundo.

2. OBJETIVOS

El objetivo principal de la presente publicación es realizar un estudio sobre la plataforma PRADO de la Universidad de Granada y la tecnología Moodle en la que se basa, con el fin de conocer ampliamente sus características y su utilidad real como herramienta de apoyo para la enseñanza semipresencial y virtual en la educación superior. Para ello, se realizará una introducción y seguidamente se establecerá el marco teórico, en este caso una descripción detallada de la plataforma Moodle, haciendo especial hincapié en sus orígenes, su evolución, su funcionamiento, sus características principales y los módulos que la componen. A continuación, se describirá la metodología y el enfoque pedagógico general aplicado en el proceso de enseñanza-aprendizaje realizado a través de esta plataforma y, de forma específica, en las modalidades semipresencial y virtual. Posteriormente, se procederá a analizar los resultados obtenidos por la plataforma PRADO mediante datos extraídos tanto de forma objetiva, a través de los indicadores de calidad que deben poseer las plataformas virtuales para considerarse óptimas, como de forma subjetiva, a través de la experiencia obtenida como docente en el aula y de los resultados académicos de los estudiantes en los diferentes cursos académicos en los que se ha implantado la plataforma en las distintas modalidades: presencial, semipresencial y virtual. Finalmente, se planteará una discusión sobre los aspectos positivos y negativos de la plataforma, así como sobre los retos que le quedan por afrontar en el futuro, y se concluirá con una valoración global sobre su efectividad y viabilidad como herramienta para el apoyo del proceso de enseñanza-aprendizaje.

3. MARCO TEÓRICO: LA TECNOLOGÍA MOODLE

En la actualidad, para poder hablar de la plataforma PRADO y de sus características principales hay que remontarse a sus orígenes, es decir, a la tecnología Moodle en la que está basada. En el año 2001, el pedagogo e informático Martin Dougiamas perteneciente a la Universidad Tecnológica de Curtin (Australia), creó la herramienta denominada Moodle y la liberó al año siguiente, en 2002, para que pudiera ser traducida a diferentes idiomas e implementada con nuevos temas. Moodle puede definirse como un sistema de gestión del aprendizaje cuyas características principales son, en primer lugar, que es gratuito y de código abierto para LMS (*Learning Management System*), y en segundo lugar, que utiliza la tecnología PHP y las bases de datos MySQL. El término Moodle tiene dos acepciones clave para entender su entorno de aprendizaje, enfoque pedagógico y funcionamiento. La primera acepción, y la principal, es informática y se centra en que Moodle proviene de *Modular Object-Oriented Dynamic Learning Environment* (Entorno Modular de Aprendizaje Dinámico Orientado a Objetos). Asimismo, circula también otra versión (no demostrada) que afirma que Moodle tiene una segunda acepción procedente del verbo inglés *moodle* (que no aparece en los diccionarios), cuyo significado sería "deambular perezosamente a través de algo", lo que daría una visión bastante aproximada de la filosofía de esta herramienta: poder realizar las tareas de enseñanza-aprendizaje cuando se desee, de forma autónoma y creativa, lo que serviría para fomentar la autonomía y el autoaprendizaje. Sea como fuere, ambas acepciones serían acertadas en su contenido ya que hacen alusión a la forma en la que, tanto el profesor como el estudiante, abordan la enseñanza y el aprendizaje de un curso o de una asignatura virtual a través de esta plataforma. Asimismo, Moodle podría definirse como una plataforma virtual orientada al proceso de enseñanza-aprendizaje o, más concretamente, como un *software* destinado a crear cursos y asignaturas en la red. Por lo tanto, Moodle es un sistema de libre distribución que sirve para gestionar cursos, lo que permite al profesorado la creación de comunidades para el aprendizaje en línea.

Tras la primera versión de Moodle, que vio la luz el 20 de agosto del año 2002, siguen apareciendo nuevas versiones de la herramienta de forma continua y regular. Tan sólo en 2008, alcanzó la cifra de 21 millones de usuarios a través de 46.000 sitios repartidos en los cinco continentes. Por lo tanto, Moodle es una de las plataformas virtuales mundialmente más utilizadas y ha sido traducida ya a 91 idiomas. Como curiosidad, hay que añadir también que, en la actualidad, cualquier usuario de Moodle se denomina "moodler". Moodle se utiliza en los tres escenarios de aprendizaje: presencial, semipresencial o híbrido (*b-learning*) y virtual (*e-learning* y *m-learning*), y resulta especialmente útil en la educación a distancia, en el modelo pedagógico de aula invertida (*flipped classroom*) y en otros esquemas de aprendizaje personalizados. Por ello, es un sistema muy utilizado en las instituciones académicas (colegios, institutos y universidades), en el ámbito empresarial y en diversos sectores de la sociedad.

Para el correcto funcionamiento de una plataforma Moodle tan sólo se requiere como requisito un servidor de última generación conectado a la red de forma ininterrumpida que posea un sistema operativo y un navegador web, y la instalación adicional del paquete de Moodle, Apache Web Server, Appserv Open Project, MySQL Database, PHP Script Language y phpMyAdmin Database Manager (es decir, el software específico de la plataforma Moodle, Appserv, servidor Apache, base de datos MySQL y soporte de PHP). Una vez instalada la plataforma, la interfaz de Moodle varía según el rol de la persona que se conecta. Tan sólo las figuras de Administrador y Profesor tienen permiso para gestionar toda la plataforma (en el primer caso) o una parte de ella (en el segundo caso), modificarla, programar actividades, añadir recursos, etc. Las figuras de Profesor No Editor, Estudiante o Invitado no pueden modificar nada, ya que no tienen el permiso de administrador, tan sólo pueden participar en las actividades previamente introducidas por éste. Los elementos comunes de la interfaz son: calendario, novedades, eventos, foros, actividades y la pestaña de acceso a la información personal del usuario (que permite la modificación de los datos personales de éste y la incorporación de una fotografía). La interfaz de Moodle se divide en cinco zonas bien delimitadas:

- Cabecera: información de acceso (*login*), información de navegación, roles, control de edición.
- Zona izquierda: acceso a la información del curso, funciones y acciones de Moodle, búsqueda en los foros, opciones de administración (panel distinto para los profesores y para los estudiantes).
- Zona derecha: novedades, calendario, eventos, actividad reciente.
- Zona central: elementos propios del curso o de la asignatura: contenidos, materiales, recursos, actividades, tareas, etc.
- Pie de página: información del usuario, salida de la aplicación (*logout*), opción de volver a la página principal. En algunas versiones, esta zona puede estar incluida en la parte superior de la aplicación.

Moodle permite insertar los contenidos mediante dos grandes bloques del modo Edición:

- Agregar Recurso: se puede insertar una etiqueta, subir un archivo, crear una página de texto o una página web y crear un hipervínculo a una página web.
- Agregar Actividad: se puede añadir una lección, cuestionario, base de datos, consulta, chat, encuesta, foro, glosario, SCORM, tarea, wiki, etc.

Según Castro López-Tarruella (2004), los módulos más representativos de la plataforma Moodle son los siguientes:

Módulo Tarea: está destinado a gestionar las tareas que los estudiantes deben entregar al profesor. Permite programar la fecha y la hora límite en la que se debe entregar una tarea y la máxima calificación con la que ésta se evaluará. Cuando los estudiantes suban la tarea al servidor, que podrá ser en archivos de diversos formatos, la plataforma grabará la fecha y la hora exacta de esta entrega. El profesor puede elegir entre dos opciones: permitir o no el envío de las tareas fuera del plazo establecido. La aplicación posee formularios para evaluar en una única página a todos los estudiantes que han enviado la tarea. El profesor puede añadir comentarios a la entrega de la tarea y enviar a los estudiantes una notificación. Asimismo, el profesor podrá decidir si acepta que, una vez calificada, le vuelvan a enviar la tarea.

Módulo Consulta: permite realizar votaciones entre la comunidad académica. Se puede utilizar para una votación específica o para que los estudiantes envíen su respuesta respecto a un tema o incluso una autorización. El contenido se mostrará al profesor mediante una tabla que contiene la información sobre la votación o la respuesta que ha escrito cada estudiante de forma individual. Si el profesor lo estima conveniente, puede mostrarles los resultados a los estudiantes mediante un gráfico.

Módulo Foro: la plataforma posee varios tipos de foro: de avisos y noticias (de sólo lectura), para la comunicación entre el profesor y los estudiantes o los estudiantes entre sí, sólo para los profesores, o para toda la comunidad universitaria. Cada mensaje del foro lleva adjunto el nombre y la foto del autor. La visualización de los mensajes puede configurarse también: pueden organizarse por temas y presentarse ordenados por fechas, empezando por los más lejanos o por los más actuales, según se desee. El profesor decide si los estudiantes deben estar suscritos a un foro en concreto o si pueden elegir ellos mismos los foros que deseen. En todos los casos, los estudiantes recibirán en el correo electrónico institucional una copia de cada mensaje.

Módulo Diario: sirve para que los estudiantes puedan escribir todos sus pensamientos y reflexiones sobre el curso. La información sólo es accesible para el profesor, de forma que el resto de los estudiantes no pueden leerla. La temática puede ser libre o guiada por el profesor a través de preguntas. El profesor puede añadir sus comentarios a estos diarios, y pueden formar parte de la evaluación. Para facilitar esta labor, los diarios de todos los estudiantes se pueden visualizar en un único formulario. Los comentarios y las notas del profesor se pueden enviar también por correo electrónico a los estudiantes.

Módulo Cuestionario: en este módulo, el profesor puede crear bases de datos con bancos de preguntas que pueden usarse y reutilizarse en distintos cuestionarios, pueden crearse en el editor de HTML y contener imágenes, y también pueden ser importadas o exportadas mediante archivos. Las preguntas podrán organizarse fácilmente por categorías, compartirse o visibilizarse en otros cursos y mostrarse aleatoriamente para que los estudiantes tengan la misma prueba con el orden cambiado, de forma que evite las copias. En cuanto a las calificaciones, la plataforma puede evaluar y poner las notas de forma automática a cada pregunta, y modificar estas calificaciones si hay cambios en las preguntas. El profesor puede establecer el horario en que empiezan y terminan, fijar un tiempo límite de envío, y decidir si permite o no que se envíen después de este plazo. Asimismo, puede establecer el número de intentos y si mostrará posteriormente las correcciones y los comentarios.

Módulo Recurso: permite visualizar archivos de distinto tipo, que incluyan texto, imagen y sonido, como pueden ser archivos Office (Word, Excel, PowerPoint), vídeos, audios, animaciones, etc. Existen las opciones de crear los archivos mediante editores HTML o de texto, de subirlos a la plataforma o de enlazarlos mediante hipervínculos.

Módulo Encuesta: permite proporcionar encuestas creadas con aplicaciones como COLLES o ATTLS que sirvan para evaluar los cursos. Posteriormente, se pueden mostrar los resultados a los estudiantes a través de gráficos o generar informes, que pueden exportarse mediante archivos de distinto formato como CSV o Excel. Los resultados de los estudiantes siempre estarán comparados respecto a la media del curso.

Módulo Wiki: en este módulo, el profesor puede fomentar el trabajo colaborativo mediante la creación de wikis cuyo contenido será compartido. Todos los estudiantes trabajarán de forma grupal en un mismo documento. Los estudiantes tendrán permiso para modificar sólo la información que concierne a su grupo, y tendrán acceso para consultar la de los otros grupos, aunque sin poder modificarla.

Una vez que se ha descrito el origen, la evolución, el funcionamiento, las características y los módulos principales de una plataforma Moodle, vamos a pasar a la metodología.

4. METODOLOGÍA

La metodología que se va a utilizar para realizar el estudio sobre la plataforma PRADO y la tecnología Moodle en la que se basa se centrará fundamentalmente en el análisis de datos, con el fin de conocer sus características y su utilidad real como herramienta de apoyo para la enseñanza semipresencial y virtual en la educación superior. Para ello, se analizarán los resultados obtenidos por la plataforma PRADO mediante datos extraídos tanto de forma objetiva como subjetiva. Por un lado, se detallarán los distintos indicadores de calidad que deben poseer las plataformas virtuales para considerarse óptimas, extraídos de Berrocal y Megías (2015), y en este caso aplicados a la tecnología Moodle. Por otro lado, se analizarán los datos obtenidos a través de la investigación empírica, de forma cualitativa (experiencia obtenida a través del método de observación como docente en el aula y de las encuestas realizadas a los estudiantes) y cuantitativa (resultados académicos de los estudiantes obtenidos de la evaluación en los diferentes cursos académicos en los que se ha implantado la plataforma en las distintas modalidades: presencial, semipresencial y virtual). Estos datos servirán para plantear una discusión sobre los aspectos positivos y negativos de la plataforma, así como sobre los retos que le quedan por afrontar en el futuro, para concluir con una valoración global sobre su efectividad y viabilidad como herramienta para el apoyo del proceso de enseñanza-aprendizaje.

5. EL ENFOQUE PEDAGÓGICO DE LA ENSEÑANZA SEMIPRESENCIAL Y VIRTUAL

Para empezar, podemos afirmar que el enfoque pedagógico de Moodle y, por consiguiente, de PRADO, está basado principalmente en el constructivismo y en el aprendizaje colaborativo. Por un lado, el constructivismo apoya la teoría de que el conocimiento humano se forma directamente en la mente de los estudiantes y que, por lo tanto, no se transmite de forma inalterable a partir del material didáctico. Según este enfoque, cada estudiante elaborará su propio aprendizaje a su manera y creará su conocimiento de forma única y personalizada. Para favorecer este enfoque, el profesor no debe limitarse a la mera labor de trasmisión o publicación de la información que considere que es de utilidad para el alumnado, sino que debe proporcionar un entorno de aprendizaje que se centre en los estudiantes, que permita a cada uno construir los conocimientos según sus propias habilidades y saberes previos. Por otro lado, el aprendizaje colaborativo se basa en la idea de un constructivismo social de la educación, en la que tanto los estudiantes como el profesor pueden contribuir y participar en el proceso de enseñanza-aprendizaje de un modo activo, colaborando en las diversas tareas y actividades, trabajando en equipo y compartiendo sus conocimientos con todos los miembros de la comunidad educativa. Las características de la plataforma Moodle permiten realizar este tipo de aprendizaje colaborativo, ya que dispone de herramientas específicas y opciones avanzadas como las entradas colectivas a bases de datos y glosarios o la creación conjunta de wikis o de sitios web. A continuación, nos vamos a centrar en las modalidades semipresencial y virtual, ya que en ellas se requiere una mayor adaptación metodológica debido al uso de las tecnologías de la información y la comunicación y, por lo tanto, se produce la consiguiente "virtualización" de las asignaturas.

5.1. Enseñanza semipresencial

Este tipo de enseñanza se caracteriza por un escenario marcado por la disminución de la presencialidad en la actividad académica debido a motivos fundamentalmente sanitarios que requieran un mayor distanciamiento interpersonal y la necesidad de que las aulas tengan un aforo limitado. En la enseñanza semipresencial, también denominada multimodal, se deben integrar las clases tanto de forma presencial como virtual, y para esta última modalidad, se debe hacer uso de las herramientas informáticas que permitan combinar ambas modalidades. Las clases en línea se llevan a cabo mediante videoconferencia gracias a herramientas síncronas como Google Meet. En cambio, para las actividades y trabajos no presenciales cuyo objetivo es la autonomía y el autoaprendizaje de los estudiantes, se utilizan las herramientas asíncronas como la plataforma PRADO y algunas aplicaciones de Google Workspace for Education. Esta modalidad semipresencial combina elementos y técnicas de la docencia tradicional, en la parte presencial de la asignatura, pero a su vez incorpora también otros esencialmente virtuales, basados en las TIC y en la informática.

Desde el punto de vista metodológico, este método se denomina *b-learning* (*blended learning*) ya que integra y combina ambas modalidades: la presencialidad, que ocupa el 50% de la asignatura, y el *e-learning* y *m-learning*, que ocupa el 50% restante. Las ventajas de esta modalidad es que no se pierde la interacción física, el contacto humano y el componente afectivo entre el profesor y los estudiantes y, a la vez, se puede incluir una gran variedad de materiales, recursos electrónicos y actividades novedosas basadas en las TIC, lo que facilita la adquisición de las competencias digitales y tecnológicas. Asimismo, el profesor tiene libertad y flexibilidad para crear materiales y recursos nuevos de forma creativa, original y novedosa. El enfoque metodológico se puede definir como colaborativo y cooperativo en su esencia, cuya finalidad es fomentar el trabajo en equipo, ya sea trabajando en grupo como en binomios, para alcanzar las competencias fijadas a través de diversas tareas que se deben realizar de forma conjunta entre los estudiantes. Sin embargo, no se debe relegar a un segundo plano el aprendizaje individualizado, para lograr el desarrollo personal y la autonomía en los estudiantes, mediante el trabajo autónomo, el autoaprendizaje y la autoevaluación que nos indica el EEES.

Para aplicar este método, se divide el grupo principal en dos subgrupos (1 y 2) que van rotando respecto a la presencialidad y virtualidad de la materia. Mientras el subgrupo 1 asiste a clase de forma presencial, esa sesión se retransmite mediante videoconferencia al subgrupo 2, que interviene a distancia. El siguiente día lectivo se hace a la inversa, es el subgrupo 2 el que asiste de forma presencial mientras el subgrupo 1 lo hace a distancia. Las clases presenciales sirven para realizar la parte práctica de la materia. En cambio, la parte teórica se lleva a cabo fuera del aula mediante la llamada *flipped classroom* o clase invertida. Los estudiantes preparan de forma autónoma los contenidos teóricos y realizan las actividades prácticas, que llevan ya preparadas para corregirlas en el aula. En este horario presencial, el profesor introduce los temas, explica las estructuras más complicadas y despeja las dudas que les hayan surgido a los estudiantes al preparar previamente los contenidos teórico-prácticos. Por ello, el profesor adopta el papel de mediador entre los estudiantes y el conocimiento, pero ya no es el que imparte clases magistrales mientras los estudiantes son relegados a un rol pasivo. En cambio, son los estudiantes los que se preparan el temario y las actividades fuera del aula para corregirlas después en clase. Asimismo, ellos son los encargados de explicar los contenidos, dar las respuestas a los ejercicios e intentar resolver las dudas de sus compañeros. El profesor es el responsable de verificar que esas correcciones son correctas y de aclarar las dudas complejas que los estudiantes no puedan resolver por sí mismos. Por lo tanto, las clases presenciales están destinadas a la interacción entre el profesor y los estudiantes, y de los estudiantes entre sí. En la parte virtual de la materia, los estudiantes deben usar los materiales y recursos proporcionados por el profesor para realizar diversas tareas y actividades online. La plataforma PRADO es el eje central y sus usos principales son los siguientes:

- PRADO sirve de soporte para compartir todos los recursos y materiales del curso, que pueden ser de distinto formato e incluir texto, audio y vídeo.
- PRADO es la herramienta a través de la que se lleva a cabo la comunicación fuera del aula entre toda la comunidad universitaria. Para ello, se puede usar el foro, el correo electrónico y los mensajes de chat, incorporados en la plataforma.
- PRADO es la herramienta en la que se deben realizar y entregar los trabajos obligatorios a través de las distintas opciones, como los cuestionarios o las tareas.
- PRADO es la única herramienta oficial en la que está permitido realizar los exámenes y las pruebas en línea.

En cuanto a la evaluación, ésta debe ser continua y adaptada tanto a la metodología presencial como virtual. Los exámenes finales y las pruebas de evaluación deben ser preferentemente presenciales, según las indicaciones de la UGR. En caso de tener que realizar pruebas online, éstas deben incluir obligatoriamente mecanismos que garanticen la autoría de los estudiantes en dichas pruebas.

5.2. Enseñanza virtual

Esta metodología se caracteriza por la suspensión completa de la docencia presencial y el paso a la educación a distancia, lo que conlleva un proceso de virtualización total de las asignaturas que requiere varios aspectos fundamentales para poder llevarse a cabo. En primer lugar, la universidad debe disponer de un campus virtual con unas infraestructuras potentes que permitan el correcto funcionamiento de las plataformas virtuales y de todas las aplicaciones informáticas necesarias para este tipo de docencia online. En segundo lugar, tanto los profesores como los estudiantes deben poseer una completa formación en informática y nuevas tecnologías que les permita, respectivamente, crear recursos y materiales interactivos, y poder seguir con normalidad la docencia a través de medios informáticos. Por último, es necesario adaptar la metodología tradicional a la virtual, teniendo en cuenta las ventajas y desventajas que poseen ambas, reflexionado en profundidad sobre estos cambios, de forma que el proceso de enseñanza-aprendizaje sea realmente productivo.

La enseñanza virtual, según el tipo de dispositivo al que está destinada, se denomina *e-learning* (*electronic learning*) si está orientada a equipos informáticos fijos o portátiles, y *m-learning* (*mobile learning*) si está orientada a dispositivos inalámbricos como teléfonos inteligentes y *tablets*. A la hora de adaptar la docencia a estos tipos de aprendizaje electrónico, hay que tener en cuenta algunas diferencias. Por su parte, el *e-learning* es más completo, permite sesiones más largas, y ofrece información más completa y recursos más sofisticados. En cambio, el *m-learning* sólo soporta sesiones más breves y los contenidos deben ser adaptados, compatibles y menos complejos. Al igual que en la enseñanza semipresencial, la virtual se basa en las siguientes herramientas proporcionadas por el CEPRUD:

- La plataforma PRADO que sirve de soporte a toda la docencia online.
- Las herramientas de Google Workspace for Education, con aplicaciones como Meet, Calendar o Drive para realizar videoconferencias, organizar eventos o almacenar archivos.
- Los programas Kaltura y OBS/Openshot, para crear vídeos para la docencia.
- El programa antiplagio Turnitin, para evitar el plagio en los trabajos académicos.

En la enseñanza virtual, todo el proceso se desarrolla de forma online: la docencia se lleva a cabo a través de videoconferencia, las actividades y los trabajos se realizan y entregan a través de PRADO, los recursos y materiales están ubicados íntegramente en esta plataforma, que es a su vez la única vía de comunicación entre la comunidad universitaria mediante las tres herramientas que posee: chat, foro y correo electrónico. Respecto a la metodología, sigue siendo constructivista, colaborativa y cooperativa, y utiliza el mismo enfoque de aula invertida (*flipped classroom*) descrito en la sección de la enseñanza semipresencial. Las clases retransmitidas de forma síncrona por videoconferencia sirven para la interacción, las correcciones y la resolución de dudas, y se combinan con la realización de actividades y tareas *online* a través de PRADO. En cuanto a la evaluación, los exámenes y pruebas se realizan únicamente en la modalidad virtual, usando los medios necesarios para garantizar la autoría de cada estudiante.

6. RESULTADOS

Para realizar la valoración sobre el funcionamiento de la plataforma PRADO durante estos últimos años, nos vamos a basar tanto en los indicios de calidad que deben poseer las plataformas virtuales para considerarse eficaces, como en la evaluación obtenida mediante la experiencia como docente en el aula y los resultados académicos de los estudiantes tras utilizar la plataforma en sus tres modalidades: presencial, semipresencial y virtual. Para empezar, vamos a analizar la calidad que posee la plataforma. Para Berrocal y Megías (2015), los indicadores de calidad de una plataforma virtual se miden a través de cuatro aspectos básicos: finalidad, diseño, herramientas de comunicación y aspectos académicos, y en el caso de Moodle, según estos autores, son los siguientes:

En primer lugar, la finalidad de PRADO es la docencia en sí: crear y editar cursos y asignaturas para las dos modalidades de enseñanza: *b-learning* y *e-learning* mediante software libre. En cuanto al diseño, PRADO cuenta con los siguientes indicios de calidad: facilidad de uso, interfaz sencilla, ligera y compatible, ayuda para su uso, menús y botones de navegación accesibles, herramienta flexible, visualización de las visitas. Respecto a las herramientas, los indicios son los siguientes: la calidad de los recursos multimedia es adecuada, posee herramientas de comunicación síncronas (foros y *chats*), posee herramientas de comunicación asíncronas (correo electrónico, mensajes y *chats*), existe la aplicación de la plataforma (*app*), los recursos multimedia facilitan el aprendizaje y el estudio. Finalmente, en lo relativo a los aspectos académicos, cuenta con los siguientes indicios de calidad: buena difusión de los materiales de estudio, creación de espacios de trabajo compartidos, tutorización y comunicación con el alumnado, multidisciplinariedad que se traduce en la comunicación con otros profesores de la asignatura o del departamento relacionados con el grupo de estudiantes, visualización de las visitas del alumnado relacionadas con la realización de las actividades, visualización de las tasas de abandono y visitas de los estudiantes de la asignatura, evaluación a través de cuestionarios y tareas (la plataforma permite evaluar los trabajos entregados por los estudiantes, la plataforma permite publicar las calificaciones de las actividades de los estudiantes, la plataforma facilita la entrega de calificaciones, la plataforma permite proponer tanto actividades online como presenciales, la plataforma se usa como una herramienta de aprendizaje a distancia para el autoaprendizaje y la autoevaluación), e incluye herramientas para la realización de tareas, wikis, debates, talleres, SCORM. En resumen, PRADO posee todos estos indicios especificados por los autores, lo que nos certifica la gran calidad de esta plataforma como herramienta de enseñanza-aprendizaje.

A continuación, vamos a centrarnos en la experiencia personal vivida en el aula como docente y en los resultados obtenidos por los estudiantes tras su implantación en los cursos académicos 2019-2022. En estos años hubo diversos cambios de escenario debido a la pandemia, por lo tanto, la docencia se llevó a cabo tanto de forma presencial como virtual a través de PRADO, pasando por unas semanas de transición entre una y otra modalidad, en la que se realizó la enseñanza de forma semipresencial. La metodología se adaptó a cada escenario, respetando los horarios fijados para cada materia, procurando mantener siempre una coherencia respecto a los objetivos y competencias que se debían alcanzar, y favoreciendo el sistema de evaluación continua respecto al de evaluación única final. En cuanto a los contenidos, se respetó en todo momento el temario teórico-práctico original, y se mantuvieron los mismos trabajos obligatorios, tan sólo se adaptaron a la modalidad presencial o virtual, dependiendo del momento. El método utilizado para la docencia fue el del aula invertida (*flipped classroom*), que es fácilmente aplicable a todas las modalidades, consistente en la preparación previa fuera del aula de los contenidos teóricos por parte de los estudiantes, así como la realización de las actividades teórico-prácticas, con el fin de aprovechar las clases para los aspectos prácticos: correcciones de las actividades, resolución de dudas y realización de las actividades destinadas a desarrollar las cuatro destrezas lingüísticas: comprensión escrita, comprensión oral, expresión escrita y expresión oral, haciendo especial hincapié en la interacción, tanto escrita como oral. El enfoque fue colaborativo dentro del aula, aunque se favoreció también el trabajo individual fuera de ella.

Según Martínez Robledo (2022), los resultados de PRADO tras la experiencia en el aula y la evaluación de los estudiantes fueron los siguientes:

En primer lugar, la asistencia fue mucho más numerosa en la modalidad presencial o semipresencial. En cambio, en la virtual disminuyó de forma considerable y se registraron menos conexiones por videoconferencia, justificadas por problemas con la red, problemas con las aplicaciones informáticas y por motivos sanitarios o personales debido a la pandemia. En cuanto a la participación en las actividades, hay que hacer una diferenciación entre las actividades de clase propiamente dichas (correcciones de ejercicios, práctica de las destrezas lingüísticas, resolución de dudas, etc.) presenciales o a través de videoconferencia, es decir, la participación directa de forma oral, respecto a las actividades realizadas online y entregadas en la plataforma PRADO. En el caso de la participación oral en clase, en la enseñanza virtual disminuyó la interacción y la participación de los estudiantes a través de la videoconferencia. Sin embargo, en este mismo escenario virtual, aumentó la realización y entrega de los trabajos de forma online a través de tareas de PRADO, por lo que, en cuanto a la participación de los estudiantes en este tipo de trabajos individuales autónomos, la modalidad de la plataforma superó a la presencial. En segundo lugar, las calificaciones de los estudiantes sufrieron variaciones importantes, dependiendo del tipo de escenario en el que se llevara a cabo la enseñanza. Si nos fijamos en el cómputo global de aprobados, sin especificar la calificación, podemos observar que hubo un incremento considerable en la modalidad virtual a través de PRADO, y pasó del 30% de aprobados en la modalidad presencial, al 85% de aprobados en la modalidad virtual. Si analizamos los resultados a través de las distintas calificaciones obtenidas por los estudiantes, también podemos observar diferencias importantes de una modalidad a otra. En el escenario presencial, el porcentaje con la calificación "Aprobado" fue el 30%, "Notable" el 40%, "Sobresaliente" el 15% y "No Presentado" el 15%. En cambio, en el escenario virtual de PRADO hubo un descenso de la calificación "Aprobado" al 15%, un ascenso significativo de "Notable" al 65%, una disminución de "Sobresaliente" al 10% y de "No Presentado" igualmente al 10%. Finalmente, en el escenario semipresencial, al haber servido de mero tránsito entre los escenarios presencial y virtual, no hubo evaluaciones de los estudiantes ni resultados de los trabajos de los que podamos extraer conclusiones, puesto que la docencia duró tan sólo unas semanas en esta modalidad.

Como conclusión tras el análisis de los resultados obtenidos a través de la experiencia en el aula y de la evaluación de los estudiantes, podemos afirmar que hay diferencias importantes entre las distintas modalidades de docencia respecto a la asistencia, la participación y las calificaciones de los estudiantes. Una vez contrastadas las modalidades, podemos constatar que la asistencia y la participación en clase disminuyeron de forma considerable en la enseñanza virtual, posiblemente debido a que la videoconferencia dificulta en cierta medida la interacción entre el profesor y los estudiantes, ya que la distancia física provoca cierta timidez y aislamiento respecto al resto de la clase, y la necesidad de pedir el turno de palabra a través del ordenador frena la intervención libre por parte de los estudiantes. En cambio, esta misma modalidad virtual favorece la realización de trabajos, actividades y tareas de trabajo autónomo a través de la plataforma PRADO, como pueden ser de producción escrita a través de redacciones, de producción oral a través de vídeos, etc., lo que conlleva un aumento de la participación en este tipo de actividades respecto a las realizadas en el aula. En cuanto a los resultados extraídos de la evaluación, podemos comprobar que los estudiantes obtuvieron mejores resultados académicos en la enseñanza virtual a través de PRADO respecto a la presencial. Este cambio tan significativo puede deberse al hecho de que los exámenes online crean un ambiente desprovisto de nervios y de tensión, en la intimidad del hogar, lo que favorece la concentración. Pero, del mismo modo podemos añadir que, al no tener un sistema de vigilancia tan estricto como en las pruebas presenciales, los estudiantes pueden hacer un uso fraudulento del ordenador como herramienta para realizar búsquedas de información en la red relativa con examen y para comunicarse a la vez con sus compañeros sin que el profesor pueda detectarlo, lo que propiciaría las copias de forma generalizada.

7. DISCUSIÓN

A continuación, vamos a plantear las ventajas y las desventajas que posee PRADO, para sopesar cuál de los dos bloques puede tener más importancia a la hora de extraer las conclusiones sobre su eficacia.

Las principales ventajas que ofrece la tecnología Moodle son las siguientes:

- Es una herramienta muy completa que, de forma sencilla, permite al profesorado la creación y gestión de variados contenidos y formas de aprendizaje: temas, asignaturas y cursos íntegramente a distancia o como apoyo a la presencial.
- Permite seguir de forma exhaustiva el trabajo y las tareas de los estudiantes: fecha y hora de la conexión, tiempo dedicado a cada actividad, hora exacta del envío de las actividades, hora del último acceso, etc. Permite realizar informes personalizados con la actividad que ha realizado cada estudiante, con la inclusión de gráficos e información detallada de cada tema o módulo.
- Permite comunicarse a distancia a través de distintas herramientas como los foros, el correo electrónico y el chat, favoreciendo el aprendizaje colaborativo.
- Permite una navegación intuitiva, estable, sencilla y compatible con distintos navegadores web.
- Dispone de una gran variedad de temas y plantillas (fáciles de modificar o ampliar) que permiten al administrador personalizar todo el entorno según su gusto o necesidad.
- Está traducida a más de 90 lenguas.
- Es de libre distribución y desarrollada con *software* gratuito, lo que permite que sea una herramienta accesible a todas las comunidades educativas dado su coste.
- Posee una gran flexibilidad y permite la autogestión del tiempo, lo que fomenta el autoaprendizaje, la autonomía y la autoevaluación.
- Permite la actualización constante de los recursos didácticos en diversos formatos y a un coste más económico que los materiales impresos en papel.
- Permite la comunicación fluida en dos direcciones: entre profesor y estudiantes, y entre los estudiantes entre sí, especialmente en el horario no lectivo.
- Se puede actualizar rápidamente ya que las distintas versiones mantienen una estructura idéntica en la base de datos y es fácilmente reparable. La actualización es permanente gracias a la labor de informáticos y profesores de todo el mundo.
- Funciona en cualquier equipo informático que posea PHP y bases de datos MySQL.
- Se pueden utilizar recursos muy variados debido a que es una plataforma orientada a objetos. Para que éstos funcionen correctamente sólo se necesita instalar la fuente indicada.
- Posee una oferta muy variada de actividades que se pueden incluir en los cursos: cuestionarios, tareas, encuestas, lecciones, foros, wikis, etc.
- Fomenta el trabajo cooperativo y colaborativo a través de una gran diversidad de actividades.

- Permite definir la evaluación de forma personalizada para calificar las actividades a través de escalas.
- Es una de las plataformas que ofrece mayor ahorro económico dado su bajo costo.
- Permite la catalogación de los cursos por categorías y permite la búsqueda.
- Posee su propio editor de HTML para incluir recursos interactivos hipermedia.
- Permite la importación/exportación de contenidos entre plataformas de forma cómoda gracias al modelo SCORM (Modelo de Referencia para Objetos de Contenido Compartido).
- Permite el intercambio de información con servidores a través de RSS (Sindicación Realmente Simple) y documentos XML.
- Posee una gran compatibilidad con aplicaciones de diverso tipo como "Hot Potatoes", programa de gestión de evaluación online, o como "Cmap Tools", herramienta para la creación de mapas conceptuales.
- Posee un sistema de seguridad que revisa de forma regular toda la plataforma.

Como contraposición a este gran número de ventajas, la tecnología Moodle posee también algunas desventajas, entre las que destacan las siguientes:

- Se requiere tener un equipo informático y conexión a Internet (aunque actualmente se da por hecho que todos los ciudadanos tienen acceso a las TIC, en realidad hay muchos hogares que no pueden permitirse este gasto).
- Hay fallos de conectividad a la red y problemas informáticos que dificultan el seguimiento del proceso de enseñanza-aprendizaje.
- Se requiere que las universidades posean campus virtuales con potentes infraestructuras informáticas.
- Se requiere una formación avanzada en informática tanto para el profesorado como para los estudiantes.
- Se requiere un cambio en la metodología por parte del profesorado y en las técnicas de estudio por parte de los estudiantes.
- Simplifica y mecaniza la labor docente.
- Se requiere una mejora en la organización y en la planificación, y una mayor disciplina y constancia.
- Provoca sensación de aislamiento y falta de socialización, debido a que la enseñanza es a distancia, y dificulta las relaciones afectivas entre el profesorado y el estudiantado (si la enseñanza es sólo virtual).
- Conlleva una dificultad para el profesorado la tarea de realizar un control y seguimiento diario de cada estudiante, y también a la hora de explicar los contenidos a estudiantes que posean niveles de aprendizaje diferentes.
- Transmite la imagen de que las actividades pueden ser mecánicas, repetitivas, desmotivadoras y poco originales.

Finalmente, vamos a plantear algunos retos importantes que debe afrontar la plataforma virtual PRADO para mejorar en el futuro. Tras la conclusión de la sección anterior sobre los resultados, podemos afirmar que dos de los grandes retos son, por un lado, lograr una mayor interacción entre la comunidad universitaria para favorecer la participación a distancia y, por otro lado, garantizar la autoría en los exámenes y pruebas online por parte de los estudiantes, ya que actualmente existen muchas barreras legales que impiden asegurarse del uso no fraudulento del ordenador. Actualmente, el derecho a la protección de la imagen y de la intimidad evita que se puedan supervisar las pruebas mediante herramientas de *proctoring*, lo que supone un grave problema para la evaluación de la enseñanza virtual en la universidad. Otro reto importante es la mejora de la calidad y la búsqueda de la excelencia que deben ser características distintivas de la enseñanza superior. Hay que superar los prejuicios que viene arrastrando la enseñanza a través de plataformas virtuales, que van asociados a una mala calidad de la enseñanza. Asimismo, la formación avanzada tanto del profesorado como de los estudiantes respecto a las TIC, es un punto importante que se debe mejorar también. Este cambio conlleva a su vez la adaptación de toda la comunidad universitaria, a nivel institucional, al concepto de campus virtual con una mejora importante de las infraestructuras y una gran oferta de cursos de formación.

8. CONCLUSIONES

Moodle es una de las herramientas más avanzadas que existen para la enseñanza virtual. El hecho de ser una plataforma de libre distribución, creada con software libre, posibilita la creación de comunidades académicas virtuales a bajo costo y garantiza su continua actualización. Su amplia difusión en los cinco continentes y su traducción a más de 90 lenguas la convierten en una de las plataformas más utilizadas a nivel mundial. El enfoque pedagógico constructivista y colaborativo en el que está basada permite fomentar tanto la autonomía y el autoaprendizaje en la construcción del conocimiento individual del estudiante, como el intercambio de ideas y la cooperación entre todos los miembros de la comunidad académica, lo que evita la sensación de aislamiento propia de la enseñanza a distancia. Los distintos módulos y opciones de la plataforma permiten la creación de diversas actividades y recursos variados, como tareas, cuestionarios, wikis, chats, consultas, glosarios, encuestas, foros, lecciones, etc., que contribuyen a que el proceso de enseñanza-aprendizaje sea más eficaz y dinámico. Por lo tanto, podemos afirmar que, pese a algunas desventajas que pueda tener, Moodle es una de las mejores herramientas para la creación y gestión de cursos y asignaturas online, tanto íntegramente pertenecientes a la enseñanza virtual y a la enseñanza a distancia, como complementarios a la enseñanza presencial o semipresencial. La plataforma PRADO, basada en tecnología Moodle, tras su implantación en distintos escenarios durante varios cursos, ha demostrado poseer unos indicios de calidad muy altos respecto a otras plataformas virtuales y ha demostrado ser una herramienta efectiva y viable debido a los buenos resultados académicos alcanzados tanto en enseñanza presencial como virtual.

9. REFERENCIAS

Berrocal, E. y Megías, S. (2015). Indicadores de calidad para la evaluación de plataformas virtuales. *TEXTOS. Revista Internacional de Aprendizaje y Cibersociedad. 19*(2). https://doi.org/10.37467/gka-revciber.v19.870

Castro López-Tarruella, E. (2004). Moodle: Manual del profesor. Una introducción a la herramienta base del Campus virtual de la ULPGC. *Departamento de Bioquímica, Biología Molecular y Fisiología, Universidad de Las Palmas de Gran Canaria.* https://moodle.org/file.php/11/manual_del_profesor/Manual-profesor.pdf

Martínez Robledo, M. I. (2022). Hacia la virtualización de la docencia universitaria: Un cambio metodológico basado en tres escenarios. *Human Review. International Humanities Review, 15*(3), 1–16. https://doi.org/10.37467/revhuman.v11.4238

ALFABETIZACIÓN Y COMPETENCIAS DIGITALES PARA EL USO PUBLICITARIO DEL BUSINESS MANAGER DE FACEBOOK: UNA APROXIMACIÓN AL PROCESO DE APRENDIZAJE DEL ADULTO

Victoria Mejías[1]

1. INTRODUCCIÓN

El mundo está cambiando a un ritmo acelerado, y la tecnología está desempeñando un papel cada vez más importante en la vida del ser humano. Las personas que no tengan las habilidades digitales necesarias para adaptarse a estos los cambios estarán en desventaja.

Con la llegada de las TIC, nace la alfabetización digital, que es la capacidad de comprender, utilizar y evaluar las tecnologías digitales para el aprendizaje, el trabajo y la comunicación. Para llevar todo esto acabo se requieren competencias digitales, es decir, tener conocimiento, habilidades y actitud, Esto implica tener el conocimiento necesario para manejar los conceptos relacionados con las TIC, la capacidad de llevar a cabo cada proceso y tener la disposición de actuar.

Este estudio es relevante porque aborda un tema importante para el sistema económico del mundo actual. La investigación está justificada, ya que tiene como objetivo diseñar un proceso de alfabetización basado en las competencias digitales propuestas por la DigComp 2.2, enfocado en el uso eficaz del Business Manager de Facebook para hacer anuncios publicitarios en Facebook e Instagram.

La pregunta de investigación es ¿qué conocimientos previos son necesarios para hacer publicidad en Facebook e Instagram? Al tener respuesta a esa pregunta será más fácil alfabetizar digitalmente a todo aquel que desee hacer publicidad para generar ingresos propios o para sus clientes en caso de ofrecer servicios de publicidad en Facebook e Instagram.

Para dar respuesta a la pregunta de investigación y al objetivo planteado he realizado la investigación en tres fases: la primera es el diagnóstico de las competencias digitales previas (211 personas respondieron un cuestionario), la segunda fases consiste en el diseño de estrategias de aprendizaje significativo con enfoque constructivista y la tercera fase se ha basado en la definición del contenido, habilidades y la motivación necesaria para lograr el objetivo de hacer anuncios en Facebook e Instagram.

---

1. Investigadora y consultora (Venezuela)

2. OBJETIVO

Diseñar un proceso de alfabetización basado en las competencias digitales propuestas por la DigCom 2.2, enfocado en el uso eficaz del Business Manager de Facebook para hacer anuncios publicitarios en Facebook e Instagram.

3. MARCO TEÓRICO

Según Mochón (1992), "las familias, las empresas y el sector público son los responsables de la actividad económica. La actividad económica se concreta en la producción de una amplia gama de bienes y servicios cuyo destino es la satisfacción de las necesidades humanas."

Para que un ser humano sea parte del sistema económico, debe poseer las competencias claves para el aprendizaje permanente. Según el Marco de referencia europeo (2006), cada ciudadano requerirá una amplia gama de competencias para adaptarse de modo flexible a un mundo que está cambiando con rapidez y muestra múltiples interconexiones. En su doble función - social y económica -, la educación y la formación debe desempeñar un papel fundamental para garantizar que los ciudadanos europeos adquieran las competencias claves necesarias para poder adaptarse de manera flexible a los cambios.

El marco de referencia establece ocho competencias clave, estas son:

1. Comunicación en la lengua materna
2. Comunicación en lenguas extranjeras
3. Competencia matemática y competencias básicas en ciencia y tecnología
4. Competencia digital
5. Aprender a aprender
6. Competencias sociales y cívicas
7. Sentido de la iniciativa y espíritu de empresa
8. Conciencia y expresión culturales

Según Area, Gutiérrez y Vidal (2012,) en el mundo mediado a través de las Tecnologías de la Información y la Comunicación (TIC) se ha vuelto hablar de letrados y analfabetos en la Sociedad de la Información. Se hace referencia a la cultura digital.

Según Area y Pessoa (2012) definen la alfabetización digital como un conjunto de competencias para acceder, producir, comunicar y compartir información mediante el uso de las tecnologías digitales.

Según la DigComp 2.2 (2022, las competencias son una combinación de conocimientos, habilidades y actitudes. Para llevar a cabo investigación, no solo he tomado en cuenta las ocho competencias claves para el aprendizaje permanente, sino que he profundizado en las competencias digitales, según el marco de trabajo DigComp 2.2 se ha creado una visión consensuada de lo que se necesita en términos de competencias para superar los retos que plantea la digitalización en casi todos los aspectos de la vida moderna.

Estas son las cinco competencias:

1. Búsqueda y gestión de información y datos
2. Comunicación y colaboración
3. Creación de contenidos digitales

4. Seguridad

5. Resolución de problemas

A propósito de este trabajo es formar a un ciudadano que se adapte a los cambios y pueda ser parte del sistema económico, manejándose con seguridad al momento de usar la tecnología. Hoy en día, las redes sociales no solo son un medio para compartir, sino también para vender. Según Meta (2021), los espectadores de videos citaron a Instagram y Facebook como las plataformas de video que más utilizan para conectarse con las marcas.

Para lograr este objetivo, se utiliza la teoría de aprendizaje significativo(Ausubel, 1976) con enfoque constructivista (Barriga y Hernández, 2010). Esta teoría permite realizar el proceso de alfabetización basado en las competencias digitales propuestas por la DigComp 2.2 (2022), enfocado en el uso eficaz del Business Manager de Facebook para hacer anuncios publicitarios en Facebook e Instagram.

Barriga y Hernández (2010) explican que durante el aprendizaje significativo el alumno relaciona de manera no arbitraria y sustancial la nueva información con los conocimientos y experiencias previas y familiares que ya posee en su estructura de conocimiento. El enfoque constructivista se centra en enseñar a pensar y actuar sobre contenidos significativos y contextuados.

Según Cool (1990), la concepción constructivista se organiza en torno a tres ideas principales:

1. El alumno es el responsable último de su propio aprendizaje, Él construye cuando explora, descubre, manipula o inventa, inclusive cuando lee o escucha la exposición de los otros.

2. La actividad mental constructiva del alumno se aplica a contenidos que poseen ya un grado considerable de elaboración.

3. La función del docente es hacer que encajen el conocimiento del alumno con el saber colectivo, esto implica que no solo es crear condiciones favorables, sino que para que el alumno ejerza una actividad mental constructiva él debe orientar y guiar las actividades.

El constructivismo es una teoría del aprendizaje que ha cambiado la educación. Ha transformado el rol del docente pasando de transmisor de conocimiento a un facilitador del aprendizaje. Esto ha permitido que los entornos de aprendizaje estén más centrados en el alumno, esto ofrece la oportunidad para que los alumnos sean activos y participen en su propio aprendizaje.

4. METODOLOGÍA

Este estudio fue de tipo cuantitativo, descriptivo y transversal. Cuantitativo porque la información del objeto de estudio se da por medio de números. Descriptiva porque tiene un perfil detallado del nivel de competencias de las personas que respondieron la encuesta sin pretender dar explicaciones o evaluar su aplicación. Transversal porque hice la recolección de datos en un lapso corto de tiempo y solamente se hizo una medición.

Este estudio se ha basado en explorar la autopercepción de las competencias para el aprendizaje permanente, las competencias digitales y las dimensiones de las competencias digitales, diseñé un cuestionario que suministré por internet con base en los documentos "Competencias clave para el aprendizaje permanente, un Marco de Referencia Europeo"

(Unión Europea, 2007) y el "Marco de Competencias Digitales para la Ciudadanía" (DigComp, 2022).

La plataforma utilizada para el cuestionario ha sido Google Forms, lo he suministrado por medio de correo electrónico, redes sociales (Instagram y WhatsApp) y visitas a establecimientos comerciales.

La población seleccionada han sido todos adultos (mayores de 18 años) que se desempeñan como estudiantes, profesionales y dueños de negocios (físicos y digitales).

La recolección de los datos se hizo entre el 23 de junio y el 03 de julio del 2023. Para analizar los datos utilicé las estadísticas descriptivas (tablas de frecuencia, media y desviación estándar).

5. DESARROLLO DE LA INVESTIGACIÓN

El desarrollo de esta investigación lo he realizado en tres fases. En la primera fase he realizado un diagnóstico de las competencias digitales con el objetivo de determinar el punto de partida con relación a la alfabetización digital y el conocimiento previo necesario para poder aprender a utilizar el Business Manager de Facebook.

En la segunda fase he complementado el conocimiento previo establecido en la primera fase al determinar las estrategias de aprendizaje significativo con enfoque constructivista (Ausubel 1976, Díaz y Hernández Rojas 2010), para llevar a cabo el proceso de alfabetización y competencias digitales.

En la tercera fase he establecido el contenido, habilidades y el factor motivacional para aprender a hacer publicidad en Facebook e Instagram utilizando el Business Manager.

5.1. Fase 1

En total, 211 personas respondieron la encuesta. La información socio demográfica de los respondientes está en las tablas 1 y 2.

Tabla 1: Información de edad, género y país de residencia de las personas que respondieron el cuestionario. Fuente: Elaboración propia.

Edad	n (%)	País de residencia	n (%)
Entre 18 y 25	27 (12,80%)	Argentina	2 (0,95%)
Entre 26 y 30	31 (14,69%)	Bolivia	15 (7,10%)
Entre 31 y 35	19 (9%)	Chile	1 (0,50%)
Entre 36 y 40	18 (8,53%)	Colombia	46 (21,72%)
Entre 41 y 45	22 (10,43%)	Costa Rica	1 (0,50%)
Entre 46 y 50	27 (12,80%)	Ecuador	16 (7,60%)
Entre 51 y 55	27 (12,80%)	El Salvador	1 (0,50%)
Entre 56 y 60	22 (10,43%)	España	1 (0,50%)
Entre 61 y 64	15 (7,10%)	México	43 (20,30%)
Más de 64	3 (1.42%)	Nicaragua	1 (0,50%)
Género	n (%)	Paraguay	1 (0,50%)

Femenino	124 (58,5 %)	Perú	29 (13,73%)
Masculino	87 (41%)	República Dominicana	3 (1,50%)
Otro	1 (0,50%)	Venezuela	51 (24,10%)

En la tabla 1 hay una distribución muy similar entre los distintos rangos de edades. La mayor proporción de respondientes son femeninos. Solo una persona se identificó como género no binario. Los países con mayor frecuencia de respuestas fueron: Colombia, México, Perú y Venezuela.

Tabla 2: Información de máximo nivel de estudios alcanzados y rango de ingresos mensuales de las personas que respondieron el cuestionario. Fuente: Elaboración propia.

Máximo nivel de estudios	n (%)	Rango de ingresos mensuales	n (%)
Primaria	2 (1%)	No tiene ingresos	21(10%)
Secundaria	2 (1%)	Menos de 200 dólares	41 (19,5%)
Bachillerato	25 (12%)	Entre 200 y 500 dólares	60 (28,5%)
Grado/ Licenciatura/ Pregrado	102 (48%)	Entre 500 y 1000 dólares	53 (25%)
Maestría	69 (32,70%)	Entre 1000 y 1500 dólares	17 (8%)
Doctorado	11 (5,30%)	Más de 1500 dólares	19 (9%)

En la tabla 2 la mayoría de los participantes había culminado un grado/licenciatura/pregrado. Seguido por personas que habían terminado una maestría.

En tercer lugar, se encontraban personas que solamente habían terminado el bachillerato. La mayoría de las personas tienen ingresos inferiores a los 1000 dólares mensuales, siendo el rango entre los 200 y 500 dólares el más frecuente.

Tabla 3: Autopercepción de competencias para el aprendizaje permanente de las personas que respondieron el cuestionario. Fuente: Elaboración propia.

Competencias para el aprendizaje permanente.	Escala de Likert (%)					Media ± desviación estándar
	1	2	3	4	5	
Comunicación lengua materna	0,5	0,9	2,8	19,4	76,3	4,7 ± 0,6
Comunicación en lengua extranjera	27	21,8	25,6	10	15,6	3 ± 1
Matemática	1,4	5,2	25,1	27	41,2	4 ± 1
Competencia digital	2,4	4,7	21,3	36,5	35,1	4 ± 1
Aprender a aprender	0,5	1,9	13,7	39,8	44,1	4,3 ± 0,8
Competencias sociales y cívicas	0,5	1,9	12,3	33,6	51,7	4,3 ± 0,8
Sentido de la iniciativa y espíritu de empresa	1,4	4,3	21,3	36	37	4 ± 1
Conciencia y expresión culturales	2,4	6,6	24,2	33,6	33,2	4 ± 1

En la tabla 3 la competencia de comunicación en lengua materna obtuvo mayor autopercepción. De manera contraria, la competencia con menor nivel de autopercepción fue la comunicación en lengua extranjera. Las demás competencias se mantienen en un nivel medio alto.

Tabla 4: Autopercepción de competencias digitales de las que personas que respondieron el cuestionario. Fuente: Elaboración propia.

Competencias digitales	Escala de Likert (%)					Media ± desviación estándar
	1	2	3	4	5	
Búsqueda y gestión de información y datos	0	5,2	18,5	36,5	39,8	4,1 ± 0,8
Comunicación y colaboración	0,9	2,4	8,1	37,4	51,2	4,3 ± 0,8
Creación de contenidos digitales	8,5	11,4	32,2	24,6	23,2	3,4 ± 1,2
Navegar seguro en internet (seguridad)	3,3	5,7	19,4	36	35,5	3,9 ± 1,0
Resolución de problemas	8	16,5	24,5	25,5	25,5	3,5 ± 1,2

En la tabla 4 la competencia de comunicación y colaboración obtuvo mayor autopercepción. De manera contraria, la competencia con menor nivel de autopercepción fue la creación de contenidos digitales. Las demás competencias se mantienen en un nivel medio alto.

Tabla 5: Autopercepción de las dimensiones de la competencia digitales de las personas que respondiendo el cuestionario. Fuente: Elaboración propia.

Dimensión de la competencia Buscar y gestionar información y datos	Escala de Likert (%)					Media ± desviación estándar
	1	2	3	4	5	
Navegar, buscar y filtrar datos, información y contenidos digitales.	2,8	5,7	15,6	32	43,1	4,0 ± 1,0
Evaluar datos, información y contenidos digitales.	4,3	6,2	25,1	32,2	32,2	3,7 ± 1,0
Gestión de datos, información y contenidos digitales.	3,8	7,1	22,3	32,7	34,1	3,8 ± 1,0

En la tabla 5 la competencia de navegar, buscar y filtrar datos, información y contenidos digitales obtuvo mayor autopercepción. De manera contraria, la competencia con menor nivel es evaluar datos, información y contenidos digitales. Las competencias de gestión de datos, información y contenidos digitales es de un nivel medio.

Tabla 6: Autopercepción de las dimensiones de la competencia digitales de las personas que respondiendo el cuestionario. Fuente: Elaboración propia.

Dimensión de la competencia, comunicación y colaboración	Escala de Likert (%)					Media ± desviación estándar
	1	2	3	4	5	
Interactuar a través de tecnologías digitales	2,8	3,8	12,8	30,3	50,2	4,2 ± 0,9
Compartir a través de tecnologías digitales	2,4	5,2	14,2	33,6	44,5	4,1 ± 0,9
Participación ciudadana a través de las tecnologías digitales	6,2	6,6	23,7	32,2	31,3	3,7 ± 1,1
Colaboración a través de las tecnologías digitales	4,7	7,1	18	26,5	43,6	3,9 ± 1,1
Gestión de la identidad digital	3,3	6,6	15,2	31,3	43,6	4,0 ± 1,0

En la tabla 6 la competencia interactuar a través de tecnologías digitales obtuvo mayor autopercepción. De manera contraria, la competencia con menor nivel es participación ciudadana a través de las tecnologías digitales. Las demás competencias se mantienen en un nivel medio alto.

Tabla 7: Autopercepción de las dimensiones de la competencia digitales de las personas que respondiendo el cuestionario. Fuente: Elaboración propia.

Dimensión de la competencia, creación de contenidos digitales	Escala de Likert (%)					Media ± desviación estándar
	1	2	3	4	5	
Desarrollo de contenidos digitales.	8,1	14,7	26,1	19,9	31,3	3,5 ± 1,2
Integración y reelaboración de contenido digital (modificar, mejorar, perfeccionar, agregar información, etc.)	9	15,2	22,3	29,9	23,7	3,4 ± 1,1
Derechos de autor y licencias de propiedad intelectual (respetar).	5,7	5,2	12,8	29,9	46,4	4,0 ± 1,1
Programación (dar instrucciones al sistema para ejecutar una tarea)	18	16,6	25,6	21,8	18	3,0 ± 1,3

En la tabla 7 la competencia, derechos de autor y licencias de propiedad intelectual obtuvo mayor autopercepción. De manera contraria, la competencia con menor nivel es programación. Las demás competencias se mantienen en un nivel medio.

Tabla 8: Autopercepción de las dimensiones de la competencia digitales de las personas que respondiendo el cuestionario. Fuente: Elaboración propia.

Seguridad (navegar seguro en internet)	Escala de Likert (%)					Media ± desviación estándar
	1	2	3	4	5	
Protección de dispositivos y contenidos digitales	7,1	8,1	22,3	32,2	30,3	3,7 ± 1,1
Protección de datos personales y privacidad	4,7	7,6	16,1	31,8	9,8	3,9 ± 1,1
Protección de salud y bienestar	3,8	6,2	15,2	35,1	39,8	4,0 ± 1,0
Protección medioambiental	3,3	9,5	26,5	25,1	35,5	3,8 ± 1,1

En la tabla 8 la competencia, protección de salud y bienestar obtuvo mayor autopercepción. De manera contraria, la competencia con menor nivel es protección de dispositivos y contenidos digitales. Las demás competencias se mantienen en un nivel medio.

Tabla 9: Autopercepción de las dimensiones de la competencia digitales de las personas que respondiendo el cuestionario. Fuente: Elaboración propia.

Dimensión de la competencia, resolución de problemas	Escala de Likert (%)					Media ± desviación estándar
	1	2	3	4	5	
Resolución de problemas técnicos	7,1	10,9	28	23,7	30,3	3,5 ± 1,2
Identificación de necesidades y respuestas tecnológicas	8,5	10,9	28,9	26,5	25,1	3,4 ± 1,2
Uso creativo de la tecnología digital	10,4	16,6	24,6	21,8	26,5	3,3 ± 1,3
Identificar lagunas en las competencias digitales	16,1	11,4	22,7	28	21,8	3,2 ± 1,3

En la tabla 9 la competencia, resolución de problemas, obtuvo mayor autopercepción. De manera contraria, la competencia con menor nivel es identificar lagunas en las competencias digitales. Las demás competencias se mantienen en un nivel medio.

En un mundo digitalizado, las competencias digitales son esenciales para la vida y el trabajo, sin ellas se reduce la capacidad productiva de una persona para ser parte de la sociedad y del sistema económico. Según la UNESCO (2019) "La alfabetización digital es el conjunto de habilidades y conocimientos que permiten a las personas acceder y usar la información de manera efectiva en un mundo digital."

La encuesta ha demostrado que las personas están más consciente de sus competencias digitales cuando se trata de tareas (básicas) que realizan con frecuencia. Sin embargo, están menos consciente de sus competencias digitales cuando se requiere un conocimiento y habilidad especializada, por lo tanto:

- Las competencias digitales más autopercibidas son la comunicación y colaboración, la navegación y gestión de información y datos y la resolución de problemas. Está relacionado con el uso diario de la tecnología.
- Las competencias digitales con menor autopercepción son la creación de contenidos digitales, la protección de dispositivos y contenidos digitales, y la identificación de lagunas en las competencias digitales. Está relacionado con el hecho de que se requieren conocimientos y habilidades más especializadas.

Por lo tanto, el conocimiento previo, necesario para la alfabetización digital y el manejo del Business Manager con fines publicitario, se centra en hacer un repaso de las cinco competencias digitales, fortaleciendo aquellas que han tenido menor autopercepción, estás son:

- Búsqueda y gestión de información y datos
- Navegar seguro en internet (seguridad)
- Protección de dispositivos y contenidos digitales
- Protección de datos personales y privacidad
- Protección medioambiental

- Creación de contenidos digitales
- Derechos de autor y licencias de propiedad intelectual
- Programación
- Identificación de lagunas en las competencias digitales

5.2. Fase 2

Las estrategias de aprendizaje significativo con enfoque constructivista para llevar a cabo el proceso de alfabetización y competencias digitales son: activar y usar el conocimiento previo para luego mejorar la integración constructiva entre el conocimiento previo y la nueva información (Díaz y Hernández, 2010)

Para activar y usar el conocimiento previo se requiere:

- Hacer un repaso práctico de las cinco competencias digitales fortaleciendo las competencias con menor autopercepción (DigComp 2.2, 2022)
- Repasar el uso de la computadora (Brookshear, 2012)
- Para mejorar la integración constructiva entre el conocimiento previo y la nueva información se requiere:
- Dominio de los conceptos básicos de marketing digital (Florido, 2019)
- Conocer cómo está organizado el Business Manager (Meta, 2023).
- Este diagrama de flujo online lo he diseñado para orientar al aprendiz dentro de la herramienta, cada paso le da una breve descripción y contiene la imagen del icono que se va a encontrar para que sea más fácil identificarlo.

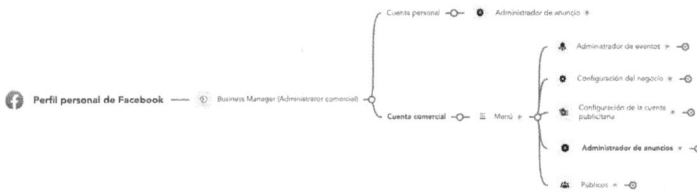

Figura 1. Diagrama de flujo: Orientaciones para usuarios de la herramienta.
Fuente: elaboración propia. Datos obtenidos de Meta.

Al ser un diagrama de flujo online, el aprendiz podrá presionar el círculo azul e ir revisando cada una de las opciones que se encuentra en el menú e ir leyendo la descripción de cada uno y su utilidad.

De esta manera se familiariza con la herramienta (Business Manager), los conceptos de básico de publicidad y marketing digital previo a comenzar a profundizar en la publicidad en Facebook e Instagram.

5.3. Fase 3

El contenido del curso online está enfocado en la perspectiva del aprendizaje significativo con enfoque constructivista, esto implica que se toma en cuenta el tipo de aprendizaje, es decir, el modo en el que se adquiere la información y la forma en la que se incorpora el conocimiento en la estructura cognitiva del aprendiz (Díaz y Hernández 2010).

Esto se ha hecho tomando en cuenta las condiciones para el logro del aprendizaje significativo y el factor motivacional, este factor está presente al inicio del curso y en el feedback de las actividades, de esta manera se fomenta el aprendizaje centrado en el aprendiz (Díaz y Hernández, 2010).

El contenido del curso consta de ocho módulos, estos son:

1. Configura la herramienta
2. Define la estrategia
3. Estudia al cliente ideal
4. Implementa la estrategia
5. Redacta el texto persuasivo
6. Prepara los recursos (imágenes o videos)
7. Activa el anuncio
8. Analiza los resultados

Las habilidades necesarias para el manejo de los anuncios publicitarios son: creatividad, análisis y redacción.

El contenido del curso está creado en función de interrelacionar cada contenido, es decir, el módulo anterior nutre al siguiente y así sucesivamente. En cada módulo se le indica al aprendiz:

- El objetivo de aprendizaje del módulo
- Qué será capaz de hacer al culminar el módulo
- El contenido del módulo (lecciones)
- Las actividades a realizar
- El ejercicio para trabajar las habilidades de analítica, redacción y creatividad.
- En la última lección verá un resumen de todo lo visto en ese módulo.

De esta manera se logra que el aprendiz relacione el contenido nuevo con el previo y pueda ir construyendo su propio aprendizaje a medida que avanza en cada lección y realiza las actividades que le permiten adquirir las habilidades y el conocimiento necesario para hacer publicidad en Facebook e Instagram utilizando el Business Manager.

6. CONCLUSIONES

En este artículo he investigado los conocimientos previos necesarios para aprender a hacer publicidad en Facebook e Instagram. Los resultados muestran que los conocimientos previos más importantes son:

- Dominar a nivel medio alto las cinco competencias digitales propuestas por la DigComp 2.2 (2022).

- Repasar el uso de la computadora (Brookshear, 2012)
- Dominar los conceptos básicos de marketing digital (Florido, 2019)
- Conocer cómo está organizado el Business Manager (Meta, 2023).

Lo antes mencionado me ha permitido desarrollar un proceso de alfabetización basado en las competencias digitales propuestas por la DigComp 2.2, enfocado en el uso eficaz del Business Manager de Facebook para hacer anuncios publicitarios en Facebook e Instagram. Este proceso se hizo en tres fases:

1. Diagnóstico de las competencias digitales (Cuestionario a 211 personas)
2. Establecimiento de las estrategias de aprendizaje significativo con enfoque constructivista.
3. Planteamiento del contenido, habilidades y factor motivacional

Las estrategias de aprendizaje están basadas en la teoría del aprendizaje significativo (Ausubel, 1976) con enfoque constructivista (Díaz y Hernández, 2010). Este tipo de aprendizaje toma en cuenta el conocimiento previo del aprendiz y se centra en activarlo para reforzarlo y así el aprendiz comenzará a construir su propio aprendizaje, lo que le permitirá recordar lo aprendido y dominarlo con eficiencia usando el conocimiento adquirido para generar ingresos para sí mismo y sus clientes (en dado caso de ofrecer servicios de publicidad).

Esta investigación contribuye al desarrollo del aprendiz para su manejo eficiente en el mercado laboral y sea parte del sector productivo económico de su país.

7. REFERENCIAS

Area Moreira, M., Gutiérrez Martín, A. y Vidal Fernández, F. (2012). *Alfabetización digital y competencias informacionales.* Fundación Telefónica.

Area Moreira, M. y Pessoa, T. (2012). *De lo sólido a lo líquido: las nuevas alfabetizaciones ante los cambios culturales de la Web 2.0.* Comunicar, 38, 13-20. https://doi.org/10.3916/C38-2012-02-01

Brookshear, G. (1996). *Introduccion a Las Ciencias de La Computacion.* Addison Wesley Longman.

Carretero, S., Vuorikari, R. y Punie, Y. (2022). DigComp 2.2: *The Digital Competence Framework for Citizens* - With new examples of knowledge, skills and attitudes. Luxembourg: Publications Office of the European Union. https://europa.eu/!cKrmj6

Cool, C. (1990). *Aprendizaje escolar y construcción del conocimiento.* Paidós

Díaz Barriga Arceo, F. y Hernández Rojas, G. (2010). *Estrategias docentes para un aprendizaje significativo: una interpretación constructivista.* McGraw-Hill

Florido, M. Á. (2019). *Curso de Marketing Digital.* Anaya Multimedia.

Meta. (2021). *La evolución de la publicidad en video en Facebook e Instagram.* https://acortar.link/wjULBi

Mochón Morcillo, F. (1992). *Economía básica* (2ª ed.). McGraw-Hill.

UNESCO. (2019). *Alfabetización digital en América Latina y el Caribe: Un panorama regional.* UNESCO.

USO PROBLEMÁTICO DE INTERNET EN ESTUDIANTES UNIVERSITARIOS GALLEGOS

Pablo-César Muñoz-Carril[1], Alba Souto-Seijo[1], Isabel Dans Álvarez de Sotomayor[1]

Este texto nace a partir del proyecto de investigación titulado: "Estudio epidemiológico sobre las adicciones sin sustancia en el campus universitario de Lugo: usos y abusos de las TIC por estudiantes universitarios", adherido al programa "+porTI" del Ayuntamiento de Lugo en el marco de la subvención concedida por la Delegación del Gobierno para el Plan Nacional sobre Drogas (Expte: 2019A031)); Referencia: 2020-CP034.

1. INTRODUCCIÓN

Este primer cuarto de siglo está marcado por una vida ligada al uso de Internet en todos los ámbitos de la juventud. La conectividad permanente o hiperconexión es clave para la comunicación entre iguales, el aprendizaje, las compras, la gestión de actividades y el desarrollo del ocio. Sin embargo, el uso intensivo de la red a través de diversos dispositivos puede conllevar efectos negativos en aspectos de carácter social, personal, emocional, comunicacional, así como en aquellos otros vinculados al rendimiento académico y que afectan especialmente a los más jóvenes.

La mayoría de los estudios abordan los riesgos en la infancia y la adolescencia, pero en el contexto gallego son escasas las investigaciones sobre usos problemáticos con tecnologías digitales en la etapa universitaria. Es por ello por lo que se ha realizado un estudio descriptivo para identificar cuál es el comportamiento de los jóvenes estudiantes universitarios con relación al uso que realizan de Internet.

2. OBJETIVOS

La investigación que se presenta forma parte de un estudio más amplio, cuyo propósito principal ha sido analizar el tipo de usos y abusos que los estudiantes universitarios del campus de Lugo de la Universidad de Santiago de Compostela (España) hacían de las tecnologías digitales, especialmente de Internet y de los móviles. En concreto, los objetivos que articulan el estudio que se presenta en este capítulo son los siguientes:

1) Conocer el nivel de prevalencia de uso problemático de Internet en el alumnado universitario del campus de Lugo.

---

1. Universidad de Santiago de Compostela (España)

2) Identificar si variables como la edad, el rendimiento académico y la frecuencia de conexión están asociadas al tipo de uso que los estudiantes de educación superior lucenses realizan en la red.

3. MARCO TEÓRICO

La población de 15 a 24 años se caracteriza por un fuerte equipamiento digital, es internauta de forma continuada gracias al *smartphone* como dispositivo principal que les mantiene hiperconectados, como muestra el dato del Instituto Nacional de Estadística: el 99,7% de la población entre 15 a 24 años ha utilizado alguna vez Internet (Instituto Nacional de Estadística, 2022). Tudela (2023), a partir de los datos de Eurostat, señala que la proporción de población española de 16 a 29 años que ha utilizado Internet a diario es del 97%, lo que sitúa a la juventud española dos puntos por encima de la media europea. Como señalan Díaz-Aguado *et al.* (2018) o Romero-Rodríguez *et al.* (2021), España es un país con un índice alto de uso problemático de Internet.

La situación actual es paradójica dado que, por un lado, Internet es imprescindible para afrontar el contexto personal, académico y laboral gracias al desarrollo de la competencia digital y, por otro lado, parte de esta competencia consiste precisamente en atender a la salud y el bienestar digital. Un estudiante universitario mantiene el trato con sus amistades y relaciones personales gracias a las redes sociales y al uso de aplicaciones o mensajería. En las aulas y fuera de ellas necesita de conexión para consultar los materiales de estudio, realizar tareas y trabajar conectado en equipo. Y, finalmente, buscará y realizará su trabajo gracias a Internet cuando no sea esta la forma principal del empleo como teletrabajo. En estas tres esferas se manifiesta un desgaste importante que demanda atención.

En la literatura científica la edad de los jóvenes es una variable relevante en cuanto a los riesgos en Internet para el desarrollo personal (Villanueva-Silvestre *et al.*, 2022). Desde una perspectiva laboral, la enseñanza a distancia y el auge del teletrabajo entre jóvenes de la Generación Z dificulta la socialización (BBC, 2023). Los adultos emergentes, personas sin empleo estable, entre los que se encuentran los universitarios, se asocian significativamente con problemas en el uso de Internet (Dieris-Hirche, 2023).

En cuanto al ámbito académico, también existen evidencias que apuntan hacia una correlación entre resultados bajos y uso de Internet (Chen *et al.*, 2015). Existen múltiples estudios relacionados con la motivación académica, calificaciones y estrés académico entre adolescentes, pero como señalan Anderson *et al.* (2017) es casi inexistente el estudio de la disposición académica y el uso problemático de Internet (UPI) entre jóvenes universitarios. Un metaanálisis realizado por Hinojo-Lucena *et al.* (2021) incluye la baja autoeficacia académica como una variable asociada al UPI.

El tiempo de conexión es clave en los estudios sobre riesgos y retos de Internet en la juventud (Hansen, 2021; Romero-Rodríguez *et al.*, 2021; Vega, 2021). Tanto es así que desde hace tiempo existen propuestas en torno a la desconexión o dieta digital, que demuestran la necesidad de hacer partícipes a los jóvenes de su propia formación en el ámbito digital (Doval et al., 2018).

Esta realidad se agrupa bajo un concepto amplio denominado uso problemático. No existe un consenso sobre esta definición que agrupa diferentes relaciones semánticas, tales como, uso compulsivo de Internet, trastorno por el uso de Internet, adicción a Internet, etc. Si bien esta denominación trasluce un uso inadecuado de Internet junto con las derivas peligrosas para la salud y el desarrollo personal.

La madurez personal y las condiciones de salud mental vinculadas al uso de Internet son objeto de preocupación sanitaria y educativa, existe una asociación con problemas físicos (migrañas, sobrepeso u obesidad, descanso insuficiente, etc.) y psicológicos (Fernández-Villa *et al.*, 2015). De hecho, parte de la comunicación en medios de masas establece vínculos entre el suicidio juvenil y el uso intensivo de Internet. Investigaciones recientes realizadas durante la pandemia en España (Herruzo *et al.*, 2023; Villanueva-Silvestre *et al.*, 2022) revelan una asociación entre depresión e ideación suicida en población universitaria con mayor uso de Internet.

4. METODOLOGÍA

La investigación desarrollada ha tenido un carácter no experimental, utilizándose un diseño ex post facto basado en el método de encuesta (Cohen y Manion, 2002; McMillan y Schumacher, 2005). Es preciso señalar que el método de encuesta es uno de los más empleados en el ámbito educativo y social debido a las ventajas que ofrece, tales como su versatilidad, eficiencia y la posibilidad de generalización de los resultados. En nuestro caso, nos ha permitido conseguir una descripción representativa acerca de la autopercepción de la población objeto de estudio, con relación al tipo de usos problemáticos que hacen los universitarios lucenses con las TIC, en particular en el empleo de Internet.

Por otra parte, según el momento temporal, el estudio se puede catalogar como de carácter transversal y su finalidad ha sido eminentemente de corte exploratorio y descriptivo.

4.1. Población y muestra

Sobre una población de 3313 estudiantes universitarios de Grado, Doble Grado y Máster, distribuidos en un total de 8 Facultades y Escuelas Universitarias, se recogieron mediante un muestreo por conveniencia 774 encuestas de todos los centros del campus de Lugo (Universidad de Santiago de Compostela; España) que formaban parte del estudio.

Para determinar el tamaño muestral, se utilizó la formulación para poblaciones finitas propuesta por Arnal *et al.* (1992), constatándose que la muestra obtenida tenía el tamaño requerido, siendo además representativa respecto a la población total.

Respecto a los datos sociodemográficos de la muestra, las mujeres que han participado en el estudio han sido un total de 585 (75,6%), mientras que el número de hombres se cifra en un total de 185 (23,9%). También han respondido a la encuesta 4 individuos incluidos en otras opciones de género y que representaron tan solo el 0,5% de la muestra.

En cuanto a la edad, la media ha sido de 22,34 años, con una desviación típica de 4,94. Un 29% de los participantes eran menores de 20 años, un 51% tenía edades comprendidas entre los 20 y 24 años, un 12% entre 25 y 29 años, mientras que un 8% tenían 30 o más años.

Según el nivel de titulación, el 85,6% (n=663) de los encuestados cursaban estudios de Grado, un 5,7% (n=44) Doble Grado y un 8,7% (n=67) Máster.

Por curso, un 29% del alumnado estaba matriculado en primero, un 21,2% en segundo, un 15% en tercero, un 25% en cuarto, un 1,1% en quinto (en los estudios de Doble Grado) y, finalmente, un 8,7% de los encuestados estaba cursando un Máster.

4.2. Instrumento de recogida de datos

Para analizar el uso problemático de Internet, se utilizó el "Cuestionario de Experiencias Relacionadas con Internet" más conocido por su acrónimo CERI. Esta escala ha sido validada y actualizada por Beranuy *et al.* (2009) y está adaptada del cuestionario PRI (de Gracia *et al.*, 2002) que se basaba en los criterios de la versión DSM-IV para el abuso de sustancias y juego patológico. Incluye preguntas sobre el aumento de la tolerancia, efectos negativos, reducción de actividades, pérdida de control, evasión y deseo de estar conectado. El CERI está constituido por 10 ítems agrupados en dos factores: Conflictos interpersonales y conflictos intrapersonales. No obstante, cabe señalar que en esta investigación se optó por utilizar la puntuación de la escala de manera unidimensional, al no obtener resultados satisfactorios que permitiesen utilizar una solución bifactorial.

Por otra parte, y tras una validación de contenido desarrollada por expertos, se decidió eliminar el ítem 5 presente en la escala original: "¿Con qué frecuencia anticipas tu próxima conexión a la red?", ya que se consideró que era una pregunta poco clara y que inducía a confusión. Así pues, la estructura final quedó conformada por 9 ítems que seguían una escala ordinal: "casi nunca", "algunas veces", "bastantes veces", y "siempre" (ver Tabla 1).

Ítems que constituyen la escala CERI
CERI1. ¿Con qué frecuencia haces nuevas amistades con personas conectadas a Internet?
CERI2. ¿Con qué frecuencia abandonas las cosas que estás haciendo para estar más tiempo conectado a la red?
CERI3. ¿Piensas que tu rendimiento académico o laboral se ha visto afectado negativamente por el uso de la red?
CERI4. Cuando tienes problemas, ¿conectarte a Internet te ayuda a evadirte de ellos?
CERI5. ¿Piensas que la vida sin Internet es aburrida, vacía y triste?
CERI6. ¿Te enfadas o te irritas cuando alguien te molesta mientras estás conectado?
CERI7. ¿Cuándo no estás conectado a Internet, te sientes agitado o preocupado?
CERI8. ¿Cuándo navegas por Internet, te pasa el tiempo sin darte cuenta?
CERI9. ¿Te resulta más fácil o cómodo relacionarte con la gente a través de Internet que en persona?

Tabla 1. Cuestionario CERI. Fuente: Elaboración propia. Adaptación de Beranuy et al. (2009).

En lo que se refiere a la fiabilidad, resulta preciso mencionar que la Escala CERI, tomada en su conjunto, ha obtenido un alfa de Cronbach aceptable (α= .68).

4.3. Desarrollo de la investigación

Como paso previo a la aplicación de la escala CERI, se contactó con los decanatos y direcciones de todas las Facultades y Escuelas Universitarias del campus de Lugo a fin de solicitar permiso para que las coordinaciones de título pudiesen distribuir el cuestionario en línea (creado con Microsoft Forms) a través del campus virtual institucional, explicando brevemente el objetivo de la investigación y solicitando la colaboración voluntaria del alumnado.

Con el fin de alcanzar una tasa de respuesta lo más elevada posible, el proceso de recogida se extendió durante tres meses y medio, tiempo en el que se enviaron varios recordatorios instando a la participación.

Cabe señalar que los datos recogidos en el cuestionario eran totalmente anónimos, asegurándose a los participantes la máxima confidencialidad, garantías de compromiso ético, así como la privacidad de los datos.

5. RESULTADOS

5.1. Análisis descriptivos del uso problemático de Internet

En la Figura 1 se presenta un análisis global de los ítems del cuestionario CERI (reflejados en la Tabla 1) sobre uso problemático de Internet, mostrándose los porcentajes obtenidos para cada ítem.

En lo que respecta al ítem 1 "¿Con qué frecuencia haces nuevas amistades con personas conectadas a Internet?", relacionado con la frecuencia con la que los estudiantes hacen nuevas amistades con personas conectadas a Internet, se observa que la mayor parte de la muestra ha seleccionado la opción "casi nunca" (61,1%) o "algunas veces" (32,7%), siendo pocos los que seleccionan la opción "bastantes veces" (5%) y "casi siempre" (1,2%).

Con respecto al ítem 2 "¿Con qué frecuencia abandonas las cosas que estás haciendo para estar más tiempo conectado a la red?", los resultados evidencian que casi la mitad de los estudiantes (48,2%) han abandonado "algunas veces" las cosas que están haciendo para estar más tiempo conectados a la red.

En lo que concierne al tercer ítem "¿Piensas que tu rendimiento académico o laboral se ha visto afectado negativamente por el uso de la red?", cabe mencionar que el 43,2% de los estudiantes universitarios piensan que "algunas veces" su rendimiento académico o laboral se ha visto afectado negativamente por el uso de la red. El 42% afirma que "casi nunca" se ha visto afectado.

Sobre el cuarto ítem "Cuando tienes problemas, ¿conectarte a Internet te ayuda a evadirte de ellos?", se observa que la mayor parte de los estudiantes han seleccionado la opción "algunas veces" (44,2%) o "casi nunca" (30,5%). El 19,8% han seleccionado la opción "bastantes veces" y el 5,6% la opción "casi siempre".

En relación con el quinto ítem "¿Piensas que la vida sin Internet es aburrida, vacía y triste?", es preciso indicar que más de la mitad de los estudiantes han indicado que "casi nunca" piensan que la vida sin Internet es aburrida, vacía y triste. Son pocos los estudiantes que tienen ese pensamiento "bastantes veces" (7%) o "casi siempre" (1,3%).

En lo que respecta al sexto ítem "¿Te enfadas o te irritas cuando alguien te molesta mientras estás conectado?", cabe señalar que un 70.2% de la muestra indica que "casi nunca" se enfada o se irrita cuando alguien les molesta mientras están conectados.

Con respecto al séptimo ítem "¿Cuándo no estás conectado a Internet, te sientes agitado o preocupado?", la mayor parte de los estudiantes (81,5%) confirma que, cuando no están conectados a Internet, "casi nunca" se sienten agitados o preocupados.

En lo que concierne al octavo ítem "¿Cuándo navegas por Internet, te pasa el tiempo sin darte cuenta?", un 42,1% de los estudiantes afirman que, cuando navegan por Internet, "algunas veces" les pasa el tiempo sin que se den cuenta.

Finalmente, con respecto al noveno ítem "¿Te resulta más fácil o cómodo relacionarte con la gente a través de Internet que en persona?", se observa que más de la mitad de la muestra (55,8%) indica que "casi nunca" les resulta más fácil o cómodo relacionarse con la gente a través de Internet que en persona. Son pocos los estudiantes que seleccionan la opción "bastantes veces" (9,7%) o "casi siempre" (2,5%).

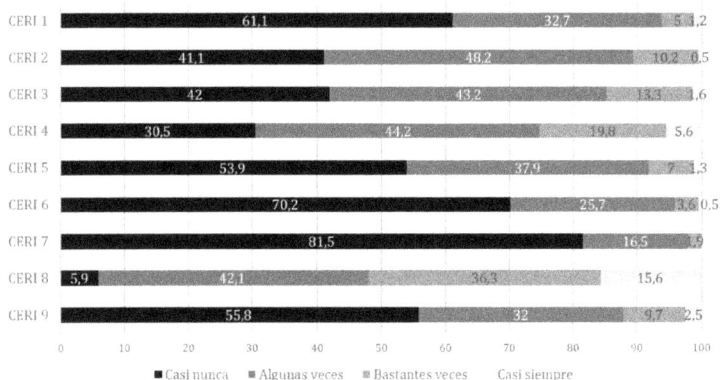

Figura 1. Porcentajes obtenidos en las variables de la escala CERI sobre
uso problemático de Internet. Fuente: Elaboración propia.

5.2. Análisis bivariados del uso problemático de Internet según la edad, el rendimiento académico y frecuencia de conexión

En este apartado se detallan los resultados de los análisis de varianza (ANOVA) que se llevaron a cabo con el objetivo de conocer si existían diferencias estadísticamente significativas con respecto al uso que los estudiantes universitarios hacían de Internet en función de la edad, del rendimiento académico y de la frecuencia de conexión a Internet (sin tener en cuenta la relación de tareas académicas o estudiar).

Para la medida del tamaño del efecto se ha utilizado el coeficiente eta-cuadrado parcial (n_p^2), y para la interpretación de los tamaños del efecto, el criterio utilizado ha sido el establecido por Cohen (1988), el cual indica que un efecto es pequeño cuando n_p^2=.01 (d=.20), el efecto es mediano cuando n_p^2=.059 (d=.50) y el tamaño del efecto es grande si n_p^2 = .138 (d=.80). En el caso de que no se cumpla el criterio de homocedasticidad se procederá al análisis de la diferencia de medias con la prueba Brown-Forsythe (F*).

De este modo, los resultados indicaron que existen diferencias estadísticamente significativas con respecto al uso de Internet entre los estudiantes en función de la edad (F (3,770) =17,87; p< .000; n_p^2= .065), del rendimiento académico (F*(2,183) = 4,24; p= .016; n_p^2= .01) y de la frecuencia de conexión a Internet del alumnado (F*(4,454) = 31.40; p< .000); n_p^2= .13). El tamaño del efecto es pequeño en el caso del rendimiento, medio en el caso de la edad, y grande en el caso de la frecuencia de conexión a Internet.

Con el fin de averiguar entre qué estudiantes existían diferencias estadísticamente significativas se utilizaron pruebas de contrastes post-hoc. En el caso de la edad se utilizó la prueba de Scheffé, y en el caso del curso, el rendimiento académico y la frecuencia de conexión a Internet se recurrió a las pruebas de Games-Howell, ya que no se cumplía el supuesto de homogeneidad de varianzas.

En cuanto a la edad, los resultados indicaron que existían diferencias estadísticamente significativas ($p<.000$), existiendo una tendencia decreciente en el uso problemático de Internet conforme aumenta la edad de los estudiantes (ver Figura 2). De este modo, se puede afirmar que los estudiantes menores de 20 años presentan un uso más problemático de Internet que los estudiantes de más de 20 años.

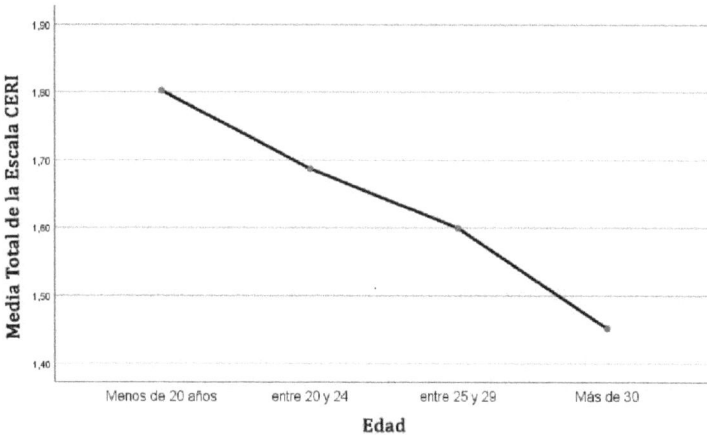

Figura 2. Representación gráfica de las diferencias de medias del uso problemático de internet según la edad. **Fuente:** Elaboración propia.

En lo que concierne al rendimiento académico, los resultados indicaron que existían diferencias estadísticamente significativas ($p=.016$) entre los grupos de estudiantes con "rendimiento bajo" respecto a los de "rendimiento medio", así como entre los alumnos con "rendimiento bajo" y los de "rendimiento alto". En la Figura 3 se observa que existe una tendencia decreciente en el uso problemático de Internet conforme aumenta el rendimiento académico. De este modo, se puede afirmar que los estudiantes con un rendimiento bajo (nota media entre 5-6.9) presentan un uso más problemático de Internet que los estudiantes con un rendimiento medio (calificaciones entre 7-8.9) y un rendimiento alto (notas entre 9-10).

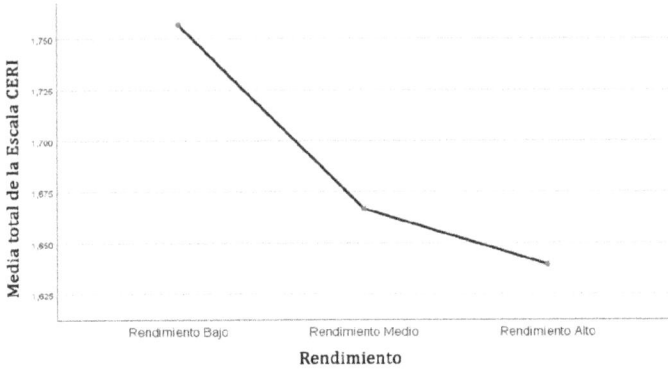

Figura 3. Representación gráfica de las diferencias de medias del uso problemático de Internet según el rendimiento académico. Fuente: Elaboración propia.

Con respecto a la frecuencia de conexión a Internet, los resultados mostraron diferencias significativas ($p<.000$). Tal y como se observa en la Figura 4, existe una tendencia creciente en el uso problemático de Internet conforme aumenta la frecuencia de conexión a Internet de los estudiantes. Así, se puede afirmar que aquellos sujetos que se conectan 4 horas o más, hacen un uso más problemático de Internet que el resto.

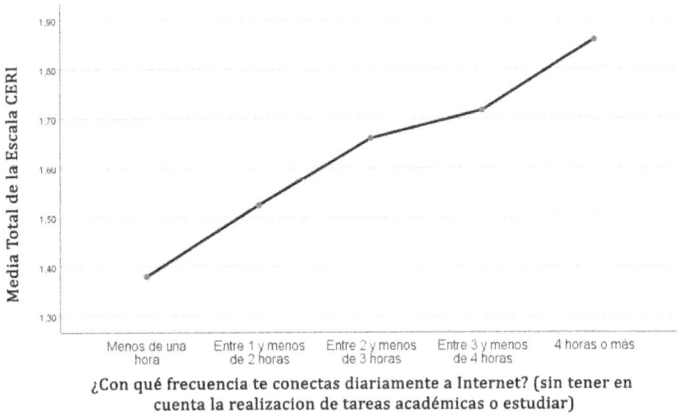

Figura 4. Representación gráfica de las diferencias de medias del uso problemático de internet según la frecuencia de conexión a Internet. Fuente: Elaboración propia.

6. DISCUSIÓN

El presente trabajo se llevó a cabo, en primer lugar, con el objetivo de conocer el nivel de prevalencia de uso problemático de Internet en el alumnado universitario del campus de Lugo de la Universidad de Santiago de Compostela (España). A pesar de que algunos estudios ponen de manifiesto que España es un país con un elevado índice de uso problemático de Internet (Díaz-Aguado *et al.*, 2018), los datos revelan, en líneas generales, que existe una prevalencia baja respecto al uso problemático que los estudiantes universitarios gallegos hacen de Internet. Este hallazgo concuerda con los resultados obtenidos por De la Villa y Fernández (2019) o Romero-Rodríguez *et al.* (2021). No obstante, se han identificado algunos aspectos relevantes a considerar y que merecen atención. Así, una de cada cuatro personas encuestadas afirma que Internet es un mecanismo de evasión ante los problemas. De hecho, casi la mitad de los estudiantes (48.2%) han abandonado «algunas veces» las cosas que estaban haciendo para estar más tiempo conectados a la Red. Asimismo, el 43.2% del alumnado universitario piensa que «algunas veces» su rendimiento académico o laboral se ha visto afectado negativamente por el uso de la red. Igualmente, un nada desdeñable 16.5% del estudiantado ha manifestado que «casi siempre» se siente agitado o preocupado cuando no están conectados a Internet, mientras que un 1.9% indica que esta situación la experimenta "siempre".

En segundo lugar, se procedió a identificar si variables como la edad, el rendimiento académico y la frecuencia de conexión están asociadas al tipo de uso que los estudiantes de educación superior lucenses realizan en la red. En este caso, los resultados obtenidos muestran la existencia de diferencias estadísticamente significativas con respecto al uso de Internet entre los estudiantes en función de la edad (p< .000), del rendimiento académico (p= .016) y de la frecuencia de conexión a Internet de los estudiantes (p< .000), identificándose una tendencia decreciente en el uso problemático de Internet conforme aumenta la edad de los estudiantes. De este modo, se puede afirmar que los sujetos menores de 20 años presentan un uso más problemático de Internet que el alumnado con edades superiores a los 20 años, tal y como ponen de manifiesto algunas investigaciones (Romero-Rodríguez *et al.*, 2021). Asimismo, aquellos discentes con un rendimiento académico bajo presentan un uso más problemático de Internet que los estudiantes con un rendimiento medio y alto. Este hallazgo está en línea con los informados en estudios previos (Hinojo-Lucena *et al.*, 2021; Marín *et al.*, 2018). Esto podría deberse a que el uso problemático y abusivo de Internet ejerce una influencia negativa en el bienestar de los estudiantes, pudiendo ocasionar ansiedad, estrés e incluso depresión (Bickhan *et al.*, 2015; Moral y Suárez, 2016). Asimismo, también podría influir el hecho de que habitualmente emplean Internet con fines lúdicos (Carballo *et al.*, 2020; De la Iglesia *et al.*, 2020) en lugar de utilizarlo con objetivos formativos.

7. CONCLUSIONES

A pesar de que el estudio presenta algunas limitaciones, pues se ha empleado un muestreo por conveniencia, las conclusiones permiten vislumbrar aquellas variables que tienen una especial influencia respecto al uso que los jóvenes adultos hacen de Internet. Estos hallazgos ponen de manifiesto la necesidad de proponer acciones concretas dirigidas a la totalidad de los estudiantes universitarios, pero prestando especial atención al alumnado más joven e incluso a aquellos que todavía no se han incorporado a los estudios universitarios. Todo ello con el propósito de prevenir la aparición de situaciones problemáticas que afecten a su bienestar. De este modo, se presume necesario incidir en el desarrollo de las competencias oportunas que les permitan a los jóvenes reflexionar y tomar decisiones en torno a un mejor uso de las tecnologías. Para ello, resulta importante la creación de sinergias entre diversas instituciones que puedan cooperar en proyectos que beneficien a la ciudadanía. Finalmente, cabe mencionar que en investigaciones futuras sería conveniente ampliar la muestra a otros contextos y recopilar datos de carácter cualitativo.

8. REFERENCIAS

Anderson, E. Steen, E. y Stavropoulos, V. (2017). Internet use and Problematic Internet Use: a systematic review of longitudinal research trends in adolescence and emergent adulthood. *International Journal of Adolescence and Youth, 22*(4), 430-454. https://doi.org/10.1080/02673843.2016.1227716

Arnal, J., Del Rincón, D. y Latorre, A. (1992). *Investigación educativa. Fundamentos y metodología.* Labor.

BBC (2023). *Difficulties for relationships: G-Z / social networks.* https://shorturl.at/giuGX

Beranuy, M., Chamarro, A., Graner, C. y Carbonell, X. (2009). Validación de dos escalas breves para evaluar la adicción a Internet y el abuso de móvil. *Psicothema, 21*(3), 480-485.

Bickhan, D. S., Hswen, Y. y Rich, M. (2015). Media use and depression: Exposure, household rules, and symptoms among young adolescents in the USA. *International Journal of Public Health*, 60, 147-155. https://doi.org/10.1007/s00038-014-0647-6

Carballo, L. C., Granda Macías, L., Medina, M. V. y Rodríguez-Cuéllar, Y. (2020). Empleo de Internet y telefonía móvil en estudiantes universitarios de dos universidades de Ecuador. *Dilemas Contemporáneos: Educación, Política y Valores, 7*(2), 1-18.

Cohen, L., y Manion, L. (2002). *Métodos de investigación educativa.* La Muralla.

Chen, Y. L., Chen, S. H., y Gau, S. F. S. (2015). ADHD and autistic traits, family function, parenting style, and social adjustment for Internet addiction among children and adolescents in Taiwan: A longitudinal study. *Research in Developmental Disabilities*, 39, 20–31. https://doi.org/10.1016/j.ridd.2014.12.025

De Gracia, M., Vigo, M., Fernández Pérez, M.J. y Marco, M. (2002). Problemas conductuales relacionados con el uso de Internet: un estudio exploratorio. *Anales de Psicología*, 18, 273-292.

De la Iglesia, J. C., Otero, L. C., Morante, M. C. y Cebreiro, B. (2020). Actitudes y uso de Internet y redes sociales en estudiantes universitarios/as de Galicia: implicaciones personales y sociales. *Revista Prisma Social*, 28, 145-160. https://revistaprismasocial.es/article/view/3372

De la Villa, M. y Fernández, S. (2019). Uso problemático de internet en adolescentes españoles y su relación con autoestima e impulsividad. *Avances en Psicología Latinoamericana, 37*(1), 103-119. http://dx.doi.org/10.12804/revistas.urosario.edu.co/apl/a.5029

Díaz-Aguado, M. J., Martín-Babarro, J., & Falcón, L. (2018). Problematic Internet use, maladaptive future time perspective and school context. *Psicothema 30*(2), 195-200. https://doi.org/10.7334/psicothema2017.282

Dieris-Hirche, J., Bottel, L., Herpertz, S., Timmesfeld, N., te Wildt, B. T., Wölfling, K., . . . Pape, M. (2023). Internet-based self-assessment for symptoms of internet use Disorder—Impact of gender, social aspects, and symptom severity: German cross-sectional study. *Journal of Medical Internet Research*, 25. https://doi.org/10.2196/40121

Doval, M., Domínguez, S. y Dans, I. (2018). El uso ritual de las pantallas entre jóvenes universitarios/as. Prisma social. Una experiencia de dieta digital. *Prisma Social: revista de investigación social*, 21, 480-499. https://revistaprismasocial.es/article/view/2323

Fernández-Villa, T., Alguacil Ojeda, J., Almaraz Gómez, A., Cancela Carral, J., Delgado-Rodríguez, M., García-Martín, M., Jiménez-Mejías, E., Llorca, J., Molina, A., Ortíz Moncada, R., Valero-Juan, L. y Martín, V. (2015). Uso problemático de internet en estudiantes universitarios: factores asociados y diferencias de género. *Adicciones, 27*(4), 265-275. http://dx.doi.org/10.20882/adicciones.751

Hansen, A. (2021). *Insta-brain. Cómo nos afecta la dependencia digital en la salud y en la felicidad.* RBA.

Herruzo, C., Sánchez-Guarnido, A. J., Pino, M. J., Lucena, V., Raya, A. F., & Herruzo, F. J. (2023). Suicidal Behavior and Problematic Internet Use in College Students. *Psicothema, 35*(1), 77-86. https://doi.org/10.7334/psicothema2022.153

Hinojo-Lucena, F. J., Aznar-Díaz, I., Trujillo-Torres, J. M. y Romero-Rodríguez, J. M. (2021). Uso problemático de Internet y variables psicológicas o física en estudiantes universitarios. *Revista Electrónica de Investigación Educativa*, 23, e13, 1-17. https://doi.org/10.24320/redie.2021.23.e13.3167

Instituto Nacional de Estadística. (2022). *Encuesta sobre Equipamiento y Uso de Tecnologías de la Información y Comunicación en los Hogares.* https://n9.cl/dkfd

Marín, M., Carballo, J. L. y Coloma-Carmona, A. (2018). Rendimiento académico y cognitivo en el uso problemático de Internet. *Adicciones, 30*(2), 101-110. https://www.adicciones.es/index.php/adicciones/article/view/844/935

McMillan, J., y Schumacher, S. (2005). *Investigación educativa.* Pearson Addison Wesley.

Moral, M., y Suárez, C. (2016). Factores de riesgo en el uso problemático de internet y del teléfono móvil en adolescentes españoles. *Revista Iberoamericana de Psicología y Salud, 7*(2), 69-78. https://10.0.3.248/j.rips.2016.03.001

Romero-Rodríguez, J.-M., Marín-Marín, J.-A., Hinojo-Lucena, F.-J., & Gómez-García, G. (2022). An Explanatory Model of Problematic Internet Use of Southern Spanish University Students. *Social Science Computer Review, 40*(5), 1171–1185. https://doi.org/10.1177/0894439321998650

Tudela, P. (Coord.) (2023). *Índice Sintético de Desarrollo Juvenil Comparado ISDJC-2022.* Centro Reina Sofía sobre Adolescencia y Juventud, Fundación Fad Juventud. https://shorturl.at/ehwEO

Vega, E., Muñoz, J. y Acevedo (2021). Uso problemático de internet por estudiantes universitarios de Colombia. *Digital Education Review*, 39, 121-140. https://doi.org/10.1344/der.2021.39.121-140

Villanueva-Silvestre, V., Vázquez-Martínez, A., Isorna-Folgar, M., & Villanueva-Blasco, V. J. (2022). Problematic Internet Use, Depressive Symptomatology and Suicidal Ideation in University Students During COVID-19 Confinement. *Psicothema, 34*(4), 518-527. https://doi.org/10.7334/psicothema2022.40

INFLUENCERS DE MODA SOSTENIBLE EN INSTAGRAM: LAS BASES CREATIVAS DEL DISCURSO SLOW

Isabel Palomo-Domínguez[1]

1. INTRODUCCIÓN

La industria de la moda es el segundo sector más contaminante a nivel mundial. Al analizar su impacto en el planeta, preocupa especialmente el modo de producción y consumo denominado *fast fashion*, donde se generan y compran prendas a un ritmo acelerado. Generalmente, estas prendas tienen un bajo nivel del calidad y precio asequible, lo que a menudo se asocia con que los consumidores las descarten tras usarlas en escasas ocasiones y las reemplacen rápidamente por otras (Jiménez-Marín y Checa Godoy, 2021; Parente *et al.*, 2018).

Frente a esta corriente, surgen otros fenómenos que más allá de ser emergentes, comienzan a consolidarse, y que defienden un modo de producción y consumo responsable en términos de sostenibilidad. Nos referimos al *slow fashion* y al impacto de los *sustainable fashion influencers*.

Por *sustainable fashion* entendemos un modelo de producción y consumo de moda en el que se aplican las tres dimensiones de la sostenibilidad: la medioambiental, la social y la económica (García-Torres *et al.*, 2022). Así, la moda sostenible respeta el medioambiente y se preocupa por la sociedad, considerando que la ética es un factor clave para hacer de la moda un sector donde la justicia ecológica y social puedan conciliarse con la rentabilidad económica (Palomo-Domínguez *et al.*, 2023).

La moda sostenible se basa en materiales reciclados, orgánicos o que no hayan generado ningún tipo de daño a los animales, como en el caso de los productos *cruelty-free animal*. En la elaboración, aprecia los procesos *hand-craft* (hechos a mano) y el estilo *vintage*; al tiempo que defiende la producción local y un sistema de distribución y comercio justo (Kim *et al.*, 2020).

En la corriente conocida como *slow fashion*, además de los criterios sostenibles anteriormente descritos, se persigue disminuir el ritmo de consumo. Quienes siguen esta tendencia, reinterpretan sus prendas haciendo cambios estéticos; intercambian ropa a través de los *clothing swap*[2] o la compran y venden de segunda mano. Son consumidores que aprecian la calidad de los tejidos y el diseño; por lo que entienden la necesidad de pagar más para adquirir un mejor producto que se ha producido en un sistema sostenible

---

1. Universidad de Mykolas Romeris (Lituania)
2. Tipo de encuentro en el que los asistentes participan para intercambiar ropa.

y ético (Brewer, 2019). Como señalan Legere y Kang (2020), la corriente *slow fashion* "is not merely the antithesis of fast fashion but a holistic philosophy that seeks to change the modes of production and consumption"[3] (p. 120699).

Numerosos autores han señalado que, para un porcentaje elevado de consumidores, los valores relacionados con la sostenibilidad y la vida *slow* resultan altamente atractivos, lo que ejerce una influencia favorable en su comportamiento de compra hacia aquellas marcas que presentan tales características (Alamsyah *et al.*, 2020; Blasi *et al.*, 2022; Grazzini *et al.*, 2021; Jiménez-Marín *et al.*, 2021; Nagar, 2015; Schmuck *et al.*, 2018; Viciunaite y Alfnes, 2020).

Desde un punto de vista generacional, los nuevos consumidores se muestran especialmente sensibles ante las campañas de marketing basadas en atributos ambientales, sostenibles y éticos (Arora y Manchanda, 2022; Kamenidou et al., 2019; Sánchez-Riaño *et al.*, 2022). Frente a estos, los *influencers* se constituyen en líderes de opinión relevantes (Palomo-Domínguez y Zemlickienė, 2022; Segarra-Saavedra e Hidalgo-Marí, 2018), con una influencia extraordinariamente exitosa en el terreno de la moda.

En consecuencia, las marcas del sector multiplican sus contratos con *influencers* para conseguir apoyo promocional pagado en redes sociales. En este escenario digital, comparten cartel aquellos *influencers* que promocionan el modelo *fast fashion* con esos otros que defienden un modelo de consumo sosegado, sostenible y responsable. Dentro de este segundo grupo, abundan los *influencers* de moda sostenible que siguen la regla del "content creation calibration" (Jacobson y Harrison, 2022, p. 150): equilibran su mensaje ético a favor de la moda sostenible con su deseo de recibir de las marcas algún beneficio monetario o compensación en especie.

2. OBJETIVOS

El objetivo general de la investigación es analizar cuál es la estrategia creativa desarrollada por los *influencers* de moda sostenible en la red social Instagram, realizando una comparativa con la tendencia imperante del *fast fashion*.

A su vez, se establecen tres objetivos específicos. El primero de ellos, identificar los *influencers* de moda sostenible más populares a nivel internacional. El segundo, analizar la forma y el contenido de sus publicaciones en Instagram. Finalmente, tras conocer las estrategias creativas desarrolladas, describir las tendencias comunicativas de la moda sostenible en medios sociales.

3. METODOLOGÍA

Se parte de un diseño metodológico en tres fases. La primera consiste en una investigación documental con función exploratoria, con la intención de seleccionar 20 *influencers* de moda sostenible que destaquen por su popularidad a nivel internacional. Las búsquedas se realizan a través de internet, utilizando el idioma inglés para superar barreras locales (tabla 1). Se seleccionan las primeras entradas, en su mayoría listados ofrecidos por revistas de moda, hasta completar el pretendido listado de 20 *influencers*. Aunque en las palabras de búsqueda no se hizo referencia al sexo de estos creadores de contenido, todos los resultados obtenidos se refieren a mujeres (tabla 2).

---

3. Traducción de la cita literal: No es sólo la antítesis de la moda rápida, sino una filosofía holística que busca cambiar los modos de producción y consumo.

Palabras de búsqueda	Navegador: Google Chrome
	"Most popular sustainable fashion influencers"
	"Best sustainable fashion influencers"
Idioma	Inglés
Período	La búsqueda se realiza en abril de 2023.
	Solo se aceptan resultados posteriores al inicio de 2022.
Geolocalización	Búsquedas realizadas desde Lituania

Tabla 1. Parámetros de la investigación documental. Fuente: Elaboración propia, 2023.

En la siguiente fase, se realiza un análisis de contenido de las publicaciones creadas por las *sustainable fashion influencers* previamente seleccionadas. Como corpus de análisis se seleccionan todas sus publicaciones realizadas en Instagram durante los meses de enero y febrero de 2023. Se alcanza un tamaño muestral superior a las 200 unidades de análisis (N=208). En la última columna de la tabla 2 se indica el número de publicaciones de cada *influencer* en el período contemplado. Como puede observarse, es una cantidad que varía en cada caso, dependiendo del ritmo de publicación de cada *influencer*. En las dos últimas filas de la tabla se registran las únicas *influencers* de la selección que no han publicado en el período de estudio.

Nombre, Cuenta en Instagram	*Influencers* y corpus de estudio		
	Localización	Seguidores[4]	Nº unidades
Aja Barber, @ajabarber	R.U., Londres	249K	30
Marielle Elizabeth, @marielle.elizabeth	Canadá	97,4K	18
Pomulo K. Nguyen, @pumuloknguyen	EE.UU., Omaha	9,9K	18
Dominique Drakeford, @dominiquedrakeford	EE.UU.	47,1K	17
Heidi Zaluza, @the_rogue_essentials	EE.UU., Seattle	47,3K	15
Sally, @callmeflowerchild	EE.UU., México y El Salvador	34,1K	14
Rosie Okotcha, @rosieokotcha	R.U.	4,3K	13
Kara Fabella, @theflippside	EE.UU., San Francisco	10,7K	11
Rabia, @rabia098	R.U., Londres	14,6K	11
Rosette, @thriftqueenlola	R.U.	4,4K	11
Noa Ben-Moshe, @style.withasmile	Germany	20,1K	9
Kate Caric, @sustainableoutfits	EE.UU.	28K	8
Sophie, @saint.thrifty	R.U., Bristol	40,2K	8
Adity Mayer, @aditymayer	EE.UU., Los Ángeles	74,4K	7
Venetia La Manna, @venetialamanna	R.U.	214K	6
Emma Slade Edmondson, @emsladedmondson	R.U. y Francia	22,7K	6
Jackie, @jacquitabanana	EE.UU., El Salvador	3,6K	5

---

4. Dato medido en mayo de 2023.

Katheleen Elie, @consciousnchic	EE.UU., Seattle	26,5K	2
Cynthia Dam, @inspiroue	Canadá	14,5K	-
Leah Musch, @unmateralgirl	Australia	17,7K	-

Tabla 2. Estructura del corpus de estudio del análisis de contenido:
influencers y unidades. Fuente: Elaboración propia, 2023.

De acuerdo con los objetivos de la investigación, se creó una estructura de categorías y subcategorías para llevar a cabo el análisis de contenido desde una perspectiva cuantitativa. Estas se agruparon en cuatro bloques. El primero de ellos incluye categorías para identificar cada unidad de análisis y características de su autora. El segundo bloque, describe los contenidos de cada publicación, referidos tanto a los elementos utilizados como a los temas que se abordan. El tercer bloque identifica el formato de la publicación, diferenciando entre distintas tipologías de mensaje y descripción estética. Por último, el bloque cuarto analiza la intencionalidad de las publicaciones (tabla 3).

	Categorías > *subcategorías*
Bloque 1	Código de la unidad
	Fecha de publicación
	Nombre de la *influencer*
	Cuenta de Instagram
	Localización de la *influencer*
	Identidad racial
	Autodescripción de la *influencer > Sustainable; Slow; Otro*
Bloque 2	Modalidad > *Imagen; Vídeo; Texto*
	Personaje principal > *Influencer sola; Influencer acompañada; Otro personaje; No hay personaje*
	Acción > *Posado; Habla a cámara; Otra acción*
	Rótulos sobre imagen o vídeo > *Hay; No hay*
	Marcas > *Aparecen en positivo; Aparecen en negativo; Nombre de la marca; No aparece marca*
	Tema > *Sostenibilidad; Ética en la industria; Denuncia del consumismo; Defensa de la comunidad negra; Asuntos de política y economía; Turismo y otras culturas; Decoración; Belleza, Motivación; Salud Mental y emociones; Salud ginecológica; Cuerpos no normativos; Veganismo; Otros*
Bloque 3	Formato > *Momento de vida; Tutorial o tips; Promoción; Píldora informativa; Llamada a la reflexión*
	Estética > *Casual o amateur; Sofisticada o profesional*
Bloque 4	Informativa, neutral
	Persuasiva de apoyo
	Persuasiva de denuncia > *Lenguaje no agresivo; Lenguaje agresivo*

Tabla 3. Análisis de contenido: esquema de categorías y subcategorías. Fuente: Elaboración propia, 2023.

Como tercer paso de la investigación, se propone una reflexión cualitativa sobre las publicaciones analizadas, seleccionando los ejemplos más significativos, así como identificando similitudes y diferencias entre las *influencers* consideradas.

4. DESARROLLO DE LA INVESTIGACIÓN

4.1. *Influencers*

Como ya se ha comentado, y a pesar de no haber sido un criterio de selección en el diseño de la investigación, todas las personas seleccionadas por su popularidad como *influencers* de moda sostenible son mujeres. También existe un sesgo en cuanto a la localización geográfica de sus cuentas; entendemos que, en ese caso, favorecido por el empleo del inglés como idioma de la búsqueda. Así, casi un 50% de la muestra de *influencers* (9 de ellas) se ubica en Estados Unidos; 7, en Reino Unido (35%); 2, en Canadá; 1, en Australia; y 1, en Alemania (tabla 2). No obstante, resulta interesante apreciar que la muestra presenta diversidad racial, con 9 *influencers* de raza blanca; 7, de raza negra; 2, latinas; y 2, asiáticas.

En la autodescripción en la cabecera de su cuenta de Instagram, 9 de las 20 *influencers* (el 45%) se presenta utilizando, de forma literal, los términos "sustainable" o "sustainability". Un 35% (7 *influencers*) incorpora el concepto "slow". Además, ya sea como sustitución de estos términos o de forma complementaria, en el 80% de las cuentas encontramos otras fórmulas que sirven como consignas de la filosofía sostenible que abanderan. Entre ellas destacan: "fair fashion campaigner" (Venetia La Manna); "Dressing to sabe the planet" (Rosie Okotcha); "Secondhand style, eco alternatives & upcycling, fashion re-designer" (Rosette); "Out with the new, in with old" (Sophie); "Buying less, wearing more" (Rabia); "From vague to conscious ethical fashion" (Kate Caric); "Social justice, climate activist" (Adity Mayer); "Re-imagining sustainability as a way to bridge the gap between the art & business of fashion" (Heide Zaluza); "A conscious & mindful closet advocate" (Sally); "Secondhand, ethical living" (Pomulo K. Nguyen); "Investing in the planet, not consumption" (Jackie); "Vegan fashion" (Noa Ben-Moshe); y "Former Fast Fashion Addict turned Slow Fashion Activist" (Leah Musch).

Atendiendo al número de seguidores, y de acuerdo con la clasificación de Ho (2020), la gran mayoría de las creadoras de contenido seleccionadas (18 de las 20) son *nano-influencers* y *micro-influencers*; es decir, con menos de 10K de seguidores y de 10K a 100K seguidores, respectivamente. Solo dos de ellas, Aja Barber y Venetia La Manna, son *macro-influencers* (de 100K a 1M de seguidores). No se registra ningún caso de *mega-influencer*, lo que implicaría superar el millón de seguidores (tabla 2).

4.2. Modalidad y elementos del mensaje

Como muestra la figura 1, la modalidad más recurrente en las publicaciones analizadas es el vídeo, que se da en más de la mitad de los casos (55%). Le sigue la imagen (42%) y, en un tercer puesto muy distante, encontramos las publicaciones basadas en capturas de pantalla a partir de otras publicaciones en redes sociales (solo en 7 casos, un 3%). Esta tercera opción suele ser una estrategia para aumentar la difusión de una publicación propia previamente realizada en otra red social, siendo un recurso habitual de la *influencer* Aja Barber.

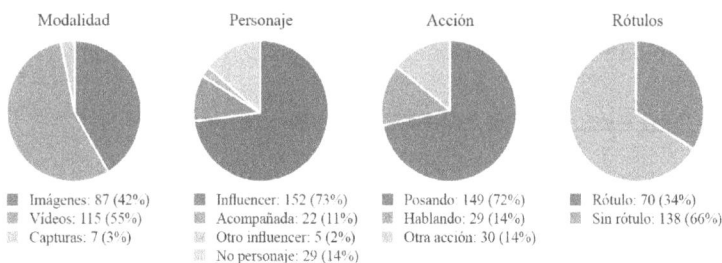

Modalidad	Personaje	Acción	Rótulos

Imágenes: 87 (42%)
Vídeos: 115 (55%)
Capturas: 7 (3%)

Influencer: 152 (73%)
Acompañada: 22 (11%)
Otro influencer: 5 (2%)
No personaje: 29 (14%)

Posando: 149 (72%)
Hablando: 29 (14%)
Otra acción: 30 (14%)

Rótulo: 70 (34%)
Sin rótulo: 138 (66%)

Figura 1. Análisis de contenido: resultados de las variables Modalidad, Personaje, Acción y Rótulos, expresados en número de publicaciones y porcentaje. **Fuente:** Elaboración propia, 2023.

Casi tres cuartas partes de los *posts* están protagonizados por la *influencer* que los publica apareciendo en solitario (73%). Rara vez aparecen las *influencers* autoras acompañadas, solo en un 11% de los casos. Aún más extraño es que sus publicaciones estén protagonizadas por otros creadores de contenido; en el presente corpus de análisis solo se registran 5 casos (2%), todos ellos mostrando a otras *influencers* que también pertenecen al terreno de la moda sostenible. También hay publicaciones en las que no aparecen personajes; representan un 14% sobre el total y suelen tratarse de bodegones de prendas de ropa o detalles de decoración interior (figura 1).

Respecto a las acciones que se muestran en las publicaciones, en un 72% de los casos la *influencer* autora aparece posando o actuando (figura 1). Solo en un 14% (29 publicaciones), esta habla a cámara. Merece destacarse que en 22 de estas 29 publicaciones (el 76%), la intención del discurso es persuasiva; siendo 13 de ellas para convencer a los seguidores sobre las ventajas de la moda sostenible, y las 9 restantes como denuncia de la *fast fashion* y otras actitudes contrarias a la sostenibilidad.

Se aprecian resultados similares en el uso y no uso de rótulos sobre la imagen o el vídeo. Predominan las publicaciones sin rótulos (un 66%, 138 unidades); solo 70 *posts* los incluyen (un 34%). No obstante, de nuevo llama la atención el alto porcentaje de publicaciones con intención persuasiva que utiliza este recurso. De los 70 *posts* con rótulos, 50 (un 71%) presentan un mensaje que pretende influir en las opiniones y comportamiento de los seguidores: 37 de esas publicaciones tratan de defender el discurso de la moda sostenible y 13 de ellas denuncian las corrientes enfrentadas.

4.3. Presencia y tratamiento de las marcas

Un poco más de la mitad de las publicaciones analizadas, el 51%, carece de cualquier mención a marca alguna, a diferencia de la tendencia hegemónica en los *influencers* de moda convencional y otras temáticas (figura 2). Algunas de las *influencers* analizadas ponen en duda que mencionar marcas sea algo coherente con su postura, ya que consideran que sería una forma más de favorecer que aumente el consumo, lo que por su ideología sostenible tratan de evitar. En esta línea se manifiestan Aja Barber (publicaciones del 9/2/2023 y 10/2/2023) y Marielle Elizabeth (publicación del 1/2/2023). También Adity Mayer (publicación del 6/2/2023) y Heidi Zaluza (publicación del 3/2/2023), quienes se manifiestan abiertamente a favor del *de-influencing*, una innovadora tendencia, nacida en *TikTok*, donde los *influencers* se proponen abogar en contra del exceso de influencia que ellos mismos generan, animando a los usuarios a pensar con libertad, abandonando ese papel de "seguidores" que el término *followers* les reserva (Ekwall y Mellberg, 2023).

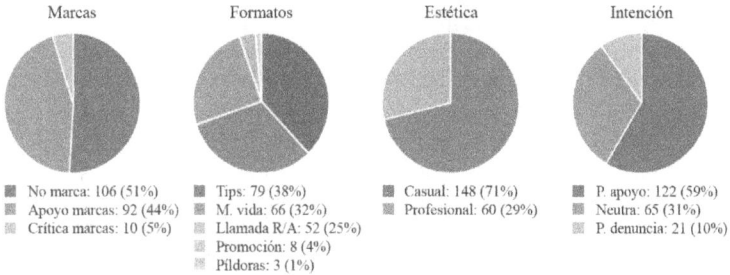

Figura 2. Análisis de contenido: resultados de las variables Marcas, Formatos, Estética e Intención, expresados en número de publicaciones y porcentaje. Fuente: Elaboración propia, 2023.

Paralelamente, un poco menos de la mitad de los *posts* analizados (49%) incluye marcas. En concreto, 93 publicaciones (44% del total) mencionan marcas y lo hacen respaldándolas y favoreciendo su promoción. De forma mayoritaria, el tipo de marcas que incluyen pertenecen a pequeños negocios de moda sostenible, tiendas de caridad o segunda mano. También se mencionan a asociaciones organizadoras de eventos relacionados con la moda sostenible; así como a las marcas personales de otros *influencers* que abordan esta misma temática. Es frecuente que las *influencers*, al tiempo que citan las marcas, aprovechen para explicar cómo adquirieron esas prendas, siendo habitual que sean de segunda mano; también destacan los materiales sostenibles y el proceso de producción ético (figura 3).

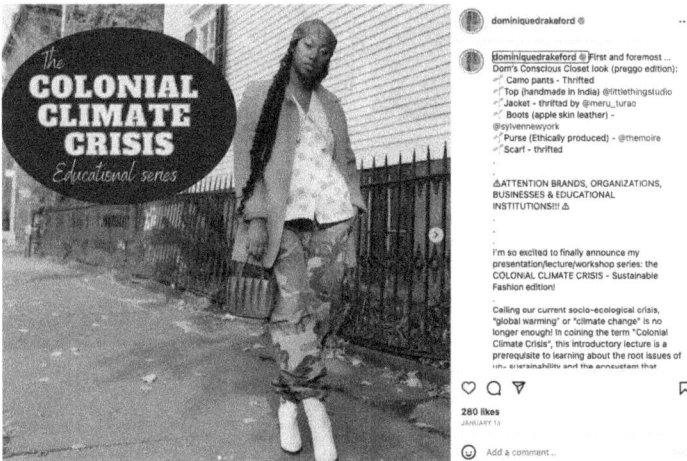

Figura 3. Descripción de prendas y su origen. Fuente: Instagram, @dominiquedrakeford, 13/1/2023.

Merecen una mención especial las 10 publicaciones (5% sobre el total) que incluyen marcas a las que se denuncia y expone ante la crítica del público. Generalmente, son grandes emporios del movimiento *fast fashion*, como H&M y Shein, a quienes a menudo se les recrimina que intenten lavar su imagen a través de la denominada estrategia del *greenwashing*, basada en confundir al público pretendiendo mejorar la reputación de una organización excusándose en una responsabilidad medioambiental ficticia (Sailer *et al.*, 2022). Una de las *influencers* más beligerantes en esta línea es Venetia La Manna.

También se observan casos en los que se muestra el rechazo ante determinadas marcas editoriales; en concreto, revistas de moda que han publicado contenidos inexactos sobre el tema de la moda sostenible y que podrían confundir a la audiencia. En estas ocasiones, las *influencers* actúan como curadoras de contenido críticas y comparten datos para que la información pueda ser contrastada. Dentro de esta línea de actuación destaca la *influencer* Kate Caric. Por ejemplo, en su publicación del 30/1/2023 ataca a la revista Glamour, del mismo modo que unos días antes (16/1/2023) cuestionaba la veracidad de un documental de Netflix (figura 4).

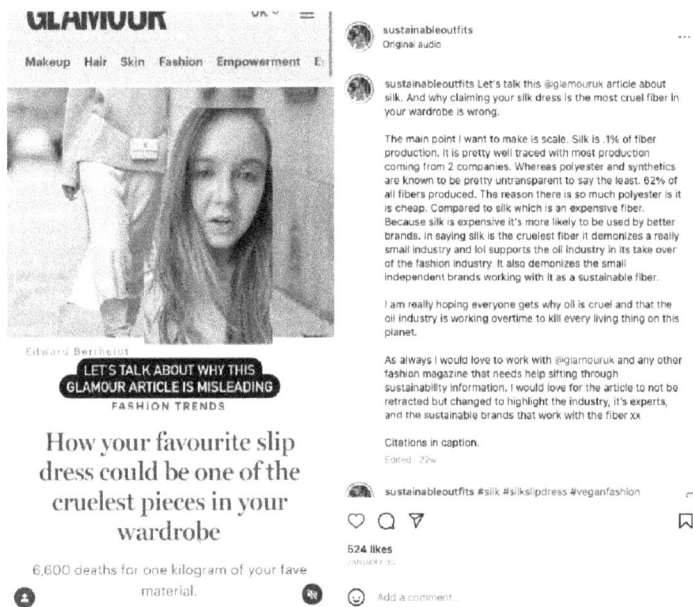

Figura 4. Reportaje sobre moda cuestionado. Fuente: Instagram, @sustainableoutfits, 30/1/2023.

4.4. Temas y valores

La sostenibilidad es el tema que se aborda con mayor recurrencia, presente de forma explícita en dos tercios de las publicaciones (138 *posts*, que representan un 66% del total). Las *influencers* utilizan un vocabulario novedoso y distintivo, que supone una de las señas de identidad de la comunicación de moda sostenible en redes. Entre estos términos, figura el concepto de "*pre-loved*", que se utiliza para revalorizar prendas de segunda mano. También es frecuente la expresión "*conscious closet*", que sintetiza responsabilidad que los consumidores deben ejercer al gestionar su uso particular de la ropa, siendo conscientes del impacto que generan en el entorno. Asimismo, destacan el hashtag *"#OOOTD"* (*Old Outfit Of ToDay*), que las *influencers* enarbolan con orgullo al presentar aquellas prendas que siguen vistiendo hoy en día y que adquirieron hace muchos años; o aquel que anima a los seguidores a coser o customizar sus propias prendas *"#diyclothing"* (*Do It Yourself Clothing*). En el terreno de los adjetivos, términos como *"vintage"*, *"thrifty"*, *"slow"* y *"ethical"* se repiten profusamente.

Además de la sostenibilidad, se identifican otros temas (figura 5). Algunos se observan como una ampliación del concepto de moda sostenible que estas *influencers* poseen, como elementos complementarios de esta filosofía de vida: la ética industrial y laboral; el valor de la motivación y la paz interior; la visibilidad y equidad de la cultura negra; la defensa de los cuerpos no normativos; la denuncia del consumismo; la salud mental; el veganismo; la salud ginecológica; y aspectos políticos y económicos. Otros temas reflejan terrenos diversos de la realidad sobre los que las *influencers* seleccionadas también opinan y generan contenido: belleza y cosmética; turismo y descubrimiento de nuevas culturas; decoración; y otros temas varios.

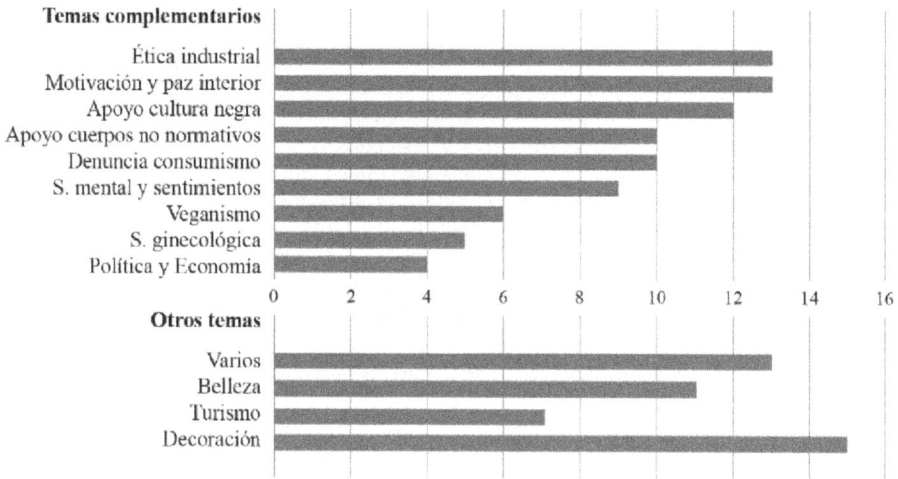

Figura 5. Análisis de contenido: resultados de la variable Tema, expresados en número de publicaciones. Fuente: Elaboración propia, 2023.

4.5. Formato y forma

Atendiendo a la estructura narrativa de las publicaciones, se identifican cinco tipos de formatos (atrás, figura 2). El más predominante es el formato de tutorial o conjunto de *"tips"*, término anglosajón que se utiliza a menudo en las redes para referirse a consejos prácticos (en un 38% de las publicaciones). Le siguen en importancia los momentos de la vida cotidiana (32%). En tercer lugar, se sitúa las llamadas a la reflexión y a la acción (25%). Los dos formatos restantes, con menor presencia, son las promociones (4%) y las píldoras informativas (1%).

Respecto al componente estético, predominan las publicaciones con un aspecto casual y relajado (71%), donde las *influencers* muestran su cotidianidad de forma natural, sin aspirar a reflejar una perfección formal. Las publicaciones restantes, casi un tercio (29%), presentan una dirección de arte profesional y planificada, con una intención estética que persigue la sofisticación y recuerda a los posados clásicos de la alta costura y marcas de moda convencional.

4.6. Intención

Centrándonos en la intención de las publicaciones, una amplia mayoría (el 59%) presenta un discurso persuasivo de apoyo a la moda sostenible (atrás, figura 2). Son frecuentes los lemas con forma de *hashtags*, como *#BuyNothingNew* (Emma Slade Edmondson, publicación del 22/1/2023). También abundan los *challenges,* un recurso recurrente en redes sociales para estimular la interacción y el *engagement* de los usuarios. Entre los numerosos ejemplos de retos, podemos citar una publicación de la *influencer* Sophie en la que anima a sus seguidores a probarse a sí mismos alargando los períodos sin comprar nada nuevo: "If you can, see how long you can go without buying new: challenge yourself to 30 days, then 90 days, then 6 months" (Sophie, 4/1/2023). En la misma línea, Kate Caric reta a sus seguidores a no comprar más de cinco cosas nuevas por año (Kate Caric, 16/1/2023).

También sobresalen las publicaciones que promueven la moda sostenible dando consejos para llevarla a la práctica en el día a día. De hecho, un 56% de las publicaciones con intención persuasiva de apoyo se dan en el formato de tutorial o *tips* descrito en el epígrafe anterior. A menudo, son consejos sobre qué marcas poder comprar con la certeza de que participan en un modelo sostenible y ético; tiendas para el intercambio o segunda mano (las conocidas como *thrift stores* o *charity shops*). También tutoriales sobre cómo hacer tu propia ropa a partir de la inspiración disponible en internet (Rosette, publicación del 7/2/2023).

En esa línea, las propias *influencers* predican con el ejemplo posteando sus *outfits* cuando acuden a galas y eventos del sector (Rosette, publicación del 21/2/2023). Presumen de usar ropa *vintage*, de segunda mano, cosida o adaptada por ellas mismas, y convierten en sus favoritas las prendas que compraron hace mucho tiempo (figura 6).

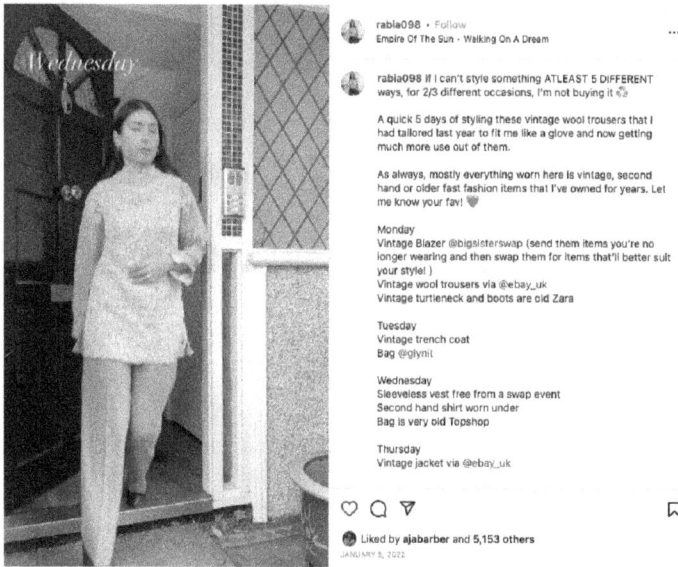

Figura 6. Ejemplos de outfits sin comprar nada nuevo. Fuente: Instagram, @rabia098, 5/1/2023.

Siguiendo la clasificación según la intención de las publicaciones (atrás, figura 2), el segundo grupo en importancia lo componen las publicaciones de carácter informativo, neutro, sin una intención persuasiva manifiesta (un 31% del total). Se caracterizan por incluir datos de carácter documental y científico para presentar la postura de la moda sostenible y hacerla entendible. El 100% de los formatos anteriormente descritos como píldoras informativas se manifiestan con esta intencionalidad neutra.

Por último, se identifican 21 publicaciones (un 10%) que muestran una intencionalidad persuasiva de denuncia (atrás, figura 2). Atacan a actitudes, marcas y conductas que consideran perjudiciales o incompatibles con el modelo de la moda sostenible. En más de un quinto de estas publicaciones (5 de 21) la crítica se torna atroz llegando a utilizarse un vocabulario malsonante y agresivo. Es una actitud que se observa en tres de las *influencers* analizadas: Aja Barber, Venetia La Manna y Sophie. Una publicación de esta última comienza con la siguiente llamada: "Fack overconsumption, fuck fast fashion" (Sophie, publicación del 4/1/2023).

5. CONCLUSIONES

En los *influencers* de moda sostenible y *slow* fashion se aprecian algunas semejanzas con aquellos que se centran en otros tipos de moda más convencionales, como la *fast fashion*. Sigue siendo un sector altamente feminizado, donde los principales referentes son mujeres. Abundan los contenidos en modalidad de vídeo, con posados; los formatos de tutoriales y *tips*; incluso, las menciones a marcas recomendadas.

Sin embargo, existen diferencias muy llamativas, que van desde aspectos meramente formales a otros más profundos. En el terreno de la moda sostenible no hay *mega-*

influencers; predomina la estética amateur en las publicaciones, revestida de un halo de mayor credibilidad; tampoco abundan las promociones de marcas (códigos, descuentos…) tan frecuentes en otros tipos de *influencers* de moda.

Las *sustainable fashion influencers* muestran un discurso diferenciado. Combinan sus consejos sobre sostenibilidad con un contenido que se apoya en una red de valores complementarios, entre los que destacan la ética industrial, la diversidad racial, la defensa de los cuerpos no normativos, la salud mental, motivación y paz interior, así como el veganismo.

También destaca que la presencia de marcas mencionadas es muy inferior a la que se da en los *influencers* de *fast fashion*. Las grandes marcas multinacionales apenas están presentes en su discurso, y cuando aparecen son el blanco de sus críticas, como sucede como H&M y Shein. Respecto a la intención persuasiva, se promueve la toma de consciencia en términos de sostenibilidad; llegando a observarse mensajes cargados de ira contra el fenómeno del *fast fashion*, que si bien se observan en pocas *influencers*, se dan en aquellas que reúnen un mayor número de seguidores.

Las *influencers* de moda sostenible identifican el recurso de hablar a cámara como una herramienta que da más fuerza a su mensaje y favorece su potencial de convicción. Utilizan un lenguaje propio y mensajes aspiracionales distintos a los que tradicionalmente han sustentado el modelo de consumo visible y compulsivo típico en la moda (*conspicuous consumption*). Frente a la idea de presumir por estrenar una prenda de la última temporada, las *influencers* de moda sostenible se enorgullecen de vestir ropa que compraron hace años, que intercambiaron con sus amistades, que cosieron y adaptaron, incluso que compraron de segunda mano. En este sentido, plantean una inversión de los valores aspiracionales y de disfrute del usuario.

La principal conclusión extraída es la existencia de una promesa emocional en el mensaje de este grupo de *influencers*: el consumo sostenible pasa a entenderse como un medio por el que los consumidores suben peldaños de una escala ética donde, además de la sostenibilidad, existen otros valores que promulgan una sociedad más justa y respetuosa.

6. REFERENCIAS

Alamsyah. D., Othman, N., Mohammed, H. (2020). The awareness of environmentally friendly products: The impact of green advertising and green brand image. *Management Science Letters, 10*(9), 1961-1968. https://doi.org/10.5267/j.msl.2020.2.017

Arora, N. y Manchanda, P. (2022). Green perceived value and intention to purchase sustainable apparel among Gen Z: The moderated mediation of attitudes. *Journal of Global Fashion Marketing, 13*(2), 168-85. https://doi.org/10.1080/20932685.2021.2021435

Blasi, S., Brigato, L., Sedita, S. R. (2022). Eco-friendliness and fashion perceptual attributes of fashion brands: An analysis of con-sumers' perceptions based on twitter data mining. *Journal of Cleaner Production, 244*, 118701. https://doi.org/10.1016/j.jclepro.2019.118701

Brewer, M.K. (2019). Slow Fashion in a Fast Fashion World: Promoting Sustainability and Responsibility. *Laws, 8*(4), 24. https://doi.org/10.3390/laws8040024

Duffett, R. (2020). The youtube marketing communication effect on cognitive, affective and behavioural attitudes among generation Z consumers. *Sustainability, 12*, 5075. https://doi.org/10.3390/su12125075

Ekwall, M. y Mellberg, E. (2023). *This is crap. Consumer's experience of de-influencing on TikTok* [Bachelor's Thesis]. Kristianstad University Sweden. researchportal.hkr.se

García-Torres, S., Rey-García, M., Sáenz, J., Seuring, S. (2022). Traceability and transparency for sustainable fashion-apparel supply chains. *Journal of Fashion Marketing and Management: An International Journal, 26*(2), 344-364. https://doi.org/10.1108/JFMM-07-2020-0125

Grazzini, L., Acuti, D., Aiello, G. (2021). Solving the puzzle of sustainable fashion consumption: The role of consumers' implicit atti-tudes and perceived warmth. *Journal of Cleaner Production, 287*, 125579. https://doi.org/10.1016/j.jclepro.2020.125579

Ho, L. (4 de marzo de 2020). How to Select the Right Types of Influencers for Your Campaign. *Inzpire.me*. https://bit.ly/3qf5IBG

Jacobson, J. y Harrison, B. (2022). Sustainable fashion social media influencers and content creation calibration. *International Journal of advertising, 41*(1), 150-177. https://doi.org/10.1080/02650487.2021.2000125

Jiménez-Marín, G. y Checa Godoy, A. (2021). *Teoría y práctica del consumo.* Síntesis.

Jiménez-Marín, G., Elías-Zambrano, R., Galiano-Coronil, A., Ravina-Ripolol, R. (2021). Business and energy efficiency in the age of Industry 4.0: The Hulten, Broweus and Van Dijk sensory marketing model applied to Spanish textile stores during the COVID-19 crisis. *Energies, 14*, 1966. https://doi.org/10.3390/en14071966

Kamenidou, I. C., Mamalis, S. A., Pavlidis, S., Bara, E. Z. G. (2019). Segmenting the generation Z cohort university students based on sustainable food consumption behavior: A preliminary study. *Sustainability, 11*(3), 837. https://doi.org/10.3390/su11030837

Kim, Y. y Oh, K. W. (2020). Which consumer associations can build a sustainable fashion brand image? Evidence from fast fashion brands. *Sustainability, 12*(5), 1703. https://doi.org/10.3390/su12051703

Legere, A. y Kang, J. (2020). The role of self-concept in shaping sustainable consumption: A model of slow fashion. *Journal of Cleaner Production, 258*, 120699. https://doi.org/10.1016/j.jclepro.2020.120699

Nagar, K. (2015). Modeling the effects of green advertising on brand image: Investigating the moderating effects of product in-volvement using structural equation. *Journal of global marketing, 28*(3-5), 152-171. https://doi.org/10.1080/08911762.2015.1114692

Palomo-Domínguez, I., Elías-Zambrano, R., Álvarez-Rodríguez, V. (2023). Gen Z's Motivations towards Sustainable Fashion and Eco-Friendly Brand Attributes: The Case of Vinted. *Sustainability, 15*, 8753. https://doi.org/10.3390/su15118753

Palomo-Domínguez, I. y Zemlickienė, V. (2022). Evaluation expediency of eco-friendly advertising formats for different generation based on Spanish advertising experts. *Sustainability, 14*(3), 1090. https://doi.org/10.3390/su14031090

Parente, R. C., Geleilate, J. M. G., Rong, K. (2018). The Sharing Economy Globalization Phenomenon: A Research Agenda. *Journal of International Management, 24*, 52–64. https://doi.org/10.1016/j.intman.2017.10.001

Sailer, A., Wilfing, H., Straus, E. (2022). Greenwashing and bluewashing in black Friday-related sustainable fashion marketing on Instagram. *Sustainability*, 14(3), 1494. https://doi.org/10.3390/su14031494

Sánchez-Riaño, V., Lozano, C. A. A., Sojo-Gómez, J. R. (2022). Centennials: La búsqueda del ser en un universo digital. *IROCAMM*, 5(1), 9-20. https://dx.doi.org/10.12795/IROCAMM.2021.v05.i01.01

Segarra-Saavedra, J. e Hidalgo-Marí, T. (2018). Influencers, moda femenina e Instagram: el poder de prescripción en la era 2.0. *Revista Mediterránea de Comunicación, 9*(1), 313-325. https://doi.org/10.14198/MEDCOM2018.9.1.17

Schmuck, D., Matthes, J., Naderer, B., Beaufort, M. (2018). The effects of environmental brand attributes and nature imagery in green advertising. *Environmental Communication, 12*(3), 414-429. https://doi.org/10.1080/17524032.2017.1308401

Thomas, M.R.; Madiya, A.; Mp, S. Customer Profiling of Alpha (2020): The Next Generation Marketing. *Ushus Journal of Business Management., 19,* 75–86. https://doi.org/10.12725/ujbm.50.5

Viciunaite, V. y Alfnes, F. (2020). Informing sustainable business models with a consumer preference perspective. *Journal of Cleaner Production, 242,* 118417. https://doi.org/10.1016/j.jclepro.2019.118417

THE HEGEMONICAL DISCOURSES OF VIRTUAL INFLUENCERS AND THEIR EFFECTS ON THE EMOTIONS OF NETIZENS

Mónica Pérez-Sánchez[1], Javier Casanoves-Boix[2]

This text was born within the Institutional Call for Scientific Research CIIC (2023) framework of the University of Guanajuato.

1. INTRODUCTION

Influencer marketing is of such importance that it is estimated that its value will rise to $21.1 billion in 2023, according to the Influencer Marketing Benchmark Report (Geyser, 2023). Influencer marketing is becoming a powerful way to promote products, services, destinies, spread-out ideas, lifestyles, and even values. So, influencers try to gain popularity, and become the most successful influencers (Lorenz, 2018), and gain money through the representation of brands (Handley, 2020). In such a way, from the theory and under capitalist hegemony, there has been a shift in the way that users consume and interact with information (Jaques et al., 2019, p.1).

The above is because, as Castillo (2011, p. 109) pointed out, continuous discursive transformations occur in the Internet, a mass communication medium. In this context, virtual influencers (VI) behave like humans participating in social networks, they communicate verbally and textually to keep the audience attentive, the human netizens, who might experience emotions. Through two qualitative methods, Through two qualitative methods, netnography critically analyzes 800 posts from virtual influencers on online social networks and focus groups on understanding emotions, and thus responds to the research question: Is there any hegemonic discourse promoted by virtual influencers that are more similar to human beings? And to know their possible effects on the emotions of human beings.

The objective of this study is based on the next specific objectives: (1) analyzing the content published on social networks of virtual influencers, (2) recognizing the hegemonic discourses promoted by these entities, and (3) contrasting them with the real needs of our society. Likewise, (4) know the reactions and emotions humans experience from virtual influencers' speeches.

---

1. University of Guanajuato (Mexico).
2. University of Valencia (Spain).

2. LITERATURE REVIEW AND CONCEPTUAL FRAMEWORK

2.1. Hegemonic discourses

Discourses are systems of thought, or knowledge claims, that assume an existence independent of a particular speaker. Discourses are resources for social interactions with others (Sttodart, 2007, p.203). The speeches commonly have a theme and are accompanied by technical terms, so their spokespersons might have recognized experience, or not, who can refer to various topics, and happen anywhere. Castillo (2011) adds that "media discourse coincides in time and space, virtually, with our here-now," thus constructing a social reality. A socio-communicative phenomenon that builds collective imaginaries (Martín-Barbero (2002). This social formation and its reality are based on the referential universe of the media (Piñuel, 2012).

The mass media in the current globalizing networks of production and symbolic circulation, including the Internet, establish the trends and styles of conceiving and being in the world (Castillo, 2011, p. 109). As Berger and Luckmann (1972) explained, the social construction of reality consists of discussing and negotiating the different meanings, discreetly or openly, but particularizing this reality. This social construction and the identity configuration, as Castillo (2011) adds, are due to the continuous discursive transformations projected through the mass media and promote the imposition and massive maintenance of the discourse, the current hegemological block:

> *This logic is generated in the context of modernity, in which the guidelines and ways of seeing, being and feeling in the world are regulated by the neo-liberal economic system, establishing an interweaving of discourses of consumption and subjection. naturalized lie. MMCs organize citizens/consumers with homogenized information and lifestyles, with a multi-localized and de-territorialized imaginary, where uncertainty and doubt about tomorrow, time, place and the known cause a clinging to "what it says » - the hegemonic discourse through media discourses - that is given as the only, legitimate and true thing (Castillo, 2011, p. 108).*

So, contemporary culture does ideological work by representing the capitalist mode of production as the only possible world, as something unchangeable (Stoddart, 2007, p. 198), Stoddart has cited Marcuse (1991) to point out that in the society of the twentieth century, capital incorporates the working classes into an ever-increasing standard of living (Marcuse, 2013). An aspect that enhances consumption at all levels of society. Stoddart also highlighted Gramsci's (1992, p.137) work, which defined hegemony as the distinction between coercion and consent as alternative mechanisms of social power to convince individuals and social classes to subscribe to an inherently exploitative system's social values and norms. Then, hegemony is a form of social power that relies on voluntarism and participation, and it appears as the « common sense » that guides every day (Sttodart, 2007, p. 200). Thus, mass dissemination of consumption and its mechanical reproductions have greater reach through social media networks and virtual communities. And now, artificial intelligence has spread out the domain of social media and, through their communications, could root this discourse.

2.2. Netizens, the audiences of virtual influencers

According to the Digital 2023 Global Overview Report by Meltwater and We Are Social (2023), the total world population is made up of 8.01 billion people, and 59.4% of the population actively participates in social networks, in which the average connection time according to the latest data collected in 2022 is 2 hours 31 minutes. In addition, the average age of the global population should be highlighted: 30 years old, who are ordinary people who are highly related to digitalization.

Netizens are Internet users, present or active in online communities Achmad (2021, p. 1564), or those who have skills to navigate the Internet. It is Society 5.0 that has changed interaction processes, which prioritizes technological information and changes in values (Achmad, 2021). These users are also the consumers who express growing skepticism toward brand direct marketing and are less inclined to trust traditional advertising (Genderman, 2019), which is why the search for information and data consultation on platforms increases day by day. digital. For this objective, the population is also using social networks as search engines.

Humans are exposed to hegemonic discourses in this constant navigation on social networks. The social action of everyday life produces hegemonic effects (Gramsci, 1992). These effects, according to Piñel (2012), manifest themselves in ideas of consumption, way of thinking, lifestyle, or other subtle links that interrelate the popular and the mass in the construction of popular and subaltern cultures, in which the imaginary of young people constitutes a fundamental reality (p.29). Online influencers who talk about brands and products on social media represent a viable alternative. Influencers weave brand endorsements into their personal narratives, making the OIM content appear more authentic and reflective of the influencers' styles. (Leung *et al.*, 2022, p. 227).

2.3. Virtual Influencers

A virtual influencer can be defined as an entity, humanlike or not, that is autonomously controlled by AI (Seymour *et al.*, 2018), and lately perfected through new technologies, such as Computer-Generated Imagery technology (CGI) or other resources (Batista & Chimenchi, 2021). A virtual influencer is visually presented as an interactive, real-time rendered entity in a digital environment; in other words, influencer marketing can now be a computer-generated avatar (Sands *et al.*, 2022, p. 778) created for specific purposes. Virtual Humans org defined them as *digital characters created in popular imaging, animation, or rendering software, then given a personality defined by a first-person view of the world, and made accessible via popular media platforms* (Jacobson, 2020).

As Sands *et al.*, (2022) call it, this virtual influencer phenomenon proliferates and does not go unnoticed. According to research carried out by Human Virtuals (Hiort, 2022), in 2015, there were only 9 virtual influencers, and in 2022 there were more than 200 participating in social media. Person-based creations have been modifying their appearance in the media since the 1950s until they achieved more humanized personalities. Even though there are various ways of manifesting virtual influencers, it is precisely those, entities with more humanized personalities (Thomas & Fowler, 2021) who behave like humans, and engage through post-feature stories.

The list of the top 11 in the world proposed by Billate (2023) was considered, but three VIs were eliminated for having other characteristics or objectives. Table 1., shows the 8 VI top of the world that are more human-like.

#	Influencer @ name	Number of followers	Number of Posts	Earnings per post	Engagement rate %	Country	Agency
1	@lilmiquela	2,7 M	1267	8000	4.8	United States	Brud
2	@imma.gram	398 K	714	1994	3.55	Japan	aww.tokio
3	@kyraonig	254 K	60	1057	4.7	India	futrstudios
4	@bermudaisbae	245 K	268	1245	9.81	United States	Brud
5	@shudu.gram	239 K	129	1192	5.85	England	TheDiigitals
6	@here.me.lucy	175 K	279	634	0.46	South Korea	Design Research Institute
7	@rozy.gram	154 K	394	775	4.9	South Korea	Sidus Studio-X
8	@blawko22	130 K	162	666	2.16	United States	Brud

Table 1. VIs studied on netnography. Source: adapted from HypeAuditor (2019) and Billate (2023).

The numbers related to each virtual influencer were updated from social media until July 2, 2023. The data may have increased since the number of virtual influencers has increased in recent years (Thomas & Fowler, 2021). And although followers also increase, the relationship between both audiences is not always positive. In influencer marketing, concerns exist about falsity (Dans, 2019), false reality, false lifestyle, and even false followers, according to the 2021 HBO Documentary Fake Famous. Likewise, these digital entities are called « false idols,» « digital influencers,» or « virtual influencers.» According to Sands *et al.,* (2022, p. 778), they are digital creations with high levels of human likeness, often powered by artificial intelligence.

Influencers are content creators. According to Leung *et al.,* (2022), they work to achieve follower networks, positioning, and follower trust (p. 228); besides that, each influencer acts as his or her own self-contained creative agency and is capable of engaging followers by producing quality content with various tools, including text, images, and videos (p. 232). To get more notoriety, they build brand-related influencer-generated content (IGC), defined as sponsored content about the brand created by the influencer; it usually exhibits creativity, because its execution is both original, novel, divergent, unexpected, and relevant to target consumers (Rosengren *et al.,* 2020), relevant because it seems useful, interesting, and worthy of their attention (Schumann *et al.,* 2014).

2.4. Emotions

Emotions have been a central issue in the life of human beings since they influence how everyone interprets reality and constitute an integral part of the human experience; for this reason, It is sought to understand how they happen and their effects on people. From his perspective, Parkinson (2008, p. 3) defines emotions as episodic modes of evaluative engagement with the social and practical world rather than simply responses to events. According to Kemper (1987, p. 267), emotions are a complex and organized predisposition to participate in certain classes of biologically adaptive behaviors, characterized by peculiar states of physiological arousal, peculiar feelings or affective states, state of receptivity, and patterns of expressive reactions. Denzin (2009) says that:

"Emotions are a living, truthful, situated, and transitory bodily experience that pervades a person's stream of consciousness, which is perceived within and running through the body, and which, during his experience, immerses the person and his companions in a new and transformed reality - the reality of a world constituted by emotional experience" (p.66).

The study of emotions encompasses scientific, philosophical, and psychological perspectives. For centuries, man was seen as an eminently rational being, which differentiated him from other living beings (Gordillo & Mestas, 2020) then and even now. His study covered the classical era, in which great philosophers like Plato, Hippocrates, and Aristotle participated in his approach, intending to improve his understanding until the end of the last century when the typologies of emotions were discussed (*e.g.,* Kemper, 1987).

Since then, contributions to the study of emotions have been diverse: authors such as Schwarz and Clore (1988) and, Laird and Bresler (1992) treated emotions as private and passive reactions; they focused on the subjective aspects of emotional experience and its relationship with external events and internal processes. Others studied emotion in various settings, like Jasper (2011), in protests and social movements. Parkinson (2008, p. 3) observed that acting emotionally primarily involves taking a particular (dynamic) affective stance toward some social, physical, or abstract object or to other people's directed actions (secondary intersubjectivity, as Trevarthen & Hubley, 1978 called it). With experiments, Gratch *et al.* (2007) studied the emotions between human beings and avatars. The importance of emotions and their intervention in social interactions is recognized, which is why they are procured by various methods.

3. METHODOLOGY

Exploratory design supported by two different qualitative techniques, divided into two stages: (i) the application of interpretive netnographic techniques based on the observation of the content published online by the eight most popular virtual influencers; and, (ii) three focus groups with a semi-flexible guide and projective techniques to observe emotions of human netizens. Details are listed below:

3.1. Stage I Netnography.

The two phases suggested by Turpo (2008) were considered: data collection and human interpretation. The process begins with the delimitation of the study and the choice of the online content, photographs of the most popular virtual robots accompanied by text published on Instagram, which is one of the most popular social networks, it has 2,000 million monthly active users (Statista, 2023), and allows connecting various audiences through creative content (Manzaba, 2019). The data collection instrument included the following elements: (1) Identification of the VI, (2) selection of the VI's latest post, which includes her or his photograph accompanied by narration, and the date of the post. Data collection was carried out from April 30, 2023, to June 30, 2023. The data has been collected in an orderly fashion, and the published text becomes important, the latest post of the VI in which are speaking as humans and are showing or doing something. Then, narrations have been read, and the general discourse is identified.

3.2. Stage II Focus groups.

Three focus groups with different participants were held at the Celaya campus of the University of Guanajuato. Data collection was carried out on May 18, 2023. Call for users of social networks following characteristics: man or woman women, over 18 years old, undergraduate students, were invited to participate in the study.

4. RESULTS

4.1. Netnography on the speeches published by virtual influencers.

816 posts were collected from the 8 most popular virtual influencers with the greatest resemblance to a human being (see Table 1). Each post had to be made up of a photo in which the virtual influencer appeared and accompanying narration. As a representation, 7 posts were chosen from the last posts of each virtual influencer, which are shown in tables 2 to 9.

Table 2., presents the content published by Miquela Sousa, one of "TIME Magazine's 25 Most Influential People on the Internet". Her creation was redefining media influencers and the way of telling stories. First VI to be super viral.

@lilmiquela	Post 1	Post 2	Post 3	Post 4	Post 5	Post 6	Post 7
	I visited this @ friendswithyou piece a few weeks back. When I entered the gallery I was overcome with such joy and happiness when I was greeted with this inflatable perfection. Sam & Tury ILYYYY 😍😍 I've spent the past few weeks searching how to recreate this feeling again. I think I need to visit somewhere new. A new neighborhood? A new city? A new country?!?? What makes you happy? 💭 ♀ Posted May 28th 2023	Pls pls pls let's make this the best summer ever I need it WE NEED THISSS ☺ Posted May 17th 2023	Name the best gummy and why is it Watermelon Haribo 🍉 Posted April 12th 2023	This Barbie wants to be in that movie REAL BAD 🎬 Posted April 5th 2023	And the winner for Best Hair in a Sci-Fi Documentary goes to... Drop your favorite movie genre below!!! Posted March 12th 2023	Downloading some vitamin D ☀ Posted March 6th 2023	My favorite type of food? Cute snacks ☺ (Haribo brand) Posted March 2nd. 2023

Table 2. VI 1 studied on netnography. Source: adapted from the
authors based on Lilmiquela's Instagram profile.

The predominant discourse of Lilmiquela is to provoke consumption. She acts as a human being; she says she feels, thinks, needs, consumes, recommends, has fun, and misses people who are no longer here. She uses, mentions, and interacts with brands; others sponsor her. The speech is strengthened by using hashtags to create trends, emojis, calls to action, and expressions popularly used by humans.

Table 3., presents the content published by Imma Gram, since February 2018, the first virtual influencer in Japan; she is a fashion influencer and works with many businesses for sponsored posts. Super real posts as a model influencer, which shows perfection and quality of work done, to make it feel so human to the eyes of audiences.

@imma.gram	Post 1	Post 2		Post 3
	#tbt to when I tried to be my own hair dresser. Realized mid way that it was way too short. Had to spend a week waiting for it to grow out. Octuber 22th. 2022	Um ok we got a nice family photo 👨‍👩‍👧 ♡ Looking back at 2021, it was a year full of new experiences👋 I launched a fashion collection with Amazon... I caught my first? cold and had to stay in bed ... I also made a lot of virtual fashion items! 💄 But out of everything, @plusticboy starting a relationship blew my mind😍 💕💕 I'm having so many different emotions everyday 🥰 But yeah! Happy 2022 😍💖 January 4th, 2022		Sorry if the sound is LOUD !!! I begged my management to make me a virtual space where I can do anything! And I got it! I think I will make this my studio to create my own stuff Have you seen this space before? It's huge This is my happy dance...all alone in this studio for now. July 4th. 2023
Post 4		Post 5	Post 6	Post 7
My life recently ~ 🌐👛💄👗 I've been so busy doing both virtual and physical projects Making myself into anime, or putting myself into a game...making my virtual house Also I'm making a fashion brand myself because I can't find clothes I want to wear ! It's called Astral Body. Excited to share with you soon... eeeek!! I won't make too many items at first so if u want it, I'll beep u about it soon #imma #virtualhuman #brand #🔲🔲🔲CG🔲🔲🔲 #astralbody #anime #ai #game July 4th, 2023		It's super hot today 🔲 Wearing the new collection from @ hystericglamour_tokyo and taking a walk June 16th, 2023	Apple's Vision Pro, Meta's Quest 3, and today's updates on ChatGPT. The future is becoming true, sooner and sooner. At Aww, where I am managed, plans of combining AI with beings like me are in the talk. I'm not an AI. I am a virtual human, but the age of AI virtual human is around the corner. Let's have fun in the future. June 14th, 2023	Beauty of this season - the spring wind with the storm of cherry blossoms in the air. Getting ready for a summer to come. I went on a whirlwind virtual trip with @ arisak_official 🦋🌸 May 5th, 2023

Table 3. VI 2 studied on netnography. Source: adapted from the
authors based on Imma Gram´s Instagram profile.

The predominant discourse of Imma Gram is to provoke consumption. Emotions, feelings, and experiences are present in their posts, which, in addition to promoting products, serve as a showcase to announce new businesses and forays into other virtual platforms and having a good time.

Table 4., presents the content published by Kira Onig, India's first meta, who describes herself as a robot woman, whose mission is to inspire entrepreneurs to pursue their dreams. Her posts are related to Indian culture or practices and the modernity of an Indian model's struggle and work showcase. She started in January 2022; with just 60 posts, she has managed to bring 254K followers to her IG account.

@Kiraonig	Post 1		Post 2	Post 3		Post 4
	#CurveIntoTheNext with the Cosmic Black variant of the #realmenarzo60series5G featuring India's FIRST 24GB RAM + 1TB ROM* Pre-booking starts on 6th July 1 PM with ₹1500 off* + 6 Months Extended Warranty @ realmenarzoIN Special thanks to OUTPUT @ theoutputofficial for the collaborative realization! *T&C Apply July 3rd 2023		🖤 I'm thrilled to be introducing the #realmenarzo60 series as Mission narzo Officer: The epitome of next-gen sleekness with a Martian Horizon design, inspired by humanity's quest for new horizons on the red planet 🚀 Get ready to turn heads in style on the 6th of July at 12PM @ realmenarzoIN June 28th 2023	Go Team India 🇮🇳 ❤️❤️ October 22th 2022		I'm ready to cross boundaries into a whole new world, are you? 🪐 Join me and @amtouristerin on an extraordinary journey. Together, we'll explore new horizons as we get transported to a parallel universe 🌍, where diversity, culture, and the thrill of discovery take centre stage. I'm thrilled to embark on this incredible escapade, and I invite you to join me. Remember, the world is your playground, and you were #BornToCrossBoundaries. Let's make every journey colorful and unforgettable! 🧳 #AmericanTouiter #AmericanTouristerIndia #ChallengeAccepted #BreakingBarriers #ExploreMore #PushPastYourLiits #DareToExplore #FindYourPath #NeverStopExploring #Metaverse June 18 2023
Post 5					Post 6	Post 7
Discussion: Virtual Influencers 🌐 Did you know: India now has its very first Virtual influencer @kyraonig Like every other industry, as AI slowly but surely penetrates its wings into mine. I can't help but sit up and take notice. I recently discovered this phenomenon, and my initial shock was followed by amazement. So how does this work? Virtual influencers are created using AI and CGI (Computer Generated Imagery) technology. They are designed to appear and behave like real human influencers, but they are entirely computer-generated. You can carefully curate their entire personality - their likes, dislikes, their physical appearance, the way they dress, their background, etc. Just like regular influencers, they have the power to influence people's decisions as well. There are obvious pros and cons, but I'd love to hear from you guys - What are your thoughts? Would you follow a Virtual influencer? How do you think this change would impact the creator economy? Shot by: @dinesh_ahuja CG team: @lucidmountain @pixelgridvisuals There are obvious pros and cons, but I'd love to hear from you guys - What are your thoughts? Would you follow a Virtual influencer? How do you think this change would impact the creator economy? Shot by: @dinesh_ahuja CG team: @lucidmountain @pixelgridvisuals June 1st 2023					India 🇮🇳 X Germany 🇩🇪 X South Korea 🇰🇷 @kyraonig X @iamyunaverse X @sua_to_z We're beyond excited to share this news with you 🤗💫 Feeling strong, united and being able to support each other even in the virtual world is the greatest thing ever. Thanks to @cmxmodels and @fivmagazine for believing in us and featuring us on the cover 📸 Let's continue to empower and support each other because when women uplift women there's no limit to what we can accomplish 💪🎀💃	Embracing my inner self 💋 -love.K 💜 April 15th, 2023

Table 4. VI 3 studied on netnography. Source: adapted from the
authors based on Kira Onig´s Instagram profile.

The predominant discourse of Kira Onig is cause consumption. She says she is inspired by humanity's quest; she expresses what she feels with each newly announced element, she talks about working as a team and mentions the sense of group unity. She promotes products and talks about futuristic projects, constantly asking the audience to join her.

Table 5., presents the content published by Bermuda, one of the most real-looking images. She was created to redefine media influencers and a new way of telling stories.

The predominant discourse of Bermuda is to provoke consumption. She expresses her emotions, feelings, and motivations, she talks about the future and friendship.

Table 6., presents the content published by Shudu Gram. She was created and introduced on April 22, 2017, by Cameron James Wilson – a British fashion photographer and Visual Artist, founder of the digital model agency – The Digitals. She is the world's first digital supermodel and fashion icon. She has collaborated with many famous brands.

@shudu.gram	Post 1		Post 2	Post 3	Post 4
	Act bad is activated ⬛📷 @thediigitals #mixedreality #virtualsupermodel #virtualinfluencer July 4th, 2023		New Era ⚪ #mixedreality #virtualsupermodel June 29th, 2023	Flowers 🌸 Shudu #Muse @ alexandrahg_ Dress andheadscarf @bibisboutiqueweymouth Jewellery @trufacebygrace Styling @tom3d.gram Photography @ cameron.gram Production @ thediigitals #virtualinfluencer #3D #fashionphotography May 31 th 2023	Summers here 🏄⬛ #gifted @lanvin Concerto bag in Orange Shudu Muse @alexsandrahg_ Dress and headscarf @ bibisboutiqueweymouth Jewellery @ trufacebygrace Styling @ tom3d.gram Photography @cameron.gram Production @thediigitals #virtualinfluencer #3D #fashionphotography #lanvin May 22th, 2023

Post 5	Post 6	Post 7
Shudu X @karllagerfeld 🌼 This season #KARLLAGERFELD introduces The Ultimate Icon: a special-edition collection of chic eveningwear and accessories that redefine modern elegance. Production @thediigitals Digital Fashion @studio. acci Environment design @ roguestudiosonline April 27th, 2023	The incredible talent that is @ tadmichaell is taking portrait commissions • ••• This should definitely be a T-Shirt one day 👕 #Art #DigitalArt #VirtualInfluencerFebruery 13th, 2023	Smell the fragrance of your uniqueness with @escentric_ molecules MOLECULE + line. This year, Christmas smells like @ escentric_molecules, a cult phenomenon that has revolutionised the fragrance industry since they bottled the aroma-molecule Iso E Super, pure and singular. These subversive and gender-fluid fragrances are designed to highlight your natural skin scent. A love song to minimalism, @escentric_molecules M+ line pairs the addictive aroma-molecule Iso E Super with a single natural: M+ Iris, M+ Patchouli, and M+ Mandarin. #christEMas celebrates nature's beauty and uniqueness by rendering it in a man-made, digital landscape, presenting a transcendental image of nature and humanity. Just like @escentric_molecules explores the scents of nature through lab-created, synthetic molecules. #christEMas is far from outmoded idealism in the traditional sense, instead celebrating the uniqueness of individuality. Smell the future by clicking the link in bio! #sponsored #christEMas #digitalnaturals #virtualchemistry December 20th, 2022

Table 6. VI 5 studied on netnography. Source: adapted from the
authors based on Shudu Gram's Instagram profile.

The predominant discourse of Shudu Gram is to provoke consumption. She promotes her own products and other products and uses hashtags to create a tendency.

Table 7., presents the content published by Lucy, who is a virtual human made in Korea, depicted as a virtual human who suddenly fell to Earth with a stopped clock. Unlike the meta world where anything was possible, Lucy is a virtual human who can't relax from one to ten, living on earth in the cold season. Her posts look real.

@here.me.lucy	Post 1	Post 2	Post 3	Post 4	Post 5	Post 6	Post 7
	Refugiándome en Yekaro en este día caluroso 😴 🐚 June 27th, 2023	#협찬 @archivebold_ official Caminata doble gorra 😎 Hyungyeol, es un estilo que duda incluso si caminas 20 minutos El bolsillo de escarabajo es imprescindible para nuestros paseos 🐾 (… Pero estaba lloviendo y entro en 10 minutos. #archivebold #939 #team939 June 20th, 2023	Sweet little kitty 🐈 Kareoke with frenesí 🍃 June 17th	# 펄스널컬러 I am a summer pet shade. 🐕 🍃💧💙 🈷️🈷️ June 13th, 2023	#협찬 Verano listo completo con Crocs 🐊 I love the one and only Lu Rox decorated with jibbits 💙 June 8th, 2023	Now is the perfect time for a picnic 🌿 June 1st, 2023	(Advertising) PS he's on set Lucy gets first prize of free pass Is this all Levonne's thing? 💙🌿 May 27th, 2023

Table 7. VI 6 studied on netnography. Source: adapted from the authors based on Lucy´s Instagram profile.

The predominant discourse of Lucy is to provoke consumption. She talks about her emotions, and the weather, promotes fashion and style, and her posts have a lot emojis.

Table 8., presents the content published by Oh Rozy, South Korea's first virtual influencer since August 2019. She posts on a regular basis "like a normal human".

@rozygram	Post 1	Post 2	Post 3	Post 4	Post 5	Post 6	Post 7
	New lines are always exciting 🧳 The luggage of my next trip is you, Rollio 💙 July 10th, 2023	"Krabi Thailand" Deception never fails 🌊💙 Staycation Definitely one of the best ways to spend some vacation time 🌊💙	Idk if it's a dream or reality. This is paradise on earth 🌊	"Krabi Thailand" Eat, sleep, swim, It's a day of peace 🌊	Deep in the forest 💙 Emerald pool as if swallowing a jewel	Happy song of birds Tree swaying in the wind Sunlight on the wave Alone time, not alone	"The Krabi Forest" Deep in the forest today to find treasure 🌿

Table 8. VI 7 studied on netnography. Source: adapted from the authors based on Oh Rozy´s Instagram profile.

The predominant discourse of Rozy is to provoke consumption. He promotes trips, his posts are dedicated to Destinations and local promotion. She promotes herself as human, and talks about her emotions and sensations in the destinations promoted.

Table 9., presents the content published by Ronnie Blawko, a digital model who always wears a mask throughout his posts. He has worked with several brands to link other models in this industry. He was created to lead a new way of telling stories.

@blawko22	Post 1	Post 2	Post 3	Post 4	Post 5	Post 6	Post 7
	PUNK PRINCIPLES: Your boy blowing up the @AliExpress trendspotting campaign 🎸 #BeTheTrend #TrendSpottingSale #Ad September 18th 2020	posting this to my Facebook... tryna see what your granny's new hip finna do January 20th 2020	i'm back. is it 2021 yet? September 16th 2020	This is just me, setting you up to shoot your shot January 4th 2020	Shoutout to my day ones for sticking with me, going into 2020 FULLY CHARGED January 2nd 2020	therapy lady told me to confront my demons head-on December 29th 2019	too good not to post

Table 9. VI 8 studied on netnography. Source: adapted from the
authors based on Ronnie Blawko´s Instagram profile.

The predominant discourse of Blawko is to provoke consumption. Although he has not published in the last two years and his stories are short, he expresses himself as if he were human; he even talks about his therapies, promotes various brands, and behaviors, and mentions others. He is famous for his connection with the VI Miquela.

The observation of the speeches, calls out, first of all, to convince the audience to believe that they "live a normal life" as a person, saying that they are similar to the audience, that they are empathic with human beings, showing that they "live day by day", with aspirations to be public figures with a large number of followers, which are also the aspirations of human beings. And, promotes hegemonic consumerist discourse.

4.2. Focus groups

A total of 43 volunteers participated. Began when the moderator conceptualized the influencer, stated secondary data from institutions, then spoke about the different types of influencers, and focused on the most popular human-like virtual influencers (see Table 1), showing some of the photographs and videos with narratives published on their social networks (chosen through the simple random sampling technique). All participants were attentive and receptive. Once the material was shown, a subjective sense of rapport was measured through self-report using a forced self-administered questionnaire, the first item was adapted from Gratch *et al.,* (2007). Following these authors, the questionnaire included various open-ended questions. Table 10., shows in a synthetic way the data collected.

Ítem	Positive emotion	Neutral emotion	Negative emotion
What emotion did you feel the moment you knew about the existence of the virtual influencers?	It was amaizing! I like it a lot (Norma, 23)	...I don´t know, weird, I didn´t know about them (Jose, 23)	Surprised, they are still with the same intention (José, 22)
	...nice influencers´ evolution (Luis, 21)	Surprised, I could´t believe it what I was seen (Carla, 22)	... naaa I didn´t feel it real (Estela, 22)
	It was exciting, súper cool, I really like them (Jorge, 22)	I knew it since a while, but they didn´t get me (Estela, 21)	They must keep working, is obvious they are fake (Claudia, 21)
What did you feel when they tried to convince you they feel and live like humans?	I am happy for these creative creations, at times I believe them (Carlos, 24)	... mmm is funny (José, 23)	Mocked, I am not that dumb (Cecilia, 23)
	... Is fine, is part of their performance, I feel ok about it (Luis, 21)	Not so much, is false, so I just watch them (Ana, 21)	It bothers me (Óscar, 24)
	I like it, I guess they have to, to achieve their goals (Alma, 20)	They dont move me, I am not interested (Elizabeth, 23)	Bad, they should be fined (Ana, 21)
Besides the message of being like human, what other message of the virtual influencer do to get?	... They show clothes, they are promoting products (Alex, 23)	They are empty, they wants us to believe that? (Jose, 23)	May we have a good time without real goals for the future (Melisa, 20)
	... I know they work with brands, so they are promoters and sellers (Alma, 20)	They are just showing off, no deep messages (Lorena, 24)	This is only for economic purposes, it is clear to me (Celeste, 20)
	They have a good time, they have everything, so good (Leny, 22)	Brands are behind each image, they are selling (Elizabeth, 23)	The are doing everything but no influencing (Carolina, 23)
What do you feel about the intention of the virtual influencer?	... Well I guess this a anothcr way of publicity, it goes well for me (Leticia, 22)	I feel ok, technology is moving but the influence doesn´t happen (Xochitl, 20)	Worried for the youngest, they could be victims of these entities (Leonardo, 19)
	I love it, I like their style, they are good looking (Luis, 21)	Is fine but that´s it, another entertaining advertising (Carla, 22)	Bad, this is not ethic (Celia, 20)
	Is a more modern way to get my attention, I go for ot (Lucía, 20)	Normal, it was expected, a lot of market innovations (Joe, 22)	... At the end these VI join the various malicious initiatives (Eli, 19)

Table 10. Emotions of netizens. Source: Own creation.

Human responses collected allow us to understand the reactions and emotions that occur naturally in response to the communications of virtual influencers. Three different positions were distinguished: 52% positive (willing to follow de VI), 19% neutral (indifferent), and 29% negative (reject the digital proposal). The results corroborate the two discourses promoted by virtual influencers: (i) convince about their living as human beings, and (ii) consume, through subtle and attractive discourses, VI promotes leading a life of consumption. The speech is accompanied by images of virtual influencers wearing brands, trends, and being fashionable, a speech that adds to the trend of consumerism, which, as is known, can cause a large number of counterproductive effects on the planet and life in general. It is, therefore, a discourse that contradicts the urgent current needs of different natures repeatedly pointed out by national and international organizations.

4.3. DISCUSSION

We join those academic researchers who examine virtual influencers and their implications for marketing (Sands *et al.*, 2022), to point out that the intervention of creative agencies that work with artificial intelligence, robotics, and virtuality could, through their creations, seek solutions to society's current problems. According to Castillo (2011, p. 119), mass media discourses and governing must be more humanized, transforming people regarding their relationship with the world. The guidelines proposed by (Mackay, 2021, pp. 161-162) for ethical social media, must be taken into account. Today, our planet faces serious and urgent environmental, social, and economic problems; and the virtual influencer discourse tends to align with consumerism; it does not respond to problems that are relevant to the well-being of society, such as the hegemonic discourse about "climate change" (Piñuel, 2012).

This work is aligned with the work of Seymor *et al.,* (2018), the human-computer interfaces discipline, when it tries to observe and understand the reactions and sentiments related to or evoked by the interaction with the virtual influencer within the social media networks. In addition, this interest coincides with Parkinson (2007), who studied social interactions and questioned the effects of communication channels and the influence of other people's responses on emotions, he pointed out a complex statement about emotions online social interactions, to verify whether the emotions are oriented to the actions and reactions of other people, because, the expression is affected by the available modes of access to interpersonal feedback. This statement should be studied in greater depth regarding the phenomenon of influencer marketing.

5. CONCLUSIONS

As it has been shown, virtual influencers strive to convince others that they "live normally" as part of their constant narrative, and more importantly, it is possible to answer the research question, saying VI expresses a hegemonic discourse that promotes consumption. It highlights the need to point out when the person is interacting with someone real and when is not, and the possible deception or alienations caused by the speeches. The conclusions focus on the need for more studies on artificial intelligence expressed through textual content published by virtual influencers, taking into account the positive and negative effects on humanity, especially on younger generations.

Projections of Internet connection and the active participation of the global population in social networks indicate that online interactions between humans and virtual influencers could increase, exposing a greater number of audiences to ways of thinking, lifestyles, and values attached to consumption, without proposing a solution or raising any awareness regarding the solution to the global problems (whether economic, social o environmental) that have resonated so much in all nations.

The limitations of this work focus on the use of qualitative techniques that, although they attempt to collect large samples of primary data, are not completely representative, which is why it is suggested that this work. Future lines of research suggest including audiences of different ages and other data collection moments supported by the use of various techniques.

6. REFERENCES

Achmad, W. (2021). Citizen and netizen society: the meaning of social change from a technology point of view. *Journal Mantik*, *5*(3), 1564-1570.

Berger, P. L. y Luckmann, T. (1972): *La construcción social de la realidad*. Buenos Aires: Amorrortu. 185-216.

BiliateHQ (2023, May 2023). Top 11 AI Influencers and their earnings in 2023. By Ayoosh Raj. http://www.biliate.com

Castillo, B. T. (2011). Medios Masivos de Comunicación: una construcción de la realidad. *Pequén*, *1*(1), 108-119.

da Silva Oliveira, A. B., & Chimenti, P. (2021). " Humanized Robots": A Proposition of Categories to Understand Virtual Influencers. *Australasian Journal of Information Systems*, *25*.

Gerdeman, D. (2019, August 26). *Lipstick tips: How influencers are making over beauty marketing*. Harvard Business School. https://n9.cl/dl366

Gramsci, Antonio (1992). *Prison Notebooks: Volume I*. Translated by J. A. Buttigieg. New York: Columbia University Press.

Gratch, J., Wang, N., Okhmatovskaia, A., Lamothe, F., Morales, M., van der Werf, R. J., & Morency, L. P. (2007). Can virtual humans be more engaging than real ones?. In *Human-Computer Interaction. HCI Intelligent Multimodal Interaction Environments: 12th International Conference, HCI International 2007, Beijing, China, July 22-27, 2007, Proceedings, Part III 12* (pp. 286-297). Springer Berlin Heidelberg.

Handley, L. (2020, April 21). 'We're binge-eating chips not quinoa': How influencers have pivoted in generation lockdown. CNBC. https://n9.cl/9i8440

HBO (2021). Documentary Fake Famous [video online]. https://www.hbo.com/movies/fake-famous

Hiort A. (2022, June 24). How many influencer are there ? Published on Virtual Humans. https://www.virtualhumans.org/article/how-many-virtual-influencers-are-there

Jacobson, H. (2020, June 18). *Exploring how to perceive virtual influencers.* https://www.virtualhumans.org/article/exploring-how-to-perceive-virtual-influencers

Jaques, C., Islar, M., & Lord, G. (2019). Post-truth: Hegemony on social media and implications for sustainability communication. *Sustainability, 11*(7), 2120.

Jasper, J. M. (2011). Emotions and social movements: Twenty years of theory and research. *Annual review of sociology*, *37*, 285-303.

Kemper, T. D. (1987). How many emotions are there? Wedding the social and the autonomic components. *American journal of Sociology*, *93*(2), 263-289.

Laird, J. D., & Bresler, C. (1992). The process of emotional experience: A self-perception theory. In M. S. Clark (Ed.), *Review of personality and social psychology 13: Emotion* (pp. 213–234). Newbury Park, CA: Sage.

Leung, F. F., Gu, F. F., & Palmatier, R. W. (2022). Online influencer marketing. *Journal of the Academy of Marketing Science*, 1-26.

Lorenz, T. (2018, December 18). Rising Instagram stars are posting fake sponsored content. The Atlantic. https://n9.cl/97upo

Marcuse, H. (2013). *One-dimensional man: Studies in the ideology of advanced industrial society*. Routledge.

Mackay, J. B. (2021). Ethical responsibilities for social media influencers. *Research Perspectives on Social Media Influencers and Their Followers, 151.*

Martín Barbero, J. (2002). *Oficio de cartógrafo: travesías latinoamericanas de la comunicación en la cultura.* Fondo de la Cultura Económica.

Parkinson, B. (2008). Emotions in direct and remote social interaction: Getting through the spaces between us. *Computers in Human Behavior, 24*(4), 1510-1529. https://doi.org/10.1016/j.chb.2007.05.006

Pinuel Raigada, J. L. (2013). El discurso hegemónico de los Media sobre el "Cambio Climático" (Riesgo, Incertidumbre y Conflicto) y estrategias de intervención. *Medios de comunicación y cambio climático. Actas de las Jornadas Internacionales. Coord. por Rosalba Mancinas Chávez; Rogelio Fernández Reyes (dir.) (pp. 27-44). Facultad de Comunicación de la Universidad de Sevilla.*

Rosengren, S., Eisend, M., Koslow, S., & Dahlen, M. (2020). A meta-analysis of when and how advertising creativity works. *Journal of Marketing, 84*(6), 39–56.

Sands, S., Ferraro, C., Demsar, V., & Chandler, G. (2022). False idols: Unpacking the opportunities and challenges of falsity in the context of virtual influencers. *Business Horizons.*

Schumann, J. H., von Wangenheim, F., & Groene, N. (2014). Targeted online advertising: Using reciprocity appeals to increase acceptance among users of free web services. *Journal of Marketing, 78*(1), 59–75.

Schwarz, N., & Clore, G. L. (1988). How do I feel about it? Informative functions of affective states. In K. Fiedler & J. P. Forgas (Eds.), *Affect, cognition, and social behavior* (pp. 44–62). Hogrefe.

Seymour, M., Riemer, K., & Kay, J. (2018). Actors, avatars, and agents: Potentials and implications of natural face technology for the creation of realistic visual presence. *Journal of the Association for Information Systems, 19*(10), 953–981.

Statista (2023). Most popular social networks worldwide as of January 2023, ranked by number of monthly active users. https://www.statista.com/statistics/272014/global-social-networks-ranked-by-number-of-users/

Stoddart, M. C. J. (2007). Ideology, Hegemony, Discourse: A Critical Review of Theories of Knowledge and Power. *Social Thought & Research, 28*, 191–225. http://www.jstor.org/stable/23252126

Thomas, V. L., & Fowler, K. (2021). Close encounters of the AI kind: Use of AI influencers as brand endorsers. *Journal of Advertising, 50*(1), 11-25.

Trevarthen, C., & Hubley, P. (1978). *Secondary intersubjectivity: Confidence, confiding and acts of meaning in the first year.* In A. Lock (Ed.), Action, gesture and symbol: The emergence of language (pp. 183–229). Academic Press.

We are Social y Meltwater (2023). Digital 2023 Global Overview Report. https://www.meltwater.com/en/global-digital-trends

MI YO PERFORMATIVIZADO EN EL UNIVERSO DIGITAL: MY PERSONAL PROJECT, MY VISITING CARD, MY HOME, WHO I AM

Jesús Peris Camarasa[1]

1. INTRODUCCIÓN

La transparencia, entendida principalmente desde una perspectiva performativa, se ha convertido en una de las consignas más característica de la modernidad reciente. La proliferación, difusión y perfeccionamiento de múltiples plataformas digitales y redes sociales ha generado entre los sujetos contemporáneos la necesidad de comparecer, presentar(se) y (auto)exhibirse públicamente frente al resto de sus semejantes a través de tales emplazamientos digitales, quedando el cumplimiento de esta serie de peticiones, encomendaciones y cometidos supeditados al posible acceso, consecución y detención de las principales recompensas sociales del momento en curso: likes, seguidores, notoriedad pública, prestigio, dinero, fama, etc.

En tales circunstancias, las diversas plataformas digitales y redes sociales se configuran en la actualidad como escaparate vital hegemónico mediante el cual dejar constancia y dar a conocer cuáles son aquellos logros, gustos y anhelos que nos caracterizan. En este sentido, el estatus online se convierte en el principal valedor y contabilizador de nuestra propia (auto)estima, (auto)consideración y lugar en el mundo, quedando en gran parte supeditado a la interpretación que cada uno de los sujetos del orbe digital hacen del mismo. Al cimentarse bajo la tenencia, posesión y ostentación de recursos sumamente escasos -principalmente mercaderías-, se produce por consiguiente una frenética lucha de estatus dentro y entre las diferentes clases sociales en la que cada cual, en clara cuenta de atender a su propio bienestar e interés, hace lo posible por proteger y/o mejorar su posición en lo que a la jerarquía digital se refiere.

Ante este panorama sumamente paradigmático, los y las influencers aparecen en el espacio que comprende el orbe digital como las principales figuras de referencia -líderes de opinión clave- del momento encargadas de potenciar gran parte de las tendencias, hábitos y lógicas ya mencionadas, generando de este modo también entre el resto de la población común la imperiosa necesidad de copiar e imitar sus pautas de consumo, sus consignas de valor y, en definitiva, sus grandiosos estilos de vida.

---

1. Universitat de València (España)

2. OBJETIVOS

El objetivo general de la presente investigación se basa fundamentalmente en averiguar cuáles son aquellas tendencias, lógicas y pautas expositivas de las que se sirven los sujetos contemporáneos actualmente para exponer abiertamente gran parte de los confines que aluden a su intimidad singular en las redes sociales.

Por su parte, los objetivos específicos que se deducen de dicho objetivo general son: en primer lugar, determinar cuáles son las causas, razones y motivaciones que originan e intensifican tales tipos de comportamientos, conductas y actitudes; en segundo lugar, recalcar la reciente trascendencia del estatus online como elemento básico a partir del cual acaparar las principales recompensas sociales que ofrece el orbe digital; por último, poner de manifiesto el papel llevado a cabo por parte de los y las influencers en la consecución última de dichas finalidades señaladas.

3. METODOLOGÍA

La metodología empleada para la presente investigación se ha fundamentado íntegramente en el estudio, tratamiento y recapitulación de todo aquel material bibliográfico prevaleciente considerado como apropiado para la temática en cuestión. En este sentido, todas aquellas consideraciones, reflexiones y deliberaciones que de aquí se deducen han sido consecuencia directa del uso del material referencial señalado al final del estudio.

4. DESARROLLO DE LA INVESTIGACIÓN

4.1. Imperativo de (auto)exposición en redes sociales: exhibicionismo, voyerismo y performatividad en el orbe digital

En pleno auge de la *era digital*, ninguna consigna goza de mayor profusión, contribución y/o aceptación social generalizada que la de la *transparencia* (Han, 2013, p.11). Entendida, conceptualizada y llevada a cabo principalmente desde una perspectiva performativa, esta tiende a demandarse de manera efusiva, generando entre los sujetos que la practican una aparente pero grata sensación de libertad, emancipación y empoderamiento. Asimismo, tal cualidad ya no se requiere exclusivamente de aquellos estratos privilegiados conformados comúnmente por personalidades públicas de distinta índole (modelos, actrices, *influencers*, etc.) sino que, recientemente, ha tendido a democratizarse y expandirse entre la totalidad restante de capas sociales.

Las redes sociales han pasado a conformar un nuevo escaparate vital hegemónico a través del cual dejar constancia, de manera sumamente deliberada y con mayor o menor asiduidad, intensidad y constancia de todas aquellas vivencias, experiencias y/o desdichas que nos constituyen como *profesionales de la exposición* (Han, 2013, p.50). Nuestros teléfonos móviles se han convertido en *confesionarios electrónicos portátiles* que nos permiten, cuasi a golpe de bolsillo, poder registrar, fotografiar y/o relatar los múltiples sucesos que conforman nuestra realidad cotidiana ante una inexacta multitud de personas (Bauman, 2017, p.14). Las nuevas prácticas comunicativas expresan un deseo de evasión de la propia intimidad; ganas de exhibir(se) y hablar de uno/a mismo/a ante los y las demás (Sibilia, 2008, p.92); en este sentido, la noción de intimidad sufre un cambio sumamente paradigmático, se va desdibujando poco a poco y se (re)configura: donde antes habituaban a imperar el *secreto* y el *pudor*, se impone ahora un *exhibicionismo* triunfante (Sibilia, 2008, p.293); se produce un patente viraje de la lógica tradicional del *disimulo* a la lógica coetánea de la *sobreexposición* (Lipovetsky, 2007, p.300). En opinión de Bauman (2017, p.14), «[...] haber convertido en virtudes y obligaciones públicas el hecho de exponer abiertamente lo privado» ha sido, indudablemente, uno de los grandes triunfos recientes del mercado. Este último se nutre así de la predictibilidad, revelación y confesionalidad de los gustos, deseos y anhelos de los y las consumidores/as, y la exposición pública de los mismos los despoja total o parcialmente de su singularidad. Por esta misma razón, aquello que el mercado pretende alcanzar es, en síntesis, un mundo de transparencia y visibilidad total, en donde la opacidad, la ocultación o el encubrimiento de todo aquello que concierne a nuestras vidas privadas sea tajantemente eliminado; todo debe convertirse, a la postre, en un *escenario translúcido* (Sibilia 2008, p.93).

En resumidas cuentas, el sujeto hipermoderno se ve impelido de este modo a constituirse, comparecer y presentarse ante el resto de sus congéneres en el espacio digital mediante una serie de procedimientos, estrategias y técnicas que le son prácticamente nuevos y que, a su vez, se le presenta como ineludibles: ¡miradme!, este/a soy yo, esta es la ropa que visto, esta es la gente con quien me codeo, estos son los lugares que habitúo frecuentar; este es, en definitiva, mi *estilo de vida*.

4.2. Mi estatus online en redes sociales: my personal project, who I am

Las redes sociales han pasado a conformar en la actualidad un espacio digital sumamente relevante en cuanto al prestigio, apreciación y consideración de uno mismo se refiere; se han convertido en la instancia principal a partir de la cual los diferentes sujetos tardomodernos exhiben ante el resto de sus congéneres aquellos gustos, posesiones e intereses particulares que realmente les caracterizan o que simplemente buscan hacer creer que detentan. Sustentadas cada vez más bajo una perspectiva manifiestamente performativa, la tónica general que tiende a observarse y, a su vez, promoverse desde estas mismas instancias se fundamenta principalmente en la exageración y la sobreestimación de todo aquello cuanto se publica, prevaleciendo asimismo una patente prelación por la ficticia y desmesurada *estetización de la realidad* que se practica antes que por la *realidad objetiva* verdaderamente existente en cada caso. En dicho universo online extremadamente competitivo y en el que gran parte de la identidad singular de cada sujeto se halla constreñida bajo los imperativos del mercado, todo aquello cuanto se expone, revela y detenta pasa directamente a constituir a cada cual como un individuo determinado, así como también a concretar su estatus específico dentro de los diferentes escalafones que configura propiamente la jerarquía digital.

El sujeto hipermoderno se halla así ante la compleja coyuntura de tener que enarbolar, entretejer y edificar su propia consideración online en base a los múltiples y cambiantes criterios promulgados, dictaminados e incorporados desde las diversas instancias mercantiles, lo cual convierte su vida como consumidor en «[...] una sucesión infinita de ensayos y errores; una vida de experimentación continua» (Bauman, 2017, p.121). Dicho sujeto va adaptando su idiosincrasia particular en función de las diferentes modas, tendencias y/o looks del momento, en vista de ser concebido por el resto de sus semejantes como un individuo considerado, atento y detallista con aquellos valores, costumbres y prácticas que se hallan en boga en ese preciso instante. Desde esta perspectiva, los sujetos tardomodernos se sirven de todo un serial de kits de identidad (Bauman, 2017, p.74) o kits de perfiles estandarizados (Sibilia, 2005, p.33) a partir de los cuales adecuan sus propias identidades en base a aquellas necesidades, gustos y exigencias particulares de la ocasión en cuestión; unas identidades de pret-â-pòrter (Sibilia, 2008, p.294) o identidades compuestas (Bauman, 2015, p.51) que, en definitiva, consisten en patrones enteramente subjetivos, pasajeros y reemplazables que se hallan estrechamente vinculados a las caprichosas propuestas e intereses cambiantes del mercado.

En conformidad con esta serie de disposiciones particulares y su respectiva acomodación a las mismas, cada cual deberá ajustar sus expectativas, pronósticos y estimaciones existenciales y materiales en función de los estándares mayormente reclamados y valorados por las instancias virtuales, con el objetivo claro de atesorar para sí mismo las mayores cuotas de estatus online: qué tipo de productos consumir, con qué clase de personas codearse o qué estilo de vida practicar, entre otros muchos. Todo ello supone adquirir numerosos objetos e invertir sobre todo mucho tiempo y dinero, pues como es sabido, las modas son extremadamente exigentes; reclaman de una continua adaptación a sus más pequeños cambios y novedades, actualización la cual se produce cada vez más a un ritmo altamente vertiginoso. En definitiva, «estar "a la moda" supone adquirir los objetos que se identifican con ella» (San José Alonso, 2014, p.17) y, una vez detentados, servirse de estos mismos para lucirlos y exhibirlos abiertamente frente a los demás con cierto tono de engreimiento.

La dispersión reciente del *derecho democrático al lujo* (Lipovetsky, 2007, p.314) a causa del progresivo desarrollo de las numerosas sociedades del bienestar ha ocasionado que prácticamente la entera totalidad de personas conformadoras de las mismas considere legítimo el hecho de poder competir con el resto de sus semejantes por las principales recompensas sociales del momento, a pesar de que, en multitud de ocasiones, se partan de situaciones socioeconómicas totalmente dispares. Salir a cenar todos los fines de semana al mejor restaurante de la ciudad, disfrutar de unas vacaciones de ensueño cada verano o lucir el último móvil que ha salido al mercado se convierten ahora en propósitos materializables para cualquiera de las clases sociales existentes, y su consecución última se verifica mediante la manifestación pública de tales finalidades en la red como generadoras mismas de estatus. En este sentido, Pérez Zafrilla (2023, p.5) entiende y define dicho estatus como «[...] el respeto, admiración y deferencia voluntaria que un individuo recibe de otros en virtud de la posesión de unas cualidades valoradas por el grupo»; es decir, la estima, valoración y reconocimiento profesados por los demás integrantes de una comunidad respecto de nuestra propia persona.

En clara alusión a lo recientemente mencionado y a las dinámicas, lógicas y razonamientos que el estatus ocasiona, podría decirse del mismo que también este último se democratiza y expande a lo largo y ancho de todas las capas sociales, convirtiéndose así en un requerimiento indispensable para descubrir el aprecio, valoración y/o evaluación de cada cual en el espacio tanto social como digital. Este hecho ocasiona a su vez una frenética carrera hacia el abismo entre todos los individuos, los cuales se halla en incesante contraste y disputa por adquirir las mayores cuotas de autoridad, poder y notoriedad pública en curso; el motivo de dicha competitividad entre sujetos no es otro que el *afán de emulación* de aquellas personas a las que se interpreta, concibe y considera como superiores respecto a uno mismo, es decir, «[...] el estímulo de una comparación valorativa que nos empuja a superar a aquellos con los cuales tenemos la costumbre de clasificarnos» (Veblen, 1944, p.109). Nadie quiere quedarse rezagado en lo que a la carrera por el estatus se refiere.

En este sentido, termina configurándose un escenario sumamente paradigmático en el que se postulan tanto *ganadores* como *perdedores* de la contienda, y es precisamente el último grupo mayoritario de lastimosos quienes, a fin de cuentas, acaban observando a un grupo extremadamente reducido de triunfadores *disfrutar de experiencias, encuentros y eventos mientras tratan de encontrar réplicas de esas experiencias en genéricos y sucedáneos, para intentar alcanzar a sentir -aunque sea por poco tiempo y de forma menos exclusiva- eso mismo (Moruno, 2018, p.48-49).*

En pocas palabras, el sujeto tardomoderno se ve impelido a participar, competir y tomar las riendas de su propia condición, sea cual sea esta misma, en todo aquello que a su estatus y consideración online se refiere. En búsqueda por mejorar constantemente su posición particular y alcanzar cuotas de poder reputacional más elevadas, él mismo se lanza, junto con el resto de sus congéneres, hacia una carrera desenfrenada y despiadada en el trayecto de la cual puede surgir o bien ileso o bien malparado. Es esta pugna mediática por la tenencia y ostentación de las principales recompensas sociales (éxito, fama, atención, notoriedad pública, dinero, etc.) la que mantiene viva actualmente tanto la contienda entre las diferentes clases sociales, como también las desmesuradas lógicas y pautas de consumo.

4.3. La « hora de los amateurs »: de «no -name» al estrellato

En plena expansión de la *era digital*, los y las *influencers* se han convertido en las figuras públicas más relevantes del presente (Nymoen y Schmitt 2022, p.9) y en las celebridades más admiradas de nuestro tiempo (Siurana 2021, p.11). La gente común tiende a copiar sus peinados, outfits y/o expresiones del habla; imita sus coreografías, poses o estilos de vida; en resumidas cuentas, anhela y desea asemejarse a tales figuras de referencia pues, como observa pertinentemente Illescas (2015, p.53) al respecto, se imita habitualmente a quien se admira. De hecho, es a partir de los consejos, sugerencias y recomendaciones profesados por tales *celebrities* a partir de los cuales el resto de los mortales «aprenden a iluminarse de forma favorecedora, a posar como modelos, a hacer mohínes como las estrellas cinematográficas y a enseñar vientres completamente planos» (Orbach 2009, p.164).

Las grandes empresas, marcas e industrias de moda, cosmética, alimentación o deporte (entre muchas otras), plenamente sabedoras del potencial divulgativo, convincente y persuasor de dichas personalidades públicas, las reciben «[...] con los brazos abiertos» (Nymoen y Schmitt, 2022, p.9), pues tales figuras les permiten establecer una acción publicitaria mucho más definida, precisa y, por lo general, también eficaz con el *target* en cuestión al cual desean dirigir sus productos y/o servicios. Este convenio comercial-contractual entre ambas partes ha pasado a denominarse comúnmente como marketing de influencers (Nymoen y Schmitt 2022, p.10) y consiste principalmente en la contratación de determinadas celebridades por parte de una empresa específica a fin de que, a través de la publicidad testimonial (Nymoen y Schmitt, 2022, p.53) que efectúan las primeras de un determinado producto y/o servicio, consigan convencer a sus propios/as seguidores/as para que estos/as terminen también finalmente adquiriéndolos, estableciéndose de este modo como líderes de opinión clave o key opinión leaders (Nymoen y Schmitt 2022, p.71).

En opinión de Nymoen y Schmitt (2022, p.11), los y las influencers no tienen realmente por qué confiar en la certeza de los productos y/o servicios que publicitan, pues «lo determinante, en cualquier caso, es que las vincule [marcas] de la forma más estrecha posible a sí mismo, mostrando cómo las utiliza y asumiendo tanto el papel de consumidor como el de presentador». Por su parte, los y las usuarios/as no perciben tales actos publicitarios como una molestia sino más bien como una ganancia (Nymoen y Schmitt,

2022, p.11), pues intuyen que su ídolo, aquella figura de referencia a la cual admiran y vanaglorian, se preocupa por ofrecerles las mejores garantías, cualidades y ganancias, siendo por ello imposible que dicha figura pública pueda engañarles o defraudarles.

Dirigidos a una audiencia que acostumbra a ser múltiple y dispar en diferentes aspectos (edad, sexo-género, nacionalidad, gustos, etc.), tales figuras públicas hacinan convenientemente a sus masas de seguidores/as bajo el apelativo homogéneo de comunidad, estableciendo y confeccionando deliberadamente de este modo un sentimiento de pertenencia común a una misma colectividad entre cada uno de los sujetos que, irónicamente, conforman atomizadamente tales agrupaciones. A partir de este tipo de dinámicas, lógicas y procesos se conforma progresivamente todo un régimen pseudodemocrático (Nymoen y Schmitt, 2022, p.160) mediante el cual cada uno de los sujetos de dicha comunidad virtual (es decir, sus seguidores/as) es presa de un complejo proceso de ilusión de actividad (Nymoen y Schmitt, 2022, p.69), generando en ellos y ellas la (falsa) impresión de estar participando activa y consecuentemente en muchas de las decisiones que repercuten a la vida particular de la figura pública en cuestión, a pesar de no admitir tal posibilidad ningún tipo de decisión excesivamente crítica, molesta y/o radical.

Las figuras públicas enarbolan así sus respectivas comunidades y se nutren de aquellas referencias que meramente procedan de las mismas, conformando de este modo un deliberado feedback positivo (Nymoen y Schmitt, 2022, p.165) entre influencer y seguidor/a que no incomode, perjudique o pueda poner en severos riesgos y/o problemas los pareceres, pensamientos y sensibilidades del primero/a. Los veredictos de tipo crítico que emiten dichas celebrities se entretejen comúnmente dentro de unos estándares sumamente marcados, no sobrepasando ciertas líneas rojas que puedan embarrar su imagen pública y, por ende, también truncar posibles futuras colaboraciones, patrocinios y sponsors. En tales críticas a medias (Nymoen y Schmitt 2022, p.177), la responsabilidad habitúa a delegarse en terceras personas o entes abstractos (Estado, Gobierno, Hacienda...) y nunca contra el sistema socioeconómico en sí pues, de lo contrario, los y las influencers estarían contradiciendo su propia razón de ser y cavando su propia tumba.

En última instancia, dichas celebridades públicas se han convertido recientemente en una reducida pero distinguida clase social cuyo caché reputacional ocupa la cima de la estructura social actual. En este sentido, aspectos como sus respectivas pautas de valor, sus diferentes maneras de vida o sus ilustres hábitos de consumo pasan a marcar una serie de estándares a imitar entre el resto de sus seguidores/as, los y las cuales incorporan a sus vidas con el propósito último de asemejarse a ellos y ellas lo máximo posible.

5. CONCLUSIONES

A raíz de la tarea de revisión bibliográfica manifestada a lo largo del presente trabajo, se han extraído definitivamente las siguientes conclusiones generales:

En referencia al primero de los apartados, puede considerarse, grosso modo, que la transparencia, exhibición y exposición públicas se han convertido en una de las consignas, demandas e imperativos más características de la modernidad tardía; (auto)exhibirse a uno/a mismo/a, como señala elocuentemente Giddens (1995, p.225), no se trata pues exclusivamente de una tendencia de corte narcisista, sino simultáneamente de un rasgo propio de la reciente contemporaneidad. Además, dicho acto expositivo otorga a su vez la posibilidad de competir por el acceso a las principales recompensas sociales en curso: notoriedad pública, repercusión, likes, seguidores, recursos monetarios, etc. Por último, también cabe concebir la transparencia y su misma idiosincrasia como resquicios colonizables y capitalizables, cada vez en mayor medida, por las lógicas, dinámicas y tendencias mercantilistas.

Respecto al segundo de los apartados y a colación estrecha del primero, cabe concebir nuestro estatus online como una faceta vital más la cual debe ser actualmente atendida, resguardada y evaluada en suma consideración, pues la misma es en gran parte definitoria de nuestra (auto)estima, (auto)consideración y lugar en el mundo como método principal de otorgación de reconocimiento por parte del resto de nuestros congéneres. Generalmente, desde los estratos sociales más privilegiados de la jerarquía digital tienden a transmitirse determinados ideales, gustos y deseos que hacen mella y se instauran, asimismo, entre el imaginario colectivo del resto de capas sociales, quienes -en función de sus respectivas facultades y posibilidades- se desviven por imitar, reproducir y, en definitiva, emular tales expectativas, en vistas de aumentar así sus dosis de poder y notoriedad con el objetivo último de poder ascender de clase en la escala reputacional.

En último lugar, los y las influencers han pasado a conformar indudablemente en el presente una nueva élite referencial para las nuevas generaciones, representada en tiempos pretéritos por personalidades públicas de otra índole: futbolistas, modelos, actrices, etc. Tales celebrities acostumbran a exhibir abiertamente en sus perfiles de redes sociales todas aquellas esferas que configuran en última instancia sus estilos de vida, los cuales se hallan a su vez supeditados bajo los designios de grandes empresas, marcas e industrias que les financian y patrocinan a cambio de sus funciones como escaparates vivientes de sus productos y/o servicios.

6. REFERENCIAS

Bauman, Z. (2015). *Trabajo, consumismo y nuevos pobres*. Gedisa.

Bauman, Z. (2017). *Vida de consumo*. Madrid: S.L. Fondo Cultura Económica de España.

Han, B-C. (2013). *La sociedad de la transparencia*. Herder.

Giddens, A. (1995). *Modernidad e identidad del yo*. Península.

Illescas, J. E. (2015). *La dictadura del videoclip*. El viejo topo.

Lipovetsky, G. (2007). *La felicidad paradójica: ensayo sobre la sociedad de hiperconsumo*. Anagrama.

Moruno, J. (2018). *No tengo tiempo: geografía de la precariedad*. Akal.

Nymoen, Ole y Wolfgang M. Schmitt (2022). *Influencers: la ideología de los cuerpos publicitarios*. Península.

Orbach, S. (2009). *La tiranía del culto al cuerpo*. Paidós.

Pérez Zafrilla, P. J. (2023). El reverso de la aporofobia: la protección del estatus como patología social. *Daimon. Revista Internacional de Filosofía*, 1-18. https://revistas.um.es/daimon/libraryFiles/downloadPublic/12151

San José Alonso, P. (2014). *El opio del pueblo: crítica al modelo de ocio y fiesta en nuestra sociedad*. Grupo Antimilitarista Tortuga.

Sibilia, P. (2005). *El hombre postorgánico: cuerpo, subjetividad y tecnologías digitales*. Fondo de Cultura Económica.

Sibilia, P. (2008). *La intimidad como espectáculo*. Fondo de Cultura Económica.

Siurana, J.C. (2021). *Ética para influencers*. Plaza y Valdés.

Veblen, T. (1944). *Teoría de la clase ociosa*. Fondo de Cultura Económica.

INSTANT EMOTIONS: A DIGITAL COUNSELLING GUIDE AND APP TO TEENAGERS' INTERACTION IN INSTANT MESSAGING

María Puertas[1], M. Dolores Ramirez-Verdugo[2]

The authors would like to thank students, teachers, and the counseling team at Madrid Ideo School, who inspired this work and collaborated in the research's initial stages and development.

1. INTRODUCTION

Instant Technology is the practical application of scientific knowledge in various fields, such as information technology, communication, electronics, and transportation. In today's world, it has become an integral part of our lives, transforming the way we interact, work, and entertain ourselves. Technology is used in healthcare, businesses, schools, homes, travel, communication, and entertainment, offering new applications as it advances. To use technology effectively, having a basic understanding of how it works is crucial. User manuals or online tutorials can guide you on how to get started, and you can also seek help from experienced friends, family members, or take classes and workshops. Using technology and social media responsibly is essential, being mindful of the time spent using it, safeguarding personal information online, and treating others with respect when using communication technologies (Lee & Kwak, 2012; Fath-Allah et al., 2014; Ramirez & Vamvakousis, 2012). In this sense, instant messaging has become a popular form of communication, particularly among teenagers. This kind of technology is a powerful tool that can enhance our lives in countless ways. However, it can also be a source of confusion and misinterpretation regarding emotions. The lack of nonverbal cues and tone of voice in instant messaging can make understanding the emotions behind a message challenging. The anonymity and distance of online communication can make it easy to say things we would not say in person.

This paper presents a digital guideline designed to assist young people, parents, and educators in enhancing their emotional intelligence and communication skills when using instant messaging. It covers essential topics such as active listening, empathy, nonverbal cues, tone, and emotional intelligence, which are crucial for navigating the emotional aspects of instant messaging respectfully and effectively. The guideline incorporates theoretical concepts, strategies, and practical activities to help users implement

1. Universidad Autónoma de Madrid (España)
2. Universidad Autónoma de Madrid (España)

their learning. It is based on updated research on the relationship between emotional intelligence and instant messaging, making it an effective counseling tool. The guide uses a modular system that provides knowledge and skills in a specific field, with each module contributing to mastery in a particular area. This approach is ideal for formal and informal educational contexts, including school activities. The crucial elements of the modules include guidance, documentation, a consistent structure, practical application of tasks and activities, and continuity throughout the system.

2. A MODULAR DIGITAL COUNSELLING GUIDE TO TEENAGERS' INSTANT MESSAGING

The primary motivation to design a modular digital guide is based on prior research on the role of a modular system in an educational system whose curriculum comprises modules. The different modules are arranged so that they complete each other. Each Module provides knowledge and skills toward mastery in a specific field. The present pedagogical proposal applies this modular system to a digital guide to counseling. Using a management format for the learning processes proves effective in school activities and formal and informal education contexts. Some crucial elements involved in modules comprise guidance, documentation, a consistent module structure, the practical application of tasks and activities, and the continuation of the whole system (Yasar & Seremet, 2007; Protacio et al., 2022). These scholars enumerate the benefits of a modular system in education:

1) Students can gain skills in line with their interests and abilities.
2) An intensive flow of information about the world outside the school is provided.
3) Individual learning and teaching are possible.
4) It becomes more accessible for the student to use his/her personal out-of-school experience and knowledge related to the subject in class.
5) Students can join the counseling or tutoring program at any time.
6) The transition between different counseling programs is feasible.

The digital guideline comprised eight modules. A brief overview of the guideline contents and structure is listed below:

Module 1: Introduction to Emotions in Instant Messaging

In this initial Module, we discuss the importance of understanding and expressing emotions in instant messaging.

It introduces key concepts and terminology related to emotions and instant messaging.

Module 2: Self-Awareness and Emotional Intelligence

This second Module explores the concept of self-awareness and how it relates to emotions in instant messaging.

It also provides exercises and activities to help increase self-awareness and emotional intelligence.

Module 3: Active Listening and Empathy

Module 3 discusses the importance of active listening and empathy in instant messaging.

It provides strategies and techniques for practicing active listening and empathy.

Module 4: Communicating Emotions in Instant Messaging

This Module explores different ways to communicate emotions through instant messaging.

It provides tips and guidelines for expressing emotions effectively and respectfully.

Module 5: Handling Difficult Emotions and Situations

Module 5 discusses common difficult emotions and situations that may arise in instant messaging.

It provides strategies and techniques for handling these emotions and situations healthily and productively.

Module 6: Cyberbullying and Privacy

Module 6 explores the effects of cyberbullying and the importance of privacy in instant messaging.

It provides tips and guidelines for staying safe and protecting oneself from cyberbullying.

Module 7: The Importance of Face-to-Face Communication

Module 7 discusses the importance of face-to-face communication in addition to instant messaging.

It Provides strategies and techniques for effectively transitioning from instant messaging to face-to-face communication.

Module 8: Conclusion and Next Steps

Module 8 summarizes key concepts and provides final thoughts on the importance of emotions in instant messaging.

3. DIGITAL COUNSELLING GUIDELINE: A SAMPLE OF CONTENTS

In this section, the digital guideline main contents are reproduced to provide an overview on the resource and related mobile App. Figure 1 displays the digital guideline cover presentation.

Figure 1. Digital guideline front cover.

Module 1: Introduction to Emotions in Instant Messaging

Instant messaging has become a popular form of communication, particularly among teenagers. However, it can also be a source of confusion and misinterpretation regarding emotions. The lack of nonverbal cues and tone of voice in instant messaging can make understanding the emotions behind a message challenging. The anonymity and distance of online communication can make it easy to say things we would not say in person.

Some of the key concepts and terminology related to emotions and instant messaging are:

Emotional intelligence: The ability to recognize and understand one's own emotions and the emotions of others and to use that information to guide thoughts and actions.

Active listening: The practice of entirely focusing on and understanding the emotions and needs of the person communicating with you.

Empathy: The ability to understand and share the feelings of another person.

Nonverbal cues: The subtle cues and signals, such as facial expressions and tone of voice, that convey emotions and meaning in face-to-face communication.

Tone: The attitude or feeling conveyed by a message, which can be challenging to discern in instant messaging.

By understanding these concepts and terms, readers will be better equipped to navigate the emotional landscape of instant messaging and communicate more effectively and respectfully.

Figure 2. Digital Guideline Module 1 front cover.

Module 2: Self-Awareness and Emotional Intelligence

Self-awareness is a crucial component of emotional intelligence and is essential for understanding and expressing emotions in instant messaging. Self-awareness is the ability to recognize and understand one's emotions and how they affect one's thoughts and actions.

Some exercises and activities that could help increase self-awareness and emotional intelligence are: some of the activities that can be included in this Module are:

- Emotion journaling: Encourage readers to journal their emotions, noting what triggers them and how they respond.

- Mindfulness exercises: Provide exercises for mindfulness, such as deep breathing or meditation, to help readers become more aware of their emotions at the moment.
- Reflective questions: Provide reflective questions for readers to consider, such as «What emotions did I experience today?» or «How did I respond to that situation?»
- Emotion identification: Provide exercises for identifying emotions, such as feeling wheels or emotion flashcards, to help readers become more familiar with the different emotions they experience.

By participating in these exercises and activities, readers will be better equipped to understand and express their emotions in instant messaging, leading to more effective and respectful communication.

Module 3: Active Listening and Empathy

Active listening and empathy are essential skills for understanding and responding to the emotions of others in instant messaging. Active listening is the practice of entirely focusing on and understanding the emotions and needs of the person communicating with you. Empathy is the ability to understand and share the feelings of another person.

Some of the strategies and techniques that can be included in this Module are:

- Listen actively: Encourage readers to practice active listening by paying attention to the words and emotions behind the message and responding in a way that acknowledges them.
- Reflective listening: Provide techniques for reflective listening, such as repeating or paraphrasing what the person has said to show that you understand.
- Empathy statements: Provide examples of empathy statements, such as «I can imagine how you must be feeling» or «That sounds really tough,» to show understanding and support.
- Put yourself in their shoes: Encourage readers to practice empathy by trying to understand the other person's perspective and feelings.
- Avoid jumping to conclusions: Remind readers to avoid jumping to conclusions and assume the best intentions of the person they are communicating with.

By practicing active listening and empathy, readers will be better equipped to understand and respond to the emotions of others in instant messaging, leading to more effective and respectful communication.

Figure 3. Digital Guideline Module 3 front cover.

Module 4: Communicating Emotions in Instant Messaging

Communicating emotions through instant messaging can be challenging due to the need for nonverbal cues and tone of voice. However, it is still possible to express emotions effectively and respectfully through instant messaging by choosing the right words and tone.

Some of the tips and guidelines that can be included in this Module are:

- Use descriptive words: Encourage readers to use descriptive words to convey emotions, such as «I'm feeling overwhelmed» or «I'm really excited about this.»
- Avoid using emoticons excessively: Remind readers that while emoticons can help convey tone, they should not be used in excess as they can appear unprofessional or insincere.
- Be aware of tone: Remind readers to be aware of the tone of their messages, as it can significantly affect how their message is perceived.
- Take time to reflect: Encourage readers to take a moment to reflect on their emotions before sending a message to ensure that it is an appropriate response.
- Use «I» statements: Encourage readers to use «I» statements to express their emotions, such as «I feel hurt» rather than «You hurt me,» to take ownership of their feelings and avoid placing blame.

By following these tips and guidelines, readers will be better equipped to communicate their emotions effectively and respectfully in instant messaging, leading to more effective and respectful communication.

Module 5: Handling Difficult Emotions and Situations

Instant messaging can sometimes lead to difficult emotions and situations, such as frustration, anger, and misunderstandings. It is essential to learn how to handle these situations healthily and productively.

Some of the strategies and techniques that can be included in this Module are:

- Take a break: Encourage readers to take a break from the conversation if they feel overwhelmed or upset.
- Address the issue directly: Provide strategies for addressing the issue directly, such as using «I» statements and asking for clarification, to avoid misunderstandings and resolve conflicts.

- Seek support: Remind readers that it is okay to seek support from friends, family, or a counselor if they are struggling to cope with difficult emotions or situations.
- Practice self-care: Encourage readers to practice self-care, such as exercising, meditating, or doing something they enjoy. This practice will help manage difficult emotions.
- Use humor: Provide tips for using humor to diffuse tense situations and lighten the mood.

By learning these strategies and techniques, readers will be better equipped to handle difficult emotions and situations that may arise in instant messaging healthily and productively.

Figure 4. Digital Guideline Module 5 front cover.

Module 6: Cyberbullying and Privacy

Cyberbullying is using technology, including instant messaging, to harass, threaten, or intimidate others. It is a serious issue that can have severe consequences for those who experience it. Privacy is also a concern in instant messaging, as others can access personal information shared online. Some of the tips and guidelines that can be included in this Module are:

- Be aware of cyberbullying: Provide information on what cyberbullying is, the signs to look for, and the consequences of cyberbullying.
- Keep personal information private: Provide tips for keeping personal information private, such as not sharing personal information with strangers, using privacy settings, and being careful about what you post online.
- Speak up: Encourage readers to speak up and get help if they or someone they know is being bullied online.
- Block and report: Provide information on how to block and report cyberbullying on different platforms.
- Educate others: Encourage readers to educate their friends and family about cyberbullying and the importance of privacy.

By following these tips and guidelines, readers will be better equipped to stay safe and protect themselves from cyberbullying in instant messaging.

Module 7: The Importance of Face-to-Face Communication

While instant messaging is a convenient and efficient form of communication, there are better options than instant messaging. Face-to-face communication is still essential and can provide more context and depth to a conversation.

Some of the strategies and techniques that can be included in this Module are:

- Identify the importance of face-to-face communication: Provide examples of situations where face-to-face communication is more appropriate, such as discussing severe or sensitive topics or resolving conflicts.
- Set a date and time for a face-to-face meeting: Provide tips for setting up a face-to-face meeting, such as finding a convenient time and location.
- Be prepared: Provide tips for being prepared for a face-to-face meeting, such as reviewing the key points of the conversation and having a clear agenda.
- Practice active listening and empathy: Remind readers to practice active listening and empathy during face-to-face conversations, just as they would during instant messaging.
- Follow-up: Provide tips for following up on a face-to-face conversation, such as sending a summary of the key points discussed.

By following these strategies and techniques, readers will be better equipped to effectively transition from instant messaging to face-to-face communication, leading to more in-depth and meaningful conversations.

Figure 5. Digital Guideline Module 7 front cover.

Module 8: Conclusion and Next Steps

Throughout this digital guideline, we have explored the importance of understanding and expressing emotions in instant messaging. We have discussed key concepts such as self-awareness, active listening, empathy, and effective communication. We also covered some of the challenges that may arise in instant messaging, such as cyberbullying and difficult emotions, and provided strategies and techniques to handle them. Some of the key takeaways from this book include the importance of:

- Self-awareness and emotional intelligence in understanding one's own emotions.
- Active listening and empathy in understanding and responding to the emotions of others.

- Choosing the right words and tone to communicate emotions effectively and respectfully in instant messaging.
- Handling difficult emotions and situations healthily and productively.
- Staying safe and protecting oneself from cyberbullying.
- The importance of face-to-face communication in addition to instant messaging.

Hopefully, this digital guideline and App have provided readers with valuable information and skills to navigate the emotional landscape of instant messaging. Users are encouraged to continue learning and growing in their understanding and expression of emotions through instant messaging and to apply what they have learned in their daily interactions.

4. STRATEGIES TO PRACTICE IN YOUR DAY TO DAY

As a counselor, teacher, parent, or tutor, you have the ability to aid adolescents in improving their emotional intelligence and responsible communication skills while using instant messaging. There are various techniques you can use, including promoting self-awareness, teaching active listening, and practicing empathy. It is also crucial to discuss cyberbullying, online privacy, and face-to-face communication to teach teenagers the importance of responsibility. Role-playing scenarios can be an efficient way to assist teenagers in preparing for challenging situations that may occur during instant messaging.

Here is a list of strategies to apply:

- Encourage self-awareness: Help teenagers understand their own emotions and how others may perceive them.
- Teach active listening: Help teenagers learn to listen actively and respond with empathy and understanding.
- Practice empathy: Encourage teenagers to put themselves in other people's shoes and respond with empathy.
- Address cyberbullying: Discuss the effects of cyberbullying and encourage teenagers to speak up if they or someone they know is being bullied.
- Talk about online privacy: Discuss the importance of keeping personal information private and the potential consequences of sharing too much online.
- Discuss the importance of face-to-face communication: Remind teenagers that instant messaging is not always the best way to communicate, and that face-to-face conversations and phone calls are essential too.
- Encourage honesty: Discuss the importance of being honest in online communication and remind teenagers that lying or hiding behind a screen can have serious consequences.
- Discuss the importance of boundaries: Help teenagers understand the importance of setting boundaries and respecting others' boundaries online.
- Encourage responsible use: Discuss the importance of using instant messaging responsibly and not using it to spread rumors or gossip.
- Role-play scenarios: Help teenagers practice handling difficult situations that may arise during instant messaging with role-playing scenarios.

5. QUALITY STANDARDS ON INSTANT MESSAGING COMMUNICATION

To ensure that these guidelines are followed, we have created a checklist that includes quality standards for instant messaging communication. Clarity and accuracy, timeliness, respectful language, confidentiality and privacy, professionalism, cultural sensitivity, transparency, inclusivity, empathy, and feedback are all important to maintain. Specifically:

- Clarity and accuracy: Ensure that the information being communicated is clear, accurate, and easy to understand.
- Timeliness: Respond to messages on time and keep the conversation flowing.
- Respectful language: Use appropriate and respectful language, avoiding any form of hate speech, discrimination, or bullying.
- Confidentiality and privacy: Respect the confidentiality and privacy of the information shared in the instant messaging communication.
- Professionalism: Maintain a professional tone and demeanor in all instant messaging communications, even in casual or informal conversations.
- Cultural sensitivity: Be mindful of cultural differences and use language and expressions that are inclusive and respectful of all participants.
- Transparency: Be transparent about your intentions and the information you share in the instant messaging communication.
- Inclusiveness: Ensure that all participants in the instant messaging communication feel included and valued.
- Empathy: Show empathy and understanding towards the other participants in the instant messaging communication.
- Feedback: Encourage feedback and be open to suggestions on how to improve instant messaging communication.

By adhering to these guideline quality standards, users can ensure that instant messaging communication is effective, respectful, and professional, thus achieving the desired results.

6. DISCUSSION

«Instant Emotions» was designed and developed to become a valuable resource that can help improve communication skills through instant messaging. The guide emphasizes the importance of clear and thoughtful communication, avoiding sarcasm, and using emoticons to convey tone. It also encourages seeking clarification when necessary and addressing sensitive topics directly. It is essential to recognize when face-to-face communication or phone calls may be more appropriate. The «Instant Emotions» digital guideline and mobile App offer a practical approach to improving emotional intelligence and communication skills for young people, parents, and educators. Each Module focuses on a specific topic, providing users with the knowledge and skills they need. This digital counseling guide aims to promote effective and respectful interpersonal communication while raising awareness of intra and interpersonal emotions. Some of the key ideas the guideline offers are enumerated here as concluding remarks:

- Communicate clearly: Use proper grammar and spelling to avoid confusion and misinterpretation.

- Be mindful of tone: Instant messaging does not convey the tone of voice or facial expressions, so it is vital to be aware of how your words may be interpreted.
- Take time to think: Before sending a message, take a moment to consider how the recipient may interpret it.
- Ask for clarification: If you are unsure about the meaning of a message, feel free to ask for clarification.
- Show empathy: Try to put yourself in the other person's shoes and respond with empathy and understanding.
- Avoid sarcasm: Sarcasm can often be misinterpreted in instant messaging, so it is best to avoid it.
- Be direct: If you need to address a sensitive or complex topic, be direct and transparent in your communication.
- Avoid using all caps: Using them can come across as yelling, so it is best to avoid them.
- Use emoticons: Emoticons can help convey tone and add context to your messages.
- Remember that instant messaging is not always appropriate: There are certain situations where a face-to-face conversation or a phone call may be more appropriate.

7. CONCLUSION

This paper aimed to introduce «Instant Emotions,» a digital guideline and mobile App that provide scientifically supported guidance to young people, parents, and educators on emotional intelligence and communication skills for instant messaging. The guide offers theoretical concepts and proven strategies that have been researched and verified. «Instant Emotions» includes a computer-assisted guide and a mobile app that aim to provide practical guidance to help young people understand the origin of interpersonal conflicts and gain the necessary skills to solve them effectively. The guide is modular based on a thorough literature review and updated research on the relationship between emotional intelligence and instant messaging. This modular approach provides knowledge and skills toward mastery in a specific field, making it an effective tool for formal and informal education contexts. The ultimate goal of «Instant Emotions» is to increase awareness and understanding of emotions in teenagers, parents, and educators and promote effective and respectful interpersonal communication. In its computer-assisted training and mobile App modality, the digital guide fosters effective and respectful interpersonal communication. Instant emotions help to steer a more sympathetic understanding in the communicative thread of instant messages. Future studies will involve the application of this guide to the school context to gather data on its efficiency and further development.

8. REFERENCES

Lee, G., & Kwak, Y. H. (2012). An Open Government Maturity Model for social media-based publicengagement. *Government Information Quarterly*. www.sciencedirect.com/science/article/pii/S0740624X1200086X

Fath-Allah, A., Cheikhi, L., Al-Qutaish, R., & Idri, A. (2014). E-Government Maturity Models: A Comparative Study. *International Journal of Software Engineering and Applications*, 5, 71-91.

Morris, J. D. (1995). Observations: SAM: the Self-Assessment Manikin; an efficient cross-cultural measurement of emotional response. *Journal of Advertising Research*, *35*(6), 63–68.

Protacio, A., Sonza, S.J., Peñafiel, N., Dolojo, R., Magtulis, C., & Barcelona, C. (2022). Facilitators and barriers of students' modular distance learning in English: *A phenomenological inquiry*, 12,75-79. 10.46360/globus.edu.220221009

Ramirez, R., & Vamvakousis, Z. (2012). Detecting Emotion from EEG Signals Using the Emotive Epoc Device. *İçinde Brain Informatics*, 175–184.

Yasar, O., & Seremet, M. (2007). A comparative analysis regarding pictures included in secondary school geography textbooks taught in Turkey. *International Research in Geographical & Environmental Education*, *16*(2), 157-188.

ANÁLISIS DEL PROCESO DE CANCELACIÓN DE FIGURAS PÚBLICAS EN TWITTER: UN ESTUDIO DE CASO

Eduar Antonio Rodríguez Flores[1], María de los Ángeles Sánchez Trujillo[2]

El presente texto nace en el marco del proyecto de elaboración de artículos científicos como parte de la promoción de investigación científica de la Universidad de Ciencias y Artes de América Latina.

1. INTRODUCCIÓN

Desde el inicio de la humanidad, las personas han buscado manifestar su descontento frente a ciertas conductas de otros seres humanos al punto de realizar algún acto de humillación. Tales formas han evolucionado de acuerdo con los cambios socioculturales, por lo que han surgido tendencias creativas orientadas a tal propósito. Es en la era digital en la que surge concretamente la denominada cultura de la cancelación, como una táctica para deshacerse de alguien en el dominio público a partir de la ridiculización, el despojo de su reputación o la exigencia de que sean removidos de su cargo laboral (Ching, 2020).

La cultura de la cancelación puede ser considerada como un comportamiento surgido en redes sociales, el cual se orienta a expresar el rechazo hacia alguna persona, como producto de algún acto indebido o poco aceptado (Pereira & Rodríguez, 2022). Dicha persona cancelada suele estar inicialmente en una situación de poder o tener algún privilegio de raza, sexo o nacionalidad (Sailofsky & Orr, 2021). El empleo de redes sociales facilita la transmisión rápida de la información, lo que hace que este tipo de conductas sean más efectivas y produzcan un mayor impacto en los involucrados (Anderson-Lopez et al., 2021). Al respecto, Ching (2020) señala que una declaración, publicación, broma, o palabra tomada a la ligera abre posibilidades de que los usuarios de internet juzguen públicamente y cancelen al personaje público involucrado.

Tales conductas generan una serie de consecuencias que podrían trascender el medio virtual (Aguirre & Oberst, 2019). De este modo, originan campañas de odio contra personajes públicos, a partir de la adjudicación de una situación de poder por parte de los ciudadanos, quienes afirman ejercer la libertad de expresión, vía redes sociales (Taynis, 2021), como modo de expresión de su incomodidad y ante la incompetencia de otras formas políticas o sociales orientadas a penalizar la conducta desaprobada (Gómez, 2022). Ahora bien, autores como Burgos y Hernández (2021) señalan que existe una

---

1. Universidad de Ciencias y Artes de América Latina (Perú)
2. Universidad Peruana de Ciencias Aplicadas (Perú)

contradicción en la cultura de la cancelación, la que supone actuar contra la injusticia social, pero que, en la práctica, termina perjudicando al cancelado socialmente. Surgen, por tanto, cuestionamientos acerca de la utilidad de este tipo de actos y si realmente ayuda a resolver, de algún modo, el problema original. De hecho, la cultura de cancelación, en muchas ocasiones, deviene en una forma de apoyo al sistema patriarcal y autoritario, a través de la cual los usuarios ejercen verticalmente su poder sobre el imputado (Jhonanquier & Payalef, 2020), lo que resulta paradójico porque ello es justamente motivo de muchas situaciones de cancelación.

Así, los dispositivos de cancelación actúan y se manifiestan a través de la sociedad mediante la reactualización de nuevos problemas de conducta que se basan en un sistema categórico moral, impuesto por la misma población. Este proceso se pone en marcha con el apoyo de constantes vigilancias dinámicas y punitivas (Han, 2014). Tales dispositivos pueden ser usados como herramientas catalizadoras para sentimientos como la indignación, insatisfacción o malestar, lo que permite centrar los problemas en una sola persona para que, de esta manera, los usuarios puedan expulsar al imputado, creyendo que de este modo se soluciona un problema y con la idea de remediar aquello que creen no es adecuado para la sociedad (Simondon, 2009; Rouvroy & Berns, 2016). Entonces, en nombre de la justicia social, se transgreden derechos de las personas acusadas a ser escuchadas, así como la presunción de su inocencia (Cabrera & Jiménez, 2021).

La manifestación de la cancelación opera desde las etiquetas que mayormente funcionan para movilizar y conmover, ya que estas sirven como medio para promover la censura. A partir de esto, se instala un modo de actuación que bloquea el libre pensamiento, la diversidad, la elección, entre otros aspectos que, irónicamente, afirman promover todo lo contrario (Rojas-Sierra, 2022). Según Prueger (2021), el mecanismo por el que funciona el fenómeno de la cancelación se basa en la alteración de los mismos usuarios frente a la violencia que puedan recibir por parte de otro. Ello provoca una respuesta inmediata, la cual será enviada con más violencia, lo que conduce a identificar que dicha irrupción no se ejerce desde afuera, sino dentro de la misma sociedad. Esta "muerte digital", la cual se usa como arma para atacar a otras personas, invita a la reflexión acerca del deseo de las personas por infringir un castigo permanente e irrevocable a todos aquellos a quienes consideren que se lo merecen.

Vera (2021), fundamentado en Clark (2020), Ng (2020), y Zarkov y David (2018), afirma que la cancelación es una expresión de agencia, que implica retirar el apoyo y la atención a alguien, cuyas ideas o conductas resultan ofensivas sobre la base de una noción de búsqueda de justicia social. Inicialmente, este término fue acuñado como una práctica digital-discursiva de rendición de cuentas por parte de la comunidad afroamericana; sin embargo, posteriormente, fue "mal apropiada" por parte de las élites y utilizada para cualquier acto intencionado de censura (Clark, 2020).

Incluso, Gopal et al. (2022) categorizan la cultura de la cancelación como un ostracismo moderno en el que la sociedad rechaza y denuncia a un individuo por ideas y expresiones problemáticas, haciendo que este fenómeno sobrepase la virtualidad y repercuta en la vida real de celebridades. Pese a ser una situación actual, la cancelación tendría un fundamento psicológico. En efecto, existe un modo de operación generado por la "fetichización" de los problemas sociales para el uso de los dispositivos de cancelación, los que alimentan la creencia que comparten los usuarios sobre solucionar aquello que creen incorrecto al expulsar a sujetos concretos. Muchos de estos problemas parten de una expresión de alteridad donde el sujeto se niega a recibir una contradicción, lo que, desde el punto de vista psicológico, se reconoce como "negación de la sombra" (Jung, 1995).

En línea con lo anterior, Pereira y Rodríguez (2022) definen la cancelación como una forma de ciberactivismo en donde se le retira el apoyo popular a alguna empresa o figura pública después de que se le haya acusado de hacer algún acto indebido u ofensivo. Este tipo de activismo, que fomenta el boicot hacia la persona acusada, genera que tal personaje sea atacado moral y psicológicamente (Taynis, 2021). Incluso, un acto recurrente es el acoso al que es sometido el personaje acusado (Grünwald, 2021). Dicho fenómeno se caracteriza por la inmediatez con la que la sociedad pretende actuar ante actos cuestionables, al dejarse llevar por la subjetividad personal y tomar acciones contra los individuos a los que se pretende cancelar (Burgos & Hernández, 2021). A su vez, representa una forma de conceder cierta visibilización a las voces de las minorías (Cabrera & Jiménez, 2021). Ello se produce a gracias a que los usuarios recurrentes de las redes sociales están constantemente inmersos en estas plataformas, formando comunidades participativas digitales (Ching, 2020), y optan por asumir un rol de jueces ante cualquier acto que transgrede sus creencias o lo políticamente correcto (Jhonanquier & Payalef, 2020).

Así, se establece el debate sobre el tema considerando las percepciones que denominan la acción como un ataque en contra de la libertad de expresión y una presión pública por limitar las acciones de los acusados (Pereira y Rodríguez, 2022). Este acto de cancelación implica la censura, el encasillamiento y la anulación del otro cuando hay una mínima manifestación de oposición por parte de quienes no piensan igual, generalmente en relación con asuntos cuestionables en boga, como son el patriarcado o sistema patriarcal, la misoginia, la violencia de género, el machismo, los femicidios, el fascismo, la opresión, y el pensamiento de derecha (Rojas-Sierra, 2022). Ahora bien, autores como Gómez (2022) afirman que la cancelación proviene también de un deseo de superioridad intelectual que procede de los imputadores, lo que termina individualizando el problema en lugar de ser concebido como una estructura con base cultural que se pueda modificar. El problema de ello radica en que el afán de cancelar a alguien, en vez de educarlo en el tema, no necesariamente concientiza a la persona implicada en el error incurrido y, más bien, puede conducirla a volverlo a cometer.

Cabrera y Jiménez (2021) explican que los casos de cancelación se dividen en tres categorías. La primera alude a los casos en que las acciones del cancelado no son sancionables, pero reciben gran desaprobación por parte de quienes cancelan. La segunda se refiere a los casos de comportamientos moralmente incorrectos, pero de poca gravedad penal. Y la tercera incluye casos de actos ilegales, pero que no requieren necesariamente ser penalizados.

Como ya se mencionó, este fenómeno se produce a través de las redes sociales y Twitter es la que, por excelencia, se ha caracterizado por incluir este tipo de conductas. Las diferentes opiniones, sin filtros, expuestas en las redes acerca de una celebridad son vistas por un gran porcentaje de la población, debido a que se trata de una figura pública, mayormente caracterizada por su permanente exposición en los medios. Por otro lado, los tuits deben ser breves por las limitaciones de la cantidad de palabras en cada mensaje que la plataforma ofrece, por lo que los usuarios, en sus intervenciones, suelen ser muy directos y precisos al momento de enviar un mensaje para que los demás puedan entender de forma clara las emociones que quieren transmitir públicamente (Congosto et al., 2011). Debido a la libertad que la red Twitter ofrece a sus usuarios, la mayoría de las publicaciones expresan sentimientos que podrían permitir analizar si una publicación es aceptada o no. En tal sentido, es posible afirmar que, en estos casos, la polaridad dependerá de la fuerza del sentimiento que se identifique, el cual podría ser positivo, negativo o neutro (Sidorov et al., 2016).

En suma, se hace necesario indagar acerca de este fenómeno y la manera cómo repercute en la vida de las celebridades, sobre todo, porque existen pocas discusiones académicas acerca de esta problemática de naturaleza sociocultural (Ching, 2020). Por tanto, se ha planteado como pregunta de investigación: ¿Cómo se realizó el proceso de cancelación de las figuras públicas Alec Baldwin, J. K. Rowling y Tyler Joseph?

2. OBJETIVO

El objetivo del estudio ha sido analizar el proceso de cancelación en los casos de Alec Baldwin, J. K. Rowling y Tyler Joseph.

3. METODOLOGÍA

Este estudio pertenece al enfoque cualitativo, porque busca profundizar en las subjetividades de las personas involucradas en este fenómeno, específicamente, a partir de los comentarios emitidos por parte de los usuarios en redes y las declaraciones de los personajes cancelados. Para ello, se empleó un método de estudio de casos múltiples sobre la base de un muestreo no probabilístico de casos tipo. En tal sentido, se han elegido tres casos concretos ocurridos recientemente, de modo que se pueda analizar los patrones comunes, así como los aspectos diferenciadores. Sobre la base de la categorización propuesta por Cabrera y Jiménez (2021), se seleccionó un caso ejemplar para categoría: el de Tyler Joseph, miembro del grupo musical Twenty One Pilots, como acción no sancionable, pero desaprobada; J. K. Rowling, como aquel acto moralmente incorrecto, pero de poca gravedad penal; y Alec Baldwin, como situación en la que se involucra un acto ilegal, pero que no necesariamente requiere ser penalizado.

De este modo, se utilizó, como unidades de análisis, los tuits redactados directamente acerca del tema y también aquellos que eran una respuesta y abrían un debate sobre este (Sailofsky & Orr, 2021). También, en el análisis, se consideraron las noticias posteriores a los tuits que evidencian el posible impacto sufrido por la celebridad en cuestión. Se empleó, como técnica de investigación, el análisis documental a través de un instrumento de guía de análisis que permitió la clasificación de los diversos aspectos que fueron identificados en torno a las unidades de análisis seleccionadas, sobre la base de los hashtags más representativos de los casos seleccionados, y los hilos y comentarios surgidos en torno a estos. Para cumplir con lo anterior, se efectuó un proceso de minería de datos en torno a los contenidos publicados en Twitter a partir del empleo de hashtags. El rastreo de las palabras claves precedidas por el hashtag permite la identificación de la tendencia predominante y se asocia con otras temáticas asociadas a la expresión según sea el contexto de quien las usa.

En el presente estudio, se han utilizado los servicios de *social media analytics* para la obtención de datos. De este modo, se optó por utilizar la búsqueda histórica para la captura de los contenidos. A partir de lo anterior, se aglutinaron, por etiquetas, los tuits, los cuales posibilitan la comparación de las frecuencias del mensaje (si se repiten), y seguidores más activos (Adedoyin-Olowe et al., 2014). Tales contenidos fueron organizados y categorizados en función de tópicos comunes entre los tres casos estudiados.

Se identificó que, en el caso de Alec Baldwin, de octubre a diciembre de 2021, dos de los hashtags que generaron mayor tendencia a nivel global fueron #JusticeForHalyna y #AlecForPrison, los que justamente aludieron al caso en el que el actor se vio involucrado. En el caso de Rowling, luego de haber sido acusada de transfobia en junio de 2020, destacó el empleo del hashtag #RIPJKRowling, cuyo contenido evidencia la muerte digital a la que los tuiteros pretenden someterla. Ahora bien, en el caso de Tyler Joseph, miembro del grupo musical Twenty One Pilots, no se identificó una tendencia marcada en cuanto al uso de hashtags luego de la controversia suscitada en septiembre de 2020. Sin embargo, sí se identificaron hilos de Twitter, entre los meses de setiembre y noviembre de 2020, en los que una gran cantidad de tuiteros expresaron su rechazo hacia su conducta, por lo que se optó por elegir algunos de los que representaban, de manera más enfática, el sentir de muchos de los que comentaban en esa red social, puesto que, como afirman Guallar y Traver (2020), los hilos de Twitter representan, de modo paradigmático, uno de los elementos claves de la comunicación en la era actual: el consumo de información fragmentada.

Luego de una primera revisión y análisis de los tres casos, se procedió a realizar un proceso de codificación abierta y se determinaron las siguientes categorías sustentadas en el análisis: acciones no sancionables, pero desaprobadas de las personas canceladas; acciones moralmente incorrectas, pero de poca gravedad penal de las personas canceladas; acciones ilegales, pero sin requerir necesariamente la penalización de las personas canceladas; justificaciones de los casos de cancelación; modo de rechazo contra la celebridad cuestionada; daños psicológicos, a la vida profesional y a la vida personal de las personas canceladas. A partir del análisis de las categorías, se construyó una matriz en la que se completó la información disponible para cada una de ellas, y se procedió a realizar el análisis teniendo en cuenta los patrones comunes detectados, así como la información emergente.

4. DESARROLLO DE LA INVESTIGACIÓN

A continuación, se describe cada uno de los casos seleccionados, así como los hallazgos detectados en torno a su análisis. Asimismo, se realiza una comparación de los patrones comunes identificados en las tres situaciones.

4.1. Caso J.K. Rowling

El caso de J. K. Rowling, autora de la saga de libros de Harry Potter, se evidenció a partir de la publicación de un tuit en el que la escritora criticaba el uso de la frase "personas que menstrúan" en un artículo sobre el Covid-19, aludiendo a que el término correcto sería "mujeres" y no "personas", lo cual fue considerado como un acto transfóbico, lo que se sumaba a conductas previas que la escritora había tenido en contra de esa comunidad. Tal hecho ha sido categorizado como una acción moralmente incorrecta, pero de poca gravedad penal de la persona cancelada.

A partir del análisis de los tuits, en cuanto a la justificación de la cancelación, se identificó que este proceso se realizó en torno a los comentarios de los internautas, quienes mencionaron que el que ella usara la palabra "mujer" era excluyente hacia la comunidad trans porque no solo estas menstrúan, sino también hombres trans, entre otras disidencias. Entre los modos de rechazo contra esta celebridad, además de los insultos y ofensas propinadas en contra de Rowling, actores que participaron en las películas de Harry Potter como Daniel Radcliffe y Emma Watson expresaron públicamente su desacuerdo con la conducta de la escritora. Además, tanto personas que son trans, como personas que no lo son han expresado su desacuerdo y su indignación contra la autora en Twitter con hashtags como #RIPJKRowling, como una manifestación explícita de la cancelación que se le estaba propinando a Rowling y su consiguiente "muerte digital". A continuación, se presentan algunos ejemplos de tuits en los que ha recibido ofensas:

@zekerchief: Hi! I'm a man! I menstruate! Stop being an asshole!

(¡Hola! ¡Soy un hombre! ¡Yo menstrúo! ¡Deja de ser una idiota!)

@Poi_Leah: I used to love your books, now I'm just so disappointed in you. Your unapologetic ignorance is vile and deeply hurtful.

(Me encantaban tus libros, ahora estoy tan decepcionado de ti. Tu ignorancia sin disculpas es vil y profundamente dañina.)

@marylambertsing: What the actual fuck??? This is so disgraceful, @jk_rowling. Of all the hills to die on, and for what reason? Trans women are women and they are fighting for their lives. When you push this trans exclusionary agenda, you make their lives infinitely more difficult. Shame on you.

(¿Qué carajo? Esto es tan vergonzoso, @jk_rowling. Las mujeres trans son mujeres y luchan por su vida. Cuando impulsas esta agenda de exclusión trans, les haces la vida infinitamente más difícil. Qué vergüenza.)

@ArlissLux: jk rowling can create a whole IMAGINARY world with witches, wizards, spells, half giant/human creatures etc etc etc, but can not accept that trans people exist? "men can not change their gender" @jk_rowling, you disappoint me. you are canceled. (jk rowling puede crear todo un mundo IMAGINARIO con brujas, magos, hechizos, criaturas medio gigantes/humanas etc etc etc, pero ¿no puede aceptar que existan personas trans? "los hombres no pueden cambiar su género" @jk_rowling, me decepcionas. Estás cancelada.)

Los tuits se caracterizan por incluir frases ofensivas e insultos, además de afirmaciones en las que el usuario (seguidor o hater) se manifiesta como poseedor de la verdad. Así, frases como "me decepcionas", "estás cancelada", "¡qué vergüenza!", entre otras, denotan una manifestación de juzgamiento hacia el acto considerado como punitivo.

En cuanto a los daños psicológicos provocados a Rowling, cabe precisar que se produjo el retiro temporal de la escritora de Twitter. A pesar de ello, posteriormente, apoyó a Maya Forstater, una persona transfóbica, por lo que sus detractores continuaron criticando su postura. En relación con los daños a nivel profesional, New York Times creó una campaña para desvincular a la autora de la famosa saga de Harry Potter. Además, la autora no fue invitada a la reunión de aniversario de la película que se transmitió por HBO MAX. Asimismo, después de los comentarios transfóbicos de la escritora, por un tiempo, las ventas de la saga de Harry Potter disminuyeron, lo que evidentemente impactó en su situación económica. En cuanto a los daños a su vida personal, se identificó que personas que estaban en contra de lo que había dicho J. K. Rowling filtraron la dirección de su casa en Twitter, lo que representó una trasgresión de su derecho a la privacidad. Además, ha recibido amenazas de muerte y violación, todo lo cual ha puesto en riesgo su seguridad personal.

4.2. Caso Alec Baldwin

En el caso de Baldwin, ocurrió una acción ilegal que no requirió la penalización inmediata de la persona cancelada. El actor Alec Baldwin disparó y mató a la directora de fotografía Halyna Hutchins con un arma de utilería que estaba cargada, durante el rodaje de la película "Rust". Baldwin no fue sentenciado ni declarado culpable (al menos hasta el 2023 todavía no hay una sentencia emitida al respecto), lo cual produjo diversas reacciones en Twitter y llevó a la creación de hilos y hashtags sobre el tema. Alec Baldwin disparó a dos personas en el set, pero ninguna era un doble de riesgo u otro actor; fueron una directora de fotografía y un director. El descuido del actor provocó diversas reacciones en redes sociales. A continuación, se presentan algunos tuits al respecto:

@irishjvm: It was his responsibility to make sure the gun was safe. Anyone that handles guns knows that regardless of who hands it to you. (Era su responsabilidad revisar que la pistola era segura. Cualquiera que maneja pistolas lo sabe, no importa quién te la entrega).

@TerryBr83767123 en respuesta a @irishjvm: It's different rules when it's a prop gun... Duh (Es diferente cuando es un arma de utilería... duh).

@LukeDashjr en respuesta a @TerryBr83767123: If it's capable of firing, it's not a prop gun (Si tiene la capacidad de disparar, no es un arma de utilería).

@bennyjohnson: Why is Alec Baldwin not in prison? He killed people and just walks free? Anyone? (¿Por qué Alec Baldwin no está en prisión? ¿Mató a alguien y simplemente sale libre? ¿Alguien?)

@Bejewledmermaid: Alec Baldwin has been getting a slap on the wrist for his violent behavior for years so it's no wonder he's confident he won't be held accountable for Halyna Hutchins death #justiceforHalyna (Alec Baldwin ha recibido un tirón de orejas por su comportamiento violento durante años, por lo que noes de extrañar que confíe en que no se le hará responsable de la muerte de Halyna Hutchins #justiceforHalyna).

@UrUnpaidPundit: Policewoman Kim Potter who accidently killed a man in April, 2021, was taken into custody, went to trial and goes to prison. Alec Baldwin accidently killed his cinematographer in Oct 2021. He's filming a new movie. ⬤ *(La mujer policía Kim Potter, quien accidentalmente mató un hombre en abril del 2021, fue detenida, fue a juicio y va a prisión. Alec Baldwin mató accidentalmente a su directora de fotografía en octubre del 2021. Está filmando una nueva película.* ⬤*).*

En cuanto a las justificaciones de los actos de cancelación, internautas realizaron hilos y tuits hablando de antecedentes violentos del actor con fotografías utilizadas como prueba de ello y realizaron comparaciones con otros casos similares que sí fueron castigados, resaltando lo injusto que es que a Alec Baldwin no se le haya penalizado bajo una condena en prisión. En este caso, una vez más, los usuarios asumen un rol de poder al enfatizar en la culpabilidad de Baldwin frente a los sucesos ocurridos y la necesidad de que sea sancionado legalmente. Incluso, en algunos comentarios, se cuestiona la posibilidad de que Baldwin siga trabajando. Para los internautas, el actor debería ser inmediatamente castigado, sin presunción de inocencia y sin un proceso legal de por medio.

En relación con el modo de rechazo contra Baldwin, se crearon hashtags como #JusticeForHalyna y #AlecForPrison con el propósito de demostrar el rechazo de los internautas hacia el actor. A continuación, se muestran algunos ejemplos:

Brian_P14: It's been almost 4 months & Halyna Hutchins' killer is still a free man. Do you really think If that was anyone else there wouldn't have been an arrest by now? #AlecBaldwin #justiceforhalyna #Rust (Han pasado casi 4 meses y el asesino de Halyna Hutchins sigue siendo un hombre libre. ¿De verdad crees que si fuera otra persona no habría habido un arresto?)

*@Reaper3712: "Bad gun! bad gun! *slaps gun* No!" Guns don't just magically go off. Fucking own yourshit Alec.* ⬤*ass #AlecForPrison #AlecBaldwin ("¡Mala pistola! ¡Mala pistola! *golpea el arma* ¡No!" Las pistolas no se disparan mágicamente. Sé responsable de tu m*erda. #AlecForPrison #AlecBaldwin).*

En relación con los daños psicológicos generados a partir de este proceso, Baldwin expresó haber padecido de estrés a raíz de esas acusaciones. Incluso, señaló: "el estrés de las acusaciones me ha quitado años de vida", pese a que, según sus declaraciones, él no se sintió responsable de la muerte de Hutchins. La vida profesional de Baldwin también resultó dañada, dado que, en una entrevista a CNN, el actor expresó haber perdido cinco oportunidades de trabajo, el despido de una película que estaba filmando y el rechazo de algunas productoras con las que pensaba trabajar. Asimismo, su vida personal ha sido perjudicada, puesto que el actor enfrenta dos demandas por la muerte de Halyna: una del esposo de la víctima; y otro, de la guionista, quien ha declarado que, el día en que ocurrió el accidente, no estaba programada la filmación de alguna escena que involucrara disparos. Por tanto, si bien Baldwin está enfrentando un proceso legal, el castigo que ha recibido en redes a partir del proceso de cancelación le ha costado perjuicios de diverso tipo, incluso, antes de probarse su nivel de culpabilidad.

4.3. Caso Tyler Joseph

En este caso, ocurrió una acción no sancionable, pero desaprobada de la persona cancelada. Tyler Joseph, integrante de Twenty One Pilots, hizo una publicación en Twitter mostrando sus zapatillas con plataformas, con la descripción "Ustedes me piden que use mis plataformas. Se siente bien desempolvar a estos chicos malos", luego de que los internautas le exigieran que usara sus plataformas para que levantara la voz y apoyara al movimiento Black Lives Matter. Ahora bien, tal situación generó diversas reacciones que condujeron a la cancelación del grupo musical al cual pertenece Tyler Joseph, y la justificación se basó en que las declaraciones de este fueron consideradas como una burla hacia el movimiento y las personas negras. De este modo, el vocalista fue considerado como insensible. A continuación, se presentan algunos tuits que expresan tales reacciones.

@MINSINGULAE: wtf is wrong with twenty one pilots they're making a joke out of their fans asking them to use their platform to speak up about issues like wtf / wtf qué está mal con veintiún pilotos, están bromeando con sus fanáticos pidiéndoles que usen su plataforma para hablar sobre problemas, wtf

@SANRIOJJK: anyways if after all this mans silence for years and then this if u still listen to them and make excuses for them u are not the activist u think u are and i dont wanna hear ur thoughts on who should be cancelled and unstanned for whatever fuck up its Soo hypocritical lmaooo / De todos modos, si después de todo el silencio de este hombre durante años y luego esto, si todavía los escuchas y pones excusas para ellos, no eres el activista que crees que eres y no quiero escuchar tus pensamientos sobre quién debería ser cancelado y sin apoyo por lo que sea. es tan hipócrita lmaooo

@starksinner: I think it's time we cancel twenty one pilots/ creo que es hora de cancelar a Twenty one pilots.

Entre los modos de rechazo contra la celebridad, se evidenció que 500 mil usuarios dejaron de seguir a Tyler, además del sinnúmero de críticas que tuvo que enfrentar vía redes sociales. Ahora bien, tal proceso de cancelación generó daños psicológicos al artista, quien respondió a los usuarios luego de unas horas confesando que la situación afectaba su salud mental, debido a la depresión que padecía. A partir de tal situación, el artista decidió alejarse de las redes por un tiempo luego de ser abrumado por los constantes comentarios negativos en los que lo insultaban y hablaban mal de sus trabajos como cantante. En cuanto a los daños a su vida profesional, muchos de los fans decidieron destruir productos del artista como protesta, lo que definitivamente dañó su imagen y la del grupo, y perjudicó sus ingresos económicos. Por otro lado, algunos de ellos también dejaron de seguir los futuros lanzamientos y dejaron de hablar acerca de la carrera artística de Tyler Joseph, quien era constantemente vinculado con el incidente ocurrido en la plataforma Twitter.

4.4. Los tres casos analizados

Es preciso mencionar que, en los tres casos presentados, se observaron ciertas similitudes en cuanto al proceso de cancelación. Así, el modo de rechazo consistió en la férrea oposición, vía Twitter, de los seguidores y detractores de los personajes públicos analizados a partir de la generación de hashtags que permitieron la rápida difusión de las expresiones de rechazo hacia ellos. Se evidenció, en los tres casos, la asunción, por parte de los usuarios, de un rol de autoridad moral a partir del cual propinaron fuertes críticas e insultos al personaje cancelado. En ese sentido, las tres celebridades evidenciaron daños a nivel psicológico, profesional y personal, todo lo cual repercutió en su bienestar integral. En la Figura 1, se muestran los eventos involucrados en el proceso de cancelación.

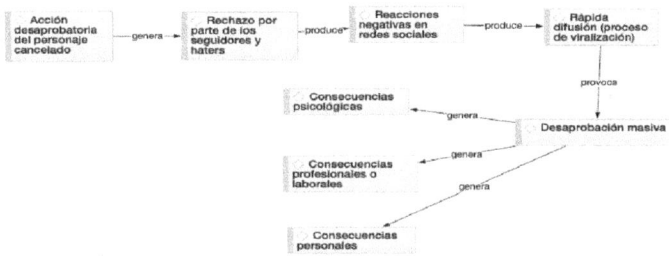

Figura 1. Proceso de cancelación. **Fuente:** Elaboración propia.

4.5. Discusión de los resultados

Si bien la masificación del internet y las redes sociales ha generado diversos efectos positivos en las sociedades, lo que ha facilitado la globalización y un acceso más equitativo a la información, también ha provocado ciertas consecuencias negativas que transgreden el libre pensamiento y el cumplimiento de ciertos derechos humanos (Rojas-Sierra, 2022). En efecto, el proceso de cancelación, como fenómeno sociocultural, aprovecha las características propias de las redes sociales, como la posibilidad de la rápida difusión de la información y viralización, para generar el efecto deseado en el personaje que ha incurrido en una conducta tildada como desaprobatoria por parte de los usuarios. Tal conducta, a su vez, suele estar asociada a asuntos en boga, como desigualdades de género (como en el caso de Rowling), situaciones de discriminación (como en el caso de Joseph), entre otros. Los tuits analizados, además, evidencian justamente la naturaleza breve de la red social, lo que conduce a la expresión enfática y directa de las emociones de los usuarios (Congosto et al., 2011), principalmente de naturaleza negativa, difundidas y reproducidas velozmente. Asimismo, tal proceso se estaría realizando en celebridades con evidentes privilegios económicos (Sailofsky & Orr, 2021).

La cultura de cancelación busca generar efectos negativos y un impacto profundo en las personas desaprobadas, como señalan Anderson-López, Lambert y Budaj (2021), a partir de la realización de actos violentos, que, muchas veces, superan la naturaleza del mismo acto desaprobado (Prueger, 2021). Incluso, como afirma Ching (2020), en diversas ocasiones, una declaración, palabra o broma a la ligera pueden ser tomadas de forma muy negativa y conducir al proceso de cancelación, lo que justamente ocurrió con Tyler Joseph en sus declaraciones concebidas como irónicas.

En los tres casos analizados, se constató que las conductas en las que incurrieron los personajes en cuestión generaron consecuencias que trascendieron el medio virtual (Aguirre & Oberst, 2019; Gopal et al., 2022). Ello se produjo a partir de una actitud de poder asumida por los seguidores y haters, como parte de un sistema categórico moral en el que prima la vigilancia púnica y la subjetividad personal que median para castigar a todo aquel que se atreve a transgredir ciertas normas (Han, 2014; Burgos & Hernández, 2021). En efecto, la subjetividad se evidencia a partir de las acciones concebidas como vergonzosas, inmorales o incorrectas por parte de los usuarios, a partir de sus propias creencias y tradiciones, pero sin que necesariamente sean analizadas desde un conjunto de normas sociales o políticas objetivas. Los tres personajes analizados, en efecto, recibieron miles de comentarios, ofensas e insultos por parte de estas personas que parecen haber asumido un rol de superioridad intelectual (Gómez, 2022) frente a estas celebridades, de modo que justamente se estaría produciendo un fenómeno de individualización del problema sin una base cultural que se pretenda modificar. Tales comentarios fueron rápidamente difundidos, lo que demuestra la participación permanente de los usuarios de estas redes (Ching, 2020). De hecho, como en el caso de J. K. Rowling, muchos usuarios manifiestan explícitamente el proceso de cancelación que están llevando a cabo y la consiguiente muerte digital, como afirma Prueger (2021).

Es preciso resaltar que el proceso de cancelación de los tres casos analizados se ha caracterizado por una situación sostenida de acoso (Grünwald, 2021), cuyo propósito ha sido limitar las acciones de los involucrados (Pereira y Rodríguez, 2022), lo que ha generado, además, un impacto a nivel moral y psicológico (Taynis, 2021). De alguna forma, los internautas cumplieron tal objetivo al forzar que las celebridades se alejen de redes sociales o realicen declaraciones en las que, hasta cierto punto, acepten su responsabilidad frente al acto cometido. Por otro lado, los tres personajes analizados han sufrido efectos emocionales, además de enfrentar situaciones de cancelación de contratos, frustración de proyectos, disminución de ganancias, entre otras. Por tanto, es posible afirmar la efectividad del empleo de Twitter como red social que facilita la transmisión rápida de la información orientada, en este caso, a la cancelación del personaje imputado (Anderson-Lopez et al., 2021).

Ahora bien, como afirman Cabrera y Jiménez (2021), tal situación representa un riesgo que, de alguna forma, desestabiliza las normas políticas y sociales que rigen las comunidades. Sin embargo, los internautas asumen un derecho implícito de hacer justicia por sus propios medios. Así, en nombre de la justicia social, se transgreden derechos, como el de la presunción de inocencia, lo que se evidencia claramente en el caso de Baldwin, quien ha debido enfrentar denuncias legales por el acto que cometió, por lo que el proceso de cancelación que ha estado sufriendo vías redes sociales sería innecesario (Vera, 2021; Clark, 2020; Ng, 2020; Zarkov & David, 2018). Cabe precisar, además, que las conductas criticadas de los tres personajes no han ayudado a resolver el problema original, como afirman Burgos y Hernández (2021), por lo que desdibuja el propósito inicial de tales actos. Por tanto, pareciera ser que los usuarios buscan ensañarse y catalizar sus sentimientos de incomodidad, malestar e indignación hacia personajes públicos que cometen algún error que contraviene alguna norma social, pero sin que medie un deseo de resolver el problema social de raíz (Simondon, 2009; Rouvroy & Berns, 2016). Se genera, por el contrario, una situación autoritaria por parte de los internautas, quienes asumen un rol de jueces y ejercen su poder de manera totalmente vertical contra el personaje cancelado (Jhonanquier & Payalef, 2020).

5. CONCLUSIONES

En conclusión, el proceso de cancelación, como fenómeno sociocultural, sigue patrones similares en los tres casos analizados que inicia cuando ocurre la acción desaprobatoria del personaje cancelado, lo que genera rechazo por parte de los seguidores y haters. Tal evento produce reacciones negativas en redes sociales, particularmente en Twitter, lo que conduce a una rápida difusión de los comentarios, ofensas y expresiones humillantes. Esto provoca una desaprobación masiva que, incluso, trasciende el medio digital. Dicha trascendencia se refleja en las consecuencias psicológicas, profesionales o laborales, y personales que deben enfrentar los personajes cancelados. Este fenómeno, con base en la supuesta búsqueda de la justicia social, no resuelve el problema de raíz y, más bien, transgrede los derechos de las personas desaprobadas y conduce a la ocurrencia de eventos tan o más negativos que los propios actos desaprobados, como amenazas, daños en la reputación, acoso, entre otros. Asimismo, refleja una asunción de un rol de autoridad por parte de los usuarios, basado en sus subjetividades y libre expresión de sus emociones en torno a la contravención de algún asunto en boga posiblemente fetichizado por la comunidad.

6. REFERENCIAS

Adedoyin-Olowe, M., Gaber, M., & Stahl, F. (2014). A Survey of Data Mining Techniques for Social Network Analysis. *International Journal of Research in Computer Engineering and Electronics, 3*(6), 1-8. https://doi.org/10.1080/00131881.2016.1220810

Aguirre, A., & Oberst, M.P. (2019). *#Cancelculture: El fenómeno de la cancelación en la red social Twitter* (Tesis de licenciatura). Universidad de San Andrés, Buenos Aires, Argentina. http://hdl.handle.net/10908/18745

Anderson-Lopez, J., Lambert, R.J., & Budaj, A. (2021). Tug of War: Social Media, Cancel Culture, and Diversity for Girls and The 100. *KOME, 9*(1), 64-84. http://dx.doi.org/10.17646/KOME.75672.59

Burgos, E., & Hernández, G. (2021). La cultura de la cancelación: ¿autoritarismo de las comunidades de usuario? *Revista Comunicación, 193*, 143 - 155. https://dialnet.unirioja.es/servlet/articulo?codigo=7893028

Cabrera, K. I., & Jiménez, C. A. (2021). La cultura de la cancelación en redes sociales: Un reproche peligroso e injusto a la luz de los principios del derecho penal. *Revista chilena de Derecho y Tecnología, 10*(2), 277–300. https://doi.org/10.5354/0719-2584.2021.60421

Ching, J. (2020). You are Cancelled: Virtual Collective Consciousness and the Emergence of Cancel Culture as Ideological Purging. *Rupkatha Journal on Interdisciplinary Studies in Humanities, 12*(5),1-7. https://dx.doi.org/10.21659/rupkatha.v12n5.rioc1s21n2

Clark, M. (2020). DRAG THEM: A brief etymology of so-called "cancel culture". *Communication and the Public, 3*(3-4), 88-92. https://doi.org/10.1177/205704732096156

Congosto, M. L., Fernández, M., & Moro, E. (2011). *Twitter y política: información, opinión y ¿predicción?* https://core.ac.uk/download/pdf/30276787.pdf

Gómez, A. (2022). Transformar sin cancelar. La sensibilidad cultural de la hegemonía. *Pensamiento al margen: revista digital sobre las ideas políticas*, (15), 62-70. https://dialnet.unirioja.es/servlet/articulo?codigo=8330602

Gopal, N., Velasquez, A., & Wu, P. (2022). *The Effect of Twitter Cancel Culture on the Music Industry*. https://n9.cl/amm0a

Grünwald, M. (2021). *Indicios de la cultura de cancelación en el periodismo uruguayo* (Tesis de licenciatura). Universidad ORT, Montevideo, Uruguay. http://hdl.handle.net/20.500.11968/4402

Guallar, J., & Traver, P. (2020). Curación de contenidos en hilos de Twitter. Taxonomía y ejemplos. *Anuario ThinkEPI, 14,* 1-11. https://n9.cl/f8175r

Han, B. (2014). *En el enjambre.* Herder Editorial, S.L.

Jhonanquier, N., & Payalef, C. A. (2021). Ídolos, masculinidad(es) y cultura de la cancelación. *Actas de Periodismo y Comunicación, 6*(2). https://perio.unlp.edu.ar/ojs/index.php/actas/article/view/6841

Jung, C.G. (1995). *El hombre y sus símbolos.* Barcelona: Paidós.

Ng, E. (2020). No Grand Pronouncements Here...: Reflections on Cancel Culture and Digital Media Participation. *Television & New Media, 21*(6), 621-627. https://doi.org/10.1177/1527476420918828

Pereira, A. M., & Rodríguez, A. M. (2022). Pepe Le Pew: El debate en Twitter acerca de su supuesta cancelación. *Revista Punto Cero, 27*(44), 89-104. https://doi.org/10.35319/puntocero.202244195

Prueger, J. E. (2021) Dispositivos de cancelación del psicopoder. *Revista Hipertextos, 9*(16), 99-114. https://doi.org/10.24215/23143924e042

Rojas-Sierra, J. (2022). La cultura de la cancelación o la tiranía de la censura. *Revista Filosofía UIS, 21*(2), 12-18.

Rouvroy, A., & Berns, T. (2016). Gubernamentalidad algorítmica y perspectivas de emancipación: ¿lo dispar como condición de individualización por relación? *ECOPOS, 18*(2), 36-56.

Sailofsky, D., & Orr, M. (2020) One step forward, two tweets back: Exploring cultural backlash and hockey masculinity on Twitter. *Sociology of Sport Journal, 38,* 67–77.

Sidorov, G., Galicia, S. N., & Camacho, V. A. (2016). Construcción de un corpus marcado con emociones para el análisis de sentimientos en Twitter en español. *Revista Escritos BUAP,* (1), 1-33.

Simondon, G. (2009). *La individuación a la luz de las nociones de forma y de información.* Cactus.

Taynis, E.A. (2021) La cultura de la cancelación como forma de participación ciudadana y protesta - Caso Donal Trump (Tesis de licenciatura). Universidad Politécnica Salesiana del Ecuador, Guayaquil, Ecuador. http://dspace.ups.edu.ec/handle/123456789/21271

Vera, V. (2021). *La cultura de la cancelación: estudio exploratorio sobre el fenómeno en Chile* (Tesis de licenciatura). Universidad de Valparaíso, Valparaíso, Chile. http://repositoriobibliotecas.uv.cl/handle/uvscl/4651

Zarkov, D., & Davis, K. (2018). Ambiguities and dilemmas around #MeToo: #ForHowLong and #WhereTo? *European Journal of Wome's Studies, 25*(1), 3-9. https://doi.org/10.1177/13505068177494

LAS OPERACIONES DE INFLUENCIA, UN PASO MÁS ALLÁ DE LA DIPLOMACIA PÚBLICA

Alfredo A. Rodríguez Gómez[1]

1. INTRODUCCIÓN

Vivimos en la economía de la reputación; esta afirmación, que sirve para las empresas, también es adecuada si nos referimos a los estados y a cualquier organismo que desee alcanzan sus objetivos instituciónales o empresariales. En esta reputación la marca es el gran instrumento de prestigio y la diplomacia pública es una forma de los estados y otros territorios de crear dicha marca, que es un instrumento de identidad e imagen no solo de las empresas, también de las entidades territoriales, sean países, regiones o localidades. Cull (2009) señala que la diplomacia pública es un término muy empleado pero muy mal definido, y hace referencia a otrio concepto que se aproxima a nuestro objeto de estudio, que son las operaciones de inflluencia. Nos referimos al de poder blando.

De modo que tenemos tres grandes ideas que están muy relacionadas: diplomacia pública, poder blando y operaciones de influencia. El nexo entre ellas está en la palabra poder, que da una idea muy distinta en uno y otro caso, pero que en el fondo tienen significados idénticos.

En este documento queremos analizar las operaciones de influencia y la similitud o diferencia con otras acciones de diplomacia pública; unas y otras están encaminadas a crear señas de identidad, pero las primeras van un paso más allá y quieren ser determinantes en el posicionamiento de los países en el orden mundial. Analizaremos el caso de China.

2. OBJETIVOS

En este trabajo nos planteamos establecer las diferencias entre diplomacia pública y operaciones de influencia en el caso de China, una potencia mundial de primer orden que gana cuotas de poder gracias, entre otras cosas, a la capacidad de influir en el exterior.

3. METODOLOGÍA

Realizaremos una revisión documental que partirá de autores como Pérez-Cheng, Cull, Sánchez de Rojas, Torres Soriano, Portero Alférez, Charon y Jeangène, y otros.

Estos autores nos servirán para analizar los conceptos de diplomacia pública y poder blando, con el fin de comprobar la evolución del término en la práctica en un mundo sensiblemente diferente al de finales del siglo XX, en el que la tecnología aporta

---

1. Universidad Internacional de La Rioja (España)

herramientas de influencia en todo el mundo, además de la posibilidad de informar y desinformar.

La construcción de una imagen nacional es una cuestión de Estado. Pero hay que determinar en qué se basa esa construcción, y a ello dedicaremos este espacio.

4. DESARROLLO DE LA INVESTIGACIÓN

Dice Cull (2009, p. 55) que la diplomacia pública "es un término que se emplea con frecuencia, pero que raras veces se somete a un análisis riguroso", para señalar a continuación que el término se utiliza, finalmente, en función de los intereses de cada estado.

En realidad, el concepto en sí tiene que ver con la creación de señas de identidad para la construcción de una marca a la que comúnmente se conoce como "marca país", si bien sería más correcto llamarla "marca territorio", o incluso con un término menos comercial pero más significativo: "marca paraguas", que señala aquellos productos, bienes y servicios bajo una misma marca territorio y que aprovechan esa marca para dar señas de identidad a todos ellos.

Los países han avanzado en la creación de sus señas de identidad; las operaciones de propaganda de antaño han moldeado sus formas para convertirse en marketing y, con el avance de la tecnología y la interconexión global, para tratar de influir en el espacio internacional. Más aún en momentos en los que el orden mundial está cambiando y Estados Unidos ha dejado de ser la potencia monopolar por excelencia para compartir liderazgo con China, que es a la vez un país, un imperio y una antiquísima civilización (Ceballos, 2023).

En este siglo se ha iniciado un orden bipolar, con ambos países ejerciendo de pivote; Estados Unidos, que fue el pionero en el uso de técnicas de diplomacia pública, tiene una larga experiencia con el modo de exportar su estilo de vida estadounidense a todo el mundo. Sin embargo, hoy hay un contexto internacional de cambio en la estructura de poder global con estrategias de diplomacia pública en las que China tiene una función protagonista (Rodríguez Aranda, 2013).

La cuestión que nos planteamos es cómo está ejerciendo esa labor de darse a conocer. Su trabajo en el campo de la diplomacia pública se ve superado por otras acciones que van más allá y que hoy se conocen como operaciuones de influencia (Pérez-Cheng, 2019).

4.1. Los poderes duro, blando e inteligente

Nye (2011) creó el concepto de "poder blando" (*soft power*) en contraposición al de "poder duro" (*hard power*); este último consiste en transformar el comportamiento de terceros estados mediante el empleo o la amenaza del poder militar o la presión económica. Para él, el poder blando trata de persuadir, en lugar de obligar, a otros estados, lo que lo convierte en menos tangible que el duro; su base fundamental es la identidad y la imagen de un país y de la sociedad, las capacidades de su diplomacia, su cultura y los valores políticos que defiende, entre otros.

De acuerdo con Crocker, Hampson y Aall (2007), el poder blando implica la utilización estratégica de la diplomacia a través de la persuasión, la capacitación, la proyección de poder e influencia, de modo que los resultados sean rentables y legítimos en cuanto a imagen y a los logros sociales que se obtengan.

Todo ello puede servir para modificar la percepción y el comportamiento de terceros estados. Se trata de emplear, por parte de estos, y de forma racional y eficiente, una combinación de poder duro y poder blando, lo que denomina "poder inteligente" (*smart power*) que, según un informe del Center for Strategic and International Studies (Cohen, Nye y Armitage, 2007) es un enfoque que destaca la necesidad de establecer todo tipo de alianzas y de asociaciones, tanto entre países como entre instituciones, y a todos los niveles, para extender la influencia (en este caso, estadounidense), y de apoyar la legitimidad y el prestigio del poder (de dicho país).

Podemos decir que el poder inteligente reúne tanto la fuerza militar (exhibición de poderío o su aplicación afectiva) como cualquiera de las formas de diplomacia, incluida la pública.

4.2. La importancia del poder blando

Todos los estados son conscientes de la importancia de este poder; incluso, algunos de ellos, de una forma u otra, lo han desarrollado hace décadas; otros, potencias en ascenso, invierten en él con esperanzas de que mejore su posición en el mundo.

Podemos decir que dos de las mayores potencias de poder blando en el mundo son Estados Unidos y la Unión Europea; sin embargo, con modelos distintos. El modo de vida estadounidense y el gran alcance que tiene su cultura, gracias a las muchas acciones de diplomacia pública que ha puesto en marcha en el siglo pasado y en este, se han extendido por todo el mundo, de tal modo que la cultura de este país influye en las formas de otros países y en el modo de vida de sus ciudadanos

En el caso de la Unión Europea, se considera potencia blanda y ello se debe a la capacidad diplomática de algunos de sus estados miembro, como Francia o Alemania. Pero, sobre todo, porque la imagen de la Unión Europea se vincula, desde sus inicios, a las ideas políticas que promociona: la paz, la democracia o el respeto por los derechos humanos.

Pero no podemos dejar atrás a China. El aumento de poder en el ámbito internacional que ha experimentado este país en las últimas décadas es enorme, lo que ha provocado una creciente rivalidad con Estados Unidos.

Xi Jinping dio por terminada la política de discreción en el panorama internacional que había adoptado Deng Xiaoping en su día. Deng había rescatado en parte la filosofía confuciana de mantener la cabeza fría y ser discreto, sin tomar la iniciativa, pero planeando hacer algo grande.

Sin embargo, Xi Jinping no oculta su voluntad de que China sea una superpotencia mundial. La diferencia entre ambos es que aquél lo pensaba, pero no lo decía y este lo hace y lo declara abiertamente (Boniface, 2019).

4.3. China y el poder blando

En China, el Partido Comunista (PCCh) ha cambiado su forma de ver la perspectiva mundial desde Deng Xiaoping hasta la actualidad, y busca ahora el empleo del poder blando para impulsar los objetivos políticos, económicos y de seguridad internacional de la república.

Para Senters y Uribe (2022), hasta cierto punto, el poder blando sigue siendo un concepto ambiguo en la República Popular China (RPC), cuyo significado, límites y uso siguen sin estar claros, tanto para los actores de la RPC que emplean el poder blando como para aquellos afectados y que lo observan. En el fondo, señalan ellos, China empleó estrategias de poder blando desde el lejano origen de sus tiempos, si bien sin emplear este término, pero esas estrategias que hoy con conocemos como tales han estado presentes en el corazón de la identidad y el concepto de relaciones internacionales de China.

Efectivamente, desde sus orígenes, la grandeza de la civilización, la cultura y el poder de China eran de suma importancia para motivar a los pueblos vecinos y sus líderes a cooperar y comerciar con China, en lugar de organizarse contra ella. De hecho, como señala Ceballos (2023), la entrada y los rituales de recepción selectiva de extranjeros en la Ciudad Prohibida estaban enfocados en el objetivo de asombrar y crear reverencia al poder y la majestuosidad de este imperio civilización.

Ceballos, en la obra referenciada, sigue analizando el poder chino y señala que la civilización China es persistente y una de sus claves es la percepción que China tiene de su historia y del tiempo, inexistente en términos que no sean a muy largo plazo.

Un ejemplo que ilustra ese poder chino empleando instrumentos distintos a las armas fue la conquista por parte de los invasores mongoles y los manchures, lo que supuso una muestra del poder blando chino, ya que los conquistadores finalmente asimilaron y fueron transformados por la cultura que encontraron. Unos y otros entendieron bien que la civilización china era más importante que la de ellos y aunque fueron sus conquistadores, no llegaron a imponer una cultura distinta (García Espada, 2017). De hecho, la civilización china ha sobrevivido al paso de los milenios y es la más longeva de la Tierra.

El índice *Soft Power 30* (Brand Finance, 2022) –una lista de los países con mayor poder blando del mundo en la que tiene en cuenta distintos aspectos, tales como la capacidad digital, el tamaño de la diplomacia, el alcance global de la cultura o la influencia del modelo económico– señala que los cinco países con mayor poder blando en 2022 eran Estados Unidos, Reino Unido, Alemania, China y Japón, por este orden.

China estaba más alejada de las posiciones de cabeza en 2019 pero en estos años ha alcanzado la posición más alta de su historia. Este país ha logrado su mejor puntuación en este índice global de poder blando, superando a Japón como la nación mejor clasificada en Asia. Ha visto aumentar la puntuación en 9,9 puntos, hasta 64,2, subiendo del octavo al cuarto lugar en la clasificación general. Esto puede ser una sorpresa para algunos en el mundo occidental, pero es algo que se veía venir.

Según este índice, China ocupa el cuarto lugar en el mundo en familiaridad, el segundo en influencia, y 2022 subió la puntuación en reputación a los niveles de 2020 después de la caída por la covid-19. Además, subió en los índices de negocios y de comercio, donde en los que ocupa el primer lugar, por encima de EE. UU., Alemania y Japón.

Por su parte, la economía del gigante asiático creció un 8,1 % en 2021 y sus exportaciones aumentaron un 30 % para alcanzar niveles récord a medida que aumentaba la demanda de productos chinos.

4.4. El poder inteligente en la estrategia de China

Este poder es una combinación del duro (el poder de coercer) y del blando (el poder de convencer) de una manera práctica para que los países cumplan sus objetivos internacionales.

La primera persona que desarrolló este concepto fue Suzanne Nossel (2004), en un artículo con tal título en el que pedía al mundo de la izquierda ideológica recuperar el legado de Wilson, Roosevelt, Truman y Kennedy con una política exterior que refuerce el poder de los EE. UU. y una al mundo detrás de ella.

Joseph Nye avanzó en la idea del poder inteligente como un refinamiento del concepto de "poder blando" introducido en trabajos anteriores. Según él (Nye, s.f.),

El poder inteligente es la capacidad de implementar una estrategia exitosa combinando el poder duro y el poder blando de la manera más eficaz posible. Muy a menudo, si uno no tiene una estrategia de poder inteligente, el poder blando y el poder duro se contraponen. (párr. 1)

Aunque el concepto es estadounidense, aplicado en momentos de debilidad, se puede emplear con cualquier país.

En lo que respecta a China, desde el origen de su civilización, ha entendido bien el poder blando. Joseph Nye (2018) insiste en que el objetivo básico de China es combinar el poder duro y el blando. Señala que

China lleva invertidas cifras astronómicas en aumentar su poder blando, pero últimamente esto generó una reacción en los países democráticos. Un nuevo informe de la Fundación Nacional para la Democracia sostiene que hay que repensar el poder blando, porque "el vocabulario conceptual que se usó desde el final de la Guerra Fría ya no parece aplicable a la situación contemporánea". (párr. 1)

Señala Boniface (2019) que, con respecto al pasado, el Partido Comunista Chino ya no quiere hacer tabla rasa sino, por el contrario, ligarlo al presente. El comportamiento de Mao fue radicalmente distinto al actual; para él, la historia de China podía pasar a un segundo plano para poner en valor la revolución cultural, partiendo de su toma del poder. Es decir, la revolución del proletariado chino fue la negación de la historia del país y su civilización, y la destrucción de su herencia material y cultural.

En 1973, Mao lanzaba la campaña Pi-Lin Pi-Kong (criticar a Lin, criticar a Confucio) mezclando en el rechazo violento a Lin Piao, su lugarteniente, convertido en aquel momento en traidor, y a Confucio, al que se presentaba como una figura deshonrosa del pasado prerrevolucionario y símbolo del pensamiento reaccionario. El confucianismo estaba ligado en la época de Mao a las clases dirigentes; según el dictador, era el responsable del retraso de China con respecto a las potencias occidentales y a Japón (Kandel, 1978).

Sin embargo, China despegó económicamente por causa de la aplicación de recetas capitalistas. El nacionalismo chino –una de cuyas bases esenciales es la cultura– y el éxito económico son ahora los principales apoyos de la legitimidad del Partido Comunista de China, lo que sin duda es una paradoja en un estado que reivindica las teorías marxistas, que a su vez preconizaban y predecían la destrucción del capitalismo y el advenimiento del comunismo a escala mundial borrando las fronteras nacionales (Lee, 1979).

Por tanto, es evidente que el panorama hoy ha cambiado. En 2007, el entonces presidente chino Hu Jintao dijo al XVII Congreso del partido que China necesita aumentar su poder blando. Si aumenta su poder duro, es probable que asuste a sus vecinos, pero si aumenta su poder blando al mismo tiempo, es menos probable que haga coaliciones contra sí mismo. En este sentido, el objetivo es una política energética inteligente (Caballero, 2007).

A China le es imprescindible ser atractiva en el plano cultural, en el sentido amplio del concepto "cultura"; este es el motivo por el que fomenta el turismo, antaño prohibido, así como a los intercambios universitarios –este autor ha podido constatar que en España hay cientos y cientos de estudiantes chinos en las universidades; muchos de ellos con pocos conocimientos del idioma–. Los centros de pensamiento chinos se multiplican y cada día participan más y de forma activa y eficaz en el debate internacional de ideas.

El aparato oficial chino ha perdido el miedo a que su diáspora y sus pensadores expresen sus opiniones en el exterior e, incluso, se prodigan los expertos en los debates internacionales, multiplicando hoy las intervenciones en foros y reuniones con sus homólogos extranjeros, tanto dentro del país como fuera de sus fronteras.

La razón es que el partido único, verdadero director político del Estado, ha sabido comprender que su historia y su cultura son un imán de popularidad que le permite poner sobre el tapete otros valores distintos al de su sistema político dictatorial, su régimen.

A lo largo de los últimos años se han multiplicado los institutos Confucio en el mundo y a ellos acude un gran número de personas que desea aprender chino o descubrir la cultura de esta civilización. Esto nos muestra un cambio de China con el mundo y del mundo con este país.

Sin embargo, para poder establecer una estrategia exitosa de poder inteligente, China tiene en su mano el poder de las estrategias de las operaciones de influencia.

4.5. El concepto de operaciones de influencia

Las operaciones de influencia son un espacio legítimo de los actores internacionales democráticos para promover sus intereses entre audiencias externas.

Estas operaciones han adquirido una enorme visibilidad en los últimos años, ya que el avance exponencial de la tecnología ha permitido la conexión permanente y la comunicación continua, hecho que ha facilitado la posibilidad de influir en las grandes masas de la opinión pública. Eso ha creado una cierta percepción inexacta de que hablamos de un fenómeno reciente, vinculado a la mencionada eclosión de la tecnología de la información. Sin embargo, este tipo de acciones ha jugado un destacado papel en las confrontaciones armadas y en las rivalidades geoestratégicas del último siglo.

Normalmente, hablamos de operaciones de influencia en el ámbito del conflicto, si bien, en el terreno del realismo político, el conflicto es permanente. Un informe de Rand Corporation lo define, en traducción libre de este autor, como:

> *la aplicación coordinada, integrada y sincronizada de las capacidades diplomáticas, informativas, militares, económicas y de otro tipo de un estado en tiempos de paz, crisis, conflicto y postconflicto para fomentar actitudes, comportamientos o decisiones por parte de los destinatarios extranjeros que promuevan los intereses y objetivos del actor que las lleva a cabo. (Larson et al., 2009, p. 2)*

La propia definición indica que no tiene por qué aplicarse a la guerra o el conflicto; podemos hacerlo en general a la política exterior de un país, como es el caso de las potencias actuales.

Es un conjunto de estrategias que se determinan en actividades civiles y militares, abiertas y encubiertas que afectan tanto al ámbito propagandístico o discursivo como a los hechos, pero en los que la desinformación desempeña una función fundamental.

4.6. Geoestrategia china: las operaciones de influencia

China no queda atrás en esta carrera por la influencia; es más, se ha convertido en una punta de lanza. La época en que este imperio hacía caso omiso de los movimientos de la opinión pública acabó. Eso no quiere decir que su política se fundamenta en la percepción que de ella tengan las sociedades civiles mundiales, pero saben que para ser la superpotencia que anhelan deben combatir su hostilidad todo lo posible e incluso seducirlas, si pueden (Pérez-Cheng, 2019).

Los autoritarismos han aprovechado el poder blando para emplearlo como poder incisivo, y han sacado ventaja de las oportunidades que ofrece la tecnología y la mundialización del planeta para crear una serie de herramientas tecnológicas o vehiculadas en la tecnología que se revelan esenciales ante instituciones democráticas cruciales en el extranjero y valiéndose de los lazos económicos, comerciales y culturales para exportar prácticas autoritarias al exterior (Walker, 2016). La estrategia elegida por los regímenes no democráticos, entre los que la República Popular China está a la cabeza, para desarrollar ese poder incisivo se conoce como operaciones de influencia.

La expansión del absolutismo chino fuera del país genera desconfianza entre las democracias occidentales, debido a que consideran en su mayoría que Pekín conculca en esos países valores como los derechos humanos y las libertades fundamentales a la hora de perseguir sus objetivos en el exterior.

Para Sendagorta (2020, p. 2), "la irrupción de China, siguiendo las pautas marcadas por Deng Xiaoping, era aparentemente no agresiva, centrada en el desarrollo económico y social interno y sin la menor ambición hegemónica o de "exportación" de su modelo económico, político y social". La clave está en la palabra "apariencia" ya que la realidad muestra una evolución de ese comportamiento con Xi, Jinping.

De hecho, la preocupación por el modo de comportarse en la arena internacional del Partido Comunista de China en sus relaciones exteriores también ha alcanzado a la Unión Europea, que en mayo de 2018 publicó, a través del Parlamento Europeo, un informe advirtiendo sobre esa forma de trabajar de Pekín llamada operaciones de influencia, y sobre la necesidad de que la Unión debata sobre este asunto (Grieger, 2018). Se trata de un impacto del nuevo poder del imperio chino cuyos desafíos se notan en Europa (Sendagorta, 2020).

Según Allison, Blackwill y Wyne (2013), la capacidad china hacer que se desplace el equilibrio de poder mundial –del orden mundial, añade este autor– es de tal magnitud que el mundo necesita encontrar un nuevo equilibrio. No puede pretenderse que China sea tan solo uno de los grandes jugadores en la partida global, según ellos, que añaden que, de hecho, es el mayor jugador de la Historia.

En el fondo, las operaciones de China en el exterior tienen una planificación muy cuidada. Las organizaciones modernas, como la organización de promoción cultural de la República Popular China, Hanban, están formadas por el concepto históricamente arraigado en el país de que el poder de la cultura china tendrá un efecto favorable y transformador en quienes se familiaricen con ella (Pérez-Cheng, 2019).

El impulso chino a las operaciones de influencia lo dirige el Departamento de Trabajo del Frente Unido del Comité Central del Partido Comunista de China, que está encargado de organizar y llevar a cabo las labores de propaganda, y su objetivo es influir en las percepciones, comportamientos y decisiones de políticos, elites, creadores de opinión, centros de pensamiento, mundo académico y de la cultura, y la opinión pública en el extranjero.

Para ello, China utiliza algo llamado poder incisivo (punzante, en palabras de Nye, como se ha señalado más arriba), que se consiste en un nuevo concepto en el que la diplomacia pública tradicional, que se basa en el atractivo positivo de la cultura e ideales políticos de un país, en manos de los autoritarismos se transforma en punta de lanza que perfora el tejido democrático de la sociedad contra la que se despliega dicha diplomacia incisiva.

Según Cook (2021):

En la última década el Partido Comunista de China (PCC) [sic]ha fiscalizado una enorme ampliación de las acciones dirigidas a moldear los contenidos mediáticos en todo el mundo, lo cual ha afectado a todas las regiones y a varios idiomas. Al recurrir a la propaganda, a la desinformación, a la censura y a la injerencia en nodos clave del flujo informativo dichas acciones van más allá de simplemente una "presentación de la perspectiva china." Su aspecto más incisivo suele menoscabar las normas democráticas, erosionar la soberanía nacional, debilitar la sostenibilidad de los medios independientes y vulnerar la legislación local. Ningún país es inmune a ellas: van dirigidas por igual a los estados pobres e institucionalmente frágiles y a las ricas potencias democráticas. (p. III)

Durante la última década se han producido cambios notables en la configuración de los actores mundiales. El entorno global de medios de comunicación, sin ir más lejos, ha sufrido cambios paulatinos pero importantes. China y el Partido Comunista son ahora, lejos ya de las teorías aislacionistas de Mao, actores de pleno hecho en todo el mundo, y el fenómeno sigue produciéndose.

Las tácticas del PCCh, que surgen de su interacción y asociación con medios operados por el estado chino y preparados para la presión política y económica aplicada a fin de que adapten contenidos o se sometan de alguna otra forma a la propaganda favorable a Pekín, a la desinformación y a la censura o autocensura.

En la historia más reciente se han producido cientos de incidentes en todo el planeta que demuestran que las acciones de manipulación son hechos irreversibles en cuanto el Partido Comuncita, o sus satélites, entran de lleno en un canal de difusión informativa.

Es un hecho que los dirigentes del Partido Comunista, los actores diplomáticos y los demás vinculados al estado trabajarán al unísono para imponer la voluntad del aparato chino mediante el poder económico y político que han adquirido.

Cook (2021) comenta que la influencia del PCCh en los medios de comunicación "está consiguiendo una mayor expansión en los asuntos internos de otras sociedades, ya sea en términos de la vida de los exiliados y refugiados, de las comunidades de las diásporas, de los acuerdos de inversión o de las contiendas electorales"; lo cierto es que la diáspora china está viva y bien manejada, como indican Pérez-Cheng y Bueno (2023).

El avance de esta expansión implica un aumento considerable de los aspectos de la vida diaria y de la formulación de políticas en aquellos países en los que Pekín tiene algún interés. Y en ello intervienen todo tipo de actores y sectores que participan en diseño de las políticas expansivas; entre ellos, todos los componentes de la industria mediática, las empresas de tecnología "que todavía están buscando soluciones al problema del manejo de cuentas de medios estatales con decenas de millones de seguidores y de redes emergentes de troles y robots que diseminan desinformación" (Cook, 2021, p. 15), académicos e investigadores, y un largo etcétera de gente implicada en este proceso.

Las operaciones de influencia de la República Popular China abarcan todos los espacios posibles: políticos, económicos, sociales y mediáticos. Son tácticas de Pekín parta mejorar su imagen y mostrar el mejor lado de su cultura, con eventos de diplomacia pública, con grandes inversiones, con acciones de propaganda y poniendo sobre la mesa una gran influencia en los medios de comunicación.

Los resultados son palpables. La identidad china es un concepto complejo que abarca muchos aspectos, como la historia, la cultura, la política y la economía. En términos generales, se puede decir que la identidad china se basa en una larga y rica historia que se remonta a miles de años, una cultura diversa y sofisticada, y una fuerte conexión con la tierra y la naturaleza, moldeada por factores políticos, un sentido de unidad y patriotismo entre la población con un gran sentimiento de orgullo nacional y una profunda creencia en la importancia de la estabilidad y la unidad del país.

También se cimienta en una serie de valores y principios, como la importancia de la familia, el respeto por los mayores y la tradición, y una fuerte ética de trabajo y dedicación.

Y la filosofía confuciana, rescatada tras la muerte de Mao, enfatiza la importancia de la moralidad y la virtud, y también tiene una gran influencia en la formación de la identidad china.

5. CONCLUSIONES

Las claves de la política exterior de cualquier país en la actualidad tienen como uno de los pilares las operaciones de influencia, que resultan fundamentales para provocar impresiones adecuadas y mejorar la imagen de un país.

La imagen de China a nivel internacional es compleja y variada, y depende en gran medida de la perspectiva y los intereses de los diferentes actores internacionales.

La política exterior de este país se basa en una serie de pilares esenciales, en su política de expansión de las últimas décadas:

- Potencia económica: este país es visto como una potencia económica en ascenso vertiginoso hasta estar a punto de superar a la estadounidense, con una gran influencia en los mercados globales y una creciente presencia en las cadenas de todo el mundo.

- Desarrollo tecnológico: también se percibe como un país líder en el desarrollo de tecnologías avanzadas, especialmente en áreas como la inteligencia artificial y las telecomunicaciones.

- Régimen político: un claro punto negativo, la imagen del país también está influenciada por su régimen político autoritario, que se caracteriza por la represión de la libertad de expresión y la limitación de las libertades civiles.

- Derechos humanos: la situación de los derechos humanos en China ha sido objeto de preocupación por parte de la comunidad internacional, en particular en relación con la situación de los derechos de las minorías étnicas y religiosas, la libertad de expresión y la libertad de prensa.

- Ambición geopolítica: la creciente influencia internacional de China y su ambición de jugar un papel de liderazgo en los asuntos mundiales también son temas que atraen la atención y la preocupación de la comunidad internacional.

Como hemos visto y sabemos, China busca ampliar su influencia política a nivel mundial y promover su modelo de desarrollo económico y político. El término "poder blando" se suele emplear para hacer referencia al ejercicio de poder que no lleve consigo el empleo de la fuerza; sin embargo, no siempre es así: a veces el poder depende de las victorias militares o económicas, pero también puede depender de las victorias narrativas, y hoy el r elato es enormemente importante.

La narrativa puede ser una enorme fuente de poder. En el caso chino, el éxito económico generó ambos tipos de poder, duro y blando, pero hoy se ha convertido en un poder afilado, o punzante, o incisivo, como queramos llamarlo.

Si empleamos este término, quedémonos con poder afilado, como sinónimo de guerra informativa, es evidente que dista de ser un poder blando, sino que va más allá. El poder afilado es un eufemismo para no emplear la palabra duro, o es una forma de este último poder ya que se emplea con manipulación de la información, lo que es intangible; se nota a medio y largo plazo, pero casi sin verlo, sin poder apreciarse, lo que no es en absoluto una característica distintiva del poder blando.

En la diplomacia pública, prima la verdad y la transparencia, y eso es claramente diferenciador y separador entre el poder blando y el afilado. Es cierto que en la propaganda y en la persuasión, el manejo del encuadre es importante –la versión–, pero no debe incluir maniobras de engaño que puedan ser coercitiva, porque el hecho de que no sean violentas al uso no significa que permitan elegir de forma libre; están sesgadas.

Las técnicas de diplomacia pública que pueden parecer propagandísticas no son poder blando; es más, ni siquiera deberían contemplarse como tal modelo de diplomacia. Más si están dirigidas a la sociedad civil, que funciona bajo otros parámetros.

De hecho, una buen aparte del poder blando de los sistemas democráticos se deriva de dicha sociedad, por lo que la apertura es un valor intangible fundamental. En el caso de la República Popular China, podría tener un mayor poder blando si liberara al menos un poco a la sociedad del férreo control del PCCh, no manipulase los medios de comunicación y permitiese un mayor empleo de los medios sociales.

6. REFERENCIAS

Allison, G., Blackwill, R., y Wyne, A. (2013). *Lee Yuan Ywe: The Grand Masterp's Insights on China, the United States and the world.* Harvard University, MIT Press.

Boniface, P. (24 de junio de 2019). China y el poder blando. *La Vanguardia.*

Brand Finance. (16 de marzo de 2022). *brandfinance.com.* Global Soft Power Index 2022: USA bounces back better to top of nation brand ranking. https://n9.cl/zv6t8

Caballero, P. (15 de octubre de 2007). Hu Jintao abre la reunión comunista anunciando reformas durante cinco años más. *El Mundo.*

Ceballos, J. (2023). *Observar el arroz crecer.* Ariel.

Cohen, C., Nye, J. S., y Armitage, R. L. (2007). *CSIS Commission on Smart Power: A SZmarter, More Secure America.* Centyer for Strategic and International Studies.

Cook, S. (2021). *La impronta mediática de China en el mundo.* NED.

Crocker, C. A., Hamson, F. O., y Aall, P. R. (2007). *Leashing the Dogs of War: Conflict Management in a Divided World.* US Institute of Peace Press.

Cull, N. (marzo de 2009). Diplomacia pública: consideraciones teóricas. *Revista Mexicana de Política Exterior*, 85, 55-92.

García Espada, A. (2017). *El imperio mongol.* Síntesis.

Grieger, G. (2018). *China's foreign influence operations in Western liberal democracies: An emerging debate.* European Parliamentary Research Service.

Kandel, N. (1978). New Interpretations of the Han Dynasty Published During the Pi-Lin Pi-Komng Campaign. *Modern China*, 91-120.

Larson, E. V., Dariulek, R. E., Gibran, D., Nichiporul, B., Richardson, A., Schwartz, L. h., y Quantic, C. (2009). *Foundations of Effective Influence Operations. A Framework for Enhancing Army Capabilities.* Radns Aroyo Center.

Larson, E., Darilek, R., Gibran, D., Nichiporuk, B., Richardson, A., Schwartz, L., y Thurston, C. (2009). *Foundations of effective influence operations: A framework for enhancing army capabilities.* Rand Arroyo Center.

Lee, H. (1979). Mao's Strategy For Revolutionary Change: A case Study of the Cultural Revolution. *The China Quarterly*, 50-73.

Nossel, S. (2004). Smart Power. *Foreign Affairs, 83*(2), 131-142.

Nye, J. (2011). *The Future of Power. PublicAffairs.* New York.

Nye, J. (4 de enero de 2018). *Project Syndicate. The World's Opinion Page.* China: poder blando y poder punzante. https://n9.cl/hc79d

Nye, J. (s.f.). *Efecto Naím.* Obtenido de Joseph Nye: las formas del poder. https://efectonaim.net/joseph-nye-las-formas-del-poder/

Pérez-Cheng, S. (18 de febrero de 2019). Las operaciones de influencia en la diplomacia pública de China. Salamanca.

Pérez-Cheng, S., y Bueno, A. (2023). Operaciones de influencia de China - podcast 61. *Estrategia, un podcast de Global Strategy.*

Rodríguez Aranda, I. (2013). *La Diplomacia Pública en las Relaciones Internacionales: el aporte de China.* Universidad del Desarrollo.

Sendagorta, F. (2020). *Estrategias de poder: China, Estados Unidos y Europa en la era de la gran rivalidad .* Deusto.

Senters, K., y Uribe, D. (2022). El uso del poder blando de China para apoyar su compromiso estratégico en América Latina. *Revista Fuerza Aérea*, 3-29.

Walker, C. (2016). The Hijacking of "Soft Power". *Journal of Democracy*, 49-63.

HERRAMIENTAS PARA LA DIFUSIÓN DE PATRIMONIO ANDALUZ: LAS WEBS COMO CANALES DE COMUNICACIÓN INDISPENSABLES

María Rodríguez-López[1], Ana Almansa-Martínez[1]

La presente investigación es parte de la tesis doctoral de María Rodríguez-López, cuya directora y tutora fue Ana Almansa-Martínez. María tuvo un contrato predoctoral del I Plan Propio de Investigación y Transferencia de la Universidad de Málaga para la realización de su tesis doctoral.

1. INTRODUCCIÓN

La comunidad autónoma andaluza es rica en distinciones de Patrimonio Mundial de la Organización de las Naciones Unidas para la Educación, la Ciencia y la Cultura (UNESCO). Con un total de 8 bienes patrimoniales totalmente andaluces o compartidos, que actualmente se incluyen en la Lista del Patrimonio Mundial (UNESCO World Heritage Centre, s. f.-i). Córdoba cuenta con dos de ellas: Ciudad Califal de Medina Azahara (UNESCO World Heritage Centre, s. f.-c)y Centro histórico de Córdoba, declaración que incluye a la Mezquita(UNESCO World Heritage Centre, s. f.-f). En cuanto a Granada, la Alhambra, Generalife y Albaicín de Granada es otra de las distinciones(UNESCO World Heritage Centre, s. f.-a), además de compartir un bien con otras provincias andaluzas y comunidades autónomas de España: es el caso del Arte rupestre del arco mediterráneo de la Península Ibérica, que incluye yacimientos arqueológicos en las provincias de Granada, Almería y Jaén, así como en Aragón, Cataluña, Castilla La Mancha, Murcia y la Comunidad Valenciana(UNESCO World Heritage Centre, s. f.-h). La provincia de Jaén, además de este patrimonio reconocido por UNESCO, también tiene reconocidos los Conjuntos monumentales renacentistas de Úbeda y Baeza (UNESCO World Heritage Centre, s. f.-g). En el caso de la ciudad de Sevilla, la Catedral, el Alcázar y el Archivo de Indias son los monumentos distinguidos(UNESCO World Heritage Centre, s. f.-d). En cuanto a la provincia de Sevilla, en su territorio y en la provincia de Huelva se encuentra el Parque Nacional de Doñana (UNESCO World Heritage Centre, s. f.-e), otro de los bienes incluidos en el Listado de Patrimonio Mundial de UNESCO. Hay que decir que se trata del único bien natural andaluz incluido en dicha Lista. Por último, la provincia de Málaga consiguió la declaración de Dólmenes de Antequera en el año 2016 (UNESCO World Heritage Centre,

---

1. Investigadora de la Universidad de Málaga, cuenta actualmente con una Ayuda Margarita Salas para la formación de jóvenes doctores del Ministerio de Universidades, financiada por la Unión Europea-NextGenerationEU.
2. Profesora Titular de la Universidad de Málaga (España)..

s. f.-b), siendo una de las declaraciones más recientes, ya que desde entonces sólo se ha reconocido a Medina Azahara en 2018(UNESCO World Heritage Centre, s. f.-c).

Estos bienes patrimoniales son además recursos turísticos que hay que proteger y conservar para que podamos disfrutarlos nosotros y las próximas generaciones, como refleja Besó (2021): "La finalidad última de los bienes que integran el patrimonio cultural es su conocimiento y disfrute por parte de la sociedad que les ha atribuido unos valores que les han otorgado un carácter destacado o sobresaliente" (p.187).

Y las webs son una herramienta importante de difusión para dichos recursos desde hace tiempo:

> *Los sitios web se consolidan como una plataforma indispensable para la promoción y la difusión turística pero los cambios en el comportamiento del turista 2.0, exigen que estas plataformas se adapten a sus necesidades, ofreciendo recursos y herramientas que dinamicen la oferta junto a espacios de interactividad que permitan su participación y el establecimiento de una asesoría directa en la red (Túñez et al., 2016, p. 249).*

Otros estudios también confirman la importancia de las webs para la promoción: "La evolución del mundo digital provoca que la toma de decisiones respecto al posicionamiento de una organización gire en torno a introducir sus esfuerzos comunicacionales, publicitarios y/o mercadológicos, hacia las web y los medios sociales (...)" (Paladines *et al.*, 2020, p. 587).

Según Monge (2017): "En la actualidad, casi la totalidad de atractivos patrimoniales tiene habilitada una página web en la red a través de la cual ofrece una serie de servicios que generan experiencias interactivas y enriquecedoras para públicos con intereses variados" (p. 33). En general, "Toda obra que forme parte del legado cultural de un pueblo o comunidad y que es considerado patrimonio cultural, debe ser promovido y difundido a través de medios de comunicación para garantizar su conocimiento, conservación, y defensa" (Walls, 2020, p. 53). Por tanto y, tratándose de un patrimonio con una distinción internacional que otorga un valor añadido, como especifica Jiménez (2020): "Lo que supone "ser Patrimonio UNESCO" es un reconocimiento internacional que otorga un valor añadido (...)" (p.13). Se espera que haya webs de las organizaciones gestoras de este patrimonio y que tengan una cierta calidad. Y en esto se centrará el presente trabajo.

2. OBJETIVOS

Averiguar si existen webs específicas de las organizaciones gestoras de estos monumentos, destinos, así como del espacio natural de Doñana y, en caso de que existan, evaluar la labor que realizan como canales de comunicación del Patrimonio Mundial andaluz.

3. METODOLOGÍA

La técnica de investigación fue el análisis de contenido y las webs analizadas son las siguientes:

http://www.alhambra-patronato.es

http://www.albaicin-granada.com

https://mezquita-catedraldecordoba.es

http://www.catedraldesevilla.es

http://www.alcazarsevilla.org

http:// www.mecd.gob.es/cultura/areas/archivos/mc/archivos/agi/portada.html

http://www.arterupestre.es

http://www.museosdeandalucia.es/cultura/museos/CADA/

http://www.torcaldeantequera.com

http://www.museosdeandalucia.es/web/conjuntoarqueologicomadinatalzahra

http://www.juntadeandalucia.es/medioambiente/servtc5/ventana/mostrarFicha.do?idEspacio=14074

http://www.donana.es

Para realizarlo, se partió de la metodología del Proyecto CODETUR (2013), adaptándola a esta investigación, modificándose la plantilla de análisis en algunos aspectos. Para ello, fue de gran ayuda el hecho de que el investigador principal, José Fernández Cavia, facilitó información sobre dicha metodología.

En resumen, el sistema de análisis se basa en doce parámetros que se evalúan mediante indicadores asociados a escalas de valoración numéricas (desde el 0 hasta el 3); se asigna un peso a cada indicador dentro del parámetro del que forma parte, obteniéndose una puntuación de entre 0 y 1 para cada parámetro, realizándose la media aritmética con las puntuaciones de todos los parámetros para obtener una nota final de la web analizada, llamada Índice de Calidad Web, que también va del 0 al 1(Fernández-Cavia *et al.,* 2014; Fernández-Cavia, Díaz-Luque, *et al.,* 2013; Fernández-Cavia, Vinyals, *et al.,* 2013). En nuestro caso, la recogida y tratamiento de los datos del análisis se llevó a cabo con el programa *Excel.* Y el número total de indicadores analizados para cada web es 105. Habiéndose utilizado esta metodología adaptada también para analizar otro tipo de webs relacionadas con el patrimonio (Rodríguez-López, 2017, 2020, 2021b, 2021a). El análisis se realizó antes de la pandemia, por lo que el covid, que tanto afectó al sector turístico, no tuvo influencia en este sentido.

4. DESARROLLO DE LA INVESTIGACIÓN

Sobre la existencia o no de web específica del patrimonio estudiado, hay que decir que se han localizado webs específicas en todos los casos, salvo de los Conjuntos monumentales renacentistas de Úbeda y Baeza, pues no existen webs específicas de los monumentos de dicha declaración con orientación turística, como se confirmó realizando la tesis doctoral de la que es parte este trabajo (Rodríguez-López, 2021a). En el caso del Centro histórico de Córdoba, se ha seleccionadola web de la Mezquita pues es el monumento más representativo de toda la declaración UNESCO.

En cuanto al análisis de las webs como canales de comunicación del Patrimonio Mundial de Andalucía, se agruparán los resultados en las categorías de la metodología de análisis citada (aspectos comunicativos, aspectos persuasivos, aspectos técnicos y aspectos relacionales).

Además, se han usado identificadores para las figuras, de modo que hay letras asociadas a las organizaciones gestoras del patrimonio cuyas webs se han analizado para facilitar el visionado de dichas figuras.

Identificador	Organizaciones cuyas webs se han analizado
A	Conjunto Monumental Mezquita-Catedral de Córdoba
B	Conjunto Arqueológico Dólmenes de Antequera
C	Torcal de Antequera
D	Espacio Natural Doñana - Ventana del Visitante
E	Fundación Doñana 21
F	Real Alcázar de Sevilla
G	Catedral de Sevilla
H	Patronato de la Alhambra y Generalife
I	Agencia Albaicín Granada
J	Arte Rupestre del Arco Mediterráneo de la Península Ibérica
K	Archivo General de Indias
L	Conjunto arqueológico de Madinat al-Zahra

Tabla 1. Identificadores. Fuente: Elaboración propia.

De las 12 webs analizadas, sólo 2 están por debajo del 0,5 en el parámetro A. Páginas de inicio y son la web del Conjunto Arqueológico Dólmenes de Antequera y la web del Arte Rupestre del Arco Mediterráneo de la Península Ibérica. En el parámetro B. Calidad y Cantidad de contenido una única web tiene una calificación inferior a 0,5 y vuelve a ser la web del Arte Rupestre. Sin embargo, en el parámetro G. Idiomas los datos son mucho peores, estando todas las webs analizadas por debajo del 0,5 de calificación. De hecho, 7 de las 12 webs obtienen un 0 y son las siguientes: Torcal de Antequera, Fundación Doñana 21, Real Alcázar de Sevilla, Catedral de Sevilla, Arte Rupestre, Archivo General de Indias y Conjunto Arqueológico de Madinat al-Zahra. Es decir, las webs, o no suelen estar disponibles en varios idiomas o están disponibles en 1 o 2 idiomas a lo sumo. Tratándose de webs centradas en monumentos, recursos naturales y destinos; es decir, centradas en recursos turísticos, se considera muy importante que estén disponibles en varios idiomas.

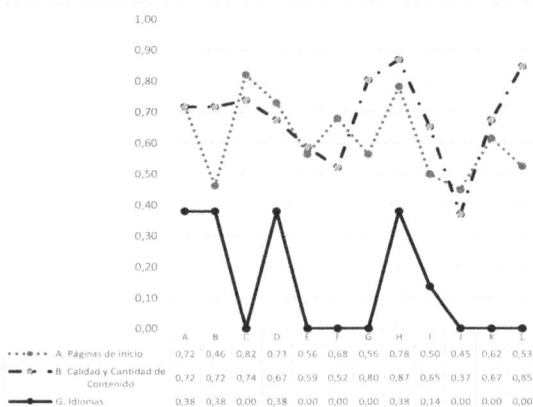

	A	B	C	D	E	F	G	H	I	J	K	L
•••■•• A. Páginas de inicio	0,72	0,46	0,82	0,73	0,56	0,68	0,56	0,78	0,50	0,45	0,62	0,53
■ ◆ ● B. Calidad y Cantidad de Contenido	0,72	0,72	0,74	0,67	0,59	0,52	0,80	0,87	0,65	0,37	0,67	0,85
■ G. Idiomas	0,38	0,38	0,00	0,38	0,00	0,00	0,00	0,38	0,14	0,00	0,00	0,00

Figura 1. Aspectos comunicativos: calificaciones. Fuente: Elaboración propia.

De las 12 webs analizadas, sólo 2 están por encima del 0,5 en el parámetro F. Distribución o comercialización. De hecho, 2 de las 12 webs tienen un 0 en el parámetro F. Esto quiere decir que no suele haber, por regla general, carro de la compra online, ni sistemas de recomendación del servicio turístico. La posibilidad de enlace a webs como Tripadvisor para promoción del bien patrimonial en el que se centran sería positiva, pero no es una práctica extendida en general.

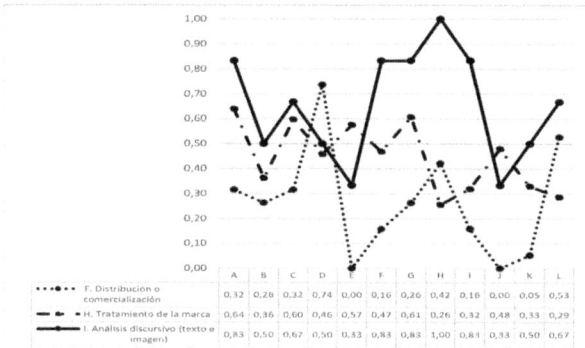

	A	B	C	D	E	F	G	H	I	J	K	L
F. Distribución o comercialización	0,32	0,26	0,32	0,74	0,00	0,16	0,26	0,42	0,16	0,00	0,05	0,53
H. Tratamiento de la marca	0,64	0,36	0,60	0,46	0,57	0,47	0,61	0,26	0,32	0,48	0,33	0,29
I. Análisis discursivo (texto e imagen)	0,83	0,50	0,67	0,50	0,83	0,83	0,83	1,00	0,84	0,33	0,50	0,67

Figura2.Aspectos persuasivos: calificaciones. Fuente: Elaboración propia.

La totalidad de las webs están por encima del 0,5 en el parámetro D. Facilidad de uso y Accesibilidad. Los resultados son más bajos en los parámetros C. Arquitectura y E. Posicionamiento web, con 3 y 2 webs por debajo del 0,5 respectivamente.

Los resultados más negativos en Arquitectura son para la web de la Fundación Doñana 21, esto se debe a que dicha web falla en el indicador que cuenta con más peso dentro de este parámetro y que hace referencia a la existencia o no de elementos para orientar al usuario, algo que no tiene.

En Posicionamiento, los peores resultados los obtienen la Fundación Doñana 21 y el Conjunto arqueológico de MadinatAlzahra. El indicador con más peso en el conjunto de este parámetro tiene que ver con la presencia de la web analizada en los primeros 10 resultados al buscar en Google usando el nombre del bien patrimonial en cuestión para la búsqueda. Las dos webs mencionadas tienen 0 en dicho indicador, que se considera muy importante pues estas webs deberían aparecen entre las primeras al buscar información sobre el patrimonio en el que se centran.

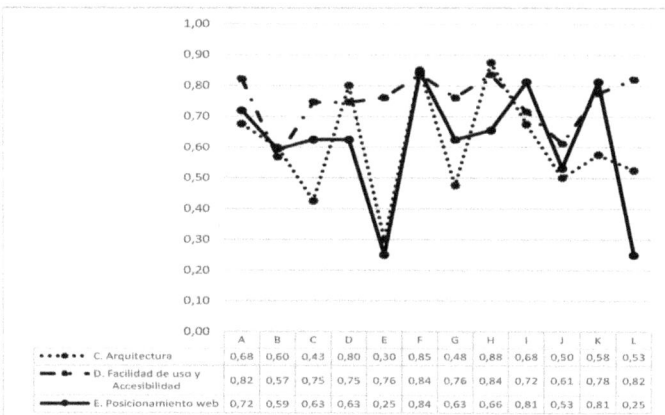

	A	B	C	D	E	F	G	H	I	J	K	L
C. Arquitectura	0,68	0,60	0,43	0,80	0,30	0,85	0,48	0,88	0,68	0,50	0,58	0,53
D. Facilidad de uso y Accesibilidad	0,82	0,57	0,75	0,75	0,76	0,84	0,76	0,84	0,72	0,61	0,78	0,82
E. Posicionamiento web	0,72	0,59	0,63	0,63	0,25	0,84	0,63	0,66	0,81	0,53	0,81	0,25

Figura3.Aspectos técnicos: calificaciones. Fuente: Elaboración propia.

Todas las webs analizadas están por debajo del 0,5 en el parámetro J. Interactividad, así como en el parámetro K. Web Social. En el parámetro L. Comunicación Móvil aprueba una de las webs: la web del Patronato de la Alhambra y Generalife.

Se considera que la posibilidad de interactuar, por ejemplo, mediante comentarios, haría a estas webs más atractivas, pero la web del Real Alcázar de Sevilla es la única que lo permite de todas las analizadas.

A nivel general, también deberían mejorar en cuanto a tener herramientas para compartir contenido en redes sociales, a la presencia de las redes sociales en las webs analizadas más allá del icono de la red en cuestión, es decir, con ventanas en las que se vea lo último publicado en sus redes y que den la opción de interactuar desde ahí a la persona que esté visitando la web. El uso de herramientas de recomendación tipo Tripadvisor es otra de las carencias a nivel general. Todas deberían tener versión móvil y contar con información relativa a aplicaciones móviles, algo que tampoco se cumple.

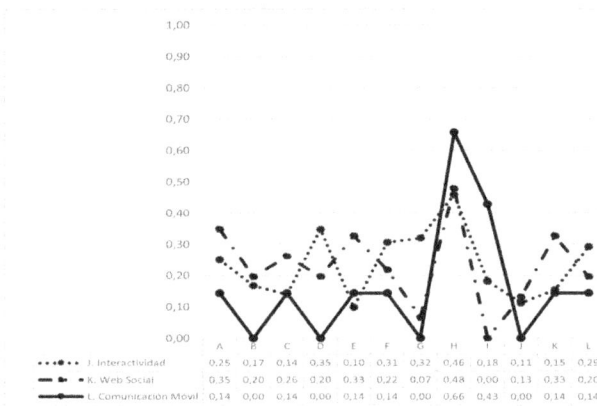

	A	B	C	D	E	F	G	H	I	J	K	L
J. Interactividad	0,25	0,17	0,14	0,35	0,10	0,31	0,32	0,46	0,18	0,11	0,15	0,29
K. Web Social	0,35	0,20	0,26	0,20	0,33	0,22	0,07	0,48	0,00	0,13	0,33	0,20
L. Comunicación Móvil	0,14	0,00	0,14	0,00	0,14	0,14	0,00	0,66	0,14	0,00	0,14	0,14

Figura4.Aspectos relacionales: calificaciones. Fuente: Elaboración propia.

Las medias confirman lo expuesto anteriormente, pues los peores resultados a nivel general se dan en los parámetros de Comunicación móvil, Web Social, Distribución o comercialización, Interactividad e Idiomas.

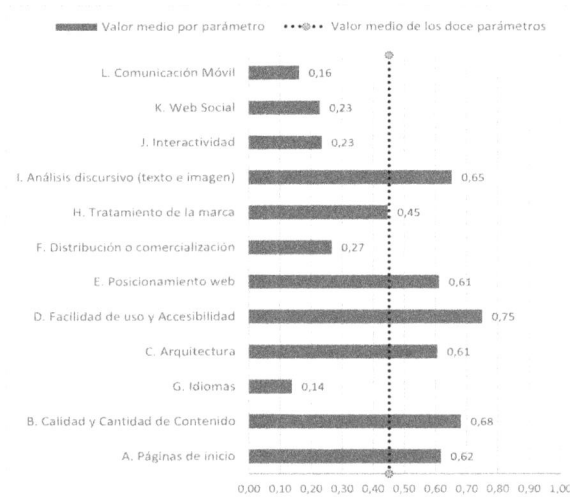

Figura5.Calificaciones medias por parámetro de análisis. Fuente: Elaboración propia.

Respecto a calificaciones globales de las webs (Índice de Calidad Web) destacan negativamente el Arte Rupestre y la Fundación Doñana 21; positivamente destacan el Patronato de la Alhambra y Generalife y la Mezquita.

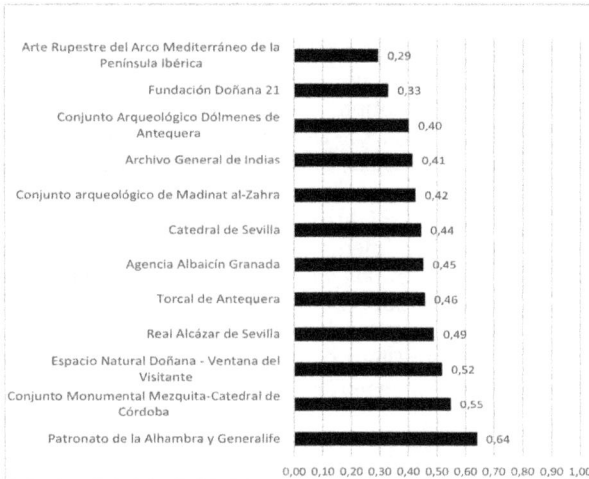

Figura6.Índice de Calidad Web. Fuente: Elaboración propia.

5. CONCLUSIONES Y DISCUSIÓN

Se ha cumplido el objetivo planteado, pues se ha descubierto qué webs específicas de las organizaciones gestoras de los bienes andaluces Patrimonio Mundial existen, no habiendo webs específicas del patrimonio estudiado únicamente en el caso de los Conjuntos monumentales renacentistas de Úbeda y Baeza, si bien, estos destinos sí poseen webs turísticas de sus ayuntamientos, con información de los monumentos incluidos en la declaración. Y, además, se han analizado dichas webs como canales de comunicación del patrimonio objeto de estudio, terminándose de alcanzar el objetivo propuesto. Habiéndose descubierto que las webs analizadas flojean respecto a los siguientes parámetros a nivel general: Idiomas (0,14 de media), Comunicación móvil (0,16 de media), Interactividad (0,23 de media), Web Social (0,23 de media), así como en Distribución o Comercialización (0,27 de media). Tratándose de webs de la web 1.0 y, como mucho, de la web 2.0 en los casos mejores. Estos resultados concuerdan con otras investigaciones relacionadas con esta temática, en las que las webs analizadas también suelen fallar en Idiomas y/o en aspectos más interactivos para ser webs no sólo informativas (Rodríguez-López, 2017, 2020, 2021b). Se considera a las webs como herramientas indispensables para la comunicación de cualquier empresa o institución, por tanto, el hacerlas más atractivas, interactivas y con más opciones y servicios debería ser una prioridad.

6. REFERENCIAS

Besó, A. (2021). Redes sociales y patrimonio. Una aproximación desde la historia de la difusión de los bienes culturales. *Revista Ph*, *102*, 187-188. https://doi.org/https://doi.org/10.33349/2021.102.4823

Fernández-Cavia, J., Díaz-Luque, P., Huertas, A., Rovira, C., Pedraza-Jiménez, R., Sicilia, M., Gómez, L., y Míguez, M. I. (2013). Marcas de destino y evaluación de sitios web: una metodología de investigación. *Revista Latina de Comunicación Social*, *068*, 622-638. https://doi.org/10.4185/RLCS-2013-993

Fernández-Cavia, J., Rovira, C., Díaz-Luque, P., y Cavaller, V. (2014). Web Quality Index (WQI) for official tourist destination websites. Proposal for an assessment system. *Tourist Management Perspectives*, *9*, 5-13. https://doi.org/10.1016/j.tmp.2013.10.003

Fernández-Cavia, J., Vinyals, S., y López, M. (2013). Calidad de los sitios web turísticos oficiales de las comunidades autónomas españolas. *BiD: textos universitaris de biblioteconomia i documentació*, *31*. http://bid.ub.edu/es/31/fernandez2.htm

Jiménez, C. (2020). Construir en piedra seca. Salvaguardar el patrimonio cultural inmaterial. *Gazeta de Antropología*, *1*,36. https://digibug.ugr.es/bitstream/handle/10481/63254/Gazeta-2020-36-1-articulo-04.pdf?sequence=1&isAllowed=y

Monge, J. R. (2017). *Herramientas de difusión del Patrimonio Cultural en España* [tesis de licenciatura, Universitar Oberta de Catalunya] https://openaccess.uoc.edu/bitstream/10609/60605/6/jmongehTFG0117memòria.pdf

Paladines, F., Valarezo, K., Velásquez, A., y Torres, S. (2020). Gestión de la comunicación estratégica digital de las principales empresas del sector turístico y gastronómico del Ecuador. *Revista Ibérica de Sistemas e Tecnologias de Informação*, 586-599. www.proquest.com/openview/713a5a5c23c22911d8ccac05afade77f/1?pq-origsite=gscholar&cbl=1006393

Proyecto CODETUR. (2013). Plantilla de análisis. http://www.marcasturisticas.org/images/stories/resultados/plantilla_marzo2013_versionweb.pdf

Rodríguez-López, M. (2017). La Fiesta de Los Patios de Córdoba: Promoción Online de una Tradición Patrimonio Cultural Inmaterial de la Humanidad. *International Journal of Scientific Management and Tourism*, *3*(2), 191-218. www.ijosmt.com/index.php/ijosmt/article/view/228

Rodríguez-López, M. (2020). Patrimonio andaluz UNESCO en webs institucionales nacionales y autonómicas, un escaparate más para su difusión. En *Comunicación especializada: historia y realidad actual* (pp. 403-413). McGraw-Hill/Interamericana de España, S.L.

Rodríguez-López, M. (2021a). *Estudio de las estrategias de comunicación en la promoción turística del patrimonio reconocido por la UNESCO en Andalucía.* Universidad de Málaga.

Rodríguez-López, M. (2021b). Las webs como herramientas de comunicación del patrimonio: el caso de las webs de los ayuntamientos andaluces con patrimonio UNESCO. En *De la universidad a la sociedad. Transferencia del conocimiento en el área de Comunicación* (pp. 29-43). Editorial Dykinson.

Túñez, M., Altamirano, V., y Valarezo, K. P. (2016). Comunicación turística colaborativa 2.0: promoción, difusión e interactividad en las webs gubernamentales de Iberoamérica. *Revista Latina de Comunicación Social*, 294-271. https://nuevaepoca.revistalatinacs.org/index.php/revista/article/view/811/1236

UNESCO World Heritage Centre. (s. f.-a). *Alhambra, Generalife and Albayzín, Granada.* http://whc.unesco.org/en/list/314/

UNESCO World Heritage Centre. (s. f.-b). *Antequera Dolmens Site.* http://whc.unesco.org/en/list/1501

UNESCO World Heritage Centre. (s. f.-c). *Caliphate City of Medina Azahara*. https://whc.unesco.org/en/list/1560/

UNESCO World Heritage Centre. (s. f.-d). *Cathedral, Alcázar and Archivo de Indias in Seville*. http://whc.unesco.org/en/list/383

UNESCO World Heritage Centre. (s. f.-e). *Doñana National Park*. http://whc.unesco.org/en/list/685/

UNESCO World Heritage Centre. (s. f.-f). *Historic Centre of Cordoba*. http://whc.unesco.org/en/list/313/

UNESCO World Heritage Centre. (s. f.-g). *Renaissance Monumental Ensembles of Úbeda and Baeza*. http://whc.unesco.org/en/list/522/

UNESCO World Heritage Centre. (s. f.-h). *Rock Art of the Mediterranean Basin on the Iberian Peninsula*. http://whc.unesco.org/en/list/874/

UNESCO World Heritage Centre. (s. f.-i). *World Heritage List*. http://whc.unesco.org/en/list/

EXPLORANDO LA RESPUESTA DE TWITTER A LA CAÍDA DE WHATSAPP: ¿ES TELEGRAM EL VERDADERO BENEFICIARIO?

Jon Sedano[1]

1. INTRODUCCIÓN

En la era digital, las aplicaciones de mensajería instantánea se han convertido en una parte integral de nuestras vidas. WhatsApp y Telegram, como actores dominantes en este campo, han transformado no solo nuestras interacciones personales, sino también la forma en que consumimos y compartimos información (Church y de Oliveira, 2013; Statista, 2021). En junio de 2022, WhatsApp contaba con 2.000 millones de usuarios, mientras que Telegram había superado los 700 millones (Statista, 2022). A pesar de esta gran disparidad, las interrupciones del servicio de WhatsApp podrían proporcionar una oportunidad para que Telegram aumente su base de usuarios, tal como Pavel Durov, el fundador de Telegram, sugirió a finales de 2021 (Durov, 2021).

Sin embargo, la realidad de esta afirmación está lejos de ser clara. ¿Realmente ocurre un éxodo masivo de usuarios de WhatsApp a Telegram durante las interrupciones del servicio? ¿Cuáles son las actitudes y comportamientos de los usuarios en estos momentos críticos? Estas preguntas no solo son importantes desde una perspectiva empresarial, sino que también ofrecen una visión fascinante de la dinámica del comportamiento de los usuarios en situaciones de crisis tecnológicas (Palen y Liu, 2007).

Este estudio se centra en la interrupción de seis horas que afectó a WhatsApp el 4 de octubre de 2021, utilizando Twitter, la principal red social activa durante este evento, como fuente principal de datos. Se analizan las reacciones de los usuarios, los patrones de comportamiento, las actitudes hacia las dos plataformas de mensajería y los actores que tuvieron un papel importante en promover el cambio hacia Telegram. Este enfoque ofrece una visión más matizada de la dinámica entre estas dos aplicaciones de mensajería en circunstancias de interrupción del servicio, yendo más allá de las cifras de usuarios totales y examinando las actitudes y comportamientos de los usuarios en tiempo real (Kumar, Morstatter, y Liu, 2013).

Al emplear la herramienta DMI-TCAT (Digital Methods Initiative Twitter Capture and Analysis Toolset), desarrollada por la Universidad de Ámsterdam, para analizar 3 millones de tuits que incluían las palabras "whatsapp" y "telegram" (Borra y Rieder, 2014), este estudio pretende añadir una nueva dimensión a la comprensión de las dinámicas de las aplicaciones de mensajería y su relación con las interrupciones de servicio.

---

1. Universidad de Málaga (España) (España)

2. OBJETIVOS

Los datos sobre el uso de WhatsApp en España muestran su rápido crecimiento y la medida en la que actualmente está establecido entre los ciudadanos. Desde su creación y su llegada gradual al país a partir de 2009, ha estado alterando las rutinas periodísticas en las que se ha incorporado, y se ha convertido en una herramienta básica. Por su parte, los ciudadanos lo han utilizado para fortalecer su perfil como "prosumidores", que en este marco se define como aquellos que producen y consumen noticias (Toffler, 1980).

La otra aplicación de mensajería instantánea, Telegram, llegó cuatro años después. Aunque tardó más en ponerse en marcha, en los últimos años ha logrado establecerse a nivel periodístico (Sánchez y Martos, 2020), sobre todo debido a la guerra que se está produciendo en Ucrania (García, San Miguel y Majuelos, 2022).

Por lo tanto, no solo es necesario situar estas dos aplicaciones en el mapa de relevancia académica, sino también conocer la percepción de los usuarios y su comportamiento a la hora de suprimirse el servicio de una de ellas, concretamente de la principal, WhatsApp.

Los objetivos de esta investigación se exponen a continuación.

Objetivos Generales:

1. Analizar el comportamiento de los usuarios en Twitter durante la interrupción del servicio de WhatsApp el 4 de octubre de 2021, incluyendo el volumen de menciones, la actividad relacionada con Telegram, y las actitudes de los usuarios hacia ambas plataformas.
2. Examinar la hipótesis de que las interrupciones en el servicio de WhatsApp conducen a una migración masiva de usuarios hacia Telegram, tal como sugirió su creador, Pavel Durov.

Objetivos Específicos:

1. Identificar patrones de influencia y comunidades de usuarios en Twitter durante la interrupción del servicio de WhatsApp.
2. Identificar y analizar los hashtags más utilizados durante la interrupción del servicio y examinar la influencia de las cuentas más activas en la promoción de dichos hashtags.
3. Detectar y analizar las diferentes actitudes y tonos (informativo, preocupado, crítico, humorístico) en los tuits emitidos durante la interrupción.
4. Determinar si la interrupción de WhatsApp y el consiguiente aumento en las menciones de Telegram en Twitter indican una migración temporal hacia Telegram y si esta circunstancia se traduce en un beneficio para la plataforma.

3. METODOLOGÍA

El grupo Digital Methods Initiative (DMI) de la Universidad de Ámsterdam creó en 2014 la herramienta DMI-TCAT (Twitter Capturing and Analysis Toolset) que permite realizar investigaciones mediante macrodatos de la red social Twitter (Borra y Rieder, 2014).

Esta aplicación, que tiene una versión libre alojada en la plataforma GitHub, está disponible de forma completa para su uso dentro de la mencionada facultad para aquellos estudiantes o investigadores que efectúen alguno de los cursos de verano o invierno de la DMI. Coincidiendo con la realización de una estancia trimestral en la sede, donde se efectuó el citado taller, se obtuvo acceso a la herramienta para la identificación y la recolección de los datos.

El profesor Richard Rogers, director del grupo y especialista en estudios digitales, como se puede apreciar en su libro 'Doing Digital Methods' (Rogers, 2019), explica que se debe hacer una diferenciación dentro de las metodologías entre lo que se conoce como "digitized" (digitalizado) y "natively digital" (nativo digital) a la hora de analizar macrodatos (Rogers, 2013). Su participación en la DMI, donde se aúnan perfiles variados, y su inquietud por la investigación de diferentes plataformas para efectuar comparativas (Rogers, 2017), llevó a que la herramienta evolucionara en 2021 a una nueva, denominada DMI-4CAT, que permite examinar, además de Twitter, redes sociales como Instagram, TikTok, YouTube o Telegram entre otras (Peeters y Hagen, 2021).

Debido a la caída de más de seis horas que sufrieron WhatsApp, Facebook e Instagram (las tres pertenecientes a la empresa Meta) el 4 de octubre de 2021 (Pérez, 2021), se decidió conocer la percepción de los usuarios analizando los mensajes publicados en la principal red social que permaneció activa: Twitter. Para ello, se midieron a través de DMI-TCAT todos los tuits enviados durante el día del corte del servicio que incluyeran en el mismo mensaje las palabras "telegram" y "whatsapp". De esta forma, gracias al análisis de contenido, unido a las opciones integradas de la plataforma que posibilitan generar gráficos, analizar el discurso o comparar las cuentas, se pudo alcanzar una visión global sobre los mensajes que los usuarios enviaban, la intensidad de sus quejas, y si hacían un llamamiento a la migración de una aplicación a otra, o no.

Para utilizar el programa DMI-TCAT fue necesario contar con una API de desarrolladores de Twitter. Se ejecutaron varias pruebas iniciales para delimitar el periodo concreto, del 3 al 5 de octubre, y determinar los puntos a analizar. Según el volumen de tuits a examinar, los servidores en los que estaba instalada la DMI-TCAT requerían más o menos tiempo, llegando el último análisis a las 13 horas. Gracias a él se consiguieron los resultados finales, 453.229 tuits, que se generaron tras una búsqueda de 3 millones de tuits.

Una vez extraídos, la propia plataforma permite descargar bases de datos en formato .csv (separados por comas) o. tsv (separados por espacios) y gráficas según el siguiente esquema preestablecido: estadísticas de tuits y métricas de actividad; exportaciones de tuits; redes, y experimental

Los resultados se descargaron de forma independiente, variando la selección entre horas o días según el interés de los análisis a realizar. Una vez extraídos, se limpiaron los datos excluyendo aquellos que se centraban en usuarios concretos, por evitar vulnerar su privacidad, o los que carecían de valor para los objetivos del estudio.

Asimismo, en el bloque final del análisis se halla la parte más gráfica e interactiva, que mediante la herramienta Gephi permite visualizar grafos con datos que se irán delimitando antes de ser generados.

Los resultados son representaciones mediante nodos y aristas de los vínculos creados a través de las conexiones entre usuarios, hashtags y tuits. Los datos brutos, así como los archivos. gexf y. gdf, se pueden consultar en los anexos.

4. DESARROLLO DE LA INVESTIGACIÓN

El 4 de octubre de 2021, se registró un alto volumen de tuits relacionados con la interrupción de los servicios de Meta, incluyendo WhatsApp. Tras hacer un análisis de 3 millones de mensajes, se encontró que 445.145 de ellos mencionaban a estas plataformas, de los cuales 337.996 poseían enlaces, 132.887 utilizaban hashtags y 367.887 hacían referencia a otras cuentas. Además, 306.651 incluían contenido multimedia y se hallaron 346.758 retuits y 16.651 respuestas. Los mensajes fueron enviados por 346.501 usuarios desde 71.297 ubicaciones distintas. Se empleó la herramienta DMI-TCAT para extraer los resultados y se seleccionaron las opciones más relevantes para la investigación.

4.1. Estadísticas de tuits y métricas de actividad

Durante la jornada de la caída de WhatsApp, se observó un aumento significativo en el número de publicaciones en Twitter que mencionaban los términos "telegram" y "whatsapp", en comparación con los días anteriores. Mientras que en los previos se enviaron un promedio de 4.000 mensajes con estas palabras, durante el día de la interrupción del servicio la cifra se multiplicó por 100.

Fecha	Tuits	Tuits con enlace	Tuits con hashtags	Tuits con menciones	Tuits con multimedia	Retuits	Respuestas
2021-10-02	4.349	3.937	1.050	3.781	3.390	3.318	422
2021-10-03	3.735	3.101	561	3.241	2.684	2.483	747
2021-10-04	445.145	337.996	132.887	367.887	306.651	346.758	16.651

Tabla 1. Estadísticas generales de los tuits. Fuente: Elaboración propia.

Al analizar el patrón por tiempo, se encontró que el pico más alto de actividad se produjo en la franja de las 18:00 h, dos horas después de que se avisara de los fallos en las aplicaciones. A medida que se obtuvo más información y los servicios de Meta comenzaron a funcionar de nuevo, el volumen de tuits disminuyó.

Fecha y hora	Tuits	Tuits con enlace	Tuits con hashtags	Tuits con menciones	Tuits con multimedia	Retuits	Respuestas
2021-10-04 12h	260	215	51	218	191	179	36
2021-10-04 13h	172	151	23	134	132	114	19
2021-10-04 14h	213	192	36	176	167	156	19
2021-10-04 15h	5.606	3.526	1.150	3.561	3.301	3.242	181
2021-10-04 16h	52.998	38.849	9.884	39.465	36.056	36.271	2.236
2021-10-04 17h	65.022	49.351	13.543	52.066	46.467	48.216	3.123
2021-10-04 18h	91.320	69.449	25.935	77.025	61.412	73.156	2.998
2021-10-04 19h	75.897	58.525	25.326	64.907	51.952	61.822	2.404
2021-10-04 20h	71.709	57.000	26.370	62.256	51.846	59.616	2.105
2021-10-04 21h	49.865	37.457	19.109	42.014	34.584	39.845	1.781
2021-10-04 22h	21.820	15.817	8.636	17.743	14.181	16.629	991
2021-10-04 23h	7.805	5.328	2.481	6.181	4.455	5.663	475

Tabla 2. Estadísticas generales de los tuits por franja horaria. Fuente: Elaboración propia.

En cuanto a los datos de los tuiteros, se observó que algunos enviaron hasta 330 mensajes relacionados con "telegram" y "whatsapp" durante el día de la interrupción de servicios, y una cifra también elevada la jornada anterior (233). La cuenta activa con más seguidores poseía más de 15 millones (15.682.667), mientras que la que a más seguía contaba con 1 millón (1.066.599). El usuario que transmitió más enlaces el día 4 de octubre lo hizo en un total de 231 ocasiones, más del triple del hito alcanzado las jornadas previas.

En términos estadísticos, el promedio de tuits y URL enviados por cuenta durante el periodo analizado se situó en 1,28 y 1,34, respectivamente. Al examinar la tendencia de interacción a lo largo del tiempo, el primer cuartil (Q1: por debajo del 25%) devolvió 519 mensajes enviados, la mediana (Q2: inferior al 50%) 3.533 y el tercer cuartil (Q3: menor al 75%) un valor de 15.643.

Las 10 etiquetas más frecuentes del 4 de octubre fueron #whatsapp (50.076 veces), #telegram (47.420), #facebookdown (28.706), #RedesSociales (20.266), #Facebook (19.936), #Instagram (19.119), #UltimaHora (16.215), #Twitter (14.868), #whatsappdown (14.379) e #instagramdown (13.355).

Cabe destacar que se hallaron varios hashtags relacionados con la competencia entre Telegram y WhatsApp, pero con una presencia muy baja en comparación con los más populares: #teamtelegram (13), use telegram (9), #UninstallWhatsApp (4) y #keepcalmandusetelegram (2). Por ejemplo, la de mayor volumen en este aspecto, #teamtelegram, representó solo un 0,03 % del total que apareció la más común: #whatsapp.

Fecha	Frecuencia	Hashtag
2021-10-04	50.076	#whatsapp
2021-10-04	47.420	#telegram
2021-10-04	28.706	#facebookdown
2021-10-04	20.266	#RedesSociales
2021-10-04	19.936	#facebook
2021-10-04	19.119	#instagram
2021-10-04	16.215	#UltimaHora
2021-10-04	14.868	#Twitter
2021-10-04	14.379	#whatsappdown
2021-10-04	13.355	#instagramdown

Tabla 3. Frecuencia de hashtags. Fuente: Elaboración propia.

Al examinar el movimiento de las cuentas sobre la base de las etiquetas, se encontró que 43.681 usuarios tuitearon con #whatsapp, 41.831 con #telegram y 24.136 con #facebookdown. Además, se realizaron 2.423 menciones con el hashtag #whatsapp, 6.725 con #telegram, 39.062 con #facebookdown y 16.370 con #whatsappdown.

Sin embargo, las etiquetas relacionadas con la rivalidad entre Telegram y WhatsApp tuvieron una presencia muy baja, con solo 12 cuentas detrás del hashtag #teamtelegram, 8 para #usetelegram, 3 con #uninstallwhatsapp y 2 incluyendo #keepcalmandusetelegram.

Hashtag	Tuits con hashtags	Usuarios por hashtag	Menciones por hashtags	Total de menciones con hashtag	Tuits en la selección	Usuarios en la selección
#whatsapp	50.251	43.681	1.210	2.423	453.229	350.006
#telegram	47.597	41.831	3.515	6.725	453.229	350.006
#facebookdown	28.706	24.136	18.956	39.062	453.229	350.006
#facebook	19.954	17.863	2.744	5.460	453.229	350.006
#instagram	19.123	16.852	8.000	16.280	453.229	350.006
#twitter	14.875	14.081	820	1.591	453.229	350.006
#whatsappdown	14.379	12.978	8.533	16.370	453.229	350.006
#instagramdown	13.355	11.314	8.050	15.909	453.229	350.006
#anonymous	11.920	10.337	3.041	6.150	453.229	350.006

Tabla 4. Actividad de los usuarios con base en los hashtags. Fuente: Elaboración propia.

En el análisis procedido el 4 de octubre, se determinó que la principal fuente de conexión a Twitter para enviar mensajes fue Android (276.963), seguida por iPhone (102.227), la aplicación del navegador en ordenadores (61.395) y, en menor medida, iPad (1.345) y Tweetdeck (1.317). Esto indica que un 85 % de los usuarios se conectaron a través de teléfonos inteligentes, siendo estos dispositivos los más comunes para acceder a Telegram y WhatsApp.

Se encontró que la cuenta @tufucckboy se citó 8.429 veces, seguida de Squidgametw (6.850), WhatsApp (6.529) y Telegram (6.302). Los enlaces más compartidos incluyeron memes relacionados con la serie de Netflix "El juego del calamar" y un blog brasileño de noticias. Entre los dominios más frecuentes se hallaron Twitter (339.290 veces), WhatsApp (2.759) y YouTube (2.284). Además, se observaron dominios de medios de comunicación de diferentes países, como El Universal (6.032), GQ (2.136) y TN (553), así como el portal informativo "La silla rota" (374).

Frecuencia de menciones por usuario			
Fecha	Frecuencia	Mención	Tipo de cuenta
2021-10-04	8.429	@tufucckboy	Humor y memes en español
2021-10-04	6.850	@Squidgametw	Serie de ficción de Netflix
2021-10-04	6.529	@WhatsApp	Plataforma oficial de la aplicación de mensajería inmediata
2021-10-04	6.302	@telegram	Plataforma oficial de la aplicación de mensajería inmediata
2021-10-04	6.216	@El_Universal_Mx	Medio de comunicación mexicano
2021-10-04	4.807	@AnonymusNews_	Noticias sobre el grupo Anonymous
2021-10-04	4.072	@BRetropop	Blog brasileño sobre cultura pop
2021-10-04	3.118	@Cupsfire_gye	Canal de Ecuador con información de emergencias
2021-10-04	3.101	@AlertaNews24	Noticias 24h en español
2021-10-04	2.962	@kendallAlvarad8	Usuario mexicano que comparte contenido viral

Tabla 5. Visibilidad de los usuarios por frecuencia de menciones. Fuente: Elaboración propia.

La herramienta DMI-TCAT arroja que la mayoría de los enlaces compartidos el 4 de octubre eran memes relacionados con la serie "El juego del calamar", estrenada poco antes en Netflix. Además, se encontró una URL que apuntaba a una recopilación de este contenido gráfico y otra hacia un blog de noticias de Brasil, país en el que se usa ampliamente WhatsApp.

Los dominios más populares provinieron de Twitter (339.290 veces), WhatsApp (2.759) y YouTube (2.284). Entre los primeros puestos también se hallaron medios de comunicación de diferentes países, como El Universal (6.032), GQ (2.136), TN (553), López Doriga (494),

Infobae (464) y La silla rota (374), así como el blog de la diputada federal brasileña Carla Zambelli (419).

En el análisis de los mensajes, se observó que había varios que se distribuyeron de forma masiva. De los 10 con más retuits, los tres primeros eran memes relacionados con "El juego del calamar". A continuación, se encontró una notificación informativa en portugués que obtuvo 3.880 compartidos. También se identificaron dos comunicados con desinformación sobre redes, afirmando que Telegram había caído o que a Twitter también le ocurriría.

En cuanto a las repeticiones de términos, las más frecuentes hacían referencia a las aplicaciones analizadas, tanto en su forma normal como en hashtag, así como a otras redes sociales: Instagram, Facebook y TikTok. También se destacaron aquellas relacionadas con el meme de "El juego del calamar", que proliferaron en español y en portugués. Las palabras más habituales fueron: WhatsApp (404.496 veces), #whatsapp (50.085), Telegram (403.146), #telegram (47.427), Instagram (292.220), Facebook (286.163), Twitter (219.622), TikTok (59.016) y Snapchat (41.385).

Finalmente, durante el proceso de recopilación de datos no se encontró ninguna laguna conocida en las consultas realizadas, ya que el servidor de DMI- TCAT no se detuvo en ningún momento a lo largo del período de análisis.

4.2. Redes

Los resultados obtenidos a través de la herramienta Gephi muestran la interacción entre los 500 usuarios de Twitter más activos, con un total de 165 vínculos. La cuenta con mayor cantidad de menciones obtuvo 8.429, mientras que las cuatro siguientes superaron las 6.000 (6.850, 6.581, 6.363 y 6.216). Al observar las líneas entre nodos, se puede determinar que cuanto más menciona un perfil a otro, más fuerte es la conexión. Este gráfico permite detectar las cuatro comunidades y resolver la relevancia de dichas cuentas para establecer patrones de influencia.

Mediante el establecimiento de un mínimo de cuatro respuestas, se ha podido generar un gráfico interactivo con un total de 5.194 nodos y 4.753 aristas, que representan réplicas directas a un tuit (el que hacía referencia a la serie 'El Juego del Calamar'). Gracias a él, se facilita la labor de detectar comunidades y categorizar cuentas de usuario de forma visual.

Los grafos generados en este caso son "no dirigidos". El primero se refiere a los tuits que comparten al menos dos palabras en sus etiquetas, creando un lazo más fuerte (denominado "peso del vínculo") si la frecuencia es alta. Se ha observado que 8.612 cuentas repiten como mínimo dos etiquetas y se conectan entre sí por repetición un total de 39.237 veces.

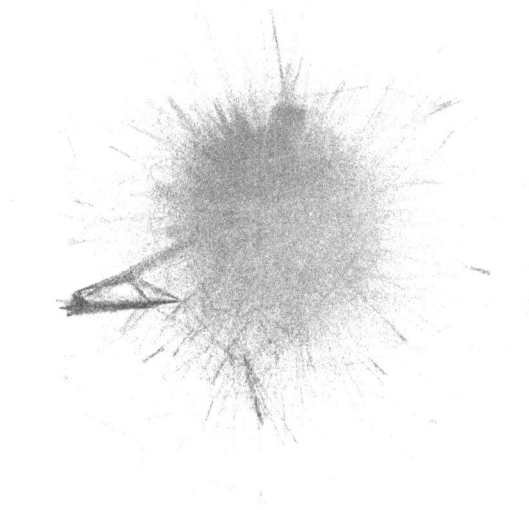

Figura 1. Gráfico de co-hashtag. Fuente: Elaboración propia.

El siguiente gráfico se centra en los 500 hashtags más utilizados que aparecen como mínimo dos veces, produciendo 8.612 nodos (cuentas diferentes) que se repiten en 8.583 ocasiones (aristas).

En este aspecto, se buscó en particular los 4 hashtags empleados para promover el uso de Telegram en lugar de WhatsApp: #teamtelegram, #usetelegram, #uninstallwhatsapp y #keepcalmandusetelegram. Los resultados indican que la cuenta @zd_studioz fue la principal impulsora de la utilización de #usetelegram (nodo verde), a través de la repetición de mensajes. En total, se identificaron 19 nodos (etiquetas y usuarios) con 15 interacciones (aristas) entre ellos.

Los resultados generados a partir de este grafo muestran que 120.583 usuarios escribieron tuits que incluían 302.827 hashtags, lo que se refleja en un enlace entre ambos elementos, siendo más fuerte cuanto más frecuentemente aparecen juntos. De esta forma se pueden identificar los patrones de uso de las etiquetas entre diferentes cuentas.

Desde este punto, que permite detectar la relación entre las etiquetas utilizadas y las menciones, se observa que 100.375 cuentas de Twitter aludieron a otros usuarios específicos en sus tuits junto a determinados hashtags. Esto generó 291.559 vínculos entre ambos puntos analizados.

Este apartado permite detectar patrones de uso de vínculos por parte de los usuarios de Twitter y examinar la interacción entre ambos. El análisis de datos realizado muestra que 295,722 nodos corresponden a cuentas y URL usados en la plataforma. Estos, se hallan vinculados entre sí 351,597 veces, lo que representa el número de tuits escritos por el usuario que incluyen un determinado enlace.

Figura 2. Gráfico de URL-usuario bipartito. Fuente: Elaboración propia.

Se observa que la etiqueta más repetida es #voltou ("volvió" en portugués), que apareció junto a una de las ilustraciones citadas en el punto 4.3.1. Las siguientes etiquetas más comunes, que apuntan al diario El Universal, son #twitter, #myspace, #hi5 y #telegram. Las cuatro posteriores, que se relacionan con imágenes internas, todas ellas memes, son #ultimahora, #anonymous y #serverdown. Finalmente, se menciona de nuevo #telegram, pero vinculado a una noticia del medio GQ.

La siguiente herramienta muestra 21.993 nodos, compuestos por hashtags y enlaces, y 72.113 lazos entre sí, creados cuando se convierten en coincidentes. Al apreciarse en detalle se puede observar que el "peso del vínculo" se vuelve más fuerte cuanto más a menudo concurren.

4.3. Experimental

Mediante este tipo de imágenes se puede visualizar la actividad de los tuits y tendencias de participación en redes a lo largo del tiempo y de los usuarios. Al establecer un mínimo de 10 mensajes por cuenta, se presenta una vista interactiva del uso, distribuyendo verticalmente los perfiles y horizontalmente los comunicados transmitidos durante el periodo.

El gráfico producido por esta herramienta sirve para visualizar la cantidad de flujo entre diferentes nodos o categorías. En este caso, se han establecido los parámetros seleccionando etiquetas y fuentes de las que provienen los contenidos, pudiendo percibir la relación entre ellas de manera directa.

Figura 3. Diagrama de Sankey. Fuente: Elaboración propia.

Tomando como base el hashtag #whatsappdown, se produce un perfil asociativo para representar de forma visual en Twitter la relación entre distintas etiquetas. Por ejemplo, se puede observar cómo en primer lugar se halla #facebookdown (9.674), seguido por whatsapp (7.427) y telegram (5.988).

5. CONCLUSIONES

Los resultados obtenidos a través de la herramienta en este apartado muestran un aumento significativo en el número de tuits relacionados con WhatsApp y Telegram el 4 de octubre de 2021, fecha en la que se produjo la caída de los servicios de Meta. Además, se observa que la mayoría de los comunicados incluían enlaces, hashtags y menciones a otras cuentas, y que hubo una alta presencia de contenido multimedia. Los usuarios más activos durante ese día llegaron a publicar hasta 330 notificaciones, y se detectó una alta actividad en la franja horaria de las 18 h.

Con respecto a las etiquetas, las más populares fueron #whatsappdown y #telegramdown. En cuanto a la frecuencia de retuits, se encontraron varios que se distribuyeron masivamente, incluyendo memes y textos con desinformación. La palabra más repetida fue WhatsApp, seguida de Telegram y de otras redes sociales como Instagram y Facebook.

En lo referente a los usuarios, se pudo identificar a la cuenta @zd_studioz como principal impulsora del uso del hashtag #usetelegram. Aquellos que más menciones obtuvieron durante el episodio de caída de WhatsApp fueron los que más interacciones generaron. También se ha observado un tono mayoritariamente informativo y preocupado en la mayoría de los tuits, aunque por otro lado se han vislumbrado actitudes críticas y humorísticas.

Para concluir, el análisis mediante la herramienta DMI-TCAT de los tuits mencionando a Telegram y WhatsApp reveló un aumento significativo en el volumen de publicaciones en comparación con los días anteriores. Además, se observó que el pico más alto de actividad se produjo dos horas después de que se avisara de los fallos en las aplicaciones y que la cantidad de mensajes disminuyó a medida que se obtuvo más información y los servicios de Meta comenzaron a funcionar de nuevo.

Adicionalmente, los resultados sugieren una correlación entre el número de seguidores de un usuario y la cantidad de tuits emitidos durante el incidente. Aquellos usuarios con una mayor cantidad de seguidores fueron precisamente quienes emitieron un mayor número de comunicaciones y enlaces.

De acuerdo con los resultados de la investigación, se puede concluir que cuando se produjeron las interrupciones temporales de la plataforma WhatsApp, se produjo un aumento en el uso de Telegram por parte de los medios de comunicación, tal y como se refleja en las redes sociales. Esto se puede observar en los datos obtenidos utilizando el DMI-TCAT (Digital Methods Initiative Twitter Capture and Analysis Toolset), que muestran un aumento en el número de menciones de Telegram en Twitter mientras el servicio en WhatsApp estaba interrumpido (Schroeder, Pogorelov y Langguth, 2019). Además, algunos periódicos se pasaron a la app de Telegram como alternativa temporal a la que poseía Meta (Sutikno, Handayani, Stiawan, Riyadi y Subroto, 2016).

No obstante, contrariamente a las declaraciones de Pavel Durov, la evidencia obtenida en este estudio no respalda la noción de una migración masiva a Telegram durante los episodios de interrupción del servicio de WhatsApp. Si bien se registró un incremento en las referencias a Telegram en Twitter y un uso temporalmente elevado de la aplicación por parte de ciertos medios de comunicación, los datos sugieren que este comportamiento es transitorio. No se hallaron evidencias firmes que indiquen una migración sostenida y permanente hacia Telegram como resultado directo de los fallos de servicio de WhatsApp.

6. REFERENCIAS

Alonso González, M. (2021). Desinformación y coronavirus: el origen de las *fake news* en tiempos de pandemia. *Revista de Ciencias de la Comunicación e Información*, 26, 1-25. https://doi.org/10.35742/rcci.2021.26.e139

Borra, E. y Rieder, B. (2014). Programmed method: developing a toolset for capturing and analyzing tweets. *Aslib Journal of Information Management*, *66*(3), 262 278. https://doi.org/10.1108/AJIM-09-2013-0094

Church, K. y De Oliveira, R. (2013). *What's Up with WhatsApp? Comparing Mobile Instant Messaging Behaviors with Traditional SMS*. In Proceedings of the 15th international conference on Human-computer interaction with mobile devices and services.

Durov, P. (2021). Entrada en el canal de Pavel Durov. Telegram.

García, L., San Miguel, R. y Majuelos, C. (2022). Evolución y comportamiento de las apps de mensajería instantánea en la crisis de Ucrania. *Revista de Comunicación y Estudios Contemporáneos*, *4*(1), 58-75.

Kumar, S., Morstatter, F. y Liu, H. (2013). Twitter Data Analytics. Springer.

Palen, L. y Liu, S. (2007). *Citizen communications in crisis: Anticipating a future of ICT-supported public participation*. In Proceedings of the SIGCHI conference on Human factors in computing systems.

Peeters, S. y Hagen, S. (2021). The 4CAT capture and analysis toolkit: A modular tool for transparent and traceable social media research. *Computational Communication Research*, 1, 23-37.

Pérez, J. (2021). WhatsApp, Facebook e Instagram sufren una caída de más de seis horas en un momento crítico para su reputación. *El País*. https://elpais.com/tecnologia/2021-10-04/whatsapp-facebook-e-instagram-sufren-una-caida-generalizada-en-todo-el-mundo.html

Rogers, R. (2013) *Digital Methods*. MIT Press.

Rogers, R. (2017). Digital methods for cross-platform analysis. *The SAGE handbook of social media*, 1, 91-110.

Sánchez, J. y Martos, M. (2020). La adopción de Telegram en las rutinas periodísticas. Revista Latina de Comunicación Social, 75, 224-241. https://doi.org/10.4185/RLCS-2020-1440

Statista. (2021). Number of monthly active WhatsApp users worldwide from April 2013 to October 2020.

Statista. (2022). Number of Telegram users worldwide from March 2014 to April 2022.

Toffler, A. (1980*). La tercera ola*. Plaza & Janés.

LENGUAJE CLARO Y GESTIÓN DE LA PRIVACIDAD EN LAS REDES SOCIALES MÁS USADAS POR NIÑOS Y JÓVENES

Blas-José Subiela-Hernández[1], Lourdes Martínez Rodríguez[2] y Ricardo Vizcaíno-Laorga[3]

El presente texto nace en el marco del proyecto SIC-SPAIN 3.0 "Safer Internet Centre-Spain 3.0". Proyecto financiado por la Unión Europea. No obstante, los puntos de vista y las opiniones expresadas son únicamente los del autor o autores y no reflejan necesariamente las de la Unión Europea. Ni la Unión Europea ni la autoridad que concede la subvención pueden ser considerados responsables de los mismos.

1. INTRODUCCIÓN

Los riesgos de los menores en las redes sociales han sido ampliamente estudiados, especialmente las cuestiones derivadas de la privacidad, protegida a través de diferentes mecanismos, incluidas las políticas de privacidad contenidas en los textos legales de las redes sociales. Estos textos (las «Políticas de Privacidad» y los «Términos y condiciones de uso») protegen, pero también describen la información privada que se comparte. El contenido de dichos textos legales también se ha tratado, pero el modo en el que dicho contenido se presenta apenas ha sido estudiado, ni desde el punto de vista de su redacción ni desde su formato (diseño).

Resulta esencial que cualquier texto legal se muestre de forma clara y comprensible para sus receptores. Además, esta cuestión adquiere más importancia incluso si esos receptores son menores, puesto que debería adaptarse a un lenguaje sencillo y comprensible para su edad. Sin embargo, ¿ocurre así?, ¿son los textos de políticas de privacidad claros por redacción y por diseño?, ¿se hace un esfuerzo por adaptar su lenguaje al de los niños y jóvenes?

El objetivo de este trabajo es comprobar el grado de claridad con el que se presentan los textos jurídicos sobre privacidad de una selección de redes sociales. Esta selección se realiza con un doble criterio: por un lado se identifican redes sociales especialmente orientadas a menores y se seleccionan las que claramente se dirigen a este *target*: *YouTube Kids* y *Lego Life*. Por otra parte, se seleccionan las redes sociales genéricas más utilizadas por la llamada generación *Alpha* (entre 12 y 17 años) según el *Interactive Advertising Bureau* (IAB): *WhatsApp* e *Instagram* (IAB, 2023). Esta doble selección nos permite realizar un estudio comparativo.

---

1. Universidad Católica de Murcia (España)

El análisis de la claridad de los textos se realiza no solo desde el punto de vista lingüístico, sino también teniendo en cuenta el formato y el diseño. La metodología es netamente cuantitativa. Para el análisis lingüístico se utiliza la herramienta informática CLARA[2], desarrollada por la consultora especializada en comunicación clara *Prodigioso Volcán*. Para el análisis del diseño se utiliza una selección de variables de composición tipográfica, ya que la legibilidad es el componente básico del diseño en los textos continuos.

1.1. Políticas de privacidad y condiciones de uso en redes sociales

Cuando navegamos por Internet o hacemos uso de aplicaciones móviles, dejamos una "huella digital", pasiva y activa (Cobo, 2019), una hilera de datos personales, entregados tanto de forma voluntaria como involuntaria. Es esencial que los menores, en su relación con las redes sociales y otros espacios digitales, sean capaces de comprender qué implicaciones tiene aceptar el uso de estas plataformas, comprender qué datos personales se están haciendo públicos y qué derechos tienen sobre el uso de esos datos.

El concepto de privacidad se entiende, en el contexto digital, como el "derecho de las personas y usuarios a proteger sus datos en Internet, además de controlar el acceso a los mismos y decidir qué información es visible para el resto de actores" (Instituto Nacional de Ciberseguridad [INCIBE], 2020: 63). Con este fin, la Ley Orgánica de Protección de Datos Personales y Garantía de los Derechos Digitales (LOPD-GDD, 2018) y el Reglamento General de Protección de Datos (RGPD, 2016) obligan a las páginas web, redes sociales o aplicaciones móviles a incluir, de forma clara y accesible, su "política de privacidad", un documento legal en el que se detalla el tratamiento que esa organización dará a nuestros datos. Se consideran datos de carácter personal "toda información sobre una persona física identificada o identificable (...)" (Art. 4 RGPD), es decir, aquellos elementos que puedan identificar a una persona: un nombre, un número de identificación, datos de localización, etc.

Este documento debe incluir obligatoriamente información sobre: el tipo de datos que se recolectarán, qué uso se les va a dar, qué medidas de seguridad se aplicarán, el plazo de conservación de los datos y la forma de contacto para posibles modificaciones o cancelaciones[3]. Para ello es necesario recabar el consentimiento explícito e inequívoco del usuario. En España, la edad mínima de consentimiento se ha establecido en los 14 años (Art. 7 LOPD-GDD), por debajo de esa edad se debe contar con la autorización de los padres o tutores legales. Sin embargo, no resulta difícil para los menores "suplantar" su identidad cambiando la fecha de nacimiento. El problema radica en la manera de verificar esos datos de registro (Davara, 2017; Gómez-Díaz y García-Rodríguez, 2020), y para ello las plataformas digitales están comenzando a aplicar distintos métodos de verificación de la identidad del usuario, como selfies o fotos con el DNI o datos biométricos (Maldita, 2023).

Las políticas de privacidad son distintas a los "términos y condiciones de uso", otro texto legal que aparece en los servicios online, aplicaciones, juegos o redes sociales, que debe presentarse y aceptarse de forma diferenciada. Se trata de un contrato, en el que se detalla

---

2. Disponible en https://clara.comunicacionclara.com/

3. La política de privacidad debe informar sobre cómo puede el usuario ejercer sus derechos conocidos como ARSULIPO (anteriores derechos ARCO), es decir, derecho de acceso, rectificación, supresión, limitación, portabilidad y oposición, y a través de qué canal hacerlo. Estos derechos quedan recogidos tanto en el Reglamento General de Protección de Datos (RGPD) como en la Ley Orgánica de Protección de Datos Personales y Garantía de Derechos Digitales (LOPD-GDD).

en qué consiste el servicio o página y cómo podemos usarlo y cuyas cláusulas se establecen de forma unilateral por el proveedor del servicio.

El problema deriva en que se trata, por lo general, de páginas muy extensas y con un lenguaje jurídico poco claro (Agencia Española de Protección de Datos [AEPD], 2018a), lo que lleva a que una gran mayoría de usuarios acepten las condiciones de uso y la política de privacidad sin leerlas, como lo demuestran varios estudios centrados en el análisis de textos de estas plataformas y/o en encuestas a los propios usuarios (AEPD, 2018b; Bayés, Carmenati y Apolo, 2017; LePan, 2020; Platero, 2022)

Por ello, la actual normativa en materia de protección de datos señala una serie de pautas para hacer más accesibles estos textos: debe ser sencillo, conciso, transparente, con un lenguaje comprensible y se puede recurrir a listas, iconos, capas y otros recursos de diseño.

El cumplimiento de estas políticas de privacidad es esencial como garante de nuestra seguridad –y especialmente de la de los menores– para evitar que el uso indebido de esos datos puedan derivar en conductas ilícitas, tanto en el entorno *online* como *offline*. Entre los riesgos principales a los que se pueden enfrentar los menores ante un uso indebido de sus datos se encuentran: la suplantación de identidad; el *sexting* –envío de imágenes de contenido sexual-; *ciberbullying* –daño intencional por medios digitales entre iguales-; *grooming* –acercamiento de un adulto a un menor a través de Internet- o hacer una gestión incorrecta de datos de terceros al difundir o compartir información de otras personas sin su permiso (Andrade y Guadix, 2021) Pero, además de víctimas, los menores pueden también hacer un uso indebido de estos datos, de forma consciente o inconsciente, por lo que es preciso una adecuada alfabetización mediática digital (Ramón, 2021). No obstante, tanto niños como jóvenes conocen la existencia de riesgos al compartir información en redes sociales digitales (Livingstone, Stoilova y Nandagiri, 2018), razón por la que dicha alfabetización mediática se hace imprescindible.

1.2. Legislación sobre políticas de privacidad y condiciones de uso en redes sociales

Los dos textos normativos principales por los que se regulan los derechos de los usuarios en cuanto al control de su privacidad son el Reglamento General de Protección de Datos (RGPD) (Reglamento UE 2016/679) y la Ley Orgánica 3/2018, de 5 de diciembre, de Protección de Datos Personales y garantía de los derechos digitales (LOPD-GDD).

El RGPD, aprobado en 2016, pero con aplicación efectiva desde mayo de 2018, establece un marco legal que refuerza, a nivel europeo, los derechos sobre la privacidad y afecta a todos los estados miembros de la Unión. Por lo que respecta a los menores, el RGPD establece la edad mínima para el consentimiento en el uso de los datos en los 16 años, pero deja libertad a los estados miembros para regularlo, siempre que no esté por debajo de los 13 años. Una novedad que recoge el artículo 12 del RGPD es que la información facilitada al interesado debe proporcionarse de "forma concisa, transparente, inteligible y de fácil acceso, con un lenguaje claro y sencillo, en particular cualquier información dirigida específicamente a un niño" (Art. 12.1 RGPD).

Para adaptarse a este reglamento, se aprueba en España, en diciembre de 2018, la Ley de Protección de Datos Personales y Garantía de los derechos digitales (LOPD-GDD), que reemplaza a la anterior LOPD de 1999 y a otra normativa previa en materia de protección de datos. La LOPD-GDD añade así un listado de derechos digitales, entre los que se incluye: el derecho al olvido en Internet (Art. 93 y 94), es decir, el derecho que tiene una persona a que sean suprimidos, previa solicitud, sus datos facilitados en redes sociales y otros servicios digitales ; el derecho al acceso universal, neutral y seguro en Internet (Art. 80, 81, 82); derecho a la educación digital (Art. 83); el derecho al testamento digital (Art. 96); derechos en el uso de redes sociales, que incluye el derecho de portabilidad (Art. 95) y, específicamente, se alude también a los derechos de los menores en Internet. Los menores, por el hecho de serlo, se consideran personas vulnerables por lo que gozan de una protección específica en el tratamiento de sus datos de carácter personal (Artículos 84 y 92 LOPD-GDD). Esta legislación sitúa la edad mínima de consentimiento en los 14 años (Art. 7).

Entre otras cuestiones, el Título III de la LOPD-GDD, dedicado a los derechos de las personas, adapta al derecho español el principio de transparencia en el tratamiento del reglamento europeo, que regula el derecho de los usuarios a ser informados de una forma clara y recoge la denominada "información por capas".

Otra legislación vinculada con la privacidad es la Ley Orgánica 7/2021, de 26 de mayo, de protección de datos personales tratados para fines de prevención, detección, investigación y enjuiciamiento de infracciones penales y de ejecución de sanciones penales y, posteriormente, el Real Decreto 389/2021, de 1 de junio, por el que se aprueba el Estatuto de la Agencia Española de Protección de Datos.

Por lo que respecta a los menores, la LO 8/2021, de 4 de junio, de protección integral a la infancia y la adolescencia frente a la violencia, recoge específicamente el concepto de "violencia digital" y refleja, entre otros aspectos, la necesaria capacitación de las personas menores de edad en materia de seguridad digital.

También con referencia a los menores, en 2022 se firmó la Carta de los derechos digitales de los niños, niñas y adolescentes, de la Fundación ANAR, junto con la AEPD, en el que se plasman los derechos de los menores que pueden ser vulnerados en el entorno digital (Fundación ANAR y AEPD, 2022).

1.3. Lenguaje claro en textos continuos para pantallas

En el ámbito de las interfaces digitales es necesario emplear un lenguaje sencillo y una comunicación clara para garantizar una comprensión óptima por parte del público objetivo, especialmente cuando se trata de textos continuos con una longitud superior a la media habitual en internet. Casi desde los orígenes de la web, se han desarrollado estudios que han puesto de manifiesto que los internautas no leen textos largos y que estos deben atomizarse y simplificarse al máximo (Nielsen, 1997).

Además, se ha demostrado que el uso de un lenguaje sencillo, palabras simples y oraciones concisas mejora la comprensión entre los usuarios (Schriver, 2017; Montolío y Tascón, 2020). Evitar la jerga, las estructuras de oraciones complejas y los términos técnicos que pueden ser desconocidos para el público objetivo es crucial para una comunicación efectiva (Carretero, Pérez, Lanne-Lenne y de los Reyes, 2017). En el ámbito del lenguaje jurídico administrativo, al que pertenecen los textos aquí analizados, es importante citar el trabajo de da Cunha y Escobar (2021) en el que se recogen las principales recomendaciones gramaticales para elaborar este tipo de textos en español.

Desde el punto de vista del diseño, la investigación sugiere que un formato adecuado, con encabezados y subtítulos claros y el uso apropiado de espacios en blanco, mejora la legibilidad y facilita el procesamiento de la información (Dillon y Gabbard, 1998). El tamaño y el estilo de la fuente también afectan a la legibilidad, por lo que es necesario seleccionar fuentes que sean claras y fáciles de leer en diferentes dispositivos (Lazar,

2006). A este respecto, es relevante el trabajo de Suárez-Carballo *et al.* (2019) sobre la composición tipográfica de los textos base de los diarios digitales en España. Otras variables del diseño, más allá de la composición tipográfica y la legibilidad, también se han demostrado eficientes para ayudar a comprender textos o instrucciones complejas, haciéndolos más sencillos. Es paradigmático el caso de los mapas de metro esquemáticos introducidos por Henry Beck en 1932 (Cartwright, 2015). El ingeniero convirtió los hasta entonces habituales mapas topográficos (muy complejos para los ciudadanos) en las simplificaciones esquemáticas que hoy todos conocemos, con lo que logró que, de forma rápida y sencilla, se recuperara la utilidad de un documento tan importante, incluso para los usuarios que desconocían la ciudad.

2. OBJETIVOS

El objetivo es analizar el modo en el que se presentan las políticas de privacidad que rigen el uso de las redes sociales más utilizadas por niños y jóvenes en España en la actualidad. Para ello, se plantea un trabajo exploratorio a partir de dos redes sociales específicamente dirigidas a público infantil (*Lego Life* y *YouTube Kids*) y las dos genéricas más utilizadas por la denominada generación *Alpha* (entre 14 y 17 años), según el IAB: *WhatsApp* e *Instagram*. Se trata de descubrir si las políticas de privacidad de estas redes sociales han sido redactadas y diseñadas teniendo en cuenta los principios de lenguaje claro.

3. METODOLOGÍA

Tal y como se ha explicado en la introducción, se trata de un trabajo exploratorio a partir del estudio de caso. Se analiza la claridad de las políticas de privacidad tanto desde el punto de vista de la gramática como desde el punto de vista del formato. El análisis gramatical se aborda con la herramienta CLARA, de la consultora Prodigioso Volcán. CLARA es un software de análisis de textos que mide nueve variables gramaticales condicionantes de la claridad de un texto. Estas variables han sido ampliamente analizadas y se pueden consultar con detalle en la recopilación realizada por da Cunha y Escobar (2021) para textos jurídico-administrativos. A partir del análisis, ofrece una estimación porcentual del nivel de claridad del texto (en la que el 100% es la máxima claridad).

Debido a que CLARA se encuentra en fase Beta, solo puede analizar textos con una extensión de 120 palabras. Sin embargo, los textos objeto de estudio de este trabajo tiene extensiones mucho mayores. Por lo que el análisis se realiza párrafo a párrafo y luego se establecen medias a partir de los valores particulares. Sin embargo, esta técnica es válida para el análisis completo de las políticas de privacidad de *Lego Life* (dos textos de 816 y 2.184 palabras) y de *YouTube Kids* (tres textos con 1.700, 571 y 2.200 palabras). En los casos de *Instagram* y *WhatsApp* los textos son mucho más extensos (más de 12.000 palabras en *Instagram* y más de 22.000 en *Whatsapp*). Estas extensiones hacen que el análisis sea poco operativo a través de CLARA. En el caso de *Instagram* se analiza una versión resumida de 881 palabras (ofrecida por la propia plataforma) y se aborda también el análisis de una selección aleatoria de párrafos de la política original hasta llegar a aproximadamente 1000 palabras (media en extensión de todos los textos analizados). En el caso de *WhatsApp*, sin versión resumida disponible, únicamente se analiza una selección de párrafos con los mismos criterios que en el caso anterior.

Con respecto al análisis del diseño, al tratarse de textos continuos, las posibilidades son más limitadas que en los discontinuos. Así, el protagonismo recae en cuestiones de legibilidad tipográfica asociadas a variables como la categoría tipográfica (que coincidiría con la inteligibilidad del carácter textual, Montes y Vizcaíno-Laorga, 2015), el tamaño del texto o la longitud de las líneas. Estas variables, cuya correcta gestión se traduce en una buena legibilidad, han sido descritas para textos digitales por Suárez-Carballo *et al.* (2021) y los valores óptimos establecidos por este trabajo se toman como referencia en esta investigación. Para identificar las variables tipográficas usadas en cada caso se ha recurrido a la extensión *Whatfont*. Por otra parte, también es relevante el uso de titulares, subtítulos y blancos para organizar el texto (Dillon y Gabbard, 1998). En último lugar, también se ha medido la presencia o ausencia de elementos multimedia como un componente clave para mejorar la comprensión del texto (Burin, 2020).

La investigación se ha realizado únicamente en pantallas de ordenador (resolución máxima de 1080 píxeles de anchura) y se han descartado los dispositivos móviles. Esta decisión se justifica en la estabilidad de diseño que ofrecen las pantallas de ordenador frente a otras tecnologías en las que el tamaño de las pantallas y las posibilidades de cambiar la orientación no permiten establecer criterios de legibilidad tipográfica precisos. Finalmente, los datos se han recogido en una ficha de análisis en la que se han establecido dos campos: el de variables gramaticales (CLARA) y el de variables de diseño (composición tipográfica y presencia de imágenes/multimedia).

4. DESARROLLO DE LA INVESTIGACIÓN

El análisis se ha centrado en las políticas de privacidad que se deben admitir al crear nuevas cuentas y que, luego, son accesibles desde dentro de las aplicaciones. Los resultados se muestran, en primer lugar, plataforma por plataforma para luego introducir algunos datos comparativos y dar paso a las conclusiones.

4.1. Lego Life

Esta red social específica para niños ofrece, desde el apartado de configuración, acceso a la política de privacidad que fue necesario aceptar al crear la cuenta. No obstante, para acceder, el sistema requiere resolver una pequeña multiplicación. Ya dentro de la pantalla de política de privacidad, se ofrecen 5 secciones distintas a través de sus titulares y de desplegables. Llama la atención que una de las secciones, la última, se denomina "información para niños", y en ella se especifica que se trata de información sobre privacidad comprensible para los más jóvenes. Se trata de un texto de 816 palabras que, tras ser analizado con CLARA, ofrece una probabilidad de ser claro del 83'5%. A pesar de este buen nivel, la herramienta ha detectado que en ninguno de los párrafos se utilizan estructuras gramaticales sencillas, por lo que aún existe un pequeño margen de mejora. Con respecto a los criterios de legibilidad procedentes de la composición tipográfica, el diseño cumple con todas las variables. No obstante, en la página no se usan recursos gráficos más allá de la tipografía por lo que, de nuevo, existe un pequeño espacio para la mejora.

Sin embargo, la sección denominada "información para los padres" es mucho más extensa, pues cuenta con 2.184 palabras y mucho menos clara, pues arroja un porcentaje del 63%, lo que hace que CLARA dé a este texto pocas posibilidades de ser claro. De las variables analizadas, las que más fallan tienen que ver con el uso de palabras comunes (solo en 2 de los 18 párrafos del análisis) y con el uso de estructuras gramaticales sencillas (también presentes solo en 2 de los 18 párrafos analizados). Con respecto al diseño, los resultados son idénticos al texto infantil (pues ambos están en la misma página o pantalla).

4.2. YouTube Kids

En *YouTube Kids* un adulto (padre/madre) debe crear una cuenta para el menor y, en ese proceso, debe dar su "consentimiento parental" a través de un texto de más de 1.700 palabras en el que se expone la política de privacidad de la red social. Se trata de un texto poco claro, según la herramienta de Prodigioso Volcán, que le asigna un porcentaje de claridad media del 52%, con frases que utilizan estructuras gramaticales complejas y que, generalmente, son largas. Una vez creada la cuenta, se pueden consultar los términos del servicio, el aviso de privacidad y, al igual que en *Lego Life*, está disponible un aviso relacionado con los menores. Analizamos en primer lugar este aviso para menores y, a continuación, el aviso de privacidad más general.

El aviso para menores es un texto de 561 palabras y ofrece, según CLARA, un porcentaje de claridad del 75%, por lo que es bastante probable que se trate de un texto claro. Sólo falla de forma redundante por no usar conectores entre unas frases y otras. En cuanto a su diseño, es muy sobrio y no se usa ningún recurso gráfico más allá de la composición tipográfica, que se puede considerar correcta, aunque con líneas demasiado largas y una interlínea insuficiente que no es capaz de corregir el problema que generan esas líneas largas.

El aviso de privacidad cuenta con 2200 palabras y, según CLARA, se trata de un texto con pocas posibilidades de ser claro, pues obtiene un valor medio del 58% de claridad. En ninguno de los 19 párrafos en los que se ha dividido el texto para el análisis se han utilizado palabras comunes en español ni conectores para unir frases. Además, las estructuras gramaticales sencillas solo se han identificado en dos párrafos. Desde el punto de vista del diseño, ocurre como en *Lego Life*: este aviso y el analizado anteriormente (para niños) comparten diseño y espacio, por lo que en él se identifican los mismos problemas que en el anterior: líneas excesivamente largas en combinación con una interlínea insuficiente.

Así, en *YouTube Kids* se han analizado tres textos en total, de los que dos (los dirigidos a adultos) han resultado poco claros y solo uno, dirigido a niños y cuya aceptación no es necesaria para crear la cuenta, ha resultado claro.

4.3. Instagram

La política de privacidad de *Instagram* es común a todo *Meta* (con excepción de *WhatsApp*, que tiene su propia política) y se explica en una detallada página a lo largo de más de 12000 palabras. El análisis de la claridad gramatical de este texto queda fuera del alcance de las posibilidades de la herramienta CLARA, por lo que no puede ser acometido. Sin embargo, la página ofrece todas las ayudas de diseño y de estructura del contenido posibles; hay imágenes, vídeos, enlaces, menús desplegables y, especialmente, cada uno de los apartados que configuran la política de privacidad está acompañado por un pequeño desplegable identificado con la palabra "destacado" que ofrece un resumen del apartado. Se han recopilado todos los textos de estos resúmenes y han dado lugar a un texto de 881 palabras, que sí puede ser analizado a través de CLARA. Estos resúmenes sí ofrecen un alto nivel de claridad según CLARA, pues alcanzan un porcentaje de un 81% en la herramienta. Sin embargo, incluso tratándose de resúmenes, las frases con estructuras gramaticales sencillas no son frecuentes (solo un párrafo de 9 analizados) y tampoco las palabras comunes en español son habituales (2 párrafos de 9).

Más allá de los resúmenes, también se ha realizado una selección aleatoria de párrafos (que suman en conjunto 1.000 palabras) de la política de privacidad y, en este caso, el nivel de claridad ha descendido hasta el 68%. Los errores siguen siendo los mismos que se identificaron en los resúmenes: ausencia de palabras comunes en español (0 incidencias) y ausencia de estructuras gramaticales sencillas (2 incidencias de 12).

El diseño de la página con la política de privacidad desarrollada es correcto desde el punto de vista de la legibilidad. Se usan desplegables con profusión y cambia el color de fondo en función de si se trata de resúmenes o del texto general. Sin embargo, el diseño es sobrio y no se hace uso de recursos gráficos diferentes a los propios de la tipografía. Probablemente ello se debe a que *Instagram*, más allá de la página legal, ofrece un apartado en su sitio web denominado "seguridad" en el que se explican con claridad algunas de las opciones para proteger la privacidad de los usuarios que ofrece la plataforma. Y lo hace a través de textos breves, sencillos, con composiciones tipográficas perfectamente adaptadas a la web y acompañados de ilustraciones, fotografías, esquemas, etc.

4.4. WhatsApp

Aunque *WhatsApp* pertenece a Meta desde finales de 2021, sigue manteniendo una política de privacidad propia en la que, no obstante, se cita a la compañía matriz en numerosas ocasiones. Se trata, además, de una política más detallada incluso que la analizada para el caso de *Instagram*, puesto que ahora nos enfrentamos a un texto de más de 26.000 palabras por lo que, de nuevo, queda fuera del alcance de CLARA. En el caso de *WhatsApp* no hay resúmenes disponibles, de modo que la única opción para obtener resultados comparables con el resto de redes sociales es analizando una serie de párrafos seleccionados aleatoriamente, hasta alcanzar la media de 1.000 palabras. Este análisis obtiene un porcentaje de claridad según la herramienta del 63%, por lo que para CLARA se trata de un texto con pocas probabilidades de ser claro. Los principales errores tienen que ver con no usar palabras comunes en español y no usar estructuras gramaticales sencillas. Con respecto al diseño, la legibilidad es correcta y se cumple con la mayoría de las variables del estudio. Sin embargo, un texto tan extenso como el presente debería hacer uso de recursos vistos en otras plataformas (*Instagram* o *YouTube Kids*) para ofrecer resúmenes, vídeos, esquemas, etc.

4.5. Resultados globales

En primer lugar, destaca la diferente extensión entre las políticas de privacidad de las redes sociales para niños (en torno a 2.000 palabras tanto en *Lego Life* como en *YouTube Kids*) con respecto a la de las redes para público general (12.000 palabras en el caso de *Instagram* y 26.000 en el caso de *WhatsApp*).

También es necesario indicar que los únicos textos claros son los redactados exclusivamente para niños (cuya utilidad es solo divulgativa) frente a los textos legales para adultos. En este sentido, el texto más claro del análisis es la información para niños de *Lego Life*, con un porcentaje del 83,5% de claridad, frente al 52% que alcanza el consentimiento parental en *YouTube Kids*.

En las siguientes tablas (1 y 2) se presenta un resumen de los resultados desde el punto de vista del análisis gramatical:

TEXTO:	LEGO LIFE		YOUTUBE KIDS		
	info para niños	info para padres	consentimiento parental	aviso para menores	aviso privacidad
CLARIDAD (%)	83,5%	63%	52%	75%	58%
Palabras	816	2184	1701	561	2200

TEXTO:	INSTAGRAM			WHATSAPP	
	P. privacidad	Selección aleatoria	Resúmenes	P. privacidad	Selección aleatoria
CLARIDAD (%)	-	68%	81%	-	63%
Palabras	12000	1000	881	26000	1000

Tablas 1 y 2. Resultados sobre claridad gramatical de todos los textos analizados, así como su extensión en palabras. Fuente: Elaboración propia a partir del análisis con CLARA.

Desde el punto de vista del diseño, todos los textos analizados han utilizado fuentes sin serifas, en tamaños entre los 14 y los 19 píxeles y con interlineado adecuado. Sin embargo, en algunos casos la longitud de las líneas (en pantalla de ordenador) ha sido excesiva. Desde el punto de vista del color de los textos y del contraste con el fondo no se ha identificado ninguna incidencia. En todos los casos se han usado títulos y el blanco ha desempeñado su función estructural. Sin embargo, sólo el texto de *Instagram* ha hecho uso de recursos de diseño y composición más allá de los tipográficos vinculados con la legibilidad.

5. CONCLUSIONES

La conclusión general de este trabajo es que las políticas de privacidad de las redes sociales analizadas no son claras desde el punto de vista gramatical. Salvo en el caso de los textos para niños (no contractuales), todos los textos analizados obtienen valores por debajo del 70% en CLARA. Desde el punto de vista del diseño, los textos cumplen con las variables tipográficas para tener una buena legibilidad, pero no hacen uso de otros recursos de diseño para mejorar la comprensión, tales como imágenes, iconos, esquemas, infografías o elementos multimedia. Más allá de esta conclusión general, los resultados permiten abordar otros muchos matices con más detalle.

Las dos redes sociales destinadas a público infantil exigen, de acuerdo a la legislación vigente, la participación de un adulto para la creación de un perfil. Los textos dedicados a adultos sobre privacidad en ese proceso de alta son poco claros (65% en *Lego Life* y 58% en *YouTube Kids*), aunque son los que se deben aceptar. Sin embargo, ambas plataformas ofrecen, luego, textos sobre estas cuestiones especialmente enfocados al público infantil. En estos casos sí se aprecia un esfuerzo por introducir los principios del lenguaje claro, puesto que la información para niños de *Lego Life* ofrece un 83'5% de claridad y el aviso para menores de *YouTube Kids* alcanza el 75%.

En el caso de las redes sociales generalistas, la larga extensión de las políticas de privacidad ya constituye, por sí sola, un importante freno para que sean leídas y comprendidas por parte de los usuarios. Además, los resultados evidencian que en estos largos textos tampoco se respetan los principios del lenguaje claro, con unas estimaciones de claridad para el texto de *Instagram* del 68% y del 63% para *WhatsApp*.

Parece, a partir de estos resultados, que el lenguaje claro no es compatible con la precisión que los textos jurídicos requieren y solo es apto para textos infantiles. Sin embargo, esta es una concepción que debería modificarse porque la práctica del lenguaje claro demuestra que claridad y precisión no deben estar reñidas. Es decir, aplicar los principios del lenguaje claro es posible en textos de cualquier naturaleza. Y debería ser obligatorio en aquellos cuyos destinatarios no son un público especializado, sino genérico, por complejo que fuese su contenido. Precisamente esta es una de las funciones del lenguaje claro: hacer comprensible lo complejo.

Desde el punto de vista del diseño se aprecia que el cumplimiento de los principios básicos de la composición tipográfica para pantallas no es suficiente para lograr que estos textos sean eficaces (es decir, que sean leídos y comprendidos). Sólo en el caso de *Instagram*, con el texto más largo con diferencia, se aprecia un esfuerzo por que las variables del diseño ayuden a una mejor comprensión, contando con imágenes, contenidos multimedia, resúmenes y esquemas. Quizá el resto de organizaciones podrían adoptar estas prácticas también en sus políticas de privacidad para hacerlas más accesibles.

6. REFERENCIAS

AEPD, Agencia Española de Protección de Datos (2018a). *El examen de aplicaciones (III): los términos y condiciones* https://cutt.ly/9wuALsFb

AEPD, Agencia Española de Protección de Datos (2018b). *Informe sobre políticas de privacidad en Internet. Adaptación al RGDP* https://cutt.ly/pwuAZuuo

Andrade, B. y Guadix, N. (2021). *Impacto de la tecnología en la adolescencia. Relaciones, riesgos y oportunidades. Resumen ejecutivo TRIC*. Unicef España. https://cutt.ly/xwuDlzTf

Bayés, M., Carmenati, M. y Apolo, D. (2017). Privacidad en la red: una aproximación para el análisis de las políticas de Google y Facebook, *Index Comunicación, 7*(3) 231-250 https://cutt.ly/vwuAV9Oc

Burin, D. I. (Comp.) (2020). *La competencia lectora a principios del siglo XXI: texto, multimedia e Internet*. Teseo.

Carretero, G, C., Pérez, J., Lanne-Lenne, L. y de los Reyes, G. (20017). *Lenguaje Claro. Compreder y hacernos entender*. Ediciones Rodio. https://cutt.ly/mwyLJw1M

Cartwright, W. (2015). Rethinking the definition of the word 'map': An evaluation of Beck's representation of the London Underground through a qualitative expert survey. *International Journal of Digital Earth*, *8*(7). 522-537. https://doi.org/10.1080/17538947.2014.923942

Cobo, C. (2019). *Acepto las condiciones. Usos y abusos de las tecnologías digitales*. Fundación Santillana. https://cutt.ly/awuL2lU0

Da Cunha, I., Escobar, M. A. (2021). Recomendaciones sobre lenguaje claro en español en el ámbito jurídico-administrativo: análisis y clasificación. *Pragmalingüística, 29*, 129-148.

Davara, L. (2017). *Menores en Internet y Redes Sociales: Derecho Aplicable y Deberes de los Padres y Centros Educativos. Breve referencia al fenómeno Pokémon Go*. AEPD https://cutt.ly/ywuAN5KN

Dillon, A. y Gabbard, R. (1998). Hypermedia as an educational technology: A review of the quantitative research literature on learner comprehension, control, and style. *Review of Educational Research, 68*(3), 322-349.

Fundación ANAR y AEPD (2022) *Carta de los derechos digitales de los niños, niñas y adolescentes.* https://cutt.ly/ZwuXnsrZ

Gómez-Díaz, R. y García-Rodríguez, A. (2020). Leer, jugar, aprender y comunicarse en un entorno seguro: seguridad, privacidad y confidencialidad en las aplicaciones infantiles. *Anuario ThinkEPI, 14*(1) https://doi.org/10.3145/thinkepi.2020.e14c02

IAB, Interactive Advertising Bureau (2023). *V Estudio anual de Redes Sociales.* https://cutt.ly/dwumRryQ

INCIBE, Instituto Nacional de Ciberseguridad (2020). *Glosario de términos de ciberseguridad.* https://cutt.ly/fwuDt5mE

Lazar, J. (2006). *Web usability. A user-centered design approach.* Pearson Addison Wesley.

LePan, N. (2020). Visualizing the Length of the Fine Print for 14 Popular Apps, *Visual Cpitalist.* https://cutt.ly/rwuDilS7

Ley 34/2002, de 11 de julio, de servicios de la sociedad de la información y de comercio electrónico. *BOE* núm. 166, de 12/07/2002. LSSI. https://www.boe.es/eli/es/l/2002/07/11/34/con

Ley Orgánica 3/2018, de 5 de diciembre, de Protección de Datos Personales y garantía de los derechos digitales, *BOE* núm. 294, de 06/12/2018. LOPDGDD https://www.boe.es/eli/es/lo/2018/12/05/3/con

Ley Orgánica 7/2021, de 26 de mayo, de protección de datos personales tratados para fines de prevención, detección, investigación y enjuiciamiento de infracciones penales y de ejecución de sanciones penales, *BOE* núm. 126, de 27/05/2021 https://www.boe.es/buscar/act.php?id=BOE-A-2021-8806

Ley Orgánica 8/2021, de 4 de junio, de protección integral a la infancia y la adolescencia frente a la violencia, *BOE* núm. 134, de 05/06/2021 https://www.boe.es/eli/es/lo/2021/06/04/8/con

Livingstone, S., Stoilova, M. y Nandagiri, R. (2018). *Children's Data and Privacy Online: Growing Up in a Digital Age: An Evidence Review.* London School of Economics and Political Science. https://cutt.ly/nwuArrpQ

Maldita (2023): Qué métodos y tecnologías aplican las redes sociales para comprobar que un usuario tiene la edad mínima para utilizarlas. *Maldita.es* https://cutt.ly/twuDsbN1

Montes ,V., M. y Vizcaíno-Laorga, R. (2015). *Diseño gráfico publicitario.* OMM.

Montolío, E. y Tascón, M. (2020) *El derecho a entender. La comunicación clara, la mejor defensa de la ciudadanía.* Catarata.

Nielsen, J. (1997). How users read on the web. *NNgroup.com.* https://cutt.ly/swyZWUlQ

Platero A., A. (2022). Aproximación al régimen jurídico del contrato de usuario con Twitch: Repercusiones en materia de protección de datos personales. *Actualidad jurídica iberoamericana,16,* 1186-1209 https://cutt.ly/XwuDfdSq

Ramón Fernández, F. (2021): *Menores de edad, integración social y entorno digital. Garantías y derechos en la sociedad de las nuevas tecnologías de la información y comunicación.* Editorial Universidad Politécnica de Valencia https://cutt.ly/LwuDgzfh

Real Decreto 389/2021, de 1 de junio, por el que se aprueba el Estatuto de la Agencia Española de Protección de Datos. *BOE* núm. 131, de 02/06/2021 https://www.boe.es/eli/es/rd/2021/06/01/389/con

Reglamento (UE) 2016/679 relativo a la protección de las personas físicas en lo que respecta al tratamiento de datos personales y a la libre circulación de estos datos, de 27 de abril de 2016. Reglamento General de Protección de Datos (RGPD). https://www.boe.es/doue/2016/119/L00001-00088.pdf

Schriver, K. (2017). Plain Language in the US Gains Momentum: 1940–2015. *IEEE Transactions on Professional Communication, 60.* 343-383. https://doi.org/ 10.1109/TPC.2017.2765118.

Suárez-Carballo, F., Martín-Sanromán, J.R. y Galindo-Rubio, F. (2018). Los rasgos tipográficos del texto base de los diarios digitales españoles. Revista de Comunicación, *17*(2), 246-267. https://dx.doi.org/10.26441/RC17.2-2018-A11

EL USO DE LAS REDES SOCIALES EN LA GESTIÓN DE CRISIS INSTITUCIONALES

Gemma Teodoro Baldó [1], Rut Martínez Borda [1], Sara Infante Pineda [1]

El presente texto nace en el marco de un proyecto de investigación de la Universidad de Alcalá, "Industrias culturales y comunidades de fans: Narrativas digitales como mediadores". Subvencionado por la Junta de Comunidades de Castilla la Mancha.

1. INTRODUCCIÓN

El papel de las redes sociales (RRSS a partir de ahora) en la sociedad global actual se ha arraigado en el día a día, convirtiéndose en la plataforma más visible de entidades públicas y privadas, y en el soporte necesario para llevar a cabo la comunicación corporativa de numerosos organismos oficiales, así como de la información más actual por parte de los medios de comunicación generalistas y especializados.

De este modo, tal y como mencionan Rodríguez et al. (2007b, p. 200) casi todas las ediciones digitales de prensa "invitan a los usuarios a incluir sus (...) observaciones (...) y (...) enlazar con blogs hechos por periodistas (...), como que el usuario cree su (...) blog (...). A esta nueva realidad se la ha bautizado como Periodismo 3.0.".

Una nueva actividad dentro de la profesión periodística que también nutre a entidades y medios de comunicación con una nueva variante del material audiovisual: el procedente por parte del propio ciudadano, quien viene arrebatando al periodista en general y al fotoperiodista en particular, labores que se asignaban automáticamente al profesional.

Lavín y Pieretti (2015b, pp. 201-202) confirman que, "siempre hay alguien con un móvil con cámara que puede capturar el momento, quizás no compone la imagen como lo haría un fotógrafo profesional, pero es el que está en el momento y el sitio donde se produce una noticia."

No en vano, en la década de los 90 del siglo XX, se comenzó a acuñar el término del *periodismo ciudadano*, que está amparado por la Declaración Universal de los Derechos Humanos, en la que se reconoce que todos los individuos tienen derecho a recibir información y opinión, pero también a difundirla a través de cualquier medio de expresión. Un derecho que también recoge la Constitución Española de 1978.

Por otro lado, son innumerables los perfiles en RRSS, especialmente Twitter, donde las instituciones públicas y los medios de comunicación tienden a transmitir la última hora

---

1. Universidad de Alcalá de Henares (España)

tanto de la información de actualidad como de la gestión de crisis institucionales o de incidencias más leves.

Tal y como confirma Castelló-Martínez (2014, p. 28), "la mayoría de las marcas entienden Twitter como un canal para que los usuarios los escuchen, y no como una oportunidad para hablar con los consumidores y entender sus necesidades y preocupaciones." Lo que asigna a las marcas puede extenderse a la información difundida por un medio o una institución.

¿El objetivo de estos perfiles oficiales en las RRSS en general y en Twitter en particular? Parece claro que, "de todas las redes sociales, Twitter es una herramienta de gran importancia a la hora de generar conversación e influencia dando a las formaciones políticas la posibilidad de ampliar la difusión de sus mensajes" (Oceja et al., 2019b, p. 178).

Y no sólo amplía la difusión de las formaciones políticas, sino que también es una herramienta para que las entidades públicas puedan construir un discurso narrativo a través de este altavoz, ya sin necesidad de tener que recurrir obligatoriamente a los medios de comunicación para dar visibilidad a sus mensajes.

Tal es el caso de los ministerios, que según el estudio realizado por Villodre (2021, p. 213), "muestran diversas velocidades en el uso de la plataforma Twitter, si bien destacan por su elevado número de publicaciones originales de carácter informativo, bajo número de *retuits* enviados (...), y alto número de *retuits*".

De este modo, "los ministerios parecen actuar como meros receptores pasivos: generan información pública y esperan que sea compartida. Sin embargo, no parecen tender a compartir información pública de otros organismos o a aprovechar la información generada por los ciudadanos" (Villodre, 2021, p. 214).

Cuando ya pasamos al siguiente estadio informativo, en el que es necesario activar el protocolo de gestión de crisis por parte del gabinete de comunicación de una entidad pública, el valor de estos mensajes transmitidos a través de las RRSS cobra una función diferente, ante la necesidad de dotar de veracidad la información proporcionada, así como de controlar las posibles "fugas" de datos que podrían dañar la gestión de la propia crisis.

Y es que "la información que se difunde en Twitter es más formal e instantánea y con algunas ventajas que lo convierten en un medio idóneo para gestionar la reputación corporativa" (WellDone, s. f., p. 27). Una reputación que se podría ver dañada en el caso de que se diera la falta de inmediatez y fueran los propios medios de comunicación los que dieran esa última hora antes que la propia institución.

Aunque también es posible hacer uso de esta nueva herramienta de comunicación de un modo positivo, aprovechando la celeridad de la información en las RRSS, ya que, tal y como afirma Orduña (2003, p. 139) "un simple incidente puede convertirse en una crisis mayor. (...) la misma facilidad de comunicar un acontecimiento negativo debe ser aprovechada (...) para informar (...) sobre lo que están realizando a favor de la solución."

Así, los organismos son cada vez más conscientes de la necesidad de desarrollar un plan de contingencias para la gestión de crisis, en el que las RRSS, y por ende la comunicación corporativa, cobran un papel determinante para la correcta resolución de las mismas.

Ya lo dice Orduña (2003, p. 138), quien asevera que "en principio, las compañías deberían tener un manual de crisis en el que se establecieran los mecanismos básicos para abordar situaciones contingentes, inmediatamente después de ocurrido el acontecimiento."

A un mismo tiempo, los medios de comunicación en España se han ido adaptando en las tres últimas décadas a los recursos informativos que obtienen a través del universo digital, -con la ayuda de sus propios lectores o de la población en general- tratando así de conservar su papel protagonista en la gestión de estas crisis y supliendo su función de adalid en el sector de la comunicación que tenía hasta no hace tanto, aliándose con las RRSS y haciendo uso de material obtenido por unas vías diferentes a las tradicionales.

2. OBJETIVOS

Los objetivos del presente estudio se centran en detectar la influencia de las acciones de comunicación en la gestión de crisis institucionales, tanto por parte de las instituciones afectadas como de los medios de comunicación, periodistas y fotoperiodistas.

Asimismo, nos interesaba conocer cómo ha influido el uso de los perfiles de las instituciones públicas para el desarrollo del protocolo establecido, así como la influencia de las RRSS en la calidad y en las estrategias de comunicación de estas crisis.

Para una investigación lo más detallada y objetiva posible, estos objetivos quedan divididos en tres grandes bloques:

- Analizar el protocolo de comunicación establecido por parte de instituciones públicas para abordar la gestión de crisis en casos como el volcán de La Palma o la pandemia del COVID-19 en la Comunidad de Madrid.
- Analizar la convergencia del fotoperiodismo profesional con el periodismo ciudadano en la sucesión de la gestión de crisis por parte de organismos públicos.
- Comparar la influencia del material fotográfico oficial con el generado por los medios de comunicación, y la recepción de cada uno de ellos en las RRSS durante la gestión de crisis y su influencia en el imaginario colectivo.

Con estos objetivos, y tras haber realizado un primer análisis del papel de las RRSS en la gestión de crisis, ha sido la red social Twitter la plataforma elegida para analizar la comunicación externa por parte de entidades públicas, así como el uso de la misma por parte de los medios de comunicación, periodistas, fotoperiodistas y periodistas ciudadanos.

Con estos datos, los objetivos de esta investigación buscan resolver varias cuestiones:

- ¿Qué protocolos de comunicación se establecen para la gestión de estas crisis?
- ¿En qué medida influye el uso de los perfiles de las instituciones públicas para el desarrollo de dicho protocolo?
- ¿Cuál es la influencia del material audiovisual oficial en sus perfiles en Twitter?
- ¿Cuál es la influencia del material audiovisual obtenido por parte de los medios de comunicación y su difusión en sus perfiles de Twitter y en su edición digital?

Por todo ello, tomamos como ejemplo de análisis dos casos de gestión de crisis recientes en España, gestionadas por instituciones públicas:

- El caso de la pandemia por el COVID-19 en la Comunidad de Madrid, durante el Estado de Alarma, entre el 14 de marzo y el 21 de junio de 2020.
- El caso de la erupción volcánica de La Palma, que tuvo lugar entre el 19 de septiembre y el 25 de diciembre de 2021.

Ambos casos agrupan cuatro variables de nuestro interés:

- Gestión de crisis y plan de continuidad por parte de las instituciones públicas.
- Influencia de los perfiles oficiales de entidades en RRSS, especialmente en Twitter.

- Ubicación y difusión del trabajo fotoperiodístico en las RRSS durante la gestión de crisis y en fechas posteriores, así como su efecto en el imaginario colectivo.
- Comparación de la influencia en Twitter del trabajo fotoperiodístico con la del periodismo ciudadano en la gestión de esas mismas crisis.

Asimismo, los dos casos se encuentran acotados en el tiempo y tuvieron lugar en fechas recientes, lo cual facilita su investigación y nos permite extraer unos datos comparativos entre la comunicación corporativa empleada por las instituciones públicas en la gestión de una crisis y el actual papel de los medios de comunicación en las mismas, tras la eclosión de las RRSS en general y Twitter en particular.

3. MARCO TEÓRICO

3.1. Antecedentes y bases teóricas

La investigación que hemos realizado abarca diferentes aspectos que influyen en la gestión de crisis institucionales, tales como la comunicación corporativa, el protocolo institucional, el fotoperiodismo digital vs. el periodismo ciudadano, o la construcción de nuevos discursos sociales a través de las RRSS.

Pasadas las primeras décadas del uso de la fotografía profesional como una herramienta necesaria en la captación de información, en los tiempos actuales "no puede ser analizada solo como imagen periodística, sino como 'metafotografía', por lo que transmite de un momento puntual en la historia de la fotografía" (Molano, 2019, p. 182).

Algo que se ha visto potenciado por el surgimiento de herramientas digitales que han derivado en una realidad en la que "la digitalización ha permitido a la imagen fotoperiodística producir imágenes que no tienen referente causal en el mundo de los objetos y de los hechos, creando otra realidad que dialoga en las redes (…) convirtiéndose en pura información visual" (Molano, 2019, p. 187).

De este modo, Molano (2019, p. 177) confirma que "es difícil sobreponerse a esta sobredosis de fotografías producidas sin control y subidas a las redes sin filtro. Imágenes ausentes de cualquier disciplina fotoperiodística que dificulta su papel y función en el contexto de la información", lo cual está provocando que "en un entorno de la imagen en que las fotografías se conectan y se comportan sin necesariamente adherirse a la soberanía de la autoría, la idea del fotógrafo se convierte en un concepto mermado y disperso y quizá también histórico".

No hace tanto, los medios de comunicación gestionaban su actualidad diaria con unos parámetros que hoy se verían como arcaicos o poco efectivos. Ya lo afirman Oceja et al. (2019b, p. 175): "(…) los medios (…) asumían la responsabilidad de construir esta relación entre el poder político y los ciudadanos (…). Las redes sociales han asumido (…) este papel, en una relación directa entre el político, el partido o la institución". Ha desaparecido la figura del "intermediario que suponía el medio de comunicación" (Oceja et al., 2019b, p. 175).

Hasta finales del siglo XX, las instituciones públicas necesitaban a los medios de comunicación para construir su imagen corporativa y su discurso narrativo. Algo que se ha visto modificado con el surgimiento de las RRSS y del mundo digital, provocando una situación en la que "la Web 2.0, y especialmente las redes sociales, han cambiado las relaciones entre los individuos y las organizaciones, ya sean relaciones entre empresas y consumidores o entre ciudadanos y organizaciones, instituciones y tercer sector" (Oceja et al., 2019b, p. 175).

El discurso construido por las instituciones también ha debido adaptarse a esta nueva realidad, ya que está demostrado que "el estilo en el que se redacte un tuit marca en gran medida el éxito del mismo, igual que una noticia resulta más o menos atractiva según su titular. La clave está en unir creatividad y una actitud del autor" (Oceja et al., 2019b, p. 179).

Dentro de estos cambios, las RRSS, en especial Twitter, han ocupado un espacio que anteriormente cubrían los medios tradicionales gracias a la posibilidad de comunicar de un modo diferente. Por este motivo, "la importancia de Twitter tanto en la comunicación política como en el periodismo es clave y en nuestros días ya no concebimos estos tres elementos sin una asociación explícita entre ellos" (Oceja et al., 2019b, p. 184).

No obstante, el periodismo sigue siendo "una clase de comunicación colectiva, de índole informativo y opinativo, que responde a una clara función social: la necesidad que todo hombre tiene de estar informado y de saber cuanto ocurre, se idea y opina en el mundo" (Rodríguez et al., 2007a, p. 193).

3.2. Variables

Con todo esto, el aporte novedoso que realizamos con la presente investigación desarrollada dentro del proyecto de la Universidad de Alcalá, "Industrias culturales y comunidades de fans: Narrativas digitales como mediadores", y subvencionado por la Junta de Comunidades de Castilla la Mancha, es una mirada a la gestión de crisis por parte de las instituciones a través de las RRSS; así como el cambio de rol en los medios tradicionales ante el surgimiento de las RRSS, afectando muy especialmente al trabajo del fotoperiodista.

Todas ellas narrativas digitales informativas que contribuyen conscientemente a la creación de nuevos discursos sociales, tal y como antaño sucedía con los medios genéricos.

La importancia de esta perspectiva, de la que no hemos encontrado excesiva bibliografía en lengua castellana, radica en que nos permite replantear algunas preguntas con mayor profundidad, centrándonos en ciertos aspectos que requieren una mayor observación.

4. METODOLOGÍA

Para esta investigación hemos trabajado con una metodología mixta, con el fin de alcanzar una comprensión más completa de los tres bloques analizados, a través de la recopilación y el análisis de los datos cuantitativos y cualitativos.

De este modo, cada metodología nos ha cubierto partes diferentes de la investigación:

- La metodología cuantitativa nos ha proporcionado información cerrada a través de:
  o Datos estadísticos proporcionados en abierto por el Instituto Nacional de Estadística (INE - Instituto Nacional de Estadística, s. f.).
  o Datos estadísticos proporcionados en abierto por Metricool, herramienta de gestión de RRSS y publicidad en línea web y móvil (Pablo, 2023), epdata (Usuarios de redes sociales en España, s. f.-b), Una Vida Online (Estadísticas uso de redes sociales en 2023 (informe España y mundo), 2023), y Statista (Statista, 2023b).

o   Perfiles institucionales y de medios generalistas en la red social Twitter.

o   Encuesta con escala Lickert, a la espera de la aprobación por parte del Comité de Ética de la UAH para el uso de los datos obtenidos.

-   La metodología cualitativa nos ha proporcionado información abierta a través de la bibliografía obtenida con:

o   Los buscadores académicos Mendeley Desktop y Google Academic.

o   Entrevistas con usuarios de Tweeter, a la espera de la aprobación por parte del Comité de Ética de la UAH para el uso de los datos obtenidos.

Por todo ello, en la presente investigación hemos tomado como referencia para cada caso analizado diferente material gráfico de las siguientes cuentas de Twitter, por ser representativas de las instituciones afectadas, así como del medio más leído actualmente en España (El País, con 94 millones de navegadores únicos al mes, según Julián Marquina (2023), el medio responsable de la exclusiva analizada (El Mundo), y el medio National Geographic, adalid del fotoperiodismo en todo el mundo:

- En el caso de la gestión del COVID-19 por la Comunidad de Madrid entre el 14 de marzo y el 21 de junio de 2020: @ComunidadMadrid, @SaludMadrid, @RTVCes, @elmundoes, @elpais_espana, @NatGeoEspana.
- En el caso del volcán de La Palma 19 de septiembre y 25 de diciembre de 2021: @112canarias @visitalapalma, @RTVCes, @elmundoes, @elpais_espana, @NatGeoEspana.

4.1. Datos de nuestro estudio. Metodología cuantitativa.

En las estadísticas abiertas analizadas, hemos podido detectar que en el año 2022 en España, el 94,5% de la población, de 16 a 74 años, ha utilizado Internet en los últimos tres meses, 0,6 puntos más que en 2021. Esto supone un total de 33,5 millones de usuarios. Los usuarios de Internet se han elevado en los últimos años (INE - Instituto Nacional de Estadística, s. f.).

Por otro lado, en epdata hemos detectado ciertos datos de interés en cuanto al uso de las RRSS (Usuarios de redes sociales en España, s. f.):

- La reina de las redes sociales en España es YouTube, usada por un 89 por ciento de los españoles, y seguida de cerca WhatsApp, con un 86 por ciento, y Facebook, con un 79 por ciento.
- Lideran el ranking de redes sociales más usadas WhatsApp (88%), Facebook (87%) y YouTube (68%) (…). Instagram, en cuarto lugar, es la que más seguidores ha ganado (de un 49% a un 54%). En quinto lugar se mantiene Twitter con un 50%.
- Sobre la relación dispositivo/Red Social, el estudio indica que el móvil lidera las conexiones de WhatsApp, Instagram, Twitter y Telegram, mientras que el ordenador lo hace en Facebook, YouTube y LinkedIn.

En Una Vida Online destacamos los siguientes datos (*Estadísticas uso de redes sociales en 2023 (informe España y mundo)*, 2023c):

- Twitter, con 4,4 millones en España, es la plataforma por excelencia para estar al día de lo que comentan los personajes públicos en España.

- Twitter, con 556 millones en el mundo, está lejos de llegar a los niveles de otras redes sociales, aunque sigue siendo popular sobre todo entre personajes públicos y políticos.
- En Twitter los usuarios buscan primero estar al día de las novedades y noticias, seguido de encontrar contenido divertido o entretenimiento y, por último, encontrar información sobre marcas y productos. Los usuarios consideran que el ambiente de Twitter es moderno y desenfadado.
- Twitter y LinkedIn cuentan con tiempos de uso menores: 48 y 37 minutos al día, respectivamente.

En el "Estudio de Redes Sociales: Cómo se han usado las redes sociales en 2020" publicado por Metricool el 20 de julio de 2019, encontramos los siguientes datos de interés para nuestro estudio:

- Twitter: es la red social que va a la cabeza con una media al mes por cuenta de 173 publicaciones: 5,74 tweets al día. Si observamos la frecuencia de publicación según el tamaño de la cuenta, puedes ver como a medida que la cuenta gana seguidores también aumenta mucho la frecuencia de publicación.
- El 77,50% son tweets originales. Es decir, son mensajes que tratan de iniciar una nueva conversación.
- Por otro lado, dentro de estos tweets, el 13,01% de las publicaciones que están en este estudio llevaban archivos media: imágenes, vídeos o GIF animados. Destaca el uso de fotografías acompañando al contenido del tweet muy por encima de otros recursos.
- Los más de 3 millones de tweets analizados de cuentas de marcas, casi el 75% llevaban incluido algún enlace.
- Los tweets con foto/vídeo tienen más interacción, con una media de 8,68 interacciones.
- Los tweets con mayor contenido visual funcionan mejor respecto a los que no contienen foto o vídeo. Aunque se trata de una red social mayormente de carácter informativo, destaca la calidad del contenido a la hora de analizar la interacción.

Con respecto a nuestra encuesta con escala Lickert, estas se encuentran a la espera de la aprobación por parte del Comité de Ética de la UAH para el uso de los datos obtenidos, por lo que estos serán publicadas en la segunda entrega de esta investigación.

4.2. Datos de nuestro estudio. Metodología cualitativa.

Por la misma razón que sucede con el método cuantitativo, las entrevistas realizadas a usuarios de Twitter, estas se encuentran a la espera de la aprobación por parte del Comité de Ética de la UAH para el uso de los datos obtenidos, por lo que estos serán publicadas en la segunda entrega de esta investigación.

5. RESULTADOS

Al encontrarnos en la primera entrega de esta investigación, los resultados por el momento nos confirman varios datos importantes para completar la base de la misma:

- A pesar de que Twitter no es la red social más seguida, sí que se ha afianzado como la herramienta de comunicación digital al que recurre un alto porcentaje de usuarios cuando desea buscar información de última hora.
- El hecho de complementar los tweets con material audiovisual incrementa el tráfico y la visibilidad de los mismos, lo que implica la vinculación que detectamos entre texto e imagen.
- La importancia de Twitter no es tanto el número de usuarios como el papel intermediador que tiene entre instituciones, medios y público en general.
- Twitter ayuda a los perfiles públicos a obtener más tráfico en sus urls, sin la necesidad antaño obligatoria de pasar por los medios tradicionales para lograrlo.
- La red social Twitter ha encontrado su identidad estableciéndose como un nuevo medio de comunicación, con una influencia en la sociedad similar a la de los medios tradicionales.

Con todo esto, nos atrevemos a aventurar que los datos comparativos con otras RRSS, podrían apuntar a un futuro estancamiento en cada una de ellas, tras superar la primera etapa de crecimiento y definir de un modo estable su función en el universo digital.

6. DISCUSIONES

Tras realizar la presente investigación, que acotamos lo máximo posible con el fin de ajustarnos a una línea en concreto, nos quedan diferentes cuestiones sobre las que seguir investigando dentro del mismo proyecto:

- ¿Las instituciones públicas poseen de planes de continuidad/gestión de crisis desarrollados? ¿Realizan periódicamente las auditorías requeridas para la obtención del ISO 22301 Plan de Continuidad de negocio?
- ¿Qué papel se le suele otorgar al departamento de comunicación en el protocolo establecido para la gestión de estas crisis?
- ¿Cómo se establece la necesidad de controlar los tiempos en la comunicación corporativa de una crisis?
- ¿En qué punto temporal podemos decir que una gestión de crisis ha llegado a su última fase?
- ¿Qué papel tienen los medios en las RRSS durante la gestión de una crisis?
- ¿Qué marca la diferencia entre el material aportado por el fotoperiodista profesional y el material aportado por el periodista ciudadano?
- ¿Qué nuevos caminos se abren para el fotoperiodismo tras la eclosión de las RRSS y de los dispositivos móviles?
- ¿Es Tweeter el nuevo medio de comunicación para instituciones públicas y privadas, políticos, periodistas y divulgadores de diferentes materias?

Por el momento, y a grandes rasgos, con los datos analizados, podríamos afirmar que el periodista ciudadano permite a los medios llegar a ser el primero lanzando la última noticia (caso del COVID-19 en la Comunidad de Madrid), mientras que el fotoperiodista contribuye a impactar más en el imaginario colectivo, creando discursos narrativos con una preparación previa (caso del volcán de La Palma).

Y es que "la comunicación juega un papel esencial en brotes, epidemias, crisis sanitarias y otros tipos de eventos de salud pública". (Catalán-Matamoros, 2020, p. 6)

De este modo, en el caso del COVID-19 en la Comunidad de Madrid, se priorizó la inmediatez en el lanzamiento de exclusivas como la de la visualización del Palacio de Hielo convertido en morgue durante el punto álgido de la crisis, publicando en la portada de El Mundo imágenes inéditas pero de escasa calidad, el 13 de abril de 2020.

Esta exclusiva no oficial se trató de contrarrestar por parte de la Comunidad de Madrid, gestora de la crisis mencionada, a través de la celebración de un homenaje a los fallecidos en el mismo Palacio de Hielo el 22 de abril de 2022, y con fotografías oficiales tomadas tras haber establecido el correspondiente protocolo en el cubrimiento de la noticia.

En el caso del volcán de La Palma, destaca la diferencia entre el material gráfico proporcionado por periodistas redactores de las Islas Canarias, cuyo único objetivo era la inmediatez; y las fotografías tomadas posteriormente por fotoperiodistas bajo el encargo de la publicación internacional National Geographic, y cuya fuerza, a pesar de la falta de inmediatez, contribuyó a la construcción de un discurso diferente al de los medios locales.

7. CONCLUSIONES

Las conclusiones de este estudio nos retrotraen a los primeros tiempos del fotoperiodismo, cuando autores como Henri Cartier-Bresson o Robert Capa establecieron las pautas para una profesión que, ocho décadas después, se ha debido readaptar al mundo digital, y a unos medios de comunicación diferentes a los que ya estaban establecidos.

Así, nos encontramos en un momento en el que "el uso de Twitter cada vez es más complementario al consumo de la prensa tradicional" (Oceja et al., 2019b, p. 192) y ya "es una realidad que las nuevas tecnologías han permitido que (…) cualquiera pueda hacer una fotografía y la comparta con millones de usuarios". (Lavín & Pieretti, 2015a, p. 192)

Por su parte, los medios de comunicación también se han visto afectados "y están aprovechando este fenómeno (…), cuando un suceso acontece, acuden a las redes sociales para obtener material 'gratuito' (…). Rebajando el nivel de calidad, emitiendo imágenes y fotografías que años atrás se hubieran descartado". (Lavín & Pieretti, 2015a, pp. 192-193)

Las RRSS se han convertido en los medios de comunicación del siglo XXI, acaparando cada red social el interés de una parte de la población, fragmentándose esta de un modo similar a como sucedía con los medios OFF, cuando estos se dividían por un público objetivo determinado por edad, sexo, estudios, o lugar de residencia, entre muchos otros factores.

Dentro de ese universo informativo digital, Twitter es la RRSS más afianzada en los últimos años en el sector de la comunicación, estableciéndose como un medio más y en la herramienta para entidades públicas, figuras y entidades políticas, periodistas y divulgadores. Tal y como afirman Lavín y Pieretti (2015a, p. 203), Facebook, YouTube, Instagram o TikTok están acaparando trozos diferentes del pastel, "pero realmente es Twitter la red que tiene mayor éxito a la hora de difundir las imágenes cuando un acontecimiento se produce, según Llanos Martínez (2013), esta se ha convertido en una fuente informativa".

Un fenómeno que ha crecido de manera exponencial, gracias los dispositivos móviles al alcance de toda la población, con los que han aparecido "nuevos actores como los fotógrafos aficionados, que han sido los que con sus imágenes han ilustrado algunas de las noticias más importantes de los últimos siglos". (Lavín & Pieretti, 2015a, p. 203)

Así, estos perfiles funcionan como el altavoz institucional en el que se hace uso de material audiovisual oficial, que será posteriormente facilitado a los medios, modificando así el protocolo empleado durante décadas, y a través del cual los medios eran el principal destinatario de dicho material. Y es que es indudable que "la gestión de la reputación corporativa está dominada por las tecnologías de información y comunicación" (Rojas & Alburqueque, 2015, p. 27) y que "la gestión de la reputación digital establece una dinámica que obliga a la organización a buscar herramientas que le permitan conocer de cerca las percepciones que los diversos grupos de interés obtienen de ella". (Rojas & Alburqueque, 2015, p. 29)

Estas herramientas les proporcionan a las instituciones la posibilidad de construir una narrativa digital concreta, y con ello una imagen de marca ideada de un modo estratégico, y ya sin la necesidad de recurrir a los medios para lograr su difusión entre la población.

Frente a esta competencia por parte de las RRSS, "los medios han rebajado sus estándares de calidad visual para dar cabida a todas estas imágenes (…). La crisis en el periodismo unido a esta facilidad de conseguir material sin coste, ha hecho que muchos medios opten por despedir a sus fotógrafos". (Lavín & Pieretti, 2015a, p. 209)

Con dicha afirmación, parece evidente que es en la noticia de actualidad "donde la fotografía de prensa ha perdido la mayor parte de terreno. Por una parte, las agendas mediáticas imposibilitan la movilidad de los reporteros gráficos y por otra, la cantidad ilimitada de teléfonos inteligentes alimenta el (…) apetito de las redes". (Barrazueta-Molina & Bellón-Rodríguez, 2017, p. 677) Y es aquí donde las instituciones y el periodista ciudadano toman el relevo gracias al uso de Twitter como herramienta difusora de información.

Una nueva situación provocada también por el hecho de que "la proliferación de móviles con cámaras y el acceso a Internet ha hecho que cada vez que sucede un acontecimiento, los medios acudan a las redes sociales para buscar fotografías y vídeos que luego utilizan sin pagar generalmente al autor de las mismas". (Lavín & Pieretti, 2015b, pp. 205-206)

Sin embargo, también es justo afirmar que "gracias al desarrollo de las redes sociales, se ha creado un escenario que permite incrementar la transparencia e inmediatez en el proceso de comunicación". (Rojas & Alburqueque, 2015, p. 29)

Con todo y con esto "la moda de estar comunicados a través de las redes sociales se extiende a todos los niveles (…). El estudio realizado por el centro de investigaciones Pew Research Center, determina que en 2014 el 74% de los adultos usaron algún tipo de red social" (Cueto & De Las Heras-Pedrosa, 2016, p. 559), lo que ha empujado a medios e instituciones a aprovechar estas nuevas herramientas para adentrar sus narrativas en la sociedad de un modo menos agresivo, pero, a un mismo tiempo, más intrusivo.

En definitiva, "las redes sociales han traído consigo cambios profundos que han afectado a diversos ámbitos, en especial al de la industria comunicativa, debido a su influencia en los estilos de vida, intereses y uso del tiempo libre." (Rojas & Alburqueque, 2015, p. 30)

Todo esto, aplicado a la gestión de crisis institucionales y al papel en las mismas por parte de los tres grupos implicados (instituciones, medios de comunicación y RRSS) confirman la importancia de saber controlar los tiempos en la comunicación, ya que "en los espacios sociales se encuentran difuminados los juicios de valor que impulsan la reputación online. El beneficio obtenido resulta de la satisfacción del usuario al ser considerado parte importante de la institución". (Rojas & Alburqueque, 2015, p. 30)

Esto deriva en que para las instituciones públicas es, más que nunca, un reto contrarrestar la difusión de esa última hora o exclusiva por parte de los medios, lo que acaba derivando en proyectos fotográficos con un discurso narrativo diferente al que se logra con material de inmediatez, y que genera otro tipo de influencia en el receptor.

Podría decirse que, actualmente, el periodista ciudadano se ha apropiado del control de la última hora, mientras que el mensaje construido de un modo más pausado depende de instituciones oficiales y de medios de comunicación especializados.

Valga como ejemplo el caso de Arturo Rodríguez, fotoperiodista español de la revista National Geographic, quien debió seguir el protocolo establecido para la toma de imágenes en terrenos acotados, solicitando los permisos pertinentes para acceder y realizar su trabajo. Unas imágenes que fueron seleccionadas al menos en dos ocasiones para ilustrar las portadas de diferentes ediciones alrededor del mundo. Algo que jamás habría sucedido con un periodista ciudadano.

En el caso del COVID-10 en la Comunidad de Madrid, a través de fotografías oficiales, se pretende dar una imagen de estabilidad, respeto y homenaje por los fallecidos en la morgue del Palacio de Hielo (y en general por todos los fallecidos), construyendo una imagen diferente a la que se transmitió con la de imagen exclusiva publicada por El Mundo.

Diferentes formas de afrontar una crisis a través de las RRSS y cuyos resultados deberán analizarse con más profundidad en futuras investigaciones.

Con todo esto, parece claro que el papel del periodista no se ha diluido, sino que ha debido adaptarse al surgimiento de nuevos medios y de nuevas herramientas de comunicación, con el fin de afianzar su actual posición para los siguientes años.

Porque, a pesar del intrusismo de nuevos actores en los procesos de comunicación, parece claro que "la simple recolección, edición y difusión de noticias no constituye (...) una labor que pueda ser catalogada sin más como periodismo ni a quien la hace investido –por este simple hecho– con el rango de periodista". (Rodríguez et al., 2007a, p. 199)

Habrá que analizar en posteriores investigaciones hasta qué punto el fotoperiodista marca la diferencia y conserva su papel como profesional de la comunicación, ante la irrupción del periodista ciudadano, quien reclama su lugar en la información exprés de las RRSS.

También queda pendiente para futuras investigaciones una comparativa con otras gestiones de crisis acaecidas en otros países durante el siglo XXI, como el del caso de los niños de la cueva de Tailandia, en cuyo caso se logró transformar en positivo la narrativa de un acontecimiento que se cobró la vida de dos buzos implicados en el salvamento, y cuyo rescate fue llevado a cabo por expertos españoles, británicos o norteamericanos.

Y es que la gestión de crisis debería mantener entre sus objetivos la conversión de la narrativa negativa en una que transforme dicho acontecimiento en un mensaje que potencie la imagen corporativa de la institución. Orduña (2003, p. 140) lo deja claro afirmando que "quienes ven en las crisis solamente problemas, se olvidan de que también puede ser una fuente de oportunidades, que, por desgracia, sólo pueden surgir en estos difíciles momentos".

No debemos olvidar que "la exposición pública gratuita a la que se ve sometida una empresa cuando está sufriendo una crisis no la volverá a obtener nunca. (...) Si se gestiona bien (...), es posible lanzar mensajes positivos". (Orduña, 2003, p. 140)

Por ese motivo, siempre insistimos en la necesidad de desarrollar un protocolo previo, para poder aprovechar esta atención desde el estadio más primario posible, buscando "la oportunidad desde los primeros momentos (...). Hay que pensar que no es casualidad que una civilización milenaria como la china compusiera la palabra crisis con dos símbolos que representan el peligro y la oportunidad". (Orduña, 2003, p. 140)

8. REFERENCIAS

Barrazueta-Molina, P., & Bellón-Rodríguez, A. (2017). La imagen constante. Los retos de un fotoperiodista integral. *Razón y Palabra*, 21(99), 674-687. http://revistarazonypalabra.com/index.php/ryp/article/download/961/pdf

Castelló-Martínez, A. (2014). *Twitter como canal de comunicación corporativa y publicitaria.* https://dadun.unav.edu/handle/10171/36269

Catalán-Matamoros, D. (2020). La comunicación sobre la pandemia del COVID-19 en la era digital: manipulación informativa, fake news y redes sociales. *Revista española de comunicación en salud, 5.* https://doi.org/10.20318/recs.2020.5531

Cueto, D. R., & De Las Heras-Pedrosa, C. (2016). Análisis de la comunicación corporativa de los hospitales andaluces vía twitter. *Opción: Revista de Ciencias Humanas y Sociales,* 32(2), 557-576. https://dialnet.unirioja.es/descarga/articulo/5901108.pdf

Estadísticas uso de redes sociales en 2023 (informe España y mundo). (2023, 5 julio). Una Vida Online. https://unavidaonline.com/estadisticas-redes-sociales/

Gallego, J. V. (2020). *La gestión profesional de la imagen corporativa.* Comercial Grupo ANAYA, S.A.

García, B. B. B. (2021). Turismo rural en Crucita-Ecuador: Una mirada desde la fortaleza del género. *Revista de Ciencias Sociales.* https://doi.org/10.31876/rcs.v27i2.35928

González, M. A. (2021). Desinformación y coronavirus: el origen de las fake news en tiempos de pandemia. Revista de ciencias de la comunicación e información, 1-25. https://doi.org/10.35742/rcci.2021.26.e139

INE - Instituto Nacional de Estadística. (s. f.). *Productos y Servicios / Publicaciones / Publicaciones de descarga gratuita.* https://n9.cl/bqw5

Julián Marquina. (2023). Los 10 periódicos con mayor reputación digital de España [Q1 2023]. *Julián Marquina.* https://n9.cl/s0olk

Latorre, R. (2020, 8 abril). El Palacio de Hielo: la gran morgue de España, la imagen de la pandemia. *EL MUNDO.* https://www.elmundo.es/espana/2020/04/07/5e8cb73521efa0b1668b46a3.html

Lavín, E., & Pieretti, M. R. (2015). Fotoperiodismo con el móvil: ¿el fin o reinvención de los fotógrafos de prensa? *Fotocinema: Revista Científica de Cine y Fotografía.* https://doi.org/10.24310/fotocinema.2015.v0i11.6080

Villodre, J. (2021). Transparencia externa y redes sociales. *Los roles diferenciales de ministerios y organismos públicos estatales en Twitter.* Dialnet. https://dialnet.unirioja.es/servlet/articulo?codigo=7957030

Martínez, V. T. P., Guardia, M. L. G., & Castillo, G. P. (2020). Alfabetización moral digital para la detección de deepfakes y fakes audiovisuales. *Cuadernos de Información y Comunicación,* 25, 165-181. https://doi.org/10.5209/ciyc.68762

Usuarios de redes sociales en España. (s. f.). https://www.epdata.es/datos/usuarios-redes-sociales-espana-estudio-iab/382

Molano, M. M. (2019). *La mirada hipermétrope: el fotoperiodismo en la era de las redes sociales.* Dialnet. https://dialnet.unirioja.es/servlet/articulo?codigo=7167927

Oceja, J. F. S., Vallés, J. A., & Abad, M. V. (2019). La gestión de las redes sociales en la comunicación política y su influencia en la prensa. *Servicio de Publicaciones de la Universidad Rey Juan Carlos,* 9(1), 173-195. https://doi.org/10.33732/ixc/09/01lagest

Orduña, O. I. R. (2003). *La comunicación en momentos de crisis.* Dialnet. https://dialnet.unirioja.es/servlet/articulo?codigo=755241

Pablo, J. (2023). Estudio de Redes Sociales: Cómo se han usado las redes sociales en 2020. *Metricool.* https://metricool.com/es/estudio-redes-sociales/

Re, D. (2022b, noviembre 18). *Blog sobre Protocolo de la ACEP - Artículos y actualidad.* ACEP Asociación Colegial de Profesionales del Protocolo. https://aceprotocolo.com/blog/

Rodríguez, E. M. R., Hermoso, S. P., & Calvo, P. A. (2007). Periodismo ciudadano versus Periodismo profesional: ¿somos todos periodistas? *Estudios Sobre El Mensaje Periodistico*, 13(13), 189-212. https://doi.org/10.5209/rev_esmp.2007.v13.12946

Rojas, T. A., & Alburqueque, C. M. A. (2015). La gestión de la reputación digital en las universidades: Twitter como herramienta de la comunicación reputacional en las universidades peruanas. *Revista de comunicación*, 14, 26-47. https://dialnet.unirioja.es/descarga/articulo/5223790.pdf

Statista. (2023, 5 junio). *Porcentaje de empresas que hicieron uso de las redes sociales España 2014-2021.* https://n9.cl/0wuls

Usuarios de redes sociales en España. (s. f.-b). https://www.epdata.es/datos/usuarios-redes-sociales-espana-estudio-iab/382

WellDone. (s. f.). *Vista de La gestión de la reputación digital en las universidades: Twitter como herramienta de la comunicación reputacional en las universidades peruanas.* © Revista de Comunicación - Facultad de Comunicación - Universidad de Piura. https://revistadecomunicacion.com/article/view/2703/2216

DATAÍSMO Y DESHUMANIZACIÓN: UN ANÁLISIS DE LA CONFUSIÓN Y LA PÉRDIDA DE LA COMUNICACIÓN EN LA ERA DIGITAL

Laura Trujillo Liñán[1]

1. INTRODUCCIÓN

En el panorama contemporáneo, nuestra sociedad está profundamente sumergida en un mar digital, donde las representaciones de nuestras preferencias, necesidades y conexiones sociales se ven influenciadas por el análisis de datos. Estos datos son de una precisión tal que nos dirigimos a ellos para satisfacer nuestras necesidades y tomar decisiones. Sin embargo, nos encontramos en la era del dataísmo, una ideología que promueve la ilusión de libertad y autonomía de elección, cuando en realidad nuestros dispositivos electrónicos ejercen una influencia significativa en nuestras decisiones. A pesar de estar más conectados que nunca, gracias a la globalidad de la red, paradójicamente nos encontramos cada vez más aislados. Las encuestas muestran que la soledad está en un máximo histórico, contribuyendo a tasas elevadas de suicidio.

Estos fenómenos ponen de relieve un deterioro en la comunicación efectiva y en la capacidad para escuchar y comprender a los demás, favoreciendo una tendencia creciente hacia el individualismo. Este cambio es potenciado por fenómenos como las Cámaras de Eco y la proliferación de *fake news,* que refuerzan nuestras creencias y perspectivas existentes y nos alejan de una realidad compartida. En consecuencia, los dispositivos digitales y las tecnologías de la información parecen estar impulsando una transición hacia un mundo más artificial, alejándonos de la interacción humana auténtica.

El propósito de este estudio es explorar los impactos del dataísmo en la sociedad desde la perspectiva del filósofo surcoreano Byung-Chul Han, un crítico notable del capitalismo, la sociedad laboral, la tecnología y la hipertransparencia. Utilizando un análisis detallado de sus obras, este trabajo argumenta que los avances tecnológicos han influido profundamente en las relaciones interpersonales y, en lugar de promover una mejora en la sociedad, han tenido efectos perjudiciales, erosionando la libertad, la comunicación y la conciencia social.

Byung-Chul Han conceptualiza el dataísmo como una creencia en la omnipotencia de los datos y su capacidad para resolver cualquier problema. Sin embargo, este fenómeno ha desencadenado un cambio dramático en nuestras interacciones humanas, que se han vuelto cada vez más impersonales, cuantificadas y dominadas por la lógica de la eficiencia.

---

1. Universidad Panamericana (México)

En la sociedad contemporánea, la tecnología ha modificado no solo las formas en que nos comunicamos y nos relacionamos con los demás, sino también nuestra autopercepción. Han sostiene que la hipertransparencia, la interconexión y la inmediatez que ofrece la tecnología, lejos de liberarnos, nos han esclavizado al sistema, provocando una ausencia de introspección y reflexión.

Además, esta pérdida de reflexión profunda ha contribuido a un declive en la conciencia social. La obsesión con la autopromoción en las redes sociales y la lógica de los 'likes' han erosionado la empatía y el interés por los problemas colectivos.

Por lo tanto, a través del análisis de los pensamientos de Byung-Chul Han, podemos discernir que los avances tecnológicos, a pesar de su potencial para impulsar la sociedad hacia adelante, también pueden generar consecuencias indeseables. En lugar de mejorar como sociedad, corremos el riesgo de convertirnos en meros productores y consumidores de datos, perdiendo nuestra humanidad en el proceso.

2. OBJETIVOS

Este estudio tiene como objetivo principal indagar en los efectos del dataísmo en la sociedad contemporánea, guiándose por la visión crítica del filósofo surcoreano Byung-Chul Han. Con su obra como pilar fundamental de nuestro análisis, pretendemos ilustrar cómo los avances tecnológicos han reconfigurado significativamente las interacciones interpersonales, desviándose de un camino que originalmente buscaba la mejora social para, en cambio, minar aspectos fundamentales como la libertad, la comunicación y la conciencia social. De esta manera, el primer objetivo es explorar la conceptualización de Byung-Chul Han del dataísmo, una ideología que adora la omnipotencia de los datos y su supuesta habilidad para resolver todos los problemas.

A partir de ello, buscamos desentrañar la naturaleza de esta creencia y su influencia en nuestras interacciones humanas. Por otra parte, nuestro segundo objetivo es examinar cómo este fenómeno del dataísmo ha precipitado un cambio en nuestras relaciones, volviéndolas más impersonales, cuantificables y sujetas a la lógica de la eficiencia. Aspiramos a arrojar luz sobre este cambio dramático y las consecuencias que tiene para nuestra sociedad.

3. LA HIPERHISTORIA: LA ÉPOCA EN LA QUE SE DESENVUELVE EL HOMBRE ACTUALMENTE

A principios de la década de 1600, René Descartes (2021) ya había imaginado la idea de máquinas actuando como un humano. Él propuso una "prueba" para determinar si algo era verdaderamente humano; para 1950, Alan Turing propuso la pregunta: "¿Pueden pensar las máquinas?" y creó la Prueba de Turing (Oppy & Dowe, 2021), una evaluación diseñada para determinar si una computadora es capaz de resolver operaciones y actuar como un ser humano.

Aunque estamos a varios años de que las máquinas físicas se manifiesten como humanos, gracias a la minería de datos o al big data, la era de los humanos digitales ya ha comenzado. Es decir que, el avance en la recolección de datos de cada una de las personas a través de internet, redes sociales, plataformas, etc., ha permitido que se creen copias casi exactas de personas, aplicaciones, sitios web, etc., para que se puedan hacer pruebas en ellos y posteriormente se apliquen a los sitios originales sin problema. En el caso de los humanos digitales son representaciones interactivas impulsadas por la inteligencia artificial (IA) que tienen algunas de las características, personalidad, conocimientos y mentalidad de un humano. Estos rasgos los hacen parecer humanos y comportarse de una manera "similar a la humana" (Resnick *et al.*, 2021). Es por ello que hoy en día, es posible tener conversaciones en línea con personajes que ya murieron, pero que gracias a los datos que se tienen de ellos, puedes tener una discusión o resolver dudas. Imagina a Steve Jobs participando en tu próxima lluvia de ideas para innovación o a Peter Drucker ayudando a desarrollar tu estrategia organizacional. ¿Para qué contratar a una celebridad, a una supermodelo o incluso a un *influencer* de las redes sociales para comercializar tu producto, cuando puedes crear el embajador de marca ideal desde cero? Ya sea que el humano digital sea de una persona, viva o muerta, real o ficticia, éste podría interactuar como si estuvieran en la habitación contigo.

Hoy en día incluso, es posible recrear a una persona que ha fallecido, hacer su avatar digital y que los familiares conversen con él o ella (Trujillo Liñán e Islas Rivero, 2021).

¿Pero cómo llegamos a esta era y qué buena es la minería de datos? Los seres humanos han pasado por un proceso evolutivo de muchos años que los ha llevado a cambiar la forma en que actúan, piensan y se comunican. Sus medios de comunicación, según Marshall McLuhan, les han hecho percibir la realidad de diferentes maneras y construir su cultura (McLuhan, 2010).

Esta evolución puede verse desde diferentes perspectivas, como la de Luciano Floridi, quien en su 4ª Revolución (2016), la muestra como un proceso que se ha desarrollado en tres épocas: La primera de ellas la llama Prehistoria, en la que las TIC (Tecnologías de la Información y Comunicación) no existían, en este sentido, podemos hablar del desarrollo del hombre sin tecnología o plataformas digitales, internet, etc. Si bien es cierto el ser humano siempre ha utilizado tecnología para desarrollarse, este término entendido en términos amplios y de acuerdo con Marshall McLuhan como todo aquello que nos sirve para relacionarnos con el mundo (McLuhan, 2010), es una comprensión distinta a la que nos ofrece Floridi.

La segunda etapa es la Historia, en la que surgieron las TIC, pero los seres humanos no dependían de ellas sino de otros medios, aquí, se tiene ya la tecnología, pero no se le utiliza como lo hacemos hoy en día. Finalmente, la tercera etapa es la Hiperhistoria, en la que la vida humana se desarrolla en base a la tecnología y la información y depende totalmente de ella. Gracias a esto, hoy vivimos en la época de los datos pues, para nosotros la tecnología ya se ha vuelto indispensable para vivir, actuar e incluso para pensar.

Por lo tanto, hoy, gracias a la tecnología, podemos ver el desarrollo de los humanos a partir de los datos e incluso podemos ver que los datos que se obtienen hoy en día son mucho mayores a los que se tenían en épocas pasadas, esto es algo lógico pues, cada interacción que tenemos con los dispositivos celulares, computadoras, compras con tarjetas de crédito, etc., deja un rastro del ser humano que se convierte en datos y con ello se pueden hacer predicciones diversas para persuadirnos a comprar, a enfocarnos en redes sociales, entre otras cosas.

4. HISTORIA BYUNG-CHUL HAN Y EL DATAÍSMO

En este caso, tanto McLuhan como Floridi destacan la importancia que la tecnología tiene en nuestra vida diaria, ya que es a partir de esta que se obtiene, clasifica y utiliza la minería de datos para darnos una visión del mundo, un mapa del territorio, y luego actuar en consecuencia. Así es como podemos ver que, en la hiperhistoria, los humanos viven a expensas de los datos o, como señala Byung-Chul Han, prisioneros de los datos (Byung-Chul, 2022), ya que nos encontramos en una era donde la información y su procesamiento a través de algoritmos e inteligencia artificial determinan de manera decisiva los procesos sociales, económicos y políticos. A diferencia de otras épocas, no se explotan los cuerpos, sino la información y los datos. Hoy en día, la tecnología digital de información convierte la comunicación en un medio de vigilancia.

Cada vez que buscamos en Internet, en las redes sociales o en cualquier plataforma, se nos dirige a ver, oír, pensar lo que los gobiernos o las empresas quieren. En este sentido, cuantos más datos generamos, cuanto más nos comunicamos a través de dispositivos inteligentes, más efectiva será la vigilancia y más precisa la minería de datos. A través de los medios, como el teléfono inteligente, es posible para estar en comunicación todo el tiempo, pero también ser observados y atados a las herramientas que hemos creado. "Paradójicamente, es precisamente la sensación de libertad la que asegura la dominación". Es decir, las personas están atrapadas en la información, se ponen las cadenas a sí mismas al comunicarse y producir información. "La prisión digital es transparente" (Byung-Chul, 2022). Byung-Chul Han señala la perfecta representación de esta era Dataísta en la que la información, los datos, prevalecen sobre la persona.

El ejemplo perfecto es la tienda principal de Apple en Nueva York como un cubo de vidrio, es un templo de la transparencia, que a su vez representa la antítesis arquitectónica de la Kaaba en La Meca. La Kaaba, cuyo significado es "cubo", está cubierta por un manto negro, y solo unos pocos pueden acceder a su interior. Es una representación de lo antiguo donde se niega la visibilidad para dar paso a la dominación teopolítica. El edificio de Apple, a diferencia de la Kaaba, está abierto 24 horas, cualquiera puede entrar, ambas construcciones representan lo arcano y lo nuevo, la transparencia. Sin embargo, la transparencia y apertura que nos muestra el cubo de vidrio y que sugiere una libertad y comunicación sin límites, en realidad, "materializa la despiadada dominación de la información". La transparencia es el frente de un proceso que escapa a la visibilidad, tiene una parte trasera que no podemos ver. A través del smartphone nuestro mundo se transforma en una prisión digital que registra meticulosamente nuestra vida cotidiana y a partir de estos datos, nos controlan, no mediante la coerción y las prohibiciones como en el pasado, sino con incentivos positivos, con likes y shares.

El régimen actual explota la libertad en lugar de reprimirla y de esta manera controla nuestra voluntad en un plano inconsciente, en lugar de romperla violentamente. En la era dataísta, "ser libre no significa actuar, sino hacer clic, dar me gusta y publicar", evitando así la revolución porque el consumo y la revolución son mutuamente excluyentes. De esta manera, podemos ver que los datos son muy importantes para la era actual ya que permite que todo lo que es y será sea calculado. Anteriormente, había masas controladas a través de la propaganda, a través de mensajes masivos que servían como balas que llegaban con gran fuerza e impactaban a toda una sociedad. Hoy, las cosas no funcionan así; gracias a los datos, la era del hombre-masa ha terminado, hoy prevalece el hombre con perfil, que ha sido perfilado y diseñado de acuerdo a los estándares que los datos arrojan, por lo que es posible manipular no en masa sino de manera personalizada (Byung-Chul, 2022).

Por otro lado, el dataísmo nos ha llevado a la erosión de la acción comunicativa, hoy no hay discurso, todo se reduce a datos, algunos dataístas incluso podrían afirmar que la inteligencia artificial escucha mejor que los seres humanos. Byun-Chul Han ha llamado a esta nueva forma de comunicarse: racionalidad digital en la que ya no hay un discurso para llegar a acuerdos, ya no hay reflexión ni disposición para aprender. La inteligencia artificial no razona, sino que calcula. Los algoritmos reemplazan a los argumentos. En este sentido, desde la perspectiva dataísta, la democracia dejará de existir en un futuro cercano. Dará paso a la infocracia como post-democracia digital.

5. CONCLUSIONES

Finalmente, el régimen dataísta nos ha llevado a un nuevo nihilismo, no de valores o principios éticos, sino aún más radical, hoy hemos perdido la fe en la verdad. Creemos lo que vemos y escuchamos en las redes sociales o en internet, nuestra verdad está desconectada de la realidad. Vivimos en un universo des-factificado donde no hay hechos, solo noticias falsas, cámaras de eco, *Deep Fakes*, bots maliciosos, patrones oscuros, personas falsas (Stebbins, 2023). El nuevo nihilismo es un síntoma de la sociedad de la información. Hoy, la mentira no pretende ser verdad, en el régimen dataísta se socava la distinción entre verdad y mentira y así desaparecen la verdad y también la mentira. Es por eso que, en 2005, *The New York Times* recurrió al neologismo 'truthiness' como una de esas palabras que capturan el espíritu de la época. La '*truthiness*' refleja la crisis de la verdad. Se refiere a la verdad como una impresión subjetiva que carece de toda objetividad, toda solidez factual. Quien es ciego a los hechos y la realidad es un peligro mayor para la verdad que el mentiroso. Y la pregunta que se nos exige es, ¿somos conscientes de esto? ¿Sabemos lo que está pasando y estamos contrarrestando esta situación por el bien de la sociedad? ¿O preferimos dejarnos llevar por el régimen totalitario de la información? Hoy vivimos prisioneros en una cueva digital, aunque creemos que somos libres. Estamos encadenados a la pantalla digital.

6. REFERENCIAS

Byung-Chul, H. (2022). *Infocracia: La Digitalización y la crisis de la democracia*. Taurus.

Dowe, D. (2021, October 4). *The turing test*. Stanford Encyclopedia of Philosophy. https://plato.stanford.edu/entries/turing-test

Floridi, L. (2016). *The 4th revolution: How the infosphere is reshaping human reality*. Oxford University Press.

Descartes, R. (2021). *Discurso del Método*. Editorial Alma.

McLuhan, M. (2010). *Understanding media: The extensions of man*. Routledge.

Oppy, G., Resnick, M., Pessin, G., Velosa, A., Hart, N. y Zhang, R. (2021, 31 Marzo). *Maverick* research: Digital humans will drive digital transformation*. Gartner. https://www.gartner.com/en/documents/4000073

Stebbins, L. F. (2023). *Building back truth in an age of misinformation*. Rowman & Littlefield.

Trujillo Liñán, L. y Islas Rivero, J. R. (2021). *Humanidades digitales en contexto*. McGraw-Hill.

LA ALFABETIZACIÓN DIGITAL, ELEMENTO TRANSVERSAL EN LA EDUCACIÓN DE LOS JÓVENES

Paola Ulloa-López[1]

El presente texto nace en el marco de un proyecto FADCOM-23-2022 de la Escuela Superior Politécnica del Litoral de Guayaquil, Ecuador. "Análisis de la influencia que ejercen los medios digitales a partir de los niveles de alfabetización digital que existen en los jóvenes adultos usuarios de redes sociales". Se hace un especial reconocimiento a los estudiantes Emily Plaza, Paola Ávila, Mauricio Banchón y Dominique Martínez por su aporte en la recolección de datos del estudio.

1. INTRODUCCIÓN

El estudio realizado confirma la importancia de la alfabetización digital en los jóvenes nativos digitales de Ecuador. La primera fase de la investigación incluyó tres netnografías en dos universidades públicas y en un colegio particular, todos en la región del litoral del país andino. Los sujetos investigados se encontraban en el momento del levantamiento de datos matriculados en la Universidad Técnica de Babahoyo (Babahoyo) y otro grupo en la Escuela Superior Politécnica del Litoral (Guayaquil); así como también en colegios particulares de Vinces, una ciudad cercana a Babahoyo.

En una segunda fase del estudio se incluyó una netnografía en Puerto Bolívar, que es una parroquia urbana de Machala, una ciudad de la costa de Ecuador. El estudio se desarrolla a lo largo de tres años, que abarcan el periodo comprendido entre 2020 y 2022. Es decir, que recoge dos momentos determinantes para Ecuador: la reacción de los jóvenes a la información sobre la pandemia; y la reacción de este mismo grupo etario a la violencia y la inseguridad que se registró en este país en el 2021 y 2022.

En la investigación se determinó que los jóvenes no son críticos frente al contenido que encuentran en redes sociales y, además, existe una prevalencia del yo positivo en sus publicaciones. Asimismo, se determinó que hay una normalización de la violencia a propósito de que en los medios digitales ese es el contenido que mayormente se difunde, luego de la pandemia.

En el estudio se analiza la importancia de la alfabetización digital en los jóvenes nativos digitales de Ecuador. La primera fase de la investigación incluyó dos netnografías en dos universidades públicas y varios ejercicios de observación participante en un colegio

---

1. Escuela Superior Politécnica del Litoral (Ecuador)

particular. En una segunda fase, el estudio involucró una netnografía en Puerto Bolívar, una parroquia urbana de Machala, una ciudad del sur de Ecuador.

La alfabetización digital (*transmedia literacy*) se ha convertido en el puntal de la educación de jóvenes, porque a través de ella se logra que ellos sean más críticos de cara a los contenidos que consumen en redes sociales. La infodemia que se vivió en el primer año del aislamiento por la covid-19 puso en evidencia que los usuarios de redes sociales no están preparados para discernir qué contenido es veraz y replicarlo en sus perfiles.

A esto se suma, la supremacía del yo positivo de los jóvenes, que generalmente asientan las bases de su estabilidad emocional en su popularidad en redes sociales. Pero más concretamente en el *engagement* que obtengan de sus seguidores. A mayor número de interacciones, como *likes* o reproducciones, de su contenido mayor popularidad. En conclusión, en esta investigación se muestra un estudio realizado en dos universidades del litoral de Ecuador que vivieron el primer año de la pandemia en un escenario social radicado en las redes sociales. Un contexto en el que se encontraron con noticias falsas sobre la covid-19 y en donde además se entretenían.

2. OBJETIVOS

Determinar si los jóvenes sujetos de estudio tienen un pensamiento crítico de cara a los contenidos que consumen en redes sociales. De esta manera se quiere establecer la importancia de la alfabetización digital en los jóvenes nativos digitales de Ecuador. En este sentido el estudio abarca no solo a los grandes polos urbanos, como Guayaquil, sino que incluye grupos que han sido analizados en ciudades pequeñas como Babahoyo, Vinces y Puerto Bolívar, en Machala.

3. METODOLOGÍA

Esta investigación tiene un enfoque mixto. La razón es porque en la triangulación de este estudio se priorizarán las herramientas y métodos cualitativos y herramientas cuantitativas como las encuestas. Sin embargo, el investigador y su interpretación del hecho estudiado va a tener un peso importante en el desarrollo de este trabajo. En este sentido, el alcance de esta investigación es descriptiva. En la investigación se implementó una triangulación que incluyó, además de las netnografías (Kozinets, 2010), que se ejecutaron una en cada ciudad en que se desarrolló la investigación. Es decir, en dos universidades públicas y a un grupo de universitarios en Puerto Bolívar. Se levantaron encuestas que se realizaron a alrededor de 900 jóvenes de Babahoyo, Guayaquil y Puerto Bolívar. Todas las encuestas se hicieron con un 5% de margen de error y una confiabilidad del 95% de cada muestra. La población que respondió a los cuestionarios se trataba de jóvenes nativos digitales. En concreto, se realizaron siete entrevistas grupales, y se incluyeron numerosas entrevistas a profundidad con los sujetos investigados. Además, se implementaron decenas de ejercicios de observación participante.

Con el objetivo de diversificar la muestra, se incluyeron jóvenes de ciudades del interior del país, como lo son los consultados en Babahoyo, Vinces y Puerto Bolívar; de esta forma se lograba diferenciar las peculiaridades existentes entre las preferencias de navegabilidad que existen entre jóvenes que habitan en grandes ciudades, como Guayaquil versus los habitantes de ciudades más pequeñas. En la recolección de datos se evitó hacer encuestas a los jóvenes de 17 años, que habitaban en Vinces al momento del estudio. Con este grupo se implementó la observación participante, entrevistas a profundidad y un grupo focal.

4. MARCO TEÓRICO

4.1. La alfabetización digital

La sociedad contemporánea con el uso de los medios digitales se ha visto transformada por las diferentes formas de tecnologías de la comunicación y la información. Esta ecología de medios es la que permite tener nuevas experiencias, formatos y dispositivos para interactuar con otras personas (Scolari, 2018a). Las ecologías de medios tradicionales son sustituidas por entornos mediáticos híbridos, analógico y virtual; lo cual genera una competencia entre los medios para mantener el mismo nivel de audiencia.

Uno de los elementos importantes que surge en esta nueva ecología de medios son las narraciones transmedia. Este permite que las historias sean contadas a través de múltiples plataformas. Estos relatos pueden expandirse con nuevos escenarios, personajes y conflictos, entre otros. Los prosumidores participan activamente en la elaboración de nuevos contenidos y así aprovechan los beneficios que brindan cada una de las plataformas.

El consumidor tradicional de medios, ahora, es un sujeto activo que, además de desarrollar competencias interpretativas cada vez más sofisticadas para comprender los nuevos formatos narrativos, de manera creciente genera nuevos contenidos, los recombina y comparte en sus redes digitales (Scolari, 2018a)

Por las formas de comunicación que emergen hoy, como el uso de redes sociales, hay nuevos desafíos en la educación y el trabajo. El consumidor ya no puede limitarse a los contenidos de la televisión o radio tradicional, sino que recopila información de diversas fuentes y la comparte en las redes digitales. Este contexto permite implementar el término alfabetismo digital o *transmedia literacy*, que se entiende como una serie de prácticas, habilidades y estrategias de aprendizaje que se desarrollan con el uso de los medios digitales que los jóvenes consumen, llegando a transformarse en prosumidores. En conclusión, son personas potencialmente capaces de generar y compartir diferentes tipos de contenidos en medios digitales (Scolari, 2018b).

Si la alfabetización tradicional se centraba en libros, periódicos, televisión o radio, la alfabetización digital involucra todas las redes digitales e interacciones en los diferentes medios de comunicación. Dentro de la *transmedia literacy* se evidencia diferentes habilidades que los adolescentes desarrollan en los medios; por ejemplo: interactuar en videojuegos hasta escribir historias en *fan fiction*, compartir fotos e historias en Instagram y Whatsapp. (Jenkins *et al.*, 2006). Estas habilidades se definen como competencias transmedia que se relaciona con la creación, producción, intercambio y consumo crítico de contenido narrativo por parte de los adolescentes (Scolari, 2018b).

Según el estudio Pew Research Center, los jóvenes están conectados a internet a diario y en todo momento. Las redes sociales son las más frecuentes dentro de la actividad *online* de dicho grupo etario. Facebook es la red social más popular y usada en el mundo (Lenhart, 2015); red social en la que los jóvenes interactúan activamente, especialmente de forma privada (Ulloa-López y Gómez, 2019).

El alfabetismo digital se focaliza en las prácticas que los jóvenes realizan fuera de los métodos formales de aprendizaje. Es así como investigadores del alfabetismo digital han identificado que los jóvenes comparten contenidos mediáticos y alternan el uso que hacen de las redes sociales (Scolari, 2018a).

4.2. Del yo positivo a la cultura de masas en redes sociales

El estudio de la cultura digital involucra varios escenarios en los que se incluyen personas de varias edades. El desarrollo de las nuevas tecnologías permite una comunicación más rápida y eficaz, con una interacción a tiempo real. Debido a Internet, se habla de comunidad virtual, este ciberespacio es donde navegan mayoritariamente jóvenes.

Los universitarios son grupos integrados mayoritariamente por nativos digitales, que tienen acceso a las redes y que constantemente están interactuando ya sea para fines académicos o sociales. Ellos actúan influenciados por la libertad de horas de navegación en la red. Los medios sociales son escenarios que permiten la interacción social, mediante un intercambio dinámico entre los usuarios en la web. Estos se identifican por las mismas necesidades y problemas (Castrillón, 2010). La mediación se entiende como un proceso de intercambio e hibridaciones que, partiendo del individuo, van a regular su comunicación en redes sociales (Martín Barbero, 2003), pero, que en el caso de las redes sociales se identifican a estos factores como hipermediaciones..

Las mediaciones religiosas y morales juegan un papel fundamental dentro de los cánones sociales de cada persona. Aspectos como los antes mencionados limitan al internauta porque el lugar de dónde se conectan va a determinar su libertad de revisar determinados temas, por la presión social que pueda existir de parte de las personas que lo acompañan en su espacio físico. A ello se suma, la forma de socializar en las comunidades o grupos en el espacio virtual (Ulloa-López y Gómez, 2019).

Para entender el entorno de los jóvenes en las redes, se debe mencionar las hipermediaciones sociales, que son las mediaciones que ejercen los grupos de amigos, el capital social y del trabajo sobre la comunicación que surge de un individuo y que son publicados en los nuevos medios sociales. Esto permite tener un nuevo uso del idioma, nuevas relaciones interpersonales, en nuevos escenarios. En caso de redes sociales, las hipermediaciones están sujetas a lo que el individuo desea proyectar y lo que él espera de su público que está comprendido por su grupo de amigos, familiares o conocidos (Ulloa -López, 2019).

Esto ayuda a entender cómo los elementos sociales influyen directamente sobre la comunicación entre personas. Uno de esos elementos cambiantes se destaca en la intencionalidad del mensaje, en que surge y se evidencia el narcisismo de los sujetos o la proyección del Yo. Las publicaciones que los jóvenes comparten en las redes sociales son narraciones transmedias relacionadas entre sí y que se construyen a partir de un target. Las personas que usan *Facebook* y otras redes sociales proyectan una imagen distinta ante familiares y amigos. La proyección de la imagen y la idealización del yo positivo es el tema principal en los relatos transmedia (Ulloa-López *et al.*, 2020).

El ser humano crea los instrumentos de comunicación y a través de diferentes medios moldea su percepción, pero estos mismos medios son los causantes de cambiar la percepción y cognición de la sociedad sin que los sujetos sean conscientes de ello.

En este sentido, es importante comprender como los jóvenes se encuentran en redes sociales y de qué manera la cultura de masas está presente en esa estadía. Después de la II Guerra Mundial y la Guerra Fría, la masa se transforma tanto en la economía y en su forma de vida, sobre todo experimenta un cambio cultural profundo. El objeto de estudio ya no es la sociedad de masas sino la cultura con la que la sociedad coexiste. La cultura de masas es un conjunto de formas de expresión cultural que captan la atención, manipulan y tienen control social de los individuos; es decir, la psicología de las masas actúa sobre ellos (Campuzano, 2018). Permite la unión de lo cultural, lo tecnológico-industrial y lo económico. La cultura de masas no necesita estar de manera presencial, sino que la misma influencia psicológica aparece cuando las personas participan, ven el mismo programa y se conectan por medio del internet (Campuzano, 2018).

La interacción de la multitud por medios virtuales genera un estado de convencimiento y conformismo ante algún tema específico. Por medio de la cultura de masas, se genera grupos que actúan con inmadurez e infantilismo, en este creen y comparten toda información que encuentran en la red. También se debe tomar en cuenta que los ciudadanos se convierten en puros consumidores esclavos del mercado (Campuzano, 2018). Pero hasta qué punto la cultura de masas coexiste con los jóvenes en redes sociales.

5. RESULTADOS

Como parte de la primera fase del estudio, la investigación se inició con dos grupos de estudiantes de dos universidades públicas de Ecuador. Las dos instituciones en el Litoral fueron la Universidad Técnica de Babahoyo (UTB), en la ciudad de Babahoyo, y la Escuela Superior Politécnica del Litoral (ESPOL) en Guayaquil, ciudad donde se encuentra el 80% de la población universitaria de Ecuador. La población de las dos universidades, los colegios en Vinces, por ser un grupo representativo de los estudiantes que terminan el colegio e ingresan a la universidad; y los jóvenes universitarios estudiados en Puerto Bolívar tiene características demográficas coincidentes, porque la mayor población está compuesta por mujeres y además la mayoría tienen edades entre 17 y 25 años. Todos son usuarios frecuentes de redes sociales y son nativos digitales-. Además, la mayoría de los estudiantes solo se dedicaban a estudiar y no trabajaban, en el momento de recogida de los datos.

Tanto en la UTB como en ESPOL se desarrolló al menos una encuesta en cada una de las poblaciones donde se llevó a cabo este estudio; siete *focus group* y más de una decena de entrevistas con estudiantes universitarios dentro del grupo etario comprendido entre 18 y 25 años. Las investigaciones transcurrieron entre el 2020 y 2021, concretamente entre marzo y diciembre de cada uno de esos años, en medio del contexto sanitario de la pandemia por covid-19. En el caso de los estudiantes de la UTB se analizaron perfiles de alumnos de tercer semestre de psicología. En cambio, en el caso de ESPOL, la netnografía se realizó en el grupo de Facebook Politéchicos, que en la fecha tenía alrededor de 14.000 miembros, todos estudiantes del centro educativo, dado que el requisito para ser parte del grupo cerrado de *Facebook* es el número de matrícula. En los *focus groups* se determinó que en ambas universidades los jóvenes consumen noticias, pero el formato que domina sus preferencias es el video. La misma situación se vive con la muestra en Puerto Bolívar y en Vinces.

Además, hay una mayor incidencia en el consumo de memes en los estudiantes de la ESPOL y de la UTB. Los sujetos de estudio de estas instituciones señalaron que en las redes sociales buscaban información de cómo se vivía la pandemia en Guayaquil, más que en sus localidades. Esta opinión sucede en ESPOL porque hay grupos de estudiantes que son oriundos de otras ciudades y provincias.

Los dos grupos de jóvenes que asistieron a los *focus groups*, que se hicieron de manera separada en cada universidad, señalaron que el número de *likes* en sus publicaciones compartidas los atrae y que, por lo tanto, se trata de un factor importante y que ese es un catalizador para medir su popularidad, aspecto fundamental de su presencia en redes sociales.

Los resultados de los *focus groups* coinciden con los hallazgos realizados en las encuestas a 441 estudiantes politécnicos y 430 alumnos de la UTB. En el cuestionario la mayoría señalan que las redes sociales más utilizadas son Facebook e Instagram, después WhatsApp. Por lo tanto, Facebook es el medio en que ellos encontraron los contenidos que fueron referentes al covid-19. Destacan que son conscientes de que en WhatsApp hay más peligro de acceder a *fakenews*, y resaltan que por ello utilizan en mayor medida Facebook. Subrayan que si se trata de un video o imagen son compartidas en el acto y admiten que no verifican que se trate de un dato veraz; solo miden su importancia, aspecto este que depende del número de *likes* o del número de veces que ha sido visualizado. Pero este catalizador funciona en doble vía, es decir, también los estudiantes confirman la popularidad del contenido compartido en sus redes sociales a través del número de *likes* sumados en sus publicaciones. A mayor número de *likes*, más popularidad, señalaron. Y es en estas situaciones cuando el capital social permite ver como los jóvenes del estudio cuantifican su popularidad y su valor en estas plataformas por la popularidad de sus contenidos y por el número de contactos que puedan sumar (Ulloa López y Gómez, 2019)

Asimismo, entre los sujetos estudiados en Puerto Bolívar se determinó que ellos se entretenían viendo noticias de hechos violentos en redes sociales. Los videos eran subidos en las cuentas de *fanpage* populares por ser medios de crónica roja de la localidad. Y es en estas plataformas en que se realiza la netnografía y se analiza la interacción de este grupo de estudio de cara a la violencia que se transmitió por parte de estos a las cuentas de redes sociales de los medios de comunicación local.

En el caso de los alumnos de tercer año de bachillerato de Vinces no se realizó una encuesta y la recolección de datos se llevó a cabo a través de dos *focus groups*, de entrevistas a profundidad con al menos dos decenas de estudiantes y a través de una serie de ejercicios de observación participante en comunidades digitales en las que solo interactuaban los alumnos. En la recolección de información se pudo comprobar que, al ser el grupo más joven de la muestra, apenas 17 años, estuvieron más expuestos a noticias falsas. Los medios digitales más utilizados fueron Facebook, luego Instagram y WhatsApp.

En el caso del grupo, no tenían las herramientas para poder seleccionar la información que les llegaba por medios digitales. Pero otro de los problemas que enfrentaron fue un flujo de mensajes oficiales que incriminaban directamente a los jóvenes de Ecuador y que los señalaban como los culpables de la propagación del virus. Ello, logró generar preocupación en este grupo. En un estudio anteriormente realizado (Ulloa-López, 2022) se determinó que la mala estrategia de comunicación del Estado ecuatoriano derivó en aumento de casos de ansiedad en determinados grupos de la población.

En el caso de los jóvenes de Puerto Bolívar se pudo constatar como resultado de la encuesta, las dos entrevistas grupales y netnografía realizada en las cuentas de Facebook de los diarios más importantes del sector que, los jóvenes son el grupo que constituye la mayor audiencia en redes sociales. Además, se observó que la información referente a la pandemia de covid-19 y Crónica roja fueron los contenidos de los medios de comunicación digitales de Machala que más consumieron los jóvenes de 18 a 20 años de la parroquia Puerto Bolívar en el año 2021. En este sentido, se comprobó que el grupo etario consumió el 48,7% de contenidos covid-19 y el 32,5% contenidos violentos como la crónica roja en el año 2021, siendo la plataforma de Facebook su principal fuente de información con el 74,3%.

Los jóvenes consultados comparten varios indicadores que nos han llevado a establecer las categorías de nuestro análisis. Una de ellas es cómo interpretan las noticias los jóvenes y si realmente tienen el criterio para hacerlo. Y es justamente ese factor el que va a determinar su nivel de alfabetización digital y que no sean víctimas de noticias falsas y de la posverdad. Por eso, entre los pilares conceptuales se cuentan la cultura de masas y la supremacía del *yo positivo*. Porque los jóvenes pueden crear noticias falsas y también difundir contenido no verificado de terceros, a propósito de su rol de prosumidores (Scolari, 2018b).

Frente a ello, este estudio destaca que, en el caso de Puerto Bolívar hay un 51,6% de jóvenes que manifiestan que el contenido más sugerido por la red social es la violencia; por otro lado, el 30,4% dice que es el entretenimiento. A pesar de que, temas como el covid-19 habían bajado la frecuencia de publicaciones diarias en el año 2021, existe un 11,5% de jóvenes a los que la red social les sugiere ese tipo de contenidos; el 5,2% lo relaciona con temas de salud en general, el 1% con tecnología; y el 0,3% destaca las sugerencias gastronómicas. En este caso, los jóvenes no tienen sentido crítico que les permita reconocer una *fakenews* o, por el contrario, una noticia que tenga un buen tratamiento porque incluya varias fuentes.

En el caso de la UTB se determinó que el 53% de los participantes respondió que fue en Facebook en donde percibió la emisión de *fakenews*. Mientras que el 39.8% respondió que WhatsApp fue la red social en donde detectó más las noticias falsas. Entre ambas plataformas o redes sociales sumarían el 93,9% de este resultado. Dejando tan solo un 7,2% entre las noticias de TV y las demás redes sociales como Instagram, YouTube, además de Google. En este último caso, hay que destacar que los consultados son estudiantes de psicología y cuentan con las herramientas conceptuales para poder ser críticos frente a lo que reciben de las redes sociales.

En el caso de los estudiantes de ESPOL, en el periodo de aislamiento, el 85% usó las redes sociales más tiempo que antes del periodo de aislamiento. Esto evidenció un incremento drástico en la interacción que normalmente realizan en Facebook. El 51% de los estudiantes tenía como interés principal informarse sobre la covid-19 y todo lo que se encontraban en redes eran noticias, videos, y comentarios sobre esa temática.

En este último caso la supremacía del *yo positivo* se destaca porque los estudiantes comparten videos populares para poder ganar más *likes* y no logran determinar si se trata de una *fakenews* o si es un contenido veraz. El 90% de la comunidad politécnica considera que es importante el número de *likes* en Facebook, porque esto permite visualizar el interés que tienen los estudiantes en determinadas publicaciones. Sin embargo, durante las entrevistas a profundidad y el *focus group* se evidenció que existen diversos perfiles de estudiantes dentro de ESPOL que tienen como prioridad el uso de aplicaciones móviles que les facilitan mejorar el contenido en sus redes sociales, en especial para retocar fotografías y de esta manera ganar más seguidores y *likes*. Por otro lado, están los jóvenes que prefieren no usar aplicaciones externas para mejorar sus fotos, porque piensan que su celular por ser de alta gama ya les permite captar una buena fotografía; y también están los que sostienen que no necesitan retocar sus fotos con filtros. Estos dos perfiles tienen diferentes apreciaciones con respecto a cómo van a proyectar su apariencia personal. En ambos casos está presente el *yo positivo*, es decir la proyección de su imagen siempre de manera positiva, como una de sus principales preocupaciones.

6. CONCLUSIONES

Después de observar el comportamiento de estudiantes cuyas edades están entre los 17 y los 25 años, hemos concluido que no están preparados para determinar si el contenido que encuentran en redes sociales es veraz. Tampoco están preparados para determinar si un contenido es nocivo de acuerdo a la forma en la que ellos interpretan el mundo o en la que construyen imaginarios sociales. Los jóvenes analizados desde este estudio reflejan que no tienen sentido crítico frente a los contenidos de internet. Sin embargo, muchos de ellos consideran que Facebook solo es para entretenerse y sí son conscientes de que deben verificar la información antes de compartir. Sin embargo, esa acción no se evidencia en los contenidos de sus perfiles y sobre todo dentro de las cuentas en redes sociales que fueron analizadas en esta investigación.

La mayoría de los grupos estudiados no son jóvenes críticos. Es decir, que no pueden discriminar contenido no veraz del que no lo es. Por lo tanto, comparten contenido popular no verificado por ellos. Conforme avanzan en sus estudios y se incorporan al mercado laboral, en el caso de los universitarios, sí adquieren un nivel crítico que les permite discriminar contenidos digitales que son de interés.

La investigación permitió observar que los más jóvenes del grupo estudiado son más vulnerables a creer en *fakenews*. Incluso resultan ser vulnerables emocionalmente a lo que encuentran en internet, como lo que sucedió con los anuncios del Gobierno de Ecuador en los que se culpaba a los jóvenes por el aumento de casos de covid-19, durante la época de confinamiento en el 2020.

Además, en todos los casos de los sujetos investigados se determinó que, el *yo positivo* juega un papel importante en el uso de redes sociales. Si bien existe un interés por acceder a información de manera inmediata, también se constata el interés por ser populares en redes sociales y para ello comparten videos con miles de visitas, siendo ese el factor más importante que determina que ellos puedan compartirlos en sus cuentas determinado contenido.

7. REFERENCIAS

Alonso González, M. (2021). Desinformación y coronavirus: el origen de las fake news en tiempos de pandemia. *Revista de Ciencias de la Comunicación e Información*, 26. https://doi.org/10.35742/rcci.2021.26.e139

Barrientos-Báez, A., Caldevilla-Domínguez, D. y Vargas-Delgado, J. J. (2019). El protocolo, la puesta en escena y la persuasión en los debates políticos televisados. Redmarka. *Revista de Marketing Aplicado, 23*(3), 17-27. https://doi.org/10.17979/redma.2019.23.3.5872

Bumbila, B. (2021). Turismo rural en Crucita-Ecuador: Una mirada desde la fortaleza del género. *Revista de Ciencias Sociales, 27*(2), 401-416. https://doi.org/10.31876/rcs.v27i2.35928

Campuzano, M. (2018). *La Cultura de Masa y la propaganda: la infantilización de la propaganda*. Semanario Universidad. https://shorturl.at/moyE5

Castrillón, E. (2010). El mundo de las redes. En E. Castrillón (Ed.), *Las redes sociales de Internet: también dentro de los hábitos de los estudiantes universitarios* (pp. 109-111). Anagramas -Rumbos y sentidos de la comunicación.

Hernández, R. Fernández, C. y Baptista, P. (2010). *Metodología de la Investigación.* Editorial Prentice Hall México.

Jenkins, H., Purushotma,R., Weigel, M., Clinton, K. y Robison, A. (2006). *Confronting the Challenges of Participatory Culture: Media Education for the 21st Century.* The MIT Press

Martín-Barbero, J. (2003). *De los Medios a las Mediaciones.* Ediciones G. Gili.

Kozinets, R. (2010) Netnography: Doing Ethnographic Research Online. Los Ángeles, Sage.

Lenhart, A. (2015) Teens, Social Media & Technology Overview 2015. *Pew Research Center: Internet, Science & Tech.* https://shorturl.at/atST9

Scolari, C. A. (2008). *Hipermediaciones: Elementos para una Teoría de la Comunicación Digital Interactiva.* Gedisa, Barcelona.

Scolari, C. A. (2018a). *Alfabetismo Transmedia en la nueva ecología de los medios. Barcelona. Libro Blanco.* Transmedia Literacy UPF

Scolari, C. A. (2018b). *Adolescentes, medios de comunicación y culturas colaborativas. Aprovechando las competencias transmedia de los jóvenes en el aula.* Research and Innovation Actions

Ulloa-López, P. (2022). *Linking communication in crisis and citizen mental health. Ecuador study case.* International Visual Culture Review *11*(3), 1–9. https://doi.org/10.37467/revvisual.v9.3680

Ulloa-López, P., y Gómez, M. (2019) Hipermediaciones que rigen en la comunicación de jóvenes universitarios de Ecuador en Facebook. *RISTI - Revista Iberica de Sistemas e Tecnologias de Informacao 20*(5), 152-164

Ulloa-López, P., Gómez, M. y Velásquez, A. (2020). The communicatives practice of university students from Ecuador, the influence of mass culture and the factors that determine theirtransmedia narrative. 15th Iberian Conference on Information Systems and Technologies (CISTI), https://doi.org/10.23919/CISTI49556.2020.9141161.

EXPLORANDO EL POTENCIAL EDUCATIVO DE INSTAGRAM EN EL ÁREA DE PLÁSTICA EN LA EDUCACIÓN SECUNDARIA

Cristina Varela-Casal, Lucía Carballal-Araujo, Cristian Enrique Gradín Carbajal, Eduardo Outeiro Ferreño[1]

1. INTRODUCCIÓN

Vivimos en la "Era digital", en donde la presencia de la tecnología se ha convertido en imprescindible y fundamental para la mayoría de las personas en nuestro día a día. Desde la irrupción de Internet en los años 70, hemos ido evolucionando y convirtiéndonos en usuarios habituales y consumidores de esta red, ya que nos ofrece millones de contenidos en un tiempo instantáneo, facilita la comunicación y ofrece recursos que nos proporcionan cierta *privacidad/anonimato*, por no hablar del fenómeno global y social que han supuesto las redes sociales.

Las redes sociales que surgen durante este boom tecnológico (Messenger, Tuenti, Facebook, Twitter, Instagram...), han adquirido cada vez una mayor relevancia en la vida de los adolescentes, quienes las emplean como herramientas de uso diario desde edades cada vez más tempranas. El acceso a internet, a los dispositivos de telefonía móvil personal o la posibilidad de crear perfiles en redes les permite a los más jóvenes estar conectados y mostrarse en la red. El intercambio de imágenes a través de redes y dispositivos digitales ha transformado la forma de relacionarse. Hay una necesidad de expresarse y de participar en la sociedad y estos soportes han brindado la posibilidad a estas nuevas generaciones de manifestar sus preocupaciones, pensamientos, sentimientos e intereses.

"Las redes sociales han venido a desdibujar barreras físicas, geográficas y sociales, permitiendo conectar a personas de todo el mundo. Con el paso del tiempo y su implantación en las aulas su aplicación en el área de la educación está siendo mayor. Es una nueva forma de introducir cambios y nuevos elementos al discurso pedagógico clásico" (Llamas y Pagador 2014, p. 45). Esta cuestión hace que desde el ámbito de la educación plástica en secundaria pueda resultar de interés estudiar el potencial pedagógico y educativo de las redes sociales y convertirlas en una herramienta y recurso educativo, actual, motivador y efectivo en el proceso enseñanza/aprendizaje.

Pero pese a las grandes posibilidades didácticas que puedan tener las redes sociales, es necesaria una alfabetización en este ámbito que permita valorar las contingencias y riesgos derivados de su utilización y lograr el adecuado equilibrio entre las actividades de intercambio de contenido e información, la importancia de la privacidad y la necesidad de

1. Universidad de Vigo (España)

respetar la propiedad intelectual de los demás (Gathegi, 2014). Esto implica concienciar sobre el empleo de estas herramientas y los peligros que pueden traer su uso incorrecto y/o excesivo (adicción, *ciberbullying*[2], acceso a contenidos inapropiados, distorsión de la relación profesorado-alumnado etc).

En este sentido y tras una revisión teórica sobre el estado de la cuestión, se ha diseñado una intervención educativa con el alumnado de primero de Bachillerato de la materia de Dibujo Artístico, con el fin de profundizar sobre el potencial uso de la red social Instagram como un recurso de enseñanza/aprendizaje dentro del ámbito artístico y expresivo.

El objetivo de la propuesta ha sido analizar la implementación de la aplicación Instagram como una herramienta educativa en el ámbito de la Plástica en la Educación Secundaria. Dentro de una propuesta de enfoque cualitativo se recurrirá al estudio de caso, para "documentar una experiencia o evento en profundidad o entender un fenómeno desde la perspectiva de quienes lo vivieron" (Martínez Rodríguez, 2011, p. 24). Como instrumento para la obtención de datos se ha empleado el "test de motivación hacia las TIC". Esta prueba nos servirá como herramienta para medir la motivación del alumnado, lo que nos permitirá ajustar la situación real del mismo y plantear una intervención acorde con los datos resultantes.

2. MARCO TEÓRICO

2.1. La importancia de las TIC en el ámbito educativo

En materia docente, se debe estar en constante formación e innovar en nuestros procesos de enseñanza/aprendizaje. La legislación educativa en España recoge la Competencia Digital (CD) como una de las competencias necesarias que debe desarrollar un adolescente para superar la enseñanza obligatoria. Desde esa necesidad las posibilidades que las TIC pueden aportar a la formación y a la educación son muy significativas y nos permiten;la creación de entornos más flexibles para el aprendizaje, la eliminación de las barreras espacio-temporales entre el profesor y los estudiantes, la potenciación de los escenarios y entornos interactivos, favorecer tanto el aprendizaje independiente y el autoaprendizaje como el colaborativo y en grupo o facilitar una formación permanente (Cabero, 2001 y 2007; Martínez, 2006; Sanmamed, 2007).

Esta denominada "competencia digital" engloba las capacidades de usar las tecnologías de la información y la comunicación de forma creativa, crítica y segura. Implica conocimientos específicos (lenguaje, pautas de decodificación y transferencia) y desarrollo, entre otras, de diversas destrezas en el uso de los recursos tecnológicos (acceso a la información, procesamiento y uso para la comunicación, creación de contenidos, seguridad y resolución de problemas).

El uso de herramientas web 2.0 (blogs, *wikis,* traductores, *edublogs*, repositorios, etc) está muy extendido en el aula y es importante que el profesorado se mantenga al día en este sentido y aprenda nuevas estrategias y formas de captar la atención de los/as estudiantes, de manera que el proceso enseñanza/aprendizaje se adapte a las necesidades del alumnado y del contexto en el que se produce.

---

2. En español denominado ciberacoso, es un tipo de acoso que se vale de medios informáticos para el hostigamiento, abuso y vejación sostenido y repetido a lo largo del tiempo, de una persona por parte de uno o un grupo de individuos.

La integración de las TIC en el entorno educativo requiere de un análisis pormenorizado del uso de las mismas y a su vez de la correcta formación para su utilización, tanto por parte del profesorado como del alumnado.

2.2. Internet y redes sociales en la educación

"Las redes sociales se han universalizado. Los jóvenes las han incorporado plenamente en sus vidas. Se han convertido en un espacio idóneo para intercambiar información y conocimiento de una forma rápida, sencilla y cómoda. Los docentes pueden aprovechar esta situación y la predisposición de los estudiantes a usar redes sociales para incorporarlas a la enseñanza." (Gómez *et al.*, 2012, p.132)

Cotelo (2019) afirma que la esencia de las redes sociales es la comunicación y la trasmisión de información, algo imprescindible en el proceso enseñanza/aprendizaje, por lo que se estima que el uso como herramienta didáctica de estas redes puede ser útil y beneficioso en el ámbito académico. Pero es necesario que tanto la sociedad actual como los procesos educativos en particular ofrezcan medios, procesos y entornos donde los jóvenes alcancen un desarrollo basado en capacidades más amplias que las meramente comunicativas. (De la Torre, 2009).

Las redes sociales educativas, además de las herramientas de trabajo que proporcionan, tienen un valor añadido que va más allá (De Haro, 2009) y que puede, y debe, ser aprovechado en el ámbito educativo. Hay evidencias de que los estudiantes presentan una actitud favorable al uso académico de las redes sociales (Espuny *et al.*, 2011):

- Implican atracción social para los estudiantes, ya que acerca el aprendizaje formal con el informal y aproximan su vida privada a la vida docente.
- Fomentan la comunicación entre el alumnado de forma sencilla y, además, se incrementa a través de la creación de grupos de trabajo.
- Posibilitan actuaciones comunes a nivel docente, tanto en la institución educativa como a nivel de aula.
- Posibilitan el uso masivo por parte de estudiantes y docentes de forma ordenada, permitiendo una incorporación generalizada de estos recursos a nivel educativo.
- Puesto que las redes sociales son generalistas, las herramientas que incorporan son las mismas para todos los usuarios, aspecto primordial en las fases iniciales de utilización. A posteriori, estas se pueden complementar con herramientas externas más especializadas, que se pueden usar de forma complementaria.

"Las redes permiten y favorecen publicar y compartir información, el autoaprendizaje; el trabajo en equipo; la comunicación, tanto entre alumnos como entre alumno-profesor; la retroalimentación; el acceso a otras fuentes de información que apoyan e incluso facilitan el aprendizaje constructivista y el aprendizaje colaborativo; y el contacto con expertos. En conjunto, todas estas aplicaciones y recursos hacen que el aprendizaje sea más interactivo y significativo y sobre todo que se desarrolle en un ambiente más dinámico." (Imbernón y Guzmán, 2011, p.132).

Las redes sociales podrían ser una herramienta potencial a nivel educativo y muy útil para la resolución de dudas, obtener información sobre las clases, o realizar trabajos tanto individuales como en grupo o compartir información.

2.3. Instagram y sus posibilidades como herramienta educativa

Con la popularización del uso de Internet, las imágenes comenzaron a propagarse por toda la red a nivel mundial. Pasamos de ser meros consumidores de imágenes a consumidores y productores. En este contexto tecnológico, la imagen ha llegado a un nivel impensable años atrás dado que, hoy por hoy, las imágenes nos acompañan constantemente (ordenador, televisión, dispositivos móviles...) sin que nos hayamos percatado de ello (Ruibal, 2018).

Instagram surge en el año 2010 como una aplicación para el uso en teléfonos móviles y rápidamente se populariza especialmente entre los más jóvenes como una red social en la que los usuarios pueden subir y compartir fotos y vídeos (Hu *et al.*, 2014). El usuario tiene a su disponibilidad herramientas para editar las fotografías,además de poder añadir la ubicación y etiquetar a otras personas con las que comparte la red. Actualmente permite también enviar mensajes o publicaciones de manera directa a otros usuarios, grabar y subir vídeos de un minuto, publicar varias fotografías en un mismo post y compartir. En cuanto a las opciones de privacidad del perfil, esta aplicación ofrece la posibilidad de configurar la cuenta como pública o privada. En esta última opción el usuario podrá decidir qué solicitudes de amistad acepta y qué usuarios pueden visualizar su perfil. En 2016, Instagram añadió la posibilidad de publicar fotos y vídeos de 15 segundos de duración en lo que se denomina *Instagram Stories*, una función al estilo de Snapchat[3], en la que las publicaciones desaparecen de la red en un día y los usuarios pueden visualizar quién ha visto su contenido. En sus últimas actualizaciones, la aplicación ha incorporado la opción de añadir máscaras, encuestas y *gifs* a estas publicaciones e incluso archivarlas en el perfil del usuario para que no desaparezcan en 24 horas. Por último, también cabe destacar que a través de esta aplicación se puede transmitir en directo, funcionalidad parecida a la ofrecida por Periscope[4] o Facebook Live[5], con la opción de guardar el vídeo durante un día. Como nueva funcionalidad se ha añadido recientemente la posibilidad de compartir el directo con otro usuario, lo que supone una novedosa y original forma de interacción entre otros miembros de esta comunidad (García-Ruiz *et al.*, 2018).

La función principal de Instagram es permitir a los usuarios compartir imágenes y vídeos editados con múltiples efectos y filtros a través de aplicaciones de edición para móvil. Es de uso sencillo y permite a los jóvenes estar conectados y obtener información de manera instantánea sobre sus gustos e intereses.

Según la investigación realizada por Prades y Carbonell (2016) se concluye que los principales motivos por los que los adolescentes utilizan Instagram son mantener la relación con sus amigos a través de la red, conocer nuevas personas, estar al corriente de eventos, noticias y entretenerse, es decir, es una herramienta cuyo uso está más

---

3. Snapchat es una aplicación móvil que se considera parte de las redes sociales, pero lo distinto a las demás es que ésta permite el envío de fotos y videos por medio de esta aplicación a otros usuarios y que al pasar unos segundos se borran instantáneamente del dispositivo a quienes fueron enviadas. Creada por estudiantes norteamericanos en el año 2010 con el fin de enviar mensajes privados y en vivo a otras personas.

4. Periscope es una aplicación móvil de vídeo en directo (disponible para Android e iOS) que permite a los usuarios transmitir de forma instantanea lo que esté sucediendo a su alrededor para todos los que quieran ver. Es propiedad de Twitter y fue desarrollada en febrero de 2014 por Kayvon Beykpour y Joe Bernstein.

5. Facebook Live es la herramienta de reproducción de vídeo en tiempo real de la red social Facebook, que permite a todos los usuarios del mundo compartir videos en vivo con sus seguidores y amigos.

enfocado en el entretenimiento y lo social que en lo educativo. No obstante, podría haber excepciones.

Como potencial herramienta educativa, algunas posibilidades que puede ofrecer el uso de Instagram en el aula aplicándola a las tareas que realiza el alumnado pueden ser según Ramón Cardona, (2017): ilustrar un blog, iniciar una redacción a partir de una fotografía, experimentar la fotografía con Instagram como género de narrativa digital, combinación de Instagram y otra red social para hacer reflexiones del trabajo realizado a clase, enseñar geografía y sociología con Cartogram, crear un calendario, un póster o una línea del tiempo con fotos de Instagram, documentar un proceso o las partes de aquello que estudian, hacer un periódico con las noticias del centro expresadas en una imagen y unas líneas, etc.

Pero también hay que concienciar sobre la implementación y uso de estas herramientas. Noriega (2019) entrevista a varios profesores de centros de educación secundaria que utilizan Instagram, entre otras redes sociales, como una herramienta dentro de su metodología docente. El profesorado también es usuario de redes sociales, no sólo como profesional sino también en lo personal, por lo que se destaca en el artículo la necesidad de establecer unos límites en los usos que van a tener las cuentas dedicadas al ámbito educativo y la importancia de implantar unas normas para que los/as alumnos/as no confundan la relación con el docente.

En general, observamos que Instagram es una herramienta de uso sencillo e intuitivo, es rápida y posee una gran capacidad para conectar a los usuarios con sus intereses, tener tanto al centro como a las familias informadas de lo que se está realizando con y por el alumnado, etc, por lo que puede ser un escenario con un gran potencial para desarrollar experiencias innovadoras en el marco educativo, tanto para el alumnado como el profesorado y el entorno que les rodea.

3. OBJETIVOS

Se plantea una propuesta que tiene por objetivo analizar el efecto del uso las TIC sobre la motivación del alumnado en la materia de Educación Plástica y Visual de 1º de Bachillerato de la Educación secundaria Obligatoria.

Vinculados a este objetivo general se proponen los siguientes objetivos específicos;

Analizar si la implementación de Instagram en la educación mejora la motivación del alumnado.

Utilizar la fotografía y la propia aplicación de Instagram como un recurso educativo plástico en donde el adolescente pueda inspirarse, sea creativo y aprenda a manejar herramientas de edición con facilidad.

4. METODOLOGÍA

Para este estudio se ha empleado una metodología cualitativa: se ha implementado una propuesta de investigación-acción, pues, desde la perspectiva educativa, como afirma Suarez Pazos (2002, p. 42) se refiere que la investigación-acción es "una forma de estudiar, de explorar, una situación social, en nuestro caso educativa, con la finalidad de mejorarla, en la que se implican como "indagadores" los implicados en la realidad investigada". La investigación-acción se expone no solo como un método basado en la investigación, sino como un cambio educativo situando al docente investigador como un sujeto activo en y desde su propia práctica indagadora (Colmenares y Piñero, 2008).

Para ello, se ha implementado una propuesta organizada en tres fases:

Una inicial fase de diagnóstico: En ella nos preguntamos acerca de cuál es el origen y evolución de la situación, identificamos la principal fuente de información y la meta de nuestra investigación. Se analizan los conocimientos y experiencias previas, actitudes e intereses relacionados con el tema de estudio y se busca cuáles son los aspectos más conflictivos. Se trata de una recopilación preliminar de datos que nos ayuda a enfocar nuestra línea de investigación y valorar qué instrumentos vamos a necesitar.

Fase de acción: "La puesta en práctica es una acción meditada, controlada, fundamentada e informada críticamente. Tiene algo de riesgo e incertidumbre y exige toma de decisiones instantáneas, ya sea porque no se pudieron contemplar todas las circunstancias o porque éstas variaron en el transcurso de la acción. Esta acción es una acción observada que registra datos que serán utilizados en una reflexión posterior." (Suárez, 2002, p. 42).

Tras una planificación a priori pasamos a poner en práctica una intervención o una puesta en marcha de cambios que modifiquen la situación actual, empleando para ello los instrumentos oportunos que nos ayuden a recoger datos adicionales para trabajar a posteriori. En este caso se ha empleado un cuestionario de motivación hacia el uso de las TIC.

Fase de evaluación: "Momento de analizar, interpretar y sacar conclusiones. Descubrimos nuevos medios para seguir adelante, descubrimos lagunas en nuestra formación, generamos nuevos problemas que darán lugar a un nuevo ciclo de planificación-acción-reflexión." (Suárez, 2002, p. 42).

Se trata de una autorreflexión compartida en donde se esclarecen las preguntas planteadas al inicio y surgen otras nuevas a raíz de los resultados obtenidos durante la fase de acción. Con el cuestionario empleado en este estudio se ha evaluado la motivación del alumnado hacia el uso de las TIC. Esta fase desencadena otra, el desarrollo de una propuesta de intervención a partir de los resultados obtenidos de la observación y del propio cuestionario de motivación.

4.1. Muestra

La propuesta se llevó a cabo en un centro público de secundaria de la localidad de Pontevedra. Se empleo una muestra no probabilística intencional, un grupo de 34 alumnos/as de 1º de Bachillerato en la asignatura de Dibujo Artístico. Nueve chicos y veinticinco chicas, con edades comprendidas entre los 16 y los 18 años.

4.1. Instrumentos de recogida de datos

Para el desarrollo de esta investigación se empleo como instrumento el "Cuestionario de motivación en el alumnado hacia el uso de las TIC" (Montes *et al.*, 2011). Este instrumento consta de 27 preguntas cerradas y dos preguntas abiertas. Ha sido sometido a un proceso de validación de contenido realizado por un grupo de experto. También ha sido validado a nivel de constructo mediante un análisis factorial. La fiabilidad del cuestionario a nivel global tiene un coeficiente Alfa de Cronbach de 0.857.

El cuestionario ha sido pasado al formato Google Forms para que el alumnado pudiera responderlo online.

5. DESARROLLO DE LA INVESTIGACIÓN

Se ha empleado un cuestionario de motivación en el alumnado hacia el uso de las TIC para obtener información sobre la motivación del alumnado que conforma la muestra objeto de estudio.

Con los datos obtenidos durante el período de observación y los resultados del cuestionario de motivación hacia las TIC se ha diseñado un programa de intervención en el que se empleará Instagram como recurso TIC en la asignatura de Dibujo Artístico.

5.1. Objetivos de la acción

- - Estimular la creatividad y la motivación del alumnado.
- - Promover la expresión libre mediante la fotografía.
- - Conocer y aplicar los conocimientos adquiridos de composición fotográfica.
- - Saber manejar herramientas de edición de fotografías, en este caso la aplicación VSCOcam.
- - Utilizar las redes sociales como medio para mostrar al centro y a la comunidad el progreso o las actividades realizadas por los alumnos.
- - Emplear las redes como fuente de búsqueda de información y estimulación creativa.
- - Transmitir la importancia de usar Instagram de forma segura, estableciendo límites.
- - Investigar en el entorno formas, texturas, colores... a través de la fotografía.
- - Conocer referentes de la Historia del Arte y la Fotografía.
- - Desarrollar las capacidades de percepción visual y análisis.

5.2. Contenido

Se trabajan una serie de contenidos curriculares de los bloques 3,4 y 5: La composición y sus fundamentos, La luz, el claroscuro y la textura y el color

Ademas de algunos contenidos conceptuales; conocimiento sobre los elementos básicos de composición, conocimiento de referentes artísticos de la Historia del Arte y la Fotografía y criterios formales y estéticos de fotografía.

5.3. Metodología

El alumnado se dividirá en dos grupos; un grupo control que empleará una metodología clásica y un grupo experimental que empleará las TIC en el desarrollo de sus propuestas.

El grupo control realizará una propuesta de actividad en donde aprenderán a encajar objetos en el espacio y a representarlos de la manera más real posible trabajando la composición, la luz, la textura y el color.

El grupo experimental empleará materiales digitales para el desarrollo de la actividad, utilizando las TIC con sus teléfonos móviles para la obtención de fotografías y el uso de la aplicación VSCO como herramienta de edición. Instagram será el medio para la publicación de las fotografías resultantes en una cuenta creada única y exclusivamente para esta actividad.

5.4. Evaluación

Se recurrirá a la evaluación continua. Además, en este caso la autoevaluación y co-evaluación son fundamentales. Es importante que, a medida que el/la alumno/a vaya desarrollando la tarea con ayuda del profesor, haga críticas constructivas de su propio trabajo, localice posibles errores y aprenda de ellos. Hay que darle opción al alumnado de revisar, analizar errores y negociar con el profesor.

Como instrumento de evaluación se empleará un diario de aula que registre las incidencias ocurridas durante todo el proceso de la actividad.

También se utilizará una rúbrica de evaluación validada por un comité de expertos que analizaron la representatividad de los ítems en relación a las áreas de contenido y a la relevancia de los objetivos a medir. Se ha aplicado el método Delphi con un grupo homogéneo de 12 expertos con el objetivo conseguir que la información obtenida sea representativa. El panel está compuesto por profesionales reconocidos y relevantes en el tema de investigación seleccionados por su experiencia en el ámbito de estudio y su desarrollo profesional en el contexto educativo. Todos han mostrado su interés en el proyecto y su disposición a acepar el compromiso de revisar los materiales remitidos. Se han organizado dos rondas de revisión, una inicial con preguntas abiertas que aportan una información más rica y valiosa, y a partir de ella y tras un análisis de contenido, se han formulado los enunciados de la segunda ronda. Después de esta ronda se considera que puede darse por finalizado el proceso al alcanzar el consenso y la estabilidad del panel, dado que las estimaciones individuales convergen en más del 80% y la opinión de los/as expertos/as no varía significativamente con respecto a la ronda anterior.

Las rúbricas son herramientas cualitativas que reducen el juicio valorativo a la elección de un grado de cumplimiento de cierta calidad en una escala, con datos que resultan de la apreciación de la calidad, no del "cuanto" sino del "cómo" (Raposo y Martínez, 2011) y (Mertler, 2000). El instrumento se compone de 5 categorías (actitud, composición, tratamiento de luces, sombras y texturas, tratamiento del color y las relaciones cromáticas, resultado final) divididas cada una de ellas en 4 niveles de desempeño puntuados entre 2,5 y 10.

6. RESULTADOS Y DISCUSIÓN

Esta investigación tenía el objeto de analizar la motivación del alumnado de 1º de Bachillerato hacia el uso de las TIC en la materia de Educación Plástica, Visual y Audiovisual mediante un cuestionario validado.

Encontramos que de los 34 participantes 25 son chicas y 9 son chicos. Todos tienen una edad superior a los 16 años y sólo 4 del total están repitiendo 1º de Bachillerato (el rango de edad oscilará entre los 16 y los 19 años).

Los 34 participantes disponen de un ordenador con conexión a Internet. La mayoría han aprendido informática *motu propio* (47,1%) y una pequeña minoría afirman no tener conocimientos sobre informática (5,9%). El resto han aprendido en el instituto o en casa (26,5% y 20,6% respectivamente).

En relación con el uso del ordenador e Internet, la mayoría de los participantes utilizan el ordenador regularmente (79,4%) mientras que Internet lo utilizan regularmente todos. Haciendo los cálculos, la media de horas que utilizan al día el ordenador es de 4,38, es decir, unas 4 horas y media al día, habiendo algún participante que supera las 9 horas diarias de uso.

Analizando la opinión del alumnado sobre el uso de las TIC en la materia de Educación Plástica encontramos que la mayoría de los participantes consideran que la asignatura les será útil en el futuro, así como el manejo del ordenador e Internet. No estudian simplemente para sacar buenas notas, a muchos les interesa aprender cosas nuevas, pero a la vez, reconocen que son poco curiosos a la hora de ampliar por su cuenta los conocimientos que adquieren en clase. Reconocen también, que trabajan mejor en grupo con ayuda de sus compañeros y suelen preguntar las dudas que se les presentan al profesor; cuando éste no consigue resolverlas acuden Internet. Además, admiten que las clases se hacen mucho más amenas y llevaderas utilizando los ordenadores.

Afirman que Internet les proporciona muchos más datos que el libro de texto, pero consideran que el ordenador no es el mejor sistema para que aprendan y comprendan la Educación Plástica, eso no quiere decir que lo consideren prescindible, pues a veces las explicaciones del libro o del profesor no les son suficientes.

La única pregunta que planteó uno de los participantes que consideró que se podría haber incluido en el cuestionario fue la siguiente: "Crees que el arte digital es un tema importante que dar en la asignatura de Plástica/TIC?".

Existen estudios (Peña *et al.*, 2018) que apoyan que las redes sociales permiten establecer nuevos canales de comunicación, así como también la búsqueda y el almacenamiento de información, facilitando la organización del trabajo. Por otra parte, la utilización de estos recursos en Educación Superior mejora la socialización entre el alumnado, facilitando la resolución de dudas, el establecimiento de contacto con diferentes personas, así como el intercambio de documentación y recursos de interés. Además, el alumnado considera que las redes sociales son una ayuda valiosa para el enriquecimiento intercultural y la generación de nuevas ideas, permitiendo aprender a partir de la experiencia compartida con otros y adquiriendo habilidades de adaptación ante nuevas situaciones. Estos resultados tienen implicaciones teóricas y prácticas para la comunidad educativa y coinciden, en gran medida, con otros estudios realizados con anterioridad (García-Ruiz *et al.*, 2018) que además añaden la importancia de seleccionar las redes y herramientas digitales adecuadas para trabajar con cada generación de una manera más eficaz.

Además de lo ya comentado, se entiende que el hecho de emplear recursos y metodologías basadas en el uso de TICs no implica, necesariamente un aumento de la motivación y del rendimiento del alumnado en la asignatura de Educación Plástica, pues muchos de los alumnos han afirmado que el mero hecho de trabajar con ordenadores no les hace comprender mejor la asignatura ni les hace aprender más. En este punto habría que hacer una reflexión sobre las competencias digitales del alumnado y sobre el manejo real que tienen de estas herramientas, pues no todos tienen el mismo acceso a dispositivos informáticos ni tienen las mismas habilidades y destrezas digitales.

Sin embargo, hay estudios (Cotelo, 2019) que afirman que Instagram puede funcionar como una herramienta eficaz en la Educación Plástica por su carácter visual y audiovisual y su uso puede ser una metodología adecuada tanto para los alumnos como para los docentes, habiendo previsto un aumento de la motivación.

7. CONCLUSIONES

Retomando el objetivo de la propuesta, comprobamos que en cuanto al análisis del efecto del uso de las TIC sobre la motivación del alumnado en la materia de Educación Plástica y Visual de 1º de Bachillerato de la Educación secundaria Obligatoria se concluye que puede haber una mejora de la motivación a la hora de trabajar si implementamos correctamente herramientas TIC en el proceso enseñanza – aprendizaje.

En general, y tras el análisis de resultados, podemos concluir que el uso del ordenador e Internet está muy presente en el día a día del alumnado.

El alumnado considera Internet como una herramienta necesaria e imprescindible en su educación, pero hay un déficit de conocimiento en materia digital en el área de la Plástica, ya que muchos de los encuestados afirman ver poco potencial educativo y formativo al uso del ordenador e Internet en la asignatura. La pregunta "Crees que el arte digital es un tema importante que dar en la asignatura de Plástica/TIC?" que plantea un/a alumno/a nos lo confirma.

8. REFERENCIAS

Colmenares E., A. M. y Piñero M., M. L. (2008). La investigación acción. Una herramienta metodológica heurística para la comprensión y transformación de realidades y prácticas socio-educativas. *Laurus*, *14*(27), 96-114.

Cotelo, E. (2019). *Instagram como herramienta didáctica en el área de Educación Plástica en la ESO: un estudio de caso.* (Trabajo de Fin de Máster). Universidad de Vigo.

De la Torre, A. (2009). Nuevos perfiles en el alumnado: la creatividad en nativos digitales competentes y expertos rutinarios. *Revista de Universidad y Sociedad del Conocimiento*, *6*(1).

García-Ruiz, R., Tirado, R. y Gómez, A. (2018). Redes sociales y estudiantes: motivos de uso y gratificaciones. Evidencias para el aprendizaje. *Aula Abierta*, *47*(3), Universidad de Oviedo.

Gathegi, J. N. (2014). *Social media networking literacy: rebalancing sharing, privacy, and legal observance.* In European Conference on Information Literacy (pp. 101-108).

Gómez, M., Roses, S. y Farias, P. (2012). El uso académico de las redes sociales en universitarios. *Comunicar*, *19*(38), 131-138.

Huertas, A. y Pantoja, A. (2016). Efectos de un programa educativo basado en el uso de las TIC sobre el rendimiento académico y la motivación del alumnado en la asignatura de tecnología de educación secundaria. *Educación XXI*, *19*(2), 229-250. https://doi.org/10.5944/educXX1.16464

Hu, Y., Manikonda, L. y Kambhampati, S. (2014, May). What we instagram: A first analysis of instagram photo content and user types. *In Proceedings of the international AAAI conference on web and social media,* 8(1), 595-598.

Imbernón, F., Silva, P. y Guzmán, C. (2011). Competencias en los procesos de enseñanza-aprendizaje virtual y semipresencial. *Comunicar*, 36, 107-114.

Llamas, F. y Pagador, I. (2013-14). Estudio sobre las redes sociales y su implicación en la adolescencia. *Enseñanza & Teaching*, 32, 43-57. Universidad de Salamanca.

Martínez-Sánchez, F. (2006). La integración escolar de las nuevas tecnologías. In *Nuevas tecnologías aplicadas a la Educación* (pp. 21-40). McGraw-Hill Interamericana de España.

Martínez Rodríguez, J. M. (2011). Métodos de investigación cualitativa. *Revista de la Corporación Internacional para el Desarrollo Educativo Bogotá-Colombia*, 8. http://www.cide.edu.co/doc/investigacion/3.%20metodos%20de%20investigacion.pdf

Mertler, C. A. (2000). Designing scoring rubrics for your classroom. *Practical assessment, research, and evaluation*, 7(1), 25. https://doi.org/10.7275/gcy8-0w24

Montes, A. H. y Vallejo, D. D. A. P. (2011). *Efectos de la aplicación de un programa basado en las TIC como recurso didáctico para el aprendizaje de la asignatura de tecnología en Educación Secundaria*. Universidad de Jaén, Servicio de Publicaciones.

Noriega, D. (2019, 27 de febrero). Profesores de secundaria que utilizan redes sociales también en clase: "Los alumnos me dicen que nunca les doy 'like'". *eldiario.es.* https://tinyurl.com/mt93v8ed

Peña, M. A., Rueda, E. y Pegalajar, M. C. (2018). Posibilidades didácticas de las redes sociales en el desarrollo de competencias de Educación Superior: percepciones del alumnado. *Revista de Medios y Educación, 53*, 239-252.

Prades Oropesa, M. y Carbonell Sánchez, X. (2016). Motivaciones sociales y psicológicas para usar Instagram. *Communication Papers, 5*(09), 27-36.

Ramón Cardona, M. I. (2017). *Instagram a l'Educació Secundària: una experiència pràctica de relat digital a Educació Plàstica, Visual i Audiovisual*. Universitat de Les Illes Balears. https://tinyurl.com/4pcsnhrd

Raposo, M. y Martínez, E. (2011). La rúbrica en la enseñanza universitaria: un recurso para la tutoría de grupos de estudiantes. *Formación universitaria, 4*(4), 19-28. http://dx.doi.org/10.4067/S0718-50062011000400004

Ruibal, T. (2018). Autorretrato, fotografía y redes sociales. La Educación Artística como medio para fomentar la autoestima en alumnado de Bachiller. (Trabajo de Fin de Máster). Universidad de Vigo.

Sanmamed, M. (2007). *Definición y clasificación de los medios de enseñanza*. En J. Cabero (Coord.), *Tecnología Educativa* (pp. 21-40). Mc Graw Hill.

Suarez Pazos, M. (2002). Algunas reflexiones sobre la investigación-acción colaboradora en la educación. *Revista Electrónica de Enseñanza de las Ciencias, 1*(1), 40-56. http://reec.uvigo.es/volumenes/volumen1/REEC_1_1_3.pdf

Spuny, C., González, J., Lleixà, M. y Gisbert, M. (2011). Actitudes y expectativas del uso educativo de las redes sociales en los alumnos universitarios. *Revista de Universidad y Sociedad del Conocimiento, 8*(1), 171-185

A SCOPING REVIEW OF DIGITAL LITERACIES IN LANGUAGE TEACHER EDUCATION

Boris Vazquez-Calvo[1], Alba Paz-López[1]

This publication received support from two research projects: (1) DEFINERS: Digital Language Learning of Language Teachers (TED2021- 129984A-I00, Ministry of Science and Innovation, Spain) and (2) SEGUE: Social Media and Video Games in Language Learning and Teaching of Student Teachers (B1-2021_33, University of Málaga, Spain).

1. INTRODUCTION

The unprecedented acceleration in technological advances has profoundly transformed the fabric of human society. This digital revolution has permeated education, presenting vast potential for innovation, and shaping new and dynamic pedagogical approaches, but also a host of challenges and limitations that may exacerbate disparities in digital access and proficiency. To counter such *digital divide* (Rowsell et al., 2017), it is essential not only to secure access to digital technologies and resources, but also to know how to use them (Vazquez-Calvo & Fernández-Regueira, 2019). Such knowledge is oftentimes associated with *digital literacy*. This concept is gaining traction in discussions about contemporary educational frameworks, also language education (Hafner et al., 2015).

In language education, the role of the teacher is pivotal, not just as a facilitator of language learning, but also as a guide in navigating the digital world (Shafiee et al., 2022). Hence, equipping language teachers with digital literacies is not only desirable, but necessary, given the current educational climate and societal expectations on future generations. However, the integration of digital literacies in language teacher training is a complex, multifaceted process including technological accessibility, teacher confidence or competence, training and professional development, institutional support and policies, curriculum constraints, social and cultural factors negating or favoring the impact and urgency of technologies, or student needs and abilities. This complexity, coupled with the fast-paced evolution of digital technologies, often makes it challenging for language educators to keep pace and effectively adapt to changes.

The significant attention paid to digital literacies is not unfounded, given the transformative potential they hold for educational practices. Yet, it is essential to critically examine this phenomenon within the context of language teacher training. A holistic understanding of the state of digital literacies in language teacher training, the opportunities they present,

---

1. University of Málaga (Spain)

and the challenges they pose is crucial. This chapter provides a scoping review of digital literacies in language teacher training to highlight the breadth and depth of the topic.

2. CONCEPTUAL FRAMEWORK

Broadly, digital literacy refers to the ability to use digital technologies effectively and responsibly to find, evaluate, create, and communicate information (Lankshear et al., 2012). The notion extends beyond the basic knowledge of how to operate digital devices and software resources to multimodality, critical thinking, or socio-emotional skills. In the same vein, literacy expands beyond the ability to read and write text to incorporating sociocultural framings of texts, while novel skills include navigating and creating digital content.

In language education, digital literacy becomes even more complex. It involves not only the ability to use digital technologies for language learning and teaching, but also the understanding of how these technologies influence language use in and outside classroom contexts. Digital literacy in language education means being able to use digital tools to support language learning and teaching, understanding how digital modalities affect communication (Vazquez-Calvo & Cassany, 2022) while recognizing the role of digital technologies in shaping linguistic and cultural identities (Darvin, 2016). These skills enable language learners to participate fully in today's digitally mediated social and educational environments. Further, they empower language teachers to integrate technology effectively into their teaching while, at the same time, carefully crafted teacher training courses need to prepare language teacher students to teach digital literacies to future students. Digital literacy is therefore crucial in language teacher training, shaping not only how language is taught but also how it is experienced and understood in increasingly digitally mediated contexts. Language teacher students need to upscale a robust digital literacy skillset, including technical skills, such as using digital technologies for lesson planning, content delivery, and student assessment, as well as higher-order skills, such as critically evaluating digital resources, understanding the ethical and safety considerations of digital tool usage, and fostering inclusive and equitable digital learning environments. Shafiee *et al.* (2022) explores the novel perceived roles and images of professional language teachers in technology-mediated contexts. However, what is said about language teacher training specifically? How are digital technologies and resources construed as part of language teacher training courses? Cognizant of the urgency of the topic, we decided to explore the intersection of digital literacy and language teacher education with the following scoping review.

3. METHODS

Scoping reviews swiftly map key concepts, primary sources, and types of evidence in a research area. They benefit complex or under-reviewed research areas, and they can be conducted as independent research projects (Mays et al., 2001). While all literature reviews aim to gather and present research evidence, there are various approaches. These approaches include meta-analysis, systematic, rapid, traditional, narrative, structured, and scoping reviews. They sometimes overlap in definition and use, increasing complexity. Choosing an approach depends on the nature and purpose of the review itself.

Since our intent is to portray relevant research related to digital literacies in language teacher education, which is a rapidly evolving and relatively novel topic, a scoping review emerges as the most appropriate approach. Arksey and O'Malley (2005) identify four purposes for scoping reviews: (1) to examine the extent, range, and nature of research activity, (2) to determine the value of undertaking a full systematic review where an assessment on the quality of the research might take a predominant role, (3) to summarize and disseminate key findings, and (4) to identify research gaps in the existing literature. Following Arskey and O'Malley's (2005) model for conducting scoping reviews and earlier applications of it (Soyoof et al., 2023), we carried out five steps presented here for transparency and reproducibility. We briefly describe each step below:

Step 1. *Identifying the research question.* We explored the question: 'What is the role and importance of digital literacy in language teacher training in the published literature?' Recognizing the interchangeable use of 'language teacher education' or 'training,' and the varying interpretations of 'digital literacy,' we designed an open search string: ["digital literac*" AND "language education" OR "language teacher education" OR "language teacher training"]. This string aims to find articles discussing digital literacy in the context of language education or teacher training. The wildcard asterisk [*] allows for word variations, while the Boolean operator 'AND' narrows the search to articles containing all terms together. The operator 'OR' broadens the search to include any of the three terms related to language education.

Step 2. *Identifying relevant databases and studies.* We used Scopus to locate relevant publications using the previous search string, focusing on Scopus due to its wide coverage of recognized publications in the social sciences and humanities, including language education. Its ease of use and abstract review capability also proved beneficial. For systematic literature reviews, other databases might be considered.

Step 3. *Selecting studies for inclusion.* Out of 59 initial documents, we conducted three screening rounds to identify those addressing digital literacies in language teacher education or providing guidelines for language educators to enhance their digital skills. The first round involved relevance-based assessment via citation information, eliminating 25 publications, and leaving 34. The second round confirmed accessibility, removing 4 inaccessible publications, and leaving 30. The final round entailed an in-depth review of each publication, removing 3 more, for a final tally of 27.

Step 4. *Charting the data.* Using the finalized corpus of 27 publications, we conducted a thematic analysis. We employed an inductive approach, as outlined by Braun & Clarke (2006), to find recurrent patterns of meaning within the corpus. We carefully reviewed each publication for the following aspects: (1) publication year, (2) target language, (3) orientation (whether it concentrated on language teacher training or language teaching), (4) publication type (such as empirical, action research, literature review, or theoretical/position paper), (5) underlying conceptual framework, (6) research methods and instruments, (7) main findings, and (8) potential directions for future research.

Step 5. *Collating, summarizing, and reporting the findings.* Arksey and O'Malley (2005) recommend that a scoping review necessitates an analytic framework or thematic structure to present a narrative account of the existing literature, which we used to chart the data in Step 4 and to collate, summarize and report the findings in Step 5. However, they emphasize that scoping reviews do not attempt to evaluate the quality of evidence, and therefore, cannot determine whether individual studies yield robust or generalizable findings. After the thematic analysis of our selected corpus of 27 publications, the findings were reported focusing on outlining the main trends, insights, and research gaps at the intersection of digital literacy and language teacher education or training, without commenting on the quality of individual studies. While we do not see unanticipated findings, some themes preside over others as they encapsulate and give further detail on mapping the research topic. Therefore, we elaborated more on sections 4.5. Main findings and 4.6. Suggested directions for future research in subsequent pages.

This review charts the field of digital literacy in language teacher education. While it provides a comprehensive overview and reveals key findings, it also exposes the complexity of the topic and the need for more in-depth research. Future investigations, by us or inspired researchers, can further explore the role and relevance of digital literacy in language education. We also suggest the possibility of a systematic literature review encompassing a wider range of publications and databases.

4. FINDINGS

The scoping review of the literature produced significant findings concerning the relationship and relevance of digital literacy in language teacher training. Upon the thematic analysis of the corpus, we have structured our findings into the six categories: (1) publication timeline, (2) target language, (3) publication type (empirical, action research, literature review, or theoretical/position paper) and orientation (whether the focus is on language teacher training or on language teaching more broadly), (4) underlying conceptual framework, methods, and instruments, (5) main findings, and (6) suggested directions for future research. In the subsequent sections, we will delve into each of these categories to provide a detailed account of our findings.

4.1. Publication timeline

The scoping review located studies published between 2016 and 2023. Figure 1 shows the temporal distribution of the publications:

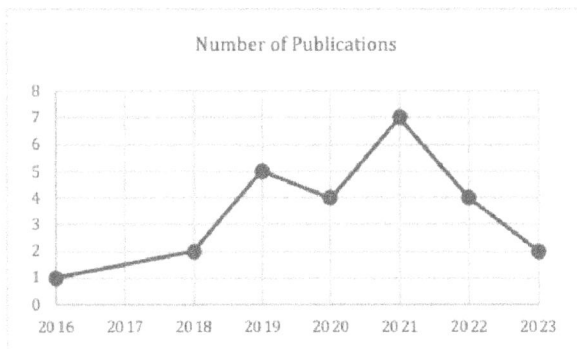

Figure 1. Publication timeline. Source: Authors' own work.

An observable upward trajectory is evident in research associated with digital literacy in language teacher education, with a marked increase beginning in 2019. The year 2021 marked a peak in publication frequency, suggesting intensified academic interest in the topic. This trend could be attributed to the escalating prominence of digital literacy within educational paradigms, including language teacher education. It can also be explained because 2020 was the year when the COVID-19 pandemic was deeply felt in educational institutions globally, requiring an abrupt shift to online teaching and learning modalities.

The frequency of publications appears to taper off in subsequent years, potentially due to the gradual easing of pandemic restrictions and a return to face-to-face teaching formats where utility of digital literacies may be less obvious for some educators. As of April 2023, the cutoff point for this review, additional research could yet be published within the current year. Overall, consistent trend of increased publications addressing digital literacies in relation to language teacher education is evident, signifying that the subject area is gradually more relevant and warrants further investigation.

4.2. Target language

The studies in the scoping review varied in terms of the specific target language or whether they generally addressed second language (L2) education:

Target Language	Frequency
English (EN)	12
L2 (General)	10
Spanish (ES)	1
Chinese (ZH)	1
French (FR)	1

Table 1. Target language. Source: Authors' own work.

Most of the publications (12 out of 27) specifically addressed English language education, reflecting its global prominence as a second language. An almost equal number of publications (10 out of 27) were not specific to any language but rather focused on L2 language education in general. The remaining publications were dispersed among Spanish, Chinese, and French language education. This distribution underscores the value of digital literacy within diverse language education contexts, although it is more extensively explored within the English language teaching sphere. While the findings in the publications may be applicable to other languages or contexts, especially when dealing with L2 generally, it is significant the predominance of English as the target language. It is also significant that the other target languages in the publications are Chinese, French, and Spanish, all three, together with English, having a global status, power, and popularity. Implications can be drawn for further research and teaching practice (5. Conclusion).

4.3. Publication type and orientation

The findings presented in Table 2 illustrate the distribution of publication types across two orientations: *Language Teacher Training* and *Language Teaching*. These two orientations represent either a disposition towards dealing with language teacher training or a disposition towards some study, experience, or position regarding language teaching with some relevant guidelines, suggestions, or references regarding language teacher training.

		Publication type				
		Empirical	Action Research	Literature Review	Theoretical	Subtotal
Orientation	Language Teacher Training	6	5	1	3	15
	Language Teaching	5	2	3	2	12
	Total	11	7	4	4	27

Table 2. Distribution of publication type per orientation. Source: Authors' own work.

Overall, the data reveals that most of the included studies (11 out of 27) were Empirical in nature, suggesting that most research around digital literacy in language teacher education is data-driven and based on actual observations or experiences. Among the two orientations, we see that language teacher training is more represented in the total count with 15 publications compared to Language Teaching which has 12. This was to be expected given the nature of the search query.

On closer inspection, in the language teacher training category, empirical research leads with 6 publications, followed by action research with 5 publications. This suggests a strong inclination towards practical, applied research around language teacher training. There is a tendency to test teaching practices, report on them and provide how-to guidelines or general suggestions. Theoretical works and Literature Reviews are less common, with 3 and 1 publications respectively. In contrast, the Language Teaching category features a more balanced distribution across empirical research (5), literature reviews (3), action research (2), and theoretically oriented works (2). While the recentness of the topic makes it less prone to literature reviews or conceptual papers, the choice of limiting the database to Scopus and not include other sources of data also influences these figures favoring hands-on empirical research. Despite this, the prevalence of empirical studies underscores the field's focus on enhancing teaching practices by improving teacher competencies in digital literacy. This indicates the relevance and timeliness of the topic, highlighting the need for more comprehensive, international, and nuanced empirical studies.

4.4. Conceptual framework, methods, and instruments

The multifarious studies conducted in digital literacies in language teacher training is reflected in the wide range of conceptual frameworks, methodologies, and instruments employed. This section will examine and categorize the frameworks guiding the studies and the research methods utilized, highlighting the patterns and unique contributions made across the publications.

The conceptual frameworks guiding the reviewed research can be organized into seven categories, offering different lenses to view digital literacies within language teacher training. One of the most prevalent frameworks revolves around digital literacy with multiple materializations (critical, transcultural, etc.), adopted by seven publications (Bigot, et al., 2021; Bilki, Satar, & Sak, 2023; Hellmich & Vinall, 2021; Iskandar, et al., 2022; Leier & Gruber, 2021; Nabhan, 2021; Tour, 2020), focusing on skills and competencies needed to effectively employ digital technologies in a language learning context. Three publications (Giralt, Murray, & Benini, 2022; Hauck, 2019; Lewis & O'Dowd, 2016) adopted telecollaboration as a guiding framework, exploring collaborative language learning activities via digital technologies that cross geographic, cultural, and institutional boundaries. A significant portion of the research is anchored in EFL education (Cong-Lem, 2019; Dagienė, Jasutė, & Dolgopolovas, 2021; Ding & Chew, 2019; Tour, Creely, & Waterhouse, 2021; Özperçin & Günay, 2020), investigating various facets of teaching, learning, and assessment within EFL contexts.

A more focused view on the role of technology within language teaching and learning is found in the Technology-Enhanced Language Learning framework, as seen in Chun (2019), and the framework of assessment in language learning that is central to Cong-Lem (2019). Meanwhile, three publications, namely Ağçam, Akbana, and Rathert (2020), Krajka (2021), and Santos et al. (2018) have used frameworks based on language teaching practices, such as language immersion and teacher-as-language-researcher. The social dimensions of language learning are explored in Al Khateeb (2019) and Tour (2020), guided by sociocultural theories. Lastly, five publications, namely Erin et al. (2022), Gayatri et al. (2023), Mantiri, Hibbert, and Jacobs (2019), Ollivier et al. (2021), and Pitura and Terlecka-Pacut (2018) either do not fit neatly into any of the above categories or do not specify a particular conceptual framework, demonstrating the wide-ranging theoretical underpinnings in this field of research.

The methodological approaches employed across the publications further illustrate the field's diversity, with a noticeable preference for qualitative studies and a focus on individual or classroom-level phenomena. Qualitative methods have been extensively utilized, appearing in 12 publications (Ağçam, Akbana, & Rathert, 2020; Al Khateeb, 2019; Asención-Delaney et al., 2022; Bigot, et al., 2021; Bilki, Satar, & Sak, 2023; Ding & Chew, 2019; Krajka, 2021; Özperçin & Günay, 2020; Pham, 2020; Santos, et al., 2018; Tour, 2020), employing diverse data collection tools ranging from interviews and narrative inquiries to specialized techniques like digital journals, case studies, and institutional ethnography. Quantitative methods are employed in four publications (Hellmich & Vinall, 2021; Leier & Gruber, 2021; Pitura & Terlecka-Pacut, 2018), using tools such as surveys and action research case studies, offering a more statistical understanding of phenomena. Five publications (Dagienė, Jasutė, & Dolgopolovas, 2021; Giralt, Murray, & Benini, 2022; Hauck, 2019; Iskandar et al., 2022; Nabhan, 2021) adopt a mixed-methods approach, combining qualitative and quantitative data to provide a comprehensive picture of the issues studied. However, it is worth noting that some publications (Chun, 2019; Erin, et al., 2022; Gayatri, Sit, Chen, & Li, 2023; Mantiri, Hibbert, & Jacobs, 2019; Tour, Creely, & Waterhouse, 2021) are conceptual papers or literature reviews (Cong-Lem, 2019; Ollivier, Jeanneau, Hamel, & Caws, 2021) that do not strictly adhere to qualitative or quantitative approaches. The multifarious methodologies and conceptual frameworks reflect the complexity of digital literacies in language teacher training and adjacent fields and provide multiple topical perspectives. The dominance of qualitative research and individual or classroom-level case studies also indicates potential gaps at the institutional or policy level or even at the level of international comparative studies, suggesting avenues for future research.

4.5. Main findings

The diverse findings mirror the amplitude of research conducted in digital literacies in language teacher training. We identified four overarching categories, each encapsulating key themes observed across the publications: (1) *digital literacies and skills development,*

(2) *challenges and issues*, (3) *perceptions*, and (4) *opportunities for digital literacies in language learning*.

- **Digital literacies and skills development.** Significant insights have been gleaned on the development of digital literacies and skills in the context of language learning (Ağçam, Akbana, & Rathert, 2020; Bigot, et al., 2021; Chun, 2019; Iskandar, et al., 2022; Pitura, & Terlecka-Pacut, 2018). Some studies highlight the potential for skill development through innovative teaching modalities such as Emergency Remote Teaching (ERT) (Ağçam, Akbana, & Rathert, 2020), the importance of integrating digital citizenship and literacy in formal and informal aspects of language learning (Bigot, et al., 2021), and the value of integrating augmented and virtual reality (AR/VR) technologies into language pedagogy (Chun, 2019). For instance, while digital literacy is present in digital academic products of EFL courses, oftentimes it is not included in course outlines or assessment strategies and instead viewed as subject-specific rather than a cross-curricular competence worth tailored attention and teaching in language courses (Iskandar, et al., 2022). Hence the need for a more cross-disciplinary approach to digital literacy.

- **Challenges and issues.** The challenges and issues faced in the field of digital literacies in language learning surfaced as a significant theme in several publications (Al Khateeb, 2019; Bilki, Satar, & Sak, 2023; Ding & Chew, 2019; Hellmich & Vinall, 2021; Pham, 2020). A particularly salient issue is the difficulty of implementing co-learning strategies at the university level (Al Khateeb, 2019) and the lack of conceptualization of critical digital literacy in virtual environments for language teacher education (Bilki, Satar, & Sak, 2023). Interestingly, the transition from manual to online feedback introduces challenges but also new opportunities for self-directed use of technology among educators and learners (Ding & Chew, 2019). The use of machine translation by students, driven by a feeling of being overwhelmed and societal messages about its effectiveness, highlights tensions and implications for curriculum design (Hellmich & Vinall, 2021).

- **Perceptions.** The perceptions surrounding digital literacies in language learning also emerged as a strong theme (Asención-Delaney et al. 2022; Nabhan, 2021; Tour, 2020). Teachers become more aware of patterns in language, use authentic language, and expand their teaching techniques and knowledge of dialectal varieties, indicating a broadening perspective towards language teaching (Asención-Delaney et al. 2022). However, a study found that pre-service teachers' conceptions of digital technologies were often limited to the use of online tools, lacking a critical perspective (Nabhan, 2021). In a different light, digital literacies were perceived to supplement what teachers lacked, providing instances of authentic materials, thereby hinting at their transformative potential in language education (Tour, 2020).

- **Opportunities.** The opportunities present in the field of digital literacies in language learning are vast and varied, providing promising avenues for future research and practice (Cong-Lem, 2019; Erin, et al., 2022; Gayatri et al., 2023; Giralt, Murray, & Benini, 2022; Santos, et al., 2018). For example, Problem-based Learning (PoBL) education has been found to enhance various aspects of EFL learning, including foreign language achievements, metacognitive skills, self-regulated learning, assessment literacy, and digital skills (Cong-Lem, 2019). Blended learning emerged as an effective approach for integrating sustainable development concepts into EFL instruction (Gayatri, et al., 2023). Virtual environments, on the other hand, offered learners multicultural experiences and opportunities for cultural dialogues (Giralt, Murray, & Benini, 2022). Such findings signify the transformative potential digital literacies hold for the field of language learning and teaching.

This multifaceted exploration of digital literacies in language teacher training uncovers a complex landscape that is as promising as it is challenging, illuminating avenues for future research, policy, and practice.

4.6. Suggested directions for future research

While the existing body of research provides insights into digital literacies in language teacher training, the publications often highlight areas that might benefit from further exploration. This section discusses some avenues for future research that have been suggested across the studies, falling into three categories: *pedagogical implications and teacher training, methodological and geographical expansion,* and *technological incorporation and adaptation.*

- **Pedagogical implications and teacher training.** A significant number of the reviewed publications point towards the need for enhanced teacher training and development. Some suggest that this training should specifically focus on how to plan and conduct lessons in virtual teaching environments (Ağçam, Akbana, & Rathert, 2020) and others emphasize the importance of workshops, research projects, and professional development opportunities of corpus tools for language teaching (Asención-Delaney et al., 2022). A need for training on the affordances and limitations of data-driven learning to enhance language teachers' digital and pedagogical literacies was proposed by Krajka (2021). Nuanced practical guidelines for teaching in a digitally mediated world were called for by Tour et al. (2021).
- **Methodological and geographical expansion.** Several publications recommend that future research expands methodologically and geographically. There is a suggestion for comparative analyses of digital storytelling effects on different genders and cultures (Al Khateeb, 2019), or for more research into telecollaboration and translanguaging to encourage global communication (Chun, 2019). A need for exchanges outside Western countries and for immersive environments to foster technologically mediated intercultural learning was highlighted by Lewis and O'Dowd (2016).
- **Technological incorporation and adaptation.** This theme encapsulates the suggestions about the integration and utilization of technology in language learning and teaching. The idea of teachers bridging the gap between formal and informal digital learning contexts was proposed by Bigot et al. (2021), and the exploration of online feedback's effectiveness in comparison with other feedback forms was suggested by Ding and Chew (2019). There are calls for exploring how language learners' online identities can be scaffolded (Pitura & Terlecka-Pacut, 2018) and how teachers can encourage students to produce and remix content to develop higher-order digital literacies (Leier & Gruber, 2021).

While these are prominent themes across the publications, some offer unique proposals. These include exploring the sociopolitical aspects of virtual environments (Hauck, 2019), investigating the motivations of students who use machine translation (Hellmich & Vinall, 2021), or focusing on understanding and addressing the contextual challenges in ICT adoption for language learning (Pham, 2020). These suggested research directions highlight the evolution of the field. As technology becomes more ingrained in our educational systems, these avenues for further exploration underscore the importance of continued research to support effective language teaching and learning in the digital age.

5. CONCLUSION

The evolution of digital technologies has indelibly transmuted the language teacher training landscape, rendering digital literacies as indispensable components of contemporary education. The COVID-19 pandemic thrust latent challenges into sharp focus, as teachers navigate a digital terrain fraught with inequity and division. The 2021 research surge in the review indicates increasing awareness; however, the subsequent dip in publications implies a need for continued scrutiny, particularly given the glaring lack of research involving minoritized/minority languages as target languages, an oversight that demands research into digital literacies tailored to underserved linguistic communities.

Our review reveals an overreliance on qualitative studies. While this approach provides valuable insights, it seems urgent to diversify, embracing quantitative and mixed-methods research. This methodological augmentation, harmonized with a more internationally inclusive perspective, promises to yield a more comprehensive depiction of digital literacies in language teacher education. By incorporating multiple lenses and casting a wider net geographically, we can better grasp complexities of digital literacies and language (teacher) education within varied socio-cultural contexts.

Navigating through the future trajectories of the field, three pivotal dimensions might guide our path: *refining pedagogical strategies*, *expanding the research landscape in terms of geography and methodology*, and *enhancing the integration of technology into teaching*. Proposals to improve teacher training, encourage global inclusion in research, and foster innovation in technology incorporation are promising steps forward. While significant progress has been made in unraveling the mysteries of digital literacies in language teacher training, there still exists uncharted territory. The intricate interplay between oracy and digital literacies, the rapid repercussion of the latest advancement of Artificial Intelligence (AI) capable of generating human-like text (Kohnke et al., 2023) and the resurgence of AR/VR remain largely unexplored, beckoning scholarly attention.

The ceaseless advance of technology urges academia to stay vigilant and proactive. As digital and physical realms increasingly intertwine, our mission is to ensure that language education remains relevant and empowering, embracing critical and responsible perspectives. Not only does this endeavor require us to keep pace with technology but to anticipate and guide its pathways, understanding its potential to shape the language learning and teaching of tomorrow.

6. REFERENCES

Ağçam, R., Akbana, Y. E., & Rathert, S. (2020). Dealing with Emergency Remote Teaching: The Case of Pre-service English Language Teachers in Turkey. *Journal of Language and Education*, 7(4), 16–29. https://doi.org/10.17323/JLE.2021.11995

Al Khateeb, A. A. (2019). Socially orientated digital storytelling among Saudi EFL learners: An analysis of its impact and content. *Interactive Technology and Smart Education, 16*(2), 130–142. https://doi.org/10.1108/ITSE-11-2018-0098

Arksey, H., & O'Malley, L. (2005). Scoping studies: towards a methodological framework. International Journal of Social Research Methodology, 8(1), 19–32. https://doi.org/10.1080/1364557032000119616

Asención-Delaney, Y., Collentine, J. G., Colmenares, J. J., & Urzúa, A. (2022). Training teachers to use corpus tools in the Spanish language classroom. *Journal of Spanish Language Teaching, 9*(2), 134–147. https://doi.org/10.1080/23247797.2022.2157082

Bigot, V., Ollivier, C., Soubrié, T., & Noûs, C. (2021). Introduction - Digital literacy, thinking about a language education open to the world | Introduction. - Littératie numérique, penser une éducation langagière ouverte sur le monde. *Lidil, 63.* https://doi.org/10.4000/LIDIL.9181

Bilki, Z., Satar, M., & Sak, M. (2023). Critical digital literacy in virtual exchange for ELT teacher education: An interpretivist methodology. *ReCALL, 35*(1), 58–73. https://doi.org/10.1017/S095834402200009X

Chun, D. M. (2019). Current and future directions in TELL. *Educational Technology and Society, 22*(2), 14–25.

Cong-Lem, N. (2019). Portfolios as learning and alternative-assessment tools in EFL context: A review. *CALL-EJ, 20*(2), 165–180.

Dagienė, V., Jasutė, E., & Dolgopolovas, V. (2021). Professional development of in-service teachers: Use of eye tracking for language classes, case study. *Sustainability, 13*(22). https://doi.org/10.3390/su132212504

Darvin, R. (2016). Language and identity in the digital age. In The Routledge Handbook of Language and Identity (pp. 523–540). Routledge.

Ding, S. L., & Chew, E. (2019). Thy word is a lamp unto my feet: A study via metaphoric perceptions on how online feedback benefited Chinese learners. *Educational Technology Research and Development, 67*(4), 1025–1042. https://doi.org/10.1007/s11423-019-09651-w

Erin, J., Brogan, K., Clerc-Gevrey, M.-C., Minardi, S., & Štiberc, L. (2022). Setting up Whole-school Policies and Practices through a Symbiotic Approach to Language Matters. *Iranian Journal of Language Teaching Research, 10*(3), 97–117. https://doi.org/10.30466/ijltr.2022.121228

Gayatri, P., Sit, H., Chen, S., & Li, H. (2023). Sustainable EFL Blended Education in Indonesia: Practical Recommendations. *Sustainability, 15*(3), 2254. https://doi.org/10.3390/su15032254

Giralt, M., Murray, L., & Benini, S. (2022). Global Citizenship and Virtual Exchange Practices. In *Global Citizenship in Foreign Language Education* (pp. 151–173). Routledge. https://doi.org/10.4324/9781003183839-10

Hafner, C. A., Chik, A., & Jones, R. H. (2015). Digital literacies and language learning. Language Learning and Technology, 19(3), 1–7. http://llt.msu.edu/issues/october2015/commentary.pdf

Hauck, M. (2019). Virtual exchange for (critical) digital literacy skills development. *European Journal of Language Policy, 11*(2), 187–210. https://doi.org/10.3828/ejlp.2019.12

Hellmich, E., & Vinall, K. (2021). FL Instructor Beliefs About Machine Translation. *International Journal of Computer-Assisted Language Learning and Teaching, 11*(4), 1–18. https://doi.org/10.4018/IJCALLT.2021100101

Iskandar, I., Sumarni, S., Dewanti, R., & Asnur, M. N. A. (2022). Infusing Digital Literacy in Authentic Academic Digital Practices of English Language Teaching at Universities.

Kohnke, L., Moorhouse, B. L., & Zou, D. (2023). ChatGPT for Language Teaching and Learning. RELC Journal, 1–14. https://doi.org/10.1177/00336882231162868 *International Journal of Language Education*, 6(1), 75–90. https://doi.org/10.26858/ijole.v6i1.31574

Krajka, J. (2021). Non-Native Teachers Investigating New Englishes. *Aula Abierta*, 50(2), 585–592. https://doi.org/10.17811/rifie.50.2.2021.585-592

Lankshear, C., Knobel, M., & Curran, C. (2012). Conceptualizing and Researching "New Literacies." In The Encyclopedia of Applied Linguistics (pp. 1–8). John Wiley & Sons.

Leier, V., & Gruber, A. (2021). Team New Zealand-Sweden-Germany: A joint venture exploring language learning in digital spaces. *The JALT CALL Journal*, 17(3), 298–324. https://doi.org/10.29140/jaltcall.v17n3.410

Lewis, T., & O'Dowd, R. (2016). Online intercultural exchange and foreign language learning: A systematic review. In *Online Intercultural Exchange: Policy, Pedagogy, Practice* (pp. 21–66). https://doi.org/10.4324/9781315678931-8

Mantiri, O., Hibbert, G. K., & Jacobs, J. (2019). Digital literacy in ESL classroom. *Universal Journal of Educational Research*, 7(5), 1301–1305. https://doi.org/10.13189/ujer.2019.070515

Mays, N., Roberts, E., & Popay, J. (2001). Synthesising research evidence. In N. Fulop, P. Allen, A. Clarke, & N. Black (Eds.), Studying the organisation and delivery of health services: Research methods. (pp. 188–220). Routledge.

Nabhan, S. (2021). Pre-service teachers' conceptions and competences on digital literacy in an EFL academic writing setting. *Indonesian Journal of Applied Linguistics*, 11(1), 187–199. https://doi.org/10.17509/ijal.v11i1.34628

Ollivier, C., Jeanneau, C., Hamel, M.-J., & Caws, C. (2021). When Language Education Meets Digital Citizenship | Citoyenneté numérique et didactique des langues, quels points de contacts ? *Lidil*, 63. https://doi.org/10.4000/LIDIL.9204

Özperçin, A., & Günay, D. (2020). Utilizing podcasting as a multimodal rehearsal task for fostering communicative competence of pre-service FLE teachers in Istanbul University- Cerrahpaşa. *Synergies Turquie*, 13, 27–44.

Pham, C. H. (2020). Narrative inquiry into language teachers' agentive adoption of information and communications technology. *CALL-EJ*, 21(3), 60–73.

Pitura, J., & Terlecka-Pacut, E. (2018). Action research on the application of technology assisted urban gaming in language education in a Polish upper-secondary school. *Computer Assisted Language Learning*, 31(7), 734–763. https://doi.org/10.1080/09588221.2018.1447490

Rowsell, J., Morrell, E., & Alvermann, D. E. (2017). Confronting the Digital Divide: Debunking Brave New World Discourses. Reading Teacher, 71(2), 157–165. https://doi.org/10.1002/trtr.1603

Santos, L. M. dos A., Kadri, M. S. El, Gamero, R., & Gimenez, T. (2018). Teaching English as an additional language for social participation: digital technology in an immersion programme. *Revista Brasileira de Linguística Aplicada*, 18(1), 29–55. https://doi.org/10.1590/1984-6398201811456

Shafiee, Z., Marandi, S. S., & Mirzaeian, V. R. (2022). Teachers ' technology -related self-images and roles : Exploring CALL teachers ' professional identity. Language Learning & Technology, 1, 1–20. https://doi.org/10125/73472

Soyoof, A., Reynolds, B. L., Vazquez-Calvo, B., & McLay, K. (2023). Informal digital learning of English (IDLE): a scoping review of what has been done and a look towards what is to come. Computer Assisted Language Learning, 36(4), 608–640. https://doi.org/10.1 080/09588221.2021.1936562

Tour, E. (2020). Teaching digital literacies in EAL/ESL classrooms: Practical strategies. *TESOL Journal, 11*(1). https://doi.org/10.1002/tesj.458

Tour, E., Creely, E., & Waterhouse, P. (2021). "It's a Black Hole . . .": Exploring Teachers' Narratives and Practices for Digital Literacies in the Adult EAL Context. *Adult Education Quarterly, 71*(3), 290–307. https://doi.org/10.1177/0741713621991516

Vazquez-Calvo, B., & Cassany, D. (2022). Prácticas letradas en línea. In C. López Ferrero, I. E. Carranza, & T. A. van Dijk (Eds.), Estudios del discurso / The Routledge Handbook of Spanish Language Discourse Studies (pp. 525–543). Routledge. https://doi. org/10.4324/9780367810214-42

Vazquez-Calvo, B., & Fernández-Regueira, U. (2019). Competencia digital y new literacies de jóvenes preadolescentes: diversidad en la apropiación. In A. Gewerc & E. Martínez-Piñeiro (Eds.), Competencia digital y preadolescencia. Los desafíos de la e-inclusión (pp. 139–154). Síntesis.

LOS MEMES EN LA CRISIS DE LA COVID-19: ANÁLISIS DE LOS USOS Y DE LAS INTERPRETACIONES SOCIALES

Cristina Vela Delfa[1]

1. INTRODUCCIÓN

Durante la segunda quincena de marzo de 2020 los teléfonos de los españoles se llenaron de imágenes humorísticas protagonizadas por rollos de papel higiénico. Los chistes virales sobre el coronavirus habían dejado de reflejar los supermercados arrasados en Italia y ya no circulaban fotos de excavadoras construyendo en tiempo récord hospitales de campaña en China: la situación española era ahora la protagonista de los memes de internet.

En este trabajo se analiza un corpus de memes, recogidos entre los meses de febrero y junio de 2020. Los memes que conforman este corpus fueron seleccionados mediante criterios temáticos, por lo que todos ellos tratan motivos relacionados con la crisis de la Covid-19, más particularmente, con el confinamiento domiciliario que se impuso en aquellos momentos.

El objetivo de este análisis es doble. Por un lado, se busca aportar una reflexión sobre el meme de internet como fenómeno característico de la cultura popular. Y, por otro lado, se acomete una clasificación de los temas que abordan los memes que circularon en España durante el confinamiento domiciliario del año 2020, a fin de identificar los marcos interpretativos sobre los que la sociedad española construyó la representación de la pandemia (Alonso González, 2021).

2. LOS MEMES DE INTERNET

Los memes de internet son un fenómeno semióticamente complejo, dado que incluyen signos de muy diversa naturaleza. Se trata mayoritariamente de imágenes fijas, acompañadas de texto o sin él. Aunque también hay memes que están constituidos únicamente por texto y otros en formato video. La heterogeneidad es una de las características del meme, De hecho, en palabras de Arango Pinto (2015, p. 115) la categoría *meme* puede incorporar "cualquier texto, imagen o video con cierto sentido humorístico que se comparte en las redes sociales".

Ahora bien, esta diversidad no es solamente formal. Desde el punto de vista del contenido, los memes también manifiestas una amplia variación. Y, si bien una amplia mayoría asumen

---

1. Universidad de Valladolid (España).

un punto de vista humorístico, otros prefieren situarse fuera del marco del humor y optan exclusivamente por la crítica social o política. En cualquier caso, tal y como apuntábamos anteriormente, el detonante común que tiene todos estos textos es la forma en que se producen y se difunden. Los memes son textos anónimos o de autoría no determinada que recrean muy a menudo fenómenos presentes en la agenda mediática del momento y que se comparten de persona a persona, es decir, mediante un proceso de viralización.

Es importante recordar que los memes dependen de un grupo de individuos para su transmisión y supervivencia (Pérez Salazar, 2014), puesto que no se replican, sino que son replicados por la comunidad que los usa. Los memes dependen, por tanto, de la viralización para su supervivencia y por eso encuentran en las redes sociales de en internet su espacio natural de desarrollo. Sin embargo, los memes no surgen con las redes sociales, sino que son un fenómeno más antiguo. Así, ya a principios del siglo XXI, Da Cunha (2007) propuso una taxonomía para explicar los memes que aparecieron en entornos de comunicación como los primitivos weblogs. Esta clasificación fue adaptada a las actuales dinámicas de difusión de las redes sociales por Pérez Salazar (2019). De hecho, Pérez Salazar (2017) sostiene que *comprender qué es y cómo funciona un meme no solo es útil para entender una importante tendencia cultural y comunicativa actual, sino el propio funcionamiento de lo que se ha dado en llamar web 2.0* (Ruiz Martínez, 2018, p. 997).

Según la clasificación antes aludida, los memes pueden organizarse teniendo en cuenta cuatro criterios: fidelidad, longevidad, fecundidad y alcance. La fidelidad hace referencia al espectro de variación que admite el meme. Distingue los memes que presentan una alta tasa de variación de los que se mantienen fieles al original y no permiten variaciones sobre el modelo de partida. Por su parte, el periodo de pervivencia del meme hace referencia a su longevidad: hay memes que se mantienen activos durante mucho tiempo mientras que otros tienen un periodo de actividad más breve. La fecundidad, sin embargo, tiene que ver con el proceso de propagación del meme. De manera que los memes más fecundos son los que se propagan de forma más rápida a diferencia de los que tiene una propagación más lenta. Para finalizar, el alcance refiere al área geográfica de difusión del meme: algunos memes son locales mientras que otros muestran una distribución global.

¿Por qué son importantes los memes? Precisamente porque las características que acabamos de señalar dan cuenta de cómo los memes contribuyen y mantienen determinadas visiones de la realidad, dado que contribuyen al establecimiento y mantenimiento de esquemas mentales asociados a determinados eventos sociales. Así, para explicar el papel de los memes en estos procesos, merece la pena recordar los conceptos propuestos por Goffman (1974). Este sociólogo considera que los individuos participan de unos esquemas de naturaleza cognitiva, esquemas compartidos por todos los miembros de la comunidad a la que pertenecen, que les permiten interpretar correctamente las situaciones, a pesar de la inherente complejidad de muchas de ella: son los marcos interpretativos o frames.

A partir de estos esquemas los individuos conforman sus propios esquemas, también conocidos como marcos, sobre los que se sustentan las estrategias de encuadre que sirven para entender y explicar un acontecimiento.

La existencia de estos marcos resulta fundamental para organizar las experiencias y, por tanto, para participarse en ellas. Pero, también, y al mismo tiempo, estos esquemas sirven para explicar un fenómeno complementario, y aparentemente opuesto, por el que un mismo acontecimiento puede ser interpretado de diferente manera por dos individuos distintos. Dado que los esquemas son producto de la experiencia social concreta de cada sujeto, los marcos constituyen representaciones mentales únicas, y pueden participar de modelos comunes o diferentes.

En este sentido, la propia estructura del meme de internet, basada en el contraste o la yuxtaposición anómala de dos textos que dialogan, constituyen en sí mismo un recurso cognitivo privilegiado para la configuración de estrategias de encuadre. En el caso particular de los memes gráficos, su estructura es el resultado de la superposición de uno o varios enunciados lingüísticos a una imagen fija. En muchas ocasiones la realidad representada por la imagen colisiona con la representada por las palabras y es, precisamente, en esta tensión en la que adquiere su significado el meme de internet. Al hacer converger dos realidades distintas, incluso contrapuestas, se destruyen significados, se rompen esquemas para reconstruirlos en la aparente incongruencia. Por ello, en los memes de la cultura digital, el efecto sorpresa y la reconstrucción de relaciones inesperadas, pero muy efectivas desde el punto de vista interpretativo, convierten en especialmente interesantes las propuestas de Entman (1993) y su concepción del encuadre como un conjunto de estrategias de selección, filtrado, énfasis y relación de la información. En definitiva, nuestro discurso construye la realidad social en un proceso de retroalimentación: los seres humanos construimos la realidad social con nuestro discurso y nuestro discurso refleja y comunica esta construcción (Pujante, 2017).

Por todo ello, consideramos que el caso de estudio que nos ocupa, el análisis de los memes que circularon en torno a la crisis de la Covid-19, puede darnos pistas sobre la manera en que los ciudadanos se representaron esta experiencia colectiva.

3. OBJETIVOS

El objetivo de este trabajo es analizar un corpus de 574 memes de internet, que abordaban temas relacionados con la crisis sanitaria de la Covid-19. Partimos de la hipótesis de que la observación del flujo de circulación de estos memes nos permitirá identificar los temas sobre los que se construyeron los puntos de atención informativa de los españoles durante el confinamiento domiciliario. Así, el principal objetivo de este estudio consistirá en la clasificación de dicho corpus de datos según las temáticas abordadas. Consideramos también que el análisis de contenidos de los memes no solo nos permite conocer los temas de interés del momento, sino que la manera en que estos fueron formulados ofrece luz para entender los procesos relacionales, que movilizan los sujetos, en la asignación del sentido. Por ello, el segundo de nuestros objetivos tiene que ver con la aplicación de la Teoría del Encuadre (Bateson, 1972), a fin de identificar los marcos que se manejaron en la experiencia del confinamiento.

4. METODOLOGÍA

En este trabajo se analiza un corpus conformado por 574 memes (n=574) en lengua española, recogidos entre el 25 de febrero de 2020 y el 5 de junio de 2020 en la red social Twitter. Todos los memes que componen nuestra muestra tratan sobre cuestiones relativas a la crisis del Covid-19, y más particularmente del momento relacionado con el confinamiento domiciliario. Para la conformación del corpus de trabajo se atendió a las particularidades del objeto de estudio. Así, los memes fueron recopilados a partir de una propuesta colaborativa surgida en Twitter mediante un álbum abierto titulado "Memes Coronavirus". En esta iniciativa participaron cuentas individuales de usuarios españoles, por lo que los memes que analizamos han tenido distribución al menos en territorio español. Partimos, por tanto, de una situación real no controlada por la investigadora sino surgida de una demanda nacida en una comunidad de usuarios de redes sociales que tenían curiosidad por conocer los memes que circulaban durante el confinamiento domiciliario. Los distintos suscriptores de este álbum colaborativo fueron depositando memes que iban siendo archivando de manera cronológica en la carpeta y compartidos con el resto de los miembros que estaban dados de alta en el directorio. La investigadora, en tanto que observadora participante, se unió al álbum colaborativo, pero no depósito ningún meme para que la muestra no se viera influida por los temas o los intereses propios de su esfera personal.

Una vez seleccionado el corpus, se procedió a un marcado manual, atendiendo los siguientes criterios: naturaleza del meme, estrategia de enunciación y contenido del meme. Las variables cualitativas fueron tabuladas y posteriormente organizadas en una planilla de Excel para poder abordar el conteo.

5. ANÁLISIS Y DISCURSIÓN DE LOS DATOS

A continuación, presentamos una síntesis de los principales resultados de análisis de la muestra de memes recogida.

Como comentábamos al principio de este capítulo, los memes son objetos semióticos muy heterogéneos. La muestra recogida refleja esa diversidad. Abundan aquellos en los que se combina texto e imagen fija (57,9%). De lejos, esta categoría es seguida por los que solo tienen texto (20,1%), los que muestran únicamente una imagen fija (12,1%) y, por último, los que consisten en video o imagen animada (10, %).

Recogemos tres ejemplos que ilustran la diversidad semiótica del meme.

Ejemplo 1, 2 y 3. Meme textual (sin imagen) y memes que combinan texto e imagen

El primero es un meme que solo tiene texto y los dos siguientes son memes que combinan una imagen con un texto. En el segundo caso, la imagen está dividida en dos y el texto se repite para crear una estructura de oposición o comparativa. Además, en él, el texto y la imagen se refuerza en la parte izquierda de la imagen y se contradicen en la derecha. El significado del meme reside precisamente en el efecto que provocan sendas combinaciones (Martínez, 2018). En este caso concreto, el meme busca trasmitir como el ejercicio de algunas profesiones no varió sustancialmente durante el confinamiento, al tratarse de trabajos que se realizaban desde casa y que, generalmente, eran ejercidos, según cierto estereotipo al que se alude, por gente solitaria, que no trabaja en equipo. El tercer ejemplo, por contraposición, busca ilustrar la idea contraria: que ciertas profesiones no eran compatibles con la idea del teletrabajo. Parte de una imagen absurda -una hormigonera en mitad del salón de casa al lado de un supuesto trabajador- junto con la frase "Empiezo el teletrabajo", con el objetivo de hacer patente la imposibilidad de ejercer algunas profesiones durante el confinamiento.

También hemos revisado cuestiones relativas a la selección del punto de vista discursivo. Vemos que un 27,7 % de los memes eligen la estrategia comunicativa la intertextualidad, es decir, se insertan en un entramado dialógico en que replican, revisan y retoman textos previos (Kristeva, 1969). Hemos de tener en cuenta que para que un meme funcione, la idea que transmite ha de ser fácilmente identificada por la comunidad interpretativa en la que va a circular el meme (Fish, 1992; Maffesoli, 1998). En muchas ocasiones los memes apelan a un referente previo conocido por los destinatarios. Se genera así un entramado de citas que dialogan en el interior del meme (Barthes, 1989), que sirve como un instrumento para la resignificación de signos culturales (Pérez Salazar, 2019, p. 3). Los siguientes memes de nuestro corpus son una muestra de estas estrategias.

Ejemplo 4 y 5. Memes con referencia intertextuales

El ejemplo 4 trata un tema recurrente en la muestra: la dificultad de conciliar las tareas del cuidado de los hijos con el teletrabajo, durante el confinamiento. La referencia intertextual a la que recurre es la película dirigida por Mel Gibson titulada *La pasión de Cristo* (2004) para resaltar el contraste entre la imagen del director y del actor, caracterizado de Cristo en su calvario. La imagen cobra sentido con el texto "Tus amigos sin hijos (Mel Gibson) explicándote (tú=Cristo en el calvario) cómo han sufrido el aislamiento". La imagen cobra todavía más sentido si, además, recordamos que las fechas de Semana Santa de 2020, en las que se rememora la creencia cristiana de la muerte y resurrección de Cristo, se vivieron con la población confinada

El ejemplo 5, por su parte, refiere a un episodio histórico relativo a la vida de Juana I de Castilla, que fue recluida en el castillo de Tordesillas en el que permaneció cuarenta y seis años, hasta su muerte. Desde el punto de vista discursivo el meme es sencillo: una foto y un texto que la resignifica. En este caso concreto la foto es un retrato de Juana I de Castilla y el texto "Juana I de Castilla y sus 46 años recluida en el castillo de Tordesillas viendo cómo hacéis el ridículo después de 4 días de cuarentena".

El efecto retórico de parte de los memes, entre ellos, los ejemplos 2, 3 y 4, se sustenta, en gran medida, en el efecto de contraste que se produce ente la imagen y el texto que la ilustra que contradice o contrasta con el contenido de la imagen.

Una cuestión directamente relacionada con la intertextualidad tiene que ver con el empleo de plantilla previas de memes para la creación de memes nuevos. En este sentido comprobamos que el 14,8 de la muestra consiste en la reelaboración de plantillas de memes. De todas formas, es un porcentaje pequeño, porque el empleo de plantillas es una estrategia muy recurrente en los memes de internet. Parece que, al tratarse de un evento tan poco común como lo fue la experiencia del confinamiento, la creación de memes nuevos, creados ad hoc con imágenes del momento, asumió cierto predominio. De todas maneras, aunque sea una estrategia no predominante, encontramos algunos reelaborados a partir de plantillas clásicas de memes. A continuación, algunos de estos ejemplos.

Ejemplo 6 y 7. Memes a partir de plantillas

A pesar de la idea generalizada de que los memes de internet buscan un efecto humorístico, no todos los memes tienen esta orientación. No obstante, de forma directa o indirecta buena parte de ellos sustentan su proceso de enunciación en esta estrategia. Por ello, decidimos otorgar relevancia a esta etiqueta en el marcado de nuestro corpus. Pudimos observar que el 92,3 de nuestra muestra selecciona una estrategia humorística o visto desde otro ángulo, casi un 8% de los memes no buscaban hacer humor.

Este dato cobra una especial relevancia si tenemos en cuenta la metodología empleada para la recogida de la muestra. La consigna que siguieron los colaboradores consistía en instales a compartir memes que hubieran recibido en el periodo analizado (el confinamiento domiciliario) y que estuvieran relacionados con la crisis sanitaria. Es decir, no se les daba una definición de meme, sino que se apelaba a la representación que ellos tuvieran de esta unidad.

Los datos compartidos por los informantes nos permiten comprobar que para algunos usuarios un meme no tiene necesariamente una orientación humorística, sino que cualquier archivo que se viralice por redes sociales puede considerarse un meme. Esta representación recupera el significado original del meme. Es interesante recordar que el fenómeno de los memes no se limita a la cultura digital. De hecho, lo que hoy se conoce como memes en la cultura popular, o siendo más específicos memes de internet, recupera en su nombre un término propuesto por Dawkins (1976) para hacer referencia a cualquier "unidad de transmisión cultural", dentro y fuera del ámbito digital.

La hipótesis de la mimética parte del establecimiento de un paralelismo entre el funcionamiento de los genes, que son las unidades garantes de la herencia biológica, y memes, responsables de los procesos de transmisión de la información cultural (Dawkins, 1976, Blackmore & Blackmore, 2000). Así, igual que los genes se transmiten de generación en generación, los memes se difunden mediante procesos de imitación, asimilación, enseñanza o apropiación (Arango Pinto, 2015, p. 115). Y, de igual manera que los genes se transforman en el proceso de réplica, los memes "no solo saltan de una mente a otra, sino que su contingente propagación es el resultado de decisiones más o menos conscientes" (Pérez Salazar, 2019, p. 3) es decir, se seleccionan en función de motivaciones concretas. En el caso concreto del confinamiento domiciliario vemos que determinadas consignas sociales se repiten porque se consideran apropiadas socialmente, por ejemplo, memes que buscan ridiculizar posturas disidentes. Tal es el caso del ejemplo 8 citado a continuación.

Ejemplos 8 y 9. Memes de carácter político, sin punto de vista humorístico

Llama la atención que los memes que no parten de un punto de vista humorístico tienen, mayoritariamente, temática política o social. Y sirven para denunciar actitudes o difundir consignas ideológicas. Los dos memes recogidos anteriormente (ejemplos 8 y 9) han sido elegidos precisamente porque defienden posturas contrarias: una negacionista y otras a favor de las medidas de aislamiento. También llama la atención, en relación con el ejemplo 9, el ámbito de difusión de los algunos memes, dado que este no solo está en inglés sino que alude a referentes propios de EEUU.

En realidad, la dimensión política del meme es muy importante. Y así parece que lo fue durante la crisis de la Covid-19, a juzgar por los datos arrojados por nuestra muestra. Un amplio subgrupo (67,5 %) del corpus se relacionaba, de forma paródica o contestataria, con cuestiones relativas a la actualidad política del momento. A continuación, recogemos algunos ejemplos representativos. En el primer grupo, incluíamos aquellos que tiene como objetivo el cuestionamiento o la crítica directa a las instituciones, los gobernantes o los partidos políticos.

En el meme 10 podemos encontrar una crítica velada a la institución monárquica a través de la frase "Yo me lavo las manos, ¿y tú?" que hace referencia al doble sentido de la expresión. Por una parte, podría ser un consejo útil para el momento, los médicos recomendaban el lavado de manos como medida profiláctica, pero también podría transmitir la idea de que se desentiende de los problemas. La interpretación crítica se vería reforzada por algunos detalles como el texto "Gobierno de África del norte" en lugar de "Gobierno de España". El meme 11 es un montaje de dos fotos de dirigentes del Partido Popular que se hicieron virales, y no estuvieron exenta de críticas, en aquel momento, por denotar cierta sobreactuación. En ese sentido remiten a una critica sutil a la actitud de estas figuras públicas ante la crisis sanitaria.

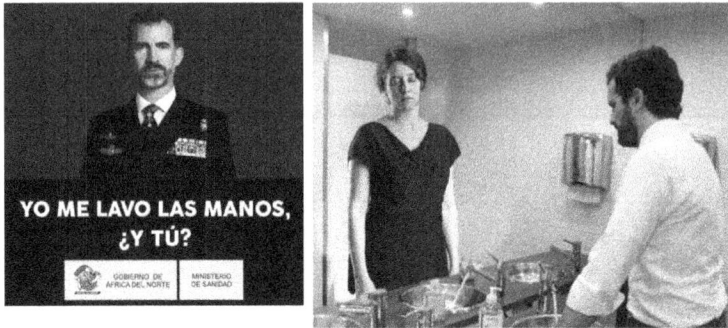

Ejemplos 10 y 11. Memes de carácter político y punto de vista humorístico

Pero también, más allá de la crítica directa a personas o instituciones concretas, encontramos otros memes que eligen realizar una crítica social más general, es decir, que, sin nombrar específicamente instituciones o partidos, remiten a consecuencias negativas de ciertas decisiones y, también, denuncian lo que a juicio del enunciador del meme es una injusticia. Tal podría ser el caso de los ejemplos que recogemos a continuación. El primero de ellos retoma una plantilla de memes clásica para indicar dos posturas encontradas en las que un colectiva asume una y desaprueba la otra. El segundo meme reelabora una foto de un presentador de telediario, al que se le achaca el gusto por lo juegos de palabras, para llevar cabo uno con el término mascarilla.

Ejemplos 12 y 13. Memes de crítica social

También abundan los memes que se ríen de algunas de las medidas excepcionales tomadas durante la crisis. Hay que tener en cuenta que debido a la excepcionalidad de la situación estas podían resultar especialmente cómicas si se reducen al absurdo. Seguidamente mostramos algunos casos ilustrativos de una en concreto (ejemplo 14 y 15): los anuncios periódicos sobre el alargamiento del confinamiento.

Ejemplos 14 y 15. Memes sobre medidas excepcionales

El primero de los memes apoya su humor en la utilización del meme de Julio Iglesias en el que se incluye el texto "Y lo sabes" junto con la afirmación "15 putos días más", para hacer referencia a algo que no admite discusión. El segundo alude a un juego de cartas infantil, muy conocido, llamado "Las cartas del uno" en el que una carta obliga a quien la saca a robar quince, acción que va acompañada del lema "chúpate quince". No obstante, llama la atención el hecho de que estos memes no manifiestan una crítica política tan evidente, incluso si utilizan imágenes que refieren de forma evidente a personas concretas, en el caso del meme 15, el presidente del Gobierno. En el caso del meme 14, la presencia del hashtag #yomequedoencasa, denota una adhesión y un acatamiento a las medidas de excepcionalidad adoptadas.

En algunos ejemplos encontramos una crítica velada a las estrategias de comunicación elegidas para transmitir la pertinencia de estas medidas junto con el cuestionamiento de su oportunidad y efectividad. Se trata de toda una serie de memes que bromean sobre la complejidad de las medidas tomadas en cada fase y sobre el propio proceso de desescalada que puso fin al confinamiento.

Ejemplos 16, 17. Memes sobre el proceso de desescalda

Por último, resulta interesante destacar un grupo de memes que se escapan de la crítica política y se centran en ofrecer una visión humorística de los cambios provocados por la crisis sanitaria en las rutinas cotidiana. Dadas las circunstancias en las que se produjeron, estos memes tienen una gran relevancia puesto que ejercen una función social. En ellos, se asume el humor como un recurso estratégico que permite a la comunidad que los comparte distanciarse de los acontecimientos que suceden en la escena social y política al funcionar como "píldoras de bienestar" (Mancera Rueda, 2020; Yus, 2021).

Ejemplos 18, 19, 20. Memes relativos a las rutinas cotidianas

Estos ejemplos refieren a dos ejes temáticos muy comunes en la muestra. Por un lado, las dificultades que entrañaba la convivencia continuada. El meme 18 hace referencia a la vida en pareja y el meme 20 a la convivencia familiar, particularmente con niños. Por otro lado, el meme 19 ilustra dos motivos muy comentados durante el confinamiento: el aumento de peso y el surgimiento de la afición por la cocina, particularmente, por la repostería, algo que tuvo hasta consecuencias en el suministro de harina.

Ejemplos 21 y 22. Ejemplos marcos previos

Algunos memes aprovechan estereotipos anteriores para revisarlos desde el marco de la Covid-19. Los ejemplos citados más arriba acuden a dos marcos previos para relacionarlos con las rutinas de la crisis. El 21 hace alusión a las personas caseras que, ya desde antes del confinamiento, permanecían mucho tiempo en casa, con el fin de marcar que su vida no ha cambiado sustancialmente. Para ello acude a una plantilla de memes de la serie de *Los Simpson*. Por su parte, el meme 22 se sustenta en el marco interpretativo según el cual en Burgos (clima continental) siempre hace frio. También acude a una plantilla de meme con intertextualidad cinematográfica. En este caso hace referencia a la película *El sexto sentido*.

Ejemplos 23, 24, 25. Ejemplos marcos propios

Por contraposición, otro subgrupo de memes alude a marcos que surgieron o se afianzaron durante el confinamiento. Así podemos verlo en los ejemplos siguientes. El 21 que alude a los perros como excusa para ir a pasear. El 24 retoma la costumbre de salir al balcón a aplaudir. Y, por último, el 25 recupera la obsesión por acumular algunos productos, entre ellos, el papel higiénico. En el meme 24 se recurre a una plantilla muy popular que tiene carácter narrativo. Por su parte el meme 25 hace una alusión intertextual al *Señor de los añillos* y a un frase de esta obra "Mi tesoro"

6. DISCUSIÓN Y CONCLUSIONES

Este es un estudio exploratorio que nos ha permitido ofrecer un análisis preliminar de los principales temas y estrategias empleadas en los memes compartidos durante el confinamiento domiciliario impuesto en España por la crisis sanitaria de la Covid-19. Se ha visto que, en la representación del meme compartida por la mayoría de los informantes, se prioriza el meme con contenido humorístico, aunque también conciben el meme como un instrumento de crítica social y política en el que no se empleen estrategias humorísticas. También, se ha visto que junto con la variación temática, el meme de internet presenta una importante heterogeneidad semiótica, ya que dentro de esta categoría se incluyen tanto imágenes fijas como en movimiento, con o sin texto.

En cuanto a las temáticas, hemos identificado tres ejes fundamentales. Dentro del grupo de memes políticos, encontramos alusiones directas a ciertas instituciones o personas, pero también otros memes que abordan una crítica social más general. Estos memes tienen un importante sesgo ideológico que no ha sido analizado en este trabajo, pero que podría abordarse en análisis posteriores. Así, resultaría necesario estudiar las características de la comunidad concreta que ha participado en la cesión de la muestra, ya que sus rasgos resultan fundamentales para comprender el ámbito de difusión de un meme en concreto. A pesar de que, en los memes de internet, los grupos que permiten extenderse a los memes son muy heterogéneos y suelen entrar en relación entre si través de diferentes redes sociales, como es el caso que nos ocupa, el sesgo ideológico siempre está presente. De alguna manera, la vinculación entre los miembros de la comunidad que comparte el meme es requisito indispensable para la supervivencia del meme, al tiempo que el propio meme funciona como un instrumento de cohesión del grupo. Esto ha llevado a algunos autores a considerar que los memes funcionan como cámaras de eco que refuerzas y amplifican las creencias de una comunidad concreta (Milner, 2013; Shifman, 2014). Los amplifican así ciertas interpretaciones y esconden otras, simplemente porque unas llegan a través de las personas con las que se comparten vínculos y otras se escapan de este círculo. Esta es la razón por la que ciertos marcos se afianzan en parte de la sociedad mientras que las versiones opuestas simplemente dejan de estar disponibles.

En este sentido, estudiar los memes que envía y recibe un individuo dice mucho sobre las redes de vinculación que mantiene.

Por último, más allá de los memes políticos, en la muestra analizada hemos encontrado un grupo número de memes que trataban sobre cuestiones relativas a la cotidianidad del confinamiento. Estos memes asumían un marcado carácter humorístico que como aludíamos más arriba asume una dimensión atenuante ante las dificultades experimentadas durante el confinamiento. Esta función paliativa de los memes resulta fundamental en el caso que nos ocupa en este trabajo, el análisis de los memes que circularon en torno a la crisis de la Covid-19 en España.

Estos memes vinculados de forma directa con el confinamiento domiciliario son probablemente los más relevantes en nuestro estudio, porque nos permiten intuir las interpretaciones sociales que se construyeron del fenómeno en lo concerniente a la experiencia cotidiana. Como apuntábamos más arriba los memes trataban de dar una visión positiva del confinamiento al tiempo que permitían distinguir grupos de referencia en función de la manera en que habían sido influidos por el confinamiento; por ejemplo, la diferencia entre confinamiento con o sin niños o confinamiento con o sin teletrabajo o los contrastes entre determinadas profesiones son temas recurrentes en la muestra.

En síntesis, en este capítulo se han presentado algunos ejemplos que dan cuenta de los principales temas que se abordaban en los memes que los españoles compartieron durante el confinamiento domiciliario por la crisis de la Covid-19 y hemos analizados los marcos interpretativos que traían aparejados.

7. REFERENCIAS

Alonso González, M. (2021). Desinformación y coronavirus: el origen de las *fake news* en tiempos de pandemia. *Revista de Ciencias de la Comunicación e Información*, 26, 1-25. https://doi.org/10.35742/rcci.2021.26.e139

Arango Pinto, L. (2015). Una aproximación al fenómeno de los memes en Internet: claves para su comprensión y su posible integración pedagógica. *Comunicação mídia e consumo*, *12*(33), 109-131.

Barthes, R. (1989). *The rustle of language*. Univ of California Press.

Bateson, G. (1972). A theory of play and fantasy. MIT Press. Boston, MA.

Blackmore, S., & Blackmore, S. J. (2000). *The meme machine*. Oxford Paperbacks.

da Cunha Recuero, T. (2007). Memes em weblogs: proposta de uma taxonomía. *Revista famecos*, *14*(32), 23-31.

Dawkins, R. (2002, 1976). *El gen egoísta. Las bases biológicas de nuestra conducta.* Salvat.

Entman, R. M. (1993). Framing: Towards clarification of a fractured paradigm. *Journal of Communication,* *43*(4), 390-397. https://doi.org/10.1111/j.1460-2466.1993.tb01304.x

Fish, S. (1980). *Is There a Text in This Class?* Cambridge University Press.

Goffman, E. (1974). *Frame analysis: An essay on the organization of experience.* Harvard University Press.

Kristeva, J. (1969). *Semiotiké. Recherches pour une sémanalyse.* Seuil.

Mancera Rueda, A. (2020). Estudio exploratorio de las estrategias de encuadre discursivo en memes humorísticos publicados en Twitter durante las elecciones generales de noviembre de 2019 celebradas en España. *Dígitos,* 6, 197-207.

Maffesoli, M. (1990). *El tiempo de las tribus.* Icaria.

Milner, R. M. (2013). Pop polyvocality: Internet memes, public participation, and the Occupy Wall Street movement. *International journal of communication,* 7, 34.

Pérez Salazar, G., Andrea Aguilar E. & Guillermo Archilla, M. (2014). El meme en internet: usos sociales, reinterpretación y significados, a partir de Harlem Shake. *Argumentos,* 75, 79-100.

Pérez Salazar, G. (2017). El meme en Internet. Identidad y usos sociales. *Chasqui Revista Latinoamericana de Comunicación,* 136, 412-413

Pérez Salazar, G. (2019). Competencias digitales y memes en Internet: Reflexiones en torno a la práctica docente. En N., Rey Somoza, & M., Marmolejo. *Viralizar la educación: Red de experiencias didácticas en torno al meme de Internet* (pp. 109-129). Pontificia Universidad Católica de Ecuador.

Ruiz Martínez, J. M. (2018). Una aproximación retórica a los memes de internet. *Signa: Revista de la Asociación Española de Semiótica,* 27, 995-1021.

Shifman, L. (2014). The cultural logic of photo-based meme genres. *Journal of visual culture, 13*(3), 340-358.

Yus, F. (2021). Pragmatics of humour in memes in Spanish. *Spanish in Context, 18*(1), 113-135.

CÓMO HA CAMBIADO *WECHAT* TRAS SU PRIMERA DÉCADA

Chenlu Wang[1], Estrella Martínez-Rodrigo [1], Francisco García-García[2]

1. INTRODUCCIÓN

En la actualidad, el carácter indispensable de la utilidad que proporcionan las funciones ofrecidas por las numerosas mensajerías instantáneas no puede ser ya cuestionado. La investigación se centra en una de ellas, *WeChat*, que cuenta a día de hoy con más de 1.300 millones de usuarios, principalmente de origen chino, lo que la convierte en la segunda mensajería más utilizada a nivel mundial (Statista, 2023). Fue creada en 2011 por Tencent, empresa líder en tecnología china, y desde entonces, su crecimiento respecto al número de usuarios es impresionante. Mientras que Facebook y Twitter necesitaron 54 y 49 meses respectivamente para alcanzar los 100 millones de usuarios, *WeChat* alcanzó esa cifra en tan solo 15 meses (Lamaoyangjin, 2018). También su oferta funcional ha ido creciendo de forma progresiva, pasando de ser simplemente una mensajería, a convertirse en una *superapp*, con una amplia gama de servicio: reparto de comida, reserva de vuelos y hoteles, videojuegos, transferencias bancarias y pagos con códigos QR entre otros (Roa *et al.*, 2021).

En su primer año, diseñada como una mensajería instantánea, tenía la capacidad de enviar mensajes de texto, fotos y vídeos, emojis o *stickers*; también se agregó la posibilidad de participar en *chats grupales* de hasta 20 participantes, aunque, posiblemente, a su creciente popularidad en China hayan contribuido en gran parte los mensajes de voz, una innovadora función muy bien acogida por sus usuarios.

A pesar de su vertiginosa difusión y su innegable calidad, esta aplicación no ha sido suficientemente considerada en los estudios académicos, y la escasa atención que se le ha prestado se limita casi de manera exclusiva a compararla con otras redes similares. Por ejemplo, la investigación realizada por Zhang *et al.* (2017) analiza la seguridad de tres aplicaciones: WhatsApp, *WeChat* y Telegram, mientras que Rathi *et al.* (2018) se centra en el mismo tema, esta vez respecto a *WeChat*, Telegram, Viber y WhatsApp. Se enfoca este último caso en las características de almacenamiento de datos en el sistema de archivos de Android, haciendo referencia a su uso como pruebas legales en asuntos jurídicos presentados ante los tribunales y las implicaciones forenses de las mensajerías.

---

1. Universidad de Granada (España)
2. Universidad Complutense de Madrid (España)

Y las investigaciones sobre la propia *WeChat* es relativo al ámbito comercial. En los estudios realizados por Tang *et al.* (2021) y Zhang (2019), se examinan los factores que explican la adopción de los pagos móviles por parte de los consumidores, función que explica, en parte, el creciente éxito de la mensajería. También se ha abordado la utilidad para el aprendizaje de esta plataforma; por ejemplo, en el estudio realizado por Busteed (2022), donde se aventura que mediante el uso de la comunicación informal a través de *WeChat* se refuerza el proceso de captación de contenidos. Y, por supuesto, según Cao (2020), no se puede obviar el hecho de que, debido a su inmediatez y alcance, *WeChat* es un medio de comunicación idóneo para acceder a una información actualizada.

WeChat ha procurado evolucionar en consonancia con las posibilidades tecnológicas de cada momento, ya sea dando respuesta a las necesidades de los usuarios o incorporando novedades aparecidas en mensajerías similares. El año 2021 fue especialmente significativo, ya que, aprovechando su décimo aniversario, *WeChat* lanzó la versión 8.0 con una interfaz de inicio renovada. En esta nueva versión, se presentan palabras en la página de inicio que hacen referencia a diferentes situaciones emocionales: "te veo"; "veo sonrisas en los rostros"; "veo fuegos artificiales"; "veo una canción"; "veo lo que tú ves". Todas estas frases que utilizan el verbo "ver" enfatizan la importancia de comunicarse de manera visual, anticipando su importancia en las inminentes nuevas funciones de los próximos desarrollos. El viraje que supone esta última versión marca un punto de inflexión en la evolución tecnológica de la empresa y en las prioridades de su desarrollo. Teniendo en cuenta los antecedentes en este estudio, se pretende analizar la dirección en que se está desarrollando *WeChat* desde su décimo aniversario, es decir, desde 2021 hasta la fecha actual.

2. OBJETIVOS

Los objetivos de esta investigación son los siguientes: 1) Explorar las funciones ofrecidas por *WeChat* en 2021; 2) Investigar y analizar la evolución de esta aplicación después de su décimo aniversario hasta la fecha actual; y 3) Descubrir en qué dirección pretende avanzar, con el fin de averiguar su tendencia de desarrollo de la mensajería.

3. METODOLOGÍA

Se ha seleccionado para esta investigación el período transcurrido desde su décimo aniversario hasta el momento presente, en concreto, los años 2021, 2022 y 2023. La muestra está constituida por las actualizaciones de esta mensajería durante el periodo indicado. La fuente principal de este estudio es el propio blog de *WeChat* (*WeChat*, s.f.), que actualiza y publica cada vez los cambios que se producen.

Mediante una metodología cualitativa, comparativa y observacional, similar a la empleada por Zhang *et al.* (2019) en su investigación sobre publicidad en *WeChat*. Y en este estudio, se han seleccionado una serie de categorías que han ayudado a comparar las funciones existentes en *WeChat* antes de 2021 con los cambios ocurridos después de 2021 hasta el momento actual, así como también definir la estrategia de *WeChat*. A continuación, se detallan estas categorías.

- **Comunicación individual**: intercambio de mensajes entre dos personas, analizando las diversas funciones para este tipo de chats: llamadas individuales, mensajes de voz, envío de imágenes, documentos o videos, entre otras.

- **Comunicación colectiva**: según la definición de Ministerio de Educación y Ciencia (CNICE) (s.f.), las comunicaciones colectivas involucran a más de dos personas, ya sea un emisor y varios receptores, varios emisores y un receptor, o varios emisores y receptores. Algunas de sus funciones relativas son el "chat grupal", los "momentos", y el "estado visible para amigos por 24 horas". En "momentos", los usuarios pueden publicar textos, imágenes, vídeos, realizar comentarios y compartir enlaces. Se permite interactuar con la publicación mediante comentarios y "me gusta", si bien, dado su carácter privado, tan solo es visible para sus "amigos", tanto el propio mensaje como los comentarios anexos, a menos que se active una excepción para hacer accesibles de forma general sus últimas 10 publicaciones. La función de "estado visible para amigos por 24 horas" se diferencia de la función de "momentos" en que los estados publicados por los usuarios desaparecen después de 24 horas.

- **Instrumentos**: ajustes para posibilitar una experiencia personalizada a los usuarios. Entre las opciones se incluyen las "herramientas de imágenes", el "modo de controles parentales", y el "modo sencillo", etc. El "modo de controles parentales" se centra en proteger a niños y evitar que estén expuestos a influencias negativas, como la adicción a la aplicación. En este modo, los padres pueden restringir el acceso de sus hijos a ciertas funciones dentro de la aplicación. Estas restricciones tienen como objetivo limitar el acceso de los niños solo a aquellas funciones que sean consideradas apropiadas y adecuadas para satisfacer sus necesidades básicas y garantizar una experiencia más segura y adecuada para su edad. Y el "modo sencillo" está diseñado para personas mayores o con discapacidad, brindándoles una interfaz más simple y accesible.

4. RESULTADOS

Se exponen, en una primera sección, las funciones existentes en 2021 que habían sido incorporados en *WeChat* durante la primera década de existencia y, a continuación, se analizan en la siguiente sección los cambios efectuados desde entonces hasta el presente año 2023.

4.1. Funciones agregadas durante la primera década de *WeChat*

Anteriormente se ha citado las funciones con las que contaba *WeChat* en su primer año, funciones básicas y necesarias para el normal funcionamiento a la hora de establecer una comunicación en los chats, ya fueran individuales o grupales. Sin embargo, el propósito de *WeChat* siempre ha sido traspasar los umbrales de una simple aplicación de mensajería y, en consecuencia, ha incorprado las diversas funciones que supongan una mejora en su oferta y una mayor utilidad para los usuarios.

Las funciones agregadas desde 2012 hasta 2021 son las siguientes:

- "momentos" (2012): permite a los usuarios publicar sus estados y mantenerlos visibles sin que desaparezcan automáticamente;
- "llamadas" (2012);
- "función de pago" (2013);
- "cuentas oficiales" (2013): canales de difusión de artículos, donde se publican noticias y contenidos relativos a organizaciones o líderes de opinión;

- "miniprogramas" (2017): sub-aplicaciones integradas en *WeChat* cuyo acceso no necesita la descarga o instalación de aplicaciones adicionales;
- "canales de vídeo" (2020);
- "modo de controles parentales" (2020): facilita a los padres el control sobre las actividades de sus hijos en la aplicación, dándoles la posibilidad de restringir ciertas funciones a los menores por inadecuadas o inseguras.

Analizando los cambios ocurridos en su primera década, se puede observar que, en realidad, la aplicación no experimentó una evolución significativa cada año. Durante los diez años, se ve una tendencia en la que, en determinados años, se crearon unas funciones importantes, y después de unos años, se centraron en mejorarlas, sin agregar nuevas funciones destacadas. Además, *WeChat* no se limita solo a la comunicación, sino que también los usuarios la utilizan para realizar pagos en la calle y acceder a noticias e información accesible en la sociedad.

4.2. La evolución de WeChat de 2021 a 2023

A propósito del análisis de los cambios de esta mensajería durante el periodo analizado, se pueden resaltar los cambios en los siguientes aspectos: *comunicación individual*, *comunicación colectiva*, *instrumentos*.

4.2.1. Comunicación individual

Desde 2021 no se aprecian cambios importantes en lo relativo a la comunicación individual de la mensajería. Tan solo se ha realizado alguna modificación en 2022, que ha pretendido mejorar la función de "videollamadas individuales". Principalmente se trata de proporcionar a los usuarios diversas opciones a la hora de realizar una videollamada, opciones que ya estaban incorporadas en otras mensajerías de la competencia. Se puede destacar, a modo de ejemplo, la capacidad de hacer el fondo borroso, con el fin de proteger la privacidad de los usuarios; o la capacidad de abrir o cerrar la cámara; o la posibilidad de invertir la dirección de la cámara. En todo caso, el hecho de centrar sus cambios en las videollamadas muestra que, a partir de la versión 8.0, los desarrolladores animan a que los usuarios hagan uso de las ofertas de comunicación visual de la aplicación.

Tras el lanzamiento de esta versión, también se prestó atención a mejorar la comunicación individual en la función de "mensajes de voz", permitiendo a los usuarios reanudar la reproducción desde donde la pausaron. Sin embargo, no han estimado conveniente incorporar la barra de progreso de voz, a pesar de que se trata de un servicio ampliamente demandando por los usuarios.

Todavía en el transcurso del año 2022, la función de "fotos" tuvo también algunas modificaciones. Se amplió el número de fotos que pueden ser seleccionadas por los usuarios en una sola vez, desde las 9 hasta las 99 que pueden adjuntarse en un único envío, lo cual puede resultar eficaz en ciertas ocasiones que se necesite un alto número de imágenes, ya sea por cuestiones laborales, académicas, familiares o de ocio.

Y algunos meses más tarde, en esta misma función se ofrece información del tamaño de las imágenes, mejorando la opción ya existente de enviar imágenes originales sin que se vieran afectadas por la compresión. Este cambio permite a los usuarios hacer los cálculos correspondientes, evitando de esta forma los problemas de volúmenes excesivos.

La función de "vídeos", ha tenido tan solo dos mejoras, que han puesto el foco en mejorar su calidad. La más importante es la capacidad de enviar vídeos completos, en la misma sencilla forma que las fotos y sin que pierdan calidad durante el proceso de envío. La tendencia actual a utilizar videos cortos en el proceso de comunicación se ha puesto de moda tras el surgimiento y popularidad de TikTok, por lo que *WeChat* ofrece la capacidad de apuntarse a los nuevos formatos, que, según Zhang *et al.* (2023), se han convertido en la principal forma de expresión de la época actual. Sin duda se puede a asistir, en los próximos años, al interés generalizado por parte de diversas empresas de Internet a una mejoría progresiva de la tecnología relativa a los videos.

4.2.2. Comunicación colectiva

En cuanto a los cambios en la comunicación colectiva durante los últimos tres años, *WeChat* ha implementado numerosas actualizaciones anuales, centrándose en tres funciones: "estado visible para amigos por 24 horas", "momentos" y "chats grupales".

En su décimo aniversario, celebrado el 19 de enero de 2021, *WeChat* lanzó una nueva función que denominaron "estado visible para amigos por 24 horas". Se trata de una función muy similar a la de estado de WhatsApp, la mensajería que ocupa el primer lugar en el número de usuarios a nivel mundial; su propósito es permitir a los usuarios compartir fotos, vídeos, e incluso música. Sin embargo, para diferenciarse de otras mensajerías, añade una novedad en el proceso de compartir: debe elegirse en primer lugar en emoticono que exprese el estado de ánimo del usuarios en ese momento (ver figura 1); los desarrolladores ofrecen una gran cantidad de estados de ánimo de manera visual, lo cual puede tener una mayor incidencia en el proceso comunicativo, tal como indican Leal-Fernández y Ruiz San Román (2023, pp. 124): "las neuronas espejo generan mayores sentimientos de empatía ante los relatos en imagen que ante la palabra". Una vez que se selecciona el estado, y se publica en su cuenta, la aplicación muestra al usuario aquellos contactos que se encuentran en la misma situación, lo cual puede ayudar a encontrar amigos con los que identificarse emocionalmente y entablar conversaciones. Progresivamente, *WeChat* ha ido ampliando los estados de ánimo ofrecidos, e incluso permite a los usuarios "personalizar estados", de tal forma que puedan incluir el suyo propio, si no quieren elegir entre los establecidos.

Figura 1. Estados por 24 horas. Fuente: Elaboración propia.

También se fomenta la interacción entre usuarios mediante la función de "estado visible para amigos por 24 horas", nueva oferta que persigue el objetivo de brindar una nueva forma de explorar temas comunes entre contactos. En esta nueva función, los contactos pueden dar "me gusta" a los estados publicados, o bien hacer comentarios privados, es decir, visibles únicamente para las dos personas implicadas.

Por otra parte, la función de *momentos* es una función muy importante de la aplicación. En este espacio, los usuarios tienen la posibilidad de publicar sus estados en forma de texto, fotos/imágenes o vídeos, los cuales a diferencia de la función de "estado visible para amigos por 24 horas", permanecen visibles de forma indefinida si los usuarios no los eliminan.

En la nueva versión, "momentos" ha incrementado la duración permitida de los videos, de los anteriores 15 segundos a los 30 actuales, buscando con esta ampliación una mayor flexibilidad y creatividad en la creación y compartición de contenido audiovisual. Además, la cabecera de "momentos" admite a partir de entonces la utilización de videos en lugar de solo imágenes, siguiendo en su línea de fomentar los contenidos visuales. Una oferta interesante e innovadora relativa a las imágenes también guarda relación con los videos. Tras la ampliación del número de fotos (de 9 a 20) que pueden ser incluidas en una sola publicación, cuando se supera el límite de 9, la aplicación trasformará automáticamente las imágenes en un vídeo, utilizando plantillas recomendadas por la misma aplicación. Este nuevo servicio demuestra no solo la apuesta decidida de la aplicación por priorizar el uso del video, también su interés por ofrecer a los usuarios una experiencia más dinámica y atractiva, gracias a contenidos audiovisuales.

En los últimos tres años, la aplicación también ha evolucionado en el entorno de los "chats grupales", si bien no se han incluido cambios sustanciales en su capacidad de comunicación; las modificaciones pretenden optimizar la gestión de este tipo de chats, mejorando la organización de los mensajes dentro de los grupos o agregando funciones administrativas relativas a este tipo de chats.

Una de estas mejoras hace referencia a los avisos, un servicio muy parecido a los ya incluidos en WhatsApp con anterioridad. A partir de esta versión, cuando los administradores de *WeChat* publican un aviso, se notifica a todos los participantes del grupo mostrando un *banner* en la parte superior de los chats. Otro servicio añadido para los avisos es la posibilidad de solicitar, en un plazo de 2 minutos después de su publicación, la devolución de las notificaciones; esta posibilidad agiliza la gestión de los "chats grupales", ya que, si se comete algún error en el aviso, los administradores tienen la posibilidad de eliminarlo o editarlo partiendo del mensaje erróneo.

Otro avance relacionado con el aviso es que, cuando los administradores quieren dirigirse a todos los miembros del "chat grupal", con "@" se mostrará la notificación de "aviso grupal" para requerir una mayor atención de los participantes y ahorrar tiempo con una sola redacción del aviso.

Además de los avisos, los administradores pueden también fijar mensajes en la parte superior de los chats para llegar a todos los participantes. El número de mensajes aceptados es 5, si se supera esa cantidad, los nuevos mensajes enfatizados reemplazarán a los anteriores. Al hacer clic en uno de estos mensajes destacados, la aplicación llevará automáticamente a los usuarios al lugar original de ese mensaje, pudiendo así visualizar rápidamente la conversación completa donde se ha escrito.

Por añadidura, los usuarios también tienen la posibilidad de minimizar los mensajes para evitar que el chat se sature visualmente. Esta nueva función no se limita únicamente a mensajes de texto, incluye también mensajes de voz, *stickers*, fotos, videos e incluso ubicaciones. De nuevo, la tendencia en esta nueva versión a optimizar los elementos visuales en sustitución del texto.

Si bien se ha priorizado las funciones relativas a los administradores, también se han tenido en cuenta al resto de usuarios a la hora de interactuar en el chat grupal. Pueden, por ejemplo, teclear "@" una sola vez y a continuación el nombre de algunos participantes, que pueden ser más de uno, lo que mejora la eficiencia de la prestación anterior, donde se necesitaba mencionar a cada uno de ellos de manera individual.

Otro cambio destacado consiste en la opción de seguir especialmente a un miembro específico en un grupo sin notificaciones. Esto significa que, aunque los grupos estén silenciados y no existan avisos o mensajes de los administradores, los usuarios aún recibirán notificaciones únicamente cuando ese miembro específico publique un mensaje. Esto evita que pierdan mensajes del participante en el que se está interesado, ocultos en una abultada cantidad de intervenciones del resto de miembros. Priorizando la comunicación con un miembro en particular dentro del grupo, se reduce el ruido y se ofrece a los usuarios la posibilidad de tener un mayor control sobre la información que reciben.

Respecto a la organización de los diferentes "chats grupales" en los que esté inscrito un usuario, también se ha procurado mejorar su gestión, dado que todos ellos pueden ser agrupados en un solo apartado, a diferencia de la forma anterior que ofrecía cuadros individuales para cada uno de los chats. Cuando haya nuevos mensajes, solo se mostrará un punto rojo en ese apartado en lugar de múltiples avisos individuales por cada grupo. Además, puede tener diferentes apartados dependiendo de la relevancia que otorgue a los chats, un apartado de los menos importantes, otro de los de mediano interés, otros de los más prioritarios, etc. Una notable simplificación de la distracción que supone la llegada de numerosos mensajes a los usuarios.

El historial de los "chats grupales" es una herramienta importante para los usuarios ya que la información acumulada es muy voluminosa, y sus miembros no siempre son los mismos, ya que se producen continuamente bajas o nuevas incorporaciones. Consciente de estas características, la aplicación ofrece dos servicios nuevos para proteger la información. El primero se refiere a la opción de conservar el historial completo de un "chat grupal" en el momento de abandonar el grupo. EL segundo, incorporado en 2023, es ofrecer el historial de mensajes previos a los nuevos participantes en el grupo. De esta forma, el historial resulta accesible tanto para las bajas como para las altas de miembros en el grupo, sin que ella suponga una intromisión en la privacidad de los usuarios.

4.2.3. Instrumentos

En las "herramientas de imágenes" también se ha producido un avance significativo, especialmente en lo que respecta a identificar la información que contienen. Actualmente, debido a la relevancia cada vez mayor del aspecto visual en los diferentes terrenos de la sociedad, las imágenes no se consideran tan solo un elemento estético, sino que también pueden contener información importante, como códigos QR o mensajes evidentes o subliminales. La aplicación ha incluido ciertas maneras de identificar esta información, con el fin de ofrecer a los usuarios el acceso a un mayor número de contenidos en el momento de interactuar con las imágenes existentes en las diversas funciones.

A partir de la nueva versión, se ha avanzado mucho en la herramienta de "conversión de imágenes en textos", gracias a la cual los usuarios pueden generar un formato más comprensible y realizar una posterior actividad. Seleccionando cualquier palabra o frase extraída de la conversación en texto puede realizarse una búsqueda en Internet; si la información es un enlace, el usuario puede dirigirse a la página correspondiente con un simple clic en el enlace; si se trata de un número de teléfono, aparecerá la opción de "llamar" o "agregar a la lista de contactos del móvil"; y si se trata de una dirección de correo, se mostrará el botón de "enviar correo".

Si las palabras son de un idioma diferente al establecido de la aplicación, es identificado y se ofrece la opción de traducir. Por otra parte, los usuarios pueden deslizar hacia la izquierda o hacia la derecha para traducir las palabras en las imágenes sucesivas de manera continuada, lo cual mejora sensiblemente la forma anterior, donde el cambio de imagen obligaba a cerrar una y abrir la siguiente

A partir de 2023, se ha incluido un "buscador de imágenes" en los chats, con el cual los usuarios pueden indagar en los historiales dando como referencia las palabras contenidas en ellas. También se incluye la opción de encontrar imágenes describiendo sus características. Esta función es muy útil, y no puede encontrarse en la mayoría de las mensajerías similares. El desarrollo de una tecnología tan avanzada en *WeChat* para el tratamiento de imágenes en los "chats grupales" resulta de suma utilidad para los usuarios, ofreciendo sencillez, eficacia y ahorro de tiempo en operatividad.

A pesar de los numerosos avances en herramientas de identificación de imágenes, la aplicación todavía tiene dificultades para ofrecer diferentes posibilidades a la hora de abrir las imágenes. En junio de 2022 la aplicación había creado una función que permitía a los usuarios "abrir imágenes en los dispositivos cercanos", pero tras un mes de prueba, fue finalmente eliminada. A causa de algunos requisitos tecnológicos requeridos para esta función, existieron complicaciones a la hora de interactuar con diferentes tipos de dispositivos. Sin embargo, en diciembre de ese mismo año, la aplicación lanzó una función que permite abrir fotos en diferentes formatos, evitando de esta forma, aunque parcialmente, las dificultades anteriores. *WeChat* no ceja en mejorar la experiencia de su uso tanto para los emisores como para los receptores de su aplicación, incluso cuando no resulta sencillo sortear con éxito los problemas tecnológicos que genera el propósito de creación de nuevas e innovadoras herramientas.

Debe resaltarse también otra evolución importante en *WeChat*, que afecta a la gestión de "contactos". Si bien esta aplicación ha incorporado numerosas funciones de diversa índole, sigue siendo esencialmente una mensajería, por lo que realizar mejoras en este terreno puede facilitar el mantenimiento de una comunicación fluida entre usuarios mejorando así la experiencia en la red. Tras observar la totalidad de cambios en el apartado de "contactos", se puede apreciar que los desarrolladores procuran ofrecer una forma más rápida y fácil de gestionar las listas de contactos de la lista. A pesar de considerar su eficiencia indudable, se piensa que algunas herramientas pueden llegar a provocar un efecto negativo en las relaciones de amistad a largo plazo. De las cuatro herramientas incorporadas en 2022, dos afectan a las características de los contactos y las otras dos facilitan la eliminación de aquellos que se consideren inútiles u obsoletos.

De estas últimas, una de ellas permite "eliminar varios contactos al mismo tiempo", algo que no era posible con anterioridad. Proporciona una gran mejora en la experiencia de los usuarios, ya que es común acumular una gran cantidad de contactos inútiles con el tiempo, como los que a veces se agregan en la calle procedentes de campañas publicitarias y que, esporádicamente, provocan una limpieza en las listas de contactos. Además, esta nueva herramienta también previene la pérdida de usuarios, ya que la acumulación de contactos inútiles o información irrelevante puede dar la impresión de que la mensajería está llena de contenido basura y, por tanto, entrar en ella puede parecer una tarea un tanto indeseable por engorrosa, lo cual iría en contra de la propia aplicación cuya principal función es precisamente la mensajería.

Otra de las nuevas herramientas es la "indicación de los usuarios que cancelaron cuentas de *WeChat*". En lugar del nombre que tenía esa cuenta antes, ahora aparece la frase "usuarios que cancelaron sus cuentas de Weixin". Si se accede al perfil de uno de ellos, en lugar del número de la cuenta, se muestra una frase en letras rojas que indica: "el usuario ha eliminado la cuenta". Esta herramienta es de gran utilidad para identificar y eliminar contactos inútiles a los que siquiera es posible acceder. Además, se puede buscar la frase de "usuarios que cancelaron cuentas" o una parte de ella en el buscador y aparecerá una lista con los que cumplan esa característica, y a continuación, si se desea, eliminar todos a la vez.

Las otras dos herramientas, como ya hemos comentado, son para recordar con exactitud las características de los contactos. En la mensajería, siempre se necesita un paso de verificación para agregar un nuevo contacto, es decir, cuando una persona quiere ser contacto de otra, debe enviar una solicitud en la que es normal que incluya una frase para presentarse, a pesar de que esto no sea obligatorio. Actualmente, cuando los usuarios quieren aprobar alguna solicitud pendiente, pueden "seleccionar palabras en la frase de verificación del solicitante" y usarlas como etiquetas sin necesidad de escribir alguna nueva. Evidentemente, esta función tiene el propósito de ahorrar tiempo a los usuarios.

También se acepta, a partir de los recientes cambios, incluir "descripciones en los contactos". Con esta nueva herramienta, los usuarios pueden agregar, además de los comentarios o etiquetas ya existentes, textos o imágenes relativas al contacto que le identifiquen de una manera más completa. La personalización y enriquecimiento de la información asociada a cada contacto, fundamentalmente en lo relativo a la imagen o fotografía relativa, proporciona una manera efectiva y visual de mantener y fortalecer las relaciones con recuerdos más vívidos de los componentes de su lista de amigos. Esta herramienta demuestra otra vez la cuidadosa atención que los desarrolladores prestan a las necesidades de los usuarios y a una, cada vez más exhaustiva, oferta de nuevas funciones.

En 2022, *WeChat* ha mostrado especial atención hacia la optimización de su "almacenamiento". Ya se ha comentado la progresiva oferta de funciones en *WeChat* que la convierten en una aplicación que traspasa las barreras de una simple mensajería, para convertirse en una *superapp* que abarca diversos aspectos de la cotidianeidad del día a día. Sin embargo, es evidente que dicho crecimiento ha de provocar un aumento significativo en el tamaño de la aplicación, especialmente después del lanzamiento de las funciones de vídeo; así pues, la contrapartida de esta tupida oferta ha resultado en problemas de rendimiento que en ocasiones generan retardo por una escasa capacidad en la memoria o funcionamiento de algunos dispositivos.

Para abordar esta cuestión que embarra un tanto la imagen de *WeChat*, se ha ido reduciendo el "tamaño de los paquetes de descarga" a partir de la versión 8.0; tan solo en 2022, se han hecho 3 cambios. En septiembre de ese año, se redujo el paquete de descarga, y en los meses de noviembre y diciembre, el tamaño continuó disminuyendo de manera progresiva. En marzo de 2023, de nueva se ha llevado a cabo una reducción en el tamaño del paquete de descarga. Estas modificaciones en el almacenamiento tienen como objetivo principal garantizar que los usuarios pueden disfrutar de una experiencia fluida y sin problemas al utilizar la aplicación, incluso en dispositivos con capacidades de almacenamiento limitadas, de tal forma que se confirme el compromiso de la aplicación con la mejora continua y su adaptación a las necesidades de los usuarios. Reduciendo el tamaño de los paquetes de descarga se optimiza el espacio disponible y se minimiza el consumo de datos, lo que contribuye a una experiencia más eficiente y satisfactoria.

Pero, además de reducir el tamaño de la aplicación, los desarrolladores han creado diversas herramientas en el servicio de *almacenamiento* incluido en la función de configuración para resolver el posible problema de retardo. A pesar de que la opción de "*limpieza profunda*" ha sido eliminada con el fin de reducir peso en la aplicación siempre mantenga un estado más ligero, ha sido sustituida por nuevas opciones que permiten borrar el cache y los historiales de chats.

Se han creado tres apartados relativos de forma sucesiva, añadido el último de ellos en el año 2022. El primer apartado es "caché", donde se almacenan los datos temporales generados durante el uso de la aplicación, y cuya eliminación no afecta al uso normal de la red. El segundo apartado es "historiales de chat", donde los usuarios pueden borrar imágenes, videos y archivos o el historial completo del chat seleccionado. Y en el tercero, "otros datos", permite eliminar los archivos requeridos para ejecutar la aplicación y el historial de chat de otras cuentas que hayan iniciado sesión en el dispositivo, opción para la cual es necesario acceder a aquellas cuentas que han intervenido en el móvil del usuario.

Además de estas posibilidades relativas al almacenamiento, en algunos de los apartados ya existentes también se han incorporado diversas mejoras. En caché, se han clasificado todos sus tipos según las funciones, como "cuentas oficiales", "miniprogramas", "momentos", etc. Y en el apartado de "miniprogramas", los usuarios pueden optar por eliminar el caché específico de uno de ellos. Asimismo, en 2023 se han agregado tres filtros relativos a fecha, tipo y tamaño de los historiales, lo que facilita a los usuarios la búsqueda de uno concreto.

En "otros datos", además de la propia creación, se ha añadido una explicación anexa a este apartado. Después de observar todos los cambios realizados en esta función, se puede afirmar que los desarrolladores han sido muy minuciosos al considerar como efectuar las nuevas incorporaciones sin afectar al uso habitual ya conocido por los usuarios. No solo se han incorporado opciones para eliminar todos aquellos datos que ocupaban espacio en los historiales, sino que se proporcionan suficientes y sencillos recursos para que los usuarios puedan personalizar según sus necesidades, lo que garantiza la óptima fluidez de su manejo.

Sin embargo, a pesar de todas estas mejoras, es evidente que el problema de almacenamiento sigue siendo el gran obstáculo para un perfecto funcionamiento de la aplicación, ya que inevitable que una mayor carga de posibilidades suponga un aumento en el tamaño de la aplicación. Posiblemente se estén estudiando en la actualidad algunas posibilidades que supongan una solución a la hora de abordar este problema, por ejemplo, el almacenamiento en la nube.

Respecto al nuevo "modo de controles parentales" creado en 2020, también se han considerado diversas mejoras en este apartado en 2023, mejoras sumamente útiles y necesarias para prevenir la adicción o el uso inadecuado de los niños de la aplicación. Este modo incorpora medidas de control cada vez más rigurosas para garantizar la seguridad de los niños.

Ahora los padres pueden establecer una contraseña de tutor antes de habilitar el modo o realizar adaptaciones en su configuración. Sin este nuevo servicio los niños más avispados podrían realizar cambios por sí mismos cuando no tuvieran la compañía de sus progenitores, lo cual invalidaría por completo la propia función del modo. Y dado que los niños son especialmente susceptibles a ser engañados, podría derivar en la pérdida inconsciente de dinero debido a trampas y argucias de diversa índole bien elaboradas. En respuesta a esta posibilidad, en la nueva versión, los padres pueden establecer un límite de gasto, que, si bien no prohíbe por completo la función de pago, dada la necesidad de usar *WeChat* para realizar la mayoría de las compras, sí evita que los menores incurran en pérdidas económicas innecesarias. También se ha suprimido el icono para compartir música en el chat, con el propósito de eliminar elementos que puedan fomentar la adicción en los niños.

En otro orden de cosas, y tal como se ha apuntado en otro apartado, no se ha olvidado prestar la debida atención a los mayores y a las personas con discapacidad. En 2021 se creó el "modo sencillo", que resulta especialmente útil para usuarios con problemas de visión. Una vez que se habilita este modo, los usuarios pueden disfrutar de una fuente de mayor tamaño, colores más nítidos y botones mayores. También se ha implementado el servicio de "reproducción verbal de mensajes de texto", que permite a los usuarios tocar los mensajes de texto en los chats para escuchar su contenido. El modo es un valioso recurso para que las personas con discapacidad visual superen la dificultad que les supone utilizar una mensajería basada únicamente en el texto escrito. Si los usuarios tienen una visión parcial, pueden habilitar el modo que aumenta el tamaño de la fuente, y para aquellos usuarios que carezcan por completo del sentido de la vista, tienen la posibilidad de escuchar los mensajes en lugar de leerlos, lo cual les permite el uso de la aplicación.

5. CONCLUSIONES

Se ha estimado que mediante la descripción detallada que se ha realizado, tanto de la situación existente en 2021, como en la evolución de los últimos tres años, se ha dado cumplimiento a los objetivos que se ha propuesto en este trabajo.

Con relación al **primer objetivo**, las características existentes en esta aplicación en 2021 son las siguientes: "función de mensajes", "función de chat de grupo", "momentos", "llamadas", "función de pago", "cuentas oficiales", "miniprogramas", "canales de vídeo", "el modo de controles parentales".

A propósito del **segundo objetivo** señalado, repasando las numerosas incorporaciones con las que *WeChat* ha ido progresando en las características de la aplicación y en su conversación progresiva en una *superapp*, partiendo de una mensajería, se puede determinar cuáles son los propósitos que marcan su tendencia a un desarrollo más competitivo y adaptado a los tiempos, al progreso de la tecnología y a las preferencias de los usuarios.

En primer lugar, como no puede ser de otra manera, se ofrece preferencia a la propia operatividad de la mensajería, ya que es está la esencia de la aplicación. Pero se hace desde diversos ángulos: se incrementan las posibilidades en los chats, tanto individuales como grupales, se aumenta el tamaño de los envíos, se organiza la lista de contactos, se crean herramientas para padres o personas con problemas de operatividad, y se amplía la capacidad de los administradores en los chats grupales entre otras mejoras. Sin duda la mensajería de 2023 supera con creces las expectativas iniciales de Tencent.

Por otra parte, se apuesta decididamente por el aspecto visual, no solo en lo relativo a las propias imágenes, se ha recordado entre otras nuevas funciones su práctica conversación en textos, sino también y, sobre todo, en lo relativo a los videos. Se ha coincidido plenamente con los desarrolladores en considerar que se ha centrado en una nueva era de comunicación, donde la oferta visual debe sobresalir sobre la antigua preponderancia de los textos. Y es ahí donde entran con una fuerza arrolladora los videos. *WeChat* los incorpora y permite en diversas funciones, fundamentalmente en los chats, pero también en la presentación de apartados o perfiles, ya que su capacidad para mejorar la información y la comunicación es claramente más evidente en una sociedad que, por desgracia, cada vez ocupa menos tiempo en el placer de la lectura en la manera tradicional. Sin embargo, no se puede obviar como este formato fomenta la creatividad de los usuarios y una mayor dedicación al disfrute de atractivos mensajes visuales.

Como última prioridad, *WeChat* se ha ocupado con esmero en superar barreras o problemas surgidos en el funcionamiento de la propia aplicación. Nuevas formas de organización, más aprovechamiento de los progresos en la tecnología para minimizar posibles conflictos como el volumen de almacenamiento, la limpieza de contenidos obsoletos o innecesarios, el acceso a aplicaciones externas mediante los miniprogramas o nuevos controles que alejen y eviten el peligro latente para niños.

En relación con el **tercer objetivo**, sobre la dirección en que están desarrollándose la aplicación, puede notarse que se pretende avanzar en las funciones relacionadas con los *instrumentos*. Por un lado, esta categoría ha experimentado más cambios en comparación con los otros dos aspectos a lo largo de los tres años analizados; por otro lado, ahora la aplicación ya cuenta con casi todas las funciones disponibles en la época actual, lo que indica que posee una tecnología muy avanzada. Sin embargo, es importante destacar que la aplicación está transformando su estilo de comunicación basada en el texto a una más visual, priorizando el uso de gráficos y vídeos. Por lo tanto, la aplicación se esmera continuamente en incorporar instrumentos que mejoren la experiencia de uso en todas sus funciones, abordando las posibles dificultades a las que los usuarios deban enfrentarse. El compromiso de los desarrolladores por incrementar la eficacia y la utilidad real de la aplicación es evidente y palpable.

En este trabajo se concluye que esta mensajería instantánea, después de haber celebrado su décimo aniversario, se ha centrado progresivamente en las herramientas que permitan a los usuarios poder expresarse de forma visual. Tanto en la comunicación individual como en la comunicación colectiva, se han incorporado diversas herramientas de visión y se han mejorado funciones gráficas para enriquecer la experiencia de este tipo de comunicación. Asimismo, se ha puesto el foco en los instrumentos relacionados con imágenes, y se han añadido más elementos visuales en distintas opciones de configuración, con el fin de facilitar cualquier tarea a los usuarios. Esto se debe a que la comunicación mediante imágenes resulta más atractiva y dinámica que la forma textual, y cuando las personas reciben información de fotos o vídeos, les resulta más fácil comprender el mensaje, y se les hace más ameno y entretenido. Por ello, los cambios realizados en *WeChat* tras su primera década buscan mejorar la experiencia comunicativa al permitir a los usuarios hablar de manera más impactante y comprensible. Al mismo tiempo, se les brinda la posibilidad de expresarse de manera creativa, ofreciendo así una mayor variedad de opciones para comunicarse.

6. REFERENCIAS

Busteed, S. (2022). Communication and the student experience in the time of Covid-19: An autoethnography. *Language Teaching Research*, *1*, 1-19, https://doi.org/10.1177/13621688211067001

Cao, Y. (2020). *Las redes sociales como generadoras de información periodística* [Tesis de doctorado, Universidad Complutense de Madrid]. https://eprints.ucm.es/id/eprint/64217/1/T42114.pdf

CNICE. (s. f.). *Glosario Técnico Multimedia. Recurso educativo de apoyo a la Formación Profesional*. Mec.es. https://n9.cl/odq2h

Lamaoyangjin, I. (2018). Nuevo modelo de periodismo 3.0 en china: el funcionamiento de la aplicación móvil *WeChat*. *Estudios sobre el Mensaje Periodístico, 24*(2), 1419-1431. https://doi.org/10.5209/ESMP.62225

Leal-Fernández, I. y Ruiz San Román, J. A. (2023). Videoactivismo en redes: Credibilidad, viralidad y emocionalidad. *Tendencias Sociales, Revista de Sociología*, 10, 99-134. https://revistas.uned.es/index.php/Tendencias/article/view/37977/27909

Rathi, K., Karabiyik, U., Aderibigbe, T. y Chi, H. (2018, marzo 18-25). Forensic análisis of encrypted instant messaging applications on Android. [Conferencia] 2018 6th international symposium on digital forensic and security (ISDFS), Antalya, Turkey. https://ieeexplore.ieee.org/document/8355344

Roa, L., Rodríguez-Rey, A., Correa-Bahnsen, A. y Arboleda, C. V. (2022, septiembre 1-2). *Supporting financial inclusion with graph machine learning and super-app alternative data*. [Conferencia] 2022 Intelligent Systems Conference (IntelliSys), Amsterdam, The Netherlands. https://link.springer.com/chapter/10.1007/978-3-030-82196-8_16

Statista (2023, 21 de abril). Aplicaciones de mensajería móvil más populares en todo el mundo en enero de 2023, según el número de usuarios activos mensuales. Statista. www.statista.com/statistics/258749/most-popular-global-mobile-messenger-apps/

Tang, Y. M., Chau, K. Y., Hong, L., Ip, Y. K. y Yan, W. (2021). Financial Innovation in Digital Payment with *WeChat* towards Electronic Business Success. *Journal of Theoretical and Applied Electronic Commerce Research, 16*(5), 1844-1861. https://doi.org/10.3390/jtaer16050103

WeChat (s.f.). *The official WeChat Blog. WeChat*. com. https://weixin.qq.com/cgi-bin/readtemplate?lang=zh_CN&t=weixin_faq_list&head=true

Zhang, J., Muñoz, C. F. y Hänninen, L. I. (2020). Oportunidades y retos para la comunicación integrada y comercial en redes sociales de mensajería: los casos de WhatsApp y *WeChat*. En S. Liberal Ormaechea y L. Mañas Viniegra (Coord.) *Las redes sociales como herramienta de comunicación persuasiva*, (pp. 439-451). McGraw-Hill Interamericana de España

Zhang, J. T. (2019). Emotions and consumption of the netizens in China's digital economy. *Revista Latinoamericana de Estudios sobre Cuerpos, Emociones y Sociedad, 11*(30), 89-98. www.relaces.com.ar/index.php/relaces/article/view/657

Zhang, L., Ji, Q. y Yu, F. (2017, diciembre 25-27). The security analysis of popular instant messaging applications. [Conferencia] In 2017 International Conference on Computer Systems, Electronics and Control (ICCSEC), Dalian, China. https://ieeexplore.ieee.org/document/8446863/

Zhang, Y., Lucas, M., Bem-Haja, P. y Pedro, L. (2023). Análisis de vídeos cortos en TikTok para el aprendizaje del portugués como lengua extranjera. *Comunicar*, 77, 9-19. I https://doi.org/10.3916/C77-2023-01

CIENCIAS SOCIALES EN ABIERTO

Editada por
David Caldevilla Domínguez y Almudena Barrientos-Báez

Vol. 1   Almudena Barrientos-Báez / David Caldevilla Domínguez / Javier Sierra Sánchez (eds.): Inteligencia Artificial ¿amiga o enemiga?. 2024.

Vol. 2   Ana Tomás López / Sara Navarro Lalanda / Paola Eunice Rivera Salas (eds.): Las artes como expresión vital. 2024.

Vol. 3   Carmen Paradinas Márquez / Juan Andrés Rodríguez Lora / Daniel Becerra Fernández (eds.): Empresa, empresariedad y comunicación mercantil. 2024.

Vol. 4   Tania Brandariz Portela / Xabier Martínez Rolán / Virginia Sánchez Rodríguez (eds.): Desde la óptica del género, el género como perspectiva. 2024.

Vol. 5   Sara Mariscal Vega / Carmen Cristófol Rodríguez / Fernando García Chamizo (eds.): Comunicar a través del idioma: Pensar y traducir. 2024.

Vol. 6   Arantza Lorenzo De Reizábal / Marta Talavera Ortega / Guillermina Jiménez López (eds.): Recursos, competencias y enfoques para la enseñanza de lenguas. 2024.

Vol. 7   José Luis Corona Lisboa / Encarnación Ruiz Callejón / Alba María Martínez Sala (eds.): Límites y potencialidades de la gobernanza. 2024.

Vol. 8   Blanca Tejero Claver / Carmen Dorca Fornell / Carmen Lucía Hernández Stender (eds.): El factor humano en la salud. 2024.

Vol. 9   Daniel Muñoz Sastre / Andrés Sánchez Suricalday / Manuel Osvaldo Machado Rivera (eds.): Futuro poliédrico del fenómeno social a principios del siglo XXI. 2024.

Vol. 10   Pedro Pablo Marín Dueñas / Alberto García Moreno / Basilio Cantalapiedra Nieto (eds.): Contenidos audiovisuales para un mundo de pantallas multivalentes. 2024.

Vol. 11   María Santamarina Sancho / Virginia Dasí Fernández / Mercedes Herrero De la Fuente (eds.): Perspectivas para la visibilización del género. 2024.

Vol. 12   Dolores Rando Cueto / Francisco Jaime Herranz Fernández / Coral Ivy Hunt Gómez (eds.): Internet al servicio de la modernidad en red. 2024.

www.peterlang.com

www.ingramcontent.com/pod-product-compliance
Lightning Source LLC
Chambersburg PA
CBHW031427180326
41458CB00002B/475